博雅 21世纪数学精编教材

数学基础课系列

U0204401

高等代数

（上册）

丘维声　编著

北京大学出版社
PEKING UNIVERSITY PRESS

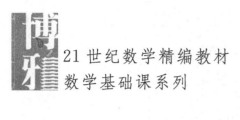

图书在版编目(CIP)数据

高等代数. 上册/丘维声编著. —北京：北京大学出版社，2019. 10
21 世纪数学精编教材. 数学基础课系列

ISBN 978-7-301-30804-2

Ⅰ. ①高… Ⅱ. ①丘… Ⅲ. ①高等代数—高等学校—教材 Ⅳ. ①O15

中国版本图书馆 CIP 数据核字(2019)第 208860 号

书　　名　高等代数（上册）
　　　　　GAODENG DAISHU（SHANGCE）
著作责任者　丘维声　编著
责任编辑　曾琬婷
标准书号　ISBN 978-7-301-30804-2
出版发行　北京大学出版社
地　　址　北京市海淀区成府路 205 号　100871
网　　址　http://www.pup.cn　新浪微博：@北京大学出版社
电子邮箱　编辑部 lk1@pup.cn　总编室 zpup@pup.cn
电　　话　邮购部 010-62752015　发行部 010-62750672　编辑部 010-62754819
印 刷 者　北京市科星印刷有限责任公司
经 销 者　新华书店
　　　　　787 毫米×980 毫米　16 开本　20 印张　420 千字
　　　　　2019 年 10 月第 1 版　2024 年 9 月第 4 次印刷
定　　价　56.00 元

作者简介

丘维声 1966年毕业于北京大学数学力学系；北京大学数学科学学院教授、博士生导师，教育部第一届高等学校国家级教学名师，美国数学会 *Mathematical Reviews* 评论员，中国数学会组合数学与图论专业委员会首届常务理事，《数学通报》副主编，原国家教委第一届和第二届高等学校数学与力学教学指导委员会委员.

出版著作48部，发表教学研究论文23篇，编写的具有代表性的优秀教材有：《高等代数（上、下册）》（清华大学出版社，2010年，"十二五"普通高等教育本科国家级规划教材，北京市高等教育精品教材立项项目），《高等代数（第一、二、三版）（上、下册）》（高等教育出版社，1996年，2002年，2003年，2015年，普通高等教育"九五"教育部重点教材，普通高等教育"十五"国家级规划教材），《高等代数》（科学出版社，2013年），《解析几何（第一、二、三版）》（北京大学出版社，1988年，1996年，2015年），《解析几何》（北京大学出版社，2017年），《抽象代数基础》（高等教育出版社，2003年），《近世代数》（北京大学出版社，2015年），《群表示论》（高等教育出版社，2011年），《数学的思维方式和创新》（北京大学出版社，2011年），《简明线性代数》（北京大学出版社，2002年，普通高等教育"十一五"国家级规划教材，北京高等教育精品教材），《有限群和紧群的表示论》（北京大学出版社，1997年），等等.

从事代数组合论、群表示论、密码学的研究，在国内外学术刊物上发表科学研究论文46篇；承担国家自然科学基金重点项目2项，主持国家自然科学基金面上项目3项.

2003年获教育部第一届高等学校国家级教学名师奖，先后获北京市高等学校教学成果一等奖、宝钢教育奖优秀教师特等奖、北京大学杨芙清王阳元院士教学科研特等奖，3次获北京大学教学优秀奖等，3次被评为北京大学最受学生爱戴的十佳教师，并获"北京市科学技术先进工作者""全国电视大学优秀主讲教师"等称号.

内容简介

本书是教育部第一届高等学校国家级教学名师为普通高等院校本科生编写的“高等代数”课程教材.它是作者根据自己积累了40年的教学经验和科研心得,用自己独到的科学见解精心编写而成的,具有以下鲜明的特色:以研究线性空间及其线性映射为主线;是用数学的思维方式编写出的教材;精选了讲授的内容,每节均有“内容精华”“典型例题”“习题”三个栏目.全书共九章,分上、下两册出版,上册内容包括:线性方程组,行列式,n维向量空间K^n,矩阵的运算,多项式;下册内容包括:线性空间,线性映射,双线性函数和二次型,具有度量的线性空间.作者还为本书配备了相应的《高等代数习题解析》,以便于学生学习和参考.

本书适合作为全国普通高等院校本科生“高等代数”课程的教材,也可供其他学习“高等代数”的广大读者作为自学教材或参考书.

前　言

本书是作者运用自己独到的科学见解为全国普通高等院校本科生编写的"高等代数"课程教材,它具有以下鲜明特色：

1. 以研究线性空间及其线性映射为主线,科学地安排内容的讲授体系.

线性空间为研究自然界和社会上的线性问题提供了广阔的平台,线性映射是为解决各种线性问题在这广阔的平台上驰骋的"一匹匹骏马".我们抓住这条主线安排内容的讲授体系：第一章线性方程组,第二章行列式,第三章 n 维向量空间 K^n,第四章矩阵的运算,第五章多项式,第六章线性空间,第七章线性映射,第八章双线性函数和二次型,第九章具有度量的线性空间.

2. 用数学的思维方式编写教材,使同学们既比较容易地学到高等代数的基础知识和基本方法,又受到数学思维方式的熏陶和训练,终身受益.

数学的思维方式是一个揭示事物内在规律的全过程：观察客观现象,抓住主要特征,抽象出概念,提出要研究的问题;运用解剖"麻雀"、直觉、联想、归纳、类比、逻辑推理等进行探索;猜测可能有的规律;经过深入分析,运用公理、定义和已经证明的定理进行逻辑推理、严密论证,揭示事物的内在规律,从而使纷繁复杂的现象变得井然有序.

我们经常先让同学们观察几何中的例子,抽象出高等代数的概念;然后通过解剖几何中的"麻雀",猜测高等代数中可能有的规律;最后进行严密论证,在论证中突出讲想法.

3. 居高临下,精选讲授的内容;编写体例新颖,每节均有"内容精华""典型例题""习题"三个栏目.

"内容精华"栏目讲述本节要研究的问题,引导同学们去探索未知的领域,猜测高等代数中可能有的命题,讲清楚想法,进行严密论证."内容精华"栏目中讲授的内容是根据时代的需要、数学和其他学科的需要,考虑到全国普通高等院校本科生的数学基础等方面精选出的高等代数的核心知识.

"典型例题"栏目提供了为掌握本节"内容精华"栏目中的理论和方法所需的最基本、最有意义的题目,并且对每一道例题给出的解答体现了如何在理论的指导下去做题,这是非常重要的.这个栏目中的一些例题供在大课中讲解,另一些例题供同学们课后复习时阅读,还有一些例题可作为习题课的题目.

"习题"栏目中的习题是精心挑选出来的,都是很有意义的题目.它们是留给同学们的课外作业.

4. 用作者自己独到的科学见解写出的教材.

解线性方程组时,在通过初等行变换把线性方程组的增广矩阵化成阶梯形矩阵后,若有解,进一步化成简化行阶梯形矩阵,这样可以立即写出线性方程组的唯一解或一般解公式;并且,由此我们给出了"若有解,则阶梯形矩阵的非零行数等于未知量个数时方程组有唯一解,小于未知量个数时方程组有无穷多个解"这一重要结论.这为线性方程组有解时利用系数矩阵的秩判断方程组是有唯一解还是有无穷多个解打下了基础.通过初等行变换把矩阵化成简化行阶梯形矩阵还为求逆矩阵的初等变换法提供了简洁的证明途径.

为了判断线性方程组是否有解以及研究解集的结构,通过解剖二元一次方程组这个"麻雀",引出了 n 阶矩阵的行列式(即 n 阶行列式)的概念,并且从探索矩阵的初等行变换是否使行列式发生变化的角度研究行列式的性质,从而证明了数域 K 上含 n 个方程的 n 元线性方程组有唯一解的充要条件是它的系数行列式不等于 0. 克拉默(Cramer)法则只给出了充分条件,没有指出这也是必要条件.为了判断数域 K 上含 s 个方程的 n 元线性方程组是否有解以及研究解集的结构,对数域 K 上的 n 元有序数组组成的集合 K^n 规定了加法和数量乘法运算,它们满足 8 条运算法则.这时把 K^n 称为数域 K 上的 n 维向量空间.通过研究 K^n 及其子空间的结构,引出了矩阵的秩的概念,彻底解决了线性方程组是否有解的判定以及解集的结构问题.区间 (a,b) 上的所有函数组成的集合对于函数的加法和数量乘法运算也满足 8 条运算法则.我们抓住它们的共同特征:集合、加法和数量乘法运算、8 条运算法则,抽象出数域 K 上的线性空间的概念.通过解剖几何空间(看成向量组成的集合)这个"麻雀",从线性空间的定义出发研究线性空间的结构(基、维数)、子空间的交与和、子空间的直和、线性空间的同构.

平面上绕定点 O、转角为 α 的旋转 σ 保持向量的加法和数量乘法运算;求导数 $\mathscr{D}$ 是区间 (a,b) 上的可微函数组成的实数域上的线性空间 V 到区间 (a,b) 上的所有函数组成的实数域上的线性空间 U 的一个映射,它保持函数的加法和数量乘法运算.我们通过观察旋转 σ 和求导数 $\mathscr{D}$,抓住旋转 σ 和求导数 $\mathscr{D}$ 的共同特征,抽象出数域 K 上线性空间 V 到 U 的线性映射的概念.由于线性空间有加法和数量乘法运算,因此很容易规定线性映射的加法和数量乘法运算.由于映射有乘法运算,因此 V 到 U 的线性映射 $\mathscr{A}$ 与 U 到 W 的线性映射 $\mathscr{B}$ 有乘法运算 $\mathscr{B}\mathscr{A}$. 在 n 维线性空间 V 和 s 维线性空间 U 中分别取一个基,V 到 U 的线性映射 $\mathscr{A}$ 在 V 和 U 的这一对基下有唯一的矩阵 $\mathbf{A}$. 把线性映射 $\mathscr{A}$ 对应到矩阵 $\mathbf{A}$ 是 V 到 U 的所有线性映射组成的集合到数域 K 上所有 $s\times n$ 矩阵组成的集合的一个双射,并且保持加法和数量乘法运算.这样我们可以利用矩阵的理论来研究线性映射,又可以利用线性映射的理论研究矩阵.几何空间中沿经过点 O 的直线 l 在过点 O 的平面 π 上的投影 $\mathscr{P}$ 把直线 l 上的向量映成零向量.由此受到启发,引入了 V 到 U 的线性映射 $\mathscr{A}$ 的核的概念,记作 $\mathrm{Ker}\mathscr{A}$. 线性空间 V 到自身的线性映射称为 V 上的线性变换.线性空间 V 上的线性变换 $\mathscr{A}$ 在 V 的不同基下的矩阵是相似的.我们自然希望在 V 中找一个好的基,使得 $\mathscr{A}$ 在此基下的矩阵具有最简单的形式.解决这个问题需要有线性变换的特征值和特征向量、特征子空间、特征多项式、最小多项式、不变子空间等概念.如果 V 中能够找到一个基,使得 $\mathscr{A}$ 在此基下的矩阵是对角矩阵,那么称 $\mathscr{A}$ 为可对角化的.$\mathscr{A}$ 可对角化的充要条件是 V 能够分解成 $\mathscr{A}$ 的属于不同特征值的特征子空间的直和.$\mathscr{A}$ 可对角化的另一个充要条件是 $\mathscr{A}$ 的最小多项式在数域 K 上的一元多项式环 $K[x]$ 中能够分解成不同的一次因式的乘积.对于不可对角化的线性变换 $\mathscr{A}$,寻找它的最简单形式的矩阵表示的途径是:把 V 分解成 $\mathscr{A}$ 的非平凡不变子空间的直和,然后在每个不变子空间 W_j 中找一个好的基,使得 $\mathscr{A}$ 在 W_j 中的限制在此基下的矩阵 $\boldsymbol{A}_j$ 具有最简单的形式;把这些不变子空间的基合起来,得到 V 的一个基,$\mathscr{A}$ 在此基下的矩阵是由 $\boldsymbol{A}_1,\boldsymbol{A}_2,\cdots,\boldsymbol{A}_s$ 组成的分块对角矩阵,这就是最简单形式的矩阵表示.为了把 V 分解成 $\mathscr{A}$ 的非平凡不变子空间的直和,我们先证明了一个重要结论:设 $\mathscr{A}$ 是线性空间 V 上的线性变换,在数域 K 上的一元多项式环 $K[x]$ 中 $f(x)=f_1(x)f_2(x)\cdots f_s(x)$,且 $f_1(x),f_2(x),\cdots,f_s(x)$ 两两互素,则

$$\mathrm{Ker}f(\mathscr{A})=\mathrm{Ker}f_1(\mathscr{A})\oplus\mathrm{Ker}f_2(\mathscr{A})\oplus\cdots\oplus\mathrm{Ker}f_s(\mathscr{A}).$$

如果 $\mathscr{A}$ 的最小多项式 $m(\lambda)$ 在 $K[\lambda]$ 中的标准分解式为

$$m(\lambda)=(\lambda-\lambda_1)^{r_1}\cdots(\lambda-\lambda_s)^{r_s},$$

那么运用上述结论得

$$V=\mathrm{Ker}\mathscr{O}=\mathrm{Ker}m(\mathscr{A})=\mathrm{Ker}(\mathscr{A}-\lambda_1\mathscr{I})^{r_1}\oplus\cdots\oplus\mathrm{Ker}(\mathscr{A}-\lambda_s\mathscr{I})^{r_s}.$$

由于 $\mathscr{A}$ 的多项式与 $\mathscr{A}$ 可交换,因此 $\mathscr{A}$ 的多项式的核 $\mathrm{Ker}(\mathscr{A}-\lambda_j\mathscr{I})^{r_j}$ 是 $\mathscr{A}$ 的不变子空间,记作 W_j.$\mathscr{A}$ 在 W_j 中的限制记作 $\mathscr{A}|W_j$.我们证明了:$\mathscr{A}|W_j=\lambda_j\mathscr{I}+\mathscr{B}_j$,其中 $\mathscr{B}_j$ 是 W_j 上的幂零变换.我们还证明了:对于 W 上的幂零变换 $\mathscr{B}$,在 W 中能够找到一个基,使得 $\mathscr{B}$ 在此基下的矩阵是由主对角元为 0 的约当(Jordan)块组成的分块对角矩阵.因此,在 W_j 中能够找到一个基,使得 $\mathscr{B}_j$ 在此基下的矩阵是由主对角元为 0 的约当块组成的分块对角矩阵.由于 $\mathscr{A}|W_j=\mathscr{B}_j+\lambda_j\mathscr{I}$,因此 $W_j(j=1,2,\cdots,s)$ 的基合起来成为 V 的一个基,$\mathscr{A}$ 在此基下的矩阵是由主对角元为 $\lambda_j(j=1,2,\cdots,s)$ 的约当块组成的分块对角矩阵 $\boldsymbol{A}$.称 $\boldsymbol{A}$ 为 $\mathscr{A}$ 的约当标准形.在不考虑约当块的排列次序下,$\mathscr{A}$ 的约当标准形是唯一的.我们还证明了:如果 $\mathscr{A}$ 有约当标准形,那么 $\mathscr{A}$ 的最小多项式 $m(\lambda)$ 在 $K[\lambda]$ 中一定能够分解成一次因式的乘积.我们给出了求 $\mathscr{A}$ 的约当标准形的非常简洁的方法.对于 $\mathscr{A}$ 的最小多项式 $m(\lambda)$ 在 $K[\lambda]$ 中的标准分解式有次数大于 1 的不可约因式的情形,我们证明了:$\mathscr{A}$ 有有理标准形.

从上述寻找线性变换的最简单形式矩阵表示的途径看到,需要研究数域 K 上的一元多项式的因式分解,还有在证明上述重要结论时关键是"若 $K[x]$ 中 $f_1(x)$ 与 $f_2(x)$ 互素,则存在 $u(x),v(x)\in K[x]$,使得 $u(x)f_1(x)+v(x)f_2(x)=1$;然后 x 用线性变换 $\mathscr{A}$ 代入,得 $u(\mathscr{A})f_1(\mathscr{A})+v(\mathscr{A})f_2(\mathscr{A})=\mathscr{I}$,其中 $\mathscr{I}$ 是 V 上的恒等变换".这种从一元多项式环 $K[x]$ 中有关加法和乘法运算的等式,通过 x 用线性变换 $\mathscr{A}$ 代入(或者 x 用矩阵 $\boldsymbol{A}$ 代入)就得到线性变

换 $\mathscr{A}$(或者矩阵 $\boldsymbol{A}$)相应的有关加法和乘法运算的等式,是一元多项式环 $K[x]$ 的非常重要的性质,称为一元多项式环 $K[x]$ 的通用性质.由此看出,从解一元高次方程提出的要研究数域 K 上的一元多项式的因式分解,在寻找线性变换的最简单形式的矩阵表示中也发挥了重要作用;而且要介绍一元多项式环的通用性质.这就是我们为什么把一元多项式环 $K[x]$ 安排在第五章的原因.

从几何空间中有了向量的内积就可以解决有关长度、角度、垂直、距离等度量问题受到启发,为了在实数域上的线性空间 V 中引进度量概念,首先需要研究 V 上的双线性函数.数域 K 上 n 维线性空间 V 上的双线性函数 f 在 V 的不同基下的度量矩阵是合同的;反之,合同的矩阵可以看成同一个双线性函数 f 在 V 的不同基下的度量矩阵.双线性函数 f 是对称的当且仅当 f 在 V 的一个基下的度量矩阵是对称的.设 f 是数域 K 上 n 维线性空间 V 上的对称双线性函数,则 V 中存在一个基,使得 f 在此基下的度量矩阵是对角矩阵.于是,数域 K 上的 n 阶对称矩阵一定合同于对角矩阵.由此立即得出,数域 K 上的 n 元二次型一定等价于只含平方项的二次型(称为标准形).因此,我们把二次型与双线性函数安排在同一章(第八章).

从几何空间中向量的内积具有对称性、线性性、正定性受到启发,我们把实数域上线性空间 V 上的一个正定对称双线性函数称为 V 上的一个内积,指定了一个内积的实数域上的线性空间 V 称为一个实内积空间,有限维的实内积空间称为欧几里得空间.在复数域上的线性空间 V 中如何定义内积呢?为了能够通过内积来计算向量的长度,就需要内积具有正定性,而这首先要求 (α,α) 是实数,其中 $\alpha\in V$.为此,我们要求复数域上的线性空间 V 上的内积满足:(α,β) 等于 (β,α) 的共轭复数.这称为埃尔米特(Hermite)性.为了使内积与向量的加法和数量乘法相容,要求内积对第一个变量是线性的.因此,复数域上线性空间 V 上的内积是 V 上的一个二元函数,它具有埃尔米特性、正定性,且对第一个变量是线性的.从内积的埃尔米特性和对第一个变量是线性的得出,内积对第二个变量是共轭线性的.称指定了一个内积的复数域上的线性空间 V 为一个复内积空间或酉空间.在实内积空间(或复内积空间)V 中,由于指定了一个内积,因此就可以定义向量的长度、两个非零向量的夹角(先要证明:对于 V 中任意两个向量 α,β,有 $|(\alpha,\beta)|\leqslant|\alpha||\beta|$,等号成立当且仅当 α,β 线性相关)、向量的正交、向量的距离等度量概念.在 n 维欧几里得空间(或酉空间)V 中取一个标准正交基 $\delta_1,\delta_2,\cdots,\delta_n$,则两个向量 α,β 的内积的计算很简单,而且向量 α 的坐标的第 i 个分量等于 (α,δ_i).设 $(\beta_1,\beta_2,\cdots,\beta_n)=(\delta_1,\delta_2,\cdots,\delta_n)\boldsymbol{P}$,则向量组 $\beta_1,\beta_2,\cdots,\beta_n$ 是 V 的标准正交基当且仅当 $\boldsymbol{P}$ 是正交矩阵(或酉矩阵),即 $\boldsymbol{P}$ 满足 $\boldsymbol{P}^*\boldsymbol{P}=\boldsymbol{I}$.设 U 是实内积空间(或复内积空间)V 的一个有限维子空间,则 $V=U\oplus U^{\perp}$,从而有 V 在 U 上的正交投影,进而 V 中任一向量 α 都有在 U 上的最佳逼近元(它就是 α 在 U 上的正交投影).设 V 和 W 都是实内积空间(或复内积空间).如果有 V 到 W 的一个满射 σ,且 σ 保持向量的内积不变,即对于 V 中任意两个向量 α,β,有

$(\sigma(\alpha),\sigma(\beta))=(\alpha,\beta)$，那么称 σ 是 V 到 W 的一个保距同构(映射)，此时称 V 与 W 是保距同构的. 我们证明了：V 到 W 的一个保距同构 σ 保持向量的长度不变，σ 是 V 到 W 的一个线性映射，且 σ 是单射，从而 σ 是双射. 因此，V 到 W 的一个保距同构 σ 一定是线性空间 V 到 W 的一个同构映射(称为线性同构). 当 V 和 W 都是 n 维内积空间时，如果 V 到 W 的映射 σ 保持向量的内积不变，那么 σ 就是 V 到 W 的一个保距同构. 从平面上的旋转保持向量的内积不变受到启发，如果实内积空间(或复内积空间) V 到自身的满射 $\mathscr{A}$ 保持向量的内积不变，那么称 $\mathscr{A}$ 是 V 上的一个正交变换(或酉变换). 从定义立即得到，$\mathscr{A}$ 是实内积空间(或复内积空间) V 上的一个正交变换(或酉变换)当且仅当 $\mathscr{A}$ 是 V 到自身的一个保距同构. 于是，正交变换(或酉变换) $\mathscr{A}$ 保持向量的长度不变，$\mathscr{A}$ 是 V 上的一个线性变换，且 $\mathscr{A}$ 是单射，从而 $\mathscr{A}$ 是双射，故 $\mathscr{A}$ 可逆. 正交变换(或酉变换) $\mathscr{A}$ 还保持任意两个非零向量的夹角不变，保持向量的正交性不变，保持向量的距离不变. 我们还证明了：n 维欧几里得空间(或酉空间) V 上的一个线性变换 $\mathscr{A}$ 是正交变换(或酉变换)当且仅当 $\mathscr{A}$ 把 V 的标准正交基映成标准正交基，当且仅当 $\mathscr{A}$ 在 V 的标准正交基下的矩阵 $\boldsymbol{A}$ 是正交矩阵(或酉矩阵). 从几何空间在过点 O 的平面 π 上的正交投影 $\mathscr{P}$ 具有性质 $(\mathscr{P}(\alpha),\beta)=(\alpha,\mathscr{P}(\beta))$ 受到启发，如果实内积空间(或复内积空间) V 上的变换 $\mathscr{A}$ 满足：对于 V 中任意两个向量 α,β，都有 $(\mathscr{A}(\alpha),\beta)=(\alpha,\mathscr{A}(\beta))$，那么称 $\mathscr{A}$ 是 V 上的一个对称变换(或埃尔米特变换). 我们证明了：实内积空间(或复内积空间) V 上的对称变换(或埃尔米特变换) $\mathscr{A}$ 是线性变换；n 维欧几里得空间(或酉空间) V 上的线性变换 $\mathscr{A}$ 是对称变换(或埃尔米特变换)当且仅当 $\mathscr{A}$ 在 V 的标准正交基下的矩阵 $\boldsymbol{A}$ 是对称矩阵(或埃尔米特矩阵)，即 $\boldsymbol{A}$ 满足 $\boldsymbol{A}^*=\boldsymbol{A}$；实对称矩阵 $\boldsymbol{A}$ 的特征多项式的复根都是实数，从而它们都是 $\boldsymbol{A}$ 的特征值；酉空间 V 上的埃尔米特变换 $\mathscr{A}$ 如果有特征值，那么它的特征值是实数. 我们还证明了重要的结论：设 $\mathscr{A}$ 是 n 维欧几里得空间(或酉空间) V 上的对称变换(或埃尔米特变换)，则 V 中存在一个标准正交基，使得 $\mathscr{A}$ 在此基下的矩阵 $\boldsymbol{A}$ 是对角矩阵，且主对角元都是实数. 所以，实对称矩阵 $\boldsymbol{A}$ 一定正交相似于一个对角矩阵(即存在正交矩阵 $\boldsymbol{T}$，使得 $\boldsymbol{T}^{-1}\boldsymbol{A}\boldsymbol{T}$ 为对角矩阵)；埃尔米特矩阵一定酉相似于一个实对角矩阵. 由于正交矩阵 $\boldsymbol{T}$ 的逆等于它的转置，因此 n 阶实对称矩阵 $\boldsymbol{A}$ 有一个合同标准形为 $\mathrm{diag}\{\lambda_1,\lambda_2,\cdots,\lambda_n\}$，其中 $\lambda_1,\lambda_2,\cdots,\lambda_n$ 是 $\boldsymbol{A}$ 的全部特征值. 于是，n 元实二次型 $\boldsymbol{x}^{\mathrm{T}}\boldsymbol{A}\boldsymbol{x}$ 有一个标准形为 $\lambda_1x_1^2+\lambda_2x_2^2+\cdots+\lambda_nx_n^2$，其中 $\lambda_1,\lambda_2,\cdots,\lambda_n$ 是 $\boldsymbol{A}$ 的全部特征值；n 阶实对称矩阵 $\boldsymbol{A}$ 是正定的当且仅当 $\boldsymbol{A}$ 的特征值全大于 0.

5. 本书配有相应的《高等代数习题解析》，其中给出了每道习题的详细解答.

希望同学们先自己思考，做习题，做完后看习题解答，学习习题解答中是如何在理论的指导下去解题，如何严密地、规范地写解题过程的. 在做完作业后看习题解答是学习的一个重要环节.

本书适合作为全国普通高等院校本科生“高等代数”课程的教材，分两个学期使用，总共 160 学时，具体安排如下：引言 2 学时，第一章 4 学时，第二章 9 学时，第三章 13 学时，第四章 14 学时,第五章 19 学时,第六章 13 学时,第七章 26 学时,第八章 10 学时,第九章 14 学时,习题课 32 学时,复习课 4 学时.

作者感谢责任编辑曾琬婷,她为本书的出版付出了辛勤的劳动.

真诚欢迎广大读者对本书提出宝贵意见!

丘维声
北京大学数学科学学院
2019 年 3 月

目　　录

引言…………………………………… (1)

第一章　线性方程组…………………… (5)

§1.1　线性方程组的解法 ………… (6)

1.1.1　内容精华 ……………………… (6)

1.1.2　典型例题……………………… (13)

习题 1.1 ……………………………… (14)

§1.2　线性方程组解的情况及其判定…………………… (15)

1.2.1　内容精华……………………… (15)

1.2.2　典型例题……………………… (18)

习题 1.2 ……………………………… (20)

§1.3　数域……………………………… (21)

1.3.1　内容精华……………………… (21)

1.3.2　典型例题……………………… (22)

习题 1.3 ……………………………… (23)

补充题一……………………………… (23)

第二章　行列式 ……………………… (24)

§2.1　n 元排列 ………………………… (25)

2.1.1　内容精华……………………… (25)

2.1.2　典型例题……………………… (27)

习题 2.1 ……………………………… (28)

§2.2　n 阶行列式的定义 ………… (28)

2.2.1　内容精华……………………… (28)

2.2.2　典型例题……………………… (31)

习题 2.2 ……………………………… (33)

§2.3　行列式的性质…………………… (33)

2.3.1　内容精华……………………… (33)

2.3.2　典型例题……………………… (37)

习题 2.3 ……………………………… (40)

§2.4　行列式按一行(列)展开…… (41)

2.4.1　内容精华……………………… (41)

2.4.2　典型例题……………………… (47)

习题 2.4 ……………………………… (53)

§2.5　克拉默法则……………………… (55)

2.5.1　内容精华……………………… (55)

2.5.2　典型例题……………………… (56)

习题 2.5 ……………………………… (58)

§2.6　行列式按 k 行(列)展开…… (58)

2.6.1　内容精华……………………… (58)

2.6.2　典型例题……………………… (61)

习题 2.6 ……………………………… (62)

补充题二……………………………… (63)

第三章　n 维向量空间 K^n ……………… (64)

§3.1　n 维向量空间 K^n 及其子空间……………………… (65)

3.1.1　内容精华……………………… (65)

3.1.2　典型例题……………………… (68)

习题 3.1 ……………………………… (71)

§3.2　线性相关与线性无关的向量组…………………… (72)

3.2.1　内容精华……………………… (72)

3.2.2　典型例题……………………… (76)

习题 3.2 ……………………………… (82)

§3.3　极大线性无关组，

向量组的秩 …………………… (84)
3.3.1 内容精华 …………………… (84)
3.3.2 典型例题 …………………… (87)
习题 3.3 …………………… (91)
§3.4 向量空间 K^n 及其子空间的基与维数 …………………… (93)
3.4.1 内容精华 …………………… (93)
3.4.2 典型例题 …………………… (95)
习题 3.4 …………………… (97)
§3.5 矩阵的秩 …………………… (97)
3.5.1 内容精华 …………………… (97)
3.5.2 典型例题 …………………… (101)
习题 3.5 …………………… (105)
§3.6 线性方程组有解的充要条件 …………………… (108)
3.6.1 内容精华 …………………… (108)
3.6.2 典型例题 …………………… (108)
习题 3.6 …………………… (110)
§3.7 齐次线性方程组的解集的结构 …………………… (111)
3.7.1 内容精华 …………………… (111)
3.7.2 典型例题 …………………… (114)
习题 3.7 …………………… (117)
§3.8 非齐次线性方程组的解集的结构 …………………… (118)
3.8.1 内容精华 …………………… (118)
3.8.2 典型例题 …………………… (120)
习题 3.8 …………………… (121)
§3.9 映射 …………………… (122)
3.9.1 内容精华 …………………… (122)
3.9.2 典型例题 …………………… (127)
习题 3.9 …………………… (128)
补充题三 …………………… (129)
第四章 矩阵的运算 …………………… (130)
§4.1 矩阵的加法、数量乘法和乘法运算 …………………… (130)
4.1.1 内容精华 …………………… (130)
4.1.2 典型例题 …………………… (137)
习题 4.1 …………………… (144)
§4.2 特殊矩阵 …………………… (146)
4.2.1 内容精华 …………………… (146)
4.2.2 典型例题 …………………… (151)
习题 4.2 …………………… (156)
§4.3 矩阵乘积的秩与行列式 …… (157)
4.3.1 内容精华 …………………… (157)
4.3.2 典型例题 …………………… (161)
习题 4.3 …………………… (167)
§4.4 可逆矩阵 …………………… (168)
4.4.1 内容精华 …………………… (168)
4.4.2 典型例题 …………………… (173)
习题 4.4 …………………… (179)
§4.5 矩阵的分块 …………………… (180)
4.5.1 内容精华 …………………… (180)
4.5.2 典型例题 …………………… (187)
习题 4.5 …………………… (198)
§4.6 集合的划分,等价关系 …… (201)
4.6.1 内容精华 …………………… (201)
4.6.2 典型例题 …………………… (205)
习题 4.6 …………………… (206)
§4.7 矩阵的相抵 …………………… (206)
4.7.1 内容精华 …………………… (206)
4.7.2 典型例题 …………………… (208)
习题 4.7 …………………… (210)
补充题四 …………………… (211)
第五章 多项式 …………………… (212)
§5.1 一元多项式的概念及其

运算 …………………………(213)
5.1.1 内容精华 …………………(213)
5.1.2 典型例题 …………………(216)
习题 5.1 ……………………………(218)
§5.2 带余除法,整除关系 ………(218)
5.2.1 内容精华 …………………(218)
5.2.2 典型例题 …………………(222)
习题 5.2 ……………………………(224)
§5.3 最大公因式,互素的
多项式 ……………………(224)
5.3.1 内容精华 …………………(224)
5.3.2 典型例题 …………………(232)
习题 5.3 ……………………………(235)
§5.4 不可约多项式,唯一因式分解
定理 ………………………(236)
5.4.1 内容精华 …………………(236)
5.4.2 典型例题 …………………(240)
习题 5.4 ……………………………(241)
§5.5 重因式 ……………………(242)
5.5.1 内容精华 …………………(242)
5.5.2 典型例题 …………………(244)
习题 5.5 ……………………………(245)
§5.6 一元多项式的根,复数域上的
不可约多项式 ……………(246)
5.6.1 内容精华 …………………(246)
5.6.2 典型例题 …………………(250)
习题 5.6 ……………………………(255)
§5.7 实数域上的不可约
多项式 ……………………(258)
5.7.1 内容精华 …………………(258)
5.7.2 典型例题 …………………(259)
习题 5.7 ……………………………(262)
§5.8 有理数域上的不可约
多项式 ……………………(262)
5.8.1 内容精华 …………………(262)
5.8.2 典型例题 …………………(267)
习题 5.8 ……………………………(273)
§5.9 n 元多项式的概念及其
运算 ………………………(274)
5.9.1 内容精华 …………………(274)
5.9.2 典型例题 …………………(278)
习题 5.9 ……………………………(280)
§5.10 n 元对称多项式 ………(281)
5.10.1 内容精华 ………………(281)
5.10.2 典型例题 ………………(286)
习题 5.10 …………………………(293)
§5.11 结式 ……………………(294)
5.11.1 内容精华 ………………(294)
5.11.2 典型例题 ………………(299)
习题 5.11 …………………………(302)
补充题五 …………………………(303)
参考文献 …………………………(304)

引 言

一、高等代数的研究对象

同学们在初中一年级学习了用字母表示数，用 x,y 等表示未知量，进而根据实际问题的等量关系列出方程，并解方程求出未知量. 最简单的方程是一元一次方程. 由含 n 个未知量的一次方程构成的方程组称为 **n 元线性方程组**. 如何解 n 元线性方程组？n 元线性方程组的解的情况有多少种可能性？如何判别？这些是高等代数首先要研究的问题.

在解 n 元线性方程组时，只有系数和常数项参与了运算，未知量 x_1，x_2，…，x_n 只是起到指出这些系数的位置的作用. 于是，我们可以把方程组第 1 个方程的系数和常数项写成第 1 行……把第 s 个方程的系数和常数项写成第 s 行，得到一张表，这张表称为 s 行 $n+1$ 列的**矩阵**. 矩阵不仅可以用于解线性方程组，而且它在数学的许多分支以及物理学、计算机科学、经济管理等领域都有重要的应用. 矩阵是高等代数研究的重要对象之一.

能否直接从 n 元线性方程组的系数和常数项判断方程组是否有解，有多少解呢？n 元线性方程组的一个解是一个 n 元有序数组 $(c_1,c_2,\cdots,c_n)^{\mathrm{T}}$，方程组的第 i 个方程的系数组成一个 n 元有序数组 $(a_{i1},a_{i2},\cdots,a_{in})^{\mathrm{T}}$. 这促使我们考虑所有 n 元有序实数组组成的集合

$$\{(a_1,a_2,\cdots,a_n)^{\mathrm{T}} \mid a_i\in \mathbf{R}, i=1,2,\cdots,n\}.$$

将此集合记作 $\mathbf{R}^n$，其中 $\mathbf{R}$ 表示实数集. 从几何空间中向量的加法和数量乘法的坐标表示受到启发，在 $\mathbf{R}^n$ 中规定加法为

$$(a_1,a_2,\cdots,a_n)^{\mathrm{T}}+(b_1,b_2,\cdots,b_n)^{\mathrm{T}}=(a_1+b_1,a_2+b_2,\cdots,a_n+b_n)^{\mathrm{T}};$$

规定数量乘法为

$$k(a_1,a_2,\cdots,a_n)^{\mathrm{T}}=(ka_1,ka_2,\cdots,ka_n)^{\mathrm{T}},$$

其中 $k\in\mathbf{R}$. 容易证明，$\mathbf{R}^n$ 中的加法满足交换律、结合律. 全由 0 组成的 n 元有序数组记作 $\mathbf{0}$. 对于任意 $\boldsymbol{\alpha}\in\mathbf{R}^n$，有 $\boldsymbol{\alpha}+\mathbf{0}=\mathbf{0}+\boldsymbol{\alpha}=\boldsymbol{\alpha}$. 把 $\mathbf{0}$ 称为**零元**. 对于 $\boldsymbol{\alpha}=(a_1,a_2,\cdots,a_n)^{\mathrm{T}}$，令 $-\boldsymbol{\alpha}=(-a_1,-a_2,\cdots,-a_n)^{\mathrm{T}}$，则 $\boldsymbol{\alpha}+(-\boldsymbol{\alpha})=(-\boldsymbol{\alpha})+\boldsymbol{\alpha}=\mathbf{0}$. 把 $-\boldsymbol{\alpha}$ 称为 $\boldsymbol{\alpha}$ 的**负元**. 也容易证明 $\mathbf{R}^n$ 中的数量乘法满

足：任给 $\boldsymbol{\alpha},\boldsymbol{\beta}\in\mathbf{R}^n$，$k,l\in\mathbf{R}$，有

$$1\boldsymbol{\alpha}=\boldsymbol{\alpha},\quad (kl)\boldsymbol{\alpha}=k(l\boldsymbol{\alpha}),\quad (k+l)\boldsymbol{\alpha}=k\boldsymbol{\alpha}+l\boldsymbol{\alpha},\quad k(\boldsymbol{\alpha}+\boldsymbol{\beta})=k\boldsymbol{\alpha}+k\boldsymbol{\beta}.$$

$\mathbf{R}^n$ 中有加法和数量乘法两种运算，并且满足上述 8 条运算法则. 我们把 $\mathbf{R}^n$ 称为实数集上的 n **维向量空间**，$\mathbf{R}^n$ 中的元素称为 n **维向量**. 通过研究 n 维向量空间 $\mathbf{R}^n$ 的结构，可以解决直接从 n 元线性方程组的系数和常数项判断方程组是否有解，有多少解的问题. 这是促使我们研究维数大于 4 的空间的动力之一.（注：几何空间是三维空间，把时间添上，便得到四维空间.）

把区间 (a,b) 上的所有函数组成的集合记作 $\mathbf{R}^{(a,b)}$. 对于函数 $f,g\in\mathbf{R}^{(a,b)}$，有函数的加法：$(f+g)(x)=f(x)+g(x)$，$x\in(a,b)$；还有函数的数量乘法：$(kf)(x)=kf(x)$，$x\in(a,b)$，其中 $k\in\mathbf{R}$. 容易验证：$\mathbf{R}^{(a,b)}$ 中的加法和数量乘法满足如同 $\mathbf{R}^n$ 中的 8 条运算法则. $\mathbf{R}^{(a,b)}$ 称为区间 (a,b) 上的**函数空间**.

从几何空间(看成向量组成的集合)、实数集上的 n 维向量空间 $\mathbf{R}^n$、区间 (a,b) 上的函数空间 $\mathbf{R}^{(a,b)}$ 的共同点抽象出下述重要概念：如果一个非空集合 V 上定义了加法运算，以及实数与 V 的元素的数量乘法运算，并且加法和数量乘法满足如同 $\mathbf{R}^n$ 中的 8 条运算法则，那么称 V 为实数集 $\mathbf{R}$ 上的**线性空间**. 线性空间为数学的各分支以及自然科学、社会学、经济学、信息科学等的研究提供了广阔的天地. 线性空间是高等代数的主要研究对象之一.

平面(作为向量的集合)上绕点 O、转角为 θ 的旋转 σ 是平面到自身的一个映射. 设 $\overrightarrow{OP},\overrightarrow{OQ}$ 在 σ 下的像分别为 $\overrightarrow{OP}',\overrightarrow{OQ}'$，则容易证明 $\overrightarrow{OP}+\overrightarrow{OQ}$ 在 σ 下的像为 $\overrightarrow{OP}'+\overrightarrow{OQ}'$，如图 0.1 所示，即

$$\sigma(\overrightarrow{OP}+\overrightarrow{OQ})=\overrightarrow{OP}'+\overrightarrow{OQ}'=\sigma(\overrightarrow{OP})+\sigma(\overrightarrow{OQ}).$$

这个式子表明，σ 保持向量的加法运算. 容易证明：

$$\sigma(k\overrightarrow{OP})=k\overrightarrow{OP}'=k\sigma(\overrightarrow{OP}),\quad k\in\mathbf{R}.$$

这表明，σ 保持向量的数量乘法运算.

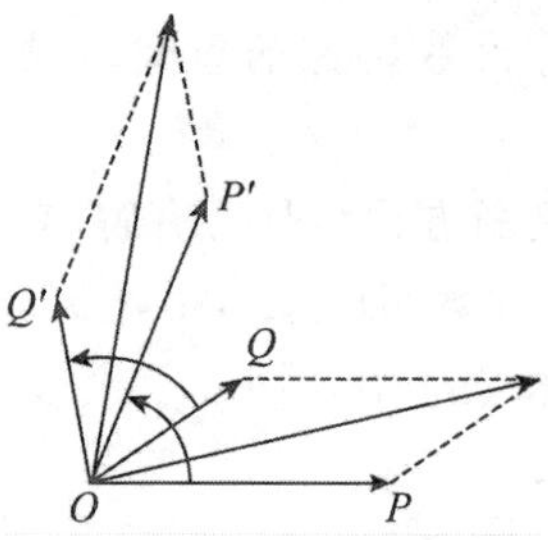

图 0.1

区间 (a,b) 上的可导函数组成的集合记作 $C^{(1)}(a,b)$. 设 $f,g\in C^{(1)}(a,b)$，由于 $(f(x)+g(x))'=f'(x)+g'(x)$，因此 $f+g\in C^{(1)}(a,b)$. 所以，函数的加法是 $C^{(1)}(a,b)$ 上的加法. 由于 $(kf(x))'=kf'(x)(k\in\mathbf{R})$，因此 $kf\in C^{(1)}(a,b)$. 所以，函数的数量乘法是 $C^{(1)}(a,b)$ 上的数量乘法. 由于函数的加法和数量乘法满足 8 条运算法则，因此 $C^{(1)}(a,b)$ 成为实数集 $\mathbf{R}$ 上的线性空间.

求导数 $\mathscr{D}$ 是实数集 $\mathbf{R}$ 上的线性空间 $C^{(1)}(a,b)$ 到线性空间 $\mathbf{R}^{(a,b)}$ 的一个映射：$\mathscr{D}(f(x))=f'(x)$. 设 $f(x),g(x)\in C^{(1)}(a,b)$，由于

$$\mathscr{D}(f(x)+g(x))=(f(x)+g(x))'=f'(x)+g'(x)=\mathscr{D}(f(x))+\mathscr{D}(g(x)),$$
$$\mathscr{D}(kf(x))=(kf(x))'=kf'(x)=k\mathscr{D}(f(x)),\quad k\in\mathbf{R},$$

因此求导数 $\mathscr{D}$ 保持函数的加法和数量乘法运算.

从平面上绕点 O 的旋转 σ 和求导数 $\mathscr{D}$ 的共同点抽象出下述重要概念：如果实数集 $\mathbf{R}$ 上

的线性空间 V 到线性空间 V' 的一个映射 $\mathscr{A}$ 保持加法和数量乘法运算,即

$$\mathscr{A}(\alpha+\beta)=\mathscr{A}(\alpha)+\mathscr{A}(\beta),\quad \alpha,\beta\in V,$$
$$\mathscr{A}(k\alpha)=k\mathscr{A}(\alpha),\quad \alpha\in V,k\in\mathbf{R},$$

那么称 $\mathscr{A}$ 为线性空间 V 到 V' 的一个**线性映射**.线性空间 V 到自身的线性映射称为 V 上的**线性变换**.从旋转和求导数的例子可以初步领略到:线性映射好比是驰骋在线性空间这个广阔天地里的"一匹匹骏马".线性映射是高等代数研究的又一个主要对象.

n 维线性空间 V 到 s 维线性空间 V' 的一个线性映射 $\mathscr{A}$ 可以用一个 s 行、n 列的矩阵 $\boldsymbol{A}$ 表示.因此,可以利用矩阵的理论研究线性映射,也可以利用线性映射的理论研究矩阵.

为了在线性空间中引入度量概念(例如长度、角度、正交等),从几何空间受到启发,只要有内积的概念,就可以定义向量的长度、两个非零向量的夹角、两个向量正交等度量概念.如果给实数集上的线性空间 V 指定了一个内积,就称 V 为**实内积空间**.如果给复数集上的线性空间 V 指定了一个内积,就称 V 为**复内积空间**.它们都是具有度量的线性空间.

平面上绕点 O 的旋转 σ 保持向量的长度不变,保持两个非零向量的夹角不变,从而保持向量的内积不变,参见图 0.1.由此受到启发,我们要研究实(复)内积空间 V 上的保持向量内积不变的变换,以及其他与内积有关的变换.

同学们在初中学过一元二次方程,它有求根公式.推导出求根公式的关键是把一元二次方程 $ax^2+bx+c=0$ 的左端配方,进行因式分解,然后转化为解一元一次方程.类似地,解一元 n 次方程 $f(x)=0$ 的基本思路是把方程的左端 $f(x)$ 进行因式分解.因此,我们要研究实数集 $\mathbf{R}$ 上的一元多项式组成的集合 $\mathbf{R}[x]$ 的结构.称 $\mathbf{R}[x]$ 是实数集上的**一元多项式环**.研究 $\mathbf{R}[x]$ 的结构不仅可以用于解一元 n 次方程,而且可以用于研究线性变换的最简单形式的矩阵表示.

综上所述,高等代数的主线是研究线性空间和线性映射,它的各部分内容的内在联系可以用如图 0.2 所示的框图表示.高等代数各部分的内容详见目录.

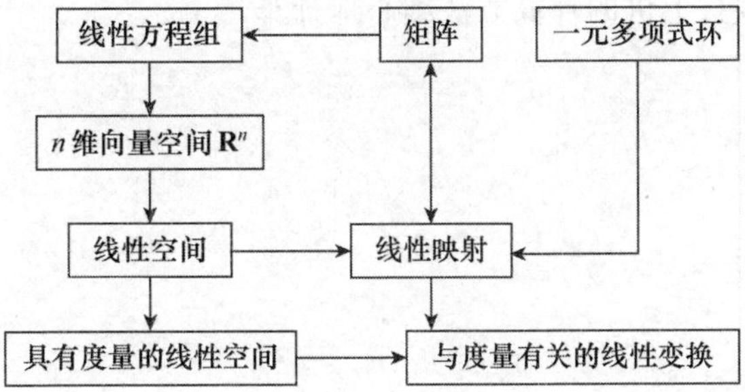

图 0.2

二、学习方法

1. 按照数学的思维方式学习数学

数学的思维方式是一个全过程：首先，观察客观现象，抓住主要特征，抽象出概念；然后，提出要研究的问题，进行探索，这时可以运用解剖“麻雀”、直觉、归纳、类比、联想和逻辑推理等，猜测可能有的规律；最后，只使用定义、公理和已经证明的定理进行逻辑推理来论证，揭示事物的内在规律，从而使纷繁复杂的现象变得井然有序.

“观察—抽象—探索—猜测—论证”是数学思维方式全过程的五个重要环节. 按照数学思维方式学习数学不仅可以掌握数学知识，而且可以培养创新能力. 数学思维方式是科学的思维方式，经过数学思维方式的训练可以终身受益.

2. 要把概念搞清楚

知道概念是怎么引出来的，准确理解概念的内容和本质，并且记住概念；要注意区分不同的概念.

3. 要掌握定理、命题、推论、性质和公式

知道在研究什么问题时经过探索，猜测出可能有的规律，然后进行严密论证，得出了定理、命题、推论、性质和公式. 要记准确定理、命题、推论、性质和公式的条件和结论，把它们存储在自己的大脑中，便于随时调用.

4. 要多做习题，要在理论的指导下做习题

做证明题和探究题的第一步是找到思路，要运用理论的最新进展来寻找最佳解题思路；除了运用概念的定义外，还要联想已经学过的定理和已经做过的习题，运用这些定理和习题的结论来证明目前要证明或探究的结论. 做证明题和探究题要每一步都有根据，不能用“显然”来代替讲理由.

做计算题要按照教材上讲的计算方法细心地计算.

第一章 线性方程组

客观世界的数量关系中最简单的是均匀变化的关系.例如,某食品厂收到了某种食品2000 kg的订单,要求这种食品含脂肪5%,碳水化合物12%,蛋白质15%.该厂准备用5种原料A_1,A_2,A_3,A_4,A_5配制这种食品,其中原料A_i含脂肪、碳水化合物、蛋白质的比例分别为a_{1i},a_{2i},a_{3i}($i=1,2,3,4,5$).用这5种原料能不能配制出2000 kg这种食品呢?如果可以,那么有多少种配方?设这5种原料分别需要x_1,x_2,x_3,x_4,x_5(单位:kg),则

$$\begin{cases} x_1+x_2+x_3+x_4+x_5=2000, \\ a_{11}x_1+a_{12}x_2+a_{13}x_3+a_{14}x_4+a_{15}x_5=2000\times 5\%, \\ a_{21}x_1+a_{22}x_2+a_{23}x_3+a_{24}x_4+a_{25}x_5=2000\times 12\%, \\ a_{31}x_1+a_{32}x_2+a_{33}x_3+a_{34}x_4+a_{35}x_5=2000\times 15\%. \end{cases}$$

这是由4个五元一次方程构成的方程组.

由若干个n元一次方程构成的方程组称为n **元线性方程组**.它的一般形式是

$$\begin{cases} a_{11}x_1+a_{12}x_2+\cdots+a_{1n}x_n=b_1, \\ a_{21}x_1+a_{22}x_2+\cdots+a_{2n}x_n=b_2, \\ \cdots\cdots \\ a_{s1}x_1+a_{s2}x_2+\cdots+a_{sn}x_n=b_s, \end{cases} \tag{1}$$

其中a_{11},a_{12},$\cdots$,a_{sn}是系数,b_1,b_2,$\cdots$,b_s是常数项.我们约定把常数项写在等号的右边.

对于n元线性方程组(1),如果未知量x_1,x_2,$\cdots$,x_n分别用数c_1,c_2,$\cdots$,c_n代入后,每个方程都成为恒等式,那么称n元有序数组

$$\begin{pmatrix} c_1 \\ c_2 \\ \vdots \\ c_n \end{pmatrix} \tag{2}$$

是 n 元线性方程组(1)的**一个解**. 方程组(1)的所有解组成的集合称为这个方程组的**解集**. n 元有序数组(2)可以写成 $(c_1, c_2, \cdots, c_n)^{\mathrm{T}}$ 的形式.

从上述配制食品的问题可知,需要研究线性方程组的下列问题:

(1) 线性方程组是否有解?

(2) 如何求线性方程组的解?

(3) 线性方程组有解时,其解集的结构如何?

(4) 对于实际问题,还需要检查线性方程组的每个解是否都符合实际问题的需要(符合实际问题需要的解称为**可行解**).

客观世界的数量关系中还存在许多非均匀变化的关系. 例如,二次函数刻画的就是非均匀变化关系. 解决非均匀变化关系的问题也需要用到线性方程组. 例如,是否存在二次函数 $y=ax^2+bx+c(a\neq 0)$,使得它的图像经过平面上不在一条直线上的三点 $P(p_1, p_2)^{\mathrm{T}}, Q(q_1, q_2)^{\mathrm{T}}, R(r_1, r_2)^{\mathrm{T}}$? 设 $y=ax^2+bx+c$ 的图像经过这三点,则

$$\begin{cases} ap_1^2 + bp_1 + c = p_2, \\ aq_1^2 + bq_1 + c = q_2, \\ ar_1^2 + br_1 + c = r_2, \end{cases}$$

这是关于未知量 a, b, c 的三元一次方程组. 解这个三元一次方程组就可回答上述问题.

综上所述,线性方程组是数量关系中最基础的知识. 本章研究如何解线性方程组、线性方程组解的情况有几种可能性以及如何判定.

§1.1 线性方程组的解法

1.1.1 内容精华

在实际问题中,我们会遇到含有成千上万个未知量的线性方程组,因此需要有统一的、机械的方法来解线性方程组,以便可以编程序让计算机去求解. 解线性方程组的基本思路是消元,即在一部分方程中消去一些未知量. 下面我们通过例子来说明如何解线性方程组.

例 1 解线性方程组

$$\begin{cases} x_1 + 2x_2 + 5x_3 = 11, \\ 2x_1 - x_2 + 6x_3 = 19, \\ 3x_1 + 10x_2 + 2x_3 = 3, \\ -x_1 + 3x_2 - x_3 = -8. \end{cases} \tag{1}$$

解 把第1个方程的-2倍加到第2个方程上(记作②+①·(-2)),可以将第2个方程中x_1的系数变成0,即将第2个方程中的未知量x_1消去了;同理,把第1个方程的-3倍、1倍分别加到第3,4个方程,可以将第3,4个方程中的x_1消去:

$$\begin{array}{r} \\ ②+①\cdot(-2) \\ ③+①\cdot(-3) \\ ④+① \end{array}\left\{\begin{array}{l} x_1+2x_2+5x_3=11, \\ -5x_2-4x_3=-3, \\ 4x_2-13x_3=-30, \\ 5x_2+4x_3=3. \end{array}\right.$$

观察得到的方程组,发现第2,4个方程的x_2的系数是相反数,于是把第2个方程加到第4个方程上,并且把第2个方程加到第3个方程上(这样可以使第3个方程中x_2的系数为-1):

$$\begin{array}{r} \\ \\ ③+② \\ ④+② \end{array}\left\{\begin{array}{l} x_1+2x_2+5x_3=11, \\ -5x_2-4x_3=-3, \\ -x_2-17x_3=-33, \\ 0=0. \end{array}\right.$$

把得到的方程组的第2,3个方程互换位置(记为(②,③)).方程互换位置的目的是在下一步避免分数运算:

$$(②,③)\left\{\begin{array}{l} x_1+2x_2+5x_3=11, \\ -x_2-17x_3=-33, \\ -5x_2-4x_3=-3, \\ 0=0. \end{array}\right.$$

然后把第2个方程的-5倍加到第3个方程:

$$③+②\cdot(-5)\left\{\begin{array}{l} x_1+2x_2+5x_3=11, \\ -x_2-17x_3=-33, \\ 81x_3=162, \\ 0=0. \end{array}\right. \tag{2}$$

像方程组(2)这种形式的方程组称为**阶梯形方程组**.方程组(2)的第3个方程是一元一次方程,两边乘以$\frac{1}{81}$$\left(记为③\cdot\frac{1}{81}\right)$,便得到$x_3=2$,于是得到方程组

$$③\cdot\frac{1}{81}\left\{\begin{array}{l} x_1+2x_2+5x_3=11, \\ -x_2-17x_3=-33, \\ x_3=2, \\ 0=0. \end{array}\right. \tag{3}$$

在方程组(3)中,把$x_3=2$代入第2个方程,解得$x_2=-1$.再把$x_3=2,x_2=-1$代入第1个

方程,解得 $x_1=3$. 于是得到方程组(3)的唯一的一个解:$(3,-1,2)^{\mathrm{T}}$. 我们猜测这也是原方程组(1)的唯一的一个解. 下面来论证这一猜测是真的.

从例 1 的解题过程看出,对方程组反复施行了以下三种变换:

1° 把一个方程的倍数加到另一个方程上;

2° 互换两个方程的位置;

3° 用一个非零数乘以某一个方程.

这三种变换称为线性方程组的**初等变换**. 经过一系列初等变换,把原线性方程组变成阶梯形方程组,然后解阶梯形方程组(从最后一个不是"0=0"的方程开始,逐次往上解),求得阶梯形方程组的解.

现在来论证为什么阶梯形方程组的解就是原线性方程组的解.

如果线性方程组Ⅰ与线性方程组Ⅱ的解集相等,那么称Ⅰ与Ⅱ**同解**.

同解是由所有 n 元线性方程组组成的集合上的一个关系,它满足:

(1) 反身性,即每一个 n 元线性方程组与自身同解;

(2) 对称性,即若Ⅰ与Ⅱ同解,则Ⅱ与Ⅰ同解;

(3) 传递性,即若Ⅰ与Ⅱ同解,且Ⅱ与Ⅲ同解,则Ⅰ与Ⅲ同解.

命题 1 初等变换把线性方程组变成与它同解的方程组.

证明 设线性方程组

$$\begin{cases} a_{11}x_1+\cdots+a_{1n}x_n=b_1, \\ \cdots\cdots \\ a_{i1}x_1+\cdots+a_{in}x_n=b_i, \\ \cdots\cdots \\ a_{k1}x_1+\cdots+a_{kn}x_n=b_k, \\ \cdots\cdots \\ a_{s1}x_1+\cdots+a_{sn}x_n=b_s. \end{cases} \tag{4}$$

对方程组(4)做初等变换ⓚ+ⓘ·l,得

$$\begin{cases} a_{11}x_1+\cdots+a_{1n}x_n=b_1, \\ \cdots\cdots \\ a_{i1}x_1+\cdots+a_{in}x_n=b_i, \\ \cdots\cdots \\ (a_{k1}+la_{i1})x_1+\cdots+(a_{kn}+la_{in})x_n=b_k+lb_i, \\ \cdots\cdots \\ a_{s1}x_1+\cdots+a_{sn}x_n=b_s. \end{cases} \tag{5}$$

设 $(c_1,\cdots,c_n)^{\mathrm{T}}$ 是方程组(4)的一个解,则有一组恒等式

$$\begin{cases} a_{11}c_1+\cdots+a_{1n}c_n=b_1, \\ \cdots\cdots \\ a_{i1}c_1+\cdots+a_{in}c_n=b_i, \\ \cdots\cdots \\ a_{k1}c_1+\cdots+a_{kn}c_n=b_k, \\ \cdots\cdots \\ a_{s1}c_1+\cdots+a_{sn}c_n=b_s. \end{cases} \tag{6}$$

把(6)式中第 i 个恒等式的 l 倍加到第 k 个恒等式上,又得到一组恒等式

$$\begin{cases} a_{11}c_1+\cdots+a_{1n}c_n=b_1, \\ \cdots\cdots \\ a_{i1}c_1+\cdots+a_{in}c_n=b_i, \\ \cdots\cdots \\ (a_{k1}+la_{i1})c_1+\cdots+(a_{kn}+la_{in})c_n=b_k+lb_i, \\ \cdots\cdots \\ a_{s1}c_1+\cdots+a_{sn}c_n=b_s. \end{cases} \tag{7}$$

(7)式表明$(c_1,\cdots c_n)^{\mathrm{T}}$ 是方程组(5)的一个解.这证明了经过 1°型初等变换,原方程组的每个解都是新方程组的解.

方程组(5)经过初等变换ⓚ+ⓘ·(−l)得到方程组(4).由刚才证明的结论知道,方程组(5)的每个解都是方程组(4)的解.因此,方程组(4)与(5)同解.

对于 2°型和 3°型初等变换,证明作为练习留给读者. □

由命题 1 和同解的传递性得到,原方程组与经过初等变换得到的阶梯形方程组同解.

从例 1 的解题过程看到,在对线性方程组做初等变换时,只是对线性方程组的系数和常数项进行运算.因此,为了书写简便,对于一个线性方程组,只要把它的第 1 个方程的系数和常数项写出来作为第 1 行……最后 1 个方程的系数和常数项写出来作为最后 1 行,就得到一张表,这张表称为该线性方程组的**增广矩阵**.例 1 中线性方程组(1)的增广矩阵为

$$\begin{pmatrix} 1 & 2 & 5 & 11 \\ 2 & -1 & 6 & 19 \\ 3 & 10 & 2 & 3 \\ -1 & 3 & -1 & -8 \end{pmatrix}.$$

定义 1 sn 个数排成的 s 行、n 列的一张表

$$\begin{pmatrix} a_{11} & a_{12} & \cdots & a_{1n} \\ a_{21} & a_{22} & \cdots & a_{2n} \\ \vdots & \vdots & & \vdots \\ a_{s1} & a_{s2} & \cdots & a_{sn} \end{pmatrix} \tag{8}$$

称为一个 $s\times n$ **矩阵**,其中的 sn 个数 a_{ij} $(i\neq 1,2,\cdots,s;j=1,2,\cdots,n)$ 称为该矩阵的**元素**. 矩阵通常用大写、加粗的英文字母来表示,矩阵(8)用 $\boldsymbol{A}$ 表示. 矩阵 $\boldsymbol{A}$ 的第 i 行与第 j 列交叉位置的元素 a_{ij} 称为 $\boldsymbol{A}$ 的 (i,j) **元**,记作 $\boldsymbol{A}(i;j)$. 对于矩阵(8),有时不把整张表写出来,而简写成 (a_{ij}),即 $\boldsymbol{A}=(a_{ij})$.

元素全为 0 的矩阵称为**零矩阵**,记成 $\mathbf{0}$.

行数与列数相等的矩阵称为**方阵**. n 行、n 列的矩阵称为 n **阶矩阵**或 n **阶方阵**.

定义 2 对于两个矩阵 $\boldsymbol{A}$ 与 $\boldsymbol{B}$,如果它们的行数相等,列数也相等,且对应位置的元素都相等,那么称 $\boldsymbol{A}$ 与 $\boldsymbol{B}$ 相等,记作 $\boldsymbol{A}=\boldsymbol{B}$.

两个 $s\times n$ 矩阵 $\boldsymbol{A}$ 与 $\boldsymbol{B}$ 相等的充要条件是

$$\boldsymbol{A}(i;j)=\boldsymbol{B}(i;j)\quad(i=1,2,\cdots,s;j=1,2,\cdots,n).$$

例 1 的求解过程可以按照下述格式来写:

$$\begin{pmatrix}1&2&5&11\\2&-1&6&19\\3&10&2&3\\-1&3&-1&-8\end{pmatrix}\xrightarrow{\substack{②+①\cdot(-2)\\③+①\cdot(-3)\\④+①}}\begin{pmatrix}1&2&5&11\\0&-5&-4&-3\\0&4&-13&-30\\0&5&4&3\end{pmatrix}$$

$$\xrightarrow{\substack{③+②\\④+②}}\begin{pmatrix}1&2&5&11\\0&-5&-4&-3\\0&-1&-17&-33\\0&0&0&0\end{pmatrix}\xrightarrow{(②,③)}\begin{pmatrix}1&2&5&11\\0&-1&-17&-33\\0&-5&-4&-3\\0&0&0&0\end{pmatrix}$$

$$\xrightarrow{③+②\cdot(-5)}\begin{pmatrix}1&2&5&11\\0&-1&-17&-33\\0&0&81&162\\0&0&0&0\end{pmatrix}\tag{9}$$

$$\xrightarrow{\substack{②\cdot(-1)\\③\cdot\frac{1}{81}}}\begin{pmatrix}1&2&5&11\\0&1&17&33\\0&0&1&2\\0&0&0&0\end{pmatrix}\xrightarrow{\substack{①+③\cdot(-5)\\②+③\cdot(-17)}}\begin{pmatrix}1&2&0&1\\0&1&0&-1\\0&0&1&2\\0&0&0&0\end{pmatrix}$$

$$\xrightarrow{①+②\cdot(-2)}\begin{pmatrix}1&0&0&3\\0&1&0&-1\\0&0&1&2\\0&0&0&0\end{pmatrix}.\tag{10}$$

最后的矩阵(10)表示的线性方程组为

$$\begin{cases} x_1 = 3, \\ x_2 = -1, \\ x_3 = 2, \\ 0 = 0. \end{cases}$$

于是,线性方程组(1)的唯一解是$(3,-1,2)^{\mathrm{T}}$,它是由矩阵(10)最后1列的前3个数组成的.

矩阵(9)称为阶梯形矩阵,它对应的线性方程组是阶梯形方程组(2).

定义3 如果矩阵$\boldsymbol{J}$满足:

(1) $\boldsymbol{J}$的零行(即元素全为0的行,如果有的话)在下方;

(2) $\boldsymbol{J}$的每行非零行的第1个不为0的元素称为$\boldsymbol{J}$的**主元**,主元的列指标(即在第几列)随着行指标(即在第几行)的递增而严格增大,

那么称矩阵$\boldsymbol{J}$是**阶梯形矩阵**.

例如,

$$\begin{pmatrix} 3 & 1 & 0 & -2 & 7 \\ 0 & 5 & 8 & 1 & -3 \\ 0 & 0 & 0 & 2 & 9 \\ 0 & 0 & 0 & 0 & 0 \end{pmatrix}$$

是一个阶梯形矩阵,第1行的主元3位于第1列,第2行的主元5位于第2列,第3行的主元2位于第4列,第4行是零行.

从矩阵(10)抽象出下述概念:

定义4 如果矩阵$\boldsymbol{J}$满足:

(1) $\boldsymbol{J}$是阶梯形矩阵;

(2) $\boldsymbol{J}$的主元都是1;

(3) $\boldsymbol{J}$的每个主元所在的列的其余元素都是0,

那么称$\boldsymbol{J}$是**简化行阶梯形矩阵**.

例如,

$$\begin{pmatrix} 1 & 7 & 0 & 3 & 0 & -2 \\ 0 & 0 & 1 & 8 & 0 & 5 \\ 0 & 0 & 0 & 0 & 1 & 4 \\ 0 & 0 & 0 & 0 & 0 & 0 \end{pmatrix}$$

是一个简化行阶梯形矩阵.

在利用线性方程组(1)的增广矩阵求方程组(1)的解时,对矩阵反复施行了下述三种变换:

1° 把某一行的倍数加到另一行上;

2° 互换两行的位置；

3° 用一个非零数乘以某一行.

这三种变换称为矩阵的**初等行变换**.

设线性方程组的增广矩阵 $\boldsymbol{A}$ 经过初等行变换得到矩阵 $\boldsymbol{B}$，根据命题 1 得，以 $\boldsymbol{B}$ 为增广矩阵的线性方程组与原方程组同解.

综上所述，解线性方程组的具体做法是：写出线性方程组的增广矩阵，对它做初等行变换化成简化行阶梯形矩阵，从而可立即写出原线性方程组的解. 这种解线性方程组的方法称为**高斯(Gauss)消元法**.

是否任一矩阵都能经过初等行变换化成简化行阶梯形矩阵呢? 回答是肯定的，下面我们来证明它.

命题 2 任一矩阵都可以经过一系列初等行变换化成阶梯形矩阵.

证明 按定义 1，零矩阵(即元素全为 0 的矩阵)是阶梯形矩阵. 下面考虑非零矩阵. 对非零矩阵的行数 s 用数学归纳法.

当 $s=1$ 时，按照定义 1，这时非零矩阵是阶梯形矩阵.

假设 $s-1$ 行的非零矩阵都能经过初等行变换化成阶梯形矩阵. 现在来看 s 行的非零矩阵 $\boldsymbol{A}=(a_{ij})$. 如果 $\boldsymbol{A}$ 的第 1 列元素不全为 0，则互换两行位置可以使矩阵的左上角元素，即 $(1,1)$元不为 0. 因此，不妨就设 $\boldsymbol{A}$ 的$(1,1)$元 $a_{11}\neq 0$. 把 $\boldsymbol{A}$ 中第 1 行的 $-\dfrac{a_{21}}{a_{11}}$倍加到第 2 行，第 1 行的 $-\dfrac{a_{31}}{a_{11}}$倍加到第 3 行……第 1 行的 $-\dfrac{a_{s1}}{a_{11}}$倍加到第 s 行，$\boldsymbol{A}$ 变成下述矩阵 $\boldsymbol{B}$：

$$\boldsymbol{B}=\begin{pmatrix} a_{11} & a_{12} & \cdots & a_{1n} \\ 0 & a_{22}-\dfrac{a_{21}}{a_{11}}a_{12} & \cdots & a_{2n}-\dfrac{a_{21}}{a_{11}}a_{1n} \\ \vdots & \vdots & & \vdots \\ 0 & a_{s2}-\dfrac{a_{s1}}{a_{11}}a_{12} & \cdots & a_{sn}-\dfrac{a_{s1}}{a_{11}}a_{1n} \end{pmatrix}.$$

我们把矩阵 $\boldsymbol{B}$ 右下方的$(s-1)\times(n-1)$矩阵记作 $\boldsymbol{B}_1$.

如果 $\boldsymbol{A}$ 的第 1 列元素全为 0，则考虑第 2 列. 若 $\boldsymbol{A}$ 的第 2 列元素不全为 0，不妨设 $a_{12}\neq 0$，同理可以经过初等行变换把 $\boldsymbol{A}$ 变成下述矩阵 $\boldsymbol{C}$：

$$\boldsymbol{C}=\begin{pmatrix} 0 & a_{12} & a_{13} & \cdots & a_{1n} \\ 0 & 0 & a_{23}-\dfrac{a_{22}}{a_{12}}a_{13} & \cdots & a_{2n}-\dfrac{a_{22}}{a_{12}}a_{1n} \\ \vdots & \vdots & \vdots & & \vdots \\ 0 & 0 & a_{s3}-\dfrac{a_{s2}}{a_{12}}a_{13} & \cdots & a_{sn}-\dfrac{a_{s2}}{a_{12}}a_{1n} \end{pmatrix}.$$

把矩阵 $\boldsymbol{C}$ 右下方的 $(s-1)\times(n-2)$ 矩阵记作 $\boldsymbol{C}_1$.

如果 $\boldsymbol{A}$ 的第 1,2 列元素全都为 0,则考虑 $\boldsymbol{A}$ 的第 3 列,以此类推.

由于 $\boldsymbol{B}_1,\boldsymbol{C}_1,\cdots$ 都是 $s-1$ 行的矩阵,根据归纳假设,它们可以经过初等行变换分别化成阶梯形矩阵 $\boldsymbol{J}_1,\boldsymbol{J}_2,\cdots$,因此 $\boldsymbol{A}$ 可以经过初等行变换化成下述形式的矩阵之一:

$$\begin{pmatrix} a_{11} & a_{12} & \cdots & a_{1n} \\ 0 & & & \\ \vdots & & \boldsymbol{J}_1 & \\ 0 & & & \end{pmatrix},\quad \begin{pmatrix} 0 & a_{12} & a_{13} & \cdots & a_{1n} \\ 0 & 0 & & & \\ \vdots & \vdots & & \boldsymbol{J}_2 & \\ 0 & 0 & & & \end{pmatrix},\quad \cdots.$$

这些都是阶梯形矩阵.

根据数学归纳法原理,对于任意正整数 s,s 行的非零矩阵都可以经过初等行变换化成阶梯形矩阵. □

推论 1 任一矩阵都可以经过一系列初等行变换化成简化行阶梯形矩阵.

证明 由命题 2 知,任一矩阵 $\boldsymbol{A}$ 可以经过初等行变换化成阶梯形矩阵 $\boldsymbol{J}$. 运用 3°型初等行变换可以把 $\boldsymbol{J}$ 的每个主元变成 1,再从倒数第 1 行非零行起,用 1°型初等行变换可以把每个主元所在的列的其余元素变成 0,从而得到简化行阶梯形矩阵. □

1.1.2 典型例题

例 1 解线性方程组

$$\begin{cases} 2x_1-3x_2+7x_3+5x_4=-21, \\ -4x_1+x_2-2x_3+3x_4=-14, \\ 3x_1+4x_2+6x_3-7x_4=25, \\ 8x_1-2x_2+3x_3-5x_4=26. \end{cases}$$

解 由于对该线性方程组的增广矩阵做初等行变换得

$$\begin{pmatrix} 2 & -3 & 7 & 5 & -21 \\ -4 & 1 & -2 & 3 & -14 \\ 3 & 4 & 6 & -7 & 25 \\ 8 & -2 & 3 & -5 & 26 \end{pmatrix} \xrightarrow[\substack{③+①\cdot(-1) \\ ④+①\cdot(-4)}]{②+①\cdot 2} \begin{pmatrix} 2 & -3 & 7 & 5 & -21 \\ 0 & -5 & 12 & 13 & -56 \\ 1 & 7 & -1 & -12 & 46 \\ 0 & 10 & -25 & -25 & 110 \end{pmatrix}$$

$$\xrightarrow[④+②\cdot 2]{(①,③)} \begin{pmatrix} 1 & 7 & -1 & -12 & 46 \\ 0 & -5 & 12 & 13 & -56 \\ 2 & -3 & 7 & 5 & -21 \\ 0 & 0 & -1 & 1 & -2 \end{pmatrix} \xrightarrow[④\cdot(-1)]{③+①\cdot(-2)} \begin{pmatrix} 1 & 7 & -1 & -12 & 46 \\ 0 & -5 & 12 & 13 & -56 \\ 0 & -17 & 9 & 29 & -113 \\ 0 & 0 & 1 & -1 & 2 \end{pmatrix}$$

$$\xrightarrow{③+②\cdot(-3)}\begin{pmatrix}1&7&-1&-12&46\\0&-5&12&13&-56\\0&-2&-27&-10&55\\0&0&1&-1&2\end{pmatrix}\xrightarrow{②+③\cdot(-2)}\begin{pmatrix}1&7&-1&-12&46\\0&-1&66&33&-166\\0&-2&-27&-10&55\\0&0&1&-1&2\end{pmatrix}$$

$$\xrightarrow{③+②\cdot(-2)}\begin{pmatrix}1&7&-1&-12&46\\0&-1&66&33&-166\\0&0&-159&-76&387\\0&0&1&-1&2\end{pmatrix}\xrightarrow[②\cdot(-1)]{(③,④)}\begin{pmatrix}1&7&-1&-12&46\\0&1&-66&-33&166\\0&0&1&-1&2\\0&0&-159&-76&387\end{pmatrix}$$

$$\xrightarrow{④+③\cdot 159}\begin{pmatrix}1&7&-1&-12&46\\0&1&-66&-33&166\\0&0&1&-1&2\\0&0&0&-235&705\end{pmatrix}\xrightarrow{④\cdot\left(-\frac{1}{235}\right)}\begin{pmatrix}1&7&-1&-12&46\\0&1&-66&-33&166\\0&0&1&-1&2\\0&0&0&1&-3\end{pmatrix}$$

$$\xrightarrow[\substack{②+④\cdot 33\\③+④\cdot 1}]{①+④\cdot 12}\begin{pmatrix}1&7&-1&0&10\\0&1&-66&0&67\\0&0&1&0&-1\\0&0&0&1&-3\end{pmatrix}\xrightarrow[②+③\cdot 66]{①+③\cdot 1}\begin{pmatrix}1&7&0&0&9\\0&1&0&0&1\\0&0&1&0&-1\\0&0&0&1&-3\end{pmatrix}$$

$$\xrightarrow{①+②\cdot(-7)}\begin{pmatrix}1&0&0&0&2\\0&1&0&0&1\\0&0&1&0&-1\\0&0&0&1&-3\end{pmatrix},$$

因此该方程组有唯一解$(2,1,-1,-3)^T$.

点评 在初等行变换的第 4 步中,为了使第 2 行的主元为 1 或-1(这可以避免分数运算),先把第 2 行的-3倍加到第 3 行,接着把第 3 行的-2倍加到第 2 行.

习 题 1.1

1. 解下列线性方程组:

(1) $\begin{cases}x_1+2x_2-4x_3=-15,\\3x_1+8x_2+7x_3=8,\\2x_1+7x_2+3x_3=-3,\\-x_1-2x_2+4x_3=15;\end{cases}$ (2) $\begin{cases}x_1-3x_2-2x_3-x_4=6,\\3x_1-8x_2+x_3+5x_4=0,\\-2x_1+x_2-4x_3+x_4=-12,\\-x_1+4x_2-x_3-3x_4=2;\end{cases}$

(3) $\begin{cases} x_1-4x_2+3x_3+2x_4=-2, \\ 2x_1-x_2+2x_3-3x_4=-7, \\ 3x_1-x_2+6x_3-7x_4=9, \\ x_1+5x_2-5x_4=7; \end{cases}$ (4) $\begin{cases} 3x_1+5x_2-x_3+2x_4=-6, \\ 2x_1+3x_2-2x_3+5x_4=-12, \\ 4x_1-x_2+2x_3-3x_4=0, \\ -2x_1-7x_2+2x_3-6x_4=9, \\ 7x_1+12x_2-5x_3-12x_4=-5. \end{cases}$

2. 一个投资者将 1 万元投给三家企业 A_1,A_2,A_3,所得的利润率分别为 12%,15%,22%.他想得到利润 2000 元.

(1) 如果投给 A_2 的金额是投给 A_1 的 2 倍,那么应当分别给 A_1,A_2,A_3 投资多少?

(2) 投给 A_3 的金额是否可以等于投给 A_1 与 A_2 的金额之和?

§1.2 线性方程组解的情况及其判定

1.2.1 内容精华

线性方程组是否一定有解呢?让我们先看下面的例子.

例 1 解线性方程组

$$\begin{cases} x_1-x_2+x_3=1, \\ x_1-x_2-x_3=3, \\ 2x_1-2x_2-x_3=3. \end{cases} \tag{1}$$

解 对该线性方程组的增广矩阵施行初等行变换:

$$\begin{pmatrix} 1 & -1 & 1 & 1 \\ 1 & -1 & -1 & 3 \\ 2 & -2 & -1 & 3 \end{pmatrix} \xrightarrow[③+①\cdot(-2)]{②+①\cdot(-1)} \begin{pmatrix} 1 & -1 & 1 & 1 \\ 0 & 0 & -2 & 2 \\ 0 & 0 & -3 & 1 \end{pmatrix} \xrightarrow{②\cdot\left(-\frac{1}{2}\right)} \begin{pmatrix} 1 & -1 & 1 & 1 \\ 0 & 0 & 1 & -1 \\ 0 & 0 & -3 & 1 \end{pmatrix}$$

$$\xrightarrow{③+②\cdot 3} \begin{pmatrix} 1 & -1 & 1 & 1 \\ 0 & 0 & 1 & -1 \\ 0 & 0 & 0 & -2 \end{pmatrix}.$$

最后这个阶梯形矩阵表示的方程组为

$$\begin{cases} x_1-x_2+x_3=1, \\ x_3=-1, \\ 0=-2. \end{cases}$$

x_1,x_2,x_3 无论取什么值都不能满足第 3 个方程,因此这个阶梯形方程组无解,从而原方程组无解.

线性方程组如果有解,有多少解呢？让我们再看下面的例子.

例 2 解线性方程组

$$\begin{cases} x_1 - x_2 + x_3 = 1, \\ x_1 - x_2 - x_3 = 3, \\ 2x_1 - 2x_2 - x_3 = 5. \end{cases} \tag{2}$$

解 这个方程组与例 1 中的方程组只是第 3 个方程的常数项不同,其余都相同. 对该线性方程组的增广矩阵做初等行变换化成阶梯形矩阵,接着化成简化行阶梯形矩阵:

$$\begin{pmatrix} 1 & -1 & 1 & 1 \\ 1 & -1 & -1 & 3 \\ 2 & -2 & -1 & 5 \end{pmatrix} \longrightarrow \begin{pmatrix} 1 & -1 & 1 & 1 \\ 0 & 0 & 1 & -1 \\ 0 & 0 & 0 & 0 \end{pmatrix} \xrightarrow{①+②\cdot(-1)} \begin{pmatrix} 1 & -1 & 0 & 2 \\ 0 & 0 & 1 & -1 \\ 0 & 0 & 0 & 0 \end{pmatrix}.$$

最后这个简化行阶梯形矩阵表示的方程组为

$$\begin{cases} x_1 - x_2 = 2, \\ x_3 = -1, \\ 0 = 0. \end{cases} \tag{3}$$

x_2 每取一个值 c_2,从方程组(3)的第 1 个方程可以求得 $x_1 = c_2 + 2$,从而得到原方程组的一个解$(c_2+2, c_2, -1)^{\mathrm{T}}$. 由于 c_2 可以取任意一个数,且有理数集(或实数集、复数集)有无穷多个数,因此原方程组有无穷多个解. 我们可以用下述表达式来表示这无穷多个解:

$$\begin{cases} x_1 = x_2 + 2, \\ x_3 = -1. \end{cases} \tag{4}$$

表达式(4)称为原方程组的**一般解**,其中以主元为系数的未知量 x_1, x_3 称为**主变量**,其余未知量 x_2 称为**自由未知量**.

定义 1 当 n 元线性方程组有无穷多个解时,我们可以把其中一部分未知量用其余未知量的至多一次的式子来表示,称之为线性方程组的**一般解**,其余那些未知量称为**自由未知量**.

n 元线性方程组的增广矩阵经过初等行变换化成简化行阶梯形矩阵时,以主元为系数的未知量称为**主变量**,其余未知量就是自由未知量. 若简化行阶梯形矩阵有 r 行非零行,则它有 r 个主元,从而有 r 个主变量,于是有 $n-r$ 个自由未知量. 从以简化行阶梯形矩阵为增广矩阵的线性方程组可以立即得出原方程组的一般解(只要把含有自由未知量的项移到等号的右边,注意移项时系数要反号).

现在我们得到线性方程组可能无解,可能有唯一的一个解,也可能有无穷多个解. 是否只有这三种可能性呢？如何判别它们呢？由于线性方程组与对它做初等变换后得到的阶梯形方程组同解,因此我们只要讨论阶梯形方程组的解有几种可能性即可.

设 n 元阶梯形方程组的增广矩阵 $\boldsymbol{J}$ 有 r 行非零行，显然 $\boldsymbol{J}$ 有 $n+1$ 列.

情形 1 阶梯形方程组中出现"$0=d$"(其中 d 是非零数)这种方程，则阶梯形方程组无解.

情形 2 阶梯形方程组中不出现"$0=d$"(其中 d 是非零数)这种方程，此时 $\boldsymbol{J}$ 的第 r 行非零行的主元不能位于第 $n+1$ 列，因此这个主元的列指标 j_r 满足 $j_r\leqslant n$. 又由于 $\boldsymbol{J}$ 的主元的列指标随着行指标的递增而严格增大，因此 $j_r\geqslant r$. 于是 $r\leqslant j_r\leqslant n$，即 $r\leqslant n$. 若 $\boldsymbol{J}$ 经过初等行变换化成简化行阶梯形矩阵 $\boldsymbol{J}_1$，则 $\boldsymbol{J}_1$ 也有 r 行非零行，从而 $\boldsymbol{J}_1$ 有 r 个主元.

若 $r=n$，此时 $\boldsymbol{J}_1$ 有 n 个主元. 由于 $\boldsymbol{J}_1$ 的第 n 个主元不在第 $n+1$ 列，因此 $\boldsymbol{J}_1$ 的 n 个主元分别位于第 $1,2,\cdots,n$ 列，从而 $\boldsymbol{J}_1$ 必形如

$$\begin{pmatrix} 1 & 0 & 0 & \cdots & 0 & 0 & 0 & c_1 \\ 0 & 1 & 0 & \cdots & 0 & 0 & 0 & c_2 \\ \vdots & \vdots & \vdots & & \vdots & \vdots & \vdots & \vdots \\ 0 & 0 & 0 & \cdots & 0 & 1 & 0 & c_{n-1} \\ 0 & 0 & 0 & \cdots & 0 & 0 & 1 & c_n \\ 0 & 0 & 0 & \cdots & 0 & 0 & 0 & 0 \\ \vdots & \vdots & \vdots & & \vdots & \vdots & \vdots & \vdots \\ 0 & 0 & 0 & \cdots & 0 & 0 & 0 & 0 \end{pmatrix}.$$

所以，阶梯形方程组有唯一解 $(c_1,c_2,\cdots,c_{n-1},c_n)^{\mathrm{T}}$.

若 $r<n$，此时 $\boldsymbol{J}_1$ 有 r 个主元，从而 $\boldsymbol{J}_1$ 表示的阶梯形方程组有 r 个主变量：$x_1,x_{j_2},\cdots,x_{j_r}$，有 $n-r$ 个自由未知量：$x_{i_1},\cdots,x_{i_{n-r}}$，于是阶梯形方程组的一般解为

$$\begin{cases} x_1 = b_{11}x_{i_1}+\cdots+b_{1,n-r}x_{i_{n-r}}+d_1, \\ x_{j_2} = b_{21}x_{i_1}+\cdots+b_{2,n-r}x_{i_{n-r}}+d_2, \\ \cdots\cdots \\ x_{j_r} = b_{r1}x_{i_1}+\cdots+b_{r,n-r}x_{i_{n-r}}+d_r. \end{cases} \tag{5}$$

从(5)式看出，自由未知量 $x_{i_1},\cdots,x_{i_{n-r}}$ 取任意一组值，都可求出主变量 $x_1,x_{j_2},\cdots,x_{j_r}$ 的值，从而得到阶梯形方程组的一个解. 由于有理数集(或实数集、复数集)有无穷多个数，因此阶梯形方程组有无穷多个解.

综上所述，我们证明了下面的定理：

定理 1 系数和常数项为有理数(或实数、复数)的 n 元线性方程组的解的情况有且只有三种可能性：无解，有唯一解，有无穷多个解. n 元线性方程组的增广矩阵经过初等行变换化成阶梯形矩阵时，如果相应的阶梯形方程组出现"$0=d$"(其中 d 是非零数)这种方程，那么原方程组无解；否则，有解. 当有解时，如果阶梯形矩阵的非零行数 r 等于未知量的个数 n，那么原方程组有唯一解；如果 $r<n$，那么原方程组有无穷多个解. □

常数项全为 0 的线性方程组称为**齐次线性方程组**.

n 元齐次线性方程组的一般形式是

$$\begin{cases} a_{11}x_1+a_{12}x_2+\cdots+a_{1n}x_n=0, \\ a_{21}x_1+a_{22}x_2+\cdots+a_{2n}x_n=0, \\ \cdots\cdots \\ a_{s1}x_1+a_{s2}x_2+\cdots+a_{sn}x_n=0. \end{cases} \tag{6}$$

n 元线性方程组的系数按原来顺序排成的 $s\times n$ 矩阵

$$\begin{pmatrix} a_{11} & a_{12} & \cdots & a_{1n} \\ a_{21} & a_{22} & \cdots & a_{2n} \\ \vdots & \vdots & & \vdots \\ a_{s1} & a_{s2} & \cdots & a_{sn} \end{pmatrix} \tag{7}$$

称为该方程组的**系数矩阵**.在系数矩阵的最右边添上由常数项组成的一列,便得到该方程组的增广矩阵.

当 $x_1,x_2,\cdots,x_n$ 都用 0 代入时,n 元齐次线性方程组(6)的每一个方程都成为恒等式:$0=0$.因此,$(0,0,\cdots,0)^{\mathrm{T}}$ 是 n 元齐次线性方程组(6)的一个解,称它为**零解**;其余的解(如果有的话)称为**非零解**.对 n 元齐次线性方程组(6)的增广矩阵做初等行变换时,最后一列总是零列(即全由 0 组成),因此只需要对系数矩阵做初等行变换,得到的阶梯形矩阵的非零行数 r 也就是对增广矩阵做初等行变换得到的阶梯形矩阵的非零行数.于是,从定理 1 的前半部分可得:如果 n 元齐次线性方程组有非零解,那么它有无穷多个解;从定理 1 的后半部分可得下述结论:

推论 1 n 元齐次线性方程组有非零解的充要条件是,它的系数矩阵经过初等行变换化成的阶梯形矩阵中,非零行数 $r<n$.

证明 *充分性* 由定理 1 的后半部分立即得到.

必要性 假如 r 不小于 n,则从定理 1 的推导过程看到,必有 $r=n$.于是,根据定理 1 的后半部分,该 n 元齐次线性方程组有唯一解,即只有零解.这与已知条件矛盾.因此 $r<n$. □

从推论 1 可得到下述结论:

推论 2 如果 n 元齐次线性方程组中方程的个数 s 小于未知量的个数 n,那么它一定有非零解.

证明 n 元齐次线性方程组的系数矩阵经过初等行变换化成阶梯形矩阵时,它的非零行数 $r\leqslant s<n$,因此根据推论 1,该 n 元齐次线性方程组有非零解. □

1.2.2 典型例题

例 1 a 为何值时,线性方程组

$$\begin{cases} 3x_1+x_2-x_3-2x_4=2, \\ x_1-5x_2+2x_3+x_4=-1, \\ 2x_1+6x_2-3x_3-3x_4=a+1, \\ -x_1-11x_2+5x_3+4x_4=-4 \end{cases}$$

有解？当有解时，求出它的所有解.

解 对该线性方程组的增广矩阵做初等行变换：

$$\begin{pmatrix} 3 & 1 & -1 & -2 & 2 \\ 1 & -5 & 2 & 1 & -1 \\ 2 & 6 & -3 & -3 & a+1 \\ -1 & -11 & 5 & 4 & -4 \end{pmatrix} \xrightarrow{(①,②)} \begin{pmatrix} 1 & -5 & 2 & 1 & -1 \\ 3 & 1 & -1 & -2 & 2 \\ 2 & 6 & -3 & -3 & a+1 \\ -1 & -11 & 5 & 4 & -4 \end{pmatrix}$$

$$\xrightarrow[\text{④}+\text{①}]{\substack{\text{②}+\text{①}\cdot(-3)\\ \text{③}+\text{①}\cdot(-2)}} \begin{pmatrix} 1 & -5 & 2 & 1 & -1 \\ 0 & 16 & -7 & -5 & 5 \\ 0 & 16 & -7 & -5 & a+3 \\ 0 & -16 & 7 & 5 & -5 \end{pmatrix} \xrightarrow[\text{④}+\text{②}]{\text{③}+\text{②}\cdot(-1)} \begin{pmatrix} 1 & -5 & 2 & 1 & -1 \\ 0 & 16 & -7 & -5 & 5 \\ 0 & 0 & 0 & 0 & a-2 \\ 0 & 0 & 0 & 0 & 0 \end{pmatrix}.$$

可见，原方程组有解当且仅当 $a-2=0$，即 $a=2$. 此时，再施行初等行变换将上述最后一个矩阵化成简化行阶梯形矩阵：

$$\begin{pmatrix} 1 & -5 & 2 & 1 & -1 \\ 0 & 16 & -7 & -5 & 5 \\ 0 & 0 & 0 & 0 & 0 \\ 0 & 0 & 0 & 0 & 0 \end{pmatrix} \longrightarrow \begin{pmatrix} 1 & 0 & -\frac{3}{16} & -\frac{9}{16} & \frac{9}{16} \\ 0 & 1 & -\frac{7}{16} & -\frac{5}{16} & \frac{5}{16} \\ 0 & 0 & 0 & 0 & 0 \\ 0 & 0 & 0 & 0 & 0 \end{pmatrix}. \tag{8}$$

因此，原方程组的一般解是

$$\begin{cases} x_1=\frac{3}{16}x_3+\frac{9}{16}x_4+\frac{9}{16}, \\ x_2=\frac{7}{16}x_3+\frac{5}{16}x_4+\frac{5}{16}, \end{cases} \tag{9}$$

其中 x_3,x_4 是自由未知量.

注意 从例 1 中的简化行阶梯形矩阵(8)可直接写出方程组的一般解(9)，但是要注意把自由未知量的系数变号(因为在一般解中需要把含自由未知量的项移到等号右边)，而常数项不要变号.

例 2 判断如下齐次线性方程组是否有非零解. 如果有非零解，写出它的一般解.

$$\begin{cases} x_1+3x_2-4x_3+2x_4=0, \\ 3x_1-x_2+2x_3-x_4=0, \\ -2x_1+4x_2-x_3+3x_4=0, \\ 3x_1+9x_2-7x_3+6x_4=0. \end{cases}$$

解 通过初等行变换把该方程组的系数矩阵化成阶梯形矩阵,若由此阶梯形矩阵判断出原方程组有非零解,则进一步做初等行变换化阶梯形矩阵为简化行阶梯形矩阵:

$$\begin{pmatrix} 1 & 3 & -4 & 2 \\ 3 & -1 & 2 & -1 \\ -2 & 4 & -1 & 3 \\ 3 & 9 & -7 & 6 \end{pmatrix} \longrightarrow \begin{pmatrix} 1 & 3 & -4 & 2 \\ 0 & -10 & 14 & -7 \\ 0 & 0 & 5 & 0 \\ 0 & 0 & 0 & 0 \end{pmatrix} \longrightarrow \begin{pmatrix} 1 & 0 & 0 & -\frac{1}{10} \\ 0 & 1 & 0 & \frac{7}{10} \\ 0 & 0 & 1 & 0 \\ 0 & 0 & 0 & 0 \end{pmatrix}.$$

所化成的阶梯形矩阵的非零行数 3 小于未知量个数 4,因此该齐次线性方程组有非零解. 从简化行阶梯形矩阵可以立即写出该齐次线性方程组的一般解为

$$\begin{cases} x_1=\frac{1}{10}x_4, \\ x_2=-\frac{7}{10}x_4, \\ x_3=0, \end{cases}$$

其中 x_4 是自由未知量.

习 题 1.2

1. 解下列线性方程组:

(1) $\begin{cases} x_1-5x_2-2x_3=4, \\ 2x_1-3x_2+x_3=7, \\ -x_1+12x_2+7x_3=-5, \\ x_1+16x_2+13x_3=-1; \end{cases}$

(2) $\begin{cases} x_1-5x_2-2x_3=4, \\ 2x_1-3x_2+x_3=7, \\ -x_1+12x_2+7x_3=-5, \\ x_1+16x_2+13x_3=1; \end{cases}$

(3) $\begin{cases} 2x_1-3x_2+x_3+5x_4=6, \\ -3x_1+x_2+2x_3-4x_4=5, \\ -x_1-2x_2+3x_3+x_4=11. \end{cases}$

2. a 为何值时,如下线性方程组有解?当有解时,求出它的所有解.

$$\begin{cases} x_1-4x_2+2x_3=-1, \\ -x_1+11x_2-x_3=3, \\ 3x_1-5x_2+7x_3=a. \end{cases}$$

3. a 为何值时,如下线性方程组有解?当有解时,该方程组有多少个解?

$$\begin{cases} x_1+x_2+x_3=3, \\ 2x_1+x_2-ax_3=9, \\ x_1-2x_2-3x_3=-6. \end{cases}$$

4. 当 c 与 d 取什么值时,下述线性方程组有解?当有解时,求出它的所有解.

$$\begin{cases} x_1+x_2+x_3+x_4+x_5=1, \\ 3x_1+2x_2+x_3+x_4-3x_5=c, \\ x_2+2x_3+2x_4+6x_5=3, \\ 5x_1+4x_2+3x_3+3x_4-x_5=d. \end{cases}$$

5. 设平面内三条直线分别为

$$l_1: x+y=1, \quad l_2: 3x-y=1, \quad l_3: 4x-10y=-3.$$

(1) 上述三条直线是否有公共点?有多少个公共点?

(2) 改变直线 l_3 的方程中某一个系数,得到直线 l_4 的方程,使得 l_1,l_2,l_4 没有公共点.

6. 是否存在二次函数 $y=ax^2+bx+c$,其图像经过 $P(1,2)^{\mathrm{T}}$,$Q(-1,3)^{\mathrm{T}}$,$M(-4,5)^{\mathrm{T}}$,$N(0,2)^{\mathrm{T}}$ 四点?

7. 下列齐次线性方程组是否有非零解?若有非零解,求出它的一般解.

(1) $\begin{cases} 2x_1-x_2+5x_3-3x_4=0, \\ x_1-5x_2+3x_3+2x_4=0, \\ 3x_1-4x_2+7x_3-x_4=0, \\ 9x_1-7x_2+15x_3+4x_4=0; \end{cases}$ (2) $\begin{cases} 5x_1-2x_2+4x_3-3x_4=0, \\ -3x_1+5x_2-x_3+2x_4=0, \\ x_1-3x_2+2x_3+x_4=0. \end{cases}$

8. 一个投资者将 10 万元投给三家企业 A_1,A_2,A_3,所得的利润率分别是 10%,12%,15%.如果他投给 A_3 的金额等于投给 A_1 与 A_2 的金额之和,求总利润 l(单位:万元)的最大值和最小值.分别投给 A_1,A_2,A_3 多少万元时,总利润 l 达到最大值?

§1.3 数 域

1.3.1 内容精华

通过初等行变换把线性方程组的增广矩阵化成简化行阶梯形矩阵时,需要做加法、减法和乘法运算,并且要求每个非零数有倒数$\left(\text{因为对于非零行,我们要用一个非零数乘以该行,使得这一行的主元为1,而对于非零数 } a\text{,有 } \frac{1}{a}\cdot a=1\right)$.在有理数集(或实数集、复数集)中,可以做加法、减法和乘法运算,并且每个非零数有倒数$\left(\text{即非零数 } a \text{ 的倒数 } \frac{1}{a} \text{ 仍在这个数集中}\right)$.而在

整数集 **Z** 中，虽然可以做加法、减法和乘法运算，但是 2 的倒数 $\frac{1}{2}$ 不是整数. 于是，在整数集中，$2x=1$ 无解，即 $2x=1$ 没有整数解. 为了不影响线性方程组的求解，所考虑的数集应当可以做加法、减法和乘法运算，并且每个非零数的倒数仍在这个数集中. 由此引出下述概念：

定义 1　如果复数集的一个子集 K 满足：

(1) $0,1\in K$；

(2) 若 $a,b\in K$，则 $a\pm b, ab\in K$；

(3) 对于 K 中的每个非零数 a，有 $\frac{1}{a}\in K$，

那么称 K 是一个**数域**.

定义 1 中的条件(1)可以减弱成"$1\in K$"，因为从条件(2)可得 $0=1-1\in K$. 明确写出"$0,1\in K$"是为了指明 K 中包含关于加法的单位元 0 和关于乘法的单位元 1.

对于非零数 a，定义 $a^{-1}=\frac{1}{a}$.

有理数集 **Q**、实数集 **R**、复数集 **C** 都是数域，把它们分别称为**有理数域**、**实数域**、**复数域**. 整数集 **Z** 不是数域. 由此猜测有理数域是最小的数域. 事实上，有下述命题：

命题 1　任一数域都包含有理数域.

证明　设 K 是一个数域，则 $0,1\in K$，从而

$$2=1+1\in K,\quad 3=2+1\in K,\quad \cdots,\quad n=(n-1)+1\in K,$$

即任一正整数 $n\in K$. 又由于

$$-n=0-n\in K,$$

因此任一负整数 $-n\in K$，从而 $\mathbf{Z}\subseteq K$.

任取一个分数 $\frac{b}{a}$，其中 $a\neq 0$. 由于 $a\in K$，因此 $\frac{1}{a}\in K$，从而 $\frac{b}{a}=b\cdot\frac{1}{a}\in K$. 因此 $\mathbf{Q}\subseteq K$.

□

由定义 1 知，复数域是最大的数域.

1.3.2　典型例题

例 1　令 $\mathbf{Q}(\sqrt{2})=\{a+b\sqrt{2}\mid a,b\in\mathbf{Q}\}$，证明：$\mathbf{Q}(\sqrt{2})$是一个数域.

证明　$0=0+0\sqrt{2}\in\mathbf{Q}(\sqrt{2})$，$1=1+0\sqrt{2}\in\mathbf{Q}(\sqrt{2})$.

设 $\alpha=a+b\sqrt{2}$，$\beta=c+d\sqrt{2}$，$\in\mathbf{Q}(\sqrt{2})$则

$$\alpha\pm\beta=(a\pm c)+(b\pm d)\sqrt{2}\in\mathbf{Q}(\sqrt{2}),$$

$$\alpha\beta=(ac+2bd)+(ad+bc)\sqrt{2}\in\mathbf{Q}(\sqrt{2}).$$

设 $\alpha\neq 0$，则 a,b 不全为 0，从而 $a-b\sqrt{2}\neq 0$(假如 $a-b\sqrt{2}=0$，则 $a=b\sqrt{2}$. 于是 $b\neq 0$，从

而 $\frac{a}{b}=\sqrt{2}$,矛盾$\Big)$.因此有

$$\frac{1}{\alpha}=\frac{a-b\sqrt{2}}{(a+b\sqrt{2})(a-b\sqrt{2})}=\frac{a}{a^2-2b^2}+\frac{-b}{a^2-2b^2}\sqrt{2}\in \mathbf{Q}(\sqrt{2}).$$

综上所述,$\mathbf{Q}(\sqrt{2})$是一个数域. □

从例 1 看到,除了有理数域、实数域、复数域外,还有许多数域.

今后我们总是取定一个数域 K.数域 K 上的线性方程组是指它的系数和常数项都是 K 中的数,并且它的每一个解(如果有解的话)都是由 K 中的数组成的有序数组.数域 K 上的矩阵是指这个矩阵中的每个元素都属于 K.对数域 K 上的矩阵做初等行变换时,“倍数”“非零数”都是 K 中的数.§1.2 中的定理 1 对于任一数域 K 上的线性方程组都成立.

习 题 1.3

1. 令 $\mathbf{Q}(\mathrm{i})=\{a+b\mathrm{i}\mid a,b\in\mathbf{Q}\}$,证明:$\mathbf{Q}(\mathrm{i})$是一个数域.
2. 令 $\mathbf{Q}(\sqrt{3})=\{a+b\sqrt{3}\mid a,b\in\mathbf{Q}\}$,证明:$\mathbf{Q}(\sqrt{3})$是一个数域.

补 充 题 一

1. 解线性方程组

$$\begin{cases}(1+a_1)x_1+x_2+x_3+\cdots+x_n=b_1,\\ x_1+(1+a_2)x_2+x_3+\cdots+x_n=b_2,\\ \cdots\cdots\\ x_1+x_2+x_3+\cdots+(1+a_n)x_n=b_n,\end{cases}$$

其中 $a_i\neq 0(i=1,2,\cdots,n)$,且$\frac{1}{a_1}+\frac{1}{a_2}+\cdots+\frac{1}{a_n}\neq -1$.

2. 解线性方程组

$$\begin{cases}x_1+2x_2+3x_3+\cdots+(n-1)x_{n-1}+nx_n=b_1,\\ nx_1+x_2+2x_3+\cdots+(n-2)x_{n-1}+(n-1)x_n=b_2,\\ \cdots\cdots\\ 2x_1+3x_2+4x_3+\cdots+nx_{n-1}+x_n=b_n.\end{cases}$$

3. 解线性方程组

$$\begin{cases}x_1+x_2+\cdots+x_n=1,\\ x_2+\cdots+x_n+x_{n+1}=2,\\ \cdots\cdots\\ x_{n+1}+x_{n+2}+\cdots+x_{2n}=n+1.\end{cases}$$

第二章 行列式

§1.2 中的定理 1 给出了数域 K 上线性方程组解的情况的判定法则，这需要通过初等行变换把线性方程组的增广矩阵化成阶梯形矩阵才能做出判定. 但是，许多数学问题要求直接从线性方程组的系数和常数项来判断方程组是否有解，有多少解. 这能办到吗？让我们先看最简单的线性方程组——由两个方程组成的二元一次方程组

$$\begin{cases} a_{11}x_1 + a_{12}x_2 = b_1, \\ a_{21}x_1 + a_{22}x_2 = b_2, \end{cases} \tag{1}$$

其中 a_{11}, a_{21} 不全为 0，不妨设 $a_{11} \neq 0$. 通过初等行变换把方程组(1)的增广矩阵化成阶梯形矩阵：

$$\begin{pmatrix} a_{11} & a_{12} & b_1 \\ a_{21} & a_{22} & b_2 \end{pmatrix} \xrightarrow{②+①\cdot\left(-\frac{a_{21}}{a_{11}}\right)} \begin{pmatrix} a_{11} & a_{12} & b_1 \\ 0 & a_{22}-\frac{a_{21}}{a_{11}}a_{12} & b_2-\frac{a_{21}}{a_{11}}b_1 \end{pmatrix}.$$

情形 1 $a_{11}a_{22} - a_{12}a_{21} \neq 0$. 此时方程组(1)有唯一解.

情形 2 $a_{11}a_{22} - a_{12}a_{21} = 0$. 此时方程组(1)无解或者有无穷多个解.

$a_{11}a_{22} - a_{12}a_{21}$ 是二元一次方程组(1)的系数矩阵

$$\boldsymbol{A} = \begin{pmatrix} a_{11} & a_{12} \\ a_{21} & a_{22} \end{pmatrix} \tag{2}$$

的元素按照一定规则组成的表达式，把这个表达式记成

$$\begin{vmatrix} a_{11} & a_{12} \\ a_{21} & a_{22} \end{vmatrix},$$

称它为**二阶行列式**，也称为二阶矩阵 $\boldsymbol{A}$ 的**行列式**，记作 $|\boldsymbol{A}|$ 或 $\det\boldsymbol{A}$，即

$$|\boldsymbol{A}| = \begin{vmatrix} a_{11} & a_{12} \\ a_{21} & a_{22} \end{vmatrix} = a_{11}a_{22} - a_{12}a_{21}.$$

从上述讨论知道，数域 K 上含两个方程的二元一次方程组(1)有唯一解的充要条件是它的系数矩阵 $\boldsymbol{A}$ 的行列式

$$|\boldsymbol{A}| \neq 0.$$

通过这个例子受到启发,能否对于 n 阶矩阵 $\mathbf{A}$ 定义它的行列式(即 n 阶行列式),使得数域 K 上含 n 个方程的 n 元线性方程组有唯一解的充要条件是它的系数矩阵的行列式不等于 0?

适当地定义 n 阶行列式,并且研究行列式的性质之后,不仅可以回答含 n 个方程的 n 元线性方程组有唯一解的充要条件问题,而且行列式的概念及其性质在高等代数的其他内容(矩阵的秩的计算、可逆矩阵的判定、矩阵的特征值的计算等)、几何的有关内容(平行四边形的面积、三角形的面积、平行六面体的体积的计算,向量的外积和混合积的计算,平面的方程,二次曲线的不变量等),以及数学分析中都有重要应用.

§2.1 n 元排列

2.1.1 内容精华

如何给出 n 阶行列式的定义呢?首先来分析二阶矩阵 $\mathbf{A}=\begin{pmatrix} a_{11} & a_{12} \\ a_{21} & a_{22} \end{pmatrix}$ 的行列式

$$|\mathbf{A}| = a_{11}a_{22} - a_{12}a_{21}$$

是由 $\mathbf{A}$ 的元素按照什么规则组成的.$|\mathbf{A}|$是由两项组成的表达式:每一项都是分别位于不同行且不同列的两个元素的乘积;第 1 项带正号,第 2 项带负号,这两项的区别在于:当按照行指标成自然顺序写出两个元素时,其列指标的排列在第 1 项中是 12,在第 2 项中是 21.这启发我们,为了定义 n 阶行列式,首先要讨论 n 个正整数组成的全排列的性质.

定义 1 n 个不同的正整数的一个全排列称为一个 n **元排列**.

例如,1,2,3 形成的三元排列有

$$123, 132, 213, 231, 312, 321.$$

给定 n 个不同的正整数,它们形成的全排列有 $n!$ 个,因此对于给定的 n 个不同的正整数,n 元排列的总数是 $n!$.

我们来讨论前 n 个正整数 $1,2,\cdots,n$ 形成的 n 元排列的性质.这些性质对于任给的 n 个不同的正整数形成的 n 元排列也成立.

四元排列 2431 中,从左到右每两个数构成的数对有 24,23,21,43,41,31,其中前两个数对 24,23 都是小的数在前,大的数在后;后四个数对 21,43,41,31 都是大的数在前,小的数在后.由此我们抽象出下述概念:

定义 2 给定 n 元排列 $a_1a_2\cdots a_n$,从左到右每两个数构成一个数对.若一个数对中大的数在前,则称这个数对构成一个**逆序**;否则,称这个数对构成一个**顺序**.构成逆序的数对的总数称为这个排列的**逆序数**,记作 $\tau(a_1a_2\cdots a_n)$.

例如,$\tau(2431)=4$.

定义 3 逆序数为偶数的排列称为**偶排列**;逆序数为奇数的排列称为**奇排列**.

把四元排列 2431 中的 2 与 3 互换位置,其余数不动,得到四元排列 3421. 在 3421 中构成逆序的数对有 32,31,42,41,21,于是 $\tau(3421)=5$.

定义 4 在 n 元排列 $a_1a_2\cdots a_n$ 中,把 a_i 与 a_j 互换位置,其余数不动,这称为一个**对换**,记作(a_i,a_j).

四元排列 2431 是偶排列,经过一个对换(2,3)变成 3421,3421 是奇排列. 由此,我们猜测并且来证明下述结论:

定理 1 对换改变排列的奇偶性.

证明 先看对换的两个数相邻的情形:

$$\cdots p\cdots ij\cdots q\cdots, \tag{1}$$

$$\big\downarrow{\scriptstyle (i,j)}$$

$$\cdots p\cdots ji\cdots q\cdots. \tag{2}$$

排列(1)经过一个对换(i,j)变成排列(2). 在排列(1)中 i 的左边任取一个数 p,j 的右边任取一个数 q,数对 pi,pj,pq 是构成顺序还是逆序在排列(1)与排列(2)中是一样的;数对 iq,jq 是构成顺序还是逆序也没有变. 若数对 ij 在排列(1)中构成顺序(逆序),则数对 ji 在排列(2)中构成逆序(顺序). 于是,排列(1)与(2)的逆序数相差 1,从而它们的奇偶性相反.

再看一般情形:

$$\cdots ik_1\cdots k_sj\cdots, \tag{3}$$

$$\big\downarrow{\scriptstyle (i,j)}$$

$$\cdots jk_1\cdots k_si\cdots. \tag{4}$$

排列(3)经过一个对换(i,j)变成排列(4),这可以经过下列相邻两个数的对换来实现:

$$(i,k_1),\ \cdots,\ (i,k_s),\ (i,j),\ (k_s,j),\ \cdots,\ (k_1,j).$$

这里一共做了 $2s+1$ 个相邻两个数的对换. 上面已证一个相邻两个数的对换改变排列的奇偶性,因此奇数个相邻两个数的对换改变排列的奇偶性,从而排列(3)与排列(4)的奇偶性相反. □

自然顺序的 n 元排列 $12\cdots n$ 的逆序数为 0,它是偶排列. 有的问题中需要把一个 n 元排列经过若干个对换变成自然顺序的 n 元排列 $12\cdots n$. 这能办到吗? 先看一个例子:

$$32514 \xleftrightarrow{(5,4)} 32415 \xleftrightarrow{(4,1)} 32145 \xleftrightarrow{(3,1)} 12345,$$

即五元排列 32514 经过 3 个对换变成 12345,而 12345 经过 3 个对换变成 32514. 由于 $\tau(32514)=5$,因此 32514 是奇排列. 由此猜测并且来证明下述结论:

定理 2 任一 n 元排列与排列 $12\cdots n$ 可以经过一系列对换互变,并且所做对换的个数与这个 n 元排列有相同的奇偶性.

证明 任给一个 n 元排列 $j_1j_2\cdots j_n$. 若 $j_n\neq n$,则做对换(n,j_n),得到的排列的最后一个

数便是 n;若这个排列的倒数第二个数不是 $n-1$,则把 $n-1$ 与倒数第二个数做对换,得到的排列的倒数第二个数便是 $n-1$;依次做下去,经过若干个对换便得到排列 $12\cdots n$. 把这些对换按反过来的次序做,便把排列 $12\cdots n$ 变成排列 $j_1j_2\cdots j_n$.

由于 $12\cdots n$ 是偶排列,因此当 $j_1j_2\cdots j_n$ 是奇(偶)排列时,所做对换的个数为奇(偶)数.

□

2.1.2 典型例题

例 1 求 n 元排列 $n(n-1)\cdots 321$ 的逆序数,并且讨论它的奇偶性.

解 n 与后面每个数都构成逆序,有 $n-1$ 个逆序;$n-1$ 与后面每个数都构成逆序,有 $n-2$ 个逆序;依次下去,2 与后面的数 1 构成逆序. 因此,排列 $n(n-1)\cdots 321$ 的逆序数为

$$(n-1)+(n-2)+\cdots+1=\frac{1}{2}[(n-1)+1](n-1)=\frac{1}{2}n(n-1).$$

当 $n=4k$ 时,$\frac{1}{2}n(n-1)=\frac{1}{2}4k(4k-1)=2k(4k-1)$;

当 $n=4k+1$ 时,$\frac{1}{2}n(n-1)=\frac{1}{2}(4k+1)4k=2k(4k+1)$;

当 $n=4k+2$ 时,$\frac{1}{2}n(n-1)=\frac{1}{2}(4k+2)(4k+1)=(2k+1)(4k+1)$;

当 $n=4k+3$ 时,$\frac{1}{2}n(n-1)=\frac{1}{2}(4k+3)(4k+2)=(2k+1)(4k+3)$.

因此,当 $n=4k$ 或 $n=4k+1$ 时,$n(n-1)\cdots 321$ 是偶排列;当 $n=4k+2$ 或 $n=4k+3$ 时,$n(n-1)\cdots 321$是奇排列.

例 2 设在由 $1,2,\cdots,n$ 形成的 n 元排列

$$a_1a_2\cdots a_kb_1b_2\cdots b_{n-k}$$

中,$a_1<a_2<\cdots<a_k$,$b_1<b_2<\cdots<b_{n-k}$,求这个排列的逆序数.

解 在 a_1 后面比 a_1 小的数有 a_1-1 个,于是 a_1 与它们构成的逆序有 a_1-1 个;在 a_2 后面比 a_2 小的数有 $a_2-1-1=a_2-2$ 个(注意 $a_1<a_2$),于是 a_2 与它们构成的逆序有a_2-2 个……在 a_k 后面比 a_k 小的数有 $a_k-1-(k-1)=a_k-k$ 个,于是 a_k 与它们构成的逆序有 a_k-k 个. 由于 $b_1<b_2<\cdots<b_{n-k}$,因此在排列 $b_1b_2\cdots b_{n-k}$中没有逆序,从而

$$\begin{aligned}\tau(a_1a_2\cdots a_kb_1b_2\cdots b_{n-k})&=(a_1-1)+(a_2-2)+\cdots+(a_k-k)\\&=(a_1+a_2+\cdots+a_k)-\frac{1}{2}k(k+1).\end{aligned}$$

例 3 设 $c_1c_2\cdots c_kd_1d_2\cdots d_{n-k}$是由 $1,2,\cdots,n$ 形成的一个 n 元排列,证明:

$$(-1)^{\tau(c_1c_2\cdots c_kd_1d_2\cdots d_{n-k})}=(-1)^{\tau(c_1c_2\cdots c_k)+\tau(d_1d_2\cdots d_{n-k})}\cdot(-1)^{(c_1+c_2+\cdots+c_k)-\frac{1}{2}k(k+1)}. \tag{5}$$

证明 设 k 元排列 $c_1c_2\cdots c_k$ 经过 s 个对换变成排列 $a_1a_2\cdots a_k$,其中 $a_1<a_2<\cdots<a_k$.

由于 $\tau(a_1a_2\cdots a_k)=0$,因此 $a_1a_2\cdots a_k$ 是偶排列,从而排列 $c_1c_2\cdots c_k$ 与 s 有相同的奇偶性.于是$(-1)^{\tau(c_1c_2\cdots c_k)}=(-1)^s$. 在上述 s 个对换下,n 元排列 $c_1c_2\cdots c_kd_1d_2\cdots d_{n-k}$ 变成排列 $a_1a_2\cdots a_kd_1d_2\cdots d_{n-k}$. 由于对换改变排列的奇偶性,因此

$$\begin{aligned}(-1)^{\tau(c_1c_2\cdots c_kd_1d_2\cdots d_{n-k})}&=(-1)^s\cdot(-1)^{\tau(a_1a_2\cdots a_kd_1d_2\cdots d_{n-k})}\\&=(-1)^{\tau(c_1c_2\cdots c_k)}\cdot(-1)^{(a_1-1)+(a_2-2)+\cdots+(a_k-k)+\tau(d_1d_2\cdots d_{n-k})}\\&=(-1)^{\tau(c_1c_2\cdots c_k)+\tau(d_1d_2\cdots d_{n-k})}\cdot(-1)^{(a_1+a_2+\cdots a_k)-\frac{1}{2}k(k+1)}\\&=(-1)^{\tau(c_1c_2\cdots c_k)+\tau(d_1d_2\cdots d_{n-k})}\cdot(-1)^{(c_1+c_2+\cdots c_k)-\frac{1}{2}k(k+1)}.\end{aligned}$$ □

习 题 2.1

1. 求下列排列的逆序数,并且指出它们的奇偶性:

(1) 315462;　(2) 365412;　(3) 654321;

(4) 518394267;　(5) 518694237;　(6) 987654321.

2. 求下列 n 元排列的逆序数:

(1) $(n-1)(n-2)\cdots21n$;　(2) $23\cdots(n-1)n1$.

3. 如果 n 元排列 $j_1j_2\cdots j_n$ 的逆序数为 r,求 n 元排列 $j_n\cdots j_2j_1$ 的逆序数.

4. 在 $1,2,\cdots,n$ 形成的 n 元排列中,

(1) 位于第 k 个位置的数 1 构成多少个逆序?

(2) 位于第 k 个位置的数 n 构成多少个逆序?

5. 计算下列二阶行列式:

(1) $\begin{vmatrix}3&-1\\5&2\end{vmatrix}$;　(2) $\begin{vmatrix}0&0\\1&4\end{vmatrix}$;　(3) $\begin{vmatrix}-2&5\\4&10\end{vmatrix}$;

(4) $\begin{vmatrix}\lambda&-a\\a&\lambda\end{vmatrix}$;　(5) $\begin{vmatrix}\lambda+4&-2\\-2\lambda+2&\lambda\end{vmatrix}$.

6. 利用二阶行列式,判断如下方程组是否有唯一解:

$$\begin{cases}2x_1-3x_2=7,\\5x_1+4x_2=6.\end{cases}$$

7. 证明:在全部 n 元排列中(其中 $n>1$),偶排列和奇排列各占一半.

§2.2 n 阶行列式的定义

2.2.1 内容精华

二阶行列式

$$\begin{vmatrix} a_{11} & a_{12} \\ a_{21} & a_{22} \end{vmatrix} = a_{11}a_{22} - a_{12}a_{21}$$

的每一项具有形式 $a_{1j_1}a_{2j_2}$，它所带的符号当排列 j_1j_2 为 12(即偶排列)时为正号，当排列 j_1j_2 为 21(即奇排列)时为负号，于是该项所带的符号可以写成 $(-1)^{\tau(j_1j_2)}$. 因此，二阶行列式可以用连加号 $\sum$ 来表示：

$$\begin{vmatrix} a_{11} & a_{12} \\ a_{21} & a_{22} \end{vmatrix} = \sum_{j_1j_2}(-1)^{\tau(j_1j_2)}a_{1j_1}a_{2j_2},$$

其中 $\sum\limits_{j_1j_2}$ 表示对所有二元排列求和，二元排列共有 2!个，因此二阶行列式共有 2! 项，每一项都是取自不同行、不同列的两个元素的乘积，它所带的符号由二元排列 j_1j_2 的奇偶性决定. 由此受到启发，我们给出 n 阶行列式的定义如下：

定义 1 n 阶行列式，即 n 阶矩阵 $\boldsymbol{A}=(a_{ij})$ 的行列式规定为

$$\begin{vmatrix} a_{11} & a_{12} & \cdots & a_{1n} \\ a_{21} & a_{22} & \cdots & a_{2n} \\ \vdots & \vdots & & \vdots \\ a_{n1} & a_{n2} & \cdots & a_{nn} \end{vmatrix} := \sum_{j_1j_2\cdots j_n}(-1)^{\tau(j_1j_2\cdots j_n)}a_{1j_1}a_{2j_2}\cdots a_{nj_n}\text{①}, \tag{1}$$

其中连加号 $\sum\limits_{j_1j_2\cdots j_n}$ 是对所有 n 元排列求和(也就是让列指标构成的排列 $j_1j_2\cdots j_n$ 取遍所有的 n 元排列). 也就是说，n 阶行列式是 $n!$ 项的代数和，每一项都是取自不同行、不同列的 n 个元素的乘积，并且把这 n 个元素按照行指标成自然顺序排好位置，当列指标构成的排列是偶排列时，该项带正号；当是奇排列时，该项带负号.

n 阶矩阵 $\boldsymbol{A}$ 的行列式可以简记为 $|\boldsymbol{A}|$ 或 $\det \boldsymbol{A}$.

注意 令

$$\boldsymbol{A} = \begin{pmatrix} a_{11} & a_{12} & \cdots & a_{1n} \\ a_{21} & a_{22} & \cdots & a_{2n} \\ \vdots & \vdots & & \vdots \\ a_{n1} & a_{n2} & \cdots & a_{nn} \end{pmatrix}, \tag{2}$$

则 n 阶矩阵 $\boldsymbol{A}$ 是指形如(2)式的一张表，其记号采用圆括号(或方括号)；而 n 阶行列式 $|\boldsymbol{A}|$ 是指形如(1)式的一个表达式，其记号采用两条竖线.

由定义 1 立即得到：

一阶行列式 $|a_{11}|=a_{11}$.

三阶行列式

---

① 符号“:=”表示用这个符号的右边来定义左边.

$$\begin{vmatrix} a_{11} & a_{12} & a_{13} \\ a_{21} & a_{22} & a_{23} \\ a_{31} & a_{32} & a_{33} \end{vmatrix} = a_{11}a_{22}a_{33} + a_{12}a_{23}a_{31} + a_{13}a_{21}a_{32} - a_{13}a_{22}a_{31} - a_{12}a_{21}a_{33} - a_{11}a_{23}a_{32}. \tag{3}$$

三阶行列式的 6 项及其所带符号可以采用图 2.1 来记忆.

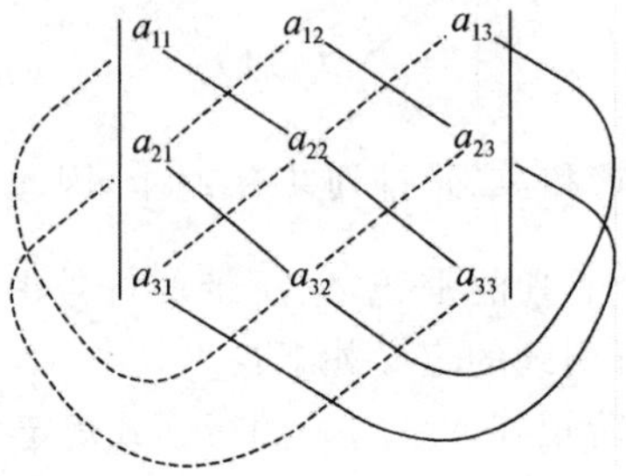

图 2.1

其中**主对角线**(从左上角到右下角的连线)上三个元素的乘积 $a_{11}a_{22}a_{33}$,以及与主对角线平行的线上三个元素的乘积 $a_{12}a_{23}a_{31}$,$a_{13}a_{21}a_{32}$ 都带正号;**反对角线**(从右上角到左下角的连线)上三个元素的乘积 $a_{13}a_{22}a_{31}$,以及与反对角线平行的线上三个元素的乘积 $a_{12}a_{21}a_{33}$,$a_{11}a_{23}a_{32}$ 都带负号.

主对角线下方的元素全为 0 的 n 阶行列式

$$\begin{vmatrix} a_{11} & a_{12} & a_{13} & \cdots & a_{1,n-2} & a_{1,n-1} & a_{1n} \\ 0 & a_{22} & a_{23} & \cdots & a_{2,n-2} & a_{2,n-1} & a_{2n} \\ 0 & 0 & a_{33} & \cdots & a_{3,n-2} & a_{3,n-1} & a_{3n} \\ \vdots & \vdots & \vdots & & \vdots & \vdots & \vdots \\ 0 & 0 & 0 & \cdots & 0 & a_{n-1,n-1} & a_{n-1,n} \\ 0 & 0 & 0 & \cdots & 0 & 0 & a_{nn} \end{vmatrix}, \tag{4}$$

称为 n **阶上三角形行列式**.

如何计算 n 阶上三角形行列式(4)的值呢?考虑任一项

$$(-1)^{\tau(j_1 j_2 \cdots j_n)} a_{1j_1} a_{2j_2} \cdots a_{n-2,j_{n-2}} a_{n-1,j_{n-1}} a_{n,j_n}. \tag{5}$$

首先考虑 0 最多的行,即第 n 行,若 $j_n \neq n$,则 $a_{nj_n}=0$,从而项(5)为 0. 于是取 $j_n=n$. 接着考虑第 $n-1$ 行,只有取 $j_{n-1}=n-1$,才能使项(5)可能不等于 0,依次往上分析,只有取 $j_{n-2}=n-2,\cdots,j_2=2,j_1=1$,才能使项(5)可能不等于 0. 由于 $12\cdots n$ 是偶排列,因此 n 阶上三角形行列式的值为 $a_{11}a_{22}\cdots a_{n-1,n-1}a_{nn}$. 于是,我们证明了下述命题:

命题 1 n 阶上三角形行列式的值等于它的主对角线上 n 个元素的乘积. □

在 n 阶行列式 $|\mathbf{A}|$ 的定义中，把每一项中 n 个元素的乘积按照行指标成自然顺序排好了位置. 但是，数的乘法有交换律，因此我们可以按任一次序排它们的位置，这时该项所带的符号怎样表达呢？在 n 阶行列式 $|\mathbf{A}|$ 中任取一项

$$(-1)^{\tau(j_1j_2\cdots j_n)}a_{1j_1}a_{2j_2}\cdots a_{nj_n}. \tag{6}$$

设 $a_{1j_1}a_{2j_2}\cdots a_{nj_n}$ 经过 s 次互换两个元素的位置变成

$$a_{i_1k_1}a_{i_2k_2}\cdots a_{i_nk_n}, \tag{7}$$

则项(6)的行指标排列 $12\cdots n$ 经过相应的 s 个对换变成项(7)的行指标排列 $i_1i_2\cdots i_n$；项(6)的列指标排列 $j_1j_2\cdots j_n$ 经过相应的 s 个对换变成项(7)的列指标排列 $k_1k_2\cdots k_n$. 于是，根据§2.1 中的定理 2 和定理 1，得

$$(-1)^{\tau(i_1i_2\cdots i_n)}=(-1)^s, \tag{8}$$

$$(-1)^{\tau(k_1k_2\cdots k_n)}=(-1)^s\cdot(-1)^{\tau(j_1j_2\cdots j_n)}. \tag{9}$$

把(8),(9)两式相乘得

$$(-1)^{\tau(i_1i_2\cdots i_n)+\tau(k_1k_2\cdots k_n)}=(-1)^{\tau(j_1j_2\cdots j_n)}. \tag{10}$$

因此，n 阶行列式 $|\mathbf{A}|$ 的项(6)等于

$$(-1)^{\tau(i_1i_2\cdots i_n)+\tau(k_1k_2\cdots k_n)}a_{i_1k_1}a_{i_2k_2}\cdots a_{i_nk_n}. \tag{11}$$

于是，若把 $|\mathbf{A}|$ 每一项的 n 个元素按行指标排列为 $i_1i_2\cdots i_n$ 排好位置，则 n 阶行列式 $|\mathbf{A}|$ 为

$$|\mathbf{A}|=\sum_{k_1k_2\cdots k_n}(-1)^{\tau(i_1i_2\cdots i_n)+\tau(k_1k_2\cdots k_n)}a_{i_1k_1}a_{i_2k_2}\cdots a_{i_nk_n}. \tag{12}$$

同理，若把 $|\mathbf{A}|$ 每一项的 n 个元素按列指标排列为 $k_1k_2\cdots k_n$ 排好位置，则 n 阶行列式 $|\mathbf{A}|$ 为

$$|\mathbf{A}|=\sum_{i_1i_2\cdots i_n}(-1)^{\tau(i_1i_2\cdots i_n)+\tau(k_1k_2\cdots k_n)}a_{i_1k_1}a_{i_2k_2}\cdots a_{i_nk_n}. \tag{13}$$

特别地，把 n 阶行列式 $|\mathbf{A}|$ 每一项的 n 个元素按照列指标成自然顺序排好位置，则

$$|\mathbf{A}|=\sum_{i_1i_2\cdots i_n}(-1)^{\tau(i_1i_2\cdots i_n)}a_{i_11}a_{i_22}\cdots a_{i_nn}, \tag{14}$$

即此时每一项所带的符号由行指标构成的排列的奇偶性决定. (14)式和(1)式表明，行列式中行与列的地位是对称的.

2.2.2 典型例题

例 1 计算 n 阶行列式

$$\begin{vmatrix} 0 & 0 & \cdots & 0 & a_1 \\ 0 & 0 & \cdots & a_2 & 0 \\ \vdots & \vdots & & \vdots & \vdots \\ 0 & a_{n-1} & \cdots & 0 & 0 \\ a_n & 0 & \cdots & 0 & 0 \end{vmatrix}.$$

解 在所给的 n 阶行列式中任取一项,第 1 行只能取第 n 列中的元素 a_1,该项才可能不等于 0;第 2 行只能取第 $n-1$ 列中的元素 a_2,该项才可能不等于 0;依次下去,第 $n-1$ 行只能取第 2 列中的元素 a_{n-1},第 n 行只能取第 1 列中的元素 a_n,该项才可能不等于 0. 因此,所给的 n 阶行列式的值为

$$(-1)^{\tau(n(n-1)\cdots 21)}a_1a_2\cdots a_{n-1}a_n=(-1)^{\frac{1}{2}n(n-1)}a_1a_2\cdots a_{n-1}a_n.$$

注意 在例 1 中,当 $n=4$ 时,这个行列式的值为 $a_1a_2a_3a_4$,这是反对角线上 4 个元素的乘积,它带正号. 这与二阶和三阶行列式反对角线上元素的乘积带负号不一样. 这表明,n 阶行列式反对角线上 n 个元素的乘积可能带负号,也可能带正号. 究竟是带正号还是带负号,与 n 有关. 建议读者思考(提示:利用 2.1.2 小节中例 1 的结论).

例 2 如下四阶行列式是 x 的几次多项式? 分别求出含 x^4 和 x^3 的项的系数.

$$\begin{vmatrix} 5x & x & 1 & x \\ 1 & x & 1 & -x \\ 3 & 2 & x & 1 \\ 3 & 1 & 1 & x \end{vmatrix}.$$

解 为了得到含 x^4 的项,第 4 行必须取第 4 列中的元素 x,第 3 行必须取第 3 列中的的元素 x,于是第 2 行只能取第 2 列中的元素 x,从而第 1 行只能取第 1 列中的元素 $5x$,它们的乘积为 $5x^4$. 由于 1234 是偶排列,因此 $5x^4$ 这一项带正号. 于是,x^4 项的系数为 5.

为了得到含 x^3 的项,应当在 3 行中取含 x 的元素,在其余 1 行中取不含 x 的元素. 从第 1 行开始考虑. 若第 1 行取 $5x$,则第 2 行只能取 x 或 $1,-x$. 若第 2 行取 x 或 1,则得不到含 x^3 的项. 若第 2 行取 $-x$,第 3 行取 x,第 4 行取第 2 列中的 1,则得

$$(-1)^{\tau(1432)}\cdot 5x\cdot(-x)\cdot x\cdot 1=5x^3.$$

若第 1 行取第 2 列中的元素 x,则第 2 行只能取 $1,1$ 或 $-x$. 若第 2 行取第 1 列中的元素 1,则第 3 行取第 3 列中的元素 x,第 4 行取第 4 列中的元素 x,便得到一项

$$(-1)^{\tau(2134)}x\cdot 1\cdot x\cdot x=-x^3;$$

若第 2 行取第 3 列中的元素 1,则得不到含 x^3 的项;若第 2 行取第 4 列中的元素 $-x$,则第 3 行取第 3 列中的元素 x,第 4 行取第 1 列中的元素 3,便得到一项

$$(-1)^{\tau(2431)}x\cdot(-x)\cdot x\cdot 3=-3x^3.$$

若第 1 行取第 3 列中的元素 1,则得不到含 x^3 的项. 若第 1 行取第 4 列中的元素 x,则第 2 行取第 2 列中的元素 x,第 3 行取第 3 列中的元素 x,第 4 行取第 1 列中的元素 3,便得到 $(-1)^{\tau(4231)}x\cdot x\cdot x\cdot 3=-3x^3$;第 2 行取第 1 列或第 3 列中的元素都得不到含 x^3 的项. 因此,含 x^3 的项的和为

$$5x^3+(-x^3)+(-3x^3)+(-3x^3)=-2x^3,$$

从而含 x^3 的项的系数为 -2.

习 题 2.2

1. 计算下列 $n(n>1)$ 阶行列式：

(1) $\begin{vmatrix} 0 & a_1 & 0 & \cdots & 0 \\ 0 & 0 & a_2 & \cdots & 0 \\ \vdots & \vdots & \vdots & & \vdots \\ 0 & 0 & 0 & \cdots & a_{n-1} \\ a_n & 0 & 0 & \cdots & 0 \end{vmatrix}$；　　(2) $\begin{vmatrix} 0 & \cdots & 0 & a_1 & 0 \\ 0 & \cdots & a_2 & 0 & 0 \\ \vdots & & \vdots & \vdots & \vdots \\ a_{n-1} & \cdots & 0 & 0 & 0 \\ 0 & \cdots & 0 & 0 & a_n \end{vmatrix}$.

2. 计算五阶行列式

$$\begin{vmatrix} a_1 & a_2 & a_3 & a_4 & a_5 \\ b_1 & b_2 & b_3 & b_4 & b_5 \\ 0 & 0 & 0 & c_1 & c_2 \\ 0 & 0 & 0 & d_1 & d_2 \\ 0 & 0 & 0 & e_1 & e_2 \end{vmatrix}.$$

3. 如下四阶行列式是 x 的几次多项式？分别求出含 x^4 和 x^3 的项的系数.

$$\begin{vmatrix} 7x & x & 1 & 2x \\ 1 & x & 5 & -1 \\ 4 & 3 & x & 1 \\ 2 & -1 & 1 & x \end{vmatrix}.$$

4. 证明：如果在 $n(n>1)$ 阶行列式中，第 $i_1,i_2,\cdots,i_k$ 行与第 $j_1,j_2,\cdots,j_l$ 列交叉位置的元素都是 0，并且 $k+l>n$，那么这个行列式的值等于 0.

5. 设 $n\geqslant 2$，证明：如果 n 阶矩阵 $\boldsymbol{A}$ 的元素为 1 或 -1，那么 $|\boldsymbol{A}|$ 必为偶数.

§2.3 行列式的性质

2.3.1 内容精华

为了更清晰地刻画行列式的行与列的地位是对称的，我们先引入一个概念：

设 n 阶矩阵 $\boldsymbol{A}$ 为

$$\boldsymbol{A} = \begin{pmatrix} a_{11} & a_{12} & \cdots & a_{1n} \\ a_{21} & a_{22} & \cdots & a_{2n} \\ \vdots & \vdots & & \vdots \\ a_{n1} & a_{n2} & \cdots & a_{nn} \end{pmatrix}. \tag{1}$$

把 $\boldsymbol{A}$ 的第 1 行写成第 1 列,第 2 行写成第 2 列……第 n 行写成第 n 列,得到一个矩阵:

$$\boldsymbol{A}^{\mathrm{T}}=\begin{pmatrix} a_{11} & a_{21} & \cdots & a_{n1} \\ a_{12} & a_{22} & \cdots & a_{n2} \\ \vdots & \vdots & & \vdots \\ a_{1n} & a_{2n} & \cdots & a_{nn} \end{pmatrix}. \tag{2}$$

这个矩阵称为矩阵 $\boldsymbol{A}$ 的**转置**,记作 $\boldsymbol{A}^{\mathrm{T}}$.

从转置矩阵的定义立即得到,$\boldsymbol{A}^{\mathrm{T}}$ 的 (i,j) 元等于 $\boldsymbol{A}$ 的 (j,i) 元 $(i=1,2,\cdots,n;j=1,2,\cdots,n)$,即

$$\boldsymbol{A}^{\mathrm{T}}(i;j)=\boldsymbol{A}(j;i)\quad(i=1,2,\cdots,n;j=1,2,\cdots,n). \tag{3}$$

从转置矩阵的定义立即得到 $(\boldsymbol{A}^{\mathrm{T}})^{\mathrm{T}}=\boldsymbol{A}$.

利用§2.2 中的(14)式和(1)式,可以得到 n 阶行列式的下述性质:

性质 1 $|\boldsymbol{A}^{\mathrm{T}}|=|\boldsymbol{A}|$,即行与列互换,行列式的值不变.

证明 把 $|\boldsymbol{A}^{\mathrm{T}}|$ 的每一项按照列指标成自然顺序排好位置,从(2)式看到,$\boldsymbol{A}^{\mathrm{T}}$ 中元素 a_{ij} 的行指标是第 2 个下标 j,列指标是第 1 个下标 i. 因此,利用§2.2 中的(14)式和(1)式得

$$|\boldsymbol{A}^{\mathrm{T}}|=\sum_{i_1i_2\cdots i_n}(-1)^{\tau(i_1i_2\cdots i_n)}a_{1i_1}a_{2i_2}\cdots a_{ni_n}=|\boldsymbol{A}|. \qquad \square$$

性质 1 表明,行列式的行与列的地位是对称的. 因此,行列式有关行的性质,对于列也同样成立.

我们想研究含 n 个方程的 n 元线性方程组有唯一解的充要条件是否为它的系数矩阵 $\boldsymbol{A}$ 的行列式不等于 0,而目前方程组有唯一解的判定需要通过初等行变换把增广矩阵化成阶梯形矩阵,因此我们首先来研究矩阵的初等行变换会引起矩阵的行列式的值如何变化. 下面讨论的矩阵都是 n 阶矩阵.

性质 2 若 $\boldsymbol{A}\xrightarrow{ⓘ\cdot k}\boldsymbol{B}$,则 $|\boldsymbol{B}|=k|\boldsymbol{A}|$,即

$$\begin{vmatrix} a_{11} & a_{12} & \cdots & a_{1n} \\ \vdots & \vdots & & \vdots \\ ka_{i1} & ka_{i2} & \cdots & ka_{in} \\ \vdots & \vdots & & \vdots \\ a_{n1} & a_{n2} & \cdots & a_{nn} \end{vmatrix}=k\begin{vmatrix} a_{11} & a_{12} & \cdots & a_{1n} \\ \vdots & \vdots & & \vdots \\ a_{i1} & a_{i2} & \cdots & a_{in} \\ \vdots & & & \\ a_{n1} & a_{n2} & \cdots & a_{nn} \end{vmatrix}. \tag{4}$$

也就是说,行列式一行的公因子可以提出去.

证明 $|\boldsymbol{B}|=\sum_{j_1j_2\cdots j_n}(-1)^{\tau(j_1j_2\cdots j_n)}a_{1j_1}\cdots(ka_{ij_i})\cdots a_{nj_n}$

$$= k\sum_{j_1j_2\cdots j_n}(-1)^{\tau(j_1j_2\cdots j_n)}a_{1j_1}\cdots a_{ij_i}\cdots a_{nj_n}$$
$$= k|\boldsymbol{A}|.$$ □

当 $k=0$ 时，由行列式的定义立即得到，(4)式左端行列式的值为 0. 这表明，若行列式有一行元素全为 0，则这个行列式的值为 0. 于是，(4)式仍然成立.

为了研究矩阵的 1°型初等行变换会引起矩阵的行列式的值如何变化，我们先讨论下述情形.

性质 3

$$\text{第 } i \text{ 行}\begin{vmatrix} a_{11} & a_{12} & \cdots & a_{1n} \\ \vdots & \vdots & & \vdots \\ b_1+c_1 & b_2+c_2 & \cdots & b_n+c_n \\ \vdots & \vdots & & \vdots \\ a_{n1} & a_{n2} & \cdots & a_{nn} \end{vmatrix} = \begin{vmatrix} a_{11} & a_{12} & \cdots & a_{1n} \\ \vdots & \vdots & & \vdots \\ b_1 & b_2 & \cdots & b_n \\ \vdots & \vdots & & \vdots \\ a_{n1} & a_{n2} & \cdots & a_{nn} \end{vmatrix} + \begin{vmatrix} a_{11} & a_{12} & \cdots & a_{1n} \\ \vdots & \vdots & & \vdots \\ c_1 & c_2 & \cdots & c_n \\ \vdots & \vdots & & \vdots \\ a_{n1} & a_{n2} & \cdots & a_{nn} \end{vmatrix}. \tag{5}$$

证明 左边 $=\sum_{j_1j_2\cdots j_n}(-1)^{\tau(j_1j_2\cdots j_n)}a_{1j_1}\cdots(b_{j_i}+c_{j_i})\cdots a_{nj_n}$

$$=\sum_{j_1j_2\cdots j_n}(-1)^{\tau(j_1j_2\cdots j_n)}a_{1j_1}\cdots b_{j_i}\cdots a_{nj_n}+\sum_{j_1j_2\cdots j_n}(-1)^{\tau(j_1j_2\cdots j_n)}a_{1j_1}\cdots c_{j_i}\cdots a_{nj_n}$$

= 右边. □

性质 4 若 $\boldsymbol{A}\xrightarrow{(ⓘ,ⓚ)}\boldsymbol{C}$，则 $|\boldsymbol{C}|=-|\boldsymbol{A}|$，即

$$\begin{matrix}\\ \\ \text{第 } i \text{ 行}\\ \\ \text{第 } k \text{ 行}\\ \\ \\ \end{matrix}\begin{vmatrix} a_{11} & \cdots & a_{1n} \\ \vdots & & \vdots \\ a_{k1} & \cdots & a_{kn} \\ \vdots & & \vdots \\ a_{i1} & \cdots & a_{in} \\ \vdots & & \vdots \\ a_{n1} & \cdots & a_{nn} \end{vmatrix} = -\begin{vmatrix} a_{11} & \cdots & a_{1n} \\ \vdots & & \vdots \\ a_{i1} & \cdots & a_{in} \\ \vdots & & \vdots \\ a_{k1} & \cdots & a_{kn} \\ \vdots & & \vdots \\ a_{n1} & \cdots & a_{nn} \end{vmatrix}\begin{matrix}\\ \\ \text{第 } i \text{ 行}\\ \\ \text{第 } k \text{ 行}\\ \\ \\ \end{matrix}. \tag{6}$$

也就是说，两行互换，行列式反号.

证明 矩阵 $\boldsymbol{C}$ 的第 i 行元素是 $a_{k1},\cdots,a_{kn}$，第 k 行元素是 $a_{i1},\cdots,a_{in}$. 在 $|\boldsymbol{C}|$ 的表达式中，每一项中的 n 个元素按照行指标成自然顺序排好位置，第 i 行元素的列指标记作 j_i，第 k 行元素的列指标记作 j_k，则

$$|\boldsymbol{C}|=\sum_{j_1\cdots j_i\cdots j_k\cdots j_n}(-1)^{\tau(j_1\cdots j_i\cdots j_k\cdots j_n)}a_{1j_1}\cdots a_{kj_i}\cdots a_{ij_k}\cdots a_{nj_n}$$

$$= \sum_{j_1\cdots j_k\cdots j_i\cdots j_n} -(-1)^{\tau(j_1\cdots j_k\cdots j_i\cdots j_n)} a_{1j_1}\cdots a_{ij_k}\cdots a_{kj_i}\cdots a_{nj_n}$$

$$=-|\boldsymbol{A}|.$$ □

性质 5 两行相同,行列式的值为 0,即

$$\begin{array}{r} \\ \\ 第\, i\, 行 \\ \\ 第\, k\, 行 \\ \\ \\ \end{array}\begin{vmatrix} a_{11} & \cdots & a_{1n} \\ \vdots & & \vdots \\ a_{i1} & \cdots & a_{in} \\ \vdots & & \vdots \\ a_{i1} & \cdots & a_{in} \\ \vdots & & \vdots \\ a_{n1} & \cdots & a_{nn} \end{vmatrix} = 0. \tag{7}$$

证明 把(7)式左边行列式的第 i 行与第 k 行互换,根据性质 4 得

$$\begin{vmatrix} a_{11} & \cdots & a_{1n} \\ \vdots & & \vdots \\ a_{i1} & \cdots & a_{in} \\ \vdots & & \vdots \\ a_{i1} & \cdots & a_{in} \\ \vdots & & \vdots \\ a_{n1} & \cdots & a_{nn} \end{vmatrix} = -\begin{vmatrix} a_{11} & \cdots & a_{1n} \\ \vdots & & \vdots \\ a_{i1} & \cdots & a_{in} \\ \vdots & & \vdots \\ a_{i1} & \cdots & a_{in} \\ \vdots & & \vdots \\ a_{n1} & \cdots & a_{nn} \end{vmatrix},$$

从而(7)式左边行列式的 2 倍等于 0,因此(7)式成立. □

性质 6 两行成比例,行列式的值为 0.

证明 设行列式的第 k 行元素是第 i 行相应元素的 l 倍,则利用性质 2 和性质 5 得

$$\begin{array}{r} \\ \\ 第\, i\, 行 \\ \\ 第\, k\, 行 \\ \\ \\ \end{array}\begin{vmatrix} a_{11} & \cdots & a_{1n} \\ \vdots & & \vdots \\ a_{i1} & \cdots & a_{in} \\ \vdots & & \vdots \\ la_{i1} & \cdots & la_{in} \\ \vdots & & \vdots \\ a_{n1} & \cdots & a_{nn} \end{vmatrix} = l\begin{vmatrix} a_{11} & \cdots & a_{1n} \\ \vdots & & \vdots \\ a_{i1} & \cdots & a_{in} \\ \vdots & & \vdots \\ a_{i1} & \cdots & a_{in} \\ \vdots & & \vdots \\ a_{n1} & \cdots & a_{nn} \end{vmatrix} = l\cdot 0 = 0.$$ □

性质 7 若 $\boldsymbol{A} \xrightarrow{ⓚ+ⓘ\cdot l} \boldsymbol{D}$,则 $|\boldsymbol{D}|=|\boldsymbol{A}|$,即把某一行的倍数加到另一行上,行列式的值不变.

证明

$$|\boldsymbol{D}|=\begin{vmatrix} a_{11} & \cdots & a_{1n} \\ \vdots & & \vdots \\ a_{i1} & \cdots & a_{in} \\ \vdots & & \vdots \\ a_{k1}+la_{i1} & \cdots & a_{kn}+la_{in} \\ \vdots & & \vdots \\ a_{n1} & \cdots & a_{nn} \end{vmatrix}=\begin{vmatrix} a_{11} & \cdots & a_{1n} \\ \vdots & & \vdots \\ a_{i1} & \cdots & a_{in} \\ \vdots & & \vdots \\ a_{k1} & \cdots & a_{kn} \\ \vdots & & \vdots \\ a_{n1} & \cdots & a_{nn} \end{vmatrix}+\begin{vmatrix} a_{11} & \cdots & a_{1n} \\ \vdots & & \vdots \\ a_{i1} & \cdots & a_{in} \\ \vdots & & \vdots \\ la_{i1} & \cdots & la_{in} \\ \vdots & & \vdots \\ a_{n1} & \cdots & a_{nn} \end{vmatrix}$$

$$=|\boldsymbol{A}|+0=|\boldsymbol{A}|.$$ □

根据行列式的性质 7、性质 4 和性质 2,得

若 n 阶矩阵 $\boldsymbol{A}\xrightarrow{\text{初等行变换}}\boldsymbol{B}$,则 $|\boldsymbol{B}|=k|\boldsymbol{A}|$,其中 k 是某个非零数.

类似于矩阵的初等行变换,有矩阵的**初等列变换**:

1° 把某一列的倍数加到另一列上;

2° 互换两列的位置;

3° 用一个非零数乘以某一列.

行列式的性质 2 至性质 7 对于列也成立.

利用行列式的性质 7、性质 4 和性质 2(包括对列运用这些性质),可以把一个行列式化成上三角形行列式的非零数倍.这是计算行列式的基本方法之一.

利用行列式的性质 3(包括对列运用这一性质),可以把一个行列式拆成若干个行列式的和,其中每个行列式都比较容易计算,这是计算行列式的常用方法之一.

2.3.2 典型例题

例 1 计算 n 阶行列式

$$\begin{vmatrix} k & \lambda & \lambda & \cdots & \lambda \\ \lambda & k & \lambda & \cdots & \lambda \\ \vdots & \vdots & \vdots & & \vdots \\ \lambda & \lambda & \lambda & \cdots & k \end{vmatrix},$$

其中 $k\neq\lambda$.

分析 设 $n\geqslant 2$. 这个 n 阶行列式的每一行都有 1 个 k,$n-1$ 个 λ,因此把这个行列式的第 $2,3,\cdots,n$ 列都加到第 1 列上,所得到的行列式的第 1 列元素都是 $k+(n-1)\lambda$,从而利用性质 2 可以把这个公因子提出去,于是得到的行列式的第 1 列全是 1. 再利用性质 7 可以把它化成上三角形行列式. 以下约定:对行列式进行初等行变换的记号写在等号上面,进行初

等列变换的记号写在等号下面.

解 当 $n\geqslant 2$ 时,有

$$\text{原式}\xlongequal[\substack{①+②\\①+③\\\cdots\cdots\\①+ⓝ}]{}\begin{vmatrix} k+(n-1)\lambda & \lambda & \lambda & \cdots & \lambda \\ k+(n-1)\lambda & k & \lambda & \cdots & \lambda \\ \vdots & \vdots & \vdots & & \vdots \\ k+(n-1)\lambda & \lambda & \lambda & \cdots & k \end{vmatrix}$$

$$=[k+(n-1)\lambda]\begin{vmatrix} 1 & \lambda & \lambda & \cdots & \lambda \\ 1 & k & \lambda & \cdots & \lambda \\ \vdots & \vdots & \vdots & & \vdots \\ 1 & \lambda & \lambda & \cdots & k \end{vmatrix}$$

$$=[k+(n-1)\lambda]\begin{vmatrix} 1 & \lambda & \lambda & \cdots & \lambda \\ 0 & k-\lambda & 0 & \cdots & 0 \\ \vdots & \vdots & \vdots & & \vdots \\ 0 & 0 & 0 & \cdots & k-\lambda \end{vmatrix}$$

$$=[k+(n-1)\lambda](k-\lambda)^{n-1}. \tag{8}$$

当 $n=1$ 时,$|k|=k$,从而(8)式仍然成立.

例 2 计算 n 阶行列式

$$\begin{vmatrix} x_1-a_1 & x_2 & x_3 & \cdots & x_n \\ x_1 & x_2-a_2 & x_3 & \cdots & x_n \\ x_1 & x_2 & x_3-a_3 & \cdots & x_n \\ \vdots & \vdots & \vdots & & \vdots \\ x_1 & x_2 & x_3 & \cdots & x_n-a_n \end{vmatrix} \quad (n\geqslant 2).$$

分析 这个 n 阶行列式的每一列都是两组数的和,因此可利用性质 3. 注意到若拆成的行列式有两列是 $(x_j,x_j,\cdots,x_j)^{\mathrm T}$ 与 $(x_l,x_l,\cdots,x_l)^{\mathrm T}$ 的形式,则根据性质 6,这个行列式的值为 0.

解 利用性质 3 和性质 6,得

$$\text{原式}=\begin{vmatrix} x_1-a_1 & x_2+0 & x_3+0 & \cdots & x_n+0 \\ x_1+0 & x_2-a_2 & x_3+0 & \cdots & x_n+0 \\ x_1+0 & x_2+0 & x_3-a_3 & \cdots & x_n+0 \\ \vdots & \vdots & \vdots & & \vdots \\ x_1+0 & x_2+0 & x_3+0 & \cdots & x_n-a_n \end{vmatrix}$$

$$
=\begin{vmatrix} x_1 & 0 & 0 & \cdots & 0 \\ x_1 & -a_2 & 0 & \cdots & 0 \\ x_1 & 0 & -a_3 & \cdots & 0 \\ \vdots & \vdots & \vdots & & \vdots \\ x_1 & 0 & 0 & \cdots & -a_n \end{vmatrix}+\begin{vmatrix} -a_1 & x_2 & 0 & \cdots & 0 \\ 0 & x_2 & 0 & \cdots & 0 \\ 0 & x_2 & -a_3 & \cdots & 0 \\ \vdots & \vdots & \vdots & & \vdots \\ 0 & x_2 & 0 & \cdots & -a_n \end{vmatrix}+\cdots
$$

$$
+\begin{vmatrix} -a_1 & 0 & 0 & \cdots & x_n \\ 0 & -a_2 & 0 & \cdots & x_n \\ 0 & 0 & -a_3 & \cdots & x_n \\ \vdots & \vdots & \vdots & & \vdots \\ 0 & 0 & 0 & \cdots & x_n \end{vmatrix}+\begin{vmatrix} -a_1 & 0 & 0 & \cdots & 0 \\ 0 & -a_2 & 0 & \cdots & 0 \\ 0 & 0 & -a_3 & \cdots & 0 \\ \vdots & \vdots & \vdots & & \vdots \\ 0 & 0 & 0 & \cdots & -a_n \end{vmatrix}
$$

$$
=(-1)^{n-1}(a_2a_3\cdots a_nx_1+a_1a_3\cdots a_nx_2+\cdots+a_1a_2a_3\cdots a_{n-1}x_n-a_1a_2\cdots a_n),
$$

其中最后一步对前 n 个行列式用行列式的定义写出表达式,第 1 个行列式按照行指标排列成自然顺序,第 2 个至第 n 个行列式按照列指标排列成自然顺序写出表达式;第 $n+1$ 个行列式是上三角形行列式.

例 3 计算 n 阶行列式

$$
\begin{vmatrix} 1 & 2 & 3 & \cdots & n-2 & n-1 & n \\ 2 & 3 & 4 & \cdots & n-1 & n & n \\ 3 & 4 & 5 & \cdots & n & n & n \\ \vdots & \vdots & \vdots & & \vdots & \vdots & \vdots \\ n-1 & n & n & \cdots & n & n & n \\ n & n & n & \cdots & n & n & n \end{vmatrix}.
$$

分析 第 n 列与第 $n-1$ 列有 $n-1$ 个元素相同,因此第 n 列减去第 $n-1$ 列(即把第 $n-1$ 列的 -1 倍加到第 n 列上)可以使第 n 列变成 $(1,0,\cdots,0)^{\mathrm{T}}$;同理,第 $n-1$ 列减去第 $n-2$ 列可以使第 $n-1$ 列变成 $(1,1,0,\cdots,0)^{\mathrm{T}}$;依次下去,第 2 列减去第 1 列可以使第 2 列变成 $(1,1,\cdots,1,0)^{\mathrm{T}}$. 然后用行列式的定义.

解 当 $n\geqslant 2$ 时,

$$
\text{原式}\xlongequal[\substack{\textcircled{n}+\textcircled{n-1}\cdot(-1) \\ \textcircled{n-1}+\textcircled{n-2}\cdot(-1) \\ \cdots\cdots \\ \textcircled{3}+\textcircled{2}\cdot(-1) \\ \textcircled{2}+\textcircled{1}\cdot(-1)}]{}\begin{vmatrix} 1 & 1 & 1 & \cdots & 1 & 1 & 1 \\ 2 & 1 & 1 & \cdots & 1 & 1 & 0 \\ 3 & 1 & 1 & \cdots & 1 & 0 & 0 \\ \vdots & \vdots & \vdots & & \vdots & \vdots & \vdots \\ n-1 & 1 & 0 & \cdots & 0 & 0 & 0 \\ n & 0 & 0 & \cdots & 0 & 0 & 0 \end{vmatrix}
$$

$$= (-1)^{\tau(n(n-1)(n-2)\cdots 21)} \cdot 1 \cdot 1 \cdot 1 \cdot \cdots \cdot 1 \cdot n$$
$$= (-1)^{\frac{1}{2}n(n-1)} n.$$

当 $n=1$ 时，$|1|=1$，因此上式仍成立. □

注意 例 3 的解法二：先第 n 行减去第 $n-1$ 行，第 $n-1$ 行减去第 $n-2$ 行……第 3 行减去第 2 行，第 2 行减去第 1 行，第 1 行不动，然后用行列式的定义.

习 题 2.3

1. 计算下列行列式：

(1) $\begin{vmatrix} -2 & 1 & -3 \\ 98 & 101 & 97 \\ 1 & -3 & 4 \end{vmatrix}$；　(2) $\begin{vmatrix} 1 & 2 & 3 & 4 \\ 2 & 3 & 4 & 1 \\ 3 & 4 & 1 & 2 \\ 4 & 1 & 2 & 3 \end{vmatrix}$.

2. 计算 n 阶行列式

$$\begin{vmatrix} a_1-b & a_2 & \cdots & a_n \\ a_1 & a_2-b & \cdots & a_n \\ \vdots & \vdots & & \vdots \\ a_1 & a_2 & \cdots & a_n-b \end{vmatrix}.$$

3. 证明：

(1) $\begin{vmatrix} a_1-b_1 & b_1-c_1 & c_1-a_1 \\ a_2-b_2 & b_2-c_2 & c_2-a_2 \\ a_3-b_3 & b_3-c_3 & c_3-a_3 \end{vmatrix}=0$；

(2) $\begin{vmatrix} a_1+b_1 & b_1+c_1 & c_1+a_1 \\ a_2+b_2 & b_2+c_2 & c_2+a_2 \\ a_3+b_3 & b_3+c_3 & c_3+a_3 \end{vmatrix}=2\begin{vmatrix} a_1 & b_1 & c_1 \\ a_2 & b_2 & c_2 \\ a_3 & b_3 & c_3 \end{vmatrix}$.

4. 计算下列 n 阶行列式：

(1) $\begin{vmatrix} a_1 & a_2 & a_3 & \cdots & a_n \\ b_2 & 1 & 0 & \cdots & 0 \\ b_3 & 0 & 1 & \cdots & 0 \\ \vdots & \vdots & \vdots & & \vdots \\ b_n & 0 & 0 & \cdots & 1 \end{vmatrix}$；　(2) $\begin{vmatrix} a_1+b_1 & a_1+b_2 & \cdots & a_1+b_n \\ a_2+b_1 & a_2+b_2 & \cdots & a_2+b_n \\ \vdots & \vdots & & \vdots \\ a_n+b_1 & a_n+b_2 & \cdots & a_n+b_n \end{vmatrix}$.

§2.4 行列式按一行(列)展开

2.4.1 内容精华

无论是在行列式的计算上,还是在理论上都需要研究 n 阶行列式与 $n-1$ 阶行列式的关系. 让我们先看三阶行列式的例子.

设 $\boldsymbol{A}=(a_{ij})$ 是三阶矩阵,取定 $\boldsymbol{A}$ 的第 1 行,按照第 1 行元素把 $|\boldsymbol{A}|$ 的 6 项分成 3 组,则

$$\begin{aligned}|\boldsymbol{A}| &= \begin{vmatrix} a_{11} & a_{12} & a_{13} \\ a_{21} & a_{22} & a_{23} \\ a_{31} & a_{32} & a_{33} \end{vmatrix} \\ &= (a_{11}a_{22}a_{33}-a_{11}a_{23}a_{32})+(a_{12}a_{23}a_{31}-a_{12}a_{21}a_{33})+(a_{13}a_{21}a_{32}-a_{13}a_{22}a_{31}) \\ &= a_{11}\begin{vmatrix} a_{22} & a_{23} \\ a_{32} & a_{33} \end{vmatrix} - a_{12}\begin{vmatrix} a_{21} & a_{23} \\ a_{31} & a_{33} \end{vmatrix} + a_{13}\begin{vmatrix} a_{21} & a_{22} \\ a_{31} & a_{32} \end{vmatrix}. \end{aligned} \tag{1}$$

由此看到,三阶行列式 $|\boldsymbol{A}|$ 等于它的第 1 行元素分别乘以一个二阶行列式再取代数和. 例如,第 1 项是 a_{11} 乘以二阶行列式

$$\begin{vmatrix} a_{22} & a_{23} \\ a_{32} & a_{33} \end{vmatrix}.$$

此二阶行列式是划去 a_{11} 所在的第 1 行和第 1 列,剩下的元素按原来次序组成的二阶行列式,称之为 a_{11} 的**余子式**. 类似地,(1)式中的第 2 个二阶行列式称为 a_{12} 的**余子式**,第 3 个二阶行列式称为 a_{13} 的**余子式**. (1)式中的第 2 项带负号,而第 1 项和第 3 项都带正号. 观察可见,元素 a_{11} 的下标之和为 $1+1=2$,有 $(-1)^{1+1}=1$;元素 a_{12} 的下标之和为 $1+2=3$,有 $(-1)^{1+2}=-1$;元素 a_{13} 的下标之和为 $1+3=4$,有 $(-1)^{1+3}=1$. 由此受到启发,对于 n 阶矩阵 $\boldsymbol{A}=(a_{ij})$ 引出下述概念:

定义 1 对于 n 阶矩阵 $\boldsymbol{A}=(a_{ij})$,划去 $\boldsymbol{A}$ 的 (i,j) 元所在的第 i 行和第 j 列,剩下的元素按原来次序组成的 $n-1$ 阶矩阵的行列式称为矩阵 $\boldsymbol{A}$ 的 (i,j) 元的**余子式**,记作 M_{ij},即

$$M_{ij} = \begin{vmatrix} a_{11} & \cdots & a_{1,j-1} & a_{1,j+1} & \cdots & a_{1n} \\ \vdots & & \vdots & \vdots & & \vdots \\ a_{i-1,1} & \cdots & a_{i-1,j-1} & a_{i-1,j+1} & \cdots & a_{i-1,n} \\ a_{i+1,1} & \cdots & a_{i+1,j-1} & a_{i+1,j+1} & \cdots & a_{i+1,n} \\ \vdots & & \vdots & \vdots & & \vdots \\ a_{n1} & \cdots & a_{n,j-1} & a_{n,j+1} & \cdots & a_{nn} \end{vmatrix}. \tag{2}$$

令 $A_{ij}=(-1)^{i+j}M_{ij}$,称 A_{ij} 为 $\boldsymbol{A}$ 的 (i,j) 元的**代数余子式**.

运用代数余子式的记号,(1)式可以写成

$$|\mathbf{A}| = a_{11}A_{11} + a_{12}A_{12} + a_{13}A_{13}. \tag{3}$$

(3) 式表明,三阶行列式$|\mathbf{A}|$等于它的第 1 行元素与各自的代数余子式的乘积之和. 这个结论可以推广到 n 阶行列式中,即有下述定理:

定理 1 设 n 阶矩阵 $\mathbf{A}=(a_{ij})$,则 n 阶行列式$|\mathbf{A}|$等于它的第 i 行元素与各自的代数余子式的乘积之和,即

$$\begin{aligned}|\mathbf{A}| &= a_{i1}A_{i1} + a_{i2}A_{i2} + \cdots + a_{in}A_{in} \\ &= \sum_{j=1}^{n} a_{ij}A_{ij}.\end{aligned} \tag{4}$$

证明 取定矩阵 $\mathbf{A}$ 的第 i 行. 在$|\mathbf{A}|$的表达式的每一项中,把第 i 行中的元素 a_{ij} 放在第 1 个位置,其余 $n-1$ 个元素按行指标成自然顺序排好位置,并按照 § 2.2 中的(12)式写出$|\mathbf{A}|$的表达式,然后按第 i 行的 n 个元素 $a_{i1}, a_{i2}, \cdots, a_{in}$ 分组,得

$$\begin{aligned}|\mathbf{A}| &= \sum_{jk_1\cdots k_{i-1}k_{i+1}\cdots k_n} (-1)^{\tau(i1\cdots(i-1)(i+1)\cdots n)+\tau(jk_1\cdots k_{i-1}k_{i+1}\cdots k_n)} a_{ij}a_{1k_1}\cdots a_{i-1,k_{i-1}}a_{i+1,k_{i+1}}\cdots a_nk_n \\ &= \sum_{j=1}^{n}(-1)^{i-1}\cdot(-1)^{j-1}a_{ij}\sum_{k_1\cdots k_{i-1}k_{i+1}\cdots k_n}(-1)^{\tau(k_1\cdots k_{i-1}k_{i+1}\cdots k_n)}a_{1k_1}\cdots a_{i-1,k_{i-1}}a_{i+1,k_{i+1}}\cdots a_{nk_n} \\ &= \sum_{j=1}^{n}(-1)^{i+j}a_{ij}M_{ij} = \sum_{j=1}^{n}a_{ij}A_{ij}.\end{aligned}$$

□

公式(4)称为 n 阶行列式$|\mathbf{A}|$按第 i 行展开的展开式.

由于行列式的行与列的地位是对称的,因此自然而然猜测有下述结论:

定理 2 设 n 阶矩阵 $\mathbf{A}=(a_{ij})$,则 n 阶行列式$|\mathbf{A}|$等于它的第 j 列元素与各自的代数余子式的乘积之和,即

$$\begin{aligned}|\mathbf{A}| &= a_{1j}A_{1j} + a_{2j}A_{2j} + \cdots + a_{nj}A_{nj} \\ &= \sum_{i=1}^{n} a_{ij}A_{ij}.\end{aligned} \tag{5}$$

证明 把$|\mathbf{A}^{\mathrm{T}}|$按第 j 行展开,由于 $\mathbf{A}^{\mathrm{T}}$ 的(j,l)元等于 $\mathbf{A}$ 的(l,j)元 a_{lj},并且根据性质 1,$\mathbf{A}^{\mathrm{T}}$ 的(j,l)元的余子式等于 $\mathbf{A}$ 的(l,j)元的余子式,从而 $\mathbf{A}^{\mathrm{T}}$ 的(j,l)元的代数余子式等于 $\mathbf{A}$ 的(l,j)元的代数余子式 A_{lj},因此

$$|\mathbf{A}| = |\mathbf{A}^{\mathrm{T}}| = \sum_{l=1}^{n} a_{lj}A_{lj}.$$

□

公式(5)称为 n 阶行列式$|\mathbf{A}|$按第 j 列展开的展开式.

把行列式按一行(或列)展开是计算行列式的基本方法之二.

行列式按一行(或列)的展开式在理论上也是很有用的.

n 阶行列式$|\boldsymbol{A}|$的第 i 行元素与另一行相应元素的代数余子式的乘积之和等于什么呢？

定理 3 设 n 阶矩阵 $\boldsymbol{A}=(a_{ij})$，则 n 阶行列式$|\boldsymbol{A}|$的第 i 行元素与第 $k(k\neq i)$行相应元素的代数余子式的乘积之和等于 0，即

$$a_{i1}A_{k1}+a_{i2}A_{k2}+\cdots+a_{in}A_{kn}=0\quad(k\neq i).\tag{6}$$

证明 我们有

$$|\boldsymbol{A}|=\begin{vmatrix}a_{11}&\cdots&a_{1n}\\ \vdots&&\vdots\\ a_{i1}&\cdots&a_{in}\\ \vdots&&\vdots\\ a_{k1}&\cdots&a_{kn}\\ \vdots&&\vdots\\ a_{n1}&\cdots&a_{nn}\end{vmatrix}.\begin{matrix}\\ \\ \\ \\ (\text{第 } k \text{ 行})\\ \\ \\ \end{matrix}$$

$\boldsymbol{A}$ 的(k,j)元的代数余子式为 A_{kj}. 把下述 n 阶行列式按第 k 行展开得

$$0\xlongequal{\text{性质 5}}\begin{vmatrix}a_{11}&\cdots&a_{1n}\\ \vdots&&\vdots\\ a_{i1}&\cdots&a_{in}\\ \vdots&&\vdots\\ a_{i1}&\cdots&a_{in}\\ \vdots&&\vdots\\ a_{n1}&\cdots&a_{nn}\end{vmatrix}\begin{matrix}\\ \\ \\ \\ (\text{第 } k \text{ 行})\\ \\ \\ \end{matrix}=\sum_{j=1}^{n}a_{ij}A_{kj}.$$ □

同理可证下述结论：

定理 4 设 n 阶矩阵 $\boldsymbol{A}=(a_{ij})$，则 n 阶行列式$|\boldsymbol{A}|$的第 j 列元素与第 $l(l\neq j)$列相应元素的代数余子式的乘积之和等于 0，即

$$a_{1j}A_{1l}+a_{2j}A_{2l}+\cdots+a_{nj}A_{nl}=0\quad(l\neq j).\tag{7}$$

公式(4)和(6)，(5)和(7)可以分别写成

$$\sum_{j=1}^{n}a_{ij}A_{kj}=\begin{cases}|\boldsymbol{A}|, & k=i,\\ 0, & k\neq i;\end{cases}\tag{8}$$

$$\sum_{i=1}^{n}a_{ij}A_{il}=\begin{cases}|\boldsymbol{A}|, & l=j,\\ 0, & l\neq j.\end{cases}\tag{9}$$

公式(8)和(9)在理论上很有用.

例 1 计算行列式

$$\begin{vmatrix} 2 & -3 & 7 & 5 \\ -4 & 1 & -2 & 3 \\ 3 & 4 & 6 & -7 \\ 8 & -2 & 3 & -5 \end{vmatrix}.$$

解 为了尽量避免分数运算,选择行列式中元素 1 所在的第 2 行(或第 2 列)展开. 把第 2 行其余三个位置的元素变成 0,这样按第 2 行展开后就只剩下一个三阶行列式,然后对这个三阶行列式类似地进行计算:

$$\text{原式} \xlongequal[\substack{①+②\cdot 4 \\ ③+②\cdot 2 \\ ④+②\cdot(-3)}]{} \begin{vmatrix} -10 & -3 & 1 & 14 \\ 0 & 1 & 0 & 0 \\ 19 & 4 & 14 & -19 \\ 0 & -2 & -1 & 1 \end{vmatrix}$$

$$= 1\cdot(-1)^{2+2}\begin{vmatrix} -10 & 1 & 14 \\ 19 & 14 & -19 \\ 0 & -1 & 1 \end{vmatrix} \xlongequal[②+③]{} \begin{vmatrix} -10 & 15 & 14 \\ 19 & -5 & -19 \\ 0 & 0 & 1 \end{vmatrix}$$

$$= 1\cdot(-1)^{3+3}\begin{vmatrix} -10 & 15 \\ 19 & -5 \end{vmatrix} = 5\begin{vmatrix} -10 & 3 \\ 19 & -1 \end{vmatrix} = -235.$$

例 2 计算如下行列式,并且将得到的 λ 的多项式因式分解:

$$\begin{vmatrix} \lambda-6 & 2 & -2 \\ 2 & \lambda-3 & -4 \\ -2 & -4 & \lambda-3 \end{vmatrix}.$$

解 $$\text{原式} \xlongequal{③+②} \begin{vmatrix} \lambda-6 & 2 & -2 \\ 2 & \lambda-3 & -4 \\ 0 & \lambda-7 & \lambda-7 \end{vmatrix} \xlongequal[②+③\cdot(-1)]{} \begin{vmatrix} \lambda-6 & 4 & -2 \\ 2 & \lambda+1 & -4 \\ 0 & 0 & \lambda-7 \end{vmatrix}$$

$$=(\lambda-7)\begin{vmatrix} \lambda-6 & 4 \\ 2 & \lambda+1 \end{vmatrix} = (\lambda-7)(\lambda^2-5\lambda-14)$$

$$=(\lambda-7)^2(\lambda+2).$$

例 3 计算 $n(n>1)$ 阶行列式

$$\begin{vmatrix} a & b & 0 & 0 & \cdots & 0 & 0 & 0 \\ 0 & a & b & 0 & \cdots & 0 & 0 & 0 \\ 0 & 0 & a & b & \cdots & 0 & 0 & 0 \\ \vdots & \vdots & \vdots & \vdots & & \vdots & \vdots & \vdots \\ 0 & 0 & 0 & 0 & \cdots & 0 & a & b \\ b & 0 & 0 & 0 & \cdots & 0 & 0 & a \end{vmatrix}.$$

解 先按第1列展开,得

$$\text{原式}=a\begin{vmatrix} a & b & 0 & \cdots & 0 & 0 & 0 \\ 0 & a & b & \cdots & 0 & 0 & 0 \\ \vdots & \vdots & \vdots & & \vdots & \vdots & \vdots \\ 0 & 0 & 0 & \cdots & 0 & a & b \\ 0 & 0 & 0 & \cdots & 0 & 0 & a \end{vmatrix}+b(-1)^{n+1}\begin{vmatrix} b & 0 & 0 & \cdots & 0 & 0 & 0 \\ a & b & 0 & \cdots & 0 & 0 & 0 \\ 0 & a & b & \cdots & 0 & 0 & 0 \\ \vdots & \vdots & \vdots & & \vdots & \vdots & \vdots \\ 0 & 0 & 0 & \cdots & 0 & a & b \end{vmatrix}$$

$$=a\cdot a^{n-1}+(-1)^{n+1}b\cdot b^{n-1}=a^n+(-1)^{n+1}b^n.$$

许多问题需要研究由 n 个数 $a_1,a_2,\cdots,a_n(n\geqslant 2)$ 按照如下规则排成的 n 阶行列式:

$$\begin{vmatrix} 1 & 1 & 1 & \cdots & 1 \\ a_1 & a_2 & a_3 & \cdots & a_n \\ a_1^2 & a_2^2 & a_3^2 & \cdots & a_n^2 \\ \vdots & \vdots & \vdots & & \vdots \\ a_1^{n-2} & a_2^{n-2} & a_3^{n-2} & \cdots & a_n^{n-2} \\ a_1^{n-1} & a_2^{n-1} & a_3^{n-1} & \cdots & a_n^{n-1} \end{vmatrix}. \tag{10}$$

称行列式(10)为 n 阶**范德蒙德(Vandermonde)行列式**. 它的值等于什么呢?

命题1 $n(n\geqslant 2)$阶范德蒙德行列式(10)的值等于

$$\prod_{1\leqslant j<i\leqslant n}(a_i-a_j)=(a_2-a_1)(a_3-a_1)\cdots(a_{n-1}-a_1)(a_n-a_1)$$
$$\cdot(a_3-a_2)\cdots(a_{n-1}-a_2)(a_n-a_2)\cdots$$
$$\cdot(a_{n-1}-a_{n-2})(a_n-a_{n-2})(a_n-a_{n-1}), \tag{11}$$

其中 $\prod$ 是连乘号.

证明 对范德蒙德行列式的阶数 n 用数学归纳法.

当 $n=2$ 时,$\begin{vmatrix} 1 & 1 \\ a_1 & a_2 \end{vmatrix}=a_2-a_1$,命题成立.

假设对于 $n-1$ 阶范德蒙德行列式命题成立,现在来看 n 阶范德蒙德行列式的情形. 记 n 阶范德蒙德行列式为 D_n,把它的第 $n-1$ 行的 $-a_1$ 倍加到第 n 行上,然后把第 $n-2$ 行的 $-a_1$ 倍加到第 $n-1$ 行上,依次类推,最后把第1行的 $-a_1$ 倍加到第2行上,得

$$D_n=\begin{vmatrix} 1 & 1 & 1 & \cdots & 1 \\ 0 & a_2-a_1 & a_3-a_1 & \cdots & a_n-a_1 \\ 0 & a_2^2-a_1a_2 & a_3^2-a_1a_3 & \cdots & a_n^2-a_1a_n \\ \vdots & \vdots & \vdots & & \vdots \\ 0 & a_2^{n-2}-a_1a_2^{n-3} & a_3^{n-2}-a_1a_3^{n-3} & \cdots & a_n^{n-2}-a_1a_n^{n-3} \\ 0 & a_2^{n-1}-a_1a_2^{n-2} & a_3^{n-1}-a_1a_3^{n-2} & \cdots & a_n^{n-1}-a_1a_n^{n-2} \end{vmatrix}$$

$$
=\begin{vmatrix} a_2-a_1 & a_3-a_1 & \cdots & a_n-a_1 \\ a_2(a_2-a_1) & a_3(a_3-a_1) & \cdots & a_n(a_n-a_1) \\ \vdots & \vdots & & \vdots \\ a_2^{n-3}(a_2-a_1) & a_3^{n-3}(a_3-a_1) & \cdots & a_n^{n-3}(a_n-a_1) \\ a_2^{n-2}(a_2-a_1) & a_3^{n-2}(a_3-a_1) & \cdots & a_n^{n-2}(a_n-a_1) \end{vmatrix}
$$

$$
=(a_2-a_1)(a_3-a_1)\cdots(a_n-a_1)\begin{vmatrix} 1 & 1 & \cdots & 1 \\ a_2 & a_3 & \cdots & a_n \\ \vdots & \vdots & & \vdots \\ a_2^{n-3} & a_3^{n-3} & \cdots & a_n^{n-3} \\ a_2^{n-2} & a_3^{n-2} & \cdots & a_n^{n-2} \end{vmatrix}
$$

$$
\xlongequal{\text{用归纳假设}}(a_2-a_1)(a_3-a_1)\cdots(a_n-a_1)\prod_{2\leqslant j<i\leqslant n}(a_i-a_j)
$$

$$
=\prod_{1\leqslant j<i\leqslant n}(a_i-a_j).
$$

根据数学归纳法原理,对一切正整数 $n\geqslant 2$,命题成立. □

从(11)式看出,n 阶范德蒙德行列式(10)的值不等于 0 当且仅当 $a_1,a_2\cdots,a_n$ 两两不等.

由于 $|\boldsymbol{A}^{\mathrm{T}}|=|\boldsymbol{A}|$,因此也有

$$
\begin{vmatrix} 1 & a_1 & a_1^2 & \cdots & a_1^{n-1} \\ 1 & a_2 & a_2^2 & \cdots & a_2^{n-1} \\ \vdots & \vdots & \vdots & & \vdots \\ 1 & a_n & a_n^2 & \cdots & a_n^{n-1} \end{vmatrix}=\prod_{1\leqslant j<i\leqslant n}(a_i-a_j). \tag{12}
$$

利用二阶行列式的记号,一元二次多项式 $x^2+a_1x+a_0=x(x+a_1)+a_0$ 可以写成

$$
x^2+a_1x+a_0=x(x+a_1)+a_0=\begin{vmatrix} x & a_0 \\ -1 & x+a_1 \end{vmatrix}.
$$

由此受到启发,我们猜测有例 4 中的结论.

例 4 设正整数 $n\geqslant 2$,证明:

$$
\begin{vmatrix} x & 0 & 0 & \cdots & 0 & 0 & a_0 \\ -1 & x & 0 & \cdots & 0 & 0 & a_1 \\ 0 & -1 & x & \cdots & 0 & 0 & a_2 \\ \vdots & \vdots & \vdots & & \vdots & \vdots & \vdots \\ 0 & 0 & 0 & \cdots & -1 & x & a_{n-2} \\ 0 & 0 & 0 & \cdots & 0 & -1 & x+a_{n-1} \end{vmatrix}=x^n+a_{n-1}x^{n-1}+\cdots+a_1x+a_0. \tag{13}
$$

证明 对行列式的阶数 n 用数学归纳法.

当 $n=2$ 时,上面一段已证结论成立.

假设对于上述形式的 $n-1$ 阶行列式结论成立,现在来看上述形式的 n 阶行列式 D_n 的情形. 把行列式 D_n 按第 1 行展开,然后利用归纳假设得

$$D_n = x\begin{vmatrix} x & 0 & \cdots & 0 & 0 & a_1 \\ -1 & x & \cdots & 0 & 0 & a_2 \\ \vdots & \vdots & & \vdots & \vdots & \vdots \\ 0 & 0 & \cdots & -1 & x & a_{n-2} \\ 0 & 0 & \cdots & 0 & -1 & x+a_{n-1} \end{vmatrix} + a_0(-1)^{1+n}\begin{vmatrix} -1 & x & 0 & \cdots & 0 & 0 \\ 0 & -1 & x & \cdots & 0 & 0 \\ \vdots & \vdots & \vdots & & \vdots & \vdots \\ 0 & 0 & 0 & \cdots & -1 & x \\ 0 & 0 & 0 & \cdots & 0 & -1 \end{vmatrix}$$

$$= x(x^{n-1}+a_{n-1}x^{n-2}+\cdots+a_2x+a_1)+(-1)^{1+n}a_0\cdot(-1)^{n-1}$$

$$= x^n+a_{n-1}x^{n-1}+\cdots+a_2x^2+a_1x+a_0.$$

根据数学归纳法原理,对一切正整数 $n\geqslant 2$,结论成立. □

2.4.2 典型例题

例 1 计算 n 阶行列式

$$D_n = \begin{vmatrix} a+b & ab & 0 & 0 & \cdots & 0 & 0 \\ 1 & a+b & ab & 0 & \cdots & 0 & 0 \\ 0 & 1 & a+b & ab & \cdots & 0 & 0 \\ \vdots & \vdots & \vdots & \vdots & & \vdots & \vdots \\ 0 & 0 & 0 & 0 & \cdots & 1 & a+b \end{vmatrix},$$

其中 $a\neq b$.

解 若 $a=0$,则由行列式的定义得 $D_n=b^n$. 同理,若 $b=0$,则 $D_n=a^n$. 下面设 $a\neq 0$,且 $b\neq 0$.

当 $n\geqslant 3$ 时,按第 1 行展开得

$$\begin{aligned} D_n &= (a+b)D_{n-1}+(-1)^{1+2}ab\cdot 1\cdot D_{n-2} \\ &= (a+b)D_{n-1}-abD_{n-2}. \end{aligned} \tag{14}$$

由(14)式得

$$D_n-aD_{n-1}=b(D_{n-1}-aD_{n-2}), \tag{15}$$

于是 $D_2-aD_1, D_3-aD_2, \cdots, D_n-aD_{n-1}$ 是公比为 b 的等比数列,从而

$$D_n-aD_{n-1}=(D_2-aD_1)b^{n-2}. \tag{16}$$

由于

$$D_1 = |a+b| = a+b,$$

$$D_2 = \begin{vmatrix} a+b & ab \\ 1 & a+b \end{vmatrix} = (a+b)^2-ab = a^2+ab+b^2,$$

因此 $D_2-aD_1=b^2$,从而

$$D_n-aD_{n-1}=b^n. \tag{17}$$

由(14)式又可得出

$$D_n-bD_{n-1}=a(D_{n-1}-bD_{n-2}). \tag{18}$$

同理可得

$$D_n-bD_{n-1}=a^n. \tag{19}$$

联立(17)式和(19)式,解得

$$D_n=\frac{a^{n+1}-b^{n+1}}{a-b}. \tag{20}$$

当 $n=1,2$ 时,经过验证,公式(20)也成立.

例 2 计算 n 阶行列式

$$D_n=\begin{vmatrix} 2a & a^2 & 0 & 0 & \cdots & 0 & 0 & 0 \\ 1 & 2a & a^2 & 0 & \cdots & 0 & 0 & 0 \\ 0 & 1 & 2a & a^2 & \cdots & 0 & 0 & 0 \\ \vdots & \vdots & \vdots & \vdots & & \vdots & \vdots & \vdots \\ 0 & 0 & 0 & 0 & \cdots & 1 & 2a & a^2 \\ 0 & 0 & 0 & 0 & \cdots & 0 & 1 & 2a \end{vmatrix}.$$

解 这是例 1 中的 n 阶行列式当 $a=b$ 时的情形.

当 $n\geqslant 3$ 时,按第 1 行展开,前面与例 1 的解法一样,得到(17)式,然后把 b 用 a 代入,得

$$D_n-aD_{n-1}=a^n. \tag{21}$$

由此得出

$$\begin{aligned} D_{n-1}-aD_{n-2}&=a^{n-1}, \\ D_{n-2}-aD_{n-3}&=a^{n-2}, \\ &\cdots\cdots \\ D_2-aD_1&=a^2. \end{aligned} \tag{22}$$

把等式组(22)中的第 1 个等式两边乘以 a,第 2 个等式两边乘以 a^2……第 $n-2$ 个等式两边乘以 a^{n-2},再把得到的 $n-2$ 个等式与(21)式相加,得

$$D_n-a^{n-1}D_1=(n-1)a^n. \tag{23}$$

由于 $D_1=2a$,因此从(23)式得

$$D_n=(n+1)a^n. \tag{24}$$

当 $n=1,2$ 时,经过验证,公式(24)也成立.

例 3 计算 n 阶行列式

$$D_n=\begin{vmatrix} a & b & 0 & 0 & \cdots & 0 & 0 & 0 \\ c & a & b & 0 & \cdots & 0 & 0 & 0 \\ 0 & c & a & b & \cdots & 0 & 0 & 0 \\ \vdots & \vdots & \vdots & \vdots & & \vdots & \vdots & \vdots \\ 0 & 0 & 0 & 0 & \cdots & c & a & b \\ 0 & 0 & 0 & 0 & \cdots & 0 & c & a \end{vmatrix}, \tag{25}$$

其中 a,b,c 是实数.这种形式的行列式称为**三对角线行列式**.

分析 三对角线行列式是例 1 和例 2 中的行列式的一般情形,于是设法利用例 1 和例 2 的结果.

解 若 $c=0$,则 D_n 是上三角形行列式,$D_n=a^n$.下面设 $c\neq 0$.

每一列提出公因子 c,得

$$D_n=c^n\begin{vmatrix} \frac{a}{c} & \frac{b}{c} & 0 & 0 & \cdots & 0 & 0 & 0 \\ 1 & \frac{a}{c} & \frac{b}{c} & 0 & \cdots & 0 & 0 & 0 \\ 0 & 1 & \frac{a}{c} & \frac{b}{c} & \cdots & 0 & 0 & 0 \\ \vdots & \vdots & \vdots & \vdots & & \vdots & \vdots & \vdots \\ 0 & 0 & 0 & 0 & \cdots & 1 & \frac{a}{c} & \frac{b}{c} \\ 0 & 0 & 0 & 0 & \cdots & 0 & 1 & \frac{a}{c} \end{vmatrix}.$$

为了利用例 1 和例 2 的结果,要设法找到两个数 α,β,使得 $\frac{a}{c}=\alpha+\beta,\frac{b}{c}=\alpha\beta$.联想到一元二次方程的韦达(Vieta)公式,自然地考虑一元二次方程 $x^2-\frac{a}{c}x+\frac{b}{c}=0$.设 α 和 β 是这个一元二次方程的两个根.在复数域中解这个方程得

$$\alpha=\frac{1}{2}\left(\frac{a}{c}+\frac{1}{c}\sqrt{a^2-4bc}\right),\quad \beta=\frac{1}{2}\left(\frac{a}{c}-\frac{1}{c}\sqrt{a^2-4bc}\right).$$

$\alpha=\beta$ 当且仅当 $a^2=4bc$.

情形 1 $a^2\neq 4bc$,此时 $\alpha\neq\beta$,利用例 1 的结果得

$$D_n=c^n\frac{\alpha^{n+1}-\beta^{n+1}}{\alpha-\beta}=\frac{(c\alpha)^{n+1}-(c\beta)^{n+1}}{c\alpha-c\beta}=\frac{\alpha_1^{n+1}-\beta_1^{n+1}}{\alpha_1-\beta_1}, \tag{26}$$

其中 $\alpha_1=c\alpha,\beta_1=c\beta$.由于 $a=c(\alpha+\beta)=\alpha_1+\beta_1$,$bc=(c\alpha)(c\beta)=\alpha_1\beta_1$,因此 α_1 和 β_1 是一元二次方程

$$x^2-ax+bc=0 \tag{27}$$

的两个根.

情形 2 $a^2=4bc$,此时 $\alpha=\beta=\frac{a}{2c}$. 利用例 2 的结果得

$$D_n = c^n(n+1)\alpha^n = (n+1)\left(\frac{a}{2}\right)^n. \tag{28}$$

点评 三对角线行列式有许多应用. 在习题 2.4 中有关于三对角线行列式的题目,可直接利用例 3 的结果来计算.

例 4 计算 n 阶行列式

$$\begin{vmatrix} 1 & 2 & 3 & \cdots & n-1 & n \\ n & 1 & 2 & \cdots & n-2 & n-1 \\ n-1 & n & 1 & \cdots & n-3 & n-2 \\ \vdots & \vdots & \vdots & & \vdots & \vdots \\ 3 & 4 & 5 & \cdots & 1 & 2 \\ 2 & 3 & 4 & \cdots & n & 1 \end{vmatrix}. \tag{29}$$

解 这个 n 阶行列式是由第 1 行元素依次往右移 1 位得到的. 先讨论 $n\geqslant 3$ 的情形. 每一行与下面一行有 $n-1$ 个元素相差 1,于是第 1 行减去第 2 行(即把第 2 行的 -1 倍加到第 1 行上),第 2 行减去第 3 行……第 $n-1$ 行减去第 n 行,得

$$\text{原式}=\begin{vmatrix} 1-n & 1 & 1 & \cdots & 1 & 1 \\ 1 & 1-n & 1 & \cdots & 1 & 1 \\ 1 & 1 & 1-n & \cdots & 1 & 1 \\ \vdots & \vdots & \vdots & & \vdots & \vdots \\ 1 & 1 & 1 & \cdots & 1-n & 1 \\ 2 & 3 & 4 & \cdots & n & 1 \end{vmatrix}$$

$$\xlongequal[\substack{①+②\cdot 1 \\ ①+③\cdot 1 \\ \cdots\cdots \\ ①+ⓝ\cdot 1}]{} \begin{vmatrix} 0 & 1 & 1 & \cdots & 1 & 1 \\ 0 & 1-n & 1 & \cdots & 1 & 1 \\ 0 & 1 & 1-n & \cdots & 1 & 1 \\ \vdots & \vdots & \vdots & & \vdots & \vdots \\ 0 & 1 & 1 & \cdots & 1-n & 1 \\ \frac{1}{2}n(n+1) & 3 & 4 & \cdots & n & 1 \end{vmatrix}$$

$$= \frac{1}{2}n(n+1)(-1)^{n+1}\begin{vmatrix} 1 & 1 & \cdots & 1 & 1 \\ 1-n & 1 & \cdots & 1 & 1 \\ \vdots & \vdots & & \vdots & \vdots \\ 1 & 1 & \cdots & 1-n & 1 \end{vmatrix}$$

$$\xlongequal[\text{(n-1)}+①\cdot(-1)]{②+①\cdot(-1)\ \cdots\cdots}\frac{1}{2}(-1)^{n+1}n(n+1)\begin{vmatrix}1&1&\cdots&1&1\\-n&0&\cdots&0&0\\\vdots&\vdots&&\vdots&\vdots\\0&0&\cdots&-n&0\end{vmatrix}$$

$$=\frac{1}{2}(-1)^{n+1}n(n+1)\cdot 1\cdot(-1)^{1+(n-1)}(-n)^{n-2}$$

$$=\frac{1}{2}(-1)^{n-1}(n+1)n^{n-1}. \tag{30}$$

当 $n=1,2$ 时,经过验证,公式(30)也成立.

例 5 计算 n 阶行列式

$$D_n=\begin{vmatrix}x&y&y&\cdots&y&y\\z&x&y&\cdots&y&y\\z&z&x&\cdots&y&y\\\vdots&\vdots&\vdots&&\vdots&\vdots\\z&z&z&\cdots&x&y\\z&z&z&\cdots&z&x\end{vmatrix}\quad(y\neq z).$$

解 当 $n\geqslant2$ 时,

$$D_n=\begin{vmatrix}x&y&y&\cdots&y&0+y\\z&x&y&\cdots&y&0+y\\z&z&x&\cdots&y&0+y\\\vdots&\vdots&\vdots&&\vdots&\vdots\\z&z&z&\cdots&x&0+y\\z&z&z&\cdots&z&(x-y)+y\end{vmatrix}$$

$$=\begin{vmatrix}x&y&y&\cdots&y&0\\z&x&y&\cdots&y&0\\z&z&x&\cdots&y&0\\\vdots&\vdots&\vdots&&\vdots&\vdots\\z&z&z&\cdots&x&0\\z&z&z&\cdots&z&x-y\end{vmatrix}+\begin{vmatrix}x&y&y&\cdots&y&y\\z&x&y&\cdots&y&y\\z&z&x&\cdots&y&y\\\vdots&\vdots&\vdots&&\vdots&\vdots\\z&z&z&\cdots&x&y\\z&z&z&\cdots&z&y\end{vmatrix}$$

$$=(x-y)D_{n-1}+\begin{vmatrix}x-z&y-x&0&\cdots&0&0&0\\0&x-z&y-x&\cdots&0&0&0\\\vdots&\vdots&\vdots&&\vdots&\vdots&\vdots\\0&0&0&\cdots&x-z&y-x&0\\0&0&0&\cdots&0&x-z&0\\z&z&z&\cdots&z&z&y\end{vmatrix}$$

$$= (x-y)D_{n-1} + (-1)^{n+n}y(x-z)^{n-1}$$
$$= (x-y)D_{n-1} + y(x-z)^{n-1}. \tag{31}$$

设 D_n 是 n 阶矩阵 $\boldsymbol{A}$ 的行列式,则 $|\boldsymbol{A}^{\mathrm{T}}| = |\boldsymbol{A}| = D_n$. 对 $\boldsymbol{A}^{\mathrm{T}}$ 用刚才推出的结论,得

$$D_n = |\boldsymbol{A}^{\mathrm{T}}| = (x-z)D_{n-1} + z(x-y)^{n-1}. \tag{32}$$

联立(31)式和(32)式,解得

$$D_n = \frac{y(x-z)^n - z(x-y)^n}{y-z}. \tag{33}$$

当 $n=1$ 时,经过验证,公式(33)式也成立.

例 6 计算 $n(n\geqslant 2)$ 阶行列式

$$D_n = \begin{vmatrix} 1 & 1 & \cdots & 1 & 1 \\ x_1 & x_2 & \cdots & x_{n-1} & x_n \\ x_1^2 & x_2^2 & \cdots & x_{n-1}^2 & x_n^2 \\ \vdots & \vdots & & \vdots & \vdots \\ x_1^{n-2} & x_2^{n-2} & \cdots & x_{n-1}^{n-2} & x_n^{n-2} \\ x_1^n & x_2^n & \cdots & x_{n-1}^n & x_n^n \end{vmatrix}. \tag{34}$$

分析 这个 n 阶行列式与 n 阶范德蒙德行列式的区别仅仅在于第 n 行不是$(x_1^{n-1}, x_2^{n-1}, \cdots, x_n^{n-1})$. 为了利用范德蒙德行列式的结论,在行列式(34)的第 $n-1$ 行和第 n 行之间插入一行$(x_1^{n-1}, x_2^{n-1}, \cdots, x_{n-1}^{n-1}, x_n^{n-1})$,然后在第 n 列右边添加一列$(1, y, y^2, \cdots, y^{n-2}, y^{n-1}, y^n)^{\mathrm{T}}$,形成一个 $n+1$ 阶行列式 $\widetilde{D}_{n+1}$. $\widetilde{D}_{n+1}$ 的$(n, n+1)$元的余子式就是 D_n. 也就是说,$\widetilde{D}_{n+1}$ 的表达式中 y^{n-1} 的系数乘以$(-1)^{n+(n+1)}$就是 D_n.

解 按分析中所述构造 $n+1$ 阶行列式 $\widetilde{D}_{n+1}$,则有

$$\widetilde{D}_{n+1} = \begin{vmatrix} 1 & 1 & \cdots & 1 & 1 & 1 \\ x_1 & x_2 & \cdots & x_{n-1} & x_n & y \\ x_1^2 & x_2^2 & \cdots & x_{n-1}^2 & x_n^2 & y^2 \\ \vdots & \vdots & & \vdots & \vdots & \vdots \\ x_1^{n-2} & x_2^{n-2} & \cdots & x_{n-1}^{n-2} & x_n^{n-2} & y^{n-2} \\ x_1^{n-1} & x_2^{n-1} & \cdots & x_{n-1}^{n-1} & x_n^{n-1} & y^{n-1} \\ x_1^n & x_2^n & \cdots & x_{n-1}^n & x_n^n & y^n \end{vmatrix}$$
$$= (y-x_1)(y-x_2)\cdots(y-x_n)\prod_{1\leqslant j<i\leqslant n}(x_i - x_j).$$

$\widetilde{D}_{n+1}$ 的表达式中 y^{n-1} 的系数为

$$-(x_1 + x_2 + \cdots + x_n)\prod_{1\leqslant j<i\leqslant n}(x_i - x_j).$$

因此

$$D_n = -(-1)^{n+(n+1)}(x_1 + x_2 + \cdots + x_n)\prod_{1\leqslant j<i\leqslant n}(x_i - x_j)$$

$$=(x_1+x_2+\cdots+x_n)\prod_{1\leqslant j<i\leqslant n}(x_i-x_j).$$

习 题 2.4

1. 计算下列行列式：

(1) $\begin{vmatrix} -4 & 5 & 2 & -3 \\ 1 & -2 & -3 & 4 \\ 2 & 3 & 7 & 5 \\ -3 & 6 & 4 & -2 \end{vmatrix}$； (2) $\begin{vmatrix} -2 & 0 & 4 & 1 \\ -5 & 1 & -3 & 2 \\ 1 & -2 & 6 & 4 \\ 2 & 7 & 1 & -3 \end{vmatrix}$.

2. 计算下列行列式，并且将得到的 λ 的多项式因式分解：

(1) $\begin{vmatrix} \lambda-2 & -3 & -2 \\ -1 & \lambda-8 & -2 \\ 2 & 14 & \lambda+3 \end{vmatrix}$； (2) $\begin{vmatrix} \lambda-1 & -1 & -1 & -1 \\ -1 & \lambda+1 & -1 & 1 \\ -1 & -1 & \lambda+1 & 1 \\ -1 & 1 & 1 & \lambda-1 \end{vmatrix}$.

3. 计算 n 阶行列式

$$D_n=\begin{vmatrix} 2 & -1 & 0 & 0 & \cdots & 0 & 0 & 0 \\ -1 & 2 & -1 & 0 & \cdots & 0 & 0 & 0 \\ 0 & -1 & 2 & -1 & \cdots & 0 & 0 & 0 \\ \vdots & \vdots & \vdots & \vdots & & \vdots & \vdots & \vdots \\ 0 & 0 & 0 & 0 & \cdots & -1 & 2 & -1 \\ 0 & 0 & 0 & 0 & \cdots & 0 & -1 & 2 \end{vmatrix}.$$

4. 计算 n 阶行列式

$$\begin{vmatrix} 1 & 2 & 3 & \cdots & n-1 & n \\ 2 & 3 & 4 & \cdots & n & 1 \\ 3 & 4 & 5 & \cdots & 1 & 2 \\ \vdots & \vdots & \vdots & & \vdots & \vdots \\ n & 1 & 2 & \cdots & n-2 & n-1 \end{vmatrix}.$$

5. 计算 $n(n\geqslant3)$阶行列式

$$\begin{vmatrix} 1 & 2 & 2 & \cdots & 2 & 2 & 2 \\ 2 & 2 & 2 & \cdots & 2 & 2 & 2 \\ 2 & 2 & 3 & \cdots & 2 & 2 & 2 \\ \vdots & \vdots & \vdots & & \vdots & \vdots & \vdots \\ 2 & 2 & 2 & \cdots & 2 & n-1 & 2 \\ 2 & 2 & 2 & \cdots & 2 & 2 & n \end{vmatrix}.$$

6. 设数域 K 上的 n 阶矩阵 $\mathbf{A}=(a_{ij})$，它的 (i,j) 元的代数余子式为 A_{ij}. 把 $\mathbf{A}$ 的每个元素都加上同一个数 t，得到的矩阵记作 $\mathbf{A}(t)=(a_{ij}+t)$. 证明：

$$|\mathbf{A}(t)|=|\mathbf{A}|+t\sum_{i=1}^{n}\sum_{j=1}^{n}A_{ij}.$$

7. 计算下列 n 阶行列式：

(1) $\begin{vmatrix} 1+x_1y_1 & 1+x_1y_2 & \cdots & 1+x_1y_n \\ 1+x_2y_1 & 1+x_2y_2 & \cdots & 1+x_2y_n \\ \vdots & \vdots & & \vdots \\ 1+x_ny_1 & 1+x_ny_2 & \cdots & 1+x_ny_n \end{vmatrix}$； (2) $\begin{vmatrix} 1+t & t & t & \cdots & t \\ t & 2+t & t & \cdots & t \\ t & t & 3+t & \cdots & t \\ \vdots & \vdots & \vdots & & \vdots \\ t & t & t & \cdots & n+t \end{vmatrix}$.

8. 计算 $n(n\geqslant 2)$ 阶行列式

$$\begin{vmatrix} 1 & x_1+a_{11} & x_1^2+a_{21}x_1+a_{22} & \cdots & x_1^{n-1}+a_{n-1,1}x_1^{n-2}+\cdots+a_{n-1,n-1} \\ 1 & x_2+a_{11} & x_2^2+a_{21}x_2+a_{22} & \cdots & x_2^{n-1}+a_{n-1,1}x_2^{n-2}+\cdots+a_{n-1,n-1} \\ \vdots & \vdots & \vdots & & \vdots \\ 1 & x_n+a_{11} & x_n^2+a_{21}x_n+a_{22} & \cdots & x_n^{n-1}+a_{n-1,1}x_n^{n-2}+\cdots+a_{n-1,n-1} \end{vmatrix}.$$

9. 计算 n 阶行列式

$$D_n=\begin{vmatrix} 5 & 3 & 0 & 0 & \cdots & 0 & 0 \\ 2 & 5 & 3 & 0 & \cdots & 0 & 0 \\ 0 & 2 & 5 & 3 & \cdots & 0 & 0 \\ \vdots & \vdots & \vdots & \vdots & & \vdots & \vdots \\ 0 & 0 & 0 & 0 & \cdots & 2 & 5 \end{vmatrix}.$$

10. 计算 n 阶行列式

$$D_n=\begin{vmatrix} 2n & n & 0 & 0 & \cdots & 0 & 0 & 0 \\ n & 2n & n & 0 & \cdots & 0 & 0 & 0 \\ 0 & n & 2n & n & \cdots & 0 & 0 & 0 \\ \vdots & \vdots & \vdots & \vdots & & \vdots & \vdots & \vdots \\ 0 & 0 & 0 & 0 & \cdots & n & 2n & n \\ 0 & 0 & 0 & 0 & \cdots & 0 & n & 2n \end{vmatrix}.$$

11. 计算 n 阶行列式

$$D_n=\begin{vmatrix} 1+x^2 & x & 0 & 0 & \cdots & 0 & 0 \\ x & 1+x^2 & x & 0 & \cdots & 0 & 0 \\ 0 & x & 1+x^2 & x & \cdots & 0 & 0 \\ \vdots & \vdots & \vdots & \vdots & & \vdots & \vdots \\ 0 & 0 & 0 & 0 & \cdots & x & 1+x^2 \end{vmatrix}.$$

§2.5 克拉默法则

2.5.1 内容精华

现在来回答前面曾提出的问题：对于数域 K 上含 n 个方程的 n 元线性方程组

$$\begin{cases} a_{11}x_1 + a_{12}x_2 + \cdots + a_{1n}x_n = b_1, \\ a_{21}x_1 + a_{22}x_2 + \cdots + a_{2n}x_n = b_2, \\ \cdots\cdots \\ a_{n1}x_1 + a_{n2}x_2 + \cdots + a_{nn}x_n = b_n, \end{cases} \tag{1}$$

能否用它的系数矩阵 $\boldsymbol{A}$ 的行列式 $|\boldsymbol{A}|$(简称**系数行列式**)来判断它是否有唯一解？把线性方程组(1)的增广矩阵记作 $\widetilde{\boldsymbol{A}}$，对增广矩阵 $\widetilde{\boldsymbol{A}}$ 施行初等行变换化成阶梯形矩阵 $\tilde{\boldsymbol{J}}$，此时系数矩阵 $\boldsymbol{A}$ 在这些初等行变换下化成阶梯形矩阵 $\boldsymbol{J}$，其中 $\boldsymbol{J}$ 比 $\tilde{\boldsymbol{J}}$ 少最后一列.

情形 1 线性方程组(1)无解，则 $\tilde{\boldsymbol{J}}$ 的最后一行非零行为 $(0,\cdots,0,d)$，其中 d 是非零数. 此时 $\boldsymbol{J}$ 有零行，从而 $|\boldsymbol{J}|=0$.

情形 2 线性方程组(1)有无穷多个解，则 $\tilde{\boldsymbol{J}}$ 没有 $(0,\cdots,0,d)$(其中 d 是非零数)这样的非零行，且 $\tilde{\boldsymbol{J}}$ 的非零行数 $r<n$. 由于 $\tilde{\boldsymbol{J}}$ 的行数为 n，因此 $\tilde{\boldsymbol{J}}$ 必有零行，从而 $\boldsymbol{J}$ 也有零行. 于是

$$|\boldsymbol{J}|=0.$$

情形 3 线性方程组(1)有唯一解，则 $\tilde{\boldsymbol{J}}$ 没有 $(0,\cdots,0,d)$(其中 d 是非零数)这样的非零行，且 $\tilde{\boldsymbol{J}}$ 的非零行数 $r=n$，从而 $\boldsymbol{J}$ 的非零行数也为 n. 于是，$\boldsymbol{J}$ 有 n 个主元，从而 $\boldsymbol{J}$ 必定形如

$$\boldsymbol{J} = \begin{pmatrix} c_{11} & c_{12} & \cdots & c_{1n} \\ 0 & c_{22} & \cdots & c_{2n} \\ \vdots & \vdots & & \vdots \\ 0 & 0 & \cdots & c_{nn} \end{pmatrix},$$

其中 $c_{11},c_{22},\cdots,c_{nn}$ 都不等于 0，从而

$$|\boldsymbol{J}| = c_{11}c_{22}\cdots c_{nn} \neq 0.$$

综上所述，线性方程组(1)有唯一解当且仅当 $|\boldsymbol{J}|\neq 0$(从情形 3 得必要性，从情形 1 与情形 2 得充分性).

由于线性方程组(1)的系数矩阵 $\boldsymbol{A}$ 经过初等行变换变成 $\boldsymbol{J}$，因此 $|\boldsymbol{J}|=l|\boldsymbol{A}|$，其中 l 是某个非零数，从而 $|\boldsymbol{J}|\neq 0$ 当且仅当 $|\boldsymbol{A}|\neq 0$. 于是，我们证明了下述定理：

定理 1 数域 K 上含 n 个方程的 n 元线性方程组有唯一解的充要条件是，它的系数矩阵 $\boldsymbol{A}$ 的行列式 $|\boldsymbol{A}|$ 不等于 0. □

定理 1 的充分性是克拉默法则的第一部分；克拉默法则的第二部分是当线性方程组(1)

有唯一解时,这个解能用系数和常数项的表达式来表示.我们将在§4.4中介绍这个唯一解的表达式,并且给出简洁的证明.

把定理1应用到齐次线性方程组上便得到下述结论:

推论1 数域 K 上含 n 个方程的 n 元齐次线性方程组只有零解的充要条件是它的系数矩阵 $\boldsymbol{A}$ 的行列式 $|\boldsymbol{A}|$ 不等于0,从而它有非零解的充要条件是它的系数矩阵 $\boldsymbol{A}$ 的行列式 $|\boldsymbol{A}|$ 等于0. □

至此,我们利用行列式解决了数域 K 上含 n 个方程的 n 元线性方程组有唯一解的判定问题.行列式还有许多其他应用.例如,在解析几何中,一个二阶行列式

$$\begin{vmatrix} a_1 & b_1 \\ a_2 & b_2 \end{vmatrix}$$

表示在平面右手直角坐标系中坐标分别为 $(a_1,a_2)^{\mathrm{T}}$,$(b_1,b_2)^{\mathrm{T}}$ 的向量 $\vec{a}$,$\vec{b}$ 张成的平行四边形的定向面积.当 $\vec{a}$ 到 $\vec{b}$ 的旋转方向为逆时针方向时,定向面积为正值;当 $\vec{a}$ 到 $\vec{b}$ 的旋转方向为顺时针方向时,定向面积为负值.一个三阶行列式

$$\begin{vmatrix} a_1 & b_1 & c_1 \\ a_2 & b_2 & c_2 \\ a_3 & b_3 & c_3 \end{vmatrix}$$

表示在空间右手直角坐标系中坐标分别为 $(a_1,a_2,a_3)^{\mathrm{T}}$,$(b_1,b_2,b_3)^{\mathrm{T}}$,$(c_1,c_2,c_3)^{\mathrm{T}}$ 的向量 $\vec{a}$,$\vec{b}$,$\vec{c}$ 张成的平行六面体的定向体积.当 $(\vec{a},\vec{b},\vec{c})$ 构成右手系时,定向体积为正值;当 $(\vec{a},\vec{b},\vec{c})$ 构成左手系时,定向体积为负值(详见文献[6]第28页,第32页).

数学中的重要概念都有这样的情况,它从研究某一类问题中被提出来,但是一经提出后,它就远不止于解决这一类问题,而是有广泛的应用.

2.5.2 典型例题

例1 讨论如下数域 K 上的线性方程组何时有唯一解,有无穷多个解,无解:

$$\begin{cases} ax_1 + x_2 + x_3 = 2, \\ x_1 + bx_2 + x_3 = 1, \\ x_1 + 2bx_2 + x_3 = 2. \end{cases} \tag{2}$$

解 此线性方程组的系数行列式为

$$\begin{vmatrix} a & 1 & 1 \\ 1 & b & 1 \\ 1 & 2b & 1 \end{vmatrix} \xlongequal[\text{①}+\text{③}\cdot(-1)]{} \begin{vmatrix} a-1 & 1 & 1 \\ 0 & b & 1 \\ 0 & 2b & 1 \end{vmatrix} = (a-1)(b-2b) = -b(a-1),$$

于是线性方程组(2)有唯一解当且仅当 $a\neq 1$,且 $b\neq 0$.

当 $a=1$ 时,对线性方程组(2)的增广矩阵施行初等行变换,将其化成阶梯形矩阵:

$$\begin{pmatrix}1&1&1&2\\1&b&1&1\\1&2b&1&2\end{pmatrix}\xrightarrow[③+①\cdot(-1)]{②+①\cdot(-1)}\begin{pmatrix}1&1&1&2\\0&b-1&0&-1\\0&2b-1&0&0\end{pmatrix}\xrightarrow{③+②\cdot(-2)}\begin{pmatrix}1&1&1&2\\0&b-1&0&-1\\0&1&0&2\end{pmatrix}$$

$$\xrightarrow{(②,③)}\begin{pmatrix}1&1&1&2\\0&1&0&2\\0&b-1&0&-1\end{pmatrix}\xrightarrow{③+②\cdot(1-b)}\begin{pmatrix}1&1&1&2\\0&1&0&2\\0&0&0&1-2b\end{pmatrix}. \tag{3}$$

当 $1-2b\neq0$,即 $b\neq\frac{1}{2}$ 时,线性方程组(2)(其中 $a=1$)无解;当 $b=\frac{1}{2}$ 时,线性方程组(2)(其中 $a=1$)有无穷多个解.

当 $b=0$ 时,对线性方程组(2)的增广矩阵施行初等行变换,将其化成阶梯形矩阵:

$$\begin{pmatrix}a&1&1&2\\1&0&1&1\\1&0&1&2\end{pmatrix}\xrightarrow[③+②\cdot(-1)]{①+②\cdot(-a)}\begin{pmatrix}0&1&1-a&2-a\\1&0&1&1\\0&0&0&1\end{pmatrix}\xrightarrow{(①,②)}\begin{pmatrix}1&0&1&1\\0&1&1-a&2-a\\0&0&0&1\end{pmatrix}. \tag{4}$$

可见,此时线性方程组(2)无解.

综上所述,线性方程组(2)有唯一解当且仅当 $a\neq1$,且 $b\neq0$;当 $a=1$,且 $b=\frac{1}{2}$ 时,线性方程组(2)有无穷多个解;当 $a=1$,且 $b\neq\frac{1}{2}$ 时,或者当 $b=0$ 时,线性方程组(2)无解.

点评 像例1那样,对系数带有字母的线性方程组讨论其何时有唯一解,有无穷多个解,无解,通常的做法是:先计算线性方程组的系数行列式,确定线性方程组有唯一解时当且仅当字母不能取哪些值;然后讨论字母取这些值时,线性方程组是有无穷多个解还是无解,这一步通常是把线性方程组的增广矩阵经过初等行变换化成阶梯形矩阵来讨论.

例2 设 $a_1,a_2,\cdots,a_n$ 是数域 K 中两两不等的数,$b_1,b_2,\cdots,b_n$ 是数域 K 中任给的一组数,试问:是否存在数域 K 上次数小于 n 的多项式函数

$$y=c_0+c_1x+c_2x^2+\cdots+c_{n-1}x^{n-1},$$

使得它的图像经过平面上的 n 个点 $P_1(a_1,b_1)^{\mathrm{T}},P_2(a_2,b_2)^{\mathrm{T}},\cdots,P_n(a_n,b_n)^{\mathrm{T}}$? 如果存在,有多少个这样的多项式函数?

解 存在多项式函数 $y=c_0+c_1x+c_2x^2+\cdots+c_{n-1}x^{n-1}$,使得它的图像经过 n 个点 $P_1(a_1,b_1)^{\mathrm{T}},P_2(a_2,b_2)^{\mathrm{T}},\cdots,P_n(a_n,b_n)^{\mathrm{T}}$,当且仅当如下关于 $c_0,c_1,c_2,\cdots,c_{n-1}$ 的 n 元线性方程组有解:

$$\begin{cases}c_0+c_1a_1+c_2a_1^2+\cdots+c_{n-1}a_1^{n-1}=b_1,\\c_0+c_1a_2+c_2a_2^2+\cdots+c_{n-1}a_2^{n-1}=b_2,\\\cdots\cdots\\c_0+c_1a_n+c_2a_n^2+\cdots+c_{n-1}a_n^{n-1}=b_n.\end{cases} \tag{5}$$

线性方程组(5)的系数行列式为

$$\begin{vmatrix} 1 & a_1 & a_1^2 & \cdots & a_1^{n-1} \\ 1 & a_2 & a_2^2 & \cdots & a_2^{n-1} \\ \vdots & \vdots & \vdots & & \vdots \\ 1 & a_n & a_n^2 & \cdots & a_n^{n-1} \end{vmatrix} = \prod_{1\leqslant j<i\leqslant n}(a_i - a_j). \tag{6}$$

由于 $a_1, a_2, \cdots, a_n$ 两两不等,因此(6)式不等于 0,从而线性方程组(5)有唯一解. 所以,存在唯一的次数小于 n 的多项式函数,使得它的图像经过 n 个点 $P_1(a_1, b_1)^{\mathrm{T}}, P_2(a_2, b_2)^{\mathrm{T}}, \cdots, P_n(a_n, b_n)^{\mathrm{T}}$.

习 题 2.5

1. 判断下述数域 K 上 n 元线性方程组是否有解,有多少个解.

$$\begin{cases} x_1 + a\, x_2 + a^2 x_3 + \cdots + a^{n-1}\ \ x_n = b_1, \\ x_1 + a^2 x_2 + a^4 x_3 + \cdots + a^{2(n-1)} x_n = b_2, \\ \cdots\cdots \\ x_1 + a^n x_2 + a^{2n} x_3 + \cdots + a^{n(n-1)} x_n = b_n, \end{cases}$$

其中 $a\neq 0$,并且当 $0<r<n$ 时,$a^r\neq 1$.

2. 讨论如下数域 K 上的线性方程组何时有唯一解,有无穷多个解,无解:

$$\begin{cases} x_1 + a x_2 + \ \ x_3 = 2, \\ x_1 + \ \ x_2 + 2b x_3 = 2, \\ x_1 + \ \ x_2 - \ \ b x_3 = -1. \end{cases}$$

3. 当 λ 取什么值时,如下齐次线性方程组有非零解?

$$\begin{cases} (\lambda-3)x_1 - x_2 + x_4 = 0, \\ -x_1 + (\lambda-3)x_2 + x_3 = 0, \\ x_2 + (\lambda-3)x_3 - x_4 = 0, \\ x_1 - x_3 + (\lambda-3)x_4 = 0. \end{cases}$$

§2.6 行列式按 k 行(列)展开

2.6.1 内容精华

行数与列数相同的矩阵(方阵)有行列式. 行数与列数不同的矩阵没有行列式,但是可以从这个矩阵取出 k 行和 k 列组成一个 k 阶矩阵,称它为原来矩阵的**子矩阵**. 这个 k 阶子矩阵有行列式,即我们有下述概念:

定义 1 设 $\boldsymbol{A}=(a_{ij})$ 是一个 $s\times n$ 矩阵,任取 k 行和 k 列($1\leqslant k\leqslant \min\{s,n\}$):第 i_1,$i_2,\cdots,i_k$ 行,第 $j_1,j_2,\cdots,j_k$ 列,其中 $i_1<i_2<\cdots<i_k$,$j_1<j_2<\cdots<j_k$,位于这些行与列交叉处的 k^2 个元素按照原来次序组成的 k 阶矩阵的行列式称为矩阵 $\boldsymbol{A}$ 的一个 k **阶子式**,记作

$$\boldsymbol{A}\begin{pmatrix} i_1,i_2,\cdots,i_k \\ j_1,j_2,\cdots,j_k \end{pmatrix}. \tag{1}$$

从定义 1 得

$$\boldsymbol{A}\begin{pmatrix} i_1,i_2,\cdots,i_k \\ j_1,j_2,\cdots,j_k \end{pmatrix}=\begin{vmatrix} a_{i_1j_1} & a_{i_1j_2} & \cdots & a_{i_1j_k} \\ a_{i_2j_1} & a_{i_2j_2} & \cdots & a_{i_2j_k} \\ \vdots & \vdots & & \vdots \\ a_{i_kj_1} & a_{i_kj_2} & \cdots & a_{i_kj_k} \end{vmatrix}. \tag{2}$$

特别地,$\boldsymbol{A}$ 的一个一阶子式为 $\boldsymbol{A}\begin{pmatrix} i \\ j \end{pmatrix}=|a_{ij}|=a_{ij}$,它就是 $\boldsymbol{A}$ 的(i,j)元.

类比 n 阶矩阵 $\boldsymbol{A}$ 的(i,j)元的余子式和代数余子式的概念,我们引入下述概念:

定义 2 设 $\boldsymbol{A}=(a_{ij})$ 是一个 n 阶矩阵,任取 k 行和 k 列($1\leqslant k\leqslant n-1$):第 $i_1,i_2,\cdots,i_k$ 行,第 $j_1,j_2,\cdots,j_k$ 列,其中 $i_1<i_2<\cdots<i_k$,$j_1<j_2<\cdots<j_k$. 划去这 k 行和 k 列,剩下的元素按原来次序组成的 $n-k$ 阶矩阵的行列式,称为矩阵 $\boldsymbol{A}$ 的子式(1)的**余子式**,它本身是矩阵 $\boldsymbol{A}$ 的一个 $n-k$ 阶子式,记作

$$\boldsymbol{A}\begin{pmatrix} i'_1,i'_2,\cdots,i'_{n-k} \\ j'_1,j'_2,\cdots,j'_{n-k} \end{pmatrix}, \tag{3}$$

其中

$$\{i'_1,i'_2,\cdots,i'_{n-k}\}=\{1,2,\cdots,n\}\backslash\{i_1,i_2,\cdots,i_k\},$$
$$\{j'_1,j'_2,\cdots,j'_{n-k}\}=\{1,2,\cdots,n\}\backslash\{j_1,j_2,\cdots,j_k\},$$

且

$$i'_1<i'_2<\cdots<i'_{n-k},\quad j'_1<j'_2<\cdots<j'_{n-k}.$$

子式(1)的余子式(3)与 $(-1)^{(i_1+i_2+\cdots+i_k)+(j_1+j_2+\cdots+j_k)}$ 的乘积,即

$$(-1)^{(i_1+i_2+\cdots+i_k)+(j_1+j_2+\cdots+j_k)}\boldsymbol{A}\begin{pmatrix} i'_1,i'_2,\cdots,i'_{n-k} \\ j'_1,j'_2,\cdots,j'_{n-k} \end{pmatrix}$$

称为子式(1)的**代数余子式**.

类比行列式按一行展开的定理,我们想探索 n 阶行列式 $|\boldsymbol{A}|$ 是否可以按 k 行展开.

定理 1[拉普拉斯(Laplace)定理] 在 n 阶矩阵 $\boldsymbol{A}=(a_{ij})$ 中,任取第 $i_1,i_2,\cdots,i_k$ 行($1\leqslant k\leqslant n$),其中 $i_1<i_2<\cdots<i_k$,则 $|\boldsymbol{A}|$ 等于这 k 行元素形成的所有 k 阶子式与其各自的代数余子式的乘积之和,即

$$|\boldsymbol{A}|=\sum_{1\leqslant j_1<\cdots<j_k\leqslant n}\boldsymbol{A}\begin{pmatrix} i_1,\cdots,i_k \\ j_1,\cdots,j_k \end{pmatrix}(-1)^{(i_1+\cdots+i_k)+(j_1+\cdots+j_k)}\boldsymbol{A}\begin{pmatrix} i'_1,\cdots,i'_{n-k} \\ j'_1,\cdots,j'_{n-k} \end{pmatrix}. \tag{4}$$

证明 根据§2.2中的(12)式把$|\boldsymbol{A}|$每一项的n个元素按行指标排列$i_1i_2\cdots i_ki'_1i'_2\cdots i'_{n-k}$排好位置，写出$|\boldsymbol{A}|$的表达式，然后利用2.1.2小节中的例2，得

$$\begin{aligned}|\boldsymbol{A}| &= \sum_{\mu_1\cdots\mu_k\nu_1\cdots\nu_{n-k}} (-1)^{\tau(i_1\cdots i_ki'_1\cdots i'_{n-k})+\tau(\mu_1\cdots\mu_k\nu_1\cdots\nu_{n-k})} a_{i_1\mu_1}\cdots a_{i_k\mu_k}a_{i'_1\nu_1}\cdots a_{i'_{n-k}\nu_{n-k}} \\ &= \sum_{\mu_1\cdots\mu_k\nu_1\cdots\nu_{n-k}} (-1)^{(i_1+i_2+\cdots+i_k)-\frac{1}{2}k(k+1)+\tau(\mu_1\cdots\mu_n\nu_1\cdots\nu_{k-n})} a_{i_1\mu_1}\cdots a_{i_k\mu_k}a_{i'_1\nu_1}\cdots a_{i'_{n-k}\nu_{n-k}}.\end{aligned} \tag{5}$$

对于给定的第$i_1,i_2,\cdots,i_k$行，按照下述方法把(5)式中的$n!$项分成C_n^k组：任取k列：第$j_1,j_2,\cdots,j_k$列，其中$1\leqslant j_1<j_2<\cdots<j_k\leqslant n$，可以把$n!$个$n$元排列分成$\mathrm{C}_n^k$组，对应于$j_1,j_2,\cdots,j_k$这一组中的$n$元排列形如$\mu_1\mu_2\cdots\mu_k\nu_1\nu_2\cdots\nu_{n-k}$，其中$\mu_1\mu_2\cdots\mu_k$是$j_1,j_2,\cdots,j_k$形成的$k$元排列，$\nu_1\nu_2\cdots\nu_{n-k}$是$j'_1,j'_2,\cdots,j'_{n-k}$形成的$n-k$元排列. 根据2.1.2小节中的例3，得

$$\begin{aligned}(-1)^{\tau(\mu_1\mu_2\cdots\mu_k\nu_1\nu_2\cdots\nu_{n-k})} &= (-1)^{\tau(\mu_1\mu_2\cdots\mu_k)+\tau(\nu_1\nu_2\cdots\nu_{n-k})}\cdot(-1)^{(\mu_1+\mu_2+\cdots+\mu_k)-\frac{1}{2}k(k+1)} \\ &= (-1)^{\tau(\mu_1\mu_2\cdots\mu_k)+\tau(\nu_1\nu_2\cdots\nu_{n-k})}\cdot(-1)^{(j_1+j_2+\cdots+j_k)-\frac{1}{2}k(k+1)},\end{aligned}$$

于是(5)式可成为

$$\begin{aligned}|\boldsymbol{A}| &= \sum_{1\leqslant j_1<\cdots<j_k\leqslant n}\sum_{\mu_1\cdots\mu_k}\sum_{\nu_1\cdots\nu_{n-k}}(-1)^{(i_1+\cdots+i_k)-\frac{1}{2}k(k+1)} \\ &\quad\cdot(-1)^{(j_1+\cdots+j_k)-\frac{1}{2}k(k+1)}\cdot(-1)^{\tau(\mu_1\cdots\mu_k)+\tau(\nu_1\cdots\nu_{n-k})}a_{i_1\mu_1}\cdots a_{i_k\mu_k}a_{i'_1\nu_1}\cdots a_{i'_{n-k}\nu_{n-k}} \\ &= \sum_{1\leqslant j_1<\cdots<j_k\leqslant n}(-1)^{(i_1+\cdots+i_k)+(j_1+\cdots+j_k)} \\ &\quad\cdot\left[\sum_{\mu_1\cdots\mu_k}(-1)^{\tau(\mu_1\cdots\mu_k)}a_{i_1\mu_1}\cdots a_{i_k\mu_k}\sum_{\nu_1\cdots\nu_{n-k}}(-1)^{\tau(\nu_1\cdots\nu_{n-k})}a_{i'_1\nu_1}\cdots a_{i'_{n-k}\nu_{n-k}}\right] \\ &= \sum_{1\leqslant j_1<\cdots<j_k\leqslant n}(-1)^{(i_1+\cdots+i_k)+(j_1+\cdots+j_k)}\boldsymbol{A}\begin{pmatrix}i_1,\cdots,i_k\\ j_1,\cdots,j_k\end{pmatrix}\boldsymbol{A}\begin{pmatrix}i'_1,\cdots,i'_{n-k}\\ j'_1,\cdots,j'_{n-k}\end{pmatrix}.\end{aligned}$$

□

定理1称为行列式按k行展开定理.

把定理1中的“行”换成“列”结论仍然成立，称之为行列式按k列展开定理.

利用行列式按k行展开定理，很容易得到右上角子矩阵是零矩阵的方阵的行列式的计算公式：

推论1 下式成立：

$$\begin{vmatrix}a_{11} & \cdots & a_{1k} & 0 & \cdots & 0\\ \vdots & & \vdots & \vdots & & \vdots\\ a_{k1} & \cdots & a_{kk} & 0 & \cdots & 0\\ c_{11} & \cdots & c_{1k} & b_{11} & \cdots & b_{1t}\\ \vdots & & \vdots & \vdots & & \vdots\\ c_{t1} & \cdots & c_{tk} & b_{t1} & \cdots & b_{tt}\end{vmatrix} = \begin{vmatrix}a_{11} & \cdots & a_{1k}\\ \vdots & & \vdots\\ a_{k1} & \cdots & a_{kk}\end{vmatrix}\begin{vmatrix}b_{11} & \cdots & b_{1t}\\ \vdots & & \vdots\\ b_{t1} & \cdots & b_{tt}\end{vmatrix}. \tag{6}$$

证明 把(6)式左端的行列式按前 k 行展开，这 k 行元素形成的 k 阶子式中，只有左上角的 k 阶子式的值可能不为 0，其余的 k 阶子式一定包含零列，从而其值为 0. 左上角的 k 阶子式的余子式正好是右下角的 t 阶子式，且 $(-1)^{(1+2+\cdots+k)+(1+2+\cdots+k)}=1$，因此(6)式成立. □

令

$$\boldsymbol{A}=\begin{pmatrix} a_{11} & \cdots & a_{1k} \\ \vdots & & \vdots \\ a_{k1} & \cdots & a_{kk} \end{pmatrix},\quad \boldsymbol{B}=\begin{pmatrix} b_{11} & \cdots & b_{1t} \\ \vdots & & \vdots \\ b_{t1} & \cdots & b_{tt} \end{pmatrix},$$

$$\boldsymbol{C}=\begin{pmatrix} c_{11} & \cdots & c_{1k} \\ \vdots & & \vdots \\ c_{t1} & \cdots & c_{tk} \end{pmatrix},\quad \boldsymbol{0}=\begin{pmatrix} 0 & \cdots & 0 \\ \vdots & & \vdots \\ 0 & \cdots & 0 \end{pmatrix},$$

则(6)式可以简写成

$$\begin{vmatrix} \boldsymbol{A} & \boldsymbol{0} \\ \boldsymbol{C} & \boldsymbol{B} \end{vmatrix} = |\boldsymbol{A}|\,|\boldsymbol{B}|. \tag{7}$$

公式(7)很有用.

利用行列式的性质 1，从推论 1 立即得到：若 $\boldsymbol{A},\boldsymbol{B}$ 都是方阵，则

$$\begin{vmatrix} \boldsymbol{A} & \boldsymbol{D} \\ \boldsymbol{0} & \boldsymbol{B} \end{vmatrix} = \begin{vmatrix} \boldsymbol{A}^{\mathrm{T}} & \boldsymbol{0}^{\mathrm{T}} \\ \boldsymbol{D}^{\mathrm{T}} & \boldsymbol{B}^{\mathrm{T}} \end{vmatrix} = |\boldsymbol{A}^{\mathrm{T}}|\,|\boldsymbol{B}^{\mathrm{T}}| = |\boldsymbol{A}|\,|\boldsymbol{B}|. \tag{8}$$

2.6.2 典型例题

例 1 设 $\boldsymbol{B}=(b_{ij})$ 是 $n\times s$ 矩阵，给定一个 n 元排列 $k_1k_2\cdots k_{n-s}r_1r_2\cdots r_s$，证明：

$$\begin{array}{r} \\ \\ \\ \text{第 } k_1 \text{ 行} \\ \\ \\ \\ \text{第 } k_2 \text{ 行} \\ \\ \\ \\ \text{第 } k_{n-s} \text{ 行} \\ \\ \\ \\ \end{array}\begin{vmatrix} 0 & 0 & \cdots & 0 & b_{11} & \cdots & b_{1s} \\ \vdots & \vdots & & \vdots & \vdots & & \vdots \\ 0 & 0 & \cdots & 0 & \vdots & & \vdots \\ 1 & 0 & \cdots & 0 & b_{k_1 1} & \cdots & b_{k_1 s} \\ 0 & 0 & \cdots & 0 & \vdots & & \vdots \\ \vdots & \vdots & & \vdots & \vdots & & \vdots \\ 0 & 0 & \cdots & 0 & \vdots & & \vdots \\ 0 & 1 & \cdots & 0 & & & \vdots \\ 0 & 0 & \cdots & 0 & \vdots & & \vdots \\ \vdots & \vdots & & \vdots & \vdots & & \vdots \\ 0 & 0 & \cdots & 0 & \vdots & & \vdots \\ 0 & 0 & \cdots & 1 & b_{n-s,1} & \cdots & b_{n-s,s} \\ 0 & 0 & \cdots & 0 & \vdots & & \vdots \\ \vdots & \vdots & & \vdots & \vdots & & \vdots \\ 0 & 0 & \cdots & 0 & b_{n1} & \cdots & b_{ns} \end{vmatrix} = (-1)^{(k_1+k_2+\cdots+k_{n-s})+\frac{1}{2}(1+n-s)(n-s)}\boldsymbol{B}\begin{pmatrix} r_1, r_2, \cdots, r_s \\ 1,\ 2,\ \cdots, s \end{pmatrix}.$$

证明 把上述 n 阶行列式按前 $n-s$ 列展开,前 $n-s$ 列的元素形成的 $n-s$ 阶子式中,只有与第 $k_1,k_2,\cdots,k_{n-s}$ 行形成的 $n-s$ 阶子式不为 0,其余的 $n-s$ 阶子式一定包含零行,从而其值为 0,因此

$$\text{原式}=\begin{vmatrix}1 & 0 & \cdots & 0\\ 0 & 1 & \cdots & 0\\ \vdots & \vdots & & \vdots\\ 0 & 0 & \cdots & 1\end{vmatrix}(-1)^{(k_1+k_2+\cdots+k_{n-s})+[1+\cdots+(n-s)]}\boldsymbol{B}\begin{pmatrix}r_1,r_2,\cdots,r_s\\ 1,2,\cdots,s\end{pmatrix}$$

$$=(-1)^{(k+k_2+\cdots+k_{n-s})+\frac{1}{2}(1+n-s)(n-s)}\boldsymbol{B}\begin{pmatrix}r_1,r_2,\cdots,r_s\\ 1,2,\cdots,s\end{pmatrix}.$$ □

习 题 2.6

1. 计算行列式

$$\begin{vmatrix}0 & \cdots & 0 & a_{11} & \cdots & a_{1k}\\ \vdots & & \vdots & \vdots & & \vdots\\ 0 & \cdots & 0 & a_{k1} & \cdots & a_{kk}\\ b_{11} & \cdots & b_{1t} & c_{11} & \cdots & c_{1k}\\ \vdots & & \vdots & \vdots & & \vdots\\ b_{t1} & \cdots & b_{tt} & c_{t1} & \cdots & c_{tk}\end{vmatrix}.$$

2. 设 $|\boldsymbol{A}|$ 是关于 $1,2,\cdots,n$ 的 n 阶范德蒙德行列式,计算 $|\boldsymbol{A}|$ 的前 $n-1$ 行划去第 j 列得到的 $n-1$ 阶子式:

$$\boldsymbol{A}\begin{pmatrix}1,2,\cdots,n-1\\ 1,\cdots,j-1,j+1,\cdots,n\end{pmatrix},$$

其中 $j\in\{1,2,\cdots,n\}$.

3. 计算如下 $2n$ 阶行列式(主对角线上元素都是 a,反对角线上元素都是 b,空缺处的元素为 0):

$$D_{2n}=\begin{vmatrix}a & & & & & b\\ & \ddots & & & \unicode{x22F0} & \\ & & a & b & & \\ & & b & a & & \\ & \unicode{x22F0} & & & \ddots & \\ b & & & & & a\end{vmatrix}.$$

补充题二

1. 斐波那契(Fibonacci)数列是

$$1,\ 2,\ 3,\ 5,\ 8,\ 13,\ 21,\ 35,\ \cdots,$$

它满足：$F_n=F_{n-1}+F_{n-2}(n\geqslant 3)$,$F_1=1$,$F_2=2$.

(1) 证明斐波那契数列的通项 F_n 可由行列式表示如下：

$$F_n=\begin{vmatrix} 1 & -1 & 0 & 0 & \cdots & 0 & 0 & 0 \\ 1 & 1 & -1 & 0 & \cdots & 0 & 0 & 0 \\ 0 & 1 & 1 & -1 & \cdots & 0 & 0 & 0 \\ \vdots & \vdots & \vdots & \vdots & & \vdots & \vdots & \vdots \\ 0 & 0 & 0 & 0 & \cdots & 1 & 1 & -1 \\ 0 & 0 & 0 & 0 & \cdots & 1 & 1 & 1 \end{vmatrix};$$

(2) 求斐波那契数列的通项公式.

2. 实系数三元多项式 $f(x,y,z)=x^3+y^3+z^3-3xyz$ 是否有一次因式？如果有，把它找出来.

第三章

n 维向量空间 K^n

利用行列式可以判断数域 K 上含 n 个方程的 n 元线性方程组是否有唯一解，但是无法分辨无解和有无穷多个解的情形. 因此，需要进一步研究对一般的线性方程组如何直接从它的系数和常数项判断它是否有解，有多少解，以及有无穷多个解时其解集的结构.

为了寻找解决上述问题的途径，想法之一是：在利用阶梯形方程组判断原线性方程组是否有解，有多少解时，需要对线性方程组的增广矩阵施行初等行变换. $1°$型初等行变换是把矩阵某一行的倍数加到另一行上，这里"某一行的倍数"是将这一行的每个元素乘以这个数，由此引出了一个数乘以一个有序数组的运算；"加到另一行上"引出了两个有序数组的加法运算. 由此受到启发，应当在所有 n 元有序数组组成的集合中规定加法和数乘以有序数组(称为数量乘法)运算. 这样 n 元有序数组的集合就像几何中所有向量组成的集合那样，有加法和数量乘法两种运算. 借用几何的语言，把数域 K 上所有 n 元有序数组组成的集合(记作 K^n)，连同定义在它上面的加法和数量乘法运算，及其满足的加法交换律、结合律等 8 条运算法则一起，称为数域 K 上的 n 维向量空间，并把 K^n 的元素称为 n 维向量.

想法之二是：二元齐次线性方程 $2x+y=0$ 的解集是平面内过原点的一条直线 l. 在 l 上取一个非零向量 $\vec{a}$，那么 l 上每个向量都可表示成 $k\vec{a}$，其中 k 是某个实数. 这表明 $2x+y=0$ 的无穷多个解可以通过一个解 $\vec{a}$ 表示出来. 由此受到启发，为了研究数域 K 上线性方程组有无穷多个解时解集的结构，我们应当研究 n 维向量空间 K^n 中向量之间的关系.

本章就来研究数域 K 上 n 维向量空间 K^n 中向量之间的关系，从而搞清楚 n 维向量空间 K^n 的结构，进而解决数域 K 上线性方程组是否有解，有多少解的判定，以及有无穷多个解时解集的结构问题.

§3.1 n 维向量空间 K^n 及其子空间

3.1.1 内容精华

取定一个数域 K,设 n 是任给的一个正整数. 令

$$K^n = \{(a_1,a_2,\cdots,a_n)^{\mathrm{T}} \mid a_i \in K, i = 1,2,\cdots,n\}.$$

如果 $a_1=b_1, a_2=b_2, \cdots, a_n=b_n$,则称 K^n 的两个元素 $(a_1,a_2,\cdots,a_n)^{\mathrm{T}}$ 与 $(b_1,b_2,\cdots,b_n)^{\mathrm{T}}$ **相等**.

在 K^n 中规定加法运算如下:

$$(a_1,a_2,\cdots,a_n)^{\mathrm{T}} + (b_1,b_2,\cdots,b_n)^{\mathrm{T}} := (a_1+b_1, a_2+b_2, \cdots, a_n+b_n)^{\mathrm{T}}.$$

在 K 的元素与 K^n 的元素之间规定数量乘法运算如下:

$$k(a_1,a_2,\cdots,a_n)^{\mathrm{T}} := (ka_1,ka_2,\cdots,ka_n)^{\mathrm{T}}, \quad k \in K.$$

通常用小写、加粗的希腊字母 $\boldsymbol{\alpha},\boldsymbol{\beta},\boldsymbol{\gamma},\cdots$来表示 K^n 中的元素. 容易直接验证加法和数量乘法满足下述 8 条运算法则:对于任意 $\boldsymbol{\alpha},\boldsymbol{\beta},\boldsymbol{\gamma}\in K^n, k,l\in K$,有

(1) $\boldsymbol{\alpha}+\boldsymbol{\beta}=\boldsymbol{\beta}+\boldsymbol{\alpha}$.

(2) $(\boldsymbol{\alpha}+\boldsymbol{\beta})+\boldsymbol{\gamma}=\boldsymbol{\alpha}+(\boldsymbol{\beta}+\boldsymbol{\gamma})$.

(3) 把元素 $(0,0,\cdots,0)^{\mathrm{T}}$ 记作 $\mathbf{0}$,它使得

$$\mathbf{0}+\boldsymbol{\alpha}=\boldsymbol{\alpha}+\mathbf{0}=\boldsymbol{\alpha}.$$

称 $\mathbf{0}$ 是 K^n 的**零元**.

(4) 对于 $\boldsymbol{\alpha}=(a_1,a_2,\cdots,a_n)^{\mathrm{T}}\in K^n$,令

$$-\boldsymbol{\alpha} := (-a_1,-a_2,\cdots,-a_n)^{\mathrm{T}} \in K^n,$$

则有

$$\boldsymbol{\alpha}+(-\boldsymbol{\alpha})=(-\boldsymbol{\alpha})+\boldsymbol{\alpha}=\mathbf{0}.$$

称 $-\boldsymbol{\alpha}$ 是 $\boldsymbol{\alpha}$ 的**负元**.

(5) $1\boldsymbol{\alpha}=\boldsymbol{\alpha}$.

(6) $(kl)\boldsymbol{\alpha}=k(l\boldsymbol{\alpha})$.

(7) $(k+l)\boldsymbol{\alpha}=k\boldsymbol{\alpha}+l\boldsymbol{\alpha}$.

(8) $k(\boldsymbol{\alpha}+\boldsymbol{\beta})=k\boldsymbol{\alpha}+k\boldsymbol{\beta}$.

定义 1 数域 K 上所有 n 元有序数组组成的集合 K^n,连同定义在它上面的加法运算和数量乘法运算,及其满足的 8 条运算法则一起,称为数域 K 上的一个 **n 维向量空间**,简称**向量空间**. K^n 的元素称为 **n 维向量**,简称**向量**. 设 n 维向量 $\boldsymbol{\alpha}=(a_1,a_2,\cdots,a_n)^{\mathrm{T}}$,称 $a_i(i=1,$

$2,\cdots,n)$是 $\boldsymbol{\alpha}$ 的第 i 个**分量**.

在 n 维向量空间 K^n 中,可以定义减法运算如下:

$$\boldsymbol{\alpha}-\boldsymbol{\beta}:=\boldsymbol{\alpha}+(-\boldsymbol{\beta}).$$

在 n 维向量空间 K^n 中,容易直接验证如下 4 条性质:

$$\begin{aligned} &0\boldsymbol{\alpha}=\mathbf{0}, && \forall \boldsymbol{\alpha}\in K^n;\\ &(-1)\boldsymbol{\alpha}=-\boldsymbol{\alpha}, && \forall \boldsymbol{\alpha}\in K^n;\\ &k\mathbf{0}=\mathbf{0}, && \forall k\in K;\\ &k\boldsymbol{\alpha}=\mathbf{0}\Rightarrow k=0 \text{ 或 } \boldsymbol{\alpha}=\mathbf{0}. \end{aligned}$$

n 元有序数组写成一行$(a_1,a_2,\cdots,a_n)$,则称之为**行向量**;写成一列

$$\begin{pmatrix} a_1\\ a_2\\ \vdots\\ a_n \end{pmatrix},$$

则称之为**列向量**.

列向量可以看成相应的行向量的转置. 例如,上述这个列向量可以写成$(a_1,a_2,\cdots,a_n)^{\mathrm{T}}$.

K^n 是 K 上所有 n 维列向量组成的向量空间,有时把 K 上所有 n 维行向量组成的向量空间$\{(a_1,a_2,\cdots,a_n)\mid a_i\in K,i=1,2,\cdots,n\}$也记成 K^n.

在 K^n 中,由于有加法和数量乘法两种运算,对于给定的向量组 $\boldsymbol{\alpha}_1,\boldsymbol{\alpha}_2,\cdots,\boldsymbol{\alpha}_s$,任给 K 中的一组数 $k_1,k_2,\cdots,k_s$,就可以得到一个向量 $k_1\boldsymbol{\alpha}_1+k_2\boldsymbol{\alpha}_2+\cdots+k_s\boldsymbol{\alpha}_s$,称这个向量是向量组 $\boldsymbol{\alpha}_1,\boldsymbol{\alpha}_2,\cdots,\boldsymbol{\alpha}_s$ 的一个**线性组合**,其中 $k_1,k_2,\cdots,k_s$ 称为**系数**.

在 K^n 中,给定向量组 $\boldsymbol{\alpha}_1,\boldsymbol{\alpha}_2,\cdots,\boldsymbol{\alpha}_s$. 对于 $\boldsymbol{\beta}\in K^n$,如果存在 K 中的一组数 $c_1,c_2,\cdots,c_s$,使得

$$\boldsymbol{\beta}=c_1\boldsymbol{\alpha}_1+c_2\boldsymbol{\alpha}_2+\cdots+c_s\boldsymbol{\alpha}_s,$$

那么称 $\boldsymbol{\beta}$ 可以由 $\boldsymbol{\alpha}_1,\boldsymbol{\alpha}_2,\cdots,\boldsymbol{\alpha}_s$ **线性表出**.

一个向量 $\boldsymbol{\beta}$ 是否能由向量组 $\boldsymbol{\alpha}_1,\boldsymbol{\alpha}_2,\cdots,\boldsymbol{\alpha}_s$ 线性表出,这揭示了 $\boldsymbol{\beta}$ 与 $\boldsymbol{\alpha}_1,\boldsymbol{\alpha}_2,\cdots,\boldsymbol{\alpha}_s$ 是否有通过加法和数量乘法两种运算建立起来的关系. 这种关系正是我们特别关注的. 从下面关于线性方程组是否有解的刻画可以看到这一点.

利用向量的加法和数量乘法运算,可以把数域 K 上的 n 元线性方程组

$$\begin{cases} a_{11}x_1+a_{12}x_2+\cdots+a_{1n}x_n=b_1,\\ a_{21}x_1+a_{22}x_2+\cdots+a_{2n}x_n=b_2,\\ \cdots\cdots\\ a_{s1}x_1+a_{s2}x_2+\cdots+a_{sn}x_n=b_s \end{cases} \tag{1}$$

写成

$$x_1\begin{pmatrix}a_{11}\\a_{21}\\\vdots\\a_{s1}\end{pmatrix}+x_2\begin{pmatrix}a_{12}\\a_{22}\\\vdots\\a_{s2}\end{pmatrix}+\cdots+x_n\begin{pmatrix}a_{1n}\\a_{2n}\\\vdots\\a_{sn}\end{pmatrix}=\begin{pmatrix}b_1\\b_2\\\vdots\\b_s\end{pmatrix},\tag{2}$$

即

$$x_1\boldsymbol{\alpha}_1+x_2\boldsymbol{\alpha}_2+\cdots+x_n\boldsymbol{\alpha}_n=\boldsymbol{\beta},\tag{3}$$

其中

$$\boldsymbol{\alpha}_1=\begin{pmatrix}a_{11}\\a_{21}\\\vdots\\a_{s1}\end{pmatrix},\quad \boldsymbol{\alpha}_2=\begin{pmatrix}a_{12}\\a_{22}\\\vdots\\a_{s2}\end{pmatrix},\quad \cdots,\quad \boldsymbol{\alpha}_n=\begin{pmatrix}a_{1n}\\a_{2n}\\\vdots\\a_{sn}\end{pmatrix},\quad \boldsymbol{\beta}=\begin{pmatrix}b_1\\b_2\\\vdots\\b_s\end{pmatrix},$$

即$\boldsymbol{\alpha}_1,\boldsymbol{\alpha}_2,\cdots,\boldsymbol{\alpha}_n$是线性方程组(1)的系数矩阵的列向量组,$\boldsymbol{\beta}$是由常数项组成的列向量. 于是

数域K上的线性方程组$x_1\boldsymbol{\alpha}_1+x_2\boldsymbol{\alpha}_2+\cdots+x_n\boldsymbol{\alpha}_n=\boldsymbol{\beta}$有解

$\Longleftrightarrow K$中存在一组数$c_1,c_2,\cdots,c_n$,使得下式成立:

$$c_1\boldsymbol{\alpha}_1+c_2\boldsymbol{\alpha}_2+\cdots+c_n\boldsymbol{\alpha}_n=\boldsymbol{\beta}$$

$\Longleftrightarrow \boldsymbol{\beta}$可以由$\boldsymbol{\alpha}_1,\boldsymbol{\alpha}_2,\cdots,\boldsymbol{\alpha}_n$线性表出.

这样可把线性方程组是否有解的问题归结为:常数项列向量$\boldsymbol{\beta}$能否由系数矩阵的列向量组线性表出. 这个结论具有双向作用:一方面,为了从理论上研究线性方程组是否有解,可以去研究$\boldsymbol{\beta}$能否由$\boldsymbol{\alpha}_1,\boldsymbol{\alpha}_2,\cdots,\boldsymbol{\alpha}_n$线性表出;另一方面,对于$K^s$中给定的向量组$\boldsymbol{\alpha}_1,\boldsymbol{\alpha}_2,\cdots,\boldsymbol{\alpha}_n$以及给定的向量$\boldsymbol{\beta}$,为了判断$\boldsymbol{\beta}$能否由$\boldsymbol{\alpha}_1,\boldsymbol{\alpha}_2,\cdots,\boldsymbol{\alpha}_n$线性表出,可以去判断线性方程组$x_1\boldsymbol{\alpha}_1+x_2\boldsymbol{\alpha}_2+\cdots+x_n\boldsymbol{\alpha}_n=\boldsymbol{\beta}$是否有解(用§1.2中给出的判定方法).

在K^n中,从理论上如何判断任一向量$\boldsymbol{\beta}$能否由向量组$\boldsymbol{\alpha}_1,\boldsymbol{\alpha}_2,\cdots,\boldsymbol{\alpha}_s$线性表出?这需要考查$\boldsymbol{\beta}$是否等于$\boldsymbol{\alpha}_1,\boldsymbol{\alpha}_2,\cdots,\boldsymbol{\alpha}_s$的某个线性组合. 为此,把向量组$\boldsymbol{\alpha}_1,\boldsymbol{\alpha}_2,\cdots,\boldsymbol{\alpha}_s$的所有线性组合放在一起组成一个集合$W$,即

$$W:=\{k_1\boldsymbol{\alpha}_1+k_2\boldsymbol{\alpha}_2+\cdots+k_s\boldsymbol{\alpha}_s\,|\,k_i\in K,i=1,2,\cdots,s\}.$$

如果能把W的结构研究清楚,就比较容易判断$\boldsymbol{\beta}$是否属于W,也就是判断$\boldsymbol{\beta}$能否由$\boldsymbol{\alpha}_1,\boldsymbol{\alpha}_2,\cdots,\boldsymbol{\alpha}_s$线性表出.

现在来研究W的结构. 任取$\boldsymbol{\alpha},\boldsymbol{\gamma}\in W$,设

$$\boldsymbol{\alpha}=a_1\boldsymbol{\alpha}_1+a_2\boldsymbol{\alpha}_2+\cdots+a_s\boldsymbol{\alpha}_s,\quad \boldsymbol{\gamma}=b_1\boldsymbol{\alpha}_1+b_2\boldsymbol{\alpha}_2+\cdots+b_s\boldsymbol{\alpha}_s,$$

则

$$\boldsymbol{\alpha}+\boldsymbol{\gamma}=(a_1+b_1)\boldsymbol{\alpha}_1+(a_2+b_2)\boldsymbol{\alpha}_2+\cdots+(a_s+b_s)\boldsymbol{\alpha}_s\in W,$$
$$k\boldsymbol{\alpha}=(ka_1)\boldsymbol{\alpha}_1+(ka_2)\boldsymbol{\alpha}_2+\cdots+(k\boldsymbol{\alpha}_s)\boldsymbol{\alpha}_s\in W,$$

其中 k 是 K 中的任意数.

由上述受到启发,我们引入一个概念:

定义 2 如果 K^n 的一个非空子集 U 满足:

(1) $\boldsymbol{\alpha},\boldsymbol{\gamma}\in U \Longrightarrow \boldsymbol{\alpha}+\boldsymbol{\gamma}\in U$;

(2) $\boldsymbol{\alpha}\in U, k\in K \Longrightarrow k\boldsymbol{\alpha}\in U$,

那么称 U 是 K^n 的一个**线性子空间**,简称**子空间**.

定义 2 中的性质(1)称为 U 对于 K^n 的加法封闭,性质(2)称为 U 对于 K^n 的数量乘法封闭.

$\{\boldsymbol{0}\}$是 K^n 的一个子空间,称它为**零子空间**. K^n 本身也是 K^n 的一个子空间.

从上面的讨论知道,K^n 中向量组 $\boldsymbol{\alpha}_1,\boldsymbol{\alpha}_2,\cdots,\boldsymbol{\alpha}_s$ 的所有线性组合组成的集合 W 是 K^n 的一个子空间,称它为 $\boldsymbol{\alpha}_1,\boldsymbol{\alpha}_2,\cdots,\boldsymbol{\alpha}_s$ **生成(或张成)的子空间**,记作

$$\langle\boldsymbol{\alpha}_1,\boldsymbol{\alpha}_2,\cdots,\boldsymbol{\alpha}_s\rangle.$$

综上所述,得出下述结论:

命题 1 数域 K 上的 n 元线性方程组 $x_1\boldsymbol{\alpha}_1+x_2\boldsymbol{\alpha}_2+\cdots+x_n\boldsymbol{\alpha}_n=\boldsymbol{\beta}$ 有解

$\Longleftrightarrow \boldsymbol{\beta}$ 可以由 $\boldsymbol{\alpha}_1,\boldsymbol{\alpha}_2,\cdots,\boldsymbol{\alpha}_n$ 线性表出

$\Longleftrightarrow \boldsymbol{\beta}\in\langle\boldsymbol{\alpha}_1,\boldsymbol{\alpha}_2,\cdots,\boldsymbol{\alpha}_n\rangle.$ □

这个结论开辟了直接从线性方程组的系数和常数项判断线性方程组是否有解的新途径. 这需要去研究向量组 $\boldsymbol{\alpha}_1,\boldsymbol{\alpha}_2,\cdots,\boldsymbol{\alpha}_n$ 生成的子空间$\langle\boldsymbol{\alpha}_1,\boldsymbol{\alpha}_2,\cdots,\boldsymbol{\alpha}_n\rangle$的结构. 从现在起进入运用近世代数学研究代数系统结构的观点研究线性方程组是否有解,有多少解,以及解集的结构的新领域.

3.1.2 典型例题

例 1 在 K^4 中,设

$$\boldsymbol{\alpha}_1=\begin{pmatrix}2\\-5\\3\\-4\end{pmatrix},\quad \boldsymbol{\alpha}_2=\begin{pmatrix}-5\\11\\3\\10\end{pmatrix},\quad \boldsymbol{\alpha}_3=\begin{pmatrix}-3\\7\\-1\\6\end{pmatrix},\quad \boldsymbol{\beta}=\begin{pmatrix}13\\-30\\2\\-26\end{pmatrix},$$

判断向量 $\boldsymbol{\beta}$ 能否由向量组 $\boldsymbol{\alpha}_1,\boldsymbol{\alpha}_2,\boldsymbol{\alpha}_3$ 线性表出. 若能,则写出它的一种表出方式.

解 通过初等行变换把线性方程组 $x_1\boldsymbol{\alpha}_1+x_2\boldsymbol{\alpha}_2+x_3\boldsymbol{\alpha}_3=\boldsymbol{\beta}$ 的增广矩阵化成阶梯形矩阵:

$$\begin{pmatrix}2&-5&-3&13\\-5&11&7&-30\\3&3&-1&2\\-4&10&6&-26\end{pmatrix}\xrightarrow{①+③\cdot(-1)}\begin{pmatrix}-1&-8&-2&11\\-5&11&7&-30\\3&3&-1&2\\-4&10&6&-26\end{pmatrix}$$

$$\longrightarrow\begin{pmatrix}-1 & -8 & -2 & 11\\ 0 & 51 & 17 & -85\\ 0 & -21 & -7 & 35\\ 0 & 42 & 14 & -70\end{pmatrix}\longrightarrow\begin{pmatrix}1 & 8 & 2 & -11\\ 0 & 3 & 1 & -5\\ 0 & 3 & 1 & -5\\ 0 & 3 & 1 & -5\end{pmatrix}$$

$$\longrightarrow\begin{pmatrix}1 & 8 & 2 & -11\\ 0 & 3 & 1 & -5\\ 0 & 0 & 0 & 0\\ 0 & 0 & 0 & 0\end{pmatrix}\longrightarrow\begin{pmatrix}1 & 0 & -\frac{2}{3} & \frac{7}{3}\\ 0 & 1 & \frac{1}{3} & -\frac{5}{3}\\ 0 & 0 & 0 & 0\\ 0 & 0 & 0 & 0\end{pmatrix}.$$

由于上述阶梯形矩阵相应的阶梯形方程组中未出现“$0=d$(其中 $d\neq 0$)”这种方程,且阶梯形矩阵的非零行数 2 小于未知量个数 3,因此线性方程组 $x_1\boldsymbol{\alpha}_1+x_2\boldsymbol{\alpha}_2+x_3\boldsymbol{\alpha}_3=\boldsymbol{\beta}$ 有无穷多个解,从而 $\boldsymbol{\beta}$ 可以由 $\boldsymbol{\alpha}_1,\boldsymbol{\alpha}_2,\boldsymbol{\alpha}_3$ 线性表出,并且表出方式有无穷多种. 写出该线性方程组的一般解:

$$\begin{cases}x_1=\frac{2}{3}x_3+\frac{7}{3},\\ x_2=-\frac{1}{3}x_3-\frac{5}{3},\end{cases}$$

其中 x_3 是自由未知量. 取 $x_3=1$,得 $x_1=3,x_2=-2$. 于是,其中一种表出方式是

$$\boldsymbol{\beta}=3\boldsymbol{\alpha}_1-2\boldsymbol{\alpha}_2+\boldsymbol{\alpha}_3.$$

例 2 在 K^n 中,令

$$\boldsymbol{\varepsilon}_1=\begin{pmatrix}1\\0\\0\\ \vdots\\0\\0\end{pmatrix},\quad \boldsymbol{\varepsilon}_2=\begin{pmatrix}0\\1\\0\\ \vdots\\0\\0\end{pmatrix},\quad \cdots,\quad \boldsymbol{\varepsilon}_n=\begin{pmatrix}0\\0\\0\\ \vdots\\0\\1\end{pmatrix},$$

证明: K^n 中任一向量 $\boldsymbol{\alpha}=(a_1,a_2,\cdots,a_n)^{\mathrm{T}}$ 能够由向量组 $\boldsymbol{\varepsilon}_1,\boldsymbol{\varepsilon}_2,\cdots,\boldsymbol{\varepsilon}_n$ 线性表出,并且表出方式唯一. 写出这种表出方式.

解 线性方程组 $x_1\boldsymbol{\varepsilon}_1+x_2\boldsymbol{\varepsilon}_2+\cdots+x_n\boldsymbol{\varepsilon}_n=\boldsymbol{\alpha}$ 的系数行列式为

$$\begin{vmatrix}1 & 0 & \cdots & 0\\ 0 & 1 & \cdots & 0\\ 0 & 0 & \cdots & 0\\ \vdots & \vdots & & \vdots\\ 0 & 0 & \cdots & 0\\ 0 & 0 & \cdots & 1\end{vmatrix}=1\neq 0,$$

因此这个线性方程组有唯一解，从而 K^n 中任一向量 $\boldsymbol{\alpha}$ 都能由 $\boldsymbol{\varepsilon}_1,\boldsymbol{\varepsilon}_2,\cdots,\boldsymbol{\varepsilon}_n$ 线性表出，且表出方式唯一.

由于

$$a_1\begin{pmatrix}1\\0\\0\\\vdots\\0\\0\end{pmatrix}+a_2\begin{pmatrix}0\\1\\0\\\vdots\\0\\0\end{pmatrix}+\cdots+a_n\begin{pmatrix}0\\0\\0\\\vdots\\0\\1\end{pmatrix}=\begin{pmatrix}a_1\\a_2\\a_3\\\vdots\\a_{n-1}\\a_n\end{pmatrix},$$

因此
$$\boldsymbol{\alpha}=a_1\boldsymbol{\varepsilon}_1+a_2\boldsymbol{\varepsilon}_2+\cdots+a_n\boldsymbol{\varepsilon}_n.$$

例 3 证明：向量组 $\boldsymbol{\alpha}_1,\boldsymbol{\alpha}_2,\cdots,\boldsymbol{\alpha}_s$ 中任一向量 $\boldsymbol{\alpha}_i$ 可以由这个向量组线性表出.

证明 由于 $\boldsymbol{\alpha}_i=0\boldsymbol{\alpha}_1+\cdots+0\boldsymbol{\alpha}_{i-1}+1\boldsymbol{\alpha}_i+0\boldsymbol{\alpha}_{i+1}+\cdots+0\boldsymbol{\alpha}_s(i=1,2,\cdots,s)$，因此向量组 $\boldsymbol{\alpha}_1,\boldsymbol{\alpha}_2,\cdots,\boldsymbol{\alpha}_s$ 中任一向量 $\boldsymbol{\alpha}_i$ 可以由这个向量组线性表出. □

例 4 设 $1\leqslant r<n$，证明 K^n 的如下子集是一个子空间：

$$U=\{(a_1,a_2,\cdots,a_r,0,\cdots,0)^{\mathrm{T}}\mid a_i\in K,i=1,2,\cdots,r\}.$$

证明 在 U 中任取两个元素

$$\boldsymbol{\alpha}=(a_1,a_2,\cdots,a_r,0,\cdots,0)^{\mathrm{T}},\quad \boldsymbol{\beta}=(b_1,b_2,\cdots,b_r,0,\cdots,0)^{\mathrm{T}},$$

有

$$\boldsymbol{\alpha}+\boldsymbol{\beta}=(a_1+b_1,a_2+b_2,\cdots,a_r+b_r,0,\cdots,0)^{\mathrm{T}}\in U,$$
$$k\boldsymbol{\alpha}=(ka_1,ka_2,\cdots,ka_r,0,\cdots,0)^{\mathrm{T}}\in U,\quad \forall k\in K,$$

因此 U 是 K^n 的一个子空间. □

例 5 几何空间可以看成以原点 O 为起点的所有向量组成的集合 V，它有加法和数量乘法两种运算，并且满足 8 条运算法则. 如果几何空间 V 的一个非空子集 U 对于向量的加法和数量乘法都封闭，那么称 U 是 V 的一个子空间. 一条直线 l 可以看成以 O 为起点，以 l 上的点为终点的所有向量组成的集合. 一个平面 π 可以看成以 O 为起点，以 π 上的点为终点的所有向量组成的集合.

(1) 设 l_0 是经过原点 O 的一条直线，l_1 是不经过原点 O 的一条直线，试问：l_0,l_1 是否为几何空间 V 的子空间?

(2) 设 π_0 是经过原点 O 的一个平面，π_1 是不经过原点 O 的一个平面，试问：π_0,π_1 是否为几何空间 V 的子空间?

解 (1) 在 l_0 上任取两点 P,Q，则 $\overrightarrow{OP}$ 与 $\overrightarrow{OQ}$ 同向或反向，从而向量 $\overrightarrow{OP}+\overrightarrow{OQ}$ 的终点仍在 l_0 上，即 $\overrightarrow{OP}+\overrightarrow{OQ}\in l_0$. 又对于 $\forall k\in\mathbf{R}$，有 $k\overrightarrow{OP}\in l_0$. 因此，$l_0$ 是 V 的一个子空间.

在 l_1 上任取一点 M，则 $\overrightarrow{OM}\in l_1$. 容易看出 $2\overrightarrow{OM}$ 的终点不在 l_1 上，因此 $2\overrightarrow{OM}\notin l_1$，从

而 l_1 不是 V 的子空间.

(2) 在 π_0 上任取两点 A,B,如图 3.1 所示,由向量加法的平行四边形法则知道$\overrightarrow{OA}+\overrightarrow{OB}$的终点仍在 π_0 上,因此 $\overrightarrow{OA}+\overrightarrow{OB}\in\pi_0$. 又对于任意 $k\in\mathbf{R}$,有 $k\overrightarrow{OA}\in\pi_0$. 所以,$\pi_0$ 是 V 的一个子空间.

在 π_1 上取一点 P,如图 3.2 所示,则 $\overrightarrow{OP}\in\pi_1$. 由于 $2\overrightarrow{OP}$ 的终点 Q 不在 π_1 上,因此 $2\overrightarrow{OP}\notin\pi_1$,从而 π_1 不是 V 的子空间.

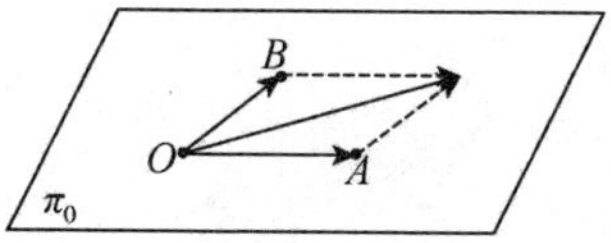

图 3.1

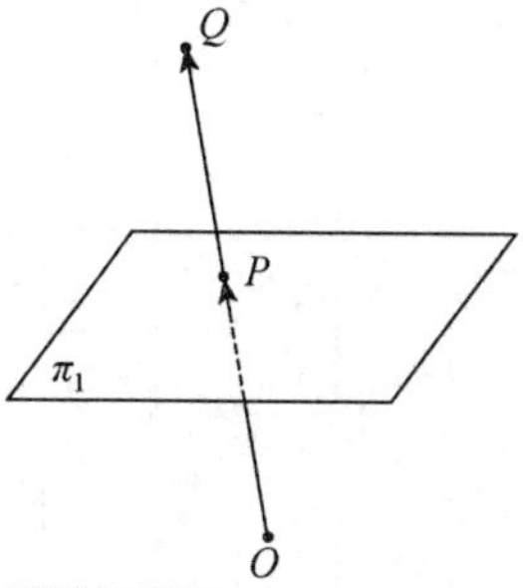

图 3.2

例 6 证明:如果线性方程组Ⅰ的增广矩阵的第 i 个行向量 $\boldsymbol{\gamma}_i$(第 i 行构成的向量)可以由其余行向量线性表出:

$$\boldsymbol{\gamma}_i = k_1\boldsymbol{\gamma}_1 + \cdots + k_{i-1}\boldsymbol{\gamma}_{i-1} + k_{i+1}\boldsymbol{\gamma}_{i+1} + \cdots + k_s\boldsymbol{\gamma}_s,$$

那么把线性方程组Ⅰ的第 i 个方程去掉以后得到的线性方程组Ⅱ与线性方程组Ⅰ同解.

证明 由已知条件得

$$\boldsymbol{\gamma}_i - k_1\boldsymbol{\gamma}_1 - \cdots - k_{i-1}\boldsymbol{\gamma}_{i-1} - k_{i+1}\boldsymbol{\gamma}_{i+1} - \cdots - k_s\boldsymbol{\gamma}_s = \mathbf{0},$$

因此把线性方程组Ⅰ的第 1 个方程的 $-k_1$ 倍……第 $i-1$ 个方程的 $-k_{i-1}$ 倍,第 $i+1$ 个方程的 $-k_{i+1}$ 倍……第 s 个方程的 $-k_s$ 倍都加到第 i 个方程上,第 i 个方程变成"0=0",而其余方程不变. 这样得到的线性方程组与线性方程组Ⅰ同解,从而把线性方程组Ⅰ的第 i 个方程去掉以后得到的线性方程组Ⅱ与线性方程组Ⅰ同解. □

习 题 3.1

1. 在 K^4 中,设

$$\boldsymbol{\alpha}_1 = \begin{pmatrix} 1 \\ -2 \\ 5 \\ 3 \end{pmatrix}, \quad \boldsymbol{\alpha}_2 = \begin{pmatrix} 4 \\ 7 \\ -2 \\ 6 \end{pmatrix}, \quad \boldsymbol{\alpha}_3 = \begin{pmatrix} -10 \\ -25 \\ 16 \\ -12 \end{pmatrix},$$

求 $\boldsymbol{\alpha}_1,\boldsymbol{\alpha}_2,\boldsymbol{\alpha}_3$ 的分别以下列各组数为系数的线性组合 $k_1\boldsymbol{\alpha}_1+k_2\boldsymbol{\alpha}_2+k_2\boldsymbol{\alpha}_3$:

(1) $k_1=-2, k_2=3, k_2=1$；　　(2) $k_1=0, k_2=0, k_3=0$.

2. 在 K^4 中,设 $\boldsymbol{\alpha}=(6,-2,0,4)^{\mathrm{T}}$, $\boldsymbol{\beta}=(-3,1,5,7)^{\mathrm{T}}$,求向量 $\boldsymbol{\gamma}$,使得 $2\boldsymbol{\alpha}+\boldsymbol{\gamma}=3\boldsymbol{\beta}$.

3. 在 K^4 中,设 $\boldsymbol{\alpha}_1,\boldsymbol{\alpha}_2,\boldsymbol{\alpha}_3$ 和 $\boldsymbol{\beta}$ 是下面给出的向量,判断向量 $\boldsymbol{\beta}$ 是否能由向量组 $\boldsymbol{\alpha}_1,\boldsymbol{\alpha}_2,\boldsymbol{\alpha}_3$ 线性表出.若能,则写出它的一种表出方式.

(1) $\boldsymbol{\alpha}_1=\begin{pmatrix}-1\\3\\0\\-5\end{pmatrix}, \boldsymbol{\alpha}_2=\begin{pmatrix}2\\0\\7\\-3\end{pmatrix}, \boldsymbol{\alpha}_3=\begin{pmatrix}-4\\1\\-2\\6\end{pmatrix}, \boldsymbol{\beta}=\begin{pmatrix}8\\3\\-1\\-25\end{pmatrix}$;

(2) $\boldsymbol{\alpha}_1=\begin{pmatrix}-2\\7\\1\\3\end{pmatrix}, \boldsymbol{\alpha}_2=\begin{pmatrix}3\\-5\\0\\-2\end{pmatrix}, \boldsymbol{\alpha}_3=\begin{pmatrix}-5\\-6\\3\\-1\end{pmatrix}, \boldsymbol{\beta}=\begin{pmatrix}-8\\-3\\7\\-10\end{pmatrix}$;

(3) $\boldsymbol{\alpha}_1=\begin{pmatrix}3\\-5\\2\\-4\end{pmatrix}, \boldsymbol{\alpha}_2=\begin{pmatrix}-1\\7\\-3\\6\end{pmatrix}, \boldsymbol{\alpha}_3=\begin{pmatrix}3\\11\\-5\\10\end{pmatrix}, \boldsymbol{\beta}=\begin{pmatrix}2\\-30\\13\\-26\end{pmatrix}$.

4. 在 K^4 中,设

$$\boldsymbol{\alpha}_1=\begin{pmatrix}1\\0\\0\\0\end{pmatrix},\quad \boldsymbol{\alpha}_2=\begin{pmatrix}1\\1\\0\\0\end{pmatrix},\quad \boldsymbol{\alpha}_3=\begin{pmatrix}1\\1\\1\\0\end{pmatrix},\quad \boldsymbol{\alpha}_4=\begin{pmatrix}1\\1\\1\\1\end{pmatrix},$$

证明:K^4 中任一向量 $\boldsymbol{\alpha}=(a_1,a_2,a_3,a_4)^{\mathrm{T}}$ 可以由向量组 $\boldsymbol{\alpha}_1,\boldsymbol{\alpha}_2,\boldsymbol{\alpha}_3,\boldsymbol{\alpha}_4$ 线性表出,并且表出方式唯一.写出这种表出方式.

5. 设 $\boldsymbol{\alpha}_1,\boldsymbol{\alpha}_2,\cdots,\boldsymbol{\alpha}_s\in K^n$,说明

$$\boldsymbol{\alpha}_i\in\langle\boldsymbol{\alpha}_1,\boldsymbol{\alpha}_2,\cdots,\boldsymbol{\alpha}_s\rangle,\quad i=1,2,\cdots,s.$$

6. 证明 K^n 的如下子集是一个子空间:

$$U=\{(a_1,0,a_3,\cdots,a_n)^{\mathrm{T}}\mid a_i\in K, i=1,3,\cdots,n\}.$$

7. 经过原点 O 的两个平面的交线是否为几何空间 V 的一个子空间?

§3.2 线性相关与线性无关的向量组

3.2.1 内容精华

在几何空间 V(由所有以原点 O 为起点的向量组成)中,取定三个不共面的向量 $\vec{e}_1,\vec{e}_2,\vec{e}_3$,

则 V 中每个向量 $\vec{a}$ 都可以由 $\vec{e}_1,\vec{e}_2,\vec{e}_3$ 唯一地线性表出：

$$\vec{a}=a_1\vec{e}_1+a_2\vec{e}_2+a_3\vec{e}_3.$$

这样几何空间 V 的结构就很清楚了. 由此受到启发，在 n 维向量空间 K^n 中，是否也有有限多个向量具有几何空间 V 中“不共面”的三个向量那样的性质？从解析几何(参看文献[6]的第 8 页和第 9 页)知道：

$\vec{a}_1,\vec{a}_2,\vec{a}_3$ 共面的充要条件是，有不全为 0 的实数 k_1,k_2,k_3，使得

$$k_1\vec{a}_1+k_2\vec{a}_2+k_3\vec{a}_3=\vec{0};$$

$\vec{a}_1,\vec{a}_2,\vec{a}_3$ 不共面的充要条件是，从

$$k_1\vec{a}_1+k_2\vec{a}_2+k_3\vec{a}_3=\vec{0}$$

可以推出 $k_1=0,k_2=0,k_3=0$.

类似地，在 n 维向量空间 K^n 中，引入下述两个重要概念：

定义 1 对于 K^n 中的向量组 $\boldsymbol{\alpha}_1,\boldsymbol{\alpha}_2,\cdots,\boldsymbol{\alpha}_s(s\geqslant 1)$，如果有 K 中不全为 0 的数 $k_1,k_2,\cdots,k_s$，使得

$$k_1\boldsymbol{\alpha}_1+k_2\boldsymbol{\alpha}_2+\cdots+k_s\boldsymbol{\alpha}_s=\mathbf{0},$$

那么称向量组 $\boldsymbol{\alpha}_1,\boldsymbol{\alpha}_2,\cdots,\boldsymbol{\alpha}_s$ 是**线性相关**的.

定义 2 如果 K^n 中的向量组 $\boldsymbol{\alpha}_1,\boldsymbol{\alpha}_2,\cdots,\boldsymbol{\alpha}_s(s\geqslant 1)$ 不是线性相关的，那么称该向量组是**线性无关**的，即如果从

$$k_1\boldsymbol{\alpha}_1+k_2\boldsymbol{\alpha}_2+\cdots+k_s\boldsymbol{\alpha}_s=\mathbf{0}$$

可以推出所有系数 $k_1,\cdots,k_s$ 全为 0，那么称向量组 $\boldsymbol{\alpha}_1,\boldsymbol{\alpha}_2,\cdots,\boldsymbol{\alpha}_s$ 是**线性无关**的.

根据定义 1 和定义 2，几何空间 V 中共面的三个向量是线性相关的，不共面的三个向量是线性无关的；共线的两个向量是线性相关的，不共线的两个向量是线性无关的.

从定义 1 和定义 2 立即得到：

(1) 包含零向量的向量组一定线性相关(因为 $1\mathbf{0}+0\boldsymbol{\alpha}_2+\cdots+0\boldsymbol{\alpha}_s=\mathbf{0}$)；

(2) 单个向量 $\boldsymbol{\alpha}$ 线性相关当且仅当 $\boldsymbol{\alpha}=\mathbf{0}$(因为 $k\boldsymbol{\alpha}=\mathbf{0},k\neq 0\Longleftrightarrow\boldsymbol{\alpha}=\mathbf{0}$)，从而单个向量 $\boldsymbol{\alpha}$ 线性无关当且仅当 $\boldsymbol{\alpha}\neq\mathbf{0}$；

(3) 在 K^n 中，向量组

$$\boldsymbol{\varepsilon}_1=\begin{pmatrix}1\\0\\0\\\vdots\\0\\0\end{pmatrix},\quad\boldsymbol{\varepsilon}_2=\begin{pmatrix}0\\1\\0\\\vdots\\0\\0\end{pmatrix},\quad\cdots,\quad\boldsymbol{\varepsilon}_n=\begin{pmatrix}0\\0\\0\\\vdots\\0\\1\end{pmatrix}$$

是线性无关的(因为从 $k_1\boldsymbol{\varepsilon}_1+k_2\boldsymbol{\varepsilon}_2+\cdots+k_n\boldsymbol{\varepsilon}_n=\mathbf{0}$ 可得出 $k_1=k_2=\cdots=k_n=0$).

线性相关与线性无关是线性代数中最基本的概念之一.可以从几个角度来考查线性相关的向量组与线性无关的向量组的本质区别:

(1) 从线性组合看:

① 向量组 $\boldsymbol{\alpha}_1,\boldsymbol{\alpha}_2,\cdots,\boldsymbol{\alpha}_s(s\geqslant1)$线性相关

$\Longleftrightarrow$ 它们有系数不全为 0 的线性组合等于零向量;

② 向量组 $\boldsymbol{\alpha}_1,\boldsymbol{\alpha}_2,\cdots,\boldsymbol{\alpha}_s(s\geqslant1)$线性无关

$\Longleftrightarrow$ 它们只有系数全为 0 的线性组合等于零向量.

(2) 从线性表出看:

① 向量组 $\boldsymbol{\alpha}_1,\boldsymbol{\alpha}_2,\cdots,\boldsymbol{\alpha}_s(s\geqslant2)$线性相关

$\Longleftrightarrow$ $\boldsymbol{\alpha}_1,\boldsymbol{\alpha}_2,\cdots,\boldsymbol{\alpha}_s$ 中至少有一个向量可以由其余向量线性表出.

证明 必要性 设 $\boldsymbol{\alpha}_1,\boldsymbol{\alpha}_2,\cdots,\boldsymbol{\alpha}_s$ 线性相关,则 K 中有不全为 0 的数 $k_1,k_2,\cdots,k_s$,使得

$$k_1\boldsymbol{\alpha}_1+k_2\boldsymbol{\alpha}_2+\cdots+k_s\boldsymbol{\alpha}_s=\mathbf{0}.$$

设 $k_i\neq0$,则由上式得

$$\boldsymbol{\alpha}_i=-\frac{k_1}{k_i}\boldsymbol{\alpha}_1-\cdots-\frac{k_{i-1}}{k_i}\boldsymbol{\alpha}_{i-1}-\frac{k_{i+1}}{k_i}\boldsymbol{\alpha}_{i+1}-\cdots-\frac{k_s}{k_i}\boldsymbol{\alpha}_s.$$

充分性 设 $\boldsymbol{\alpha}_j=l_1\boldsymbol{\alpha}_1+\cdots+l_{j-1}\boldsymbol{\alpha}_{j-1}+l_{j+1}\boldsymbol{\alpha}_{j+1}+\cdots+l_s\boldsymbol{\alpha}_s$,则

$$l_1\boldsymbol{\alpha}_1+\cdots+l_{j-1}\boldsymbol{\alpha}_{j-1}-\boldsymbol{\alpha}_j+l_{j+1}\boldsymbol{\alpha}_{j+1}+\cdots+l_s\boldsymbol{\alpha}_s=\mathbf{0},$$

从而 $\boldsymbol{\alpha}_1,\boldsymbol{\alpha}_2,\cdots,\boldsymbol{\alpha}_s$ 线性相关. □

② 向量组 $\boldsymbol{\alpha}_1,\boldsymbol{\alpha}_2,\cdots,\boldsymbol{\alpha}_s(s\geqslant2)$线性无关

$\Longleftrightarrow$ $\boldsymbol{\alpha}_1,\boldsymbol{\alpha}_2,\cdots,\boldsymbol{\alpha}_s$ 中每个向量都不能由其余向量线性表出.

(3) 从向量组与它的部分组的关系看:

① 如果向量组的一个部分组线性相关,那么该向量组也线性相关.

证明 设向量组 $\boldsymbol{\alpha}_1,\boldsymbol{\alpha}_2,\cdots,\boldsymbol{\alpha}_s$ 的一个部分组 $\boldsymbol{\alpha}_{i_1},\cdots,\boldsymbol{\alpha}_{i_t}$ 线性相关,则 K 中有不全为 0 的数 $k_1,\cdots,k_t$,使得 $k_1\boldsymbol{\alpha}_{i_1}+\cdots+k_t\boldsymbol{\alpha}_{i_t}=\mathbf{0}$,从而

$$0\boldsymbol{\alpha}_1+\cdots+0\boldsymbol{\alpha}_{i_1-1}+k_1\boldsymbol{\alpha}_{i_1}+0\boldsymbol{\alpha}_{i_1+1}+\cdots+k_t\boldsymbol{\alpha}_{i_t}+0\boldsymbol{\alpha}_{i_t+1}+\cdots+0\boldsymbol{\alpha}_s=\mathbf{0}.$$

因此,向量组 $\boldsymbol{\alpha}_1,\boldsymbol{\alpha}_2,\cdots,\boldsymbol{\alpha}_s$ 线性相关. □

② 如果向量组线性无关,那么它的任何一个部分组也线性无关.

(4) 从齐次线性方程组看:

① 列向量组 $\boldsymbol{\alpha}_1,\boldsymbol{\alpha}_2,\cdots,\boldsymbol{\alpha}_s(s\geqslant1)$线性相关

$\Longleftrightarrow$ K 中有不全为 0 的数 $k_1,k_2,\cdots,k_s$,使得 $k_1\boldsymbol{\alpha}_1+k_2\boldsymbol{\alpha}_2+\cdots+k_s\boldsymbol{\alpha}_s=\mathbf{0}$

$\Longleftrightarrow$ 齐次线性方程组 $x_1\boldsymbol{\alpha}_1+x_2\boldsymbol{\alpha}_2+\cdots+x_s\boldsymbol{\alpha}_s=\mathbf{0}$ 有非零解;

② 列向量组 $\boldsymbol{\alpha}_1,\boldsymbol{\alpha}_2,\cdots,\boldsymbol{\alpha}_s(s\geqslant1)$线性无关

$\Longleftrightarrow$ 齐次线性方程组 $x_1\boldsymbol{\alpha}_1+x_2\boldsymbol{\alpha}_2+\cdots+x_s\boldsymbol{\alpha}_s=\mathbf{0}$ 只有零解.

(5) 从行列式看：

① n 个 n 维列(行)向量 $\boldsymbol{\alpha}_1,\boldsymbol{\alpha}_2,\cdots,\boldsymbol{\alpha}_n$ 线性相关

$\Longleftrightarrow$ 以 $\boldsymbol{\alpha}_1,\boldsymbol{\alpha}_2,\cdots,\boldsymbol{\alpha}_n$ 为列(行)向量组的矩阵的行列式等于 0；

② n 个 n 维列(行)向量 $\boldsymbol{\alpha}_1,\boldsymbol{\alpha}_2,\cdots,\boldsymbol{\alpha}_n$ 线性无关

$\Longleftrightarrow$ 以 $\boldsymbol{\alpha}_1,\boldsymbol{\alpha}_2,\cdots,\boldsymbol{\alpha}_n$ 为列(行)向量组的矩阵的行列式不等于 0.

(6) 从向量组线性表出一个向量的方式看：

设向量 $\boldsymbol{\beta}$ 可以由向量组 $\boldsymbol{\alpha}_1,\boldsymbol{\alpha}_2,\cdots,\boldsymbol{\alpha}_s$ 线性表出，则

① 向量组 $\boldsymbol{\alpha}_1,\boldsymbol{\alpha}_2,\cdots,\boldsymbol{\alpha}_s$ 线性无关 $\Longleftrightarrow$ 表出方式唯一(证明见 3.2.2 小节中的例 6)；

② 向量组 $\boldsymbol{\alpha}_1,\boldsymbol{\alpha}_2,\cdots,\boldsymbol{\alpha}_s$ 线性相关 $\Longleftrightarrow$ 表出方式有无穷多种.

(7) 从向量组与它的延伸组或缩短组的关系看：

① 如果向量组线性无关，那么把每个向量都添上 m 个分量(所添分量的位置对于每个向量都一样)得到的延伸组也线性无关.

证明 设 $\boldsymbol{\alpha}_1,\boldsymbol{\alpha}_2,\cdots,\boldsymbol{\alpha}_s$ 的一个延伸组为 $\tilde{\boldsymbol{\alpha}}_1,\tilde{\boldsymbol{\alpha}}_2,\cdots,\tilde{\boldsymbol{\alpha}}_s$，则从

$$k_1\tilde{\boldsymbol{\alpha}}_1+k_2\tilde{\boldsymbol{\alpha}}_2+\cdots+k_s\tilde{\boldsymbol{\alpha}}_s=\mathbf{0}$$

可得出

$$k_1\boldsymbol{\alpha}_1+k_2\boldsymbol{\alpha}_2+\cdots+k_s\boldsymbol{\alpha}_s=\mathbf{0}.$$

若 $\boldsymbol{\alpha}_1,\boldsymbol{\alpha}_2,\cdots,\boldsymbol{\alpha}_s$ 线性无关，则从上式得 $k_1=k_2=\cdots=k_s=0$，从而 $\tilde{\boldsymbol{\alpha}}_1,\tilde{\boldsymbol{\alpha}}_2,\cdots,\tilde{\boldsymbol{\alpha}}_s$ 也线性无关.

□

② 如果向量组线性相关，那么把每个向量都去掉 m 个分量(假设至少有 $m+1$ 个分量. 去掉的分量的位置对于每个向量都一样)得到的缩短组也线性相关(这是①的命题的逆否命题).

研究 n 维向量空间 K^n 及其子空间的结构，除了需要线性相关和线性无关的概念外，还需要研究一个向量 $\boldsymbol{\beta}$ 能否由向量组 $\boldsymbol{\alpha}_1,\boldsymbol{\alpha}_2,\cdots,\boldsymbol{\alpha}_s$ 线性表出的问题. 首先研究向量组 $\boldsymbol{\alpha}_1,\boldsymbol{\alpha}_2,\cdots,\boldsymbol{\alpha}_s$ 线性无关的情形. 对此，有下述结论：

命题 1 设向量组 $\boldsymbol{\alpha}_1,\boldsymbol{\alpha}_2,\cdots,\boldsymbol{\alpha}_s$ 线性无关，则向量 $\boldsymbol{\beta}$ 可以由 $\boldsymbol{\alpha}_1,\boldsymbol{\alpha}_2,\cdots,\boldsymbol{\alpha}_s$ 线性表出的充要条件是 $\boldsymbol{\alpha}_1,\boldsymbol{\alpha}_2,\cdots,\boldsymbol{\alpha}_s,\boldsymbol{\beta}$ 线性相关.

证明 *必要性* 从上述第(2)点得到.

充分性 设 $\boldsymbol{\alpha}_1,\boldsymbol{\alpha}_2,\cdots,\boldsymbol{\alpha}_s,\boldsymbol{\beta}$ 线性相关，则 K 中有不全为 0 的数 $k_1,k_2,\cdots,k_s,l$，使得

$$k_1\boldsymbol{\alpha}_1+k_2\boldsymbol{\alpha}_2+\cdots+k_s\boldsymbol{\alpha}_s+l\boldsymbol{\beta}=\mathbf{0}. \tag{1}$$

假如 $l=0$，则 $k_1,k_2,\cdots,k_s$ 不全为 0，并且从(1)式得

$$k_1\boldsymbol{\alpha}_1+k_2\boldsymbol{\alpha}_2+\cdots+k_s\boldsymbol{\alpha}_s=\mathbf{0}.$$

于是，$\boldsymbol{\alpha}_1,\boldsymbol{\alpha}_2,\cdots,\boldsymbol{\alpha}_s$ 线性相关. 这与已知条件矛盾，因此 $l\neq 0$，从而由(1)式得

$$\boldsymbol{\beta}=-\frac{k_1}{l}\boldsymbol{\alpha}_1-\frac{k_2}{l}\boldsymbol{\alpha}_2-\cdots-\frac{k_s}{l}\boldsymbol{\alpha}_s.$$

□

推论 1 设向量组 $\boldsymbol{\alpha}_1,\boldsymbol{\alpha}_2,\cdots,\boldsymbol{\alpha}_s$ 线性无关，则向量 $\boldsymbol{\beta}$ 不能由 $\boldsymbol{\alpha}_1,\boldsymbol{\alpha}_2,\cdots,\boldsymbol{\alpha}_s$ 线性表出的充

要条件是 $\boldsymbol{\alpha}_1,\boldsymbol{\alpha}_2,\cdots,\boldsymbol{\alpha}_s,\boldsymbol{\beta}$ 线性无关. □

3.2.2 典型例题

例 1 证明：如果向量组 $\boldsymbol{\alpha}_1,\boldsymbol{\alpha}_2,\boldsymbol{\alpha}_3$ 线性无关,那么向量组 $3\boldsymbol{\alpha}_1-\boldsymbol{\alpha}_2,5\boldsymbol{\alpha}_2+2\boldsymbol{\alpha}_3,4\boldsymbol{\alpha}_3-7\boldsymbol{\alpha}_1$ 也线性无关.

证明 设 $k_1(3\boldsymbol{\alpha}_1-\boldsymbol{\alpha}_2)+k_2(5\boldsymbol{\alpha}_2+2\boldsymbol{\alpha}_3)+k_3(4\boldsymbol{\alpha}_3-7\boldsymbol{\alpha}_1)=\boldsymbol{0}$,则

$$(3k_1-7k_3)\boldsymbol{\alpha}_1+(-k_1+5k_2)\boldsymbol{\alpha}_2+(2k_2+4k_3)\boldsymbol{\alpha}_3=\boldsymbol{0}.$$

由于 $\boldsymbol{\alpha}_1,\boldsymbol{\alpha}_2,\boldsymbol{\alpha}_3$ 线性无关,因此由上式得

$$\begin{cases}3k_1-7k_3=0,\\-k_1+5k_2=0,\\2k_2+4k_3=0.\end{cases}$$

这个齐次线性方程组的系数行列式为

$$\begin{vmatrix}3&0&-7\\-1&5&0\\0&2&4\end{vmatrix}=\begin{vmatrix}0&15&-7\\-1&5&0\\0&2&4\end{vmatrix}=(-1)\cdot(-1)^{2+1}\begin{vmatrix}15&-7\\2&4\end{vmatrix}=74\neq 0,$$

因此

$$k_1=0,\quad k_2=0,\quad k_3=0,$$

从而向量组 $3\boldsymbol{\alpha}_1-\boldsymbol{\alpha}_2,5\boldsymbol{\alpha}_2+2\boldsymbol{\alpha}_3,4\boldsymbol{\alpha}_3-7\boldsymbol{\alpha}_1$ 线性无关. □

点评 像例 1 那样,根据定义去判断一个向量组线性无关,这种方法是最基本、最重要的方法.

例 2 设 $\boldsymbol{\alpha}_1,\cdots,\boldsymbol{\alpha}_s$ 线性无关,并且

$$\boldsymbol{\beta}_1=a_{11}\boldsymbol{\alpha}_1+\cdots+a_{1s}\boldsymbol{\alpha}_s,$$
$$\cdots\cdots$$
$$\boldsymbol{\beta}_s=a_{s1}\boldsymbol{\alpha}_1+\cdots+a_{ss}\boldsymbol{\alpha}_s,$$

证明：$\boldsymbol{\beta}_1,\cdots,\boldsymbol{\beta}_s$ 线性无关的充要条件是

$$\begin{vmatrix}a_{11}&\cdots&a_{s1}\\\vdots&&\vdots\\a_{1s}&\cdots&a_{ss}\end{vmatrix}\neq 0.$$

证明 设 $k_1\boldsymbol{\beta}_1+\cdots+k_s\boldsymbol{\beta}_s=\boldsymbol{0}$,即

$$k_1(a_{11}\boldsymbol{\alpha}_1+\cdots+a_{1s}\boldsymbol{\alpha}_s)+\cdots+k_s(a_{s1}\boldsymbol{\alpha}_1+\cdots+a_{ss}\boldsymbol{\alpha}_s)=\boldsymbol{0},$$

则

$$(k_1a_{11}+\cdots+k_sa_{s1})\boldsymbol{\alpha}_1+\cdots+(k_1a_{1s}+\cdots+k_sa_{ss})\boldsymbol{\alpha}_s=\boldsymbol{0}.$$

由于 $\boldsymbol{\alpha}_1,\cdots,\boldsymbol{\alpha}_s$ 线性无关,因此由上式得

$$\begin{cases}k_1a_{11}+\cdots+k_sa_{s1}=0,\\\cdots\cdots\\k_1a_{1s}+\cdots+k_sa_{ss}=0.\end{cases}\tag{2}$$

这个齐次线性方程组的系数行列式$|\boldsymbol{A}|$为

$$|\boldsymbol{A}|=\begin{vmatrix} a_{11} & \cdots & a_{s1} \\ \vdots & & \vdots \\ a_{1s} & \cdots & a_{ss} \end{vmatrix}.$$

于是

$$\begin{aligned} \text{向量组 } \boldsymbol{\beta}_1,\cdots,\boldsymbol{\beta}_s \text{ 线性无关} &\Longleftrightarrow k_1=0,\cdots,k_s=0 \\ &\Longleftrightarrow \text{齐次线性方程组(2)只有零解} \\ &\Longleftrightarrow |\boldsymbol{A}|\neq 0. \end{aligned}$$

□

点评 例2在判断向量组是否线性无关时很有用. 例如,在例1中,直接计算由向量组$3\boldsymbol{\alpha}_1-\boldsymbol{\alpha}_2, 5\boldsymbol{\alpha}_2+2\boldsymbol{\alpha}_3, 4\boldsymbol{\alpha}_3-7\boldsymbol{\alpha}_1$的系数组成的三阶行列式不等于0,就可判定这个向量组线性无关.

例3 判断下列向量组是线性相关的还是线性无关的. 如果线性相关,试找出其中一个向量,使得它可以由其余向量线性表出,并且写出它的一种表达式.

(1) $\boldsymbol{\alpha}_1=\begin{pmatrix}3\\0\\2\\-1\end{pmatrix}, \boldsymbol{\alpha}_2=\begin{pmatrix}-4\\2\\1\\3\end{pmatrix}, \boldsymbol{\alpha}_3=\begin{pmatrix}2\\5\\0\\1\end{pmatrix}$;

(2) $\boldsymbol{\alpha}_1=\begin{pmatrix}-1\\3\\2\\0\end{pmatrix}, \boldsymbol{\alpha}_2=\begin{pmatrix}4\\1\\2\\-3\end{pmatrix}, \boldsymbol{\alpha}_3=\begin{pmatrix}6\\2\\4\\-2\end{pmatrix}, \boldsymbol{\alpha}_4=\begin{pmatrix}3\\-2\\0\\1\end{pmatrix}$.

解 (1) 考虑齐次线性方程组$x_1\boldsymbol{\alpha}_1+x_2\boldsymbol{\alpha}_2+x_3\boldsymbol{\alpha}_3=\boldsymbol{0}$. 通过初等行变换把该齐次线性方程组的系数矩阵化成阶梯形矩阵:

$$\begin{pmatrix}3&-4&2\\0&2&5\\2&1&0\\-1&3&1\end{pmatrix}\longrightarrow\begin{pmatrix}-1&3&1\\0&2&5\\2&1&0\\3&-4&2\end{pmatrix}\longrightarrow\begin{pmatrix}-1&3&1\\0&2&5\\0&7&2\\0&5&5\end{pmatrix}\longrightarrow\begin{pmatrix}-1&3&1\\0&1&1\\0&7&2\\0&2&5\end{pmatrix}$$

$$\longrightarrow\begin{pmatrix}1&-3&-1\\0&1&1\\0&0&-5\\0&0&3\end{pmatrix}\longrightarrow\begin{pmatrix}1&-3&-1\\0&1&1\\0&0&1\\0&0&0\end{pmatrix}.$$

由于最后得到的阶梯形矩阵的非零行数3等于未知量个数,因此该齐次线性方程组只有零解,从而$\boldsymbol{\alpha}_1,\boldsymbol{\alpha}_2,\boldsymbol{\alpha}_3$线性无关.

(2) 考虑齐次线性方程组 $x_1\boldsymbol{\alpha}_1+x_2\boldsymbol{\alpha}_2+x_3\boldsymbol{\alpha}_3+x_4\boldsymbol{\alpha}_4=\mathbf{0}$. 对该齐次线性方程组的系数矩阵施行初等行变换：

$$\begin{pmatrix}-1&4&6&3\\3&1&2&-2\\2&2&4&0\\0&-3&-2&1\end{pmatrix}\longrightarrow\begin{pmatrix}-1&4&6&3\\0&13&20&7\\0&10&16&6\\0&-3&-2&1\end{pmatrix}\longrightarrow\begin{pmatrix}-1&4&6&3\\0&1&12&11\\0&5&8&3\\0&-3&-2&1\end{pmatrix}$$

$$\longrightarrow\begin{pmatrix}1&-4&-6&-3\\0&1&12&11\\0&0&-52&-52\\0&0&34&34\end{pmatrix}\longrightarrow\begin{pmatrix}1&-4&-6&-3\\0&1&12&11\\0&0&1&1\\0&0&0&0\end{pmatrix}\longrightarrow\begin{pmatrix}1&0&0&-1\\0&1&0&-1\\0&0&1&1\\0&0&0&0\end{pmatrix}.$$

所以,该齐次线性方程组有非零解,从而 $\boldsymbol{\alpha}_1,\boldsymbol{\alpha}_2,\boldsymbol{\alpha}_3,\boldsymbol{\alpha}_4$线性相关. 该齐次线性方程组的一般解为

$$\begin{cases}x_1=x_4,\\x_2=x_4,\\x_3=-x_4,\end{cases}$$

其中 x_4 是自由未知量. 取 $x_4=1$,得 $x_1=1,x_2=1,x_3=-1$,从而 $\boldsymbol{\alpha}_1+\boldsymbol{\alpha}_2-\boldsymbol{\alpha}_3+\boldsymbol{\alpha}_4=\mathbf{0}$,则

$$\boldsymbol{\alpha}_3=\boldsymbol{\alpha}_1+\boldsymbol{\alpha}_2+\boldsymbol{\alpha}_4.$$

例 4 证明：在 K^n 中,任意 $n+1$ 个向量都线性相关.

证明 在 K^n 中任取 $n+1$ 个向量 $\boldsymbol{\alpha}_1,\boldsymbol{\alpha}_2,\cdots,\boldsymbol{\alpha}_{n+1}$. 考虑齐次线性方程组 $x_1\boldsymbol{\alpha}_1+x_2\boldsymbol{\alpha}_2+\cdots+x_{n+1}\boldsymbol{\alpha}_{n+1}=\mathbf{0}$. 它的方程个数 n 小于未知量个数 $n+1$,因此它有非零解,从而 $\boldsymbol{\alpha}_1,\boldsymbol{\alpha}_2,\cdots,\boldsymbol{\alpha}_{n+1}$线性相关. □

例 5 判断下述向量组 $\boldsymbol{\alpha}_1,\boldsymbol{\alpha}_2,\boldsymbol{\alpha}_3,\boldsymbol{\alpha}_4$是否线性无关：

$$\boldsymbol{\alpha}_1=(1,1,1,1)^{\mathrm{T}},\qquad \boldsymbol{\alpha}_2=(1,-1,1,-1)^{\mathrm{T}},$$
$$\boldsymbol{\alpha}_3=(1,1,-1,-1)^{\mathrm{T}},\quad \boldsymbol{\alpha}_4=(1,-1,-1,1)^{\mathrm{T}}.$$

解 计算得

$$\begin{vmatrix}1&1&1&1\\1&-1&1&-1\\1&1&-1&-1\\1&-1&-1&1\end{vmatrix}=16\neq0,$$

因此 $\boldsymbol{\alpha}_1,\boldsymbol{\alpha}_2,\boldsymbol{\alpha}_3,\boldsymbol{\alpha}_4$线性无关.

例 6 证明：若向量$\boldsymbol{\beta}$可以由向量组$\boldsymbol{\alpha}_1,\cdots,\boldsymbol{\alpha}_s$ 线性表出,则表出方式唯一的充要条件是 $\boldsymbol{\alpha}_1,\cdots,\boldsymbol{\alpha}_s$ 线性无关.

证明 设

$$\boldsymbol{\beta}=b_1\boldsymbol{\alpha}_1+\cdots+b_s\boldsymbol{\alpha}_s. \tag{3}$$

充分性 设 $\boldsymbol{\alpha}_1,\cdots,\boldsymbol{\alpha}_s$ 线性无关.如果还有

$$\boldsymbol{\beta}=c_1\boldsymbol{\alpha}_1+\cdots+c_s\boldsymbol{\alpha}_s,$$

那么

$$b_1\boldsymbol{\alpha}_1+\cdots+b_s\boldsymbol{\alpha}_s=c_1\boldsymbol{\alpha}_1+\cdots+c_s\boldsymbol{\alpha}_s,$$

从而

$$(b_1-c_1)\boldsymbol{\alpha}_1+\cdots+(b_s-c_s)\boldsymbol{\alpha}_s=\mathbf{0}.$$

由于 $\boldsymbol{\alpha}_1,\cdots,\boldsymbol{\alpha}_s$ 线性无关,因此有

$$b_1-c_1=0,\quad \cdots,\quad b_s-c_s=0,$$

即

$$b_1=c_1,\quad \cdots,\quad b_s=c_s.$$

因此,$\boldsymbol{\beta}$ 由 $\boldsymbol{\alpha}_1,\cdots,\boldsymbol{\alpha}_s$ 线性表出的方式唯一.

必要性 设 $\boldsymbol{\beta}$ 由 $\boldsymbol{\alpha}_1,\cdots,\boldsymbol{\alpha}_s$ 线性表出的方式唯一.假如 $\boldsymbol{\alpha}_1,\cdots,\boldsymbol{\alpha}_s$ 线性相关,则有不全为 0 的数 $k_1,\cdots,k_s$,使得

$$k_1\boldsymbol{\alpha}_1+\cdots+k_s\boldsymbol{\alpha}_s=\mathbf{0}. \tag{4}$$

(3)式与(4)式相加,得

$$\boldsymbol{\beta}=(b_1+k_1)\boldsymbol{\alpha}_1+\cdots+(b_s+k_s)\boldsymbol{\alpha}_s. \tag{5}$$

由于 $k_1,\cdots,k_s$ 不全为 0,因此

$$(b_1+k_1,\cdots,b_s+k_s)\neq(b_1,\cdots,b_s).$$

于是,$\boldsymbol{\beta}$ 由 $\boldsymbol{\alpha}_1,\cdots,\boldsymbol{\alpha}_s$ 线性表出的方式至少有两种:(3)式和(5)式.这与表出方式唯一矛盾,因此 $\boldsymbol{\alpha}_1,\cdots,\boldsymbol{\alpha}_s$ 线性无关. □

点评 从例 6 看出,线性无关的向量组所起的重要作用在于:如果一个向量 $\boldsymbol{\beta}$ 能用线性无关的向量组 $\boldsymbol{\alpha}_1,\cdots,\boldsymbol{\alpha}_s$ 线性表出,那么表出方式只有一种,这样就易于辨认这个向量.

例 7 设向量组 $\boldsymbol{\alpha}_1,\cdots,\boldsymbol{\alpha}_s$ 线性无关,$\boldsymbol{\beta}=b_1\boldsymbol{\alpha}_1+\cdots+b_s\boldsymbol{\alpha}_s$,证明:如果 $b_i\neq0$,那么用 $\boldsymbol{\beta}$ 替换 $\boldsymbol{\alpha}_i$ 以后得到的向量组 $\boldsymbol{\alpha}_1,\cdots,\boldsymbol{\alpha}_{i-1},\boldsymbol{\beta},\boldsymbol{\alpha}_{i+1},\cdots,\boldsymbol{\alpha}_s$ 也线性无关.

证明 我们有

$$\begin{aligned}&\boldsymbol{\alpha}_1=1\boldsymbol{\alpha}_1+0\boldsymbol{\alpha}_2+\cdots+0\boldsymbol{\alpha}_s,\quad\cdots,\\&\boldsymbol{\alpha}_{i-1}=0\boldsymbol{\alpha}_1+\cdots+1\boldsymbol{\alpha}_{i-1}+\cdots+0\boldsymbol{\alpha}_s,\quad \boldsymbol{\beta}=b_1\boldsymbol{\alpha}_1+\cdots+b_s\boldsymbol{\alpha}_s,\\&\boldsymbol{\alpha}_{i+1}=0\boldsymbol{\alpha}_1+\cdots+1\boldsymbol{\alpha}_{i+1}+\cdots+0\boldsymbol{\alpha}_s,\quad\cdots,\quad \boldsymbol{\alpha}_s=0\boldsymbol{\alpha}_1+\cdots+0\boldsymbol{\alpha}_{s-1}+1\boldsymbol{\alpha}_s.\end{aligned}$$

把下面的行列式按第 i 行展开,得

$$\begin{vmatrix}1&\cdots&0&b_1&0&\cdots&0\\0&\cdots&0&b_2&0&\cdots&0\\\vdots&&\vdots&\vdots&\vdots&&\vdots\\0&\cdots&1&b_{i-1}&0&\cdots&0\\0&\cdots&0&b_i&0&\cdots&0\\0&\cdots&0&b_{i+1}&1&\cdots&0\\\vdots&&\vdots&\vdots&\vdots&&\vdots\\0&\cdots&0&b_s&0&\cdots&1\end{vmatrix}=b_i\neq0.$$

因此,根据例 2 的结果得 $\boldsymbol{\alpha}_1,\cdots,\boldsymbol{\alpha}_{i-1},\boldsymbol{\beta},\boldsymbol{\alpha}_{i+1},\cdots,\boldsymbol{\alpha}_s$ 线性无关. □

点评 例 7 中的命题称为**替换定理**. 从证明可以看到:如果 $b_i=0$,那么用 $\boldsymbol{\beta}$ 替换 $\boldsymbol{\alpha}_i$ 后,向量组 $\boldsymbol{\alpha}_1,\cdots,\boldsymbol{\alpha}_{i-1},\boldsymbol{\beta},\boldsymbol{\alpha}_{i+1},\cdots,\boldsymbol{\alpha}_s$ 就线性相关了(根据例 2 的结果). 这个结论也可直接从

$$\boldsymbol{\beta}=b_1\boldsymbol{\alpha}_1+\cdots+b_{i-1}\boldsymbol{\alpha}_{i-1}+0\boldsymbol{\alpha}_i+b_{i+1}\boldsymbol{\alpha}_{i+1}+\cdots+b_s\boldsymbol{\alpha}_s$$

看出.

例 8 证明:由非零向量组成的向量组 $\boldsymbol{\alpha}_1,\boldsymbol{\alpha}_2,\cdots,\boldsymbol{\alpha}_s(s\geqslant 2)$线性无关的充要条件是,每个 $\boldsymbol{\alpha}_i(1<i\leqslant s)$都不能用它前面的向量线性表出.

证明 *必要性* 设 $\boldsymbol{\alpha}_1,\boldsymbol{\alpha}_2,\cdots,\boldsymbol{\alpha}_s$ 线性无关. 假如有某个 $\boldsymbol{\alpha}_i$ 可以用它前面的向量线性表出,那么易见 $\boldsymbol{\alpha}_i$ 可以由向量组 $\boldsymbol{\alpha}_1,\cdots,\boldsymbol{\alpha}_s$ 的其余向量线性表出. 这与 $\boldsymbol{\alpha}_1,\boldsymbol{\alpha}_2,\cdots,\boldsymbol{\alpha}_s$ 线性无关矛盾. 因此,每个 $\boldsymbol{\alpha}_i(1<i\leqslant s)$都不能用它前面的向量线性表出.

充分性 设每个 $\boldsymbol{\alpha}_i(1<i\leqslant s)$都不能用它前面的向量线性表出. 假如 $\boldsymbol{\alpha}_1,\boldsymbol{\alpha}_2,\cdots,\boldsymbol{\alpha}_s$ 线性相关,则其中有一个 $\boldsymbol{\alpha}_l$ 可以由其余向量线性表出:

$$\boldsymbol{\alpha}_l=k_1\boldsymbol{\alpha}_1+\cdots+k_{l-1}\boldsymbol{\alpha}_{l-1}+k_{l+1}\boldsymbol{\alpha}_{l+1}+\cdots+k_s\boldsymbol{\alpha}_s.$$

如果 $k_s\neq 0$,那么上式得 $\boldsymbol{\alpha}_s$ 可以用它前面的向量线性表出;如果 $k_s=0,k_{s-1}\neq 0$,那么 $\boldsymbol{\alpha}_{s-1}$ 可以用它前面的向量线性表出;依次检查下去,如果 $k_s=k_{s-1}=\cdots=k_{l+1}=0$,那么 $\boldsymbol{\alpha}_l$ 可以用它前面的向量线性表出. 这都与已知条件矛盾,因此 $\boldsymbol{\alpha}_1,\boldsymbol{\alpha}_2,\cdots,\boldsymbol{\alpha}_s$ 线性无关. □

例 9 设 $s\leqslant n,a\neq 0$,且当 $0<r<n$ 时,$a^r\neq 1$. 若

$$\begin{aligned}\boldsymbol{\alpha}_1&=(1,a,a^2,\cdots,a^{n-1})^{\mathrm{T}},\\ \boldsymbol{\alpha}_2&=(1,a^2,a^4,\cdots,a^{2(n-1)})^{\mathrm{T}},\\ &\cdots\cdots\\ \boldsymbol{\alpha}_s&=(1,a^s,a^{2s},\cdots,a^{s(n-1)})^{\mathrm{T}},\end{aligned}$$

证明:$\boldsymbol{\alpha}_1,\boldsymbol{\alpha}_2,\cdots,\boldsymbol{\alpha}_s$ 线性无关.

证明 由于 $a\neq 0$,且当 $0<r<n$ 时,$a^r\neq 1$,因此 $a,a^2,\cdots,a^s$ 是两两不等的非零数.

当 $s=n$ 时,由于

$$\begin{vmatrix}1&1&\cdots&1\\ a&a^2&\cdots&a^n\\ a^2&a^4&\cdots&a^{2n}\\ \vdots&\vdots&&\vdots\\ a^{n-1}&a^{2(n-1)}&\cdots&a^{n(n-1)}\end{vmatrix}$$

这个 n 阶范德蒙德行列式的值不为 0,因此 $\boldsymbol{\alpha}_1,\boldsymbol{\alpha}_2,\cdots,\boldsymbol{\alpha}_n$ 线性无关.

当 $s<n$ 时,同理有

$$\begin{vmatrix} 1 & 1 & \cdots & 1 \\ a & a^2 & \cdots & a^s \\ a^2 & a^4 & \cdots & a^{2s} \\ \vdots & \vdots & & \vdots \\ a^{s-1} & a^{2(s-1)} & \cdots & a^{s(s-1)} \end{vmatrix} \neq 0,$$

于是向量组$(1,a,a^2,\cdots,a^{s-1})^{\mathrm{T}},(1,a^2,a^4,\cdots,a^{2(s-1)})^{\mathrm{T}},\cdots,(1,a^s,a^{2s},\cdots,a^{s(s-1)})^{\mathrm{T}}$线性无关，从而它们的延伸组$\boldsymbol{\alpha}_1,\boldsymbol{\alpha}_2,\cdots,\boldsymbol{\alpha}_s$也线性无关. □

例 10 设矩阵

$$\boldsymbol{A} = \begin{pmatrix} 1 & a & a^2 & \cdots & a^{n-1} \\ 1 & a^2 & a^4 & \cdots & a^{2(n-1)} \\ \vdots & \vdots & \vdots & & \vdots \\ 1 & a^s & a^{2s} & \cdots & a^{s(n-1)} \end{pmatrix},$$

其中$s \leqslant n, a \neq 0$，且当$0 < r < n$时，$a^r \neq 1$，证明：$\boldsymbol{A}$的任意s个列向量都线性无关.

证明 任取$\boldsymbol{A}$的s列：第$j_1,j_2,\cdots,j_s$列，有

$$\begin{vmatrix} a^{j_1-1} & a^{j_2-1} & \cdots & a^{j_s-1} \\ a^{2(j_1-1)} & a^{2(j_2-1)} & \cdots & a^{2(j_s-1)} \\ \vdots & \vdots & & \vdots \\ a^{s(j_1-1)} & a^{s(j_2-1)} & \cdots & a^{s(j_s-1)} \end{vmatrix} = a^{j_1-1}a^{j_2-1}\cdots a^{j_s-1} \begin{vmatrix} 1 & 1 & \cdots & 1 \\ a^{j_1-1} & a^{j_2-1} & \cdots & a^{j_s-1} \\ \vdots & \vdots & & \vdots \\ a^{(s-1)(j_1-1)} & a^{(s-1)(j_2-1)} & \cdots & a^{(s-1)(j_s-1)} \end{vmatrix}.$$

由于$a \neq 0$，且当$0 < r < n$时，$a^r \neq 1$，因此$a^{j_1-1},a^{j_2-1},\cdots,a^{j_s-1}$是两两不等的非零数，从而上述行列式的值不为0. 所以，$\boldsymbol{A}$的第$j_1,j_2,\cdots,j_s$个列向量线性无关. □

点评 例10的证明方法可应用于代数编码理论中下述结论的证明：如果BCH码的设计距离为d，那么它的极小距离至少是d.

*__例 11__ 设数域K上$m \times n$矩阵$\boldsymbol{H}$的列向量组为$\boldsymbol{\alpha}_1,\boldsymbol{\alpha}_2,\cdots,\boldsymbol{\alpha}_n$，证明：$\boldsymbol{H}$的任意$s$（$s \leqslant \min\{m,n\}$）个列向量都线性无关，当且仅当齐次线性方程组

$$x_1\boldsymbol{\alpha}_1 + x_2\boldsymbol{\alpha}_2 + \cdots + x_n\boldsymbol{\alpha}_n = \mathbf{0} \tag{6}$$

的任一非零解的非零分量个数大于s.

证明 *必要性* 设$\boldsymbol{H}$的任意s个列向量都线性无关. 假如齐次线性方程组(6)的一个非零解为

$$\boldsymbol{\eta} = (0,\cdots,0,c_{i_1},0,\cdots,0,c_{i_2},0,\cdots,0,c_{i_l},0,\cdots,0)^{\mathrm{T}},$$

其中$c_{i_1},\cdots,c_{i_l}$全不为0，且$l \leqslant s$，则

$$c_{i_1}\boldsymbol{\alpha}_{i_1} + \cdots + c_{i_l}\boldsymbol{\alpha}_{i_l} = \mathbf{0},$$

从而$\boldsymbol{\alpha}_{i_1},\cdots,\boldsymbol{\alpha}_{i_l}$线性相关. 于是，$\boldsymbol{H}$的包含第$i_1,\cdots,i_l$列的任意$s$个列向量都线性相关. 这与假设矛盾. 因此，方程组(6)的任一非零解的非零分量个数大于s.

充分性 设方程组(6)的任一非零解的非零分量个数大于 s. 假如 $\boldsymbol{H}$ 有 s 个列向量 $\boldsymbol{\alpha}_{i_1},\cdots,\boldsymbol{\alpha}_{i_s}$ 线性相关,则 K 中有不全为 0 的数 $k_1,\cdots,k_s$,使得

$$k_1\boldsymbol{\alpha}_{i_1}+\cdots+k_s\boldsymbol{\alpha}_{i_s}=\mathbf{0},$$

从而

$$\boldsymbol{\eta}=(0,\cdots,0,k_1,0,\cdots,0,k_2,0,\cdots,0,k_s,0,\cdots,0)^{\mathrm{T}}$$

是方程组(6)的一个非零解,它的非零分量个数小于或等于 s,与假设矛盾. 因此,$\boldsymbol{H}$ 的任意 s 个列向量都线性无关. □

点评 例 11 的证明方法可应用于代数编码理论中下述结论的证明:具有校验矩阵 $\boldsymbol{H}$ 的二元线性码有极小距离 $d\geqslant s+1$,当且仅当 $\boldsymbol{H}$ 的任意 s 个列向量都线性无关.

习 题 3.2

1. 下述说法对吗? 为什么?

(1) 对于向量组 $\boldsymbol{\alpha}_1,\cdots,\boldsymbol{\alpha}_s$,如果有全为 0 的数 $k_1,\cdots,k_s$,使得 $k_1\boldsymbol{\alpha}_1+\cdots+k_s\boldsymbol{\alpha}_s=\mathbf{0}$,那么向量组 $\boldsymbol{\alpha}_1,\cdots,\boldsymbol{\alpha}_s$ 线性无关;

(2) 对于向量组 $\boldsymbol{\alpha}_1,\cdots,\boldsymbol{\alpha}_s$,如果有一组不全为 0 的数 $k_1,\cdots,k_s$,使得

$$k_1\boldsymbol{\alpha}_1+\cdots+k_s\boldsymbol{\alpha}_s\neq\mathbf{0},$$

那么 $\boldsymbol{\alpha}_1,\cdots,\boldsymbol{\alpha}_s$ 线性无关;

(3) 如果向量组 $\boldsymbol{\alpha}_1,\boldsymbol{\alpha}_2,\cdots,\boldsymbol{\alpha}_s\ (s\geqslant 2)$ 线性相关,那么其中每个向量都可以由其余向量线性表出.

2. 判断下列向量组是线性相关的还是线性无关的. 如果线性相关,试找出其中一个向量,使得它可以由其余向量线性表出,并且写出它的一种表达式.

(1) $\boldsymbol{\alpha}_1=\begin{pmatrix}3\\1\\2\\-4\end{pmatrix},\ \boldsymbol{\alpha}_2=\begin{pmatrix}1\\0\\5\\2\end{pmatrix},\ \boldsymbol{\alpha}_3=\begin{pmatrix}-1\\2\\0\\3\end{pmatrix}$;

(2) $\boldsymbol{\alpha}_1=\begin{pmatrix}-2\\1\\0\\3\end{pmatrix},\ \boldsymbol{\alpha}_2=\begin{pmatrix}1\\-3\\2\\4\end{pmatrix},\ \boldsymbol{\alpha}_3=\begin{pmatrix}3\\0\\2\\-1\end{pmatrix},\ \boldsymbol{\alpha}_4=\begin{pmatrix}2\\-2\\4\\6\end{pmatrix}$;

(3) $\boldsymbol{\alpha}_1=\begin{pmatrix}3\\-1\\2\end{pmatrix},\ \boldsymbol{\alpha}_2=\begin{pmatrix}1\\5\\-7\end{pmatrix},\ \boldsymbol{\alpha}_3=\begin{pmatrix}7\\-13\\20\end{pmatrix},\ \boldsymbol{\alpha}_4=\begin{pmatrix}-2\\6\\1\end{pmatrix}$;

(4) $\boldsymbol{\alpha}_1=\begin{pmatrix}1\\-2\\4\end{pmatrix}$, $\boldsymbol{\alpha}_2=\begin{pmatrix}1\\3\\9\end{pmatrix}$, $\boldsymbol{\alpha}_3=\begin{pmatrix}1\\4\\16\end{pmatrix}$.

3. 证明：在 K^3 中，任意 4 个向量都线性相关.

4. 设向量组 $\boldsymbol{\alpha}_1,\boldsymbol{\alpha}_2,\boldsymbol{\alpha}_3,\boldsymbol{\alpha}_4$ 线性无关，判断向量组 $\boldsymbol{\alpha}_1+\boldsymbol{\alpha}_2,\boldsymbol{\alpha}_2+\boldsymbol{\alpha}_3,\boldsymbol{\alpha}_3+\boldsymbol{\alpha}_4,\boldsymbol{\alpha}_4+\boldsymbol{\alpha}_1$ 是否线性无关.

5. 设向量组 $\boldsymbol{\alpha}_1,\boldsymbol{\alpha}_2,\boldsymbol{\alpha}_3,\boldsymbol{\alpha}_4$ 线性无关. 令

$$\boldsymbol{\beta}_1=\boldsymbol{\alpha}_1+2\boldsymbol{\alpha}_2,\quad \boldsymbol{\beta}_2=\boldsymbol{\alpha}_2+2\boldsymbol{\alpha}_3,\quad \boldsymbol{\beta}_3=\boldsymbol{\alpha}_3+2\boldsymbol{\alpha}_4,\quad \boldsymbol{\beta}_4=\boldsymbol{\alpha}_4+2\boldsymbol{\alpha}_1,$$

判断向量组 $\boldsymbol{\beta}_1,\boldsymbol{\beta}_2,\boldsymbol{\beta}_3,\boldsymbol{\beta}_4$ 是否线性无关.

6. 设向量组 $\boldsymbol{\alpha}_1,\boldsymbol{\alpha}_2,\boldsymbol{\alpha}_3$ 线性无关，判断向量组 $5\boldsymbol{\alpha}_1+2\boldsymbol{\alpha}_2,7\boldsymbol{\alpha}_2+5\boldsymbol{\alpha}_3,-2\boldsymbol{\alpha}_3+7\boldsymbol{\alpha}_1$ 是否线性无关.

7. 证明：如果向量组 $\boldsymbol{\alpha}_1,\boldsymbol{\alpha}_2,\boldsymbol{\alpha}_3$ 线性无关，那么向量组 $a_1\boldsymbol{\alpha}_1+b_2\boldsymbol{\alpha}_2,a_2\boldsymbol{\alpha}_2+b_3\boldsymbol{\alpha}_3,a_3\boldsymbol{\alpha}_3+b_1\boldsymbol{\alpha}_1$ 线性无关的充要条件是 $a_1a_2a_3\neq -b_1b_2b_3$.

8. 证明：如果向量组 $\boldsymbol{\alpha}_1,\boldsymbol{\alpha}_2,\boldsymbol{\alpha}_3,\boldsymbol{\alpha}_4$ 线性无关，那么向量组 $a_1\boldsymbol{\alpha}_1+b_2\boldsymbol{\alpha}_2,a_2\boldsymbol{\alpha}_2+b_3\boldsymbol{\alpha}_3,a_3\boldsymbol{\alpha}_3+b_4\boldsymbol{\alpha}_4,a_4\boldsymbol{\alpha}_4+b_1\boldsymbol{\alpha}_1$ 线性无关的充要条件是 $a_1a_2a_3a_4\neq b_1b_2b_3b_4$.

9. 证明：如果向量组 $\boldsymbol{\alpha}_1,\boldsymbol{\alpha}_2,\boldsymbol{\alpha}_3$ 线性无关，那么向量组 $2\boldsymbol{\alpha}_1+\boldsymbol{\alpha}_2,\boldsymbol{\alpha}_2+5\boldsymbol{\alpha}_3,4\boldsymbol{\alpha}_3+3\boldsymbol{\alpha}_1$ 也线性无关.

10. 设向量组 $\boldsymbol{\alpha}_1,\boldsymbol{\alpha}_2,\boldsymbol{\alpha}_3,\boldsymbol{\alpha}_4$ 线性无关. 令

$$\boldsymbol{\beta}_1=\boldsymbol{\alpha}_1+2\boldsymbol{\alpha}_2+3\boldsymbol{\alpha}_3+4\boldsymbol{\alpha}_4,\quad \boldsymbol{\beta}_2=2\boldsymbol{\alpha}_1+3\boldsymbol{\alpha}_2+4\boldsymbol{\alpha}_3+\boldsymbol{\alpha}_4,$$
$$\boldsymbol{\beta}_3=3\boldsymbol{\alpha}_1+4\boldsymbol{\alpha}_2+\boldsymbol{\alpha}_3+2\boldsymbol{\alpha}_4,\quad \boldsymbol{\beta}_4=4\boldsymbol{\alpha}_1+\boldsymbol{\alpha}_2+2\boldsymbol{\alpha}_3+3\boldsymbol{\alpha}_4,$$

判断向量组 $\boldsymbol{\beta}_1,\boldsymbol{\beta}_2,\boldsymbol{\beta}_3,\boldsymbol{\beta}_4$ 是否线性无关.

11. 当 a 取何值时，如下向量组线性相关？

$$\boldsymbol{\alpha}_1=\begin{pmatrix}2\\-1\\5\end{pmatrix},\quad \boldsymbol{\alpha}_2=\begin{pmatrix}1\\-3\\a\end{pmatrix},\quad \boldsymbol{\alpha}_3=\begin{pmatrix}4\\7\\-2\end{pmatrix},$$

12. 设 $a_1,a_2,\cdots,a_r$ 是两两不同的数，$r\leqslant n$. 令

$$\boldsymbol{\alpha}_1=\begin{pmatrix}1\\a_1\\\vdots\\a_1^{n-1}\end{pmatrix},\quad \boldsymbol{\alpha}_2=\begin{pmatrix}1\\a_2\\\vdots\\a_2^{n-1}\end{pmatrix},\quad \cdots,\quad \boldsymbol{\alpha}_r=\begin{pmatrix}1\\a_r\\\vdots\\a_r^{n-1}\end{pmatrix},$$

证明：$\boldsymbol{\alpha}_1,\boldsymbol{\alpha}_2,\cdots,\boldsymbol{\alpha}_r$ 线性无关.

§3.3 极大线性无关组,向量组的秩

3.3.1 内容精华

设向量 $\boldsymbol{\beta}$ 可以由向量组 $\boldsymbol{\alpha}_1,\boldsymbol{\alpha}_2,\cdots,\boldsymbol{\alpha}_n$ 线性表出.如果 $\boldsymbol{\alpha}_1,\boldsymbol{\alpha}_2,\cdots,\boldsymbol{\alpha}_n$ 线性无关,那么 $\boldsymbol{\beta}$ 由 $\boldsymbol{\alpha}_1,\boldsymbol{\alpha}_2,\cdots,\boldsymbol{\alpha}_n$ 线性表出的方式是唯一的.如果 $\boldsymbol{\alpha}_1,\boldsymbol{\alpha}_2,\cdots,\boldsymbol{\alpha}_n$ 线性相关,自然的想法是:在向量组 $\boldsymbol{\alpha}_1,\boldsymbol{\alpha}_2,\cdots,\boldsymbol{\alpha}_n$ 中取出一个部分组,它是线性无关的,而且希望这个线性无关的部分组有足够多的向量,使得从其余向量中任取一个添进去得到的新部分组就线性相关,从而 $\boldsymbol{\beta}$ 可由这个部分组线性表出,且表出方式唯一.由此引出向量组的极大线性无关组的概念.还要问的是:向量组 $\boldsymbol{\alpha}_1,\boldsymbol{\alpha}_2,\cdots,\boldsymbol{\alpha}_s$ 的任意两个极大线性无关组所含向量的个数是否相等?这些就是本节所要研究的中心问题.

定义 1 向量组的一个部分组称为该向量组的一个**极大线性无关组**,如果这个部分组本身是线性无关的,但是从该向量组的其余向量(如果还有的话)中任取一个添进去,得到的新部分组都线性相关.

为了解决本节所要研究的中心问题,需要研究一个向量组的任意两个极大线性无关组之间的关系.为此,我们来讨论向量空间 K^n 中两个向量组的关系.

定义 2 如果向量组 $\boldsymbol{\alpha}_1,\boldsymbol{\alpha}_2,\cdots,\boldsymbol{\alpha}_s$ 的每个向量都可以由向量组 $\boldsymbol{\beta}_1,\boldsymbol{\beta}_2,\cdots,\boldsymbol{\beta}_r$ 线性表出,那么称向量组 $\boldsymbol{\alpha}_1,\boldsymbol{\alpha}_2,\cdots,\boldsymbol{\alpha}_s$ 可以由向量组 $\boldsymbol{\beta}_1,\boldsymbol{\beta}_2,\cdots,\boldsymbol{\beta}_r$ 线性表出.如果向量组 $\boldsymbol{\alpha}_1,\boldsymbol{\alpha}_2,\cdots,\boldsymbol{\alpha}_s$ 与向量组 $\boldsymbol{\beta}_1,\boldsymbol{\beta}_2,\cdots,\boldsymbol{\beta}_r$ 可以互相线性表出,那么称向量组 $\boldsymbol{\alpha}_1,\boldsymbol{\alpha}_2,\cdots,\boldsymbol{\alpha}_s$ 与向量组 $\boldsymbol{\beta}_1,\boldsymbol{\beta}_2,\cdots,\boldsymbol{\beta}_r$ **等价**,记作

$$\{\boldsymbol{\alpha}_1,\boldsymbol{\alpha}_2,\cdots,\boldsymbol{\alpha}_s\}\cong\{\boldsymbol{\beta}_1,\boldsymbol{\beta}_2\cdots,\boldsymbol{\beta}_r\}.$$

向量组的等价是向量组之间的一种关系.可以证明,这种关系具有下述 3 条性质:

(1) **反身性**,即任何一个向量组都与自身等价;

(2) **对称性**,即如果 $\boldsymbol{\alpha}_1,\boldsymbol{\alpha}_2,\cdots,\boldsymbol{\alpha}_s$ 与 $\boldsymbol{\beta}_1,\boldsymbol{\beta}_2,\cdots,\boldsymbol{\beta}_r$ 等价,那么 $\boldsymbol{\beta}_1,\boldsymbol{\beta}_2,\cdots,\boldsymbol{\beta}_r$ 与 $\boldsymbol{\alpha}_1,\boldsymbol{\alpha}_2,\cdots,\boldsymbol{\alpha}_s$ 等价;

(3) **传递性**,即如果

$$\{\boldsymbol{\alpha}_1,\boldsymbol{\alpha}_2,\cdots,\boldsymbol{\alpha}_s\}\cong\{\boldsymbol{\beta}_1,\boldsymbol{\beta}_2,\cdots,\boldsymbol{\beta}_r\},\quad\{\boldsymbol{\beta}_1,\boldsymbol{\beta}_2,\cdots,\boldsymbol{\beta}_r\}\cong\{\boldsymbol{\gamma}_1,\boldsymbol{\gamma}_2,\cdots,\boldsymbol{\gamma}_t\},$$

那么

$$\{\boldsymbol{\alpha}_1,\boldsymbol{\alpha}_2,\cdots,\boldsymbol{\alpha}_s\}\cong(\boldsymbol{\gamma}_1,\boldsymbol{\gamma}_2,\cdots,\boldsymbol{\gamma}_t).$$

关于反身性和对称性,容易从定义 2 立即得出.关于传递性,只需证明线性表出有传递性:设 $\boldsymbol{\alpha}_1,\boldsymbol{\alpha}_2,\cdots,\boldsymbol{\alpha}_s$ 可以由 $\boldsymbol{\beta}_1,\boldsymbol{\beta}_2,\cdots,\boldsymbol{\beta}_r$ 线性表出:

$$\boldsymbol{\alpha}_i=\sum_{j=1}^{r}b_{ij}\boldsymbol{\beta}_j,\quad i=1,2,\cdots,s,$$

且 $\boldsymbol{\beta}_1,\boldsymbol{\beta}_2,\cdots,\boldsymbol{\beta}_r$ 可以由 $\boldsymbol{\gamma}_1,\boldsymbol{\gamma}_2,\cdots,\boldsymbol{\gamma}_t$ 线性表出：

$$\boldsymbol{\beta}_j=\sum_{l=1}^{t}c_{jl}\boldsymbol{\gamma}_l,\quad j=1,2,\cdots,r,$$

则

$$\boldsymbol{\alpha}_i=\sum_{j=1}^{r}b_{ij}\left(\sum_{l=1}^{t}c_{jl}\boldsymbol{\gamma}_l\right)=\sum_{l=1}^{t}\left(\sum_{j=1}^{r}b_{ij}c_{jl}\right)\boldsymbol{\gamma}_l,\quad i=1,2,\cdots,s,$$

即 $\boldsymbol{\alpha}_1,\boldsymbol{\alpha}_2,\cdots,\boldsymbol{\alpha}_s$ 可以由 $\boldsymbol{\gamma}_1,\boldsymbol{\gamma}_2,\cdots,\boldsymbol{\gamma}_t$ 线性表出. □

命题 1 向量组与它的极大线性无关组等价.

证明 向量组中的每个向量都可以由这个向量组线性表出，因此向量组的极大线性无关组可以由这个向量组线性表出.

不妨设向量组 $\boldsymbol{\alpha}_1,\cdots,\boldsymbol{\alpha}_m,\boldsymbol{\alpha}_{m+1},\cdots,\boldsymbol{\alpha}_s$ 的一个极大线性无关组为 $\boldsymbol{\alpha}_1,\boldsymbol{\alpha}_2,\cdots,\boldsymbol{\alpha}_m$. 当 $1\leqslant i\leqslant m$ 时，$\boldsymbol{\alpha}_i$ 可以由 $\boldsymbol{\alpha}_1,\boldsymbol{\alpha}_2,\cdots,\boldsymbol{\alpha}_m$ 线性表出. 当 $m<j\leqslant s$ 时，由极大线性无关组的定义知，$\boldsymbol{\alpha}_1,\boldsymbol{\alpha}_2,\cdots,\boldsymbol{\alpha}_m,\boldsymbol{\alpha}_j$ 线性相关. 根据 §3.2 中的命题 1，$\boldsymbol{\alpha}_j$ 可以由 $\boldsymbol{\alpha}_1,\boldsymbol{\alpha}_2,\cdots,\boldsymbol{\alpha}_m$ 线性表出. 因此，向量组可以由它的极大线性无关组线性表出. □

从命题 1 和等价的对称性、传递性立即得到如下结论：

推论 1 向量组的任意两个极大线性无关组等价. □

由命题 1 和线性表出的传递性立即得到如下结论：

推论 2 $\boldsymbol{\beta}$ 可以由向量组 $\boldsymbol{\alpha}_1,\boldsymbol{\alpha}_2,\cdots,\boldsymbol{\alpha}_s$ 线性表出当且仅当 $\boldsymbol{\beta}$ 可以由 $\boldsymbol{\alpha}_1,\boldsymbol{\alpha}_2,\cdots,\boldsymbol{\alpha}_s$ 的一个极大线性无关组线性表出. □

从推论 1 知道，为了研究向量组的任意两个极大线性无关组所含向量的个数是否相等，就需要研究如果一个向量组可以由另一个向量组线性表出，那么它们所含的向量个数之间有什么关系. 从“几何空间中三个向量 $\vec{b}_1,\vec{b}_2,\vec{b}_3$ 可以由两个向量 $\vec{a}_1,\vec{a}_2$ 线性表出，那么 $\vec{b}_1,\vec{b}_2,\vec{b}_3$ 必共面”这一事实受到启发，猜想在 K^n 中有下述引理：

引理 1 设向量组 $\boldsymbol{\beta}_1,\boldsymbol{\beta}_2,\cdots,\boldsymbol{\beta}_r$ 可以由向量组 $\boldsymbol{\alpha}_1,\boldsymbol{\alpha}_2,\cdots,\boldsymbol{\alpha}_s$ 线性表出. 如果 $r>s$，那么 $\boldsymbol{\beta}_1,\boldsymbol{\beta}_2,\cdots,\boldsymbol{\beta}_r$ 线性相关.

证明 为了证明 $\boldsymbol{\beta}_1,\boldsymbol{\beta}_2,\cdots,\boldsymbol{\beta}_r$ 线性相关，需要找到一组不全为 0 的数 $k_1,k_2,\cdots,k_r$，使得

$$k_1\boldsymbol{\beta}_1+k_2\boldsymbol{\beta}_2+\cdots+k_r\boldsymbol{\beta}_r=\mathbf{0}.$$

为此，考虑 $\boldsymbol{\beta}_1,\boldsymbol{\beta}_2,\cdots,\boldsymbol{\beta}_r$ 的线性组合 $x_1\boldsymbol{\beta}_1+x_2\boldsymbol{\beta}_2+\cdots+x_r\boldsymbol{\beta}_r$.

由已知条件，可设

$$\begin{aligned}
\boldsymbol{\beta}_1&=a_{11}\boldsymbol{\alpha}_1+a_{21}\boldsymbol{\alpha}_2+\cdots+a_{s1}\boldsymbol{\alpha}_s,\\
\boldsymbol{\beta}_2&=a_{12}\boldsymbol{\alpha}_1+a_{22}\boldsymbol{\alpha}_2+\cdots+a_{s2}\boldsymbol{\alpha}_s,\\
&\cdots\cdots\\
\boldsymbol{\beta}_r&=a_{1r}\boldsymbol{\alpha}_1+a_{2r}\boldsymbol{\alpha}_2+\cdots+a_{sr}\boldsymbol{\alpha}_s,
\end{aligned}$$

于是

$$\begin{aligned} x_1\boldsymbol{\beta}_1+x_2\boldsymbol{\beta}_2+\cdots+x_r\boldsymbol{\beta}_r &= x_1(a_{11}\boldsymbol{\alpha}_1+a_{21}\boldsymbol{\alpha}_2+\cdots+a_{s1}\boldsymbol{\alpha}_s) \\ &\quad + x_2(a_{12}\boldsymbol{\alpha}_1+a_{22}\boldsymbol{\alpha}_2+\cdots+a_{s2}\boldsymbol{\alpha}_s) \\ &\quad +\cdots+x_r(a_{1r}\boldsymbol{\alpha}_1+a_{2r}\boldsymbol{\alpha}_2+\cdots+a_{sr}\boldsymbol{\alpha}_s) \\ &= (a_{11}x_1+a_{12}x_2+\cdots+a_{1r}x_r)\boldsymbol{\alpha}_1 \\ &\quad +(a_{21}x_1+a_{22}x_2+\cdots+a_{2r}x_r)\boldsymbol{\alpha}_2 \\ &\quad +\cdots+(a_{s1}x_1+a_{s2}x_2+\cdots+a_{sr}x_r)\boldsymbol{\alpha}_s. \end{aligned} \tag{1}$$

考虑如下齐次线性方程组：

$$\begin{cases} a_{11}x_1+a_{12}x_2+\cdots+a_{1r}x_r=0, \\ a_{21}x_1+a_{22}x_2+\cdots+a_{2r}x_r=0, \\ \cdots\cdots \\ a_{s1}x_1+a_{s2}x_2+\cdots+a_{sr}x_r=0. \end{cases} \tag{2}$$

由已知条件 $s<r$ 知，方程组(2)必有非零解. 取它的一个非零解 $(k_1,k_2,\cdots,k_r)^{\mathrm{T}}$，则从(1)式和(2)式得

$$k_1\boldsymbol{\beta}_1+k_2\boldsymbol{\beta}_2+\cdots+k_r\boldsymbol{\beta}_r=0\boldsymbol{\alpha}_1+0\boldsymbol{\alpha}_2+\cdots+0\boldsymbol{\alpha}_s=\boldsymbol{0}.$$

因此，$\boldsymbol{\beta}_1,\boldsymbol{\beta}_2,\cdots,\boldsymbol{\beta}_r$ 线性相关. □

从引理 1 立即得到如下结论：

推论 3 设向量组 $\boldsymbol{\beta}_1,\boldsymbol{\beta}_2,\cdots,\boldsymbol{\beta}_r$ 可以由向量组 $\boldsymbol{\alpha}_1,\boldsymbol{\alpha}_2,\cdots,\boldsymbol{\alpha}_s$ 线性表出. 如果 $\boldsymbol{\beta}_1,\boldsymbol{\beta}_2,\cdots,\boldsymbol{\beta}_r$ 线性无关，那么 $r\leqslant s$. □

从推论 3 立即得到如下结论：

推论 4 等价的线性无关向量组所含向量的个数相等. □

证明 设向量组 $\boldsymbol{\alpha}_1,\boldsymbol{\alpha}_2,\cdots,\boldsymbol{\alpha}_s$ 与向量组 $\boldsymbol{\gamma}_1,\boldsymbol{\gamma}_2,\cdots,\boldsymbol{\gamma}_m$ 等价，且它们都是线性无关的. 由于 $\boldsymbol{\alpha}_1,\boldsymbol{\alpha}_2,\cdots,\boldsymbol{\alpha}_s$ 可由 $\boldsymbol{\gamma}_1,\boldsymbol{\gamma}_2,\cdots,\boldsymbol{\gamma}_m$ 线性表出，且 $\boldsymbol{\alpha}_1,\boldsymbol{\alpha}_2,\cdots,\boldsymbol{\alpha}_s$ 线性无关，因此根据推论 3 得 $s\leqslant m$. 又由于 $\boldsymbol{\gamma}_1,\boldsymbol{\gamma}_2,\cdots,\boldsymbol{\gamma}_m$ 可由 $\boldsymbol{\alpha}_1,\boldsymbol{\alpha}_2,\cdots,\boldsymbol{\alpha}_s$ 线性表出，且 $\boldsymbol{\gamma}_1,\boldsymbol{\gamma}_2,\cdots,\boldsymbol{\gamma}_m$ 线性无关，因此 $m\leqslant s$. 故 $s=m$. □

从推论 4 和推论 1 立即得到如下结论：

推论 5 向量组的任意两个极大线性无关组所含向量的个数相等. □

由推论 5 引出下述重要概念：

定义 3 向量组的极大线性无关组所含向量的个数称为这个**向量组的秩**.

规定全由零向量组成的向量组的秩为 0.

向量组 $\boldsymbol{\alpha}_1,\boldsymbol{\alpha}_2,\cdots,\boldsymbol{\alpha}_s$ 的秩记作 $\operatorname{rank}\{\boldsymbol{\alpha}_1,\boldsymbol{\alpha}_2,\cdots,\boldsymbol{\alpha}_s\}$.

由向量组的秩的定义和极大线性无关组的定义立即得到如下命题：

命题 2 向量组 $\boldsymbol{\alpha}_1,\boldsymbol{\alpha}_2,\cdots,\boldsymbol{\alpha}_s$ 线性无关的充要条件是它的秩等于它所含向量的个数.

证明 向量组 $\boldsymbol{\alpha}_1,\boldsymbol{\alpha}_2,\cdots,\boldsymbol{\alpha}_s$ 线性无关 $\Longleftrightarrow$ $\boldsymbol{\alpha}_1,\boldsymbol{\alpha}_2,\cdots,\boldsymbol{\alpha}_s$ 的极大线性无关组是它自身

$$\Longleftrightarrow \operatorname{rank}\{\boldsymbol{\alpha}_1,\boldsymbol{\alpha}_2,\cdots,\boldsymbol{\alpha}_s\}=s.$$ □

由命题 2 可知,仅凭一个自然数——向量组的秩就能判断向量组是线性无关的还是线性相关的. 由此看出,向量组的秩是多么深刻的概念!

如何比较两个向量组的秩的大小呢?

命题 3 如果向量组 Ⅰ 可以由向量组 Ⅱ 线性表出,那么

$$\text{向量组 Ⅰ 的秩} \leqslant \text{向量组 Ⅱ 的秩}.$$

证明 设 $\boldsymbol{\alpha}_1,\boldsymbol{\alpha}_2,\cdots,\boldsymbol{\alpha}_s$ 是向量组 Ⅰ 的一个极大线性无关组,$\boldsymbol{\beta}_1,\boldsymbol{\beta}_2,\cdots,\boldsymbol{\beta}_r$ 是向量组 Ⅱ 的一个极大线性无关组,则 $\boldsymbol{\alpha}_1,\boldsymbol{\alpha}_2,\cdots,\boldsymbol{\alpha}_s$ 可以由向量组 Ⅰ 线性表出. 又向量组 Ⅰ 可以由向量组 Ⅱ 线性表出,向量组 Ⅱ 可以由 $\boldsymbol{\beta}_1,\boldsymbol{\beta}_2,\cdots,\boldsymbol{\beta}_r$ 线性表出,因此 $\boldsymbol{\alpha}_1,\boldsymbol{\alpha}_2,\cdots,\boldsymbol{\alpha}_s$ 可以由 $\boldsymbol{\beta}_1,\boldsymbol{\beta}_2,\cdots,\boldsymbol{\beta}_r$ 线性表出. 由于 $\boldsymbol{\alpha}_1,\boldsymbol{\alpha}_2,\cdots\boldsymbol{\alpha}_s$ 线性无关,因此 $s\leqslant r$. □

由命题 3 立即得到如下结论:

命题 4 等价的向量组有相等的秩. □

注意 秩相等的两个向量组不一定等价. 例如,设

$$\boldsymbol{\alpha}_1=\begin{pmatrix}1\\0\\0\end{pmatrix},\quad \boldsymbol{\alpha}_2=\begin{pmatrix}0\\1\\0\end{pmatrix},\quad \boldsymbol{\beta}_1=\begin{pmatrix}1\\0\\1\end{pmatrix},\quad \boldsymbol{\beta}_2=\begin{pmatrix}0\\1\\1\end{pmatrix}.$$

由于 $\begin{pmatrix}1\\0\end{pmatrix},\begin{pmatrix}0\\1\end{pmatrix}$ 线性无关,因此延伸组 $\boldsymbol{\alpha}_1,\boldsymbol{\alpha}_2$ 线性无关,从而 $\operatorname{rank}\{\boldsymbol{\alpha}_1,\boldsymbol{\alpha}_2\}=2$. 同理,$\boldsymbol{\beta}_1,\boldsymbol{\beta}_2$ 线性无关,因此 $\operatorname{rank}\{\boldsymbol{\beta}_1,\boldsymbol{\beta}_2\}=2$. 于是

$$\operatorname{rank}\{\boldsymbol{\alpha}_1,\boldsymbol{\alpha}_2\}=\operatorname{rank}\{\boldsymbol{\beta}_1,\boldsymbol{\beta}_2\}.$$

假如 $\boldsymbol{\beta}_1=k_1\boldsymbol{\alpha}_1+k_2\boldsymbol{\alpha}_2$,则

$$\begin{pmatrix}1\\0\\1\end{pmatrix}=k_1\begin{pmatrix}1\\0\\0\end{pmatrix}+k_2\begin{pmatrix}0\\1\\0\end{pmatrix}=\begin{pmatrix}k_1\\k_2\\0\end{pmatrix}.$$

由此推出 $1=0$,矛盾. 因此,$\boldsymbol{\beta}_1$ 不能由 $\boldsymbol{\alpha}_1,\boldsymbol{\alpha}_2$ 线性表出,从而 $\boldsymbol{\beta}_1,\boldsymbol{\beta}_2$ 与 $\boldsymbol{\alpha}_1,\boldsymbol{\alpha}_2$ 不等价.

3.3.2 典型例题

例 1 求如下向量组的一个极大线性无关组和它的秩:

$$\boldsymbol{\alpha}_1=\begin{pmatrix}3\\0\\-1\end{pmatrix},\quad \boldsymbol{\alpha}_2=\begin{pmatrix}-2\\5\\4\end{pmatrix},\quad \boldsymbol{\alpha}_3=\begin{pmatrix}6\\15\\8\end{pmatrix}.$$

解 由于

$$\begin{vmatrix} 3 & -2 \\ 0 & 5 \end{vmatrix} = 15 \neq 0,$$

因此 $\begin{pmatrix} 3 \\ 0 \end{pmatrix}, \begin{pmatrix} -2 \\ 5 \end{pmatrix}$ 线性无关,从而它们的延伸组 $\boldsymbol{\alpha}_1, \boldsymbol{\alpha}_2$ 也线性无关. 由于

$$\begin{vmatrix} 3 & -2 & 6 \\ 0 & 5 & 15 \\ -1 & 4 & 8 \end{vmatrix} = \begin{vmatrix} 0 & 10 & 30 \\ 0 & 5 & 15 \\ -1 & 4 & 8 \end{vmatrix} = (-1)\cdot(-1)^{3+1}\begin{vmatrix} 10 & 30 \\ 5 & 15 \end{vmatrix} = 0,$$

因此 $\boldsymbol{\alpha}_1, \boldsymbol{\alpha}_2, \boldsymbol{\alpha}_3$ 线性相关,从而 $\boldsymbol{\alpha}_1, \boldsymbol{\alpha}_2$ 是向量组 $\boldsymbol{\alpha}_1, \boldsymbol{\alpha}_2, \boldsymbol{\alpha}_3$ 的一个极大线性无关组. 于是

$$\operatorname{rank}\{\boldsymbol{\alpha}_1, \boldsymbol{\alpha}_2, \boldsymbol{\alpha}_3\} = 2.$$

例 2 设向量组 $\boldsymbol{\alpha}_1, \boldsymbol{\alpha}_2, \cdots, \boldsymbol{\alpha}_s$ 的秩为 r,证明:$\boldsymbol{\alpha}_1, \boldsymbol{\alpha}_2, \cdots, \boldsymbol{\alpha}_s$ 中任意 r 个线性无关的向量都构成它的一个极大线性无关组.

证明 设 $\boldsymbol{\alpha}_{i_1}, \boldsymbol{\alpha}_{i_2}, \cdots, \boldsymbol{\alpha}_{i_r}$ 是 $\boldsymbol{\alpha}_1, \boldsymbol{\alpha}_2, \cdots, \boldsymbol{\alpha}_s$ 的一个极大线性无关组. 在 $\boldsymbol{\alpha}_1, \boldsymbol{\alpha}_2, \cdots, \boldsymbol{\alpha}_s$ 中任取 r 个线性无关的向量 $\boldsymbol{\alpha}_{j_1}, \boldsymbol{\alpha}_{j_2}, \cdots, \boldsymbol{\alpha}_{j_r}$,在其余向量中任取 $\boldsymbol{\alpha}_l$. 由于 $\boldsymbol{\alpha}_{j_1}, \boldsymbol{\alpha}_{j_2}, \cdots, \boldsymbol{\alpha}_{j_r}, \boldsymbol{\alpha}_l$ 可以由 $\boldsymbol{\alpha}_{i_1}, \boldsymbol{\alpha}_{i_2}, \cdots, \boldsymbol{\alpha}_{i_r}$ 线性表出,根据引理 1 得 $\boldsymbol{\alpha}_{j_1}, \boldsymbol{\alpha}_{j_2}, \cdots, \boldsymbol{\alpha}_{j_r}, \boldsymbol{\alpha}_l$ 线性相关. 因此,$\boldsymbol{\alpha}_{j_1}, \boldsymbol{\alpha}_{j_2}, \cdots, \boldsymbol{\alpha}_{j_r}$ 是 $\boldsymbol{\alpha}_1, \boldsymbol{\alpha}_2, \cdots, \boldsymbol{\alpha}_s$ 的一个极大线性无关组. □

例 3 设向量组 $\boldsymbol{\alpha}_1, \boldsymbol{\alpha}_2, \cdots, \boldsymbol{\alpha}_s$ 的秩为 r,证明:如果 $\boldsymbol{\alpha}_1, \boldsymbol{\alpha}_2, \cdots, \boldsymbol{\alpha}_s$ 可以由其中 r 个向量 $\boldsymbol{\alpha}_{j_1}, \boldsymbol{\alpha}_{j_2}, \cdots, \boldsymbol{\alpha}_{j_r}$ 线性表出,那么 $\boldsymbol{\alpha}_{j_1}, \boldsymbol{\alpha}_{j_2}, \cdots, \boldsymbol{\alpha}_{j_r}$ 是 $\boldsymbol{\alpha}_1, \boldsymbol{\alpha}_2, \cdots, \boldsymbol{\alpha}_s$ 的一个极大线性无关组.

证明 设 $\boldsymbol{\alpha}_{i_1}, \boldsymbol{\alpha}_{i_2}, \cdots, \boldsymbol{\alpha}_{i_r}$ 是 $\boldsymbol{\alpha}_1, \boldsymbol{\alpha}_2, \cdots, \boldsymbol{\alpha}_s$ 的一个极大线性无关组. 由已知条件得,$\boldsymbol{\alpha}_{i_1}, \boldsymbol{\alpha}_{i_2}, \cdots, \boldsymbol{\alpha}_{i_r}$ 可以由 $\boldsymbol{\alpha}_{j_1}, \boldsymbol{\alpha}_{j_2}, \cdots, \boldsymbol{\alpha}_{j_r}$ 线性表出. 根据命题 3,得

$$r = \operatorname{rank}\{\boldsymbol{\alpha}_{i_1}, \boldsymbol{\alpha}_{i_2}, \cdots, \boldsymbol{\alpha}_{i_r}\} \leqslant \operatorname{rank}\{\boldsymbol{\alpha}_{j_1}, \boldsymbol{\alpha}_{j_2}, \cdots, \boldsymbol{\alpha}_{j_r}\},$$

从而 $\operatorname{rank}\{\boldsymbol{\alpha}_{j_1}, \boldsymbol{\alpha}_{j_2}, \cdots, \boldsymbol{\alpha}_{j_r}\} = r$,因此 $\boldsymbol{\alpha}_{j_1}, \boldsymbol{\alpha}_{j_2}, \cdots, \boldsymbol{\alpha}_{j_r}$ 线性无关. 根据例 2,$\boldsymbol{\alpha}_{j_1}, \boldsymbol{\alpha}_{j_2}, \cdots, \boldsymbol{\alpha}_{j_r}$ 是 $\boldsymbol{\alpha}_1, \boldsymbol{\alpha}_2, \cdots, \boldsymbol{\alpha}_s$ 的一个极大线性无关组. □

点评 例 2 和例 3 的结论直观上看都是显然的. 如何根据极大线性无关组的定义把道理讲清楚并不容易. 我们在上面写出的证明是严谨的.

例 4 证明:在 n 维向量空间 K^n 中,任一线性无关的向量组所含向量的个数不超过 n.

证明 设 $\boldsymbol{\alpha}_1, \boldsymbol{\alpha}_2, \cdots, \boldsymbol{\alpha}_s$ 是 K^n 中线性无关的向量组. 由于 $\boldsymbol{\alpha}_1, \boldsymbol{\alpha}_2, \cdots, \boldsymbol{\alpha}_s$ 可以由 $\boldsymbol{\varepsilon}_1, \boldsymbol{\varepsilon}_2, \cdots, \boldsymbol{\varepsilon}_n$ 线性表出,根据推论 3 得 $s \leqslant n$. □

注意 例 4 也可以从 K^n 中任意 $n+1$ 个向量都线性相关”立即得出.

例 5 证明:在 n 维向量空间 K^n 中,n 个向量 $\boldsymbol{\alpha}_1, \boldsymbol{\alpha}_2, \cdots, \boldsymbol{\alpha}_n$ 线性无关当且仅当 K^n 中任一向量都可以由 $\boldsymbol{\alpha}_1, \boldsymbol{\alpha}_2, \cdots, \boldsymbol{\alpha}_n$ 线性表出.

证明 必要性 设 $\boldsymbol{\alpha}_1, \boldsymbol{\alpha}_2, \cdots, \boldsymbol{\alpha}_n$ 线性无关. 在 K^n 中任取一个向量 $\boldsymbol{\beta}$. 由 3.2.2 小节中的例 4 知,向量组 $\boldsymbol{\alpha}_1, \boldsymbol{\alpha}_2, \cdots, \boldsymbol{\alpha}_n, \boldsymbol{\beta}$ 必线性相关,从而 $\boldsymbol{\beta}$ 可以由 $\boldsymbol{\alpha}_1, \boldsymbol{\alpha}_2, \cdots, \boldsymbol{\alpha}_n$ 线性表出.

充分性 设 K^n 中任一向量都可以由 $\boldsymbol{\alpha}_1,\boldsymbol{\alpha}_2,\cdots,\boldsymbol{\alpha}_n$ 线性表出,则 $\boldsymbol{\varepsilon}_1,\boldsymbol{\varepsilon}_2,\cdots,\boldsymbol{\varepsilon}_n$ 可以由 $\boldsymbol{\alpha}_1,\boldsymbol{\alpha}_2,\cdots,\boldsymbol{\alpha}_n$ 线性表出. 根据命题 3,得

$$\operatorname{rank}\{\boldsymbol{\varepsilon}_1,\boldsymbol{\varepsilon}_2,\cdots,\boldsymbol{\varepsilon}_n\}\leqslant\operatorname{rank}\{\boldsymbol{\alpha}_1,\boldsymbol{\alpha}_2,\cdots,\boldsymbol{\alpha}_n\}.$$

由于 $\boldsymbol{\varepsilon}_1,\boldsymbol{\varepsilon}_2,\cdots,\boldsymbol{\varepsilon}_n$ 线性无关,因此 $\operatorname{rank}\{\boldsymbol{\varepsilon}_1,\boldsymbol{\varepsilon}_2,\cdots,\boldsymbol{\varepsilon}_n\}=n$,从而 $\operatorname{rank}\{\boldsymbol{\alpha}_1,\boldsymbol{\alpha}_2,\cdots,\boldsymbol{\alpha}_n\}=n$. 于是,$\boldsymbol{\alpha}_1,\boldsymbol{\alpha}_2,\cdots,\boldsymbol{\alpha}_n$ 线性无关. □

例 6 证明:如果向量组 $\boldsymbol{\alpha}_1,\boldsymbol{\alpha}_2,\cdots,\boldsymbol{\alpha}_s$ 与向量组 $\boldsymbol{\alpha}_1,\boldsymbol{\alpha}_2,\cdots,\boldsymbol{\alpha}_s,\boldsymbol{\beta}$ 有相等的秩,那么 $\boldsymbol{\beta}$ 可以由 $\boldsymbol{\alpha}_1,\boldsymbol{\alpha}_2,\cdots,\boldsymbol{\alpha}_s$ 线性表出.

证明 设 $\boldsymbol{\alpha}_{i_1},\boldsymbol{\alpha}_{i_2},\cdots,\boldsymbol{\alpha}_{i_r}$ 是向量组 $\boldsymbol{\alpha}_1,\boldsymbol{\alpha}_2,\cdots,\boldsymbol{\alpha}_s$ 的一个极大线性无关组. 由已知条件得,向量组 $\boldsymbol{\alpha}_1,\boldsymbol{\alpha}_2,\cdots,\boldsymbol{\alpha}_s,\boldsymbol{\beta}$ 的秩为 r. 于是,根据例 2,$\boldsymbol{\alpha}_{i_1},\boldsymbol{\alpha}_{i_2},\cdots,\boldsymbol{\alpha}_{i_r}$ 是向量组 $\boldsymbol{\alpha}_1,\boldsymbol{\alpha}_2,\cdots,\boldsymbol{\alpha}_s,\boldsymbol{\beta}$ 的一个极大线性无关组. 因此,$\boldsymbol{\beta}$ 可以由 $\boldsymbol{\alpha}_{i_1},\boldsymbol{\alpha}_{i_2},\cdots,\boldsymbol{\alpha}_{i_r}$ 线性表出,从而 $\boldsymbol{\beta}$ 可以由 $\boldsymbol{\alpha}_1,\boldsymbol{\alpha}_2,\cdots,\boldsymbol{\alpha}_s$ 线性表出. □

点评 有关秩的问题,通常都要考虑向量组的一个极大线性无关组.

例 7 证明:两个向量组等价的充要条件是,它们的秩相等,且其中一个向量组可以由另一个向量组线性表出.

证明 必要性由命题 4 和向量组等价的定义立即得出.

充分性 设向量组 Ⅰ 与 Ⅱ 的秩相等,并且向量组 Ⅰ 可以由向量组 Ⅱ 线性表出,又设 $\boldsymbol{\alpha}_1,\boldsymbol{\alpha}_2,\cdots,\boldsymbol{\alpha}_r$ 与 $\boldsymbol{\beta}_1,\boldsymbol{\beta}_2,\cdots,\boldsymbol{\beta}_r$ 分别是向量组 Ⅰ 与 Ⅱ 的一个极大线性无关组,则 $\boldsymbol{\alpha}_1,\boldsymbol{\alpha}_2,\cdots,\boldsymbol{\alpha}_r$ 可以由向量组 Ⅰ 线性表出,向量组 Ⅱ 可以由 $\boldsymbol{\beta}_1,\boldsymbol{\beta}_2,\cdots,\boldsymbol{\beta}_r$ 线性表出. 又已知向量组 Ⅰ 可以由向量组 Ⅱ 线性表出,因此 $\boldsymbol{\alpha}_1,\boldsymbol{\alpha}_2,\cdots,\boldsymbol{\alpha}_r$ 可以由 $\boldsymbol{\beta}_1,\boldsymbol{\beta}_2,\cdots,\boldsymbol{\beta}_r$ 线性表出. 任取 $\boldsymbol{\beta}_j(1\leqslant j\leqslant r)$,有 $\boldsymbol{\alpha}_1,\boldsymbol{\alpha}_2,\cdots,\boldsymbol{\alpha}_r,\boldsymbol{\beta}_j$ 可以由 $\boldsymbol{\beta}_1,\boldsymbol{\beta}_2,\cdots,\boldsymbol{\beta}_r$ 线性表出. 根据引理 1,$\boldsymbol{\alpha}_1,\boldsymbol{\alpha}_2,\cdots,\boldsymbol{\alpha}_r,\boldsymbol{\beta}_j$ 线性相关. 又 $\boldsymbol{\alpha}_1,\boldsymbol{\alpha}_2,\cdots,\boldsymbol{\alpha}_r$ 线性无关,因此 $\boldsymbol{\beta}_j$ 可以由 $\boldsymbol{\alpha}_1,\boldsymbol{\alpha}_2,\cdots,\boldsymbol{\alpha}_r$ 线性表出,从而 $\boldsymbol{\beta}_1,\boldsymbol{\beta}_2,\cdots,\boldsymbol{\beta}_r$ 可以由 $\boldsymbol{\alpha}_1,\boldsymbol{\alpha}_2,\cdots,\boldsymbol{\alpha}_r$ 线性表出. 因此,向量组 Ⅱ 可以由向量组 Ⅰ 线性表出. 于是,向量组 Ⅰ 与 Ⅱ 等价. □

例 8 证明:向量组的任何一个线性无关部分组都可以扩充成一个极大线性无关组.

证明 设向量组 $\boldsymbol{\alpha}_1,\boldsymbol{\alpha}_2,\cdots,\boldsymbol{\alpha}_s$ 的一个线性无关部分组为 $\boldsymbol{\alpha}_{i_1},\boldsymbol{\alpha}_{i_2},\cdots,\boldsymbol{\alpha}_{i_m}$,其中 $m\leqslant s$. 若 $m=s$,则 $\boldsymbol{\alpha}_{i_1},\boldsymbol{\alpha}_{i_2},\cdots,\boldsymbol{\alpha}_{i_s}$ 就是向量组 $\boldsymbol{\alpha}_1,\boldsymbol{\alpha}_2,\cdots,\boldsymbol{\alpha}_s$ 的一个极大线性无关组. 下面设 $m<s$. 如果 $\boldsymbol{\alpha}_{i_1},\boldsymbol{\alpha}_{i_2},\cdots,\boldsymbol{\alpha}_{i_m}$ 不是 $\boldsymbol{\alpha}_1,\boldsymbol{\alpha}_2,\cdots,\boldsymbol{\alpha}_s$ 的极大线性无关组,那么在其余向量中存在一个向量 $\boldsymbol{\alpha}_{i_{m+1}}$,使得 $\boldsymbol{\alpha}_{i_1},\boldsymbol{\alpha}_{i_2},\cdots,\boldsymbol{\alpha}_{i_m},\boldsymbol{\alpha}_{i_{m+1}}$ 线性无关. 如果这个向量组还不是 $\boldsymbol{\alpha}_1,\boldsymbol{\alpha}_2,\cdots,\boldsymbol{\alpha}_s$ 的一个极大线性无关组,那么在其余向量中存在一个向量 $\boldsymbol{\alpha}_{i_{m+2}}$,使得 $\boldsymbol{\alpha}_{i_1},\boldsymbol{\alpha}_{i_2},\cdots,\boldsymbol{\alpha}_{i_m},\boldsymbol{\alpha}_{i_{m+1}},\boldsymbol{\alpha}_{i_{m+2}}$ 线性无关. 如此继续下去,但是这个过程不可能无限进行下去(因为总共只有 s 个向量),因此到某一步后终止. 不妨设第 l 步后终止,此时的线性无关组 $\boldsymbol{\alpha}_{i_1},\boldsymbol{\alpha}_{i_2},\cdots,\boldsymbol{\alpha}_{i_m},\boldsymbol{\alpha}_{i_{m+1}},\boldsymbol{\alpha}_{i_{m+2}},\cdots,\boldsymbol{\alpha}_{i_{m+l}}$ 就是 $\boldsymbol{\alpha}_1,\boldsymbol{\alpha}_2,\cdots,\boldsymbol{\alpha}_s$ 的一个极大线性无关组. □

例 9 设向量组

$$\boldsymbol{\alpha}_1=\begin{pmatrix}2\\3\\4\\7\end{pmatrix},\quad \boldsymbol{\alpha}_2=\begin{pmatrix}5\\-1\\3\\2\end{pmatrix},\quad \boldsymbol{\alpha}_3=\begin{pmatrix}-3\\4\\1\\5\end{pmatrix},\quad \boldsymbol{\alpha}_4=\begin{pmatrix}0\\-1\\7\\2\end{pmatrix},\quad \boldsymbol{\alpha}_5=\begin{pmatrix}6\\2\\1\\5\end{pmatrix}.$$

(1) 证明：$\boldsymbol{\alpha}_1,\boldsymbol{\alpha}_2$ 线性无关；

(2) 把 $\boldsymbol{\alpha}_1,\boldsymbol{\alpha}_2$ 扩充成 $\boldsymbol{\alpha}_1,\boldsymbol{\alpha}_2,\boldsymbol{\alpha}_3,\boldsymbol{\alpha}_4,\boldsymbol{\alpha}_5$ 的一个极大线性无关组.

解 (1) 由于 $\begin{vmatrix}2&5\\3&-1\end{vmatrix}=-17\neq0$,因此 $\begin{pmatrix}2\\3\end{pmatrix},\begin{pmatrix}5\\-1\end{pmatrix}$ 线性无关,从而它们的延伸组 $\boldsymbol{\alpha}_1,\boldsymbol{\alpha}_2$ 也线性无关. □

(2) 把 $\boldsymbol{\alpha}_3$ 添到 $\boldsymbol{\alpha}_1,\boldsymbol{\alpha}_2$ 中. 直接观察得 $\boldsymbol{\alpha}_3=\boldsymbol{\alpha}_1-\boldsymbol{\alpha}_2$,因此 $\boldsymbol{\alpha}_1,\boldsymbol{\alpha}_2,\boldsymbol{\alpha}_3$ 线性相关.

把 $\boldsymbol{\alpha}_4$ 添到 $\boldsymbol{\alpha}_1,\boldsymbol{\alpha}_2$ 中. 由于

$$\begin{vmatrix}2&5&0\\3&-1&-1\\4&3&7\end{vmatrix}=\begin{vmatrix}2&5&0\\3&-1&-1\\25&-4&0\end{vmatrix}=(-1)\cdot(-1)^{2+3}\begin{vmatrix}2&5\\25&-4\end{vmatrix}=-133\neq0,$$

因此 $\begin{pmatrix}2\\3\\4\end{pmatrix},\begin{pmatrix}5\\-1\\3\end{pmatrix},\begin{pmatrix}0\\-1\\7\end{pmatrix}$ 线性无关,从而它们的延伸组 $\boldsymbol{\alpha}_1,\boldsymbol{\alpha}_2,\boldsymbol{\alpha}_4$ 线性无关.

把 $\boldsymbol{\alpha}_5$ 添到 $\boldsymbol{\alpha}_1,\boldsymbol{\alpha}_2,\boldsymbol{\alpha}_4$ 中. 由于

$$\begin{vmatrix}2&5&0&6\\3&-1&-1&2\\4&3&7&1\\7&2&2&5\end{vmatrix}=\begin{vmatrix}2&5&0&6\\3&-1&-1&2\\25&-4&0&15\\13&0&0&9\end{vmatrix}=90\neq0.$$

因此 $\boldsymbol{\alpha}_1,\boldsymbol{\alpha}_2,\boldsymbol{\alpha}_4,\boldsymbol{\alpha}_5$ 线性无关.

综上所述,$\boldsymbol{\alpha}_1,\boldsymbol{\alpha}_2,\boldsymbol{\alpha}_4,\boldsymbol{\alpha}_5$ 是 $\boldsymbol{\alpha}_1,\boldsymbol{\alpha}_2,\boldsymbol{\alpha}_3,\boldsymbol{\alpha}_4,\boldsymbol{\alpha}_5$ 的一个极大线性无关组.

* **例 10** 对于含 s 个向量的向量组,如果它的秩为 $s-1$,且包含成比例的非零向量,试问:此向量组有多少个极大线性无关组?

解 设 $\boldsymbol{\alpha}_1,\boldsymbol{\alpha}_2,\cdots,\boldsymbol{\alpha}_s$ 的秩为 $s-1$. 不妨设 $\boldsymbol{\alpha}_1,\boldsymbol{\alpha}_2,\cdots,\boldsymbol{\alpha}_{s-1}$ 就是 $\boldsymbol{\alpha}_1,\boldsymbol{\alpha}_2,\cdots,\boldsymbol{\alpha}_s$ 的一个极大线性无关组. 由于成比例的非零向量是线性相关的,因此在 $\boldsymbol{\alpha}_1,\boldsymbol{\alpha}_2,\cdots,\boldsymbol{\alpha}_{s-1}$ 中不含成比例的非零向量,从而 $\boldsymbol{\alpha}_s$ 与某个 $\boldsymbol{\alpha}_i(1\leqslant i\leqslant s-1)$ 成比例,即 $\boldsymbol{\alpha}_s=k\boldsymbol{\alpha}_i$. 由于 $\boldsymbol{\alpha}_s\neq\mathbf{0}$,因此 $k\neq0$. 根据 3.2.2 小节中例 7 的结果及其后面的点评,用 $\boldsymbol{\alpha}_s$ 替换 $\boldsymbol{\alpha}_i$ 后,得到的向量组 $\boldsymbol{\alpha}_1,\cdots,\boldsymbol{\alpha}_{i-1},\boldsymbol{\alpha}_s,\boldsymbol{\alpha}_{i+1},\cdots,\boldsymbol{\alpha}_{s-1}$ 仍线性无关. 根据本小节中例 2 的结果,它是 $\boldsymbol{\alpha}_1,\boldsymbol{\alpha}_2,\cdots,\boldsymbol{\alpha}_s$ 的一个极大线性无关组. 而用 $\boldsymbol{\alpha}_s$ 替换 $\boldsymbol{\alpha}_j(j\neq i,1\leqslant j<s)$ 后,得到的向量组都线性相关(因为部分组 $\boldsymbol{\alpha}_s,\boldsymbol{\alpha}_i$ 线性相关). 因此,$\boldsymbol{\alpha}_1,\boldsymbol{\alpha}_2,\cdots,\boldsymbol{\alpha}_s$ 恰好有两个极大线性无关组.

例 11 设数域 K 上的 n 阶矩阵

$$\boldsymbol{A}=\begin{pmatrix} a_{11} & a_{12} & \cdots & a_{1n} \\ a_{21} & a_{22} & \cdots & a_{2n} \\ \vdots & \vdots & & \vdots \\ a_{n1} & a_{n2} & \cdots & a_{nn} \end{pmatrix}$$

满足

$$|a_{ii}|>\sum_{\substack{j=1\\ j\neq i}}^{n}|a_{ij}|,\quad i=1,2,\cdots,n,$$

证明:$\boldsymbol{A}$ 的列向量组 $\boldsymbol{\alpha}_1,\boldsymbol{\alpha}_2,\cdots,\boldsymbol{\alpha}_n$ 的秩等于 n.

证明 只需证明 $\boldsymbol{\alpha}_1,\boldsymbol{\alpha}_2,\cdots,\boldsymbol{\alpha}_n$ 线性无关.

假如 $\boldsymbol{\alpha}_1,\boldsymbol{\alpha}_2,\cdots,\boldsymbol{\alpha}_n$ 线性相关,则在 K 中有一组不全为 0 的数 $k_1,k_2,\cdots,k_n$,使得

$$k_1\boldsymbol{\alpha}_1+k_2\boldsymbol{\alpha}_2+\cdots+k_n\boldsymbol{\alpha}_n=\boldsymbol{0}. \tag{3}$$

不妨设 $|k_l|=\max\{|k_1|,|k_2|,\cdots,|k_n|\}$. 在(3)式中考虑关于第 l 个分量的等式:

$$k_1a_{l1}+k_2a_{l2}+\cdots+k_la_{ll}+\cdots+k_na_{ln}=0. \tag{4}$$

从(4)式得

$$\begin{aligned} a_{ll}&=-\frac{k_1}{k_l}a_{l1}-\cdots-\frac{k_{l-1}}{k_l}a_{l,l-1}-\frac{k_{l+1}}{k_l}a_{l,l+1}-\cdots-\frac{k_n}{k_l}a_{ln} \\ &=-\sum_{\substack{j=1\\ j\neq l}}^{n}\frac{k_j}{k_l}a_{lj}, \end{aligned} \tag{5}$$

再从(5)式得

$$|a_{ll}|\leqslant\sum_{\substack{j=1\\ j\neq l}}^{n}\frac{|k_j|}{|k_l|}|a_{lj}|\leqslant\sum_{\substack{j=1\\ j\neq l}}^{n}|a_{lj}|. \tag{6}$$

这与已知条件矛盾,因此 $\boldsymbol{\alpha}_1,\boldsymbol{\alpha}_2,\cdots,\boldsymbol{\alpha}_n$ 线性无关,从而它的秩等于 n. □

点评 例 11 中的矩阵 $\boldsymbol{A}$ 称为**主对角占优矩阵**. 上述结果表明,主对角占优矩阵的行列式不等于 0.

习 题 3.3

1. 设向量组

$$\boldsymbol{\alpha}_1=\begin{pmatrix}2\\0\\0\end{pmatrix},\quad \boldsymbol{\alpha}_2=\begin{pmatrix}-1\\3\\0\end{pmatrix},\quad \boldsymbol{\alpha}_3=\begin{pmatrix}7\\-4\\0\end{pmatrix},$$

求 $\boldsymbol{\alpha}_1,\boldsymbol{\alpha}_2,\boldsymbol{\alpha}_3$ 的一个极大线性无关组以及它的秩.

2. 设向量组

$$\boldsymbol{\alpha}_1=\begin{pmatrix}3\\-2\\0\end{pmatrix},\quad \boldsymbol{\alpha}_2=\begin{pmatrix}27\\-18\\0\end{pmatrix},\quad \boldsymbol{\alpha}_3=\begin{pmatrix}-1\\5\\8\end{pmatrix},$$

求 $\boldsymbol{\alpha}_1,\boldsymbol{\alpha}_2,\boldsymbol{\alpha}_3$ 的一个极大线性无关组以及它的秩.

3. 设向量组

$$\boldsymbol{\alpha}_1=\begin{pmatrix}3\\-1\\2\\5\end{pmatrix},\quad \boldsymbol{\alpha}_2=\begin{pmatrix}4\\3\\7\\2\end{pmatrix},\quad \boldsymbol{\alpha}_3=\begin{pmatrix}1\\4\\5\\-3\end{pmatrix},\quad \boldsymbol{\alpha}_4=\begin{pmatrix}7\\-1\\2\\0\end{pmatrix},\quad \boldsymbol{\alpha}_5=\begin{pmatrix}1\\2\\5\\6\end{pmatrix}.$$

(1) 证明：$\boldsymbol{\alpha}_1,\boldsymbol{\alpha}_2$ 线性无关；

(2) 把 $\boldsymbol{\alpha}_1,\boldsymbol{\alpha}_2$ 扩充为 $\boldsymbol{\alpha}_1,\boldsymbol{\alpha}_2,\boldsymbol{\alpha}_3,\boldsymbol{\alpha}_4,\boldsymbol{\alpha}_5$ 的一个极大线性无关组.

4. 证明：数域 K 上含 n 个方程的 n 元线性方程组

$$x_1\boldsymbol{\alpha}_1+x_2\boldsymbol{\alpha}_2+\cdots+x_n\boldsymbol{\alpha}_n=\boldsymbol{\beta}$$

对于任何 $\boldsymbol{\beta}\in K^n$ 都有解的充要条件是它的系数行列式 $|\boldsymbol{A}|\neq 0$.

5. 证明：$\operatorname{rank}\{\boldsymbol{\alpha}_1,\cdots,\boldsymbol{\alpha}_s,\boldsymbol{\beta}_1,\cdots,\boldsymbol{\beta}_r\}\leqslant\operatorname{rank}\{\boldsymbol{\alpha}_1,\cdots,\boldsymbol{\alpha}_s\}+\operatorname{rank}\{\boldsymbol{\beta}_1,\cdots,\boldsymbol{\beta}_r\}$.

6. 设向量组 $\boldsymbol{\alpha}_1,\boldsymbol{\alpha}_2,\cdots,\boldsymbol{\alpha}_s$ 的每个向量都可以由这个向量组的一个部分组 $\boldsymbol{\alpha}_{i_1},\boldsymbol{\alpha}_{i_2},\cdots,\boldsymbol{\alpha}_{i_r}$ 唯一地线性表出，证明：$\boldsymbol{\alpha}_{i_1},\boldsymbol{\alpha}_{i_2},\cdots,\boldsymbol{\alpha}_{i_r}$ 是 $\boldsymbol{\alpha}_1,\boldsymbol{\alpha}_2,\cdots,\boldsymbol{\alpha}_s$ 的一个极大线性无关组，且

$$\operatorname{rank}\{\boldsymbol{\alpha}_1,\boldsymbol{\alpha}_2,\cdots,\boldsymbol{\alpha}_s\}=r.$$

7. 设向量组 $\boldsymbol{\alpha}_1,\boldsymbol{\alpha}_2,\boldsymbol{\alpha}_3,\boldsymbol{\alpha}_4$ 线性无关. 令

$$\boldsymbol{\beta}_1=\boldsymbol{\alpha}_1-\boldsymbol{\alpha}_2,\quad \boldsymbol{\beta}_2=\boldsymbol{\alpha}_2-\boldsymbol{\alpha}_3,\quad \boldsymbol{\beta}_3=\boldsymbol{\alpha}_3-\boldsymbol{\alpha}_4,\quad \boldsymbol{\beta}_4=\boldsymbol{\alpha}_4-\boldsymbol{\alpha}_1,$$

求 $\boldsymbol{\beta}_1,\boldsymbol{\beta}_2,\boldsymbol{\beta}_3,\boldsymbol{\beta}_4$ 的一个极大线性无关组.

8. 设

$$\boldsymbol{\beta}_1=\boldsymbol{\alpha}_2+\boldsymbol{\alpha}_3+\cdots+\boldsymbol{\alpha}_m,\quad \boldsymbol{\beta}_2=\boldsymbol{\alpha}_1+\boldsymbol{\alpha}_3+\cdots+\boldsymbol{\alpha}_m,\quad \cdots,\quad \boldsymbol{\beta}_m=\boldsymbol{\alpha}_1+\boldsymbol{\alpha}_2+\cdots+\boldsymbol{\alpha}_{m-1},$$

证明：$\operatorname{rank}\{\boldsymbol{\beta}_1,\boldsymbol{\beta}_2,\cdots,\boldsymbol{\beta}_m\}=\operatorname{rank}\{\boldsymbol{\alpha}_1,\boldsymbol{\alpha}_2,\cdots,\boldsymbol{\alpha}_m\}$.

9. 设数域 K 上的 $s\times n$ 矩阵

$$\boldsymbol{A}=\begin{pmatrix}a_{11}&a_{12}&\cdots&a_{1n}\\a_{21}&a_{22}&\cdots&a_{2n}\\\vdots&\vdots&&\vdots\\a_{s1}&a_{s2}&\cdots&a_{sn}\end{pmatrix}$$

满足 $s\leqslant n$，且

$$2|a_{ii}|>\sum_{j=1}^{n}|a_{ij}|\quad(i=1,2,\cdots,s),$$

证明：$\boldsymbol{A}$ 的行向量组 $\boldsymbol{\gamma}_1,\boldsymbol{\gamma}_2,\cdots,\boldsymbol{\gamma}_s$ 的秩等于 s.

10. 设向量 $\boldsymbol{\beta}$ 可以由向量组 $\boldsymbol{\alpha}_1,\boldsymbol{\alpha}_2,\cdots,\boldsymbol{\alpha}_s$ 线性表出，但是 $\boldsymbol{\beta}$ 不能由向量组 $\boldsymbol{\alpha}_1,\boldsymbol{\alpha}_2,\cdots,\boldsymbol{\alpha}_{s-1}$ 线性表出，证明：$\text{rank}\{\boldsymbol{\alpha}_1,\boldsymbol{\alpha}_2,\cdots,\boldsymbol{\alpha}_s\}=\text{rank}\{\boldsymbol{\alpha}_1,\boldsymbol{\alpha}_2,\cdots,\boldsymbol{\alpha}_{s-1},\boldsymbol{\beta}\}$.

§3.4 向量空间 K^n 及其子空间的基与维数

3.4.1 内容精华

线性方程组 $x_1\boldsymbol{\alpha}_1+x_2\boldsymbol{\alpha}_2+\cdots+x_n\boldsymbol{\alpha}_n=\boldsymbol{\beta}$ 有解的充要条件是 $\boldsymbol{\beta}\in\langle\boldsymbol{\alpha}_1,\boldsymbol{\alpha}_2,\cdots,\boldsymbol{\alpha}_n\rangle$，因此需要研究向量空间的子空间的结构. 在几何空间 V 中，取定三个不共面的向量 $\vec{e}_1,\vec{e}_2,\vec{e}_3$，则几何空间 V 中任一向量都可以由 $\vec{e}_1,\vec{e}_2,\vec{e}_3$ 唯一地线性表出. 于是，几何空间 V 的结构就很清楚了. 由此受到启发，我们在 n 维向量空间 K^n 的子空间 U 中引入下述概念：

定义 1 设 U 是 K^n 的一个子空间. 如果 $\boldsymbol{\alpha}_1,\boldsymbol{\alpha}_2,\cdots,\boldsymbol{\alpha}_r\in U$，并且满足下述两个条件；

(1) $\boldsymbol{\alpha}_1,\boldsymbol{\alpha}_2,\cdots,\boldsymbol{\alpha}_r$ 线性无关；

(2) U 中每个向量都可以由 $\boldsymbol{\alpha}_1,\boldsymbol{\alpha}_2,\cdots,\boldsymbol{\alpha}_r$ 线性表出，

那么称 $\boldsymbol{\alpha}_1,\boldsymbol{\alpha}_2,\cdots,\boldsymbol{\alpha}_r$ 是 U 的一个**基**.

由于 $\boldsymbol{\alpha}_1,\boldsymbol{\alpha}_2,\cdots,\boldsymbol{\alpha}_r$ 线性无关，因此如果 $\boldsymbol{\alpha}$ 可以由 $\boldsymbol{\alpha}_1,\boldsymbol{\alpha}_2,\cdots,\boldsymbol{\alpha}_r$ 线性表出，那么表出方式唯一.

根据 3.1.2 小节中的例 2 和 3.2.1 小节，$\boldsymbol{\varepsilon}_1,\boldsymbol{\varepsilon}_2,\cdots,\boldsymbol{\varepsilon}_n$ 是 K^n 的一个基，称它为 K^n 的**标准基**.

定理 1 K^n 的任一非零子空间 U 都有一个基.

证明 取 U 中的一个非零向量 $\boldsymbol{\alpha}_1$，向量组 $\boldsymbol{\alpha}_1$ 是线性无关的. 若 $\langle\boldsymbol{\alpha}_1\rangle\neq U$，则存在 $\boldsymbol{\alpha}_2\in U$，使得 $\boldsymbol{\alpha}_2\notin\langle\boldsymbol{\alpha}_1\rangle$. 于是，$\boldsymbol{\alpha}_2$ 不能由 $\boldsymbol{\alpha}_1$ 线性表出，从而 $\boldsymbol{\alpha}_1,\boldsymbol{\alpha}_2$ 线性无关. 若 $\langle\boldsymbol{\alpha}_1,\boldsymbol{\alpha}_2\rangle\neq U$，则存在 $\boldsymbol{\alpha}_3\in U$，使得 $\boldsymbol{\alpha}_3\notin\langle\boldsymbol{\alpha}_1,\boldsymbol{\alpha}_2\rangle$，从而 $\boldsymbol{\alpha}_1,\boldsymbol{\alpha}_2,\boldsymbol{\alpha}_3$ 线性无关. 由此继续下去，由于 K^n 的任一线性无关向量组的向量个数不超过 n，因此到某一步终止. 不妨设到第 s 步终止，则有

$$\langle\boldsymbol{\alpha}_1,\boldsymbol{\alpha}_2,\cdots,\boldsymbol{\alpha}_s\rangle=U.$$

于是，$\boldsymbol{\alpha}_1,\boldsymbol{\alpha}_2,\cdots,\boldsymbol{\alpha}_s$ 是 U 的一个基. □

定理 1 的证明过程也表明，子空间 U 的任一线性无关向量组都可以扩充成 U 的一个基.

由于等价的线性无关向量组含有相同个数的向量，因此得到

定理 2 K^n 的非零子空间 U 的任意两个基所含向量的个数相等. □

定义 2 K^n 的非零子空间 U 的一个基所含向量的个数称为 U 的**维数**，记作 $\dim_K U$ 或 $\dim U$.

零子空间的维数规定为 0.

由于 $\boldsymbol{\varepsilon}_1,\boldsymbol{\varepsilon}_2,\cdots,\boldsymbol{\varepsilon}_n$ 是 K^n 的一个基，因此 $\dim K^n=n$. 这就是把 K^n 称为 n 维向量空间的原因.

基和维数对于决定子空间的结构起着十分重要的作用.

设 $\boldsymbol{\alpha}_1,\boldsymbol{\alpha}_2,\cdots,\boldsymbol{\alpha}_r$ 是 K^n 的子空间 U 的一个基,则 U 中每个向量 $\boldsymbol{\alpha}$ 都可以由 $\boldsymbol{\alpha}_1,\boldsymbol{\alpha}_2,\cdots,\boldsymbol{\alpha}_r$ 唯一地线性表出:

$$\boldsymbol{\alpha}=a_1\boldsymbol{\alpha}_1+a_2\boldsymbol{\alpha}_2+\cdots+a_r\boldsymbol{\alpha}_r.$$

把写成列形式的有序数组 $(a_1,a_2,\cdots,a_r)^{\mathrm{T}}$ 称为 $\boldsymbol{\alpha}$ 在基 $\boldsymbol{\alpha}_1,\boldsymbol{\alpha}_2,\cdots,\boldsymbol{\alpha}_r$ 下的**坐标**.

命题 1 设 $\dim U=r$,则 U 中任意 $r+1$ 个向量都线性相关.

证明 取 U 的一个基 $\boldsymbol{\alpha}_1,\boldsymbol{\alpha}_2,\cdots,\boldsymbol{\alpha}_r$,则 U 中任意 $r+1$ 个向量 $\boldsymbol{\beta}_1,\boldsymbol{\beta}_2,\cdots,\boldsymbol{\beta}_{r+1}$ 都可由 $\boldsymbol{\alpha}_1,\boldsymbol{\alpha}_2,\cdots,\boldsymbol{\alpha}_r$ 线性表出. 根据 §3.3 中的引理 1,$\boldsymbol{\beta}_1,\boldsymbol{\beta}_2,\cdots,\boldsymbol{\beta}_{r+1}$ 线性相关. □

命题 2 设 $\dim U=r$,则 U 中任意 r 个线性无关的向量都是 U 的一个基.

证明 任取 U 中线性无关的向量 $\boldsymbol{\alpha}_1,\boldsymbol{\alpha}_2,\cdots,\boldsymbol{\alpha}_r$,再任取 $\boldsymbol{\beta}\in U$. 由命题 1 的结论知,$\boldsymbol{\alpha}_1,\boldsymbol{\alpha}_2,\cdots,\boldsymbol{\alpha}_r,\boldsymbol{\beta}$ 线性相关,从而 $\boldsymbol{\beta}$ 可由 $\boldsymbol{\alpha}_1,\boldsymbol{\alpha}_2,\cdots,\boldsymbol{\alpha}_r$ 线性表出,因此 $\boldsymbol{\alpha}_1,\boldsymbol{\alpha}_2,\cdots,\boldsymbol{\alpha}_r$ 是 U 的一个基. □

命题 3 设 $\dim U=r$,$\boldsymbol{\alpha}_1,\cdots,\boldsymbol{\alpha}_r\in U$. 如果 U 中每个向量都可以由 $\boldsymbol{\alpha}_1,\boldsymbol{\alpha}_2,\cdots,\boldsymbol{\alpha}_r$ 线性表出,那么 $\boldsymbol{\alpha}_1,\boldsymbol{\alpha}_2,\cdots,\boldsymbol{\alpha}_r$ 是 U 的一个基.

证明 取 U 的一个基 $\boldsymbol{\delta}_1,\boldsymbol{\delta}_2,\cdots,\boldsymbol{\delta}_r$. 由已知条件得,$\boldsymbol{\delta}_1,\boldsymbol{\delta}_2,\cdots,\boldsymbol{\delta}_r$ 可以由 $\boldsymbol{\alpha}_1,\boldsymbol{\alpha}_2,\cdots,\boldsymbol{\alpha}_r$ 线性表出,因此

$$r=\operatorname{rank}\{\boldsymbol{\delta}_1,\boldsymbol{\delta}_2,\cdots,\boldsymbol{\delta}_r\}\leqslant\operatorname{rank}\{\boldsymbol{\alpha}_1,\boldsymbol{\alpha}_2,\cdots,\boldsymbol{\alpha}_r\},$$

从而 $\operatorname{rank}\{\boldsymbol{\alpha}_1,\boldsymbol{\alpha}_2,\cdots,\boldsymbol{\alpha}_r\}=r$. 所以,$\boldsymbol{\alpha}_1,\boldsymbol{\alpha}_2,\cdots,\boldsymbol{\alpha}_r$ 线性无关,从而它是 U 的一个基. □

命题 4 设 U 和 W 都是 K^n 的非零子空间. 如果 $U\subseteq W$,那么

$$\dim U\leqslant\dim W.$$

证明 在 U 中取一个基 $\boldsymbol{\alpha}_1,\boldsymbol{\alpha}_2,\cdots,\boldsymbol{\alpha}_r$. 因为 $U\subseteq W$,所以 $\boldsymbol{\alpha}_1,\boldsymbol{\alpha}_2,\cdots,\boldsymbol{\alpha}_r$ 可以扩充成 W 的一个基,从而 $r\leqslant\dim W$. □

命题 5 设 U 和 W 是 K^n 的两个非零子空间,且 $U\subseteq W$. 如果 $\dim U=\dim W$,那么 $U=W$.

证明 在 U 中取一个基 $\boldsymbol{\alpha}_1,\boldsymbol{\alpha}_2,\cdots,\boldsymbol{\alpha}_r$. 由于 $U\subseteq W$,因此 $\boldsymbol{\alpha}_1,\boldsymbol{\alpha}_2,\cdots,\boldsymbol{\alpha}_r\in W$. 由于 $\dim W=\dim U=r$,因此 $\boldsymbol{\alpha}_1,\boldsymbol{\alpha}_2,\cdots,\boldsymbol{\alpha}_r$ 是 W 的一个基,从而 W 中任一向量 $\boldsymbol{\beta}$ 可以由 $\boldsymbol{\alpha}_1,\boldsymbol{\alpha}_2,\cdots,\boldsymbol{\alpha}_r$ 线性表出. 于是 $\boldsymbol{\beta}\in U$. 因此 $W\subseteq U$,从而 $U=W$. □

命题 1、命题 2、命题 3 和命题 5 表明了维数在研究子空间的结构中所起的作用.

由向量组 $\boldsymbol{\alpha}_1,\boldsymbol{\alpha}_2,\cdots,\boldsymbol{\alpha}_s$ 生成的子空间 $W=\langle\boldsymbol{\alpha}_1,\boldsymbol{\alpha}_2,\cdots,\boldsymbol{\alpha}_s\rangle$ 的结构如何? 取 $\boldsymbol{\alpha}_1,\boldsymbol{\alpha}_2,\cdots,\boldsymbol{\alpha}_s$ 的一个极大线性无关组 $\boldsymbol{\alpha}_{i_1},\boldsymbol{\alpha}_{i_2},\cdots,\boldsymbol{\alpha}_{i_r}$. 由线性表出的传递性可知,$W$ 中每个向量都可以由 $\boldsymbol{\alpha}_{i_1},\boldsymbol{\alpha}_{i_2},\cdots,\boldsymbol{\alpha}_{i_r}$ 线性表出,因此 $\boldsymbol{\alpha}_{i_1},\boldsymbol{\alpha}_{i_2},\cdots,\boldsymbol{\alpha}_{i_r}$ 是 W 的一个基,从而 $\dim W=r$. 这证明了下述定理:

定理 3 向量组 $\boldsymbol{\alpha}_1,\boldsymbol{\alpha}_2,\cdots,\boldsymbol{\alpha}_s$ 的一个极大线性无关组是这个向量组生成的子空间 $\langle\boldsymbol{\alpha}_1,\boldsymbol{\alpha}_2,\cdots,\boldsymbol{\alpha}_s\rangle$ 的一个基,从而

$$\dim\langle \boldsymbol{\alpha}_1, \boldsymbol{\alpha}_2, \cdots, \boldsymbol{\alpha}_s \rangle = \operatorname{rank}\{\boldsymbol{\alpha}_1, \boldsymbol{\alpha}_2, \cdots, \boldsymbol{\alpha}_s\}. \qquad \square$$

注意区别 $\dim\langle \boldsymbol{\alpha}_1, \boldsymbol{\alpha}_2, \cdots, \boldsymbol{\alpha}_s \rangle$ 与 $\operatorname{rank}\{\boldsymbol{\alpha}_1, \boldsymbol{\alpha}_2, \cdots, \boldsymbol{\alpha}_s\}$ 是不同的两个概念：$\dim\langle \boldsymbol{\alpha}_1, \boldsymbol{\alpha}_2, \cdots, \boldsymbol{\alpha}_s \rangle$ 是由 $\boldsymbol{\alpha}_1, \boldsymbol{\alpha}_2, \cdots, \boldsymbol{\alpha}_s$ 生成的子空间的维数，它等于这个子空间的一个基所含向量的个数；而 $\operatorname{rank}\{\boldsymbol{\alpha}_1, \boldsymbol{\alpha}_2, \cdots, \boldsymbol{\alpha}_s\}$ 是向量组 $\boldsymbol{\alpha}_1, \boldsymbol{\alpha}_2, \cdots, \boldsymbol{\alpha}_s$ 的秩，它等于这个向量组的一个极大线性无关组所含向量的个数. 维数是对子空间而言，秩是对向量组而言. 子空间有无穷多个向量，而向量组只有有限多个向量.

数域 K 上 $s\times n$ 矩阵 $\boldsymbol{A}$ 的列向量组 $\boldsymbol{\alpha}_1, \boldsymbol{\alpha}_2, \cdots, \boldsymbol{\alpha}_n$ 生成的子空间称为 $\boldsymbol{A}$ 的**列空间**；$\boldsymbol{A}$ 的行向量组 $\boldsymbol{\gamma}_1, \boldsymbol{\gamma}_2, \cdots, \boldsymbol{\gamma}_s$ 生成的子空间称为 $\boldsymbol{A}$ 的**行空间**. 由定理 3 知道，$\boldsymbol{A}$ 的列(行)空间的维数等于 $\boldsymbol{A}$ 的列(行)向量组的秩.

3.4.2 典型例题

例 1 设 $r<n$. 在 K^n 中，令

$$U = \{(a_1, a_2, \cdots, a_r, 0, \cdots, 0)^{\mathrm{T}} \mid a_i \in K, i = 1, 2, \cdots, r\},$$

求子空间 U 的一个基和维数.

解 U 中任一向量 $\boldsymbol{\alpha} = (a_1, a_2, \cdots, a_r, 0, \cdots, 0)^{\mathrm{T}}$ 可以表示成

$$\boldsymbol{\alpha} = a_1\boldsymbol{\varepsilon}_1 + a_2\boldsymbol{\varepsilon}_2 + \cdots + a_r\boldsymbol{\varepsilon}_r.$$

由于 $\boldsymbol{\varepsilon}_1, \boldsymbol{\varepsilon}_2, \cdots, \boldsymbol{\varepsilon}_n$ 线性无关，因此它的一个部分组 $\boldsymbol{\varepsilon}_1, \boldsymbol{\varepsilon}_2, \cdots, \boldsymbol{\varepsilon}_r$ 也线性无关，从而 $\boldsymbol{\varepsilon}_1, \boldsymbol{\varepsilon}_2, \cdots, \boldsymbol{\varepsilon}_r$ 是 U 的一个基. 于是

$$\dim U = r.$$

例 2 设 $\boldsymbol{A}$ 是数域 K 上的 n 阶矩阵，证明：如果 $|\boldsymbol{A}| \neq 0$，那么 $\boldsymbol{A}$ 的列向量组 $\boldsymbol{\alpha}_1, \boldsymbol{\alpha}_2, \cdots, \boldsymbol{\alpha}_n$ 是 K^n(由列向量组成)的一个基；$\boldsymbol{A}$ 的行向量组 $\boldsymbol{\gamma}_1, \boldsymbol{\gamma}_2, \cdots, \boldsymbol{\gamma}_n$ 是 K^n(由行向量组成)的一个基.

证明 由于 $|\boldsymbol{A}| \neq 0$，因此 $\boldsymbol{A}$ 的列向量组线性无关. 又由于 $\dim K^n = n$，因此根据命题 2，$\boldsymbol{A}$ 的列向量组是 K^n 的一个基. 同理，$\boldsymbol{A}$ 的行向量组是 K^n 的一个基. $\square$

例 3 设 K^n 中的向量组

$$\boldsymbol{\alpha}_1 = \begin{pmatrix} a_{11} \\ 0 \\ 0 \\ \vdots \\ 0 \end{pmatrix}, \quad \boldsymbol{\alpha}_2 = \begin{pmatrix} a_{12} \\ a_{22} \\ 0 \\ \vdots \\ 0 \end{pmatrix}, \quad \cdots, \quad \boldsymbol{\alpha}_n = \begin{pmatrix} a_{1n} \\ a_{2n} \\ a_{3n} \\ \vdots \\ a_{nn} \end{pmatrix},$$

其中 $a_{11}a_{22}\cdots a_{nn} \neq 0$，证明：$\boldsymbol{\alpha}_1, \boldsymbol{\alpha}_2, \cdots, \boldsymbol{\alpha}_n$ 是 K^n 的一个基.

证明 由于

$$\begin{vmatrix} a_{11} & a_{12} & \cdots & a_{1n} \\ 0 & a_{22} & \cdots & a_{2n} \\ \vdots & \vdots & & \vdots \\ 0 & 0 & \cdots & a_{nn} \end{vmatrix} = a_{11}a_{22}\cdots a_{nn} \neq 0,$$

因此 $\boldsymbol{\alpha}_1,\boldsymbol{\alpha}_2,\cdots,\boldsymbol{\alpha}_n$ 线性无关. 又由于 $\dim K^n=n$,因此 $\boldsymbol{\alpha}_1,\boldsymbol{\alpha}_2,\cdots,\boldsymbol{\alpha}_n$ 是 K^n 的一个基. □

例 4 判断如下向量组是否为 K^4 的一个基:

$$\boldsymbol{\alpha}_1=\begin{pmatrix}2\\-1\\3\\5\end{pmatrix},\quad \boldsymbol{\alpha}_2=\begin{pmatrix}1\\7\\-2\\0\end{pmatrix},\quad \boldsymbol{\alpha}_3=\begin{pmatrix}-3\\0\\4\\1\end{pmatrix},\quad \boldsymbol{\alpha}_4=\begin{pmatrix}6\\1\\0\\-4\end{pmatrix}.$$

解 由于

$$\begin{vmatrix} 2 & 1 & -3 & 6 \\ -1 & 7 & 0 & 1 \\ 3 & -2 & 4 & 0 \\ 5 & 0 & 1 & -4 \end{vmatrix} = \begin{vmatrix} 2 & 15 & -3 & 8 \\ -1 & 0 & 0 & 0 \\ 3 & 19 & 4 & 3 \\ 5 & 35 & 1 & 1 \end{vmatrix} = \begin{vmatrix} 15 & -3 & 8 \\ 19 & 4 & 3 \\ 35 & 1 & 1 \end{vmatrix}$$

$$= \begin{vmatrix} 120 & 0 & 11 \\ -86 & 1 & 0 \\ 121 & 0 & 1 \end{vmatrix} = \begin{vmatrix} 120 & 11 \\ 121 & 1 \end{vmatrix} \neq 0,$$

因此 $\boldsymbol{\alpha}_1,\boldsymbol{\alpha}_2,\boldsymbol{\alpha}_3,\boldsymbol{\alpha}_4$ 线性无关. 又 $\dim K^4=4$,从而 $\boldsymbol{\alpha}_1,\boldsymbol{\alpha}_2,\boldsymbol{\alpha}_3,\boldsymbol{\alpha}_4$ 是 K^4 的一个基.

例 5 判断 K^4 中的向量组

$$\boldsymbol{\alpha}_1=\begin{pmatrix}0\\0\\0\\1\end{pmatrix},\quad \boldsymbol{\alpha}_2=\begin{pmatrix}0\\0\\1\\1\end{pmatrix},\quad \boldsymbol{\alpha}_3=\begin{pmatrix}0\\1\\1\\1\end{pmatrix},\quad \boldsymbol{\alpha}_4=\begin{pmatrix}1\\1\\1\\1\end{pmatrix}.$$

是否为 K^4 的一个基. 如果是,求 $\boldsymbol{\alpha}=(a_1,a_2,a_3,a_4)^{\mathrm{T}}$ 在此基下的坐标.

解 由于

$$\begin{vmatrix} 0 & 0 & 0 & 1 \\ 0 & 0 & 1 & 1 \\ 0 & 1 & 1 & 1 \\ 1 & 1 & 1 & 1 \end{vmatrix} = (-1)^{\tau(4321)} \cdot 1 \cdot 1 \cdot 1 \cdot 1 = 1 \neq 0,$$

因此 $\boldsymbol{\alpha}_1,\boldsymbol{\alpha}_2,\boldsymbol{\alpha}_3,\boldsymbol{\alpha}_4$ 线性无关,从而它是 K^4 的一个基.

设
$$\boldsymbol{\alpha}=x_1\boldsymbol{\alpha}_1+x_2\boldsymbol{\alpha}_2+x_3\boldsymbol{\alpha}_3+x_4\boldsymbol{\alpha}_4.$$

经过初等行变换把这个线性方程组的增广矩阵化成简化行阶梯形矩阵:

$$\begin{pmatrix}0&0&0&1&a_1\\0&0&1&1&a_2\\0&1&1&1&a_3\\1&1&1&1&a_4\end{pmatrix}\longrightarrow\begin{pmatrix}1&1&1&1&a_4\\0&1&1&1&a_3\\0&0&1&1&a_2\\0&0&0&1&a_1\end{pmatrix}\longrightarrow\begin{pmatrix}1&0&0&0&a_4-a_3\\0&1&0&0&a_3-a_2\\0&0&1&0&a_2-a_1\\0&0&0&1&a_1\end{pmatrix}.$$

因此,上述线性方程组的唯一解是

$$(a_4-a_3,a_3-a_2,a_2-a_1,a_1)^{\mathrm{T}},$$

它也就是 $\boldsymbol{\alpha}$ 在基 $\boldsymbol{\alpha}_1,\boldsymbol{\alpha}_2,\boldsymbol{\alpha}_3,\boldsymbol{\alpha}_4$ 下的坐标.

习 题 3.4

1. 找出 K^4 的两个基,并且求向量 $\boldsymbol{\alpha}=(a_1,a_2,a_3,a_4)^{\mathrm{T}}$ 分别在这两个基下的坐标.

2. 证明:K^n 中的向量组

$$\boldsymbol{\eta}_1=\begin{pmatrix}1\\0\\0\\\vdots\\0\end{pmatrix},\quad \boldsymbol{\eta}_2=\begin{pmatrix}1\\1\\0\\\vdots\\0\end{pmatrix},\quad \cdots,\quad \boldsymbol{\eta}_n=\begin{pmatrix}1\\1\\1\\\vdots\\1\end{pmatrix},$$

是 K^n 的一个基.

3. 判断下列向量组是否为 K^3 的一个基:

(1) $\begin{pmatrix}2\\1\\2\end{pmatrix},\begin{pmatrix}1\\2\\-2\end{pmatrix},\begin{pmatrix}-2\\2\\1\end{pmatrix}$; (2) $\begin{pmatrix}2\\5\\6\end{pmatrix},\begin{pmatrix}5\\-2\\3\end{pmatrix},\begin{pmatrix}7\\-3\\4\end{pmatrix}$; (3) $\begin{pmatrix}1\\0\\1\end{pmatrix},\begin{pmatrix}0\\4\\-1\end{pmatrix},\begin{pmatrix}2\\-4\\3\end{pmatrix}$.

4. 如果第 3 题中第(1)题的向量组是 K^3 的一个基,求向量 $\boldsymbol{\alpha}=(a_1,a_2,a_3)^{\mathrm{T}}$ 在此基下的坐标.

5. 设 U 是 K^n 的一个非零子空间,证明:U 中任一线性无关的向量组可以扩充成 U 的一个基.

§3.5 矩 阵 的 秩

3.5.1 内容精华

线性方程组 $x_1\boldsymbol{\alpha}_1+x_2\boldsymbol{\alpha}_2+\cdots+x_n\boldsymbol{\alpha}_n=\boldsymbol{\beta}$ 的增广矩阵既有列向量组的秩,又有行向量组的秩,研究这二者之间的关系就能充分把握线性方程组的信息,从而有助于判断线性方程组是否有解,以及讨论它的解集的结构.

矩阵 $\boldsymbol{A}$ 的列向量组的秩称为 $\boldsymbol{A}$ 的**列秩**;$\boldsymbol{A}$ 的行向量组的秩称为 $\boldsymbol{A}$ 的**行秩**.

矩阵 $\boldsymbol{A}$ 的列秩等于 $\boldsymbol{A}$ 的列空间的维数;$\boldsymbol{A}$ 的行秩等于 $\boldsymbol{A}$ 的行空间的维数.

研究矩阵 $\boldsymbol{A}$ 的行秩与列秩之间的关系的途径是：先研究阶梯形矩阵的行秩与列秩的关系,然后研究矩阵的初等行变换是否既不改变矩阵的行秩,也不改变矩阵的列秩.

定理 1 阶梯形矩阵 $\boldsymbol{J}$ 的行秩与列秩相等,它们都等于 $\boldsymbol{J}$ 的非零行数,并且 $\boldsymbol{J}$ 的主元所在的列构成列向量组的一个极大线性无关组.

证明 设数域 K 上的 $s\times n$ 阶梯形矩阵 $\boldsymbol{J}$ 有 $r(r\leqslant s)$ 行非零行,则 $\boldsymbol{J}$ 有 r 个主元. 设它们分别位于第 $j_1,j_2,\cdots,j_r$ 列,于是 $\boldsymbol{J}$ 形如

$$\begin{pmatrix} 0 & \cdots & 0 & c_{1j_1} & \cdots & c_{1j_2} & \cdots & c_{1j_r} & \cdots & c_{1n} \\ 0 & \cdots & 0 & 0 & \cdots & c_{2j_2} & \cdots & c_{2j_r} & \cdots & c_{2n} \\ \vdots & & \vdots & \vdots & & \vdots & & \vdots & & \vdots \\ 0 & \cdots & 0 & 0 & \cdots & 0 & \cdots & c_{rj_r} & \cdots & c_{rn} \\ 0 & \cdots & 0 & 0 & \cdots & 0 & \cdots & 0 & \cdots & 0 \\ \vdots & & \vdots & \vdots & & \vdots & & \vdots & & \vdots \\ 0 & \cdots & 0 & 0 & \cdots & 0 & \cdots & 0 & \cdots & 0 \end{pmatrix},$$

其中 $c_{1j_1}c_{2j_2}\cdots c_{rj_r}\neq 0$.

把 $\boldsymbol{J}$ 的列向量组记作 $\boldsymbol{\alpha}_1,\boldsymbol{\alpha}_2,\cdots,\boldsymbol{\alpha}_n$,行向量组记作 $\boldsymbol{\gamma}_1,\boldsymbol{\gamma}_2,\cdots,\boldsymbol{\gamma}_s$.

先求 $\boldsymbol{J}$ 的列秩. 由于

$$\begin{vmatrix} c_{1j_1} & c_{1j_2} & \cdots & c_{1j_r} \\ 0 & c_{2j_2} & \cdots & c_{2j_r} \\ \vdots & \vdots & & \vdots \\ 0 & 0 & \cdots & c_{rj_r} \end{vmatrix} = c_{1j_1}c_{2j_2}\cdots c_{rj_r}\neq 0, \tag{1}$$

因此向量组

$$\begin{pmatrix} c_{1j_1} \\ 0 \\ \vdots \\ 0 \end{pmatrix}, \quad \begin{pmatrix} c_{1j_2} \\ c_{2j_2} \\ \vdots \\ 0 \end{pmatrix}, \quad \cdots, \quad \begin{pmatrix} c_{1j_r} \\ c_{2j_r} \\ \vdots \\ c_{rj_r} \end{pmatrix}$$

线性无关,从而它的延伸组 $\boldsymbol{\alpha}_{j_1},\boldsymbol{\alpha}_{j_2},\cdots,\boldsymbol{\alpha}_{j_r}$ 也线性无关. 于是 $\operatorname{rank}\{\boldsymbol{\alpha}_{j_1},\boldsymbol{\alpha}_{j_2},\cdots,\boldsymbol{\alpha}_{j_r}\}=r$,从而

$$\dim\langle\boldsymbol{\alpha}_{j_1},\boldsymbol{\alpha}_{j_2},\cdots,\boldsymbol{\alpha}_{j_r}\rangle = r.$$

设

$$U=\{(a_1,\cdots a_r,0,\cdots,0)^{\mathrm{T}}\mid a_i\in K,i=1,2,\cdots,r\}.$$

根据 3.4.2 小节中例 1 的结果,得 $\dim U=r$. 由于 $\boldsymbol{\alpha}_1,\boldsymbol{\alpha}_2,\cdots,\boldsymbol{\alpha}_n\in U$,因此

$$\langle\boldsymbol{\alpha}_{j_1},\boldsymbol{\alpha}_{j_2},\cdots,\boldsymbol{\alpha}_{j_r}\rangle\subseteq\langle\boldsymbol{\alpha}_1,\boldsymbol{\alpha}_2,\cdots,\boldsymbol{\alpha}_n\rangle\subseteq U,$$

从而

$$r=\dim\langle\boldsymbol{\alpha}_{j_1},\boldsymbol{\alpha}_{j_2},\cdots,\boldsymbol{\alpha}_{j_r}\rangle\leqslant\dim\langle\boldsymbol{\alpha}_1,\boldsymbol{\alpha}_2,\cdots,\boldsymbol{\alpha}_n\rangle\leqslant\dim U=r.$$

由此得出

$$\dim\langle\boldsymbol{\alpha}_1,\boldsymbol{\alpha}_2,\cdots,\boldsymbol{\alpha}_n\rangle=r,$$

于是 $\boldsymbol{J}$ 的列秩等于 r. 由于 $\boldsymbol{\alpha}_{j_1},\boldsymbol{\alpha}_{j_2},\cdots,\boldsymbol{\alpha}_{j_r}$ 线性无关,因此 $\boldsymbol{\alpha}_{j_1},\boldsymbol{\alpha}_{j_2},\cdots,\boldsymbol{\alpha}_{j_r}$ 是 $\boldsymbol{J}$ 的列向量组的一个极大线性无关组.

再求 $\boldsymbol{J}$ 的行秩. 从(1)式得,向量组

$$(c_{1j_1},c_{1j_2},\cdots,c_{1j_r}),\quad(0,c_{2j_2},\cdots,c_{2j_r}),\quad\cdots,\quad(0,0,\cdots,c_{rj_r})$$

线性无关,从而它的延伸组 $\boldsymbol{\gamma}_1,\boldsymbol{\gamma}_2,\cdots,\boldsymbol{\gamma}_r$ 也线性无关. 由于 $\boldsymbol{\gamma}_{r+1}=\cdots=\boldsymbol{\gamma}_s=\boldsymbol{0}$,因此 $\boldsymbol{\gamma}_1,\boldsymbol{\gamma}_2,\cdots,\boldsymbol{\gamma}_r$ 是 $\boldsymbol{\gamma}_1,\boldsymbol{\gamma}_2,\cdots,\boldsymbol{\gamma}_s$ 的一个极大线性无关组,从而 $\boldsymbol{J}$ 的行秩等于 r.

综上所述,$\boldsymbol{J}$ 的列秩与行秩都等于 $\boldsymbol{J}$ 的非零行数 r,并且 $\boldsymbol{J}$ 的主元所在的第 $j_1,j_2,\cdots,j_r$ 列构成列向量组的一个极大线性无关组. □

定理 2 矩阵的初等行变换不改变矩阵的行秩.

证明 设 $\boldsymbol{A}\xrightarrow{ⓙ+ⓘ\cdot k}\boldsymbol{B}$,$\boldsymbol{A}$ 的行向量组为 $\boldsymbol{\gamma}_1,\cdots,\boldsymbol{\gamma}_i,\cdots,\boldsymbol{\gamma}_j,\cdots,\boldsymbol{\gamma}_s$,则 $\boldsymbol{B}$ 的行向量组为 $\boldsymbol{\gamma}_1,\cdots,\boldsymbol{\gamma}_i,\cdots,\boldsymbol{\gamma}_j+k\boldsymbol{\gamma}_i,\cdots,\boldsymbol{\gamma}_s$. 于是,$\boldsymbol{B}$ 的行向量组可以由 $\boldsymbol{A}$ 的行向量组线性表出. 由于 $\boldsymbol{\gamma}_j=(-k)\boldsymbol{\gamma}_i+(\boldsymbol{\gamma}_j+k\boldsymbol{\gamma}_i)$,因此 $\boldsymbol{A}$ 的行向量组可以由 $\boldsymbol{B}$ 的行向量组线性表出. 于是,$\boldsymbol{A}$ 的行向量组与 $\boldsymbol{B}$ 的行向量组等价,从而 $\boldsymbol{A}$ 的行秩等于 $\boldsymbol{B}$ 的行秩.

设 $\boldsymbol{A}\xrightarrow{(ⓘ,ⓙ)}\boldsymbol{C}$,则 $\boldsymbol{A}$ 的行向量组与 $\boldsymbol{C}$ 的行向量组等价,从而它们的行秩相等.

设 $\boldsymbol{A}\xrightarrow{ⓘ\cdot l}\boldsymbol{E}$,其中 $l\neq0$. 易证 $\boldsymbol{A}$ 的行向量组与 $\boldsymbol{E}$ 的行向量组等价,从而它们的行秩相等. □

定理 3 矩阵的初等行变换不改变矩阵的列向量组的线性相关性,从而不改变矩阵的列秩,即

(1) 设矩阵 $\boldsymbol{C}$ 经过初等行变换变成矩阵 $\boldsymbol{D}$,则 $\boldsymbol{C}$ 的列向量组线性相关当且仅当 $\boldsymbol{D}$ 的列向量组线性相关;

(2) 设矩阵 $\boldsymbol{A}$ 经过初等行变换变成矩阵 $\boldsymbol{B}$,并且设 $\boldsymbol{B}$ 的第 $j_1,j_2,\cdots,j_r$ 列构成 $\boldsymbol{B}$ 的列向量组的一个极大线性无关组,则 $\boldsymbol{A}$ 的第 $j_1,j_2,\cdots,j_r$ 列构成 $\boldsymbol{A}$ 的列向量组的一个极大线性无关组,从而 $\boldsymbol{A}$ 的列秩等于 $\boldsymbol{B}$ 的列秩.

证明 (1) 设 $\boldsymbol{C}$ 的列向量组是 $\boldsymbol{\eta}_1,\boldsymbol{\eta}_2,\cdots,\boldsymbol{\eta}_n$;$\boldsymbol{D}$ 的列向量组是 $\boldsymbol{\delta}_1,\boldsymbol{\delta}_2,\cdots,\boldsymbol{\delta}_n$. 当 $\boldsymbol{C}$ 经过初等行变换变成 $\boldsymbol{D}$ 时,以 $\boldsymbol{C}$ 为系数矩阵的齐次线性方程组 $x_1\boldsymbol{\eta}_1+x_2\boldsymbol{\eta}_2+\cdots+x_n\boldsymbol{\eta}_n=\boldsymbol{0}$ 和以 $\boldsymbol{D}$ 为系数矩阵的齐次线性方程组 $x_1\boldsymbol{\delta}_1+x_2\boldsymbol{\delta}_2+\cdots+x_n\boldsymbol{\delta}_n=\boldsymbol{0}$ 同解,因此其中一个方程组有非零

解当且仅当另一个方程组有非零解. 于是,$\boldsymbol{\eta}_1,\boldsymbol{\eta}_2,\cdots,\boldsymbol{\eta}_n$ 线性相关当且仅当 $\boldsymbol{\delta}_1,\boldsymbol{\delta}_2,\cdots,\boldsymbol{\delta}_n$ 线性相关.

(2) 当 $\boldsymbol{A}$ 经过一系列初等行变换变成 $\boldsymbol{B}$ 时,$\boldsymbol{A}$ 的第 $j_1,j_2,\cdots,j_r$ 列组成的矩阵 $\boldsymbol{A}_1$ 变成 $\boldsymbol{B}$ 的第 $j_1,j_2,\cdots,j_r$ 列组成的矩阵 $\boldsymbol{B}_1$. 由已知条件和第(1)部分的结论得,$\boldsymbol{A}_1$ 的列向量组线性无关. 在 $\boldsymbol{A}$ 的其余列中任取一列,譬如第 l 列,在 $\boldsymbol{A}$ 变成 $\boldsymbol{B}$ 的一系列初等行变换下,$\boldsymbol{A}$ 的第 $j_1,j_2,\cdots,j_r,l$ 列组成的矩阵 $\boldsymbol{A}_2$ 变成 $\boldsymbol{B}$ 的第 $j_1,j_2,\cdots,j_r,l$ 列组成的矩阵 $\boldsymbol{B}_2$. 由已知条件和第(1)部分的结论得,$\boldsymbol{A}_2$ 的列向量组线性相关. 因此,$\boldsymbol{A}$ 的第 $j_1,j_2,\cdots,j_r$ 列构成 $\boldsymbol{A}$ 的列向量组的一个极大线性无关组,从而"$\boldsymbol{A}$ 的列秩$=r=\boldsymbol{B}$ 的列秩". □

定理 4 任一矩阵 $\boldsymbol{A}$ 的行秩等于它的列秩.

证明 把 $\boldsymbol{A}$ 经过初等行变换化成阶梯形矩阵 $\boldsymbol{J}$,则

$$\boldsymbol{A} \text{ 的行秩} = \boldsymbol{J} \text{ 的行秩} = \boldsymbol{J} \text{ 的列秩} = \boldsymbol{A} \text{ 的列秩}.$$ □

定义 1 矩阵 $\boldsymbol{A}$ 的行秩与列秩统称为 $\boldsymbol{A}$ 的**秩**,记作 $\operatorname{rank}(\boldsymbol{A})$.

推论 1 设矩阵 $\boldsymbol{A}$ 经过初等行变换化成阶梯形矩阵 $\boldsymbol{J}$,则 $\boldsymbol{A}$ 的秩等于 $\boldsymbol{J}$ 的非零行数;设 $\boldsymbol{J}$ 的主元所在的列是第 $j_1,j_2,\cdots,j_r$ 列,则 $\boldsymbol{A}$ 的第 $j_1,j_2,\cdots,j_r$ 列构成 $\boldsymbol{A}$ 的列向量组的一个极大线性无关组.

证明 由定理 3 和定理 1 立即得到. □

推论 1 给出了同时求出矩阵 $\boldsymbol{A}$ 的秩和它的列向量组的一个极大线性无关组的方法. 这个方法也可以用来求向量组的秩和它的一个极大线性无关组,只要把每个向量写成列向量,并且组成一个矩阵即可. 这个方法还可以用来求向量组生成的子空间的维数和一个基. 推论 1 还告诉我们,尽管矩阵 $\boldsymbol{A}$ 经过不同的初等行变换可以化成不同的阶梯形矩阵,但是这些阶梯形矩阵的非零行数是相等的,都等于 $\boldsymbol{A}$ 的秩.

由于矩阵 $\boldsymbol{A}$ 的行向量组是 $\boldsymbol{A}^{\mathrm{T}}$ 的列向量组,因此

$$\operatorname{rank}(\boldsymbol{A}) = \operatorname{rank}(\boldsymbol{A}^{\mathrm{T}}).$$

又由于矩阵 $\boldsymbol{A}$ 的列向量组是 $\boldsymbol{A}^{\mathrm{T}}$ 的行向量组,因此对 $\boldsymbol{A}$ 做初等列变换也就是对 $\boldsymbol{A}^{\mathrm{T}}$ 做初等行变换,从而得到如下结论:

推论 2 矩阵的初等列变换不改变矩阵的秩. □

在定理 1 的证明过程中看到,阶梯形矩阵 $\boldsymbol{J}$ 有一个 r 阶子式(1)不等于 0,而所有 $r+1$ 阶子式都包含零行,从而其值为 0. 对于一般的矩阵也有类似的结论:

定理 5 任一非零矩阵的秩等于它的不为 0 的子式的最高阶数.

证明 设 $s\times n$ 矩阵 $\boldsymbol{A}$ 的秩为 r,则 $\boldsymbol{A}$ 有 r 个行向量线性无关. 设它们组成矩阵 $\boldsymbol{A}_1$. 由于 $\operatorname{rank}(\boldsymbol{A}_1)=r$,因此 $\boldsymbol{A}_1$ 有 r 个列向量线性无关. 于是,$\boldsymbol{A}_1$ 的这 r 列构成的行列式不为 0,而这是 $\boldsymbol{A}$ 的一个 r 阶子式.

设 $m>r$,且 $m\leqslant\min\{s,n\}$. 任取 $\boldsymbol{A}$ 的一个 m 阶子式

$$A\begin{pmatrix}k_1,k_2,\cdots,k_m\\ l_1,l_2,\cdots,l_m\end{pmatrix}. \tag{2}$$

由于 $\boldsymbol{A}$ 的秩为 r,因此 $\boldsymbol{A}$ 的列向量组的极大线性无关组由 r 个向量组成. 由于 $\boldsymbol{A}$ 的第 $l_1,l_2,\cdots,l_m$ 列可以由 $\boldsymbol{A}$ 的列向量组的极大线性无关组线性表出,且 $m>r$,因此 $\boldsymbol{A}$ 的第 $l_1,l_2,\cdots,l_m$ 列线性相关(根据§3.3中的引理1). 由于 $\boldsymbol{A}$ 的 m 阶子式(2)的列向量组是 $\boldsymbol{A}$ 的第 $l_1,l_2,\cdots,l_m$ 列的缩短组,因此它们也线性相关,从而 $\boldsymbol{A}$ 的 m 阶子式(2)等于0.

综上所述,$\boldsymbol{A}$ 的不等于0的子式的最高阶数为 r. □

定理4和定理5表明,任一非零矩阵 $\boldsymbol{A}$ 的行秩等于列秩,并且等于 $\boldsymbol{A}$ 的不为0的子式的最高阶数. 由此看出,矩阵的秩是一个非常深刻的概念,它可以从行向量组的秩、列向量组的秩、不为0的子式的最高阶数三个角度来刻画. 此外,$\boldsymbol{A}$ 的行(列)秩等于 $\boldsymbol{A}$ 的行(列)空间的维数. 对于一个 $s\times n$ 矩阵 $\boldsymbol{A}$ 来说,$\boldsymbol{A}$ 的行空间是 n 维向量空间 K^n 的一个子空间,而 $\boldsymbol{A}$ 的列空间是 s 维向量空间 K^s 的一个子空间,它们的维数竟然相等! 而且还等于 $\boldsymbol{A}$ 的不为0的子式的最高阶数! 这说明矩阵的秩这个概念深刻地揭示了矩阵的内在性质.

定理5还给出了求矩阵的秩的另一种方法,即求不为0的子式的最高阶数. 利用最高阶的不为0的子式,还可以求出矩阵的行(列)向量组的一个极大线性无关组,即有:

推论3 设 $s\times n$ 矩阵 $\boldsymbol{A}$ 的秩为 r,则 $\boldsymbol{A}$ 的不为0的 r 阶子式所在的列(行)构成 $\boldsymbol{A}$ 的列(行)向量组的一个极大线性无关组.

证明 $\boldsymbol{A}$ 的不为0的 r 阶子式的列(行)向量组线性无关,从而它的延伸组也线性无关,即 $\boldsymbol{A}$ 的相应的 r 列(行)线性无关. 由于 $\boldsymbol{A}$ 的秩为 r,因此这 r 列(行)构成 $\boldsymbol{A}$ 的列(行)向量组的一个极大线性无关组. □

如果一个 n 阶矩阵 $\boldsymbol{A}$ 的秩等于它的阶数 n,那么称 $\boldsymbol{A}$ 为**满秩矩阵**.

推论4 n 阶矩阵 $\boldsymbol{A}$ 满秩的充要条件是 $|\boldsymbol{A}|\neq 0$.

证明 n 阶矩阵 $\boldsymbol{A}$ 的秩等于 $n \Longleftrightarrow \boldsymbol{A}$ 的不为0的子式的最高阶数为 n

$$\Longleftrightarrow |\boldsymbol{A}|\neq 0.$$ □

3.5.2 典型例题

例1 计算如下矩阵的秩,并且求它的列向量组的一个极大线性无关组:

$$\boldsymbol{A}=\begin{pmatrix}-3 & 0 & 2 & -1\\ 1 & 1 & -2 & 4\\ -2 & 1 & 0 & 3\\ 0 & 5 & -4 & 2\end{pmatrix}.$$

解 用初等行变换把 $\boldsymbol{A}$ 化成阶梯形矩阵:

$$
A=\begin{pmatrix}-3&0&2&-1\\1&1&-2&4\\-2&1&0&3\\0&5&-4&2\end{pmatrix}\longrightarrow\begin{pmatrix}1&1&-2&4\\0&-1&4&-20\\0&0&8&-49\\0&0&0&0\end{pmatrix}.
$$

因此 $\operatorname{rank}(A)=3$,A 的第 1,2,3 列构成 A 的列向量组的一个极大线性无关组.

例 2 求如下向量组的秩和一个极大线性无关组,以及 $\langle\alpha_1,\alpha_2,\alpha_3,\alpha_4\rangle$ 的维数和一个基:

$$
\alpha_1=\begin{pmatrix}-2\\4\\9\\1\end{pmatrix},\quad \alpha_2=\begin{pmatrix}4\\0\\-5\\3\end{pmatrix},\quad \alpha_3=\begin{pmatrix}3\\-1\\-2\\5\end{pmatrix},\quad \alpha_4=\begin{pmatrix}-1\\2\\4\\0\end{pmatrix}.
$$

解 由于

$$
\begin{pmatrix}-2&4&3&-1\\4&0&-1&2\\9&-5&-2&4\\1&3&5&0\end{pmatrix}\longrightarrow\begin{pmatrix}1&3&5&0\\0&2&8&-1\\0&0&-27&4\\0&0&0&0\end{pmatrix},
$$

因此 $\operatorname{rank}\{\alpha_1,\alpha_2,\alpha_3,\alpha_4\}=3$,$\alpha_1,\alpha_2,\alpha_3$ 是向量组 $\alpha_1,\alpha_2,\alpha_3,\alpha_4$ 的一个极大线性无关组;$\dim\langle\alpha_1,\alpha_2,\alpha_3,\alpha_4\rangle=3$,$\alpha_1,\alpha_2,\alpha_3$ 是 $\langle\alpha_1,\alpha_2,\alpha_3,\alpha_4\rangle$ 的一个基.

例 3 求如下矩阵的列空间的一个基和行空间的维数:

$$
A=\begin{pmatrix}-3&4&-1&0\\1&-11&4&1\\0&1&2&5\\-2&-7&3&1\end{pmatrix}.
$$

解 由于

$$
A\longrightarrow\begin{pmatrix}1&-11&4&1\\0&-29&11&3\\0&1&2&5\\0&-29&11&3\end{pmatrix}\longrightarrow\begin{pmatrix}1&-11&4&1\\0&1&2&5\\0&0&69&148\\0&0&0&0\end{pmatrix},
$$

因此 A 的列空间的一个基由第 1,2,3 列构成,A 的行空间的维数等于列空间的维数 3.

例 4 对于 λ 的不同的值,如下矩阵的秩分别是多少?

$$
A=\begin{pmatrix}-1&2&\lambda&1\\-6&1&10&1\\\lambda&5&-1&2\end{pmatrix}.
$$

解 A 左上角的二阶子式不等于 0. 试计算由 A 的第 2,3,4 列构成的三阶子式:

$$\begin{vmatrix} 2 & \lambda & 1 \\ 1 & 10 & 1 \\ 5 & -1 & 2 \end{vmatrix} = \begin{vmatrix} 2 & \lambda & 1 \\ -1 & 10-\lambda & 0 \\ 1 & -1-2\lambda & 0 \end{vmatrix} = \begin{vmatrix} -1 & 10-\lambda \\ 1 & -1-2\lambda \end{vmatrix} = 3\lambda - 9.$$

当 $\lambda \neq 3$ 时,上述三阶子式不等于 0,从而 $\operatorname{rank}(\boldsymbol{A})=3$.

当 $\lambda=3$ 时,通过初等行变换把 $\boldsymbol{A}$ 化成阶梯形矩阵:

$$\begin{pmatrix} -1 & 2 & 3 & 1 \\ -6 & 1 & 10 & 1 \\ 3 & 5 & -1 & 2 \end{pmatrix} \longrightarrow \begin{pmatrix} -1 & 2 & 3 & 1 \\ 0 & -11 & -8 & -5 \\ 0 & 0 & 0 & 0 \end{pmatrix}.$$

因此,当 $\lambda=3$ 时,$\operatorname{rank}(\boldsymbol{A})=2$.

例 5 求如下复数域上的 $s\times n$ 矩阵的秩以及它的列向量组的一个极大线性无关组:

$$\boldsymbol{A} = \begin{pmatrix} 1 & \eta^{m} & \eta^{2m} & \cdots & \eta^{(n-1)m} \\ 1 & \eta^{m+1} & \eta^{2(m+1)} & \cdots & \eta^{(n-1)(m+1)} \\ \vdots & \vdots & \vdots & & \vdots \\ 1 & \eta^{m+(s-1)} & \eta^{2[m+(s-1)]} & \cdots & \eta^{(n-1)[m+(s-1)]} \end{pmatrix},$$

其中 $\eta=\mathrm{e}^{\mathrm{i}\frac{2\pi}{n}}$,$m$ 是正整数,$s\leqslant n$.

解 $\boldsymbol{A}$ 的前 s 列组成的 s 阶子式为

$$\begin{vmatrix} 1 & \eta^{m} & \eta^{2m} & \cdots & \eta^{(s-1)m} \\ 1 & \eta^{m+1} & \eta^{2(m+1)} & \cdots & \eta^{(s-1)(m+1)} \\ \vdots & \vdots & \vdots & & \vdots \\ 1 & \eta^{m+(s-1)} & \eta^{2[m+(s-1)]} & \cdots & \eta^{(s-1)[m+(s-1)]} \end{vmatrix} = \eta^{m}\eta^{2m}\cdots\eta^{(s-1)m} \begin{vmatrix} 1 & 1 & 1 & \cdots & 1 \\ 1 & \eta & \eta^{2} & \cdots & \eta^{s-1} \\ \vdots & \vdots & \vdots & & \vdots \\ 1 & \eta^{s-1} & \eta^{2(s-1)} & \cdots & \eta^{(s-1)^2} \end{vmatrix}.$$

由于 $\eta=\mathrm{e}^{\mathrm{i}\frac{2\pi}{n}}$,且 $s\leqslant n$,因此 $1,\eta,\eta^2,\cdots,\eta^{s-1}$ 两两不等,从而上式右边的 s 阶范德蒙德行列式的转置的值不等于 0,于是由 $\boldsymbol{A}$ 的前 s 列组成的 s 阶子式不等于 0. 由此得出 $\operatorname{rank}(\boldsymbol{A})\geqslant s$. 又由于 $\boldsymbol{A}$ 只有 s 行,因此 $\operatorname{rank}(\boldsymbol{A})\leqslant s$,从而 $\operatorname{rank}(\boldsymbol{A})=s$. 所以,$\boldsymbol{A}$ 的前 s 列构成 $\boldsymbol{A}$ 的列向量组的一个极大线性无关组.

例 6 证明:如果 $m\times n$ 矩阵 $\boldsymbol{A}$ 的秩为 r,那么它的任何 s 行组成的子矩阵 $\boldsymbol{A}_1$ 的秩大于或等于 $r+s-m$.

证明 设矩阵 $\boldsymbol{A}$ 的行向量组为 $\boldsymbol{\gamma}_1,\boldsymbol{\gamma}_2,\cdots,\boldsymbol{\gamma}_m$. 任取 $\boldsymbol{A}$ 的 s 行组成子矩阵 $\boldsymbol{A}_1$. 设 $\boldsymbol{A}_1$ 的秩为 l. 取 $\boldsymbol{A}_1$ 的行向量组的一个极大线性无关组 $\boldsymbol{\gamma}_{i_1},\boldsymbol{\gamma}_{i_2},\cdots,\boldsymbol{\gamma}_{i_l}$,把它扩充成 $\boldsymbol{A}$ 的行向量组的极大线性无关组 $\boldsymbol{\gamma}_{i_1},\cdots,\boldsymbol{\gamma}_{i_l},\boldsymbol{\gamma}_{i_{l+1}},\cdots,\boldsymbol{\gamma}_{i_r}$. 显然 $\boldsymbol{\gamma}_{i_{l+1}},\cdots,\boldsymbol{\gamma}_{i_r}$ 不是 $\boldsymbol{A}_1$ 的行向量. 因此

$$r-l\leqslant m-s.$$

由此得出

$$l\geqslant r+s-m.$$

□

点评 从例 6 再一次看出,求解有关向量组的秩的问题通常要取它的一个极大线性无

关组.

例 7 设 $\boldsymbol{A},\boldsymbol{B}$ 分别是数域 K 上的 $s\times n$, $s\times m$ 矩阵. 用 $(\boldsymbol{A},\boldsymbol{B})$ 表示在 $\boldsymbol{A}$ 的右边添写上 $\boldsymbol{B}$ 得到的 $s\times(n+m)$ 矩阵. 证明: $\operatorname{rank}(\boldsymbol{A})=\operatorname{rank}((\boldsymbol{A},\boldsymbol{B}))$ 当且仅当 $\boldsymbol{B}$ 的列向量组可以由 $\boldsymbol{A}$ 的列向量组线性表出.

证法一 设 $\boldsymbol{A}$ 的列向量组为 $\boldsymbol{\alpha}_1,\boldsymbol{\alpha}_2,\cdots,\boldsymbol{\alpha}_n$, 而 $\boldsymbol{B}$ 的列向量组为 $\boldsymbol{\beta}_1,\boldsymbol{\beta}_2,\cdots,\boldsymbol{\beta}_m$, 则 $(\boldsymbol{A},\boldsymbol{B})$ 的列向量组为 $\boldsymbol{\alpha}_1,\boldsymbol{\alpha}_2,\cdots,\boldsymbol{\alpha}_n,\boldsymbol{\beta}_1,\boldsymbol{\beta}_2,\cdots,\boldsymbol{\beta}_m$. 显然

$$\langle\boldsymbol{\alpha}_1,\boldsymbol{\alpha}_2,\cdots,\boldsymbol{\alpha}_n\rangle\subseteq\langle\boldsymbol{\alpha}_1,\boldsymbol{\alpha}_2,\cdots,\boldsymbol{\alpha}_n,\boldsymbol{\beta}_1,\boldsymbol{\beta}_2,\cdots,\boldsymbol{\beta}_m\rangle.$$

于是有

$$\begin{aligned}&\operatorname{rank}(\boldsymbol{A})=\operatorname{rank}((\boldsymbol{A},\boldsymbol{B}))\\ \Longleftrightarrow\ &\dim\langle\boldsymbol{\alpha}_1,\boldsymbol{\alpha}_2,\cdots,\boldsymbol{\alpha}_n\rangle=\dim\langle\boldsymbol{\alpha}_1,\cdots,\boldsymbol{\alpha}_n,\boldsymbol{\beta}_1,\cdots,\boldsymbol{\beta}_m\rangle\\ \Longleftrightarrow\ &\langle\boldsymbol{\alpha}_1,\boldsymbol{\alpha}_2,\cdots,\boldsymbol{\alpha}_n\rangle=\langle\boldsymbol{\alpha}_1,\cdots,\boldsymbol{\alpha}_n,\boldsymbol{\beta}_1,\cdots,\boldsymbol{\beta}_m\rangle\\ \Longleftrightarrow\ &\boldsymbol{\beta}_1,\boldsymbol{\beta}_2,\cdots,\boldsymbol{\beta}_m\in\langle\boldsymbol{\alpha}_1,\boldsymbol{\alpha}_2,\cdots,\boldsymbol{\alpha}_n\rangle\\ \Longleftrightarrow\ &\boldsymbol{B}\text{ 的列向量组可以由 }\boldsymbol{A}\text{ 的列向量组线性表出.}\end{aligned}$$

□

证法二 设 $\boldsymbol{A}$ 的列向量组为 $\boldsymbol{\alpha}_1,\boldsymbol{\alpha}_2,\cdots,\boldsymbol{\alpha}_n$, 而 $\boldsymbol{B}$ 的列向量组为 $\boldsymbol{\beta}_1,\boldsymbol{\beta}_2,\cdots,\boldsymbol{\beta}_m$. 显然, 向量组 $\boldsymbol{\alpha}_1,\boldsymbol{\alpha}_2,\cdots,\boldsymbol{\alpha}_n$ 可以由向量组 $\boldsymbol{\alpha}_1,\boldsymbol{\alpha}_2,\cdots,\boldsymbol{\alpha}_n,\boldsymbol{\beta}_1,\boldsymbol{\beta}_2,\cdots,\boldsymbol{\beta}_m$ 线性表出. 于是, 利用 3.3.2 小节中例 7 的结果得

$$\begin{aligned}&\operatorname{rank}(\boldsymbol{A})=\operatorname{rank}((\boldsymbol{A},\boldsymbol{B}))\\ \Longleftrightarrow\ &\operatorname{rank}\{\boldsymbol{\alpha}_1,\boldsymbol{\alpha}_2,\cdots,\boldsymbol{\alpha}_n\}=\operatorname{rank}\{\boldsymbol{\alpha}_1,\cdots,\boldsymbol{\alpha}_n,\boldsymbol{\beta}_1,\cdots,\boldsymbol{\beta}_m\}\\ \Longleftrightarrow\ &\{\boldsymbol{\alpha}_1,\boldsymbol{\alpha}_2,\cdots,\boldsymbol{\alpha}_n\}\cong\{\boldsymbol{\alpha}_1,\cdots,\boldsymbol{\alpha}_n,\boldsymbol{\beta}_1,\cdots,\boldsymbol{\beta}_m\}\\ \Longleftrightarrow\ &\boldsymbol{\beta}_1,\boldsymbol{\beta}_2,\cdots,\boldsymbol{\beta}_m\text{ 可以由 }\boldsymbol{\alpha}_1,\boldsymbol{\alpha}_2,\cdots,\boldsymbol{\alpha}_n\text{ 线性表出}\\ \Longleftrightarrow\ &\boldsymbol{B}\text{ 的列向量组可以由 }\boldsymbol{A}\text{ 的列向量组线性表出.}\end{aligned}$$

□

点评 (1) 例 7 中的证法一利用了 §3.4 中的命题 5, 证法二利用了 3.3.2 小节中例 7 的结果.

(2) 一般地, 根据习题 3.3 中的第 5 题得

$$\operatorname{rank}((\boldsymbol{A},\boldsymbol{B}))\leqslant\operatorname{rank}(\boldsymbol{A})+\operatorname{rank}(\boldsymbol{B}).$$

例 8 设 $\boldsymbol{A}$ 是 $s\times n$ 矩阵, $\boldsymbol{B}$ 是 $l\times m$ 矩阵, 证明:

$$\operatorname{rank}\begin{pmatrix}\boldsymbol{A}&\boldsymbol{0}\\\boldsymbol{0}&\boldsymbol{B}\end{pmatrix}=\operatorname{rank}(\boldsymbol{A})+\operatorname{rank}(\boldsymbol{B}).$$

证明 对矩阵 $\begin{pmatrix}\boldsymbol{A}&\boldsymbol{0}\\\boldsymbol{0}&\boldsymbol{B}\end{pmatrix}$ 的前 s 行做初等行变换, 化成

$$\begin{pmatrix}\boldsymbol{J}_r&\boldsymbol{0}\\\boldsymbol{0}&\boldsymbol{0}\\\boldsymbol{0}&\boldsymbol{B}\end{pmatrix},\tag{3}$$

其中 $\boldsymbol{J}_r$ 是 $r\times n$ 阶梯形矩阵，且 r 行都是非零行，$r=\operatorname{rank}(\boldsymbol{A})$. 再对矩阵(3)的后 l 行做初等行变换，化成

$$\begin{pmatrix} \boldsymbol{J}_r & \boldsymbol{0} \\ \boldsymbol{0} & \boldsymbol{0} \\ \boldsymbol{0} & \boldsymbol{J}_t \\ \boldsymbol{0} & \boldsymbol{0} \end{pmatrix}, \tag{4}$$

其中 $\boldsymbol{J}_t$ 是 $t\times m$ 阶梯形矩阵，且 t 行都是非零行，$t=\operatorname{rank}(\boldsymbol{B})$. 最后对矩阵(4)做一系列两行互换，化成

$$\begin{pmatrix} \boldsymbol{J}_r & \boldsymbol{0} \\ \boldsymbol{0} & \boldsymbol{J}_t \\ \boldsymbol{0} & \boldsymbol{0} \\ \boldsymbol{0} & \boldsymbol{0} \end{pmatrix}. \tag{5}$$

矩阵(5)是阶梯形矩阵，有 $r+t$ 行非零行，因此

$$\operatorname{rank}\begin{pmatrix} \boldsymbol{A} & \boldsymbol{0} \\ \boldsymbol{0} & \boldsymbol{B} \end{pmatrix} = r+t = \operatorname{rank}(\boldsymbol{A}) + \operatorname{rank}(\boldsymbol{B}).$$ □

例 9 设 $\boldsymbol{A}$ 是 $s\times n$ 矩阵，$\boldsymbol{B}$ 是 $l\times m$ 矩阵，$\boldsymbol{C}$ 是 $s\times m$ 矩阵，证明：

$$\operatorname{rank}\begin{pmatrix} \boldsymbol{A} & \boldsymbol{C} \\ \boldsymbol{0} & \boldsymbol{B} \end{pmatrix} \geqslant \operatorname{rank}(\boldsymbol{A}) + \operatorname{rank}(\boldsymbol{B}).$$

证明 设 $\operatorname{rank}(\boldsymbol{A})=r$，$\operatorname{rank}(\boldsymbol{B})=t$，则 $\boldsymbol{A}$ 有一个 r 阶子矩阵 $\boldsymbol{A}_1$，使得 $|\boldsymbol{A}_1|\neq 0$；$\boldsymbol{B}$ 有一个 t 阶子矩阵 $\boldsymbol{B}_1$，使得 $|\boldsymbol{B}_1|\neq 0$，从而 $\begin{pmatrix} \boldsymbol{A} & \boldsymbol{C} \\ \boldsymbol{0} & \boldsymbol{B} \end{pmatrix}$ 有一个不为 0 的 $r+t$ 阶子式：

$$\begin{vmatrix} \boldsymbol{A}_1 & \boldsymbol{C}_1 \\ \boldsymbol{0} & \boldsymbol{B}_1 \end{vmatrix} = |\boldsymbol{A}_1|\,|\boldsymbol{B}_1| \neq 0.$$

因此

$$\operatorname{rank}\begin{pmatrix} \boldsymbol{A} & \boldsymbol{C} \\ \boldsymbol{0} & \boldsymbol{B} \end{pmatrix} \geqslant r+t = \operatorname{rank}(\boldsymbol{A}) + \operatorname{rank}(\boldsymbol{B}).$$ □

点评 例 8 和例 9 的结论在证明有关矩阵的秩的不等式或等式时很有用. 这在以后会用到.

习 题 3.5

1. 计算下列矩阵的秩，并且求出它们的列向量组的一个极大线性无关组：

(1) $\begin{pmatrix} 3 & -2 & 0 & 1 \\ -1 & -3 & 2 & 0 \\ 2 & 0 & -4 & 5 \\ 4 & 1 & -2 & 1 \end{pmatrix}$； (2) $\begin{pmatrix} 3 & 6 & 1 & 5 \\ 1 & 4 & -1 & 3 \\ -1 & -10 & 5 & -7 \\ 4 & -2 & 8 & 0 \end{pmatrix}$.

2. 求下列向量组的秩和它们的一个极大线性无关组，以及由向量组生成的子空间的维数和一个基：

(1) $\boldsymbol{\alpha}_1=\begin{pmatrix} -1 \\ 5 \\ 3 \\ -2 \end{pmatrix}$， $\boldsymbol{\alpha}_2=\begin{pmatrix} 4 \\ 1 \\ -2 \\ 9 \end{pmatrix}$， $\boldsymbol{\alpha}_3=\begin{pmatrix} 2 \\ 0 \\ -1 \\ 4 \end{pmatrix}$， $\boldsymbol{\alpha}_4=\begin{pmatrix} 0 \\ 3 \\ 4 \\ -5 \end{pmatrix}$；

(2) $\boldsymbol{\alpha}_1=\begin{pmatrix} 1 \\ 1 \\ 4 \end{pmatrix}$， $\boldsymbol{\alpha}_2=\begin{pmatrix} -1 \\ -1 \\ -4 \end{pmatrix}$， $\boldsymbol{\alpha}_3=\begin{pmatrix} -3 \\ 2 \\ 3 \end{pmatrix}$， $\boldsymbol{\alpha}_4=\begin{pmatrix} 1 \\ -1 \\ -2 \end{pmatrix}$；

(3) $\boldsymbol{\alpha}_1=\begin{pmatrix} 1 \\ -1 \\ 2 \\ 3 \end{pmatrix}$， $\boldsymbol{\alpha}_2=\begin{pmatrix} 3 \\ -7 \\ 8 \\ 9 \end{pmatrix}$， $\boldsymbol{\alpha}_3=\begin{pmatrix} -1 \\ -3 \\ 0 \\ -3 \end{pmatrix}$， $\boldsymbol{\alpha}_4=\begin{pmatrix} 1 \\ -9 \\ 6 \\ 3 \end{pmatrix}$.

3. 求如下矩阵的秩以及它的行向量组的一个极大线性无关组：

$$\boldsymbol{A}=\begin{pmatrix} 1 & -2 & 4 \\ -1 & 3 & -5 \\ 3 & -11 & 17 \\ 2 & 5 & 3 \end{pmatrix}.$$

4. 求如下矩阵的列空间的一个基和行空间的维数：

$$\boldsymbol{A}=\begin{pmatrix} 1 & 3 & -2 & -7 \\ 0 & -1 & -3 & 4 \\ 5 & 2 & 0 & 1 \\ 1 & 4 & 1 & -11 \end{pmatrix}.$$

5. 对于 λ 的不同的值，如下矩阵的秩分别是多少？

$$\boldsymbol{A}=\begin{pmatrix} 1 & \lambda & -1 & 2 \\ 2 & -1 & \lambda & 5 \\ 1 & 10 & -6 & 1 \end{pmatrix}.$$

6. 证明：矩阵 $\boldsymbol{A}$ 的任一子矩阵的秩不会超过 $\boldsymbol{A}$ 的秩.

7. 求如下复数域上矩阵的秩以及它的列向量组的一个极大线性无关组：

$$A=\begin{pmatrix}1 & i^{m} & i^{2m} & i^{3m} & i^{4m}\\ 1 & i^{m+1} & i^{2(m+1)} & i^{3(m+1)} & i^{4(m+1)}\\ 1 & i^{m+2} & i^{2(m+2)} & i^{3(m+2)} & i^{4(m+2)}\\ 1 & i^{m+3} & i^{2(m+3)} & i^{3(m+3)} & i^{4(m+3)}\end{pmatrix},$$

其中 m 是正整数.

8. 求如下复数域上矩阵的秩以及它的列向量组的一个极大线性无关组：

$$A=\begin{pmatrix}1 & \omega^{m} & \omega^{2m} & \omega^{3m} & \omega^{4m}\\ 1 & \omega^{m+1} & \omega^{2(m+1)} & \omega^{3(m+1)} & \omega^{4(m+1)}\\ 1 & \omega^{m+2} & \omega^{2(m+2)} & \omega^{3(m+2)} & \omega^{4(m+2)}\end{pmatrix},$$

其中 $\omega=\dfrac{-1+\sqrt{3}i}{2}$，$m$ 是正整数.

9. 证明：如果 $m\times n$ 矩阵 A 的秩为 r，那么它的任何 s 列组成的子矩阵 B 的秩大于或等于 $r+s-n$.

10. 设 A,B 分别是数域 K 上的 $s\times n$，$m\times n$ 矩阵. 用 $\begin{pmatrix}A\\B\end{pmatrix}$ 表示在 A 的下方添写上 B 得到的 $(s+m)\times n$ 矩阵. 证明：

$$\operatorname{rank}\begin{pmatrix}A\\B\end{pmatrix}\leqslant \operatorname{rank}(A)+\operatorname{rank}(B).$$

11. 证明：$\operatorname{rank}\begin{pmatrix}A & 0\\ C & B\end{pmatrix}\geqslant \operatorname{rank}(A)+\operatorname{rank}(B)$.

12. 设 A,B 分别是数域 K 上的 $s\times n$，$l\times m$ 矩阵，证明：如果 $\operatorname{rank}(A)=s$，$\operatorname{rank}(B)=l$，那么

$$\operatorname{rank}\begin{pmatrix}A & C\\ 0 & B\end{pmatrix}=\operatorname{rank}(A)+\operatorname{rank}(B).$$

13. 设 A,B 分别是数域 K 上的 $s\times n$，$l\times m$ 矩阵，证明：如果 $\operatorname{rank}(A)=n$，$\operatorname{rank}(B)=m$，那么

$$\operatorname{rank}\begin{pmatrix}A & C\\ 0 & B\end{pmatrix}=\operatorname{rank}(A)+\operatorname{rank}(B).$$

14. 证明：$\operatorname{rank}((A,B))\geqslant\max\{\operatorname{rank}(A),\operatorname{rank}(B)\}$.

15. 证明：如果 n 阶矩阵 A 中至少 n^2-n+1 个元素为 0，则 A 不是满秩矩阵.

16. 如果一个 n 阶矩阵中至少 n^2-n+1 个元素为 0，那么这个矩阵的秩最大是多少？试写出一个满足该条件的具有最大秩的矩阵.

§3.6 线性方程组有解的充要条件

3.6.1 内容精华

利用子空间的结构和矩阵的秩可以彻底解决数域 K 上任意线性方程组是否有解，有多少解的判定问题.

定理 1(线性方程组有解判别定理) 数域 K 上线性方程组

$$x_1\boldsymbol{\alpha}_1+x_2\boldsymbol{\alpha}_2+\cdots+x_n\boldsymbol{\alpha}_n=\boldsymbol{\beta} \tag{1}$$

有解的充要条件是，它的系数矩阵与增广矩阵的秩相等.

证明 线性方程组 $x_1\boldsymbol{\alpha}_1+x_2\boldsymbol{\alpha}_2+\cdots+x_n\boldsymbol{\alpha}_n=\boldsymbol{\beta}$ 有解

$\Longleftrightarrow \boldsymbol{\beta}\in\langle\boldsymbol{\alpha}_1,\boldsymbol{\alpha}_2,\cdots,\boldsymbol{\alpha}_n\rangle$

$\Longleftrightarrow \langle\boldsymbol{\alpha}_1,\boldsymbol{\alpha}_2,\cdots,\boldsymbol{\alpha}_n,\boldsymbol{\beta}\rangle\subseteq\langle\boldsymbol{\alpha}_1,\boldsymbol{\alpha}_2,\cdots,\boldsymbol{\alpha}_n\rangle$

$\Longleftrightarrow \langle\boldsymbol{\alpha}_1,\boldsymbol{\alpha}_2,\cdots,\boldsymbol{\alpha}_n,\boldsymbol{\beta}\rangle=\langle\boldsymbol{\alpha}_1,\boldsymbol{\alpha}_2,\cdots,\boldsymbol{\alpha}_n\rangle$

$\Longleftrightarrow \dim\langle\boldsymbol{\alpha}_1,\boldsymbol{\alpha}_2,\cdots,\boldsymbol{\alpha}_n,\boldsymbol{\beta}\rangle=\dim\langle\boldsymbol{\alpha}_1,\boldsymbol{\alpha}_2,\cdots,\boldsymbol{\alpha}_n\rangle$

$\Longleftrightarrow$ 此线性方程组的增广矩阵的秩等于系数矩阵的秩. □

定理 2 数域 K 上的 n 元线性方程组(1)有解时，如果它的系数矩阵 $\boldsymbol{A}$ 的秩等于 n，那么方程组(1)有唯一解；如果 $\boldsymbol{A}$ 的秩小于 n，那么方程组(1)有无穷多个解.

证明 通过初等行变换把方程组(1)的增广矩阵 $\widetilde{\boldsymbol{A}}$ 化成阶梯形矩阵 $\widetilde{\boldsymbol{J}}$. 由于方程组(1)有解，因此 $\operatorname{rank}(\boldsymbol{A})=\operatorname{rank}(\widetilde{\boldsymbol{A}})=\widetilde{\boldsymbol{J}}$ 的非零行数，从而当 $\boldsymbol{A}$ 的秩(即 $\widetilde{\boldsymbol{J}}$ 的非零行数)等于 n 时，方程组(1)有唯一解；当 $\boldsymbol{A}$ 的秩小于 n 时，方程组(1)有无穷多个解. □

把定理 2 应用到齐次线性方程组上，便得出：

推论 1 数域 K 上的 n 元齐次线性方程组有非零解的充要条件是，它的系数矩阵的秩小于未知量的个数 n. □

结合 §3.5 中的定理 5 可得：设数域 $E\supseteq K$，则数域 K 上的 n 元齐次线性方程组有非零解当且仅当把它看成数域 E 上的 n 元齐次线性方程组有非零解.

3.6.2 典型例题

例 1 判断如下复数域上的 n 元线性方程组是否有解，有解时，有多少个解：

$$\begin{cases}x_1+\eta^{m}x_2+\eta^{2m}x_3+\cdots+\eta^{(n-1)m}x_n=b_1,\\ x_1+\eta^{m+1}x_2+\eta^{2(m+1)}x_3+\cdots+\eta^{(n-1)(m+1)}x_n=b_2,\\ \cdots\cdots\\ x_1+\eta^{m+(s-1)}x_2+\eta^{2[m+(s-1)]}x_3+\cdots+\eta^{(n-1)[m+(s-1)]}x_n=b_s,\end{cases} \tag{2}$$

其中 $s\leqslant n$，$\eta=\mathrm{e}^{\mathrm{i}\frac{2\pi}{n}}$，$m$ 是正整数.

解 根据3.5.2小节中例5的结果，方程组(2)的系数矩阵 $\boldsymbol{A}$ 的秩等于 s，于是它的增广矩阵 $\widetilde{\boldsymbol{A}}$ 的秩大于或等于 s. 又由于 $\widetilde{\boldsymbol{A}}$ 只有 s 行，因此 $\mathrm{rank}(\widetilde{\boldsymbol{A}})=s$，从而方程组(2)有解.

由于 $\mathrm{rank}(\boldsymbol{A})=s$，因此当 $s=n$ 时，方程组(1)有唯一解；当 $s<n$ 时，方程组(1)有无穷多个解.

例2 讨论 a 取什么值时，如下数域 K 上的线性方程组有唯一解，有无穷多个解，无解：

$$\begin{cases}ax_1+x_2+x_3=1,\\x_1+ax_2+x_3=1,\\x_1+x_2+ax_3=1.\end{cases}\tag{3}$$

解 对方程组(3)的增广矩阵 $\widetilde{\boldsymbol{A}}$ 做初等行变换：

$$\widetilde{\boldsymbol{A}}=\begin{pmatrix}a&1&1&1\\1&a&1&1\\1&1&a&1\end{pmatrix}\longrightarrow\begin{pmatrix}1&1&a&1\\0&a-1&1-a&0\\0&1-a&1-a^2&1-a\end{pmatrix}.$$

当 $a=1$ 时，上述最后一个矩阵为

$$\begin{pmatrix}1&1&1&1\\0&0&0&0\\0&0&0&0\end{pmatrix},$$

从而 $\mathrm{rank}(\widetilde{\boldsymbol{A}})=1$. 此时也有 $\mathrm{rank}(\boldsymbol{A})=1$. 因此，当 $a=1$ 时，方程组(3)有解，且有无穷多个解.

设 $a\neq1$，则有

$$\widetilde{\boldsymbol{A}}\longrightarrow\begin{pmatrix}1&1&a&1\\0&1&-1&0\\0&1&1+a&1\end{pmatrix}\longrightarrow\begin{pmatrix}1&1&a&1\\0&1&-1&0\\0&0&2+a&1\end{pmatrix}.$$

于是 $\mathrm{rank}(\widetilde{\boldsymbol{A}})=3$. 当 $a\neq-2$ 时，$\mathrm{rank}(\boldsymbol{A})=3=\mathrm{rank}(\widetilde{\boldsymbol{A}})$，方程组(3)有唯一解；当 $a=-2$ 时，$\mathrm{rank}(\boldsymbol{A})=2<\mathrm{rank}(\widetilde{\boldsymbol{A}})$，方程组(3)无解.

综上所述，当 $a\neq1$，且 $a\neq-2$ 时，方程组(3)有唯一解；当 $a=1$ 时，方程组(3)有无穷多个解；当 $a=-2$ 时，方程组(3)无解.

例3 证明：线性方程组的增广矩阵 $\widetilde{\boldsymbol{A}}$ 的秩 $\mathrm{rank}(\widetilde{\boldsymbol{A}})$ 或者等于它的系数矩阵 $\boldsymbol{A}$ 的秩 $\mathrm{rank}(\boldsymbol{A})$，或者等于 $\mathrm{rank}(\boldsymbol{A})+1$.

证明 考虑线性方程组 $x_1\boldsymbol{\alpha}_1+x_2\boldsymbol{\alpha}_2+\cdots+x_n\boldsymbol{\alpha}_n=\boldsymbol{\beta}$，其系数矩阵为 $\boldsymbol{A}$. 设 $\mathrm{rank}(\boldsymbol{A})=r$. 取 $\boldsymbol{\alpha}_1,\boldsymbol{\alpha}_2,\cdots,\boldsymbol{\alpha}_n$ 的一个极大线性无关组 $\boldsymbol{\alpha}_{i_1},\boldsymbol{\alpha}_{i_2},\cdots,\boldsymbol{\alpha}_{i_r}$. 如果 $\boldsymbol{\beta}$ 可以由 $\boldsymbol{\alpha}_{i_1},\boldsymbol{\alpha}_{i_2},\cdots,\boldsymbol{\alpha}_{i_r}$ 线性表出，那么 $\boldsymbol{\alpha}_{i_1},\boldsymbol{\alpha}_{i_2},\cdots,\boldsymbol{\alpha}_{i_r}$ 也是 $\boldsymbol{\alpha}_1,\boldsymbol{\alpha}_2,\cdots,\boldsymbol{\alpha}_n,\boldsymbol{\beta}$ 的一个极大线性无关组，从而 $\mathrm{rank}(\widetilde{\boldsymbol{A}})=r=\mathrm{rank}(\boldsymbol{A})$. 如果 $\boldsymbol{\beta}$ 不能由 $\boldsymbol{\alpha}_{i_1},\boldsymbol{\alpha}_{i_2},\cdots,\boldsymbol{\alpha}_{i_r}$ 线性表出，那么 $\boldsymbol{\alpha}_{i_1},\boldsymbol{\alpha}_{i_2},\cdots,\boldsymbol{\alpha}_{i_r},\boldsymbol{\beta}$ 线性无关. 于是，$\boldsymbol{\alpha}_{i_1},\boldsymbol{\alpha}_{i_2},\cdots,\boldsymbol{\alpha}_{i_r},\boldsymbol{\beta}$

是$\boldsymbol{\alpha}_1,\boldsymbol{\alpha}_2,\cdots,\boldsymbol{\alpha}_n,\boldsymbol{\beta}$的一个极大线性无关组，此时$\text{rank}(\widetilde{\boldsymbol{A}})=r+1=\text{rank}(\boldsymbol{A})+1$. □

例 4 讨论如下齐次线性方程组何时有非零解，何时只有零解：

$$\begin{cases} x_1+2x_2-11x_3=0, \\ 2x_1-5x_2+3x_3=0, \\ 5x_1+x_2+ax_3=0, \\ 6x_1+3x_2+bx_3=0. \end{cases}$$

解 对系数矩阵$\boldsymbol{A}$做初等行变换：

$$\boldsymbol{A}=\begin{pmatrix} 1 & 2 & -11 \\ 2 & -5 & 3 \\ 5 & 1 & a \\ 6 & 3 & b \end{pmatrix} \longrightarrow \begin{pmatrix} 1 & 2 & -11 \\ 0 & -9 & 25 \\ 0 & -9 & 55+a \\ 0 & -9 & 66+b \end{pmatrix} \longrightarrow \begin{pmatrix} 1 & 2 & -11 \\ 0 & -9 & 25 \\ 0 & 0 & 30+a \\ 0 & 0 & 41+b \end{pmatrix}.$$

当$a=-30$，且$b=-41$时，$\text{rank}(\boldsymbol{A})=2<3$，此时该齐次线性方程组有非零解；

当$a\neq-30$，或$b\neq-41$时，$\text{rank}(\boldsymbol{A})=3$，此时该齐次线性方程组只有零解.

习 题 3.6

1. 判断如下复数域上的线性方程组是否有解，有解时，有多少个解：

$$\begin{cases} x_1+\mathrm{i}^m x_2+\mathrm{i}^{2m}x_3+\mathrm{i}^{3m}x_4=b_1, \\ x_1+\mathrm{i}^{m+1}x_2+\mathrm{i}^{2(m+1)}x_3+\mathrm{i}^{3(m+1)}x_4=b_2, \\ x_1+\mathrm{i}^{m+2}x_2+\mathrm{i}^{2(m+2)}x_3+\mathrm{i}^{3(m+2)}x_4=b_3, \\ x_1+\mathrm{i}^{m+3}x_2+\mathrm{i}^{2(m+3)}x_3+\mathrm{i}^{3(m+3)}x_4=b_4, \end{cases}$$

其中m是正整数.

2. 判断如下复数域上的线性方程组是否有解，有解时，有多少个解：

$$\begin{cases} x_1+ax_2+a^2x_3+\cdots+a^{n-1}x_n=b_1, \\ x_1+a^2x_2+a^4x_3+\cdots+a^{2(n-1)}x_n=b_2, \\ \cdots\cdots \\ x_1+a^sx_2+a^{2s}x_3+\cdots+a^{s(n-1)}x_n=b_s, \end{cases}$$

其中$s<n$，$a\neq0$，且当$0<r<s$时，$a^r\neq1$.

3. 判断如下线性方程组是否有解：

$$\begin{cases} x_1+x_2+x_3=1, \\ ax_1+bx_2+cx_3=d, \\ a^2x_1+b^2x_2+c^2x_3=d^2, \\ a^3x_1+b^3x_2+c^3x_3=d^3, \end{cases}$$

其中 a,b,c,d 两两不同.

4. 如下齐次线性方程组何时有非零解？何时只有零解？

$$\begin{cases} x_1 - 3x_2 - 5x_3 = 0, \\ 2x_1 - 7x_2 - 4x_3 = 0, \\ 4x_1 - 9x_2 + ax_3 = 0, \\ 5x_1 + bx_2 - 55x_3 = 0. \end{cases}$$

5. 已知线性方程组

$$\begin{cases} a_{11}x_1 + a_{12}x_2 + \cdots + a_{1n}x_n = b_1, \\ a_{21}x_1 + a_{22}x_2 + \cdots + a_{2n}x_n = b_2, \\ \cdots\cdots \\ a_{n1}x_1 + a_{n2}x_2 + \cdots + a_{nn}x_n = b_n \end{cases}$$

的系数矩阵 $\boldsymbol{A}$ 的秩等于矩阵

$$\boldsymbol{B} = \begin{pmatrix} a_{11} & a_{12} & \cdots & a_{1n} & b_1 \\ a_{21} & a_{22} & \cdots & a_{2n} & b_2 \\ \vdots & \vdots & & \vdots & \vdots \\ a_{n1} & a_{n2} & \cdots & a_{nn} & b_n \\ b_1 & b_2 & \cdots & b_n & 0 \end{pmatrix}$$

的秩，证明：此线性方程组有解.

§3.7 齐次线性方程组的解集的结构

3.7.1 内容精华

数域 K 上 n 元齐次线性方程组

$$x_1\boldsymbol{\alpha}_1 + x_2\boldsymbol{\alpha}_2 + \cdots + x_n\boldsymbol{\alpha}_n = \boldsymbol{0} \tag{1}$$

的一个解是 K^n 中的一个向量，也称它为齐次线性方程组(1)的一个**解向量**. 齐次线性方程组(1)的解集 W 是 K^n 的一个非空子集. W 的结构如何？

性质 1 若 $\boldsymbol{\gamma},\boldsymbol{\delta}\in W$，则 $\boldsymbol{\gamma}+\boldsymbol{\delta}\in W$.

证明 设 $\boldsymbol{\gamma}=(c_1,c_2,\cdots,c_n)^{\mathrm{T}}$，$\boldsymbol{\delta}=(d_1,d_2,\cdots,d_n)^{\mathrm{T}}$. 由于 $\boldsymbol{\gamma},\boldsymbol{\delta}\in W$，因此

$$c_1\boldsymbol{\alpha}_1 + c_2\boldsymbol{\alpha}_2 + \cdots + c_n\boldsymbol{\alpha}_n = \boldsymbol{0}, \quad d_1\boldsymbol{\alpha}_1 + d_2\boldsymbol{\alpha}_2 + \cdots + d_n\boldsymbol{\alpha}_n = \boldsymbol{0},$$

从而

$$(c_1+d_1)\boldsymbol{\alpha}_1 + (c_2+d_2)\boldsymbol{\alpha}_2 + \cdots + (c_n+d_n)\boldsymbol{\alpha}_n = \boldsymbol{0}.$$

于是，$\boldsymbol{\gamma}+\boldsymbol{\delta}=(c_1+d_1,c_2+d_2,\cdots,c_n+d_n)^{\mathrm{T}}$ 是齐次线性方程组(1)的一个解，即 $\boldsymbol{\gamma}+\boldsymbol{\delta}\in W$. □

性质 2 若 $\boldsymbol{\gamma}\in W$，$k\in K$，则 $k\boldsymbol{\gamma}\in W$.

证明 设 $\boldsymbol{\gamma}=(c_1,c_2,\cdots,c_n)^{\mathrm{T}}\in W$,则 $c_1\boldsymbol{\alpha}_1+c_2\boldsymbol{\alpha}_2+\cdots+c_n\boldsymbol{\alpha}_n=\mathbf{0}$,从而

$$(kc_1)\boldsymbol{\alpha}_1+(kc_2)\boldsymbol{\alpha}_2+\cdots+(kc_n)\boldsymbol{\alpha}_n=\mathbf{0}.$$

因此 $k\boldsymbol{\gamma}=(kc_1,kc_2,\cdots,kc_n)^{\mathrm{T}}\in W$. □

由上述得,齐次线性方程组(1)的解集 W 是 K^n 的一个子空间,称它为齐次线性方程组(1)的**解空间**. 如果齐次线性方程组(1)的系数矩阵 $\boldsymbol{A}$ 的秩等于 n,那么 $W=\{\mathbf{0}\}$;如果系数矩阵 $\boldsymbol{A}$ 的秩小于 n,那么解空间 W 是非零子空间,此时把解空间 W 的一个基称为齐次线性方程组(1)的一个**基础解系**. 也就是说:

定义 1 齐次线性方程组(1)有非零解时,如果它的有限多个解 $\boldsymbol{\eta}_1,\boldsymbol{\eta}_2,\cdots,\boldsymbol{\eta}_t$ 满足:

(1) $\boldsymbol{\eta}_1,\boldsymbol{\eta}_2,\cdots,\boldsymbol{\eta}_t$ 线性无关;

(2) 齐次线性方程组(1)的每个解都可以由 $\boldsymbol{\eta}_1,\boldsymbol{\eta}_2,\cdots,\boldsymbol{\eta}_t$ 线性表出,

那么称 $\boldsymbol{\eta}_1,\boldsymbol{\eta}_2,\cdots,\boldsymbol{\eta}_t$ 为齐次线性方程组(1)的一个**基础解系**.

如果求出了齐次线性方程组(1)的一个基础解系 $\boldsymbol{\eta}_1,\boldsymbol{\eta}_2,\cdots,\boldsymbol{\eta}_t$,那么齐次线性方程组(1)的解集 W 为

$$W=\{k_1\boldsymbol{\eta}_1+k_2\boldsymbol{\eta}_2+\cdots+k_t\boldsymbol{\eta}_t\mid k_i\in K,i=1,2,\cdots,t\}.$$

通常也说齐次线性方程组(1)的全部解是

$$k_1\boldsymbol{\eta}_1+k_2\boldsymbol{\eta}_2+\cdots+k_t\boldsymbol{\eta}_t,\quad k_1,k_2,\cdots,k_t\in K.$$

如何求出齐次线性方程组(1)的一个基础解系?齐次线性方程组(1)的解空间 W 的维数是多少?下面的定理 1 及其证明过程回答了这两个问题.

定理 1 数域 K 上 n 元齐次线性方程组(1)的解空间 W 的维数为

$$\dim W=n-\operatorname{rank}(\boldsymbol{A}),\tag{2}$$

其中 $\boldsymbol{A}$ 是齐次线性方程组(1)的系数矩阵,从而当齐次线性方程组(1)有非零解时,它的每个基础解系所含解向量的个数都等于 $n-\operatorname{rank}(\boldsymbol{A})$.

证明 若 $\operatorname{rank}(\boldsymbol{A})=n$,则 $W=\{\mathbf{0}\}$,从而(2)式成立. 下面设 $\operatorname{rank}(\boldsymbol{A})=r<n$.

第一步,通过初等行变换把 $\boldsymbol{A}$ 化成简化行阶梯形矩阵 $\boldsymbol{J}$,则 $\boldsymbol{J}$ 有 r 个主元,不妨设它们分别在第 $1,2,\cdots,r$ 列. 于是,齐次线性方程组(1)的一般解为

$$\begin{cases}x_1=-b_{1,r+1}x_{r+1}-\cdots-b_{1n}x_n,\\x_2=-b_{2,r+1}x_{r+1}-\cdots-b_{2n}x_n,\\\cdots\cdots\\x_r=-b_{r,r+1}x_{r+1}-\cdots-b_{rn}x_n,\end{cases}\tag{3}$$

其中 $x_{r+1},\cdots,x_n$ 是自由未知量.

第二步,让自由未知量 $x_{r+1},\cdots,x_n$ 分别取下列 $n-r$ 组数:

$$\begin{pmatrix}1\\0\\\vdots\\0\end{pmatrix},\quad\begin{pmatrix}0\\1\\\vdots\\0\end{pmatrix},\quad\cdots,\quad\begin{pmatrix}0\\0\\\vdots\\1\end{pmatrix},\tag{4}$$

则由一般解公式(3)得到齐次线性方程组(1)的 $n-r$ 个解

$$\boldsymbol{\eta}_1=\begin{pmatrix}-b_{1,r+1}\\-b_{2,r+1}\\\vdots\\-b_{r,r+1}\\1\\0\\\vdots\\0\end{pmatrix},\quad\boldsymbol{\eta}_2=\begin{pmatrix}-b_{1,r+2}\\-b_{2,r+2}\\\vdots\\-b_{r,r+2}\\0\\1\\\vdots\\0\end{pmatrix},\quad\cdots,\quad\boldsymbol{\eta}_{n-r}=\begin{pmatrix}-b_{1n}\\-b_{2n}\\\vdots\\-b_{rn}\\0\\0\\\vdots\\1\end{pmatrix}.$$

由于向量组(4)线性无关,因此它们的延伸组 $\boldsymbol{\eta}_1,\boldsymbol{\eta}_2,\cdots,\boldsymbol{\eta}_{n-r}$ 也线性无关.

第三步,任取齐次线性方程组(1)的一个解

$$\boldsymbol{\eta}=\begin{pmatrix}c_1\\c_2\\\vdots\\c_n\end{pmatrix},$$

于是 $\boldsymbol{\eta}$ 满足齐次线性方程组(1)的一般解公式(3),即

$$\begin{cases}c_1=-b_{1,r+1}c_{r+1}-\cdots-b_{1n}c_n,\\c_2=-b_{2,r+1}c_{r+1}-\cdots-b_{2n}c_n,\\\cdots\cdots\\c_r=-b_{r,r+1}c_{r+1}-\cdots-b_{rn}c_n,\end{cases}$$

从而解向量 $\boldsymbol{\eta}$ 可以写成如下形式:

$$\boldsymbol{\eta}=\begin{pmatrix}c_1\\\vdots\\c_r\\c_{r+1}\\\vdots\\c_n\end{pmatrix}=\begin{pmatrix}-b_{1,r+1}c_{r+1}-\cdots-b_{1n}c_n\\\vdots\\-b_{r,r+1}c_{r+1}-\cdots-b_{rn}c_n\\1c_{r+1}+\cdots+0c_n\\\vdots\\0c_{r+1}+\cdots+1c_n\end{pmatrix}$$

$$= \begin{pmatrix} -b_{1,r+1} \\ \vdots \\ -b_{r,r+1} \\ 1 \\ \vdots \\ 0 \end{pmatrix} c_{r+1} + \cdots + \begin{pmatrix} -b_{1n} \\ \vdots \\ -b_{rn} \\ 0 \\ \vdots \\ 1 \end{pmatrix} c_n$$

$$= c_{r+1}\boldsymbol{\eta}_1 + \cdots + c_n\boldsymbol{\eta}_{n-r}.$$

因此,齐次线性方程组(1)的每个解 $\boldsymbol{\eta}$ 可以由 $\boldsymbol{\eta}_1,\boldsymbol{\eta}_2,\cdots,\boldsymbol{\eta}_{n-r}$ 线性表出,从而 $\boldsymbol{\eta}_1,\boldsymbol{\eta}_2,\cdots,\boldsymbol{\eta}_{n-r}$ 是齐次线性方程组(1)的一个基础解系,它包含的解向量的个数为 $n-\text{rank}(\boldsymbol{A})$. 于是

$$\dim W = n - \text{rank}(\boldsymbol{A}). \qquad \square$$

具体求齐次线性方程组的一个基础解系时,只需要写出上述证明中的第一步和第二步. 在第二步中,也可以让自由未知量 $x_{r+1},x_{r+2},\cdots,x_n$ 分别取如下 $n-r$ 组数:

$$\begin{pmatrix} d_1 \\ 0 \\ 0 \\ \vdots \\ 0 \end{pmatrix}, \quad \begin{pmatrix} 0 \\ d_2 \\ 0 \\ \vdots \\ 0 \end{pmatrix}, \quad \cdots, \quad \begin{pmatrix} 0 \\ 0 \\ 0 \\ \vdots \\ d_{n-r} \end{pmatrix} \quad (d_1 d_2 \cdots d_{n-r} \neq 0), \tag{5}$$

从而得出齐次线性方程组(1)的 $n-r$ 个解 $\boldsymbol{\gamma}_1,\boldsymbol{\gamma}_2,\cdots,\boldsymbol{\gamma}_{n-r}$. 由于(5)式中的向量组线性无关,因此它们的延伸组 $\boldsymbol{\gamma}_1,\boldsymbol{\gamma}_2,\cdots,\boldsymbol{\gamma}_{n-r}$ 也线性无关. 又由于 $\dim W = n-r$,因此 $\boldsymbol{\gamma}_1,\boldsymbol{\gamma}_2,\cdots,\boldsymbol{\gamma}_{n-r}$ 也是 W 的一个基,即是齐次线性方程组(1)的一个基础解系.

综上可知,给数域 K 上 n 元有序数组的集合 K^n 规定了加法与数量乘法两种运算后,很容易得出数域 K 上 n 元齐次线性方程组(1)的解集 W 是 n 维向量空间 K^n 的一个子空间,它的的维数等于 $n-\text{rank}(\boldsymbol{A})$. 只要求出齐次线性方程组(1)的 $n-\text{rank}(\boldsymbol{A})$ 个线性无关的解,那么它们就是解空间 W 的一个基,也就是齐次线性方程组(1)的一个基础解系. 于是,解集 W 的结构就完全清楚了.

3.7.2 典型例题

例 1 求如下数域 K 上齐次线性方程组的一个基础解系,并且写出它的解集:

$$\begin{cases} x_1 + 3x_2 - 5x_3 - 2x_4 = 0, \\ -3x_1 - 2x_2 + x_3 + x_4 = 0, \\ -11x_1 - 5x_2 - x_3 + 2x_4 = 0, \\ 5x_1 + x_2 + 3x_3 = 0. \end{cases}$$

解 通过初等行变换把原方程组的系数矩阵化成简化行阶梯形矩阵:

$$\begin{pmatrix} 1 & 3 & -5 & -2 \\ -3 & -2 & 1 & 1 \\ -11 & -5 & -1 & 2 \\ 5 & 1 & 3 & 0 \end{pmatrix} \longrightarrow \begin{pmatrix} 1 & 3 & -5 & -2 \\ 0 & 7 & -14 & -5 \\ 0 & 28 & -56 & -20 \\ 0 & -14 & 28 & 10 \end{pmatrix} \longrightarrow \begin{pmatrix} 1 & 0 & 1 & \frac{1}{7} \\ 0 & 1 & -2 & -\frac{5}{7} \\ 0 & 0 & 0 & 0 \\ 0 & 0 & 0 & 0 \end{pmatrix}.$$

于是,原方程组的一般解为

$$\begin{cases} x_1 = -x_3 - \frac{1}{7}x_4, \\ x_2 = 2x_3 + \frac{5}{7}x_4, \end{cases}$$

其中 x_3, x_4 是自由未知量.因此,原方程组的一个基础解系为

$$\boldsymbol{\eta}_1 = \begin{pmatrix} -1 \\ 2 \\ 1 \\ 0 \end{pmatrix}, \quad \boldsymbol{\eta}_2 = \begin{pmatrix} -1 \\ 5 \\ 0 \\ 7 \end{pmatrix},$$

从而原方程组的解集 W 为

$$W = \{k_1\boldsymbol{\eta}_1 + k_2\boldsymbol{\eta}_2 \mid k_1, k_2 \in K\}.$$

例 2 证明:设 n 元齐次线性方程组(1)的系数矩阵的秩为 $r(r<n)$,如果 $\boldsymbol{\delta}_1, \boldsymbol{\delta}_2, \cdots, \boldsymbol{\delta}_m$ 都是齐次线性方程组(1)的解,那么

$$\operatorname{rank}\{\boldsymbol{\delta}_1, \boldsymbol{\delta}_2, \cdots, \boldsymbol{\delta}_m\} \leqslant n - r.$$

证明 取齐次线性方程组(1)的一个基础解系:

$$\boldsymbol{\eta}_1, \ \boldsymbol{\eta}_2, \ \cdots, \ \boldsymbol{\eta}_{n-r}.$$

由于 $\boldsymbol{\delta}_1, \boldsymbol{\delta}_2, \cdots, \boldsymbol{\delta}_m$ 都是齐次线性方程组(1)的解,因此 $\boldsymbol{\delta}_1, \boldsymbol{\delta}_2, \cdots, \boldsymbol{\delta}_m$ 可以由 $\boldsymbol{\eta}_1, \boldsymbol{\eta}_2, \cdots, \boldsymbol{\eta}_{n-r}$ 线性表出,从而

$$\operatorname{rank}\{\boldsymbol{\delta}_1, \boldsymbol{\delta}_2, \cdots, \boldsymbol{\delta}_m\} \leqslant \operatorname{rank}\{\boldsymbol{\eta}_1, \boldsymbol{\eta}_2, \cdots, \boldsymbol{\eta}_{n-r}\} = n - r. \qquad \square$$

例 3 设含 n 个方程的 n 元齐次线性方程组的系数矩阵 $\boldsymbol{A}$ 的行列式等于 0,并且 $\boldsymbol{A}$ 的 (k,l) 元的代数余子式 $A_{kl} \neq 0$,证明:

$$\boldsymbol{\eta} = (A_{k1}, A_{k2}, \cdots, A_{kn})^{\mathrm{T}}$$

是这个齐次线性方程组的一个基础解系.

证明 由于 $A_{kl} \neq 0$,因此 $\boldsymbol{A}$ 有一个 $n-1$ 阶子式不为 0.又由于 $|\boldsymbol{A}|=0$,因此

$$\operatorname{rank}(\boldsymbol{A}) = n-1,$$

从而这个齐次线性方程组的解空间 W 的维数为

$$\dim W = n - \operatorname{rank}(\boldsymbol{A}) = n - (n-1) = 1.$$

考虑这个齐次线性方程组的第 i 个方程：

$$a_{i1}x_1 + a_{i2}x_2 + \cdots + a_{in}x_n = 0.$$

当 $i \neq k$ 时，有

$$a_{i1}A_{k1} + a_{i2}A_{k2} + \cdots + a_{in}A_{kn} = 0;$$

当 $i = k$ 时，有

$$a_{k1}A_{k1} + a_{k2}A_{k2} + \cdots + a_{kn}A_{kn} = |\boldsymbol{A}| = 0.$$

因此，$\boldsymbol{\eta} = (A_{k1}, A_{k2}, \cdots, A_{kn})^{\mathrm{T}}$ 是这个齐次线性方程组的一个解. 由于 $A_{kl} \neq 0$，因此 $\boldsymbol{\eta}$ 是非零解，从而 $\boldsymbol{\eta}$ 线性无关. 由于 $\dim W = 1$，因此 $\boldsymbol{\eta}$ 是 W 的一个基，即 $\boldsymbol{\eta}$ 是这个齐次线性方程组的一个基础解系. □

例 4 设含 $n-1$ 个方程的 n 元齐次线性方程组的系数矩阵为 $\boldsymbol{B}$，把 $\boldsymbol{B}$ 划去第 j 列得到的$n-1$ 阶子式记作 D_j. 令

$$\boldsymbol{\eta} = \begin{pmatrix} D_1 \\ -D_2 \\ \vdots \\ (-1)^{n-1}D_n \end{pmatrix}.$$

证明：

(1) $\boldsymbol{\eta}$ 是这个齐次线性方程组的一个解；

(2) 如果 $\boldsymbol{\eta} \neq \boldsymbol{0}$，那么 $\boldsymbol{\eta}$ 是这个齐次线性方程组的一个基础解系.

证明 (1) 在所给的齐次线性方程组的下面添上一个方程：

$$0x_1 + 0x_2 + \cdots + 0x_n = 0,$$

得到一个含 n 个方程的 n 元齐次线性方程组，其系数矩阵为 $\boldsymbol{A} = \begin{pmatrix} \boldsymbol{B} \\ \boldsymbol{0} \end{pmatrix}$. $\boldsymbol{A}$ 的(n,j)元的代数余子式为

$$A_{nj} = (-1)^{n+j}D_j, \quad j = 1, 2, \cdots, n.$$

原齐次线性方程组的第 $i(i=1,2,\cdots,n-1)$个方程为

$$b_{i1}x_1 + b_{i2}x_2 + \cdots + b_{in}x_n = 0.$$

由于行列式$|\boldsymbol{A}|$的第 $i(i \neq n)$行元素与第 n 行相应元素的代数余子式的乘积之和等于0，因此

$$b_{i1}A_{n1} + b_{i2}A_{n2} + \cdots + b_{in}A_{nn} = 0, \quad i = 1, 2, \cdots, n-1.$$

由此可得，$\boldsymbol{\eta} = (D_1, -D_2, \cdots, (-1)^{n-1}D_n)^{\mathrm{T}}$ 是原齐次线性方程组的一个解.

(2) 如果 $\boldsymbol{\eta} \neq \boldsymbol{0}$，那么 $\boldsymbol{B}$ 有一个不为 0 的 $n-1$ 阶子式，从而

$$\operatorname{rank}(\boldsymbol{B}) \geqslant n-1.$$

又由于 $\boldsymbol{B}$ 只有 $n-1$ 行，因此

$$\operatorname{rank}(\boldsymbol{B}) = n-1,$$

从而原齐次线性方程组的解空间 W 的维数为

$$\dim W = n - \operatorname{rank}(\boldsymbol{B}) = n - (n-1) = 1.$$

由于 $\boldsymbol{\eta}=(D_1,-D_2,\cdots,(-1)^{n-1}D_n)^{\mathrm{T}}$ 是原齐次线性方程组的一个非零解,因此 $\boldsymbol{\eta}$ 是解空间 W 的一个基,即 $\boldsymbol{\eta}$ 是原齐次线性方程组的一个基础解系. □

例 5 设 $\boldsymbol{A}_1$ 是由 $s\times m$ 矩阵 $\boldsymbol{A}=(a_{ij})$ 的前 $s-1$ 行组成的子矩阵,证明:如果以 $\boldsymbol{A}_1$ 为系数矩阵的齐次线性方程组的解都是方程

$$a_{s1}x_1 + a_{s2}x_2 + \cdots + a_{sn}x_n = 0$$

的解,那么 $\boldsymbol{A}$ 的第 s 行可以由 $\boldsymbol{A}$ 的前 $s-1$ 行线性表出.

证明 由已知条件立即可得,以 $\boldsymbol{A}_1$ 为系数矩阵的齐次线性方程组和以 $\boldsymbol{A}$ 为系数矩阵的齐次线性方程组同解,即它们的解空间相等,记为 W. 从 $\dim W = n-\operatorname{rank}(\boldsymbol{A}_1)$, $\dim W = n-\operatorname{rank}(\boldsymbol{A})$ 得

$$\operatorname{rank}(\boldsymbol{A}_1) = \operatorname{rank}(\boldsymbol{A}).$$

设 $\boldsymbol{A}$ 的行向量组为 $\boldsymbol{\gamma}_1,\cdots,\boldsymbol{\gamma}_{s-1},\boldsymbol{\gamma}_s$. 由于

$$\operatorname{rank}\{\boldsymbol{\gamma}_1,\cdots,\boldsymbol{\gamma}_{s-1}\} = \operatorname{rank}(\boldsymbol{A}_1) = \operatorname{rank}(\boldsymbol{A}) = \operatorname{rank}\{\boldsymbol{\gamma}_1,\cdots,\boldsymbol{\gamma}_{s-1},\boldsymbol{\gamma}_s\},$$

根据 3.3.2 小节中例 6 的结论,$\boldsymbol{\gamma}_s$ 可以由 $\boldsymbol{\gamma}_1,\cdots,\boldsymbol{\gamma}_{s-1}$ 线性表出,即 $\boldsymbol{A}$ 的第 s 行可以由它的前 $s-1$ 行线性表出. □

习　题　3.7

1. 求下列数域 K 上齐次线性方程组的一个基础解系,并且写出它们的解集:

(1) $\begin{cases} x_1-3x_2+x_3-2x_4=0, \\ -5x_1+x_2-2x_3+3x_4=0, \\ -x_1-11x_2+2x_3-5x_4=0, \\ 3x_1+5x_2+x_4=0; \end{cases}$

(2) $\begin{cases} 3x_1-x_2+2x_3+x_4=0, \\ x_1+3x_2-x_3+2x_4=0, \\ -2x_1+5x_2+x_3-x_4=0, \\ 3x_1+10x_2+x_3+4x_4=0, \\ -2x_1+15x_2-4x_3+4x_4=0; \end{cases}$

(3) $\begin{cases} 2x_1-5x_2+x_3-3x_4=0, \\ -3x_1+4x_2-2x_3+x_4=0, \\ x_1+2x_2-x_3+3x_4=0, \\ -2x_1+15x_2-6x_3+13x_4=0; \end{cases}$

(4) $\begin{cases} x_1-3x_2+x_3-2x_4-x_5=0, \\ -3x_1+9x_2-3x_3+6x_4+3x_5=0, \\ 2x_1-6x_2+2x_3-4x_4-2x_5=0, \\ 5x_1-15x_2+5x_3-10x_4-5x_5=0. \end{cases}$

2. 设 $\boldsymbol{\eta}_1,\boldsymbol{\eta}_2,\cdots,\boldsymbol{\eta}_t$ 是齐次线性方程组(1)的一个基础解系,证明:与 $\boldsymbol{\eta}_1,\boldsymbol{\eta}_2,\cdots,\boldsymbol{\eta}_t$ 等价的线性无关的向量组也是齐次线性方程组(1)的一个基础解系.

3. 设 n 元齐次线性方程组(1)的系数矩阵 $\boldsymbol{A}$ 的秩为 $r(r<n)$,证明:该齐次线性方程组的任意 $n-r$ 个线性无关的解向量都是它的一个基础解系.

4. 证明:如果数域 K 上 n 元齐次线性方程组的系数矩阵 $\boldsymbol{A}$ 的秩比未知量个数少 1,那

么该齐次线性方程组的任意两个解成比例.

5. 证明：如果 $n(n>1)$ 阶矩阵 $\boldsymbol{A}$ 的行列式等于 0，那么 $\boldsymbol{A}$ 的任何两行(或列)对应元素的代数余子式成比例.

6. 设 $n(n>2)$ 阶矩阵

$$\boldsymbol{A}=\begin{pmatrix}1 & 1 & \cdots & 1 & 2\\ 1 & 2 & \cdots & n-1 & 3\\ 1 & 2^2 & \cdots & (n-1)^2 & 5\\ \vdots & \vdots & & \vdots & \vdots\\ 1 & 2^{n-2} & \cdots & (n-1)^{n-2} & 1+2^{n-2}\\ 2 & 3 & \cdots & n & 5\end{pmatrix}.$$

(1) 求 $|\boldsymbol{A}|$；

(2) 求 $\boldsymbol{A}$ 的 (n,n) 元的代数余子式 A_{nn}；

(3) 证明：$\boldsymbol{\eta}=(A_{n1},A_{n2},\cdots,A_{nn})^{\mathrm{T}}$ 是以 $\boldsymbol{A}$ 为系数矩阵的齐次线性方程组的一个基础解系.

7. 设 $\boldsymbol{A}$ 是由 $1,2,\cdots,n$ 形成的 n 阶范德蒙德矩阵，$\boldsymbol{A}$ 的前 $n-1$ 行组成的子矩阵记作 $\boldsymbol{B}$，证明：$\boldsymbol{\eta}=(\mathrm{C}_{n-1}^0,-\mathrm{C}_{n-1}^1,\cdots,(-1)^{n-1}\mathrm{C}_{n-1}^{n-1})^{\mathrm{T}}$ 是以 $\boldsymbol{B}$ 为系数矩阵的齐次线性方程组的一个基础解系.

8. 证明：当 $i=0,1,\cdots,n-2$ 时，有

$$\sum_{m=0}^{n-1}(-1)^m\mathrm{C}_{n-1}^m(m+1)^i=0,\quad \sum_{m=0}^{n-1}(-1)^m\mathrm{C}_{n-1}^m(n-m)^i=0.$$

§3.8　非齐次线性方程组的解集的结构

3.8.1　内容精华

数域 K 上 n 元非齐次线性方程组

$$x_1\boldsymbol{\alpha}_1+x_2\boldsymbol{\alpha}_2+\cdots+x_n\boldsymbol{\alpha}_n=\boldsymbol{\beta}\tag{1}$$

的解集 U 的结构如何？为此，考虑相应的齐次线性方程组

$$x_1\boldsymbol{\alpha}_1+x_2\boldsymbol{\alpha}_2+\cdots+x_n\boldsymbol{\alpha}_n=\boldsymbol{0}.\tag{2}$$

称齐次线性方程组(2)为非齐次线性方程组(1)的**导出组**. 导出组(2)的解空间用 W 表示.

性质 1　若 $\boldsymbol{\gamma},\boldsymbol{\delta}\in U$，则 $\boldsymbol{\gamma}-\boldsymbol{\delta}\in W$.

证明　设 $\boldsymbol{\gamma}=(c_1,c_2,\cdots,c_n)^{\mathrm{T}}$，$\boldsymbol{\delta}=(d_1,d_2,\cdots,d_n)^{\mathrm{T}}$. 由于 $\boldsymbol{\gamma},\boldsymbol{\delta}\in U$，因此

$$c_1\boldsymbol{\alpha}_1+c_2\boldsymbol{\alpha}_2+\cdots+c_n\boldsymbol{\alpha}_n=\boldsymbol{\beta},\quad d_1\boldsymbol{\alpha}_1+d_2\boldsymbol{\alpha}_2+\cdots+d_n\boldsymbol{\alpha}_n=\boldsymbol{\beta},$$

从而 $$(c_1-d_1)\boldsymbol{\alpha}_1+(c_2-d_2)\boldsymbol{\alpha}_2+\cdots+(c_n-d_n)\boldsymbol{\alpha}_n=\mathbf{0}.$$

于是 $$\boldsymbol{\gamma}-\boldsymbol{\delta}=(c_1-d_1,c_2-d_2,\cdots,c_n-d_n)^{\mathrm{T}}\in W.$$ □

性质 2 若 $\boldsymbol{\gamma}\in U,\boldsymbol{\eta}\in W$,则 $\boldsymbol{\gamma}+\boldsymbol{\eta}\in U$.

证明 设 $\boldsymbol{\gamma}=(c_1,c_2,\cdots,c_n)^{\mathrm{T}}\in U,\boldsymbol{\eta}=(e_1,e_2,\cdots,e_n)^{\mathrm{T}}\in W$,则

$$c_1\boldsymbol{\alpha}_1+c_2\boldsymbol{\alpha}_2+\cdots+c_n\boldsymbol{\alpha}_n=\boldsymbol{\beta},\quad e_1\boldsymbol{\alpha}_1+e_2\boldsymbol{\alpha}_2+\cdots+e_n\boldsymbol{\alpha}_n=\mathbf{0},$$

从而 $$(c_1+e_1)\boldsymbol{\alpha}_1+(c_2+e_2)\boldsymbol{\alpha}_2+\cdots+(c_n+e_n)\boldsymbol{\alpha}_n=\boldsymbol{\beta}.$$

因此 $$\boldsymbol{\gamma}+\boldsymbol{\eta}\in U.$$ □

定理 1 如果数域 K 上的非齐次线性方程组(1)有解,那么它的解集为

$$U=\{\boldsymbol{\gamma}_0+\boldsymbol{\eta}\mid\boldsymbol{\eta}\in W\},\tag{3}$$

其中 $\boldsymbol{\gamma}_0$ 是非齐次线性方程组(1)的一个解(称 $\boldsymbol{\gamma}_0$ 是**特解**),W 是非齐次线性方程组(1)的导出组(2)的解空间.

证明 任取 $\boldsymbol{\eta}\in W$,由性质 2 得 $\boldsymbol{\gamma}_0+\boldsymbol{\eta}\in U$,因此$\{\boldsymbol{\gamma}_0+\boldsymbol{\eta}\mid\boldsymbol{\eta}\in W\}\subseteq U$. 反之,任取 $\boldsymbol{\gamma}\in U$,根据性质 1 得 $\boldsymbol{\gamma}-\boldsymbol{\gamma}_0\in W$. 记 $\boldsymbol{\gamma}-\boldsymbol{\gamma}_0=\boldsymbol{\eta}$,则 $\boldsymbol{\gamma}=\boldsymbol{\gamma}_0+\boldsymbol{\eta}$. 因此 $U\subseteq\{\boldsymbol{\gamma}_0+\boldsymbol{\eta}\mid\boldsymbol{\eta}\in W\}$,从而(3)式成立. □

我们把集合$\{\boldsymbol{\gamma}_0+\boldsymbol{\eta}\mid\boldsymbol{\eta}\in W\}$记作 $\boldsymbol{\gamma}_0+W$,称它是一个 W 型的**线性流形**(或子空间 W 的一个**陪集**),并把 $\dim W$ 称为线性流形 $\boldsymbol{\gamma}_0+W$ 的维数.

注意 齐次线性方程组(2)的解集 W 是 K^n 的一个子空间,但是非齐次线性方程组(1)的解集 U 不是子空间(这是因为 U 对于加法和数量乘法都不封闭),它是一个 W 型的线性流形.

推论 1 如果非齐次线性方程组(1)有解,那么它的解唯一的充要条件是,它的导出组(2)只有零解.

证明 非齐次线性方程组(1)有解时,它的解唯一

$\Longleftrightarrow$ 非齐次线性方程组(1)的解集为 $U=\boldsymbol{\gamma}_0+W=\{\boldsymbol{\gamma}_0\}$

$\Longleftrightarrow$ $W=\{\mathbf{0}\}$. □

从推论 1 立即得出,当非齐次线性方程组(1)有无穷多个解时,它的导出组(2)必有非零解. 此时,取导出组(2)的一个基础解系 $\boldsymbol{\eta}_1,\boldsymbol{\eta}_2,\cdots,\boldsymbol{\eta}_{n-r}$,其中 r 是系数矩阵 $\boldsymbol{A}$ 的秩,则非齐次线性方程组(1)的解集为

$$U=\{\boldsymbol{\gamma}_0+k_1\boldsymbol{\eta}_1+k_2\boldsymbol{\eta}_2+\cdots+k_{n-r}\boldsymbol{\eta}_{n-r}\mid k_i\in K,i=1,2,\cdots,n-r\},$$

其中 $\boldsymbol{\gamma}_0$ 是非齐次线性方程组(1)的一个特解. 通常也说非齐次线性方程组(1)的全部解是

$$\boldsymbol{\gamma}_0+k_1\boldsymbol{\eta}_1+\cdots+k_{n-r}\boldsymbol{\eta}_{n-r},\quad k_i,\cdots,k_{n-r}\in K.$$

求非齐次线性方程组(1)的解集 U 的步骤如下:

第一步,求出非齐次线性方程组(1)的一般解,然后让自由未知量都取 0,得到一个特解 $\boldsymbol{\gamma}_0$;

第二步,写出导出组(2)的一般解(只要把非齐次线性方程组(1)的一般解中的常数项去掉即可),求出导出组(2)的一个基础解系 $\boldsymbol{\eta}_1,\boldsymbol{\eta}_2,\cdots,\boldsymbol{\eta}_t$;

第三步,写出非齐次线性方程组(1)的解集 U:

$$U=\{\boldsymbol{\gamma}_0+k_1\boldsymbol{\eta}_1+k_2\boldsymbol{\eta}_2+\cdots+k_t\boldsymbol{\eta}_t \mid k_i\in K,i=1,2,\cdots,t\}.$$

3.8.2 典型例题

例 1 求如下数域 K 上非齐次线性方程组的解集:

$$\begin{cases} x_1+2x_2-3x_3-4x_4=-5, \\ 3x_1-x_2+5x_3+6x_4=-1, \\ -5x_1-3x_2+x_3+2x_4=11, \\ -9x_1-4x_2-x_3=17. \end{cases}$$

解 通过初等行变换把该非齐次线性方程组的增广矩阵 $\widetilde{\mathbf{A}}$ 化成简化行阶梯形矩阵:

$$\widetilde{\mathbf{A}}=\begin{pmatrix} 1 & 2 & -3 & -4 & -5 \\ 3 & -1 & 5 & 6 & -1 \\ -5 & -3 & 1 & 2 & 11 \\ -9 & -4 & -1 & 0 & 17 \end{pmatrix}\longrightarrow\begin{pmatrix} 1 & 2 & -3 & -4 & -5 \\ 0 & -7 & 14 & 18 & 14 \\ 0 & 7 & -14 & -18 & -14 \\ 0 & 14 & -28 & -36 & -28 \end{pmatrix}$$

$$\longrightarrow\begin{pmatrix} 1 & 2 & -3 & -4 & -5 \\ 0 & 1 & -2 & -\frac{18}{7} & -2 \\ 0 & 0 & 0 & 0 & 0 \\ 0 & 0 & 0 & 0 & 0 \end{pmatrix}\longrightarrow\begin{pmatrix} 1 & 0 & 1 & \frac{8}{7} & -1 \\ 0 & 1 & -2 & -\frac{18}{7} & -2 \\ 0 & 0 & 0 & 0 & 0 \\ 0 & 0 & 0 & 0 & 0 \end{pmatrix}.$$

原方程组的一般解为

$$\begin{cases} x_1=-x_3-\frac{8}{7}x_4-1, \\ x_2=2x_3+\frac{18}{7}x_4-2, \end{cases}$$

其中 x_3,x_4 是自由未知量.让 x_3,x_4 都取 0,得一个特解

$$\boldsymbol{\gamma}_0=(-1,-2,0,0)^{\mathrm{T}}.$$

导出组的一般解为

$$\begin{cases} x_1=-x_3-\frac{8}{7}x_4, \\ x_2=2x_3+\frac{18}{7}x_4, \end{cases}$$

其中 x_3, x_4 是自由未知量,于是导出组的一个基础解系为

$$\boldsymbol{\eta}_1=\begin{pmatrix}1\\-2\\-1\\0\end{pmatrix},\quad \boldsymbol{\eta}_2=\begin{pmatrix}8\\-18\\0\\-7\end{pmatrix}.$$

因此,原方程组的解集为

$$U=\{\boldsymbol{\gamma}_0+k_1\boldsymbol{\eta}_1+k_2\boldsymbol{\eta}_2 \mid k_1,k_2\in K\}.$$

例 2 设 $\boldsymbol{\gamma}_0$ 是数域 K 上非齐次线性方程组(1)的一个特解,$\boldsymbol{\eta}_1,\boldsymbol{\eta}_2,\cdots,\boldsymbol{\eta}_t$ 是它的导出组的一个基础解系.令

$$\boldsymbol{\gamma}_1=\boldsymbol{\gamma}_0+\boldsymbol{\eta}_1,\quad \boldsymbol{\gamma}_2=\boldsymbol{\gamma}_0+\boldsymbol{\eta}_2,\quad \cdots,\quad \boldsymbol{\gamma}_t=\boldsymbol{\gamma}_0+\boldsymbol{\eta}_t,$$

证明:非齐次线性方程组(1)的解集为

$$U=\{u_0\boldsymbol{\gamma}_0+u_1\boldsymbol{\gamma}_1+\cdots+u_t\boldsymbol{\gamma}_t \mid u_0+u_1+\cdots+u_t=1,u_i\in K,i=0,1,\cdots,t\}.\tag{4}$$

证明 在(4)式右边的集合中任取一个元素:

$$\begin{aligned}u_0\boldsymbol{\gamma}_0+u_1\boldsymbol{\gamma}_1+\cdots+u_t\boldsymbol{\gamma}_t&=u_0\boldsymbol{\gamma}_0+u_1(\boldsymbol{\gamma}_0+\boldsymbol{\eta}_1)+\cdots+u_t(\boldsymbol{\gamma}_0+\boldsymbol{\eta}_t)\\&=(u_0+u_1+\cdots+u_t)\boldsymbol{\gamma}_0+u_1\boldsymbol{\eta}_1+\cdots+u_t\boldsymbol{\eta}_t\\&=\boldsymbol{\gamma}_0+u_1\boldsymbol{\eta}_1+\cdots+u_t\boldsymbol{\eta}_t\in U,\end{aligned}$$

即(4)式右边集合中任一元素都属于 U.在 U 中任取一个元素 $\boldsymbol{\gamma}$,则存在 $k_1,\cdots,k_t\in K$,使得

$$\begin{aligned}\boldsymbol{\gamma}&=\boldsymbol{\gamma}_0+k_1\boldsymbol{\eta}_1+\cdots+k_t\boldsymbol{\eta}_t\\&=\boldsymbol{\gamma}_0+k_1(\boldsymbol{\gamma}_1-\boldsymbol{\gamma}_0)+\cdots+k_t(\boldsymbol{\gamma}_t-\boldsymbol{\gamma}_0)\\&=(1-k_1-\cdots-k_t)\boldsymbol{\gamma}_0+k_1\boldsymbol{\gamma}_1+\cdots+k_t\boldsymbol{\gamma}_t.\end{aligned}$$

由此看出,$\boldsymbol{\gamma}$ 属于(4)式右边的集合.因此

$$U=\{u_0\boldsymbol{\gamma}_0+u_1\boldsymbol{\gamma}_1+\cdots+u_t\boldsymbol{\gamma}_t \mid u_0+u_1+\cdots+u_t=1,u_i\in K,i=0,1,\cdots,t\}.$$ □

习 题 3.8

1. 求下列数域 K 上非齐次线性方程组的解集:

(1) $\begin{cases}x_1-5x_2+2x_3-3x_4=11,\\-3x_1+x_2-4x_3+2x_4=-5,\\-x_1-9x_2-4x_4=17,\\5x_1+3x_2+6x_3-x_4=-1;\end{cases}$

(2) $x_1-4x_2+2x_3-3x_4+6x_5=4$;

(3) $\begin{cases}2x_1-3x_2+x_3-5x_4=1,\\-5x_1-10x_2-2x_3+x_4=-21,\\x_1+4x_2+3x_3+2x_4=1,\\2x_1-4x_2+9x_3-3x_4=-16.\end{cases}$

2. 证明：含 n 个方程的 n 元非齐次线性方程组有唯一解当且仅当它的导出组只有零解.

3. 证明：如果 $\boldsymbol{\gamma}_1,\boldsymbol{\gamma}_2,\cdots,\boldsymbol{\gamma}_m$ 都是 n 元非齐次线性方程组(1)的解，并且一组数 $u_1,u_2,\cdots,u_m$ 满足

$$u_1+u_2+\cdots+u_m=1,$$

那么 $u_1\boldsymbol{\gamma}_1+u_2\boldsymbol{\gamma}_2+\cdots+u_m\boldsymbol{\gamma}_m$ 也是方程组(1)的一个解.

4. 设 $\boldsymbol{\gamma}_1,\boldsymbol{\gamma}_2,\cdots,\boldsymbol{\gamma}_m(m\geqslant 2)$ 是数域 K 上 n 元非齐次线性方程组(1)的解，求 $c_1\boldsymbol{\gamma}_1+c_2\boldsymbol{\gamma}_2+\cdots+c_m\boldsymbol{\gamma}_m$ 仍是方程组(1)的解的充要条件，其中 $c_1,c_2,\cdots,c_m\in K$.

5. 证明：方程个数比未知量个数大 1 的线性方程组有解的必要条件是它的增广矩阵的行列式等于 0；如果系数矩阵的秩等于未知量的个数，那么这一条件也是充分条件.

6. 设 $\boldsymbol{\gamma}_0,\boldsymbol{\gamma}_1,\cdots,\boldsymbol{\gamma}_t$ 是数域 K 上某一 n 元非齐次线性方程组的解，证明：$\boldsymbol{\gamma}_0,\boldsymbol{\gamma}_1,\cdots,\boldsymbol{\gamma}_t$ 线性无关当且仅当 $\boldsymbol{\gamma}_1-\boldsymbol{\gamma}_0,\cdots,\boldsymbol{\gamma}_t-\boldsymbol{\gamma}_0$ 线性无关.

7. 设数域 K 上某一 n 元非齐次线性方程组的系数矩阵的秩为 r，证明：如果 $\boldsymbol{\gamma}_0,\boldsymbol{\gamma}_1,\cdots,\boldsymbol{\gamma}_{n-r}$ 是这个方程组的线性无关的解，那么这个方程组的解集 U 为

$$U=\{u_0\boldsymbol{\gamma}_0+u_1\boldsymbol{\gamma}_1+\cdots+u_{n-r}\boldsymbol{\gamma}_{n-r}\mid u_0+u_1+\cdots+u_{n-r}=1,u_i\in K,i=0,1,\cdots,n-r\}.$$

§3.9 映　射

3.9.1 内容精华

一、映射的概念

同学们进教室后要找一个座位坐下，这是来听课的所有同学组成的集合到教室里的所有座位组成的集合的一个对应法则，每位同学对应到唯一的一个座位. 由此抽象出下述概念：

定义 1 如果集合 A 到集合 B 有一个对应法则 f，使得 A 中每个元素 a 都有 B 中唯一确定的元素 b 与它对应，那么称 f 是集合 A 到 B 的一个**映射**，其中 A 称为 f 的**定义域**，B 称为 f 的**陪域**；b 称为 a 在 f 下的**像**，记作 $f(a)$，a 称为 b 在 f 下的一个**原像**. 映射 f 记作

$$\begin{aligned} f:\ A&\rightarrow B\\ a&\mapsto b,\end{aligned}$$

或者

$$b=f(a),\quad a\in A.$$

从定义 1 看到，映射 $f: A\rightarrow B$ 由定义域、陪域和对应法则组成. 由此引出下述概念：

定义 2 如果映射 $f: A\rightarrow B$ 与映射 $g: C\rightarrow D$ 的定义域相等(即 $A=C$)，陪域也相等

(即 $B=D$),并且对应法则相同(即对 $\forall a\in A$,有 $f(a)=g(a)$),那么称映射 f 与 g **相等**,记作 $f=g$.

定义 3 设映射 $f: A\to B$,称 A 的所有元素在 f 下的像组成的集合为 f 的**值域或像(集)**,记作 $f(A)$或 $\mathrm{Im}(f)$,即

$$f(A):=\{f(a)\mid a\in A\}. \tag{1}$$

从定义 3 看出,映射 f 的值域 $f(A)$是陪域 B 的一个子集,即 $f(A)\subseteq B$.

定义 4 如果映射 $f: A\to B$ 的值域 $f(A)$与陪域 B 相等,那么称 f 是**满射**.

由于 $f(A)\subseteq B$,因此 f 是满射的充要条件是 $f(A)\supseteq B$. 由此得出下述结论:

命题 1 映射 $f: A\to B$ 是满射的充要条件是,对于每一个 $b\in B$,存在 $a\in A$,使得

$$b=f(a).$$ □

在本节开头的例子中,不同的同学坐在不同的座位上. 由此抽象出下述概念:

定义 5 对于映射 $f: A\to B$,如果 A 中不同的元素在 f 下的像不同,那么称 f 是**单射**.

从定义 5 的逆否命题得到如下结论:

命题 2 映射 $f: A\to B$ 是单射的充要条件是从 $a_1, a_2\in A$,且 $f(a_1)=f(a_2)$可推出

$$a_1=a_2.$$ □

定义 6 如果映射 $f: A\to B$ 既是满射,又是单射,那么称 f 是**双射或一一对应**.

从定义 6、命题 1 和命题 2 立即得到如下结论:

命题 3 映射 $f: A\to B$ 是双射的充要条件是 B 中任一元素 b 在 f 下有唯一的一个原像. □

定义 7 设映射 $f: A\to B$,称 B 中的元素 b 在 f 下的所有原像组成的集合为 b 在 f 下的**原像集**,记作 $f^{-1}(b)$. 当 $b\notin f(A)$时,$f^{-1}(b)=\varnothing$;当 $b\in f(A)$时,$f^{-1}(b)$称为 b 上的**纤维**.

集合和映射是数学中最基本的两个概念. 集合之间的关系首先要看它们的元素之间是否有对应关系.

考虑同学们在高中时学习的函数,例如指数函数 $y=\mathrm{e}^x$. 由于对于自变量 x 取的每个值 $a\in\mathbf{R}$,都有因变量 y 的唯一确定的值 e^a 与它对应,因此指数函数 $y=\mathrm{e}^x$ 是实数集 $\mathbf{R}$ 到自身的一个映射.

在现代数学中,任一集合 A 到数集的一个映射称为 A 上的一个**函数**.

集合 A 到自身的一个映射称为 A 上的一个**变换**.

例如,平面上绕点 O、转角为 θ 的旋转 σ 是平面到自身的一个映射,于是旋转 σ 是平面上的一个变换,如图 3.3 所示.

平面上绕点 O、转角为 2π 的旋转把平面上每一个向量 $\overrightarrow{OP}$ 映成自身. 由此引出下述概念:

定义 8 如果集合 A 上的一个变换把 A 中每个元素对应到自身,那么称这个变换是 A 上的**恒等变换**,记作 1_A,即 $1_A(a)=a$, $\forall a\in A$.

二、映射的乘法

如图 3.3 所示,平面上绕点 O、转角为 θ 的旋转 σ 把向量 $\overrightarrow{OP}$ 映成 $\overrightarrow{OP'}$;平面上关于过点 O 的直线 l 的反射 τ 把 $\overrightarrow{OP'}$ 映成 $\overrightarrow{OP''}$.

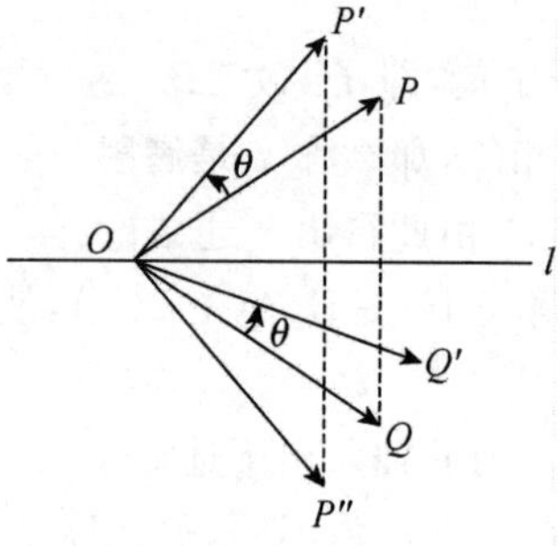

图 3.3

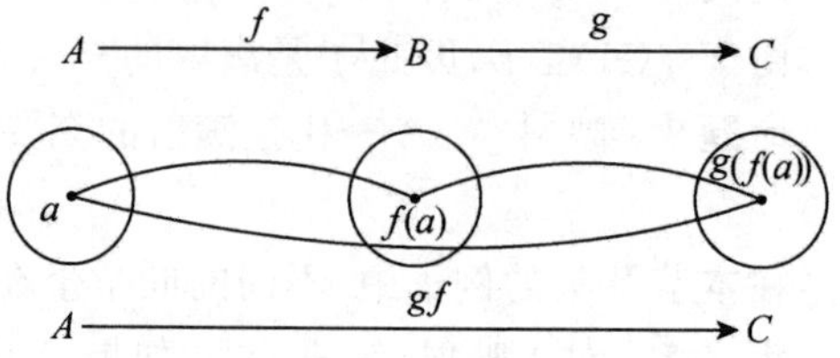

图 3.4

若先做映射 σ,接着做映射 τ,可得到一个映射,它把 $\overrightarrow{OP}$ 映成 $\overrightarrow{OP''}$,记这个映射为 $\tau\sigma$. 由此受到启发,引出下述概念:

定义 9 设映射 $f: A\to B$, $g: B\to C$. 先做映射 f,接着做映射 g,得到一个 A 到 C 的映射,称为 f 与 g 的**乘积**(或**合成**),记作 gf,即

$$(gf)(a) := g(f(a)),\quad \forall a\in A, \tag{2}$$

如图 3.4 所示.

在上述旋转 σ 和轴反射 τ 的例子中,如果先做关于直线 l 的反射 τ,那么 $\overrightarrow{OP}$ 映成 $\overrightarrow{OQ}$;接着做旋转 σ,将 $\overrightarrow{OQ}$ 映成 $\overrightarrow{OQ'}$,如图 3.3 所示. 由于

$$(\tau\sigma)(\overrightarrow{OP})=\overrightarrow{OP''},\quad (\sigma\tau)(\overrightarrow{OP})=\overrightarrow{OQ'},\quad \overrightarrow{OP''}\neq\overrightarrow{OQ'},$$

因此 $\tau\sigma\neq\sigma\tau$. 这表明映射的乘法不适合交换律.

定理 1 映射的乘法满足结合律,即设映射

$$f: A\to B,\quad g: B\to C,\quad h: C\to D, \tag{3}$$

则

$$h(gf)=(hg)f \tag{4}$$

证明 由(3)式知,$h(gf)$ 与 $(hg)f$ 都是 A 到 D 的映射. 任给 $a\in A$,有

$$[h(gf)](a) = h((gf)(a)) = h(g(f(a))),$$
$$[(hg)f](a) = (hg)(f(a)) = h(g(f(a))).$$

于是

$$[h(gf)](a)=[(hg)f](a),$$

所以

$$h(gf)=(hg)f.$$

□

一个集合上的恒等变换在映射的乘法中起什么作用呢?

命题 4 对于任一映射 $f: A\to B$,有

$$f1_A = f,\quad 1_B f = f.$$

证明 $f1_A$ 与 f 都是 A 到 B 的映射,$1_B f$ 与 f 都是 A 到 B 的映射,任给 $a\in A$,有

$$(f1_A)(a) = f(1_A(a)) = f(a),\quad (1_B f)(a) = 1_B(f(a)) = f(a),$$

因此

$$f1_A=f,\quad 1_B f=f.$$

□

三、可逆映射

设 σ 是平面上绕点 O、转角为 θ 的旋转,γ 是平面上绕点 O、转角为 $-\theta$ 的旋转,用 $\mathscr{I}$ 表示平面上的恒等变换,则

$$\gamma\sigma=\mathscr{I},\quad \sigma\gamma=\mathscr{I}.$$

由上述例子抽象出下述概念:

定义 10 设映射 $f: A\to B$. 如果存在 $g: B\to A$,使得

$$gf = 1_A,\quad fg = 1_B, \tag{5}$$

那么称 f 是**可逆映射**. 此时称 g 是 f 的一个**逆映射**.

命题 5 如果映射 $f: A\to B$ 是可逆映射,那么 f 的逆映射是唯一的,记作 f^{-1}.

证明 设 $g: B\to A$ 和 $h: B\to A$ 都是 f 的逆映射,则

$$gfh = (gf)h = 1_A h = h,\quad gfh = g(fh) = g1_B = g.$$

因此得出 $h=g$. □

设 $f: A\to B$ 是可逆映射,由定义 10 得

$$f^{-1}f = 1_A,\quad ff^{-1}= 1_B. \tag{6}$$

(6)式表明,f^{-1} 也是可逆映射,且 f^{-1} 的逆映射是 f,即

$$(f^{-1})^{-1} = f. \tag{7}$$

可逆映射是从映射乘法的角度来看的,双射是从映射对应法则的角度来看的,可逆映射与双射之间有什么联系呢?

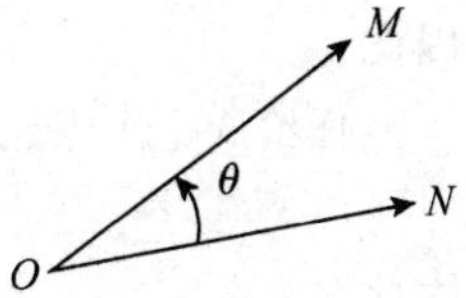

图 3.5

平面上绕点 O、转角为 θ 的旋转 σ 是平面到自身的可逆映射. 平面上不同的向量 $\overrightarrow{OP}$ 与 $\overrightarrow{OQ}$ 在 σ 下的像不同,因此 σ 是单射. 对于平面上任一向量 $\overrightarrow{OM}$,都存在 $\overrightarrow{ON}$,使得 $\sigma(\overrightarrow{ON})=\overrightarrow{OM}$,如图 3.5 所示. 因此,$\sigma$ 是满射,从而 σ 是双射. 由此受到启发,我们猜测有下述结论:

定理 2 映射 $f: A\to B$ 是可逆映射的充要条件为 f 是双射.

为了证明定理 2 的必要性,即从 f 是可逆映射推出 f 是双射. 我们先来证明下述引理:

引理 1 如果映射 $f: A\to B$ 与 $g: B\to A$ 满足

$$gf = 1_A, \tag{8}$$

那么 f 是单射,g 是满射.

证明 先证 f 是单射. 设 $a_1, a_2 \in A$，且 $f(a_1)=f(a_2)$，则 $g(f(a_1))=g(f(a_2))$，从而

$$(gf)(a_1)=(gf)(a_2).$$

根据(8)式，得 $1_A(a_1)=1_A(a_2)$，于是 $a_1=a_2$. 因此，f 是单射.

再证 g 是满射. 任取 $a\in A$，则 $f(a)\in B$. 根据(8)式，得

$$g(f(a))=(gf)(a)=1_A(a)=a,$$

因此 g 是满射. □

定理 2 的证明 必要性 设 $f: A\to B$ 是可逆映射，则存在映射 $g: B\to A$，使得

$$gf=1_A, \quad fg=1_B.$$

于是，根据引理，f 是单射，且 f 是满射. 因此，f 是双射.

充分性 设 $f: A\to B$ 是双射. 首先，我们要找一个映射 $g: B\to A$. 任给 $b\in B$，由于 f 是双射，因此 b 在 f 下有唯一的一个原像 a，即 $f(a)=b$. 于是，存在把 b 对应到 a 的映射 $g: B\to A$，如图 3.6 所示.

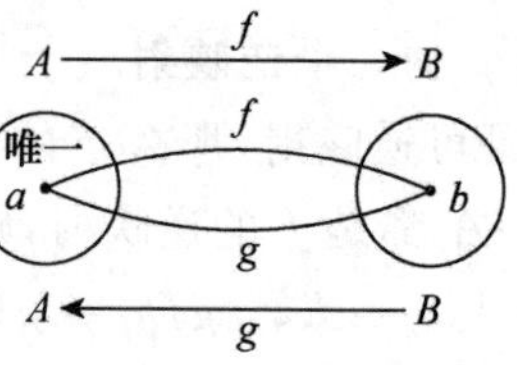

图 3.6

其次，证明上述映射 g 满足(5)式中的两个等式.

任给 $b\in B$，由上述映射 g 的构造方法得

$$(fg)(b)=f(g(b))=f(a)=b,$$

因此

$$fg=1_B.$$

任给 $x\in A$，则 $f(x)\in B$. 把 $f(x)$ 记作 y. 由上述映射 g 的构造方法得

$$(gf)(x)=g(f(x))=g(y)=x,$$

因此

$$gf=1_A.$$

综上所述，f 是可逆映射，且 $f^{-1}=g$. □

从定理 2 的充分性的证明中看到，若映射 $f: A\to B$ 是双射，则存在 f 的逆映射 $f^{-1}: B\to A$，且

$$f(a)=b \Longleftrightarrow f^{-1}(b)=a. \tag{9}$$

推论 1 若函数 $f: A\to B$ 是双射，其中 A 是数集，则 f 有逆映射 $f^{-1}: B\to A$，它是一个函数，且有

$$f(a)=b \Longleftrightarrow f^{-1}(b)=a.$$ □

此时 f^{-1}称为 f 的**反函数**.

设函数 $f: A\to B, g: C\to D$,其中 A,C 都是数集,且 $B\subseteq C$,则先做映射 f,接着做映射 g,得到的乘积 gf 称为函数 f 与 g 的**复合函数**,也记作 $g\circ f$,即

$$(g\circ f)(a)=g(f(a)),\quad \forall a\in A.$$

3.9.2 典型例题

例 1 判断下列对应法则是否为 $\mathbf{R}$ 到自身的映射、单射、满射:

(1) $x\mapsto 2^x$; (2) $x\mapsto \ln x$; (3) $x\mapsto x^2$.

解 (1) 任给 $x\in\mathbf{R}$,都有唯一确定的实数 2^x 与它对应,因此 $x\mapsto 2^x$ 是 $\mathbf{R}$ 到自身的一个映射.由于 $y=2^x$ 在$(-\infty,+\infty)$上是增函数,因此当 $x_1\neq x_2$ 时,$2^{x_1}\neq 2^{x_2}$,从而 $x\mapsto 2^x$ 是单射.由于 $y=2^x$ 的值域是正实数集,因此 $x\mapsto 2^x$ 不是 $\mathbf{R}$ 到自身的满射.

(2) 零和负数都没有对数,因此 $x\mapsto\ln x$ 不是 $\mathbf{R}$ 到自身的映射.

(3) 任给 $x\in\mathbf{R}$,都有唯一确定的实数 x^2 与它对应,因此 $x\mapsto x^2$ 是 $\mathbf{R}$ 到自身的一个映射.由于 $1^2=(-1)^2$,因此 $x\mapsto x^2$ 不是单射.由于 $y=x^2$ 的值域是非负实数集,因此$x\mapsto x^2$ 不是 $\mathbf{R}$ 到自身的满射.

例 2 举出一个实数集 $\mathbf{R}$ 到正实数集 $\mathbf{R}^+$ 的双射例子.

解 $f(x)=2^x$ 是 $\mathbf{R}$ 到 $\mathbf{R}^+$ 的一个映射,并且是单射(见例 1 的第(1)小题).由于 $f(x)=2^x$ 的值域 $\mathbf{R}^+$ 等于陪域 $\mathbf{R}^+$,因此 $f(x)=2^x$ 是 $\mathbf{R}$ 到 $\mathbf{R}^+$ 的满射,从而 $f(x)=2^x$ 是 $\mathbf{R}$ 到 $\mathbf{R}^+$ 的一个双射.

例 3 举出一个正实数集 $\mathbf{R}^+$ 到实数集 $\boldsymbol{R}$ 的双射例子.

解 $g(x)=\ln x$ 是 $\mathbf{R}^+$ 到 $\mathbf{R}$ 的一个映射.由于 $g(x)=\ln x$ 在$(0,+\infty)$上是增函数,因此 $g(x)=\ln x$ 是单射.由于 $g(x)=\ln x$ 的值域 $\mathbf{R}$ 等于陪域 $\mathbf{R}$,因此它是满射,从而 $g(x)=\ln x$ 是 $\mathbf{R}^+$ 到 $\mathbf{R}$ 的一个双射.

例 4 证明:两个有限集合之间存在双射的充要条件是它们的元素个数相等.

证明 设 A 与 B 都是有限集.

必要性 设存在 A 到 B 的一个双射 f,并设 $A=\{a_1,a_2,\cdots,a_n\}$.由于 f 是单射,因此 $f(a_1),f(a_2),\cdots,f(a_n)$两两不等,从而 f 的值域为 $f(A)=\{f(a_1),f(a_2),\cdots,f(a_n)\}$.由于 f 是满射,因此 $f(A)=B$,从而

$$|A|=n=|f(A)|=|B|.$$

充分性 设$|A|=|B|=n$,并设 $A=\{a_1,a_2,\cdots,a_n\}$,$B=\{b_1,b_2,\cdots,b_n\}$.令 $f(a_i)=b_i$ $(i=1,2,\cdots,n)$,则 f 是 A 到 B 的一个映射.若 $a_i\neq a_j$,则 $i\neq j$,从而有 $b_i\neq b_j$.于是,f 是单射.对于 $b_j\in B$,存在 $a_j\in A$,使得 $f(a_j)=b_j(j=1,2,\cdots,n)$.于是,$f$ 是满射.因此,f 是 A 到

B 的一个双射.

例 5 设 A 和 B 是两个集合. 如果存在 A 到 B 的一个双射,那么称 A 与 B 有相同的**基数**,记作 $|A|=|B|$. 证明:整数集 $\mathbf{Z}$ 与偶数集(记作 $2\mathbf{Z}$)有相同的基数.

证明 令 $f(m)=2m, \forall m\in\mathbf{Z}$,则 f 是 $\mathbf{Z}$ 到 $2\mathbf{Z}$ 的一个映射. 由于若 $k\neq l$,则 $2k\neq 2l$,因此 f 是单射. 任给 $2k\in 2\mathbf{Z}$,有 $k\in\mathbf{Z}$,使得 $f(k)=2k$,因此 f 是满射. 于是,f 是 $\mathbf{Z}$ 到 $2\mathbf{Z}$ 的一个双射,从而 $\mathbf{Z}$ 与 $2\mathbf{Z}$ 有相同的基数. □

例 6 设映射 $f: A\to B, g: B\to C$,证明:

(1) 若 f 和 g 都是单射,则 gf 也是单射;

(2) 若 f 和 g 都是满射,则 gf 也是满射;

(3) 若 f 和 g 都是双射,则 gf 也是双射;

(4) 若 f 和 g 都是可逆映射,则 gf 也是可逆映射,且有 $(gf)^{-1}=f^{-1}g^{-1}$.

证明 (1) 设 $a_1,a_2\in A$,且 $(gf)(a_1)=(gf)(a_2)$,则

$$g(f(a_1))=g(f(a_2)),\quad f(a_1),f(a_2)\in B.$$

由于 g 是单射,因此 $f(a_1)=f(a_2)$. 由于 f 是单射,因此 $a_1=a_2$,从而 gf 是单射.

(2) 任取 $c\in C$. 由于 g 是满射,因此存在 $b\in B$,使得 $g(b)=c$. 由于 f 是满射,因此存在 $a\in A$,使得 $f(a)=b$,从而

$$(gf)(a)=g(f(a))=g(b)=c.$$

于是,gf 是满射.

(3) 若 f 和 g 都是双射,则 f 和 g 都是单射,且它们都是满射. 于是,根据第(1),(2)小题,gf 是单射,且 gf 是满射. 因此,gf 是双射.

(4) 若 f 和 g 都是可逆映射,则根据定理 2,f 和 g 都是双射. 于是,根据第(3)小题,gf 也是双射. 再根据定理 2,gf 是可逆映射. 由于

$$ff^{-1}=1_B,\quad f^{-1}f=1_A,\quad gg^{-1}=1_C,\quad g^{-1}g=1_B,\quad g1_B=g,\quad 1_Bf=f,$$

因此

$$(gf)(f^{-1}g^{-1}) = g(ff^{-1})g^{-1} = (g1_B)g^{-1} = gg^{-1} = 1_C,$$
$$(f^{-1}g^{-1})(gf) = f^{-1}(g^{-1}g)f = f^{-1}(1_Bf) = f^{-1}f = 1_A,$$

从而

$$(gf)^{-1}=f^{-1}g^{-1}.$$

习 题 3.9

1. 设 A 和 B 都是有限集,并且 $|A|=|B|$,f 是 A 到 B 的一个映射,证明:

(1) 若 f 是满射,则 f 必为单射,从而 f 是双射;

(2) 若 f 是单射,则 f 必为满射,从而 f 是双射.

2. (1) 举出一个区间$\left[-\frac{\pi}{2},\frac{\pi}{2}\right]$到$[-1,1]$的双射例子,并且说出它是双射的理由;

(2) 举出一个区间$[0,\pi]$到$[-1,1]$的双射例子,并且说出它是双射的理由.

3. 是否存在实数集 $\mathbf{R}$ 到区间$(0,1)$的双射?如果存在,举出一个例子,并且说出它是双射的理由.

4. 设映射 $f: A\to B$,证明:

(1) 若 $b,c\in f(A)$,且 $b\neq c$,则 $f^{-1}(b)\cap f^{-1}(c)=\varnothing$;

(2) A 是互不相交的纤维的并集.

补充题三

1. 设 $\mathbf{A}=(a_{ij})$是实数域上的 n 阶矩阵,证明:

如果

$$a_{ii}>\sum_{\substack{j=1\\j\neq i}}^{n}|a_{ij}|,\quad i=1,2,\cdots,n,$$

那么

$$|\mathbf{A}|>0.$$

第四章 矩阵的运算

在前三章我们看到：矩阵的初等行变换、方阵的行列式以及矩阵的秩在线性方程组的理论中起着重要作用.除此之外，矩阵在众多领域中都发挥着强大的威力.这是由于以下一些原因：

(1) 矩阵是一张表，以表格的形式表达来自各领域的事物看起来一目了然.例如，线性方程组可用它的增广矩阵来表示，某公司的若干个商场在同一月份销售几种商品的销售金额可以列成一个矩阵，平面上绕原点 O、转角为 θ 的旋转公式中的系数可排成一个矩阵；等等.

(2) 通过引入矩阵的运算，特别是乘法运算，既可以用简洁的形式表达事物，又可以揭示事物的内涵.例如，线性方程组可以简洁地写成 $\boldsymbol{Ax}=\boldsymbol{\beta}$，平面上二次曲线的方程可以简洁地表示成 $\boldsymbol{x}^{\mathrm{T}}\boldsymbol{Ax}=0$.

矩阵有哪几种运算？它们满足哪些运算法则？有哪些性质？本章就来讨论这些问题.

§4.1 矩阵的加法、数量乘法和乘法运算

4.1.1 内容精华

数域 K 上的两个矩阵称为**相等**的，如果它们的行数相等，列数也相等，并且它们的所有元素对应相等（即一个矩阵的 (i,j) 元等于另一个矩阵的 (i,j) 元）.

从某公司 3 个商场去年 9 月份和 10 月份销售 4 种商品的金额总和可以很自然地引出矩阵的加法运算：

定义 1 设 $\boldsymbol{A}=(a_{ij})$，$\boldsymbol{B}=(b_{ij})$ 都是数域 K 上的 $s\times n$ 矩阵.令

$$\boldsymbol{C}=(a_{ij}+b_{ij})_{s\times n},$$

则称矩阵 $\boldsymbol{C}$ 是矩阵 $\boldsymbol{A}$ 与 $\boldsymbol{B}$ 的**和**，记作 $\boldsymbol{C}=\boldsymbol{A}+\boldsymbol{B}$.

从同步增长的经济问题可以很自然地引出矩阵的数量乘法运算:

定义 2 设 $\boldsymbol{A}=(a_{ij})$ 是数域 K 上的 $s\times n$ 矩阵,$k\in K$. 令

$$\boldsymbol{M}=(ka_{ij})_{s\times n},$$

则称矩阵 $\boldsymbol{M}$ 是 k 与矩阵 $\boldsymbol{A}$ 的**数量乘积**,记作 $\boldsymbol{M}=k\boldsymbol{A}$.

设矩阵 $\boldsymbol{A}=(a_{ij})_{s\times n}$,$(-a_{ij})_{s\times n}$ 称为 $\boldsymbol{A}$ 的**负矩阵**,记作 $-\boldsymbol{A}$. 容易直接验证,矩阵的加法与数量乘法满足类似于 n 维向量的加法与数量乘法所满足的 8 条运算法则: 设 $\boldsymbol{A},\boldsymbol{B},\boldsymbol{C}$ 都是 K 上的 $s\times n$ 矩阵,$k,l\in K$,则有

(1) $\boldsymbol{A}+\boldsymbol{B}=\boldsymbol{B}+\boldsymbol{A}$; (2) $(\boldsymbol{A}+\boldsymbol{B})+\boldsymbol{C}=\boldsymbol{A}+(\boldsymbol{B}+\boldsymbol{C})$;

(3) $\boldsymbol{A}+\boldsymbol{0}=\boldsymbol{0}+\boldsymbol{A}=\boldsymbol{A}$; (4) $\boldsymbol{A}+(-\boldsymbol{A})=(-\boldsymbol{A})+\boldsymbol{A}=\boldsymbol{0}$;

(5) $1\boldsymbol{A}=\boldsymbol{A}$; (6) $(kl)\boldsymbol{A}=k(l\boldsymbol{A})$;

(7) $(k+l)\boldsymbol{A}=k\boldsymbol{A}+l\boldsymbol{A}$; (8) $k(\boldsymbol{A}+\boldsymbol{B})=k\boldsymbol{A}+k\boldsymbol{B}$.

利用负矩阵的概念,可以定义矩阵的**减法**如下: 设 $\boldsymbol{A},\boldsymbol{B}$ 都是 $s\times n$ 矩阵,则

$$\boldsymbol{A}-\boldsymbol{B}:=\boldsymbol{A}+(-\boldsymbol{B}).$$

平面上取定一个直角坐标系 Oxy,所有以原点 O 为起点的向量组成的集合记作 V. 让 V 中每个向量绕原点 O 旋转角度 θ,如图 4.1 所示. 我们来求这个旋转(记作 σ)的公式. 设 $\overrightarrow{OP}$ 的坐标为 $(x,y)^{\mathrm{T}}$,它在旋转 σ 下的像 $\overrightarrow{OP'}$ 的坐标为 $(x',y')^{\mathrm{T}}$,以 x 轴的正半轴为始边,以射线 OP 为终边的角为 α,$|\overrightarrow{OP}|=r$. 从三角函数的定义得

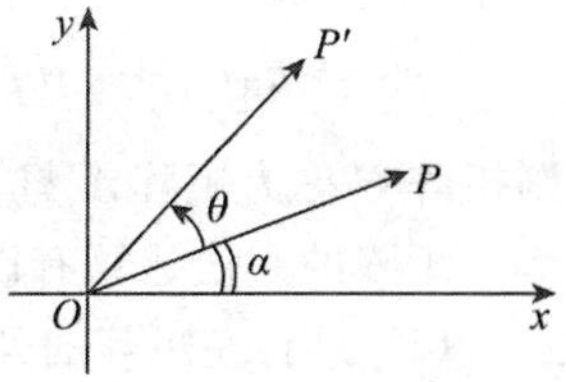

图 4.1

$$x=r\cos\alpha,\qquad y=r\sin\alpha,$$
$$x'=r\cos(\alpha+\theta),\quad y'=r\sin(\alpha+\theta),$$

由此得出

$$\begin{cases}x'=x\cos\theta-y\sin\theta,\\ y'=x\sin\theta+y\cos\theta.\end{cases}\tag{1}$$

(1)式就是旋转 σ 的公式. 把公式(1)中的系数排成如下矩阵:

$$\begin{pmatrix}\cos\theta & -\sin\theta\\ \sin\theta & \cos\theta\end{pmatrix},\tag{2}$$

则矩阵(2)就表示了转角为 θ 的旋转. 把矩阵(2)记作 $\boldsymbol{A}$.

同理,绕原点 O、转角为 φ 的旋转 τ 可以用矩阵

$$\boldsymbol{B}=\begin{pmatrix}\cos\varphi & -\sin\varphi\\ \sin\varphi & \cos\varphi\end{pmatrix}\tag{3}$$

来表示.

现在相继做旋转 τ 与旋转 σ,得到的乘积 $\sigma\tau$ 是转角为 $\theta+\varphi$ 的旋转 ψ. 与上同理,$\sigma\tau$ 可以

用矩阵

$$\boldsymbol{C}=\begin{pmatrix}\cos(\theta+\varphi) & -\sin(\theta+\varphi)\\ \sin(\theta+\varphi) & \cos(\theta+\varphi)\end{pmatrix} \tag{4}$$

来表示. 很自然地,我们把矩阵 $\boldsymbol{C}$ 称为矩阵 $\boldsymbol{A}$ 与 $\boldsymbol{B}$ 的**乘积**,即规定 $\boldsymbol{AB}:=\boldsymbol{C}$. 现在我们来仔细看一看矩阵 $\boldsymbol{C}$ 的元素与矩阵 $\boldsymbol{A},\boldsymbol{B}$ 的元素之间有什么关系. 利用两角和的余弦公式和正弦公式,得

$$\boldsymbol{C}=\begin{pmatrix}\cos\theta\cos\varphi-\sin\theta\sin\varphi & -\sin\theta\cos\varphi-\cos\theta\sin\varphi\\ \sin\theta\cos\varphi+\cos\theta\sin\varphi & \cos\theta\cos\varphi-\sin\theta\sin\varphi\end{pmatrix}. \tag{5}$$

比较(5)式与(2)式和(3)式,可以看出: $\boldsymbol{C}$ 的(1,1)元等于 $\boldsymbol{A}$ 的第 1 行与 $\boldsymbol{B}$ 的第 1 列对应元素的乘积之和, $\boldsymbol{C}$ 的(1,2)元是 $\boldsymbol{A}$ 的第 1 行与 $\boldsymbol{B}$ 的第 2 列对应元素的乘积之和, $\boldsymbol{C}$ 的(2,1)元是 $\boldsymbol{A}$ 的第 2 行与 $\boldsymbol{B}$ 的第 1 列对应元素的乘积之和, $\boldsymbol{C}$ 的(2,2)元是 $\boldsymbol{A}$ 的第 2 行与 $\boldsymbol{B}$ 的第 2 列对应元素的乘积之和.

从旋转这个例子受到启发,引入矩阵的乘法运算:

定义 3　设矩阵 $\boldsymbol{A}=(a_{ij})_{s\times n}$, $\boldsymbol{B}=(b_{ij})_{n\times m}$. 令 $\boldsymbol{C}=(c_{ij})_{s\times m}$,其中

$$c_{ij}=a_{i1}b_{1j}+a_{i2}b_{2j}+\cdots+a_{in}b_{nj}=\sum_{k=1}^{n}a_{ik}b_{kj}\quad(i=1,2,\cdots,s;j=1,2,\cdots,m),$$

则矩阵 $\boldsymbol{C}$ 称为矩阵 $\boldsymbol{A}$ 与 $\boldsymbol{B}$ 的**乘积**,记作 $\boldsymbol{AB}=\boldsymbol{C}$.

矩阵的乘法运算有以下几个要点:

(1) 只有左矩阵的列数与右矩阵的行数相同的两个矩阵才能相乘(对于 $\boldsymbol{AB}$, $\boldsymbol{A}$ 称为左矩阵, $\boldsymbol{B}$ 称为右矩阵);

(2) 乘积矩阵的 (i,j) 元等于左矩阵的第 i 行与右矩阵的第 j 列对应元素的乘积之和:

$$(\boldsymbol{AB})(i;j)=\sum_{k=1}^{n}\boldsymbol{A}(i;k)\boldsymbol{B}(k;j);$$

(3) 乘积矩阵的行数等于左矩阵的行数,乘积矩阵的列数等于右矩阵的列数.

例 1　设矩阵

$$\boldsymbol{A}=\begin{pmatrix}1 & -2\\ 0 & 3\\ -1 & 2\end{pmatrix},\quad \boldsymbol{B}=\begin{pmatrix}4 & 5\\ 6 & 7\end{pmatrix},$$

求 $\boldsymbol{AB}$.

解　$$\boldsymbol{AB}=\begin{pmatrix}1 & -2\\ 0 & 3\\ -1 & 2\end{pmatrix}\begin{pmatrix}4 & 5\\ 6 & 7\end{pmatrix}=\begin{pmatrix}1\times4+(-2)\times6 & 1\times5+(-2)\times7\\ 0\times4+3\times6 & 0\times5+3\times7\\ (-1)\times4+2\times6 & (-1)\times5+2\times7\end{pmatrix}$$

$$=\begin{pmatrix}-8 & -9\\ 18 & 21\\ 8 & 9\end{pmatrix}.$$

矩阵的乘法运算具有以下性质：

(1) 矩阵的乘法适合**结合律**：设矩阵 $\boldsymbol{A}=(a_{ij})_{s\times n}$，$\boldsymbol{B}=(b_{ij})_{n\times m}$，$\boldsymbol{C}=(c_{ij})_{m\times r}$，则

$$(\boldsymbol{AB})\boldsymbol{C}=\boldsymbol{A}(\boldsymbol{BC}). \tag{6}$$

证明 显然，$(\boldsymbol{AB})\boldsymbol{C}$ 与 $\boldsymbol{A}(\boldsymbol{BC})$ 都是 $s\times r$ 矩阵. 由于

$$[(\boldsymbol{AB})\boldsymbol{C}](i;j)=\sum_{l=1}^{m}[(\boldsymbol{AB})(i;l)]c_{lj}=\sum_{l=1}^{m}\left(\sum_{k=1}^{n}a_{ik}b_{kl}\right)c_{lj}=\sum_{l=1}^{m}\left(\sum_{k=1}^{n}a_{ik}b_{kl}c_{lj}\right),$$

$$\begin{aligned}[\boldsymbol{A}(\boldsymbol{BC})](i;j)&=\sum_{k=1}^{n}a_{ik}[(\boldsymbol{BC})(k;j)]=\sum_{k=1}^{n}a_{ik}\left(\sum_{l=1}^{m}b_{kl}c_{lj}\right)=\sum_{k=1}^{n}\left(\sum_{l=1}^{m}a_{ik}b_{kl}c_{lj}\right)\\&=\sum_{l=1}^{m}\left(\sum_{k=1}^{n}a_{ik}b_{kl}c_{lj}\right),\end{aligned}$$

因此

$$[(\boldsymbol{AB})\boldsymbol{C}](i;j)=[\boldsymbol{A}(\boldsymbol{BC})](i;j)\quad(i=1,2,\cdots,s;j=1,2,\cdots,r),$$

从而

$$(\boldsymbol{AB})\boldsymbol{C}=\boldsymbol{A}(\boldsymbol{BC}).$$

□

从例 1 看到，$\boldsymbol{A}$ 与 $\boldsymbol{B}$ 可以做乘法，但是 $\boldsymbol{B}$ 与 $\boldsymbol{A}$ 不能做乘法. 这说明，矩阵的乘法不适合交换律. 即使 $\boldsymbol{A}$ 与 $\boldsymbol{B}$ 可以做乘法，$\boldsymbol{B}$ 与 $\boldsymbol{A}$ 也可以做乘法，但是也有可能 $\boldsymbol{AB}\neq\boldsymbol{BA}$. 可以看下面两个例子.

例 2 设矩阵

$$\boldsymbol{A}=(1,1,1),\quad \boldsymbol{B}=\begin{pmatrix}1\\1\\1\end{pmatrix},$$

求 $\boldsymbol{AB}$ 与 $\boldsymbol{BA}$.

解 $\boldsymbol{AB}=(1,1,1)\begin{pmatrix}1\\1\\1\end{pmatrix}=(3)$，$\boldsymbol{BA}=\begin{pmatrix}1\\1\\1\end{pmatrix}(1,1,1)=\begin{pmatrix}1&1&1\\1&1&1\\1&1&1\end{pmatrix}$.

如果运算的最后结果得到一个一阶矩阵，那么我们可以把它写成一个数. 在例 2 中，可以写 $\boldsymbol{AB}=3$.

一个行向量 $(a_1,a_2,\cdots,a_n)$ 可以看成一个 $1\times n$ 矩阵，一个列向量 $\begin{pmatrix}a_1\\a_2\\\vdots\\a_n\end{pmatrix}$ 可以看成一个 $n\times 1$ 矩阵.

例 3 设矩阵

$$\boldsymbol{A}=\begin{pmatrix}0&1\\0&0\end{pmatrix},\quad \boldsymbol{B}=\begin{pmatrix}0&0\\0&1\end{pmatrix},$$

求 **AB** 与 **BA**.

解　$\boldsymbol{AB}=\begin{pmatrix}0&1\\0&0\end{pmatrix}\begin{pmatrix}0&0\\0&1\end{pmatrix}=\begin{pmatrix}0&1\\0&0\end{pmatrix}$，$\boldsymbol{BA}=\begin{pmatrix}0&0\\0&1\end{pmatrix}\begin{pmatrix}0&1\\0&0\end{pmatrix}=\begin{pmatrix}0&0\\0&0\end{pmatrix}$.

从例 3 还可以看到一个奇怪的现象：$\boldsymbol{B}\neq\boldsymbol{0}$，$\boldsymbol{A}\neq\boldsymbol{0}$，但是 $\boldsymbol{BA}=\boldsymbol{0}$. 这一点希望读者要特别注意. 这也就是说，从 $\boldsymbol{BA}=\boldsymbol{0}$ 不能推出 $\boldsymbol{B}=\boldsymbol{0}$ 或 $\boldsymbol{A}=\boldsymbol{0}$.

对于矩阵 $\boldsymbol{A}$，如果存在一个矩阵 $\boldsymbol{B}\neq\boldsymbol{0}$，使得 $\boldsymbol{AB}=\boldsymbol{0}$，那么称 $\boldsymbol{A}$ 是一个**左零因子**；如果存在一个矩阵 $\boldsymbol{C}\neq\boldsymbol{0}$，使得 $\boldsymbol{CA}=\boldsymbol{0}$，那么称 $\boldsymbol{A}$ 是一个**右零因子**. 左零因子和右零因子统称为**零因子**. 在例 3 中，$\boldsymbol{A}$ 是右零因子，$\boldsymbol{B}$ 是左零因子. 由于

$$\begin{pmatrix}0&1\\0&0\end{pmatrix}\begin{pmatrix}1&0\\0&0\end{pmatrix}=\begin{pmatrix}0&0\\0&0\end{pmatrix},$$

因此例 3 中的矩阵 $\boldsymbol{A}$ 也是左零因子.

显然，零矩阵是零因子，称它是**平凡零因子**.

(2) 矩阵的乘法适合**左分配律**：

$$\boldsymbol{A}(\boldsymbol{B}+\boldsymbol{C})=\boldsymbol{AB}+\boldsymbol{AC}, \tag{7}$$

也适合**右分配律**：

$$(\boldsymbol{B}+\boldsymbol{C})\boldsymbol{D}=\boldsymbol{BD}+\boldsymbol{CD}. \tag{8}$$

证明方法类似于结合律的证明.

例 4　设矩阵

$$\boldsymbol{A}=\begin{pmatrix}1&2\\3&4\end{pmatrix},\quad \boldsymbol{B}=\begin{pmatrix}0&3\\2&5\end{pmatrix},\quad \boldsymbol{C}=\begin{pmatrix}1&1\\1&1\end{pmatrix},$$

求 $\boldsymbol{AC}$ 与 $\boldsymbol{BC}$.

解　$\boldsymbol{AC}=\begin{pmatrix}1&2\\3&4\end{pmatrix}\begin{pmatrix}1&1\\1&1\end{pmatrix}=\begin{pmatrix}3&3\\7&7\end{pmatrix}$，$\boldsymbol{BC}=\begin{pmatrix}0&3\\2&5\end{pmatrix}\begin{pmatrix}1&1\\1&1\end{pmatrix}=\begin{pmatrix}3&3\\7&7\end{pmatrix}$.

从例 4 看到，$\boldsymbol{AC}=\boldsymbol{BC}$，但是 $\boldsymbol{A}\neq\boldsymbol{B}$. 这说明，矩阵的乘法不适合消去律，即从 $\boldsymbol{AC}=\boldsymbol{BC}$，且 $\boldsymbol{C}\neq\boldsymbol{0}$ 不能推出 $\boldsymbol{A}=\boldsymbol{B}$.

(3) 主对角线上元素都是 1，其余元素都是 0 的 n 阶矩阵称为 n 阶**单位矩阵**，记作 $\boldsymbol{I}_n$，简记作 $\boldsymbol{I}$. 容易直接计算得

$$\boldsymbol{I}_s\boldsymbol{A}_{s\times n}=\boldsymbol{A}_{s\times n},\quad \boldsymbol{A}_{s\times n}\boldsymbol{I}_n=\boldsymbol{A}_{s\times n}. \tag{9}$$

特别地，如果 $\boldsymbol{A}$ 是 n 阶矩阵，则

$$\boldsymbol{IA}=\boldsymbol{AI}=\boldsymbol{A}. \tag{10}$$

(4) 矩阵的乘法与数量乘法满足如下关系式：

$$k(\boldsymbol{AB})=(k\boldsymbol{A})\boldsymbol{B}=\boldsymbol{A}(k\boldsymbol{B}). \tag{11}$$

证明 设 $\boldsymbol{A}=(a_{ij})_{s\times n}$,$\boldsymbol{B}=(b_{ij})_{n\times m}$,显然 $k(\boldsymbol{AB})$,$(k\boldsymbol{A})\boldsymbol{B}$,$\boldsymbol{A}(k\boldsymbol{B})$都是 $s\times m$ 矩阵.由于

$$[k(\boldsymbol{AB})](i;j)=k[(\boldsymbol{AB})(i;j)]=k\left(\sum_{l=1}^{n}a_{il}b_{lj}\right)=\sum_{l=1}^{n}ka_{il}b_{lj},$$

$$[k(\boldsymbol{A})\boldsymbol{B}](i;j)=\sum_{l=1}^{n}[(k\boldsymbol{A})(i;l)]b_{lj}=\sum_{l=1}^{n}ka_{il}b_{lj},$$

$$[\boldsymbol{A}(k\boldsymbol{B})](i;j)=\sum_{l=1}^{n}a_{il}[(k\boldsymbol{B})(l;j)]=\sum_{l=1}^{n}a_{il}kb_{lj}=\sum_{l=1}^{n}ka_{il}b_{lj},$$

因此

$$[k(\boldsymbol{AB})](i;j)=[(k\boldsymbol{A})\boldsymbol{B}](i;j)=[\boldsymbol{A}(k\boldsymbol{B})](i;j)\quad(i=1,2,\cdots,s;j=1,2,\cdots,m),$$

从而

$$k(\boldsymbol{AB})=(k\boldsymbol{A})\boldsymbol{B}=\boldsymbol{A}(k\boldsymbol{B}).$$ □

主对角线上元素是同一个数 k,其余元素全为 0 的 n 阶矩阵称为**数量矩阵**,它可以记成 $k\boldsymbol{I}$.容易看出

$$k\boldsymbol{I}+l\boldsymbol{I}=(k+l)\boldsymbol{I},\tag{12}$$

$$k(l\boldsymbol{I})=(kl)\boldsymbol{I},\tag{13}$$

$$(k\boldsymbol{I})(l\boldsymbol{I})=(kl)\boldsymbol{I}.\tag{14}$$

上述三个式子表明:n 阶数量矩阵组成的集合对于矩阵的加法、数量乘法与乘法三种运算都封闭.

从(11)式和(10)式可得到

$$(k\boldsymbol{I})\boldsymbol{A}=k\boldsymbol{A},\quad \boldsymbol{A}(k\boldsymbol{I})=k\boldsymbol{A}.\tag{15}$$

(15)式表明,数量矩阵 $k\boldsymbol{I}$ 乘以 $\boldsymbol{A}$ 等于 k 乘以 $\boldsymbol{A}$.

前面已指出,矩阵的乘法不适合交换律.但是,对于具体的两个矩阵 $\boldsymbol{A}$ 与 $\boldsymbol{B}$,也有可能 $\boldsymbol{AB}=\boldsymbol{BA}$.如果 $\boldsymbol{AB}=\boldsymbol{BA}$,则称 $\boldsymbol{A}$ 与 $\boldsymbol{B}$ **可交换**.从(15)式得出,如果 $\boldsymbol{A}$ 是 n 阶矩阵,则

$$(k\boldsymbol{I})\boldsymbol{A}=\boldsymbol{A}(k\boldsymbol{I}),\tag{16}$$

即数量矩阵与任一同阶矩阵可交换.

由于矩阵的乘法适合结合律,因此可以定义 n 阶矩阵 $\boldsymbol{A}$ 的非负整数次幂:

$$\boldsymbol{A}^m:=\underbrace{\boldsymbol{A}\cdot\boldsymbol{A}\cdot\cdots\cdot\boldsymbol{A}}_{m\text{个}},\quad m\in\mathbf{Z}^+;$$

$$\boldsymbol{A}^0:=\boldsymbol{I}.$$

容易看出,对于任意自然数 k,l,有

$$\boldsymbol{A}^k\boldsymbol{A}^l=\boldsymbol{A}^{k+l},\quad(\boldsymbol{A}^k)^l=\boldsymbol{A}^{kl}.\tag{17}$$

由于矩阵的乘法不满足交换律,因此一般来说,$(\boldsymbol{AB})^k\neq\boldsymbol{A}^k\boldsymbol{B}^k$.从而对于矩阵来说,没有二项式定理.但是,如果矩阵 $\boldsymbol{A}$ 与 $\boldsymbol{B}$ 可交换,那么$(\boldsymbol{A}+\boldsymbol{B})^m$ 可以按照二项式定理展开.

矩阵的加法、数量乘法、乘法与矩阵的转置的关系如下:

(1) $(\boldsymbol{A}+\boldsymbol{B})^{\mathrm{T}}=\boldsymbol{A}^{\mathrm{T}}+\boldsymbol{B}^{\mathrm{T}}$;

(2) $(k\boldsymbol{A})^{\mathrm{T}}=k\boldsymbol{A}^{\mathrm{T}}$;

(3) $(\boldsymbol{A}\boldsymbol{B})^{\mathrm{T}}=\boldsymbol{B}^{\mathrm{T}}\boldsymbol{A}^{\mathrm{T}}$.

特别要注意:$(\boldsymbol{A}\boldsymbol{B})^{\mathrm{T}}=\boldsymbol{B}^{\mathrm{T}}\boldsymbol{A}^{\mathrm{T}}$.

证明 (1)与(2)的证明很容易,留给读者.现在进行(3)的证明.

设矩阵 $\boldsymbol{A}=(a_{ij})_{s\times n}$,$\boldsymbol{B}=(b_{ij})_{n\times m}$,则$(\boldsymbol{A}\boldsymbol{B})^{\mathrm{T}}$ 与 $\boldsymbol{B}^{\mathrm{T}}\boldsymbol{A}^{\mathrm{T}}$ 都是 $m\times s$ 矩阵.由于

$$(\boldsymbol{A}\boldsymbol{B})^{\mathrm{T}}(i;j)=(\boldsymbol{A}\boldsymbol{B})(j;i)=\sum_{k=1}^{n}a_{jk}b_{ki},$$

$$(\boldsymbol{B}^{\mathrm{T}}\boldsymbol{A}^{\mathrm{T}})(i;j)=\sum_{k=1}^{n}\boldsymbol{B}^{\mathrm{T}}(i;k)\boldsymbol{A}^{\mathrm{T}}(k;j)=\sum_{k=1}^{n}b_{ki}a_{jk},$$

因此
$$(\boldsymbol{A}\boldsymbol{B})^{\mathrm{T}}(i;j)=(\boldsymbol{B}^{\mathrm{T}}\boldsymbol{A}^{\mathrm{T}})(i;j)\quad(i=1,2,\cdots,m;j=1,2,\cdots,s),$$

从而
$$(\boldsymbol{A}\boldsymbol{B})^{\mathrm{T}}=\boldsymbol{B}^{\mathrm{T}}\boldsymbol{A}^{\mathrm{T}}.$$ □

如果 n 元线性方程组

$$\begin{cases}a_{11}x_1+a_{12}x_2+\cdots+a_{1n}x_n=b_1,\\a_{21}x_1+a_{22}x_2+\cdots+a_{2n}x_n=b_2,\\\cdots\cdots\\a_{s1}x_1+a_{s2}x_2+\cdots+a_{sn}x_n=b_s\end{cases}\tag{18}$$

的系数矩阵为 $\boldsymbol{A}$,常数项组成的列向量为 $\boldsymbol{\beta}$,未知量 $x_1,x_2,\cdots,x_n$ 组成的列向量为 $\boldsymbol{x}$,那么利用矩阵的乘法可以把该 n 元线性方程组写成

$$\begin{pmatrix}a_{11}&a_{12}&\cdots&a_{1n}\\a_{21}&a_{22}&\cdots&a_{2n}\\\vdots&\vdots&&\vdots\\a_{s1}&a_{s2}&\cdots&a_{sn}\end{pmatrix}\begin{pmatrix}x_1\\x_2\\\vdots\\x_n\end{pmatrix}=\begin{pmatrix}b_1\\b_2\\\vdots\\b_s\end{pmatrix},\tag{19}$$

即
$$\boldsymbol{A}\boldsymbol{x}=\boldsymbol{\beta},$$

对应的齐次线性方程组可以简洁地表示成

$$\boldsymbol{A}\boldsymbol{x}=\boldsymbol{0}.$$

于是,列向量 $\boldsymbol{\eta}$ 是齐次线性方程组 $\boldsymbol{A}\boldsymbol{x}=\boldsymbol{0}$ 的解当且仅当 $\boldsymbol{A}\boldsymbol{\eta}=\boldsymbol{0}$.这个结论经常要用到.

如果矩阵 $\boldsymbol{A}$ 的列向量组为 $\boldsymbol{\alpha}_1,\boldsymbol{\alpha}_2,\cdots,\boldsymbol{\alpha}_n$,那么可以把 $\boldsymbol{A}$ 记成 $\boldsymbol{A}=(\boldsymbol{\alpha}_1,\boldsymbol{\alpha}_2,\cdots,\boldsymbol{\alpha}_n)$.

设矩阵 $\boldsymbol{A}=(a_{ij})_{s\times n}$,$\boldsymbol{B}=(b_{ij})_{n\times m}$,$\boldsymbol{A}$ 的列向量组为 $\boldsymbol{\alpha}_1,\boldsymbol{\alpha}_2,\cdots,\boldsymbol{\alpha}_n$.按照矩阵乘法的定义,$\boldsymbol{A}\boldsymbol{B}$ 的第 j 列为

$$\begin{pmatrix}a_{11}b_{1j}+a_{12}b_{2j}+\cdots+a_{1n}b_{nj}\\a_{21}b_{1j}+a_{22}b_{2j}+\cdots+a_{2n}b_{nj}\\\vdots\\a_{s1}b_{1j}+a_{s2}b_{2j}+\cdots+a_{sn}b_{nj}\end{pmatrix}=b_{1j}\boldsymbol{\alpha}_1+b_{2j}\boldsymbol{\alpha}_2+\cdots+b_{nj}\boldsymbol{\alpha}_n,$$

于是

$$AB=(\boldsymbol{\alpha}_1,\boldsymbol{\alpha}_2,\cdots,\boldsymbol{\alpha}_n)\begin{pmatrix}b_{11}&b_{12}&\cdots&b_{1m}\\b_{21}&b_{22}&\cdots&b_{2m}\\\vdots&\vdots&&\vdots\\b_{n1}&b_{n2}&\cdots&b_{nm}\end{pmatrix}$$
$$=(b_{11}\boldsymbol{\alpha}_1+b_{21}\boldsymbol{\alpha}_2+\cdots+b_{n1}\boldsymbol{\alpha}_n,\cdots,b_{1m}\boldsymbol{\alpha}_1+b_{2m}\boldsymbol{\alpha}_2+\cdots+b_{nm}\boldsymbol{\alpha}_n).$$

由此看出,$\boldsymbol{A}$ 乘以 $\boldsymbol{B}$ 时,可以把 $\boldsymbol{A}$ 的列向量组分别与 $\boldsymbol{B}$ 的每一列对应元素的乘积之和作为 $\boldsymbol{AB}$ 的相应列向量.这是矩阵乘法的第二种表述方式.

类似地,设矩阵 $\boldsymbol{B}=(b_{ij})_{n\times m}$ 的行向量组为 $\boldsymbol{\gamma}_1,\boldsymbol{\gamma}_2,\cdots,\boldsymbol{\gamma}_n$,则

$$AB=\begin{pmatrix}a_{11}&a_{12}&\cdots&a_{1n}\\a_{21}&a_{22}&\cdots&a_{2n}\\\vdots&\vdots&&\vdots\\a_{s1}&a_{s2}&\cdots&a_{sn}\end{pmatrix}\begin{pmatrix}\boldsymbol{\gamma}_1\\\boldsymbol{\gamma}_2\\\vdots\\\boldsymbol{\gamma}_n\end{pmatrix}=\begin{pmatrix}a_{11}\boldsymbol{\gamma}_1+a_{12}\boldsymbol{\gamma}_2+\cdots+a_{1n}\boldsymbol{\gamma}_n\\a_{21}\boldsymbol{\gamma}_1+a_{22}\boldsymbol{\gamma}_2+\cdots+a_{2n}\boldsymbol{\gamma}_n\\\vdots\\a_{s1}\boldsymbol{\gamma}_1+a_{s2}\boldsymbol{\gamma}_2+\cdots+a_{sn}\boldsymbol{\gamma}_n\end{pmatrix}.$$

由此看出,$\boldsymbol{A}$ 乘以 $\boldsymbol{B}$ 时,可以把 $\boldsymbol{A}$ 的每一行元素与 $\boldsymbol{B}$ 的行向量组对应行向量的乘积之和作为 $\boldsymbol{AB}$ 的相应行向量.这是矩阵乘法的第三种表述方式.

4.1.2 典型例题

例 1 设 $\boldsymbol{I}$ 是 n 阶单位矩阵,$\boldsymbol{J}$ 是元素全为 1 的 n 阶矩阵,n 阶矩阵 $\boldsymbol{M}$ 为

$$M=\begin{pmatrix}k&\lambda&\lambda&\cdots&\lambda\\\lambda&k&\lambda&\cdots&\lambda\\\vdots&\vdots&\vdots&&\vdots\\\lambda&\lambda&\lambda&\cdots&k\end{pmatrix},$$

把 $\boldsymbol{M}$ 表示成 $x\boldsymbol{I}+y\boldsymbol{J}$ 的形式,其中 x,y 是待定系数.

解 $$M=\begin{pmatrix}(k-\lambda)+\lambda&0+\lambda&0+\lambda&\cdots&0+\lambda\\0+\lambda&(k-\lambda)+\lambda&0+\lambda&\cdots&0+\lambda\\\vdots&\vdots&\vdots&&\vdots\\0+\lambda&0+\lambda&0+\lambda&\cdots&(k-\lambda)+\lambda\end{pmatrix}$$
$$=\begin{pmatrix}k-\lambda&0&0&\cdots&0\\0&k-\lambda&0&\cdots&0\\\vdots&\vdots&\vdots&&\vdots\\0&0&0&\cdots&k-\lambda\end{pmatrix}+\begin{pmatrix}\lambda&\lambda&\lambda&\cdots&\lambda\\\lambda&\lambda&\lambda&\cdots&\lambda\\\vdots&\vdots&\vdots&&\vdots\\\lambda&\lambda&\lambda&\cdots&\lambda\end{pmatrix}$$
$$=(k-\lambda)\boldsymbol{I}+\lambda\boldsymbol{J}.$$

例 2 用 $\boldsymbol{1}_n$ 表示分量全为 1 的 n 维列向量(即元素全为 1 的 $n\times 1$ 矩阵).设 $\boldsymbol{A}=$

$(a_{ij})_{s\times n}$,$\boldsymbol{B}=(b_{ij})_{n\times m}$,计算 $\boldsymbol{A}\mathbf{1}_n$,$\mathbf{1}_n^{\mathrm{T}}\boldsymbol{B}$,$\mathbf{1}_n^{\mathrm{T}}\mathbf{1}_n$,$\mathbf{1}_n\mathbf{1}_n^{\mathrm{T}}$.

解 $$\boldsymbol{A}\mathbf{1}_n=\begin{pmatrix} a_{11} & a_{12} & \cdots & a_{1n} \\ a_{21} & a_{22} & \cdots & a_{2n} \\ \vdots & \vdots & & \vdots \\ a_{s1} & a_{s2} & \cdots & a_{sn} \end{pmatrix}\begin{pmatrix} 1 \\ 1 \\ \vdots \\ 1 \end{pmatrix}=\begin{pmatrix} a_{11}+a_{12}+\cdots+a_{1n} \\ a_{21}+a_{22}+\cdots+a_{2n} \\ \vdots \\ a_{s1}+a_{s2}+\cdots+a_{sn} \end{pmatrix},$$

$$\begin{aligned}\mathbf{1}_n^{\mathrm{T}}\boldsymbol{B} &=(1,1,\cdots,1)\begin{pmatrix} b_{11} & b_{12} & \cdots & b_{1m} \\ b_{21} & b_{22} & \cdots & b_{2m} \\ \vdots & \vdots & & \vdots \\ b_{n1} & b_{n2} & \cdots & b_{nm} \end{pmatrix} \\ &=(b_{11}+b_{21}+\cdots+b_{n1},b_{12}+b_{22}+\cdots+b_{n2},\cdots,b_{1m}+b_{2m}+\cdots+b_{nm}),\end{aligned}$$

$$\mathbf{1}_n^{\mathrm{T}}\mathbf{1}_n=(1,1,\cdots,1)\begin{pmatrix} 1 \\ 1 \\ \vdots \\ 1 \end{pmatrix}=(n)=n,$$

$$\mathbf{1}_n\mathbf{1}_n^{\mathrm{T}}=\begin{pmatrix} 1 \\ 1 \\ \vdots \\ 1 \end{pmatrix}(1,1,\cdots,1)=\begin{pmatrix} 1 & 1 & \cdots & 1 \\ 1 & 1 & \cdots & 1 \\ \vdots & \vdots & & \vdots \\ 1 & 1 & \cdots & 1 \end{pmatrix}=\boldsymbol{J}.$$

点评 例 2 表明,$\boldsymbol{A}\mathbf{1}_n$ 等于 $\boldsymbol{A}$ 各行的行和组成的列向量,$\mathbf{1}_n^{\mathrm{T}}\boldsymbol{B}$ 等于 $\boldsymbol{B}$ 各列的列和组成的行向量,$\mathbf{1}_n^{\mathrm{T}}\mathbf{1}_n$ 等于 n,$\mathbf{1}_n\mathbf{1}_n^{\mathrm{T}}$ 等于 $\boldsymbol{J}$.

例 3 设 $\boldsymbol{A},\boldsymbol{B}$ 都是数域 K 上的 n 阶矩阵. 令

$$[\boldsymbol{A},\boldsymbol{B}]:=\boldsymbol{AB}-\boldsymbol{BA},$$

则称$[\boldsymbol{A},\boldsymbol{B}]$是 $\boldsymbol{A}$ 与 $\boldsymbol{B}$ 的**换位元素**. 求$[\boldsymbol{A},\boldsymbol{B}]$称为**换位运算**. 设矩阵

$$\boldsymbol{M}_1=\begin{pmatrix} 0 & 0 & 0 \\ 0 & 0 & -1 \\ 0 & 1 & 0 \end{pmatrix},\quad \boldsymbol{M}_2=\begin{pmatrix} 0 & 0 & 1 \\ 0 & 0 & 0 \\ -1 & 0 & 0 \end{pmatrix},\quad \boldsymbol{M}_3=\begin{pmatrix} 0 & -1 & 0 \\ 1 & 0 & 0 \\ 0 & 0 & 0 \end{pmatrix},$$

求$[\boldsymbol{M}_1,\boldsymbol{M}_2]$,$[\boldsymbol{M}_2,\boldsymbol{M}_3]$,$[\boldsymbol{M}_3,\boldsymbol{M}_1]$.

解 $[\boldsymbol{M}_1,\boldsymbol{M}_2]=\boldsymbol{M}_1\boldsymbol{M}_2-\boldsymbol{M}_2\boldsymbol{M}_1=\boldsymbol{M}_3$, $[\boldsymbol{M}_2,\boldsymbol{M}_3]=\boldsymbol{M}_1$, $[\boldsymbol{M}_3,\boldsymbol{M}_1]=\boldsymbol{M}_2$.

例 4 证明:对于数域 K 上的任意 n 阶矩阵 $\boldsymbol{A},\boldsymbol{B},\boldsymbol{C}$,任意 $k_1,k_2\in K$,有

(1) $[k_1\boldsymbol{A}+k_2\boldsymbol{B},\boldsymbol{C}]=k_1[\boldsymbol{A},\boldsymbol{C}]+k_2[\boldsymbol{B},\boldsymbol{C}]$;

(2) $[\boldsymbol{A},\boldsymbol{B}]=-[\boldsymbol{B},\boldsymbol{A}]$;

(3) $[\boldsymbol{A},[\boldsymbol{B},\boldsymbol{C}]]+[\boldsymbol{B},[\boldsymbol{C},\boldsymbol{A}]]+[\boldsymbol{C},[\boldsymbol{A},\boldsymbol{B}]]=\boldsymbol{0}$.

证明 (1) $[k_1\boldsymbol{A}+k_2\boldsymbol{B},\boldsymbol{C}]=(k_1\boldsymbol{A}+k_2\boldsymbol{B})\boldsymbol{C}-\boldsymbol{C}(k_1\boldsymbol{A}+k_2\boldsymbol{B})$

$$=k_1(\boldsymbol{AC}-\boldsymbol{CA})+k_2(\boldsymbol{BC}-\boldsymbol{CB})$$
$$=k_1[\boldsymbol{A},\boldsymbol{C}]+k_2[\boldsymbol{B},\boldsymbol{C}];$$

(2) $[\boldsymbol{A},\boldsymbol{B}]=\boldsymbol{AB}-\boldsymbol{BA}=-(\boldsymbol{BA}-\boldsymbol{AB})=-[\boldsymbol{B},\boldsymbol{A}]$;

(3) $[\boldsymbol{A},[\boldsymbol{B},\boldsymbol{C}]]=\boldsymbol{A}[\boldsymbol{B},\boldsymbol{C}]-[\boldsymbol{B},\boldsymbol{C}]\boldsymbol{A}=\boldsymbol{A}(\boldsymbol{BC}-\boldsymbol{CB})-(\boldsymbol{BC}-\boldsymbol{CB})\boldsymbol{A}$
$$=\boldsymbol{ABC}-\boldsymbol{ACB}-\boldsymbol{BCA}+\boldsymbol{CBA},$$

同理可得

$$[\boldsymbol{B},[\boldsymbol{C},\boldsymbol{A}]]=\boldsymbol{BCA}-\boldsymbol{BAC}-\boldsymbol{CAB}+\boldsymbol{ACB},\quad [\boldsymbol{C},[\boldsymbol{A},\boldsymbol{B}]]=\boldsymbol{CAB}-\boldsymbol{CBA}-\boldsymbol{ABC}+\boldsymbol{BAC},$$

因此
$$[\boldsymbol{A},[\boldsymbol{B},\boldsymbol{C}]]+[\boldsymbol{B},[\boldsymbol{C},\boldsymbol{A}]]+[\boldsymbol{C},[\boldsymbol{A},\boldsymbol{B}]]=\boldsymbol{0}.$$
□

例 5 设 $\boldsymbol{A},\boldsymbol{B}$ 都是 n 阶矩阵. 如果 $\boldsymbol{A}^2=\boldsymbol{B}^2$,是否可推出 $\boldsymbol{A}=\boldsymbol{B}$ 或 $\boldsymbol{A}=-\boldsymbol{B}$?

解 由 $\boldsymbol{A}^2=\boldsymbol{B}^2$ 可推出 $\boldsymbol{A}^2-\boldsymbol{B}^2=\boldsymbol{0}$. 由于 $\boldsymbol{A}$ 与 $\boldsymbol{B}$ 不一定可交换,因此

$$\boldsymbol{A}^2-\boldsymbol{B}^2\neq(\boldsymbol{A}+\boldsymbol{B})(\boldsymbol{A}-\boldsymbol{B}).$$

即使 $\boldsymbol{A}$ 与 $\boldsymbol{B}$ 可交换,有

$$\boldsymbol{A}^2-\boldsymbol{B}^2=(\boldsymbol{A}+\boldsymbol{B})(\boldsymbol{A}-\boldsymbol{B}),$$

从而有 $(\boldsymbol{A}+\boldsymbol{B})(\boldsymbol{A}-\boldsymbol{B})=\boldsymbol{0}$,但是也推不出 $\boldsymbol{A}+\boldsymbol{B}=\boldsymbol{0}$ 或 $\boldsymbol{A}-\boldsymbol{B}=\boldsymbol{0}$,即不能推出 $\boldsymbol{A}=-\boldsymbol{B}$ 或 $\boldsymbol{A}=\boldsymbol{B}$. 例如,设 $\boldsymbol{A}=\boldsymbol{I}_2$, $\boldsymbol{B}=\begin{pmatrix}1&0\\0&-1\end{pmatrix}$,则 $\boldsymbol{A}^2=\boldsymbol{B}^2$,但是 $\boldsymbol{A}\neq\boldsymbol{B}$,且 $\boldsymbol{A}\neq-\boldsymbol{B}$.

例 6 计算 $\boldsymbol{A}^m$,其中 m 是正整数,且 $\boldsymbol{A}=\begin{pmatrix}2&3\\0&2\end{pmatrix}$.

解 我们有

$$\boldsymbol{A}=\begin{pmatrix}2&3\\0&2\end{pmatrix}=\begin{pmatrix}2&0\\0&2\end{pmatrix}+\begin{pmatrix}0&3\\0&0\end{pmatrix}=2\boldsymbol{I}+3\boldsymbol{B},$$

其中 $\boldsymbol{B}=\begin{pmatrix}0&1\\0&0\end{pmatrix}$. 直接计算得

$$\boldsymbol{B}^2=\begin{pmatrix}0&1\\0&0\end{pmatrix}\begin{pmatrix}0&1\\0&0\end{pmatrix}=\begin{pmatrix}0&0\\0&0\end{pmatrix}.$$

由于 $(2\boldsymbol{I})(3\boldsymbol{B})=(3\boldsymbol{B})(2\boldsymbol{I})$,因此由二项式定理得

$$\boldsymbol{A}^m=(2\boldsymbol{I}+3\boldsymbol{B})^m=(2\boldsymbol{I})^m+\mathrm{C}_m^1(2\boldsymbol{I})^{m-1}(3\boldsymbol{B})=2^m\boldsymbol{I}+2^{m-1}\cdot 3m\boldsymbol{B}$$
$$=\begin{pmatrix}2^m&2^{m-1}\cdot 3m\\0&2^m\end{pmatrix}.$$

例 7 计算 $\boldsymbol{A}^m$,其中 m 是正整数,且 $\boldsymbol{A}=\begin{pmatrix}a&c\\0&b\end{pmatrix}$.

解　$$A^2=\begin{pmatrix}a&c\\0&b\end{pmatrix}\begin{pmatrix}a&c\\0&b\end{pmatrix}=\begin{pmatrix}a^2&(a+b)c\\0&b^2\end{pmatrix},$$

$$A^3=\begin{pmatrix}a^2&(a+b)c\\0&b^2\end{pmatrix}\begin{pmatrix}a&c\\0&b\end{pmatrix}=\begin{pmatrix}a^3&(a^2+ab+b^2)c\\0&b^3\end{pmatrix},$$

$$A^4=\begin{pmatrix}a^3&(a^2+ab+b^2)c\\0&b^3\end{pmatrix}\begin{pmatrix}a&c\\0&b\end{pmatrix}=\begin{pmatrix}a^4&(a^3+a^2b+ab^2+b^3)c\\0&b^4\end{pmatrix}.$$

于是猜想

$$A^m=\begin{pmatrix}a^m&(a^{m-1}+a^{m-2}b+a^{m-3}b^2+\cdots+ab^{m-2}+b^{m-1})c\\0&b^m\end{pmatrix}. \tag{20}$$

当 $m=1$ 时,(20)式右边$=\begin{pmatrix}a&c\\0&b\end{pmatrix}=$左边,因此此时猜想为真.

假设对于 A^{m-1} 猜想为真,则有

$$A^m=\begin{pmatrix}a^{m-1}&(a^{m-2}+a^{m-3}b+\cdots+ab^{m-3}+b^{m-2})c\\0&b^{m-1}\end{pmatrix}\begin{pmatrix}a&c\\0&b\end{pmatrix}$$
$$=\begin{pmatrix}a^m&(a^{m-1}+a^{m-2}b+a^{m-3}b^2+\cdots+ab^{m-2}+b^{m-1})c\\0&b^m\end{pmatrix}.$$

由数学归纳法原理,对于任意正整数 m,(20)式成立.

注意　虽然可以把 A 写成 $A=\begin{pmatrix}a&0\\0&b\end{pmatrix}+\begin{pmatrix}0&c\\0&0\end{pmatrix}$,但是 $\begin{pmatrix}a&0\\0&b\end{pmatrix}$ 与 $\begin{pmatrix}0&c\\0&0\end{pmatrix}$ 不一定可交换,因此二项式定理对于此题不适用.

例 8　计算 A^m,其中 m 是正整数,且 $A=\begin{pmatrix}\cos\varphi&-\sin\varphi\\\sin\varphi&\cos\varphi\end{pmatrix}$.

解　由于 A 表示平面上绕原点 O、转角为 φ 的旋转 σ,因此 A^m 表示旋转 σ^m. 由于 σ^m 是绕原点 O、转角为 $m\varphi$ 的旋转,因此

$$A^m=\begin{pmatrix}\cos m\varphi&-\sin m\varphi\\\sin m\varphi&\cos m\varphi\end{pmatrix}.$$

例 9　计算 H^m,其中 m 是正整数,且

$$H=\begin{pmatrix}0&1&0&\cdots&0\\0&0&1&\cdots&0\\\vdots&\vdots&\vdots&&\vdots\\0&0&0&\cdots&1\\0&0&0&\cdots&0\end{pmatrix}_{n\times n}.$$

解　$H^2 = \begin{pmatrix} 0 & 1 & 0 & \cdots & 0 \\ 0 & 0 & 1 & \cdots & 0 \\ \vdots & \vdots & \vdots & & \vdots \\ 0 & 0 & 0 & \cdots & 1 \\ 0 & 0 & 0 & \cdots & 0 \end{pmatrix} \begin{pmatrix} 0 & 1 & 0 & \cdots & 0 \\ 0 & 0 & 1 & \cdots & 0 \\ \vdots & \vdots & \vdots & & \vdots \\ 0 & 0 & 0 & \cdots & 1 \\ 0 & 0 & 0 & \cdots & 0 \end{pmatrix}$

$= \begin{pmatrix} 0 & 0 & 1 & 0 & \cdots & 0 \\ 0 & 0 & 0 & 1 & \cdots & 0 \\ \vdots & \vdots & \vdots & \vdots & & \vdots \\ 0 & 0 & 0 & 0 & \cdots & 1 \\ 0 & 0 & 0 & 0 & \cdots & 0 \\ 0 & 0 & 0 & 0 & \cdots & 0 \end{pmatrix}.$

由此猜想：当 $m < n$ 时，

$$H^m = \begin{pmatrix} 0 & 0 & \cdots & 0 & 1 & 0 & \cdots & 0 \\ 0 & 0 & \cdots & 0 & 0 & 1 & \cdots & 0 \\ \vdots & \vdots & & \vdots & \vdots & \vdots & & \vdots \\ 0 & 0 & \cdots & 0 & 0 & 0 & \cdots & 1 \\ 0 & 0 & \cdots & 0 & 0 & 0 & \cdots & 0 \\ \vdots & \vdots & & \vdots & \vdots & \vdots & & \vdots \\ 0 & 0 & \cdots & 0 & 0 & 0 & \cdots & 0 \end{pmatrix}. \tag{21}$$

（m 列，m 行）

用数学归纳法证明上述猜想. 当 $m=1$ 时，显然猜想为真.

假设对于 H^{m-1} 猜想为真，则有

$$H^m = \begin{pmatrix} 0 & 0 & \cdots & 0 & 1 & 0 & \cdots & 0 \\ 0 & 0 & \cdots & 0 & 0 & 1 & \cdots & 0 \\ \vdots & \vdots & & \vdots & \vdots & \vdots & & \vdots \\ 0 & 0 & \cdots & 0 & 0 & 0 & \cdots & 1 \\ 0 & 0 & \cdots & 0 & 0 & 0 & \cdots & 0 \\ \vdots & \vdots & & \vdots & \vdots & \vdots & & \vdots \\ 0 & 0 & \cdots & 0 & 0 & 0 & \cdots & 0 \end{pmatrix} \begin{pmatrix} 0 & 1 & 0 & \cdots & 0 \\ 0 & 0 & 1 & \cdots & 0 \\ \vdots & \vdots & \vdots & & \vdots \\ 0 & 0 & 0 & \cdots & 1 \\ 0 & 0 & 0 & \cdots & 0 \end{pmatrix}$$

（$m-1$ 列，$m-1$ 行）

$$= \begin{pmatrix} \overbrace{0 & 0 & \cdots & 0}^{m\text{列}} & 1 & 0 & \cdots & 0 \\ 0 & 0 & \cdots & 0 & 0 & 1 & \cdots & 0 \\ \vdots & \vdots & & \vdots & \vdots & \vdots & & \vdots \\ 0 & 0 & \cdots & 0 & 0 & 0 & \cdots & 1 \\ 0 & 0 & \cdots & 0 & 0 & 0 & \cdots & 0 \\ \vdots & \vdots & & \vdots & \vdots & \vdots & & \vdots \\ 0 & 0 & \cdots & 0 & 0 & 0 & \cdots & 0 \end{pmatrix} \begin{matrix} \\ \\ \\ \\ \left.\begin{matrix} \\ \\ \\ \end{matrix}\right\} m\text{行} \end{matrix}.$$

由数学归纳法原理,当 $1\leqslant m<n$ 时,(21)式成立.

当 $m\geqslant n$ 时,由于

$$\boldsymbol{H}^n = \begin{pmatrix} \overbrace{0 & 0 & \cdots & 0}^{n-1\text{列}} & 1 \\ 0 & 0 & \cdots & 0 & 0 \\ \vdots & \vdots & & \vdots & \vdots \\ 0 & 0 & \cdots & 0 & 0 \end{pmatrix} \begin{pmatrix} 0 & 1 & 0 & \cdots & 0 \\ 0 & 0 & 1 & \cdots & 0 \\ \vdots & \vdots & \vdots & & \vdots \\ 0 & 0 & 0 & \cdots & 1 \\ 0 & 0 & 0 & \cdots & 0 \end{pmatrix} = \begin{pmatrix} 0 & 0 & 0 & \cdots & 0 \\ 0 & 0 & 0 & \cdots & 0 \\ \vdots & \vdots & \vdots & & \vdots \\ 0 & 0 & 0 & \cdots & 0 \end{pmatrix},$$

因此当 $m\geqslant n$ 时,有 $\boldsymbol{H}^m=\boldsymbol{0}$.

点评 例 9 中的 n 阶矩阵 $\boldsymbol{H}$ 有重要应用,例 9 的结论应当记住. 从例 9 的结论还可推出

$$\operatorname{rank}(\boldsymbol{H}^m) = \begin{cases} n-m, & m<n, \\ 0, & m\geqslant n. \end{cases}$$

例 10 设 $\boldsymbol{A}$ 是数域 K 上的 $s\times n$ 矩阵,证明:如果对于 K^n 中任一列向量 $\boldsymbol{\eta}$,都有 $\boldsymbol{A\eta}=\boldsymbol{0}$,那么 $\boldsymbol{A}=\boldsymbol{0}$.

证明 假设 $\boldsymbol{A}\neq\boldsymbol{0}$,由已知条件得,$K^n$ 中任一列向量 $\boldsymbol{\eta}$ 都是 n 元齐次线性方程组 $\boldsymbol{Ax}=\boldsymbol{0}$ 的解,从而齐次线性方程组 $\boldsymbol{Ax}=\boldsymbol{0}$ 的解空间为 $W=K^n$. 由于 $\dim W=n-\operatorname{rank}(\boldsymbol{A})$,因此

$$n = n - \operatorname{rank}(\boldsymbol{A}).$$

由此推出 $\operatorname{rank}(\boldsymbol{A})=0$,从而 $\boldsymbol{A}=\boldsymbol{0}$,矛盾. □

点评 在介绍了§4.5 矩阵的分块后,例 10 还可以如下证明:

$$\boldsymbol{A} = \boldsymbol{AI} = \boldsymbol{A}(\boldsymbol{\varepsilon}_1,\boldsymbol{\varepsilon}_2,\cdots,\boldsymbol{\varepsilon}_n) = (\boldsymbol{A\varepsilon}_1,\boldsymbol{A\varepsilon}_2,\cdots,\boldsymbol{A\varepsilon}_n) = (\boldsymbol{0},\boldsymbol{0},\cdots,\boldsymbol{0}) = \boldsymbol{0}.$$

例 11 求与数域 K 上的三阶矩阵 $\boldsymbol{A}$ 可交换的所有矩阵,其中

$$\boldsymbol{A} = \begin{pmatrix} 3 & 1 & 0 \\ 0 & 3 & 1 \\ 0 & 0 & 3 \end{pmatrix}.$$

解 容易看出与三阶矩阵 $\boldsymbol{A}$ 可交换的矩阵必定是三阶矩阵. 设 $\boldsymbol{X}=(x_{ij})_{3\times3}$ 与 $\boldsymbol{A}$ 可

交换.

我们有

$$\boldsymbol{A}=\begin{pmatrix}3&0&0\\0&3&0\\0&0&3\end{pmatrix}+\begin{pmatrix}0&1&0\\0&0&1\\0&0&0\end{pmatrix}=3\boldsymbol{I}+\boldsymbol{B},$$

其中

$$\boldsymbol{B}=\begin{pmatrix}0&1&0\\0&0&1\\0&0&0\end{pmatrix}.$$

由于三阶数量矩阵 $3\boldsymbol{I}$ 与任意三阶矩阵可交换,因此

$$\boldsymbol{AX}=\boldsymbol{XA}\Longleftrightarrow\boldsymbol{BX}=\boldsymbol{XB}.$$

从

$$\begin{pmatrix}0&1&0\\0&0&1\\0&0&0\end{pmatrix}\begin{pmatrix}x_{11}&x_{12}&x_{13}\\x_{21}&x_{22}&x_{23}\\x_{31}&x_{32}&x_{33}\end{pmatrix}=\begin{pmatrix}x_{11}&x_{12}&x_{13}\\x_{21}&x_{22}&x_{23}\\x_{31}&x_{32}&x_{33}\end{pmatrix}\begin{pmatrix}0&1&0\\0&0&1\\0&0&0\end{pmatrix}$$

得

$$\begin{pmatrix}x_{21}&x_{22}&x_{23}\\x_{31}&x_{32}&x_{33}\\0&0&0\end{pmatrix}=\begin{pmatrix}0&x_{11}&x_{12}\\0&x_{21}&x_{22}\\0&x_{31}&x_{32}\end{pmatrix},$$

解得 $x_{21}=0,\quad x_{22}=x_{11},\quad x_{23}=x_{12},\quad x_{31}=0,\quad x_{32}=x_{21},\quad x_{33}=x_{22}.$

因此

$$\boldsymbol{X}=\begin{pmatrix}x_{11}&x_{12}&x_{13}\\0&x_{11}&x_{12}\\0&0&x_{11}\end{pmatrix},\quad x_{11},x_{12},x_{13}\in K.$$

例 12 设 $\boldsymbol{A}$ 是数域 K 上的 n 阶矩阵. 令

$$f(x)=a_mx^m+a_{m-1}x^{m-1}+\cdots+a_1x+a_0\quad(a_i\in K,i=0,1,\cdots,n).$$

把 x 用 $\boldsymbol{A}$ 代入,得

$$f(\boldsymbol{A})=a_m\boldsymbol{A}^m+a_{m-1}\boldsymbol{A}^{m-1}+\cdots+a_1\boldsymbol{A}+a_0\boldsymbol{I}.$$

称 $f(\boldsymbol{A})$是矩阵 $\boldsymbol{A}$ 的多项式. 设

$$g(x)=b_rx^r+b_{r-1}x^{r-1}+\cdots+b_1x+b_0,$$

证明:

$$f(\boldsymbol{A})g(\boldsymbol{A})=g(\boldsymbol{A})f(\boldsymbol{A}).$$

证明 $f(\boldsymbol{A})g(\boldsymbol{A})=\left(\sum_{i=0}^{m}a_i\boldsymbol{A}^i\right)\left(\sum_{j=0}^{r}b_j\boldsymbol{A}^j\right)=\sum_{i=0}^{m}\sum_{j=0}^{r}(a_i\boldsymbol{A}^i)(b_j\boldsymbol{A}^j)=\sum_{j=0}^{r}\sum_{i=0}^{m}(b_j\boldsymbol{A}^j)(a_i\boldsymbol{A}^i)$

$$=\left(\sum_{j=0}^{r}b_j\boldsymbol{A}^j\right)\left(\sum_{i=0}^{m}a_i\boldsymbol{A}^i\right)=g(\boldsymbol{A})f(\boldsymbol{A}).$$ □

习 题 4.1

1. 设矩阵 $\boldsymbol{A}=\begin{pmatrix}\lambda&0&0\\0&\lambda&0\\0&0&\lambda\end{pmatrix}$, $\boldsymbol{B}=\begin{pmatrix}0&1&0\\0&0&1\\0&0&0\end{pmatrix}$,求 $\boldsymbol{A}+\boldsymbol{B}$.

2. 设 $\boldsymbol{J}$ 是元素全为 1 的四阶矩阵,$\boldsymbol{I}$ 是四阶单位矩阵,求 $(r-\lambda)\boldsymbol{I}+\lambda\boldsymbol{J}$.

3. 计算:

(1) $\begin{pmatrix}7&-1\\-2&5\\3&-4\end{pmatrix}\begin{pmatrix}1&4\\-5&2\end{pmatrix}$; (2) $\begin{pmatrix}0&2\\0&3\end{pmatrix}\begin{pmatrix}1&1\\0&0\end{pmatrix}$; (3) $\begin{pmatrix}1&1\\0&0\end{pmatrix}\begin{pmatrix}0&2\\0&3\end{pmatrix}$;

(4) $(4,7,9)\begin{pmatrix}1\\1\\1\end{pmatrix}$; (5) $\begin{pmatrix}1\\1\\1\end{pmatrix}(4,7,9)$;

(6) $\begin{pmatrix}a_1&a_2&a_3\\b_1&b_2&b_3\\c_1&c_2&c_3\end{pmatrix}\begin{pmatrix}1\\1\\1\end{pmatrix}$; (7) $(1,1,1)\begin{pmatrix}a_1&a_2&a_3\\b_1&b_2&b_3\\c_1&c_2&c_3\end{pmatrix}$;

(8) $\begin{pmatrix}d_1&0&0\\0&d_2&0\\0&0&d_3\end{pmatrix}\begin{pmatrix}a_1&a_2&a_3\\b_1&b_2&b_3\\c_1&c_2&c_3\end{pmatrix}$; (9) $\begin{pmatrix}a_1&a_2&a_3\\b_1&b_2&b_3\\c_1&c_2&c_3\end{pmatrix}\begin{pmatrix}d_1&0&0\\0&d_2&0\\0&0&d_3\end{pmatrix}$;

(10) $\begin{pmatrix}1&2&3\\0&4&5\\0&0&6\end{pmatrix}\begin{pmatrix}7&8&9\\0&10&11\\0&0&12\end{pmatrix}$; (11) $\begin{pmatrix}1&0&0\\k&1&0\\0&0&1\end{pmatrix}\begin{pmatrix}a_1&a_2&a_3&a_4\\b_1&b_2&b_3&b_4\\c_1&c_2&c_3&c_4\end{pmatrix}$;

(12) $\begin{pmatrix}a_1&a_2&a_3\\b_1&b_2&b_3\\c_1&c_2&c_3\end{pmatrix}\begin{pmatrix}1&0&0\\k&1&0\\0&0&1\end{pmatrix}$; (13) $\begin{pmatrix}0&1&0\\1&0&0\\0&0&1\end{pmatrix}\begin{pmatrix}a_1&a_2&a_3&a_4\\b_1&b_2&b_3&b_4\\c_1&c_2&c_3&c_4\end{pmatrix}$;

(14) $\begin{pmatrix}a_1&a_2&a_3\\b_1&b_2&b_3\\c_1&c_2&c_3\end{pmatrix}\begin{pmatrix}0&1&0\\1&0&0\\0&0&1\end{pmatrix}$; (15) $\begin{pmatrix}3&4\\4&5\end{pmatrix}\begin{pmatrix}1&-1\\-1&2\end{pmatrix}$.

4. 设矩阵 $\boldsymbol{A}=\begin{pmatrix}1&2\\3&4\end{pmatrix}$,$\boldsymbol{B}=\begin{pmatrix}5&6\\7&8\end{pmatrix}$,求 $\boldsymbol{AB}$,$\boldsymbol{BA}$,$\boldsymbol{AB}-\boldsymbol{BA}$.

5. 计算$(x,y,1)\begin{pmatrix}a_{11}&a_{12}&a_1\\a_{12}&a_{22}&a_2\\a_1&a_2&a_0\end{pmatrix}\begin{pmatrix}x\\y\\1\end{pmatrix}$.

6. 设 n 是正整数,计算:

(1) $\begin{pmatrix}0&1\\1&0\end{pmatrix}^2$;　(2) $\begin{pmatrix}1&-1\\1&-1\end{pmatrix}^2$;　(3) $\begin{pmatrix}1&1\\0&0\end{pmatrix}^2$;

(4) $\begin{pmatrix}1&1\\0&1\end{pmatrix}^n$;　(5) $\begin{pmatrix}0&1&0\\0&0&1\\0&0&0\end{pmatrix}^n$;　(6) $\begin{pmatrix}\lambda&1&0\\0&\lambda&1\\0&0&\lambda\end{pmatrix}^n$;

(7) $\begin{pmatrix}1&1\\1&-1\end{pmatrix}^2$;　(8) $\begin{pmatrix}1&1&1&1\\1&1&-1&-1\\1&-1&1&-1\\1&-1&-1&1\end{pmatrix}^2$.

7. 计算 $\boldsymbol{A}^m$,其中 m 是正整数,且

$$\boldsymbol{A}=\begin{pmatrix}\lambda&1&0&0&\cdots&0&0\\0&\lambda&1&0&\cdots&0&0\\\vdots&\vdots&\vdots&\vdots&&\vdots&\vdots\\0&0&0&0&\cdots&\lambda&1\\0&0&0&0&\cdots&0&\lambda\end{pmatrix}_{n\times n}.$$

8. 计算$\begin{pmatrix}2&-1\\3&-2\end{pmatrix}^m$,其中 m 是正整数.

9. 设 $f(x)=x^3-7x^2+13x-5$,$\boldsymbol{A}=\begin{pmatrix}5&2&-3\\1&3&-1\\2&2&-1\end{pmatrix}$,求 $f(\boldsymbol{A})$.

10. 求与数域 K 上的矩阵 $\boldsymbol{A}$ 可交换的所有矩阵,其中

(1) $\boldsymbol{A}=\begin{pmatrix}1&2\\3&4\end{pmatrix}$;　(2) $\boldsymbol{A}=\begin{pmatrix}7&-3\\5&-2\end{pmatrix}$;

(3) $\boldsymbol{A}=\begin{pmatrix}2&1&0\\0&2&1\\0&0&2\end{pmatrix}$;　(4) $\boldsymbol{A}=\begin{pmatrix}1&0&4\\0&1&2\\0&1&2\end{pmatrix}$.

11. 如果 n 阶矩阵 $\boldsymbol{B}$ 满足 $\boldsymbol{B}^3=\boldsymbol{0}$,求$(\boldsymbol{I}-\boldsymbol{B})(\boldsymbol{I}+\boldsymbol{B}+\boldsymbol{B}^2)$.

12. 证明:若矩阵 $\boldsymbol{B}_1,\boldsymbol{B}_2$ 都与矩阵 $\boldsymbol{A}$ 可交换,则 $\boldsymbol{B}_1+\boldsymbol{B}_2,\boldsymbol{B}_1\boldsymbol{B}_2$ 也都与 $\boldsymbol{A}$ 可交换.

13. 证明:如果矩阵 $\boldsymbol{A}=\frac{1}{2}(\boldsymbol{B}+\boldsymbol{I})$,则 $\boldsymbol{A}^2=\boldsymbol{A}$ 当且仅当 $\boldsymbol{B}^2=\boldsymbol{I}$.

14. 证明:矩阵 $\boldsymbol{A}=\begin{pmatrix} a & b \\ c & d \end{pmatrix}$ 满足方程 $x^2-(a+d)x+ad-bc=0$.

15. 设 n 阶矩阵 $\boldsymbol{A},\boldsymbol{B}$ 的元素都是非负实数,证明:如果 $\boldsymbol{AB}$ 中有一行元素全为 0,那么 $\boldsymbol{A}$ 中有一行元素全为 0,或 $\boldsymbol{B}$ 中有一列元素全为 0.

§4.2 特殊矩阵

4.2.1 内容精华

本节所研究的特殊矩阵都是很有用的,希望同学们熟练掌握它们与其他矩阵相乘时的特殊规律.

一、对角矩阵

定义 1 主对角线以外的元素全为 0 的方阵称为**对角矩阵**.主对角线上元素(简称**主对角元**)依次为 $d_1,d_2,\cdots,d_n$ 的 n 阶对角矩阵简记作

$$\operatorname{diag}\{d_1,d_2,\cdots,d_n\}.$$

命题 1 用一个对角矩阵左(右)乘矩阵 $\boldsymbol{A}$,相当于用这个对角矩阵的主对角元分别去乘 $\boldsymbol{A}$ 的相应的行(列).

证明 设 $\boldsymbol{A}$ 是 $s\times n$ 矩阵,它的行向量组是 $\boldsymbol{\gamma}_1,\boldsymbol{\gamma}_2,\cdots,\boldsymbol{\gamma}_s$,列向量组是 $\boldsymbol{\alpha}_1,\boldsymbol{\alpha}_2,\cdots,\boldsymbol{\alpha}_n$,则

$$\begin{pmatrix} d_1 & 0 & \cdots & 0 \\ 0 & d_2 & \cdots & 0 \\ \vdots & \vdots & & \vdots \\ 0 & 0 & \cdots & d_s \end{pmatrix}\begin{pmatrix} \boldsymbol{\gamma}_1 \\ \boldsymbol{\gamma}_2 \\ \vdots \\ \boldsymbol{\gamma}_s \end{pmatrix}=\begin{pmatrix} d_1\boldsymbol{\gamma}_1 \\ d_2\boldsymbol{\gamma}_2 \\ \vdots \\ d_s\boldsymbol{\gamma}_s \end{pmatrix},$$

$$(\boldsymbol{\alpha}_1,\boldsymbol{\alpha}_2,\cdots,\boldsymbol{\alpha}_n)\begin{pmatrix} d_1 & 0 & \cdots & 0 \\ 0 & d_2 & \cdots & 0 \\ \vdots & \vdots & & \vdots \\ 0 & 0 & \cdots & d_n \end{pmatrix}=(d_1\boldsymbol{\alpha}_1,d_2\boldsymbol{\alpha}_2,\cdots,d_n\boldsymbol{\alpha}_n).$$ □

特别地,两个 n 阶对角矩阵的乘积还是 n 阶对角矩阵,并且是把相应的主对角元相乘.

二、基本矩阵

定义 2 只有一个元素是 1,其余元素全为 0 的矩阵称为**基本矩阵**. (i,j)元为 1 的基本矩阵记作 $\boldsymbol{E}_{ij}$.

设矩阵 $\boldsymbol{A}=(a_{ij})_{s\times n}$,则

$$\boldsymbol{A}=\begin{pmatrix} a_{11} & 0 & \cdots & 0 \\ 0 & 0 & \cdots & 0 \\ \vdots & \vdots & & \vdots \\ 0 & 0 & \cdots & 0 \end{pmatrix}+\begin{pmatrix} 0 & a_{12} & 0 & \cdots & 0 \\ 0 & 0 & 0 & \cdots & 0 \\ \vdots & \vdots & \vdots & & \vdots \\ 0 & 0 & 0 & \cdots & 0 \end{pmatrix}+\cdots+\begin{pmatrix} 0 & 0 & 0 & \cdots & 0 \\ 0 & 0 & 0 & \cdots & 0 \\ \vdots & \vdots & \vdots & & \vdots \\ 0 & 0 & 0 & \cdots & a_{sn} \end{pmatrix}$$

$$= a_{11}\boldsymbol{E}_{11}+a_{12}\boldsymbol{E}_{12}+\cdots+a_{sn}\boldsymbol{E}_{sn}=\sum_{i=1}^{s}\sum_{j=1}^{n}a_{ij}\boldsymbol{E}_{ij}. \tag{1}$$

命题 2 用 $\boldsymbol{E}_{ij}$ 左乘矩阵 $\boldsymbol{A}$,就相当于把 $\boldsymbol{A}$ 的第 j 行移到第 i 行的位置,而乘积矩阵的其余行全为零行;用 $\boldsymbol{E}_{ij}$ 右乘矩阵 $\boldsymbol{A}$,就相当于把 $\boldsymbol{A}$ 的第 i 列移到第 j 列的位置,而乘积矩阵的其余列全为零列.

证明 设 $\boldsymbol{A}$ 是一个 $s\times n$ 矩阵,它的行向量组为 $\boldsymbol{\gamma}_1,\boldsymbol{\gamma}_2,\cdots,\boldsymbol{\gamma}_s$,列向量组为 $\boldsymbol{\alpha}_1,\boldsymbol{\alpha}_2,\cdots,\boldsymbol{\alpha}_n$,则

$$\boldsymbol{E}_{ij}\boldsymbol{A}=\underset{\text{第 } i \text{ 行}}{}\begin{pmatrix} & \overset{\text{第 } j \text{ 列}}{} & \\ & 1 & \\ & & \end{pmatrix}\begin{pmatrix}\boldsymbol{\gamma}_1\\ \boldsymbol{\gamma}_2\\ \vdots \\ \boldsymbol{\gamma}_s\end{pmatrix}=\begin{pmatrix}\boldsymbol{0}\\ \vdots\\ \boldsymbol{0}\\ \boldsymbol{\gamma}_j\\ \boldsymbol{0}\\ \vdots\\ \boldsymbol{0}\end{pmatrix}\text{第 } i \text{ 行},$$

$$\boldsymbol{A}\boldsymbol{E}_{ij}=(\boldsymbol{\alpha}_1,\boldsymbol{\alpha}_2,\cdots,\boldsymbol{\alpha}_n)\begin{pmatrix} & \overset{\text{第 } j \text{ 列}}{} & \\ & 1 & \\ & & \end{pmatrix}\text{第 } i \text{ 行}$$

$$=(\boldsymbol{0},\cdots,\boldsymbol{0},\underset{\text{第 } j \text{ 列}}{\boldsymbol{\alpha}_i},\boldsymbol{0},\cdots,\boldsymbol{0}),$$

其中 $\boldsymbol{E}_{ij}$ 的未标出的元素都是 0. □

由命题 2 立即得到

$$\boldsymbol{E}_{ij}\boldsymbol{E}_{kl}=\begin{cases}\boldsymbol{E}_{il}, & k=j,\\ \boldsymbol{0}, & k\neq j.\end{cases} \tag{2}$$

$$\boldsymbol{E}_{ij}\boldsymbol{A}\boldsymbol{E}_{kl}=a_{jk}\boldsymbol{E}_{il}. \tag{3}$$

三、上(下)三角矩阵

定义 3 主对角线下(上)方的元素全为 0 的方阵称为**上(下)三角矩阵**.

显然,$\boldsymbol{A}=(a_{ij})_{n\times n}$为上三角矩阵的充要条件是

$$a_{ij}=0,\quad i>j.$$

容易看出,$\boldsymbol{A}=(a_{ij})_{n\times n}$为上三角矩阵当且仅当

$$\boldsymbol{A}=\sum_{i=1}^{n}\sum_{j=i}^{n}a_{ij}\boldsymbol{E}_{ij}.$$

命题 3 两个 n 阶上三角矩阵 $\boldsymbol{A}$ 与 $\boldsymbol{B}$ 的乘积仍为上三角矩阵,并且 $\boldsymbol{AB}$ 的主对角元等于 $\boldsymbol{A}$ 与 $\boldsymbol{B}$ 的相应主对角元的乘积.

证明 设 $\boldsymbol{A}=(a_{ij})$,$\boldsymbol{B}=(b_{ij})$都是 n 阶上三角矩阵,则

$$(\boldsymbol{AB})(i;j)=\sum_{k=1}^{n}a_{ik}b_{kj}=\sum_{k=1}^{j}a_{ik}b_{kj}+\sum_{k=j+1}^{n}a_{ik}b_{kj}.$$

设 $i>j$. 当 $1\leqslant k\leqslant j$ 时,由于 $k\leqslant j<i$,因此 $a_{ik}=0$;当 $j<k\leqslant n$ 时,$b_{kj}=0$. 所以

$$(\boldsymbol{AB})(i;j)=0,\quad i>j.$$

于是,$\boldsymbol{AB}$ 是上三角矩阵. 若 $i=j$,则有

$$(\boldsymbol{AB})(i;i)=\sum_{k=1}^{i-1}a_{ik}b_{ki}+a_{ii}b_{ii}+\sum_{k=i+1}^{n}a_{ik}b_{ki}=0+a_{ii}b_{ii}+0=a_{ii}b_{ii}.$$ □

由于上三角矩阵 $\boldsymbol{A}$ 的转置 $\boldsymbol{A}^{\mathrm{T}}$ 是下三角矩阵,因此从命题 3 立即得出:两个 n 阶下三角矩阵的乘积仍为下三角矩阵,并且乘积矩阵的主对角元等于因子矩阵的相应主对角元的乘积.

四、初等矩阵

定义 4 由单位矩阵经过一次初等行(列)变换得到的矩阵称为**初等矩阵**.

对单位矩阵 $\boldsymbol{I}$ 施行一次初等行变换或初等列变换,有下面几种情况:

$$\boldsymbol{I}\xrightarrow{\textcircled{j}+\textcircled{i}\cdot k}\boldsymbol{P}(j,i(k)),$$

$$\boldsymbol{I}\xrightarrow{(\textcircled{i},\textcircled{j})}\boldsymbol{P}(i,j),$$

$$\boldsymbol{I}\xrightarrow{\textcircled{i}\cdot c}\boldsymbol{P}(i(c)),\quad c\neq 0,$$

$$\boldsymbol{I}\xrightarrow[\textcircled{i}+\textcircled{j}\cdot k]{}\boldsymbol{P}(j,i(k)),$$

$$\boldsymbol{I}\xrightarrow[(\textcircled{i},\textcircled{j})]{}\boldsymbol{P}(i,j),$$

$$\boldsymbol{I}\xrightarrow[\textcircled{i}\cdot c]{}\boldsymbol{P}(i(c)),\quad c\neq 0.$$

从上述看出,初等矩阵有且只有三种类型：$\boldsymbol{P}(j,i(k))$,$\boldsymbol{P}(i,j)$,$\boldsymbol{P}(i(c))(c\neq 0)$,它们依次称为 1°型、2°型、3°型初等矩阵.

设 $\boldsymbol{A}$ 是 $s\times n$ 矩阵,它的行向量组是 $\boldsymbol{\gamma}_1,\boldsymbol{\gamma}_2,\cdots,\boldsymbol{\gamma}_s$,列向量组是 $\boldsymbol{\alpha}_1,\boldsymbol{\alpha}_2,\cdots,\boldsymbol{\alpha}_n$,则

$$\boldsymbol{P}(j,i(k))\boldsymbol{A}=\begin{array}{r}\\ \\ \\ \\ \text{第 } j \text{ 行}\\ \\ \\ \end{array}\overset{\text{第 } i \text{ 列}}{\begin{pmatrix}1&&&&&&\\&\ddots&&&&&\\&&1&&&&\\&&&\ddots&&&\\&&k&&1&&\\&&&&&\ddots&\\&&&&&&1\end{pmatrix}}\begin{pmatrix}\boldsymbol{\gamma}_1\\ \boldsymbol{\gamma}_2\\ \vdots\\ \boldsymbol{\gamma}_s\end{pmatrix}=\begin{pmatrix}\boldsymbol{\gamma}_1\\ \vdots\\ \boldsymbol{\gamma}_i\\ \vdots\\ k\boldsymbol{\gamma}_i+\boldsymbol{\gamma}_j\\ \vdots\\ \boldsymbol{\gamma}_s\end{pmatrix},$$

$$\begin{aligned}\boldsymbol{A}\boldsymbol{P}(j,i(k))&=(\boldsymbol{\alpha}_1,\boldsymbol{\alpha}_2,\cdots,\boldsymbol{\alpha}_n)\overset{\text{第 } i \text{ 列}}{\begin{pmatrix}1&&&&&&\\&\ddots&&&&&\\&&1&&&&\\&&&\ddots&&&\\&&k&&1&&\\&&&&&\ddots&\\&&&&&&1\end{pmatrix}}\begin{array}{l}\\ \\ \\ \\ \text{第 } j \text{ 行}\\ \\ \\ \end{array}\\&=(\boldsymbol{\alpha}_1,\cdots,\boldsymbol{\alpha}_i+k\boldsymbol{\alpha}_j,\cdots,\boldsymbol{\alpha}_j,\cdots,\boldsymbol{\alpha}_n).\end{aligned}$$

由上述看出：

用 $\boldsymbol{P}(j,i(k))$左乘 $\boldsymbol{A}$,相当于把 $\boldsymbol{A}$ 第 i 行的 k 倍加到第 j 行上,其余行不变；

用 $\boldsymbol{P}(j,i(k))$右乘 $\boldsymbol{A}$,相当于把 $\boldsymbol{A}$ 第 j 列的 k 倍加到第 i 列上,其余列不变.

类似地,可以证明：

用 $\boldsymbol{P}(i,j)$左(右)乘 $\boldsymbol{A}$,相当于把 $\boldsymbol{A}$ 第 i 行(列)与第 j 行(列)互换,其余行(列)不变；

用 $\boldsymbol{P}(i(c))(c\neq 0)$左(右)乘 $\boldsymbol{A}$,相当于用 c 乘 $\boldsymbol{A}$ 的第 i 行(列),其余行(列)不变.

把上述结论写成一个定理：

定理 1 用初等矩阵左(右)乘矩阵 $\boldsymbol{A}$,相当于 $\boldsymbol{A}$ 做了一次相应的初等行(列)变换. □

定理 1 把矩阵的初等行(列)变换与矩阵的乘法相联系,这样有两个好处：既可以利用初等行(列)变换的直观性,又可利用矩阵乘法的运算性质.

五、对称矩阵

定义 5 如果 n 阶矩阵 $\boldsymbol{A}$ 满足 $\boldsymbol{A}^{\mathrm{T}}=\boldsymbol{A}$,那么称 $\boldsymbol{A}$ 是**对称矩阵**.

由于$\boldsymbol{A}^{\mathrm{T}}(i;j)=\boldsymbol{A}(j;i)$,因此$n$阶矩阵$\boldsymbol{A}$是对称矩阵当且仅当

$$\boldsymbol{A}(i;j)=\boldsymbol{A}(j;i)\quad(i,j=1,2,\cdots,n),$$

从而n阶对称矩阵$\boldsymbol{A}$形如

$$\begin{pmatrix} a_{11} & a_{12} & a_{13} & \cdots & a_{1n} \\ a_{12} & a_{22} & a_{23} & \cdots & a_{2n} \\ a_{13} & a_{23} & a_{33} & \cdots & a_{3n} \\ \vdots & \vdots & \vdots & & \vdots \\ a_{1n} & a_{2n} & a_{3n} & \cdots & a_{nn} \end{pmatrix}.$$

命题 4 设$\boldsymbol{A},\boldsymbol{B}$都是数域$K$上的$n$阶对称矩阵,则$\boldsymbol{A}+\boldsymbol{B},k\boldsymbol{A}(k\in K)$都是对称矩阵.

证明 由于

$$(\boldsymbol{A}+\boldsymbol{B})^{\mathrm{T}}=\boldsymbol{A}^{\mathrm{T}}+\boldsymbol{B}^{\mathrm{T}}=\boldsymbol{A}+\boldsymbol{B},\quad(k\boldsymbol{A})^{\mathrm{T}}=k\boldsymbol{A}^{\mathrm{T}}=k\boldsymbol{A},$$

因此$\boldsymbol{A}+\boldsymbol{B},k\boldsymbol{A}$都是对称矩阵. □

命题 5 设$\boldsymbol{A},\boldsymbol{B}$都是$n$阶对称矩阵,则$\boldsymbol{AB}$为对称矩阵的充要条件是$\boldsymbol{A}$与$\boldsymbol{B}$可交换.

证明 因为$\boldsymbol{A}$与$\boldsymbol{B}$都是对称矩阵,所以

$$(\boldsymbol{AB})^{\mathrm{T}}=\boldsymbol{B}^{\mathrm{T}}\boldsymbol{A}^{\mathrm{T}}=\boldsymbol{BA}.$$

于是

$$\boldsymbol{AB}\text{为对称矩阵}\Longleftrightarrow(\boldsymbol{AB})^{\mathrm{T}}=\boldsymbol{AB}\Longleftrightarrow\boldsymbol{BA}=\boldsymbol{AB}.$$ □

六、斜对称矩阵

定义 6 如果n阶矩阵$\boldsymbol{A}$满足$\boldsymbol{A}^{\mathrm{T}}=-\boldsymbol{A}$,那么称$\boldsymbol{A}$是**斜对称矩阵**.

由于$\boldsymbol{A}^{\mathrm{T}}(i;j)=\boldsymbol{A}(j;i)$,因此数域$K$上的$n$阶矩阵$\boldsymbol{A}$是斜对称矩阵,当且仅当

$$\boldsymbol{A}(i;j)=-\boldsymbol{A}(j;i),\quad\boldsymbol{A}(i;i)=0\quad(i,j=1,2,\cdots,n).$$

所以,n阶斜对称矩阵$\boldsymbol{A}$形如

$$\begin{pmatrix} 0 & a_{12} & \cdots & a_{1n} \\ -a_{12} & 0 & \cdots & a_{2n} \\ \vdots & \vdots & & \vdots \\ -a_{1n} & -a_{2n} & \cdots & 0 \end{pmatrix}.$$

命题 6 数域K上奇数阶斜对称矩阵的行列式等于0.

证明 设$\boldsymbol{A}$是n阶斜对称矩阵,n是奇数,则$\boldsymbol{A}^{\mathrm{T}}=-\boldsymbol{A}$,从而$|\boldsymbol{A}^{\mathrm{T}}|=|-\boldsymbol{A}|$. 于是

$$|\boldsymbol{A}|=(-1)^n|\boldsymbol{A}|=-|\boldsymbol{A}|.$$

由此得出$2|\boldsymbol{A}|=0$,因此$|\boldsymbol{A}|=0$. □

容易证明:若$\boldsymbol{A},\boldsymbol{B}$都是数域$K$上的$n$阶斜对称矩阵,则$\boldsymbol{A}+\boldsymbol{B},k\boldsymbol{A}(k\in K)$也都是斜对称矩阵.

4.2.2 典型例题

例 1 证明：如果 $\boldsymbol{D}$ 是主对角元两两不等的对角矩阵，那么与 $\boldsymbol{D}$ 可交换的矩阵一定是对角矩阵.

证明 设 $\boldsymbol{D}=\mathrm{diag}\{d_1,d_2,\cdots,d_n\}$，其中 $d_1,d_2,\cdots,d_n$ 两两不等. 如果 n 阶矩阵 $\boldsymbol{A}=(a_{ij})$ 与 $\boldsymbol{D}$ 可交换，那么

$$(\boldsymbol{AD})(i;j)=(\boldsymbol{DA})(i;j)\quad(i,j=1,2,\cdots,n),$$

即

$$a_{ij}d_j=d_ia_{ij}\quad(i,j=1,2,\cdots,n),$$

亦即

$$a_{ij}(d_j-d_i)=0\quad(i,j=1,2,\cdots,n).$$

由此推出

$$a_{ij}=0\quad(i,j=1,2,\cdots,n;i\neq j),$$

因此 $\boldsymbol{A}$ 是对角矩阵. □

点评 例 1 的证明利用了对角矩阵左(右)乘一个矩阵的规律. 例 1 的结论在以后有用，希望同学们记住.

例 2 证明：与所有 n 阶矩阵可交换的矩阵一定是 n 阶数量矩阵.

证明 设矩阵 $\boldsymbol{A}=(a_{ij})$ 与所有 n 阶矩阵可交换，则 $\boldsymbol{A}$ 必为 n 阶矩阵. 特别地，$\boldsymbol{A}$ 与 n 阶基本矩阵 $\boldsymbol{E}_{1j}(j=1,2,\cdots,n)$ 可交换，即 $\boldsymbol{E}_{1j}\boldsymbol{A}=\boldsymbol{AE}_{1j}$. 由此得出

$$\begin{pmatrix} a_{j1} & a_{j2} & \cdots & a_{jj} & \cdots & a_{jn} \\ 0 & 0 & \cdots & 0 & \cdots & 0 \\ \vdots & \vdots & & \vdots & & \vdots \\ 0 & 0 & \cdots & 0 & \cdots & 0 \end{pmatrix} = \begin{pmatrix} 0 & \cdots & 0 & a_{11} & 0 & \cdots & 0 \\ 0 & \cdots & 0 & a_{21} & 0 & \cdots & 0 \\ \vdots & & \vdots & \vdots & \vdots & & \vdots \\ 0 & \cdots & 0 & a_{n1} & 0 & \cdots & 0 \end{pmatrix},$$

第 j 列

于是

$$a_{j1}=0,\quad\cdots,\quad a_{j,j-1}=0,\quad a_{jj}=a_{11},\quad a_{j,j+1}=0,\quad\cdots,\quad a_{jn}=0.$$

由于 j 可取 $1,2,\cdots,n$，因此

$$\boldsymbol{A}=\begin{pmatrix} a_{11} & 0 & \cdots & 0 & 0 \\ 0 & a_{11} & \cdots & 0 & 0 \\ \vdots & \vdots & & \vdots & \vdots \\ 0 & 0 & 0 & 0 & a_{11} \end{pmatrix},$$

即 $\boldsymbol{A}$ 是数量矩阵. □

点评 例 2 的结论相当重要，希望同学们熟记.

例 3 证明：数域 K 上任一 n 阶矩阵 $\boldsymbol{A}$ 都可以表示成一个对称矩阵与一个斜对称矩阵之和，并且表示法唯一.

证明 我们有

$$A=\frac{1}{2}(A+A^{\mathrm{T}})+\frac{1}{2}(A-A^{\mathrm{T}}).$$

由于

$$(A+A^{\mathrm{T}})^{\mathrm{T}}=A^{\mathrm{T}}+(A^{\mathrm{T}})^{\mathrm{T}}=A^{\mathrm{T}}+A=A+A^{\mathrm{T}},$$
$$(A-A^{\mathrm{T}})^{\mathrm{T}}=A^{\mathrm{T}}-(A^{\mathrm{T}})^{\mathrm{T}}=A^{\mathrm{T}}-A=-(A-A^{\mathrm{T}}),$$

因此 $A+A^{\mathrm{T}}$ 是对称矩阵,$A-A^{\mathrm{T}}$ 是斜对称矩阵,从而 $\frac{1}{2}(A+A^{\mathrm{T}})$,$\frac{1}{2}(A-A^{\mathrm{T}})$ 分别是对称矩阵、斜对称矩阵.

设 A 还有一种表示方式:$A=A_1+A_2$,其中 A_1,A_2 分别是对称矩阵、斜对称矩阵,则

$$A^{\mathrm{T}}=A_1^{\mathrm{T}}+A_2^{\mathrm{T}}=A_1-A_2.$$

又由于 $A=A_1+A_2$,联立上述两个式子可解得

$$A_1=\frac{1}{2}(A+A^{\mathrm{T}}),\quad A_2=\frac{1}{2}(A-A^{\mathrm{T}}),$$

因此 A 表示成一个对称矩阵与一个斜对称矩阵之和的方式唯一. □

例 4 证明:如果 A 与 B 都是 n 阶斜对称矩阵,那么 $AB-BA$ 也是斜对称矩阵.

证明 由于

$$\begin{aligned}(AB-BA)^{\mathrm{T}}&=(AB)^{\mathrm{T}}-(BA)^{\mathrm{T}}=B^{\mathrm{T}}A^{\mathrm{T}}-A^{\mathrm{T}}B^{\mathrm{T}}=(-B)(-A)-(-A)(-B)\\&=BA-AB=-(AB-BA),\end{aligned}$$

因此 $AB-BA$ 是斜对称矩阵. □

点评 $AB-BA$ 就是 A 与 B 的换位元素 $[A,B]$. 例 4 表明,数域 K 上所有 n 阶斜对称矩阵组成的集合 Ω 对于换位运算封闭. 命题 6 下面的一段话表明,Ω 对于加法和数量乘法封闭.

例 5 设 A 是一个 n 阶实对称矩阵(即实数域上的对称矩阵),证明:如果 $A^2=0$,那么 $A=0$.

证明 设 $A=(a_{ij})$. 任给 $i\in\{1,2,\cdots,n\}$,由于 A 是对称矩阵,因此

$$A^2(i;i)=\sum_{k=1}^{n}a_{ik}a_{ki}=\sum_{k=1}^{n}a_{ik}^2.$$

由于 $A^2=0$,因此从上式得

$$\sum_{k=1}^{n}a_{ik}^2=0.$$

又由于 A 是实数域上的矩阵,因此从上式得

$$a_{ik}=0\quad(k=1,2,\cdots,n).$$

于是 $A=0$. □

例 6 设 $\boldsymbol{A}$ 是数域 K 上的 $s\times n$ 矩阵,证明:如果 $\boldsymbol{A}$ 的秩为 r,那么 $\boldsymbol{A}$ 的行向量组的一个极大线性无关组与 $\boldsymbol{A}$ 的列向量组的一个极大线性无关组交叉位置的元素按原来次序组成的 r 阶子式不等于 0.

证明 设 $\boldsymbol{\gamma}_{i_1},\boldsymbol{\gamma}_{i_2},\cdots,\boldsymbol{\gamma}_{i_r}$ 是 $\boldsymbol{A}$ 的行向量组 $\boldsymbol{\gamma}_1,\boldsymbol{\gamma}_2,\cdots,\boldsymbol{\gamma}_s$ 的一个极大线性无关组,$\boldsymbol{\alpha}_{j_1},\boldsymbol{\alpha}_{j_2},\cdots,\boldsymbol{\alpha}_{j_r}$ 是 $\boldsymbol{A}$ 的列向量组 $\boldsymbol{\alpha}_1,\boldsymbol{\alpha}_2,\cdots,\boldsymbol{\alpha}_n$ 的一个极大线性无关组. 令

$$\boldsymbol{A}_1=\begin{pmatrix}\boldsymbol{\gamma}_{i_1}\\ \boldsymbol{\gamma}_{i_2}\\ \vdots\\ \boldsymbol{\gamma}_{i_r}\end{pmatrix},$$

则 $\operatorname{rank}(\boldsymbol{A}_1)=r$. $\boldsymbol{A}_1$ 的列向量组记作 $\tilde{\boldsymbol{\alpha}}_1,\tilde{\boldsymbol{\alpha}}_2,\cdots,\tilde{\boldsymbol{\alpha}}_n$,它们是 $\boldsymbol{\alpha}_1,\boldsymbol{\alpha}_2,\cdots,\boldsymbol{\alpha}_n$ 的缩短组. 由于 $\boldsymbol{A}$ 的每一列 $\boldsymbol{\alpha}_l\ (l=1,2,\cdots,n)$ 可以由 $\boldsymbol{\alpha}_{j_1},\boldsymbol{\alpha}_{j_2},\cdots,\boldsymbol{\alpha}_{j_r}$ 线性表出,因此 $\boldsymbol{A}_1$ 的每一列 $\tilde{\boldsymbol{\alpha}}_l$ 可以由 $\tilde{\boldsymbol{\alpha}}_{j_1},\tilde{\boldsymbol{\alpha}}_{j_2},\cdots,\tilde{\boldsymbol{\alpha}}_{j_r}$ 线性表出. 由于 $\operatorname{rank}(\boldsymbol{A}_1)=r$,因此 $\tilde{\boldsymbol{\alpha}}_{j_1},\tilde{\boldsymbol{\alpha}}_{j_2},\cdots,\tilde{\boldsymbol{\alpha}}_{j_r}$ 是 $\boldsymbol{A}_1$ 的列向量组的一个极大线性无关组,从而由 $\tilde{\boldsymbol{\alpha}}_{j_1},\tilde{\boldsymbol{\alpha}}_{j_2},\cdots,\tilde{\boldsymbol{\alpha}}_{j_r}$ 组成的子矩阵 $\boldsymbol{A}_2$ 的行列式不等于 0,即

$$\boldsymbol{A}\begin{pmatrix}i_1,i_2,\cdots,i_r\\ j_1,j_2,\cdots,j_r\end{pmatrix}\neq 0. \qquad \square$$

例 7 证明:矩阵的 2°型初等行变换(即两行互换)可以通过一些 1°型与 3°型初等行变换来实现.

证明 考虑与第 i 行和第 j 行互换相应的初等矩阵 $\boldsymbol{P}(i,j)$,它可以通过如下初等行变换得到:

$$\boldsymbol{I}\xrightarrow{ⓘ+ⓙ\cdot(-1)}\begin{pmatrix}1&&&&&&\\&\ddots&&&&&\\&&1&&-1&&\\&&&\ddots&&&\\&&&&1&&\\&&&&&\ddots&\\&&&&&&1\end{pmatrix}\begin{matrix}\\ \\ \text{第 } i \text{ 行}\\ \\ \text{第 } j \text{ 行}\\ \\ \\ \end{matrix}$$

$$\xrightarrow{ⓙ+ⓘ\cdot 1}\begin{pmatrix}1&&&&&&\\&\ddots&&&&&\\&&1&&-1&&\\&&&\ddots&&&\\&&1&&0&&\\&&&&&\ddots&\\&&&&&&1\end{pmatrix}\begin{matrix}\\ \\ \text{第 } i \text{ 行}\\ \\ \text{第 } j \text{ 行}\\ \\ \\ \end{matrix}$$

$$\xrightarrow{\textcircled{i}+\textcircled{j}\cdot(-1)}\begin{pmatrix}1&&&&&&\\&\ddots&&&&&\\&&0&&-1&&\\&&&\ddots&&&\\&&1&&0&&\\&&&&&\ddots&\\&&&&&&1\end{pmatrix}\begin{matrix}\\\\\text{第 } i \text{ 行}\\\\\text{第 } j \text{ 行}\\\\\\\end{matrix}$$

$$\xrightarrow{\textcircled{i}\cdot(-1)}\begin{pmatrix}1&&&&&&\\&\ddots&&&&&\\&&0&&1&&\\&&&\ddots&&&\\&&1&&0&&\\&&&&&\ddots&\\&&&&&&1\end{pmatrix}\begin{matrix}\\\\\text{第 } i \text{ 行}\\\\\text{第 } j \text{ 行}\\\\\\\end{matrix}.$$

因此 $$\boldsymbol{P}(i(-1))\boldsymbol{P}(i,j(-1))\boldsymbol{P}(j,i(1))\boldsymbol{P}(i,j(-1))\boldsymbol{I}=\boldsymbol{P}(i,j),$$

从而 $$\boldsymbol{P}(i,j)\boldsymbol{A}=\boldsymbol{P}(i(-1))\boldsymbol{P}(i,j(-1))\boldsymbol{P}(j,i(1))\boldsymbol{P}(i,j(-1))\boldsymbol{A}.$$

这表明,对 $\boldsymbol{A}$ 做 2°型初等行变换可以通过对 $\boldsymbol{A}$ 做一些 1°型和 3°型初等行变换来实现. □

例 8 方阵 $\boldsymbol{A}$ 称为**幂零矩阵**,如果存在正整数 l,使得 $\boldsymbol{A}^l=\boldsymbol{0}$;使 $\boldsymbol{A}^l=\boldsymbol{0}$ 成立的最小正整数 l,称为 $\boldsymbol{A}$ 的**幂零指数**. 证明:若上(下)三角矩阵是幂零矩阵,则它的主对角元全为 0.

证明 设 n 阶上三角矩阵 $\boldsymbol{A}=(a_{ij})$ 是幂零矩阵. 假如有某个主对角元 $a_{ii}\neq 0$,则对于任意正整数 m,都有

$$\boldsymbol{A}^m(i;i)=a_{ii}^m\neq 0.$$

这与 $\boldsymbol{A}$ 是幂零矩阵矛盾.

由于下三角矩阵的转置是上三角矩阵,因此此例的结论对于下三角矩阵也成立. □

注意 利用§7.9 中有关矩阵的最小多项式的性质,可以得出例 8 的逆命题也成立.

例 9 令矩阵

$$\boldsymbol{C}=\begin{pmatrix}0&1&0&\cdots&0\\0&0&1&\cdots&0\\\vdots&\vdots&\vdots&&\vdots\\0&0&0&\cdots&1\\1&0&0&\cdots&0\end{pmatrix}_{n\times n},$$

称 $\boldsymbol{C}$ 是 n 阶**循环移位矩阵**. 证明:

(1) 用 $\boldsymbol{C}$ 左乘一个矩阵，相当于把这个矩阵的行向上移 1 行，第 1 行换到最后 1 行；用 $\boldsymbol{C}$ 右乘一个矩阵，相当于把这个矩阵的列向右移 1 列，最后 1 列换到第 1 列.

(2) $\sum\limits_{l=0}^{n-1}\boldsymbol{C}^l=\boldsymbol{J}$，其中 $\boldsymbol{J}$ 是元素全为 1 的 n 阶矩阵.

证明 (1) 设 $\boldsymbol{A},\boldsymbol{B}$ 分别是 $s\times n,n\times m$ 矩阵，$\boldsymbol{A}$ 的列向量组为 $\boldsymbol{\alpha}_1,\boldsymbol{\alpha}_2,\cdots,\boldsymbol{\alpha}_n$，$\boldsymbol{B}$ 的行向量组为 $\boldsymbol{\delta}_1,\boldsymbol{\delta}_2,\cdots,\boldsymbol{\delta}_n$，则

$$\boldsymbol{CB}=\begin{pmatrix}0&1&0&\cdots&0\\0&0&1&\cdots&0\\\vdots&\vdots&\vdots&&\vdots\\0&0&0&\cdots&1\\1&0&0&\cdots&0\end{pmatrix}\begin{pmatrix}\boldsymbol{\delta}_1\\\boldsymbol{\delta}_2\\\vdots\\\boldsymbol{\delta}_n\end{pmatrix}=\begin{pmatrix}\boldsymbol{\delta}_2\\\boldsymbol{\delta}_3\\\vdots\\\boldsymbol{\delta}_n\\\boldsymbol{\delta}_1\end{pmatrix},$$

$$\boldsymbol{AC}=(\boldsymbol{\alpha}_1,\boldsymbol{\alpha}_2,\cdots,\boldsymbol{\alpha}_n)\begin{pmatrix}0&1&0&\cdots&0\\0&0&1&\cdots&0\\\vdots&\vdots&\vdots&&\vdots\\0&0&0&\cdots&1\\1&0&0&\cdots&0\end{pmatrix}=(\boldsymbol{\alpha}_n,\boldsymbol{\alpha}_1,\boldsymbol{\alpha}_2,\cdots,\boldsymbol{\alpha}_{n-1}).\qquad\square$$

(2) 显然有

$$\boldsymbol{C}=(\boldsymbol{\varepsilon}_n,\boldsymbol{\varepsilon}_1,\boldsymbol{\varepsilon}_2,\cdots,\boldsymbol{\varepsilon}_{n-1}).$$

根据第(1)小题的结论，得

$$\boldsymbol{C}^2=(\boldsymbol{\varepsilon}_{n-1},\boldsymbol{\varepsilon}_n,\boldsymbol{\varepsilon}_1,\cdots,\boldsymbol{\varepsilon}_{n-2}),$$
$$\boldsymbol{C}^3=(\boldsymbol{\varepsilon}_{n-2},\boldsymbol{\varepsilon}_{n-1},\boldsymbol{\varepsilon}_n,\boldsymbol{\varepsilon}_1,\cdots,\boldsymbol{\varepsilon}_{n-3}),$$
$$\cdots\cdots$$
$$\boldsymbol{C}^{n-1}=(\boldsymbol{\varepsilon}_2,\boldsymbol{\varepsilon}_3,\cdots,\boldsymbol{\varepsilon}_n,\boldsymbol{\varepsilon}_1).$$

因此

$$\sum_{l=0}^{n-1}\boldsymbol{C}^l=(\boldsymbol{\varepsilon}_1+\boldsymbol{\varepsilon}_n+\boldsymbol{\varepsilon}_{n-1}+\cdots+\boldsymbol{\varepsilon}_2,\boldsymbol{\varepsilon}_2+\boldsymbol{\varepsilon}_1+\boldsymbol{\varepsilon}_n+\cdots+\boldsymbol{\varepsilon}_3,\cdots,\boldsymbol{\varepsilon}_n+\boldsymbol{\varepsilon}_{n-1}+\cdots+\boldsymbol{\varepsilon}_1)^{①}$$
$$=\begin{pmatrix}1&1&\cdots&1\\1&1&\cdots&1\\\vdots&\vdots&&\vdots\\1&1&\cdots&1\end{pmatrix}=\boldsymbol{J}.\qquad\square$$

① 根据矩阵加法的定义，若干个矩阵相加，可以把它们的对应列向量相加.

例 10 n 阶矩阵

$$A=\begin{pmatrix} a_1 & a_2 & a_3 & \cdots & a_n \\ a_n & a_1 & a_2 & \cdots & a_{n-1} \\ \vdots & \vdots & \vdots & & \vdots \\ a_2 & a_3 & a_4 & \cdots & a_1 \end{pmatrix}$$

称为**循环矩阵**,它的第 2,3,…,n 行是由第 1 行元素逐步往右移一位得到的.证明:

$$\boldsymbol{A}=a_1\boldsymbol{I}+a_2\boldsymbol{C}+a_3\boldsymbol{C}^2+\cdots+a_n\boldsymbol{C}^{n-1},$$

其中 $\boldsymbol{C}$ 是例 9 中的循环移位矩阵.

证明 从例 9 第(2)小题的证明过程看出

$$\begin{aligned} & a_1\boldsymbol{I}+a_2\boldsymbol{C}+a_3\boldsymbol{C}^2+\cdots+a_n\boldsymbol{C}^{n-1} \\ =\ & (a_1\boldsymbol{\varepsilon}_1+a_2\boldsymbol{\varepsilon}_n+\cdots+a_n\boldsymbol{\varepsilon}_2,a_1\boldsymbol{\varepsilon}_2+a_2\boldsymbol{\varepsilon}_1+a_3\boldsymbol{\varepsilon}_n+\cdots+a_n\boldsymbol{\varepsilon}_3,\cdots,a_1\boldsymbol{\varepsilon}_n+a_2\boldsymbol{\varepsilon}_{n-1}+\cdots+a_n\boldsymbol{\varepsilon}_1) \\ =\ & \begin{pmatrix} a_1 & a_2 & \cdots & a_n \\ a_n & a_1 & \cdots & a_{n-1} \\ a_{n-1} & a_n & \cdots & a_{n-2} \\ \vdots & \vdots & & \vdots \\ a_2 & a_3 & \cdots & a_1 \end{pmatrix}=\boldsymbol{A}. \end{aligned}$$

□

从例 10 的证明可以看出,形如 $a_1\boldsymbol{I}+a_2\boldsymbol{C}+\cdots+a_n\boldsymbol{C}^{n-1}$ 的矩阵一定是循环矩阵,它的第 1 行为$(a_1,a_2,\cdots,a_n)$.

习 题 4.2

1. 证明:对于任一 $s\times n$ 矩阵 $\boldsymbol{A}$,都有 $\boldsymbol{A}\boldsymbol{A}^{\mathrm{T}},\boldsymbol{A}^{\mathrm{T}}\boldsymbol{A}$ 是对称矩阵.
2. 证明:两个 n 阶斜对称矩阵 $\boldsymbol{A}$ 与 $\boldsymbol{B}$ 的乘积是斜对称矩阵当且仅当 $\boldsymbol{AB}=-\boldsymbol{BA}$.
3. 证明:两个 n 阶斜对称矩阵的乘积是对称矩阵当且仅当它们可交换.
4. 证明:如果 $\boldsymbol{A}$ 与 $\boldsymbol{B}$ 都是 n 阶对称矩阵,那么 $\boldsymbol{AB}-\boldsymbol{BA}$ 是斜对称矩阵.
5. 设 $\boldsymbol{A}$ 是实数域上的 $s\times n$ 矩阵,证明:如果 $\boldsymbol{A}\boldsymbol{A}^{\mathrm{T}}=\boldsymbol{0}$,那么 $\boldsymbol{A}=\boldsymbol{0}$.
6. 设 $\boldsymbol{A}$ 是复数域上的 $s\times n$ 矩阵,用 $\overline{\boldsymbol{A}}$ 表示把 $\boldsymbol{A}$ 的每个元素取共轭复数得到的矩阵,证明:如果 $\boldsymbol{A}\overline{\boldsymbol{A}}^{\mathrm{T}}=\boldsymbol{0}$,那么 $\boldsymbol{A}=\boldsymbol{0}$.
7. 证明:n 阶对称矩阵第 $i(i=1,2,\cdots,n)$行元素的和等于第 i 列元素的和.
8. 设矩阵

$$\boldsymbol{A}=\begin{pmatrix} \lambda & a_{12} & \cdots & a_{1n} \\ 0 & a_{22} & \cdots & a_{2n} \\ \vdots & \vdots & & \vdots \\ 0 & a_{n2} & \cdots & a_{nn} \end{pmatrix},\quad \boldsymbol{B}=\begin{pmatrix} \lambda & 0 & \cdots & 0 \\ b_{21} & b_{22} & \cdots & b_{2m} \\ \vdots & \vdots & & \vdots \\ b_{m1} & b_{m2} & \cdots & b_{mm} \end{pmatrix},$$

证明：矩阵方程 $\boldsymbol{AX}=\boldsymbol{XB}$ 有非零解.

9. 设 $\boldsymbol{A}$ 与 $\boldsymbol{B}$ 都是 n 阶对称矩阵,证明：对于任意正整数 m,矩阵 $\boldsymbol{C}=(\boldsymbol{AB})^m\boldsymbol{A}$ 也是对称矩阵.

10. 证明：初等矩阵可以表示成形如 $\boldsymbol{I}+a_{ij}\boldsymbol{E}_{ij}$ 的矩阵的乘积.

11. 证明：对角矩阵 $\boldsymbol{D}=\mathrm{diag}\{1,\cdots,1,0,\cdots,0\}$ 可以表示成形如 $\boldsymbol{I}+a_{ij}\boldsymbol{E}_{ij}$ 的矩阵的乘积.

12. 证明：两个 n 阶循环矩阵的乘积仍是循环矩阵.

13. 设 $\boldsymbol{A}$ 是实数域上的 n 阶上三角矩阵,证明：如果 $\boldsymbol{A}$ 与 $\boldsymbol{A}^{\mathrm{T}}$ 可交换,那么 $\boldsymbol{A}$ 是对角矩阵.

§ 4.3 矩阵乘积的秩与行列式

4.3.1 内容精华

矩阵是一张表,它包含了丰富的信息. 矩阵的秩是从矩阵行(列)向量组的线性相关性的角度提炼出来的信息,它刻画了矩阵的行(列)向量组至多有多少个线性无关的向量. 方阵的行列式是方阵的不同行、不同列的元素乘积的代数和,它刻画了以此方阵为系数矩阵的线性方程组是否有唯一解.

本节研究矩阵乘积的秩和行列式与因子矩阵的秩和行列式的关系.

定理 1 设矩阵 $\boldsymbol{A}=(a_{ij})_{s\times n}$,$\boldsymbol{B}=(b_{ij})_{n\times m}$,则

$$\mathrm{rank}(\boldsymbol{AB})\leqslant\min\{\mathrm{rank}(\boldsymbol{A}),\mathrm{rank}(\boldsymbol{B})\}.$$

证明 设 $\boldsymbol{A}$ 的列向量组是 $\boldsymbol{\alpha}_1,\boldsymbol{\alpha}_2,\cdots,\boldsymbol{\alpha}_n$,则

$$\begin{aligned}\boldsymbol{AB}&=(\boldsymbol{\alpha}_1,\boldsymbol{\alpha}_2,\cdots,\boldsymbol{\alpha}_n)\begin{pmatrix}b_{11}&b_{12}&\cdots&b_{1m}\\b_{21}&b_{22}&\cdots&b_{2m}\\\vdots&\vdots&&\vdots\\b_{n1}&b_{n2}&\cdots&b_{nm}\end{pmatrix}\\&=(b_{11}\boldsymbol{\alpha}_1+b_{21}\boldsymbol{\alpha}_2+\cdots+b_{n1}\boldsymbol{\alpha}_n,\cdots,b_{1m}\boldsymbol{\alpha}_1+b_{2m}\boldsymbol{\alpha}_2+\cdots+b_{nm}\boldsymbol{\alpha}_n).\end{aligned}$$

上式表明,$\boldsymbol{AB}$ 的列向量组可以由 $\boldsymbol{A}$ 的列向量组线性表出. 因此,$\boldsymbol{AB}$ 的列秩小于或等于 $\boldsymbol{A}$ 的列秩,即

$$\mathrm{rank}(\boldsymbol{AB})\leqslant\mathrm{rank}(\boldsymbol{A}).$$

利用这个结论又可以得到

$$\mathrm{rank}(\boldsymbol{AB})=\mathrm{rank}((\boldsymbol{AB})^{\mathrm{T}})=\mathrm{rank}(\boldsymbol{B}^{\mathrm{T}}\boldsymbol{A}^{\mathrm{T}})\leqslant\mathrm{rank}(\boldsymbol{B}^{\mathrm{T}})=\mathrm{rank}(\boldsymbol{B}),$$

因此

$$\mathrm{rank}(\boldsymbol{AB})\leqslant\min\{\mathrm{rank}(\boldsymbol{A}),\mathrm{rank}(\boldsymbol{B})\}.$$ □

定理 2　设矩阵 $\boldsymbol{A}=(a_{ij})_{n\times n}$，$\boldsymbol{B}=(b_{ij})_{n\times n}$，则

$$|\boldsymbol{AB}|=|\boldsymbol{A}||\boldsymbol{B}|.$$

分析　为了出现 $|\boldsymbol{A}||\boldsymbol{B}|$，联想到 § 2.6 中的一个公式：

$$\begin{vmatrix}\boldsymbol{A} & \boldsymbol{0}\\ \boldsymbol{C} & \boldsymbol{B}\end{vmatrix}=|\boldsymbol{A}||\boldsymbol{B}|,$$

其中 $\boldsymbol{C}$ 是任一 n 阶矩阵. 为了简单起见，取 $\boldsymbol{C}=-\boldsymbol{I}$. 为了出现 $|\boldsymbol{AB}|$，类似于上述公式，应出现

$$\begin{vmatrix}\boldsymbol{0} & \boldsymbol{AB}\\ -\boldsymbol{I} & \boldsymbol{B}\end{vmatrix}.$$

于是，采用下述证法.

证明　一方面，有

$$\begin{vmatrix}\boldsymbol{A} & \boldsymbol{0}\\ -\boldsymbol{I} & \boldsymbol{B}\end{vmatrix}=|\boldsymbol{A}||\boldsymbol{B}|;$$

另一方面，有

$$\begin{vmatrix}\boldsymbol{A} & \boldsymbol{0}\\ -\boldsymbol{I} & \boldsymbol{B}\end{vmatrix}=\begin{vmatrix}a_{11} & a_{12} & \cdots & a_{1n} & 0 & 0 & \cdots & 0\\ a_{21} & a_{22} & \cdots & a_{2n} & 0 & 0 & \cdots & 0\\ \vdots & \vdots & & \vdots & \vdots & \vdots & & \vdots\\ a_{n1} & a_{n2} & \cdots & a_{nn} & 0 & 0 & \cdots & 0\\ -1 & 0 & \cdots & 0 & b_{11} & b_{12} & \cdots & b_{1n}\\ 0 & -1 & \cdots & 0 & b_{21} & b_{22} & \cdots & b_{2n}\\ \vdots & \vdots & & \vdots & \vdots & \vdots & & \vdots\\ 0 & 0 & \cdots & -1 & b_{n1} & b_{n2} & \cdots & b_{nn}\end{vmatrix}$$

$$\xlongequal[\textcircled{1}+\textcircled{2n}\cdot a_{1n}]{\substack{\textcircled{1}+\textcircled{n+1}\cdot a_{11}\\ \textcircled{1}+\textcircled{n+2}\cdot a_{12}\\ \cdots\cdots}}\begin{vmatrix}0 & 0 & \cdots & 0 & \sum\limits_{k=1}^{n}a_{1k}b_{k1} & \sum\limits_{k=1}^{n}a_{1k}b_{k2} & \cdots & \sum\limits_{k=1}^{n}a_{1k}b_{kn}\\ a_{21} & a_{22} & \cdots & a_{2n} & 0 & 0 & \cdots & 0\\ \vdots & \vdots & & \vdots & \vdots & \vdots & & \vdots\\ a_{n1} & a_{n2} & \cdots & a_{nn} & 0 & 0 & \cdots & 0\\ -1 & 0 & \cdots & 0 & b_{11} & b_{12} & \cdots & b_{1n}\\ 0 & -1 & \cdots & 0 & b_{21} & b_{22} & \cdots & b_{2n}\\ \vdots & \vdots & & \vdots & \vdots & \vdots & & \vdots\\ 0 & 0 & \cdots & -1 & b_{n1} & b_{n2} & \cdots & b_{nn}\end{vmatrix}$$

$$\xlongequal[\text{②}+\text{(2n)}\cdot a_{2n}]{\substack{\text{②}+\text{(n+1)}\cdot a_{21}\\ \text{②}+\text{(n+2)}\cdot a_{22}\\ \cdots\cdots}} \begin{vmatrix} 0 & 0 & \cdots & 0 & \sum\limits_{k=1}^{n}a_{1k}b_{k1} & \sum\limits_{k=1}^{n}a_{1k}b_{k2} & \cdots & \sum\limits_{k=1}^{n}a_{1k}b_{kn} \\ 0 & 0 & \cdots & 0 & \sum\limits_{k=1}^{n}a_{2k}b_{k1} & \sum\limits_{k=1}^{n}a_{2k}b_{k2} & \cdots & \sum\limits_{k=1}^{n}a_{2k}b_{kn} \\ \vdots & \vdots & & \vdots & \vdots & \vdots & & \vdots \\ a_{n1} & a_{n2} & \cdots & a_{nn} & 0 & 0 & \cdots & 0 \\ -1 & 0 & \cdots & 0 & b_{11} & b_{12} & \cdots & b_{1n} \\ 0 & -1 & \cdots & 0 & b_{21} & b_{22} & \cdots & b_{2n} \\ \vdots & \vdots & & \vdots & \vdots & \vdots & & \vdots \\ 0 & 0 & \cdots & -1 & b_{n1} & b_{n2} & \cdots & b_{nn} \end{vmatrix}$$

$$= \cdots$$

$$\xlongequal[n+\text{(2n)}\cdot a_{nn}]{\substack{n+\text{(n+1)}\cdot a_{n1}\\ n+\text{(n+2)}\cdot a_{n2}\\ \cdots\cdots}} \begin{vmatrix} 0 & 0 & \cdots & 0 & \sum\limits_{k=1}^{n}a_{1k}b_{k1} & \sum\limits_{k=1}^{n}a_{1k}b_{k2} & \cdots & \sum\limits_{k=1}^{n}a_{1k}b_{kn} \\ 0 & 0 & \cdots & 0 & \sum\limits_{k=1}^{n}a_{2k}b_{k1} & \sum\limits_{k=1}^{n}a_{2k}b_{k2} & \cdots & \sum\limits_{k=1}^{n}a_{2k}b_{kn} \\ \vdots & \vdots & & \vdots & \vdots & \vdots & & \vdots \\ 0 & 0 & \cdots & 0 & \sum\limits_{k=1}^{n}a_{nk}b_{k1} & \sum\limits_{k=1}^{n}a_{nk}b_{k2} & \cdots & \sum\limits_{k=1}^{n}a_{nk}b_{kn} \\ -1 & 0 & \cdots & 0 & b_{11} & b_{12} & \cdots & b_{1n} \\ 0 & -1 & \cdots & 0 & b_{21} & b_{22} & \cdots & b_{2n} \\ \vdots & \vdots & & \vdots & \vdots & \vdots & & \vdots \\ 0 & 0 & \cdots & -1 & b_{n1} & b_{n2} & \cdots & b_{nn} \end{vmatrix}$$

$$= \begin{vmatrix} \mathbf{0} & \boldsymbol{AB} \\ -\boldsymbol{I} & \boldsymbol{B} \end{vmatrix} = |\boldsymbol{AB}|(-1)^{(1+2+\cdots+n)+[(n+1)+(n+2)+\cdots+2n]}|-\boldsymbol{I}|$$

$$= |\boldsymbol{AB}|(-1)^{n^2}\cdot(-1)^n|\boldsymbol{I}| = |\boldsymbol{AB}|,$$

其中倒数第三个等号成立的理由是：把行列式按前 n 行展开. 因此

$$|\boldsymbol{AB}| = |\boldsymbol{A}||\boldsymbol{B}|. \qquad \square$$

用数学归纳法,定理 2 可以推广到多个 n 阶矩阵相乘的情形：

$$|\boldsymbol{A}_1\boldsymbol{A}_2\cdots\boldsymbol{A}_s| = |\boldsymbol{A}_1||\boldsymbol{A}_2|\cdots|\boldsymbol{A}_s|.$$

设 $\boldsymbol{A},\boldsymbol{B}$ 都是 n 阶矩阵,一般地,$\boldsymbol{AB}\neq\boldsymbol{BA}$. 从定理 2 得

$$|\boldsymbol{AB}| = |\boldsymbol{A}||\boldsymbol{B}| = |\boldsymbol{B}||\boldsymbol{A}| = |\boldsymbol{BA}|,$$

即 $|\boldsymbol{AB}| = |\boldsymbol{BA}|$. 由此可见,$n$ 阶矩阵的行列式是从矩阵乘法的非交换性中提取的可交换

的量.

设 $\boldsymbol{A},\boldsymbol{B}$ 分别是 $s\times n,n\times s$ 矩阵,试问:$|\boldsymbol{AB}|$ 等于什么?让我们先解剖一个"麻雀".设

$$\boldsymbol{A}=\begin{pmatrix}a_1&a_2&a_3\\c_1&c_2&c_3\end{pmatrix},\quad \boldsymbol{B}=\begin{pmatrix}b_1&d_1\\b_2&d_2\\b_3&d_3\end{pmatrix},$$

则
$$\boldsymbol{AB}=\begin{pmatrix}a_1b_1+a_2b_2+a_3b_3&a_1d_1+a_2d_2+a_3d_3\\c_1b_1+c_2b_2+c_3b_3&c_1d_1+c_2d_2+c_3d_3\end{pmatrix}.$$

在几何空间中取一个右手直角坐标系,设 $\vec{a},\vec{b},\vec{c},\vec{d}$ 的坐标分别为

$$(a_1,a_2,a_3)^{\mathrm{T}},\quad (b_1,b_2,b_3)^{\mathrm{T}},\quad (c_1,c_2,c_3)^{\mathrm{T}},\quad (d_1,d_2,d_3)^{\mathrm{T}},$$

则根据拉格朗日恒等式(参看文献[6]的第 32 页)得

$$\begin{aligned}|\boldsymbol{AB}|&=\begin{vmatrix}\vec{a}\cdot\vec{b}&\vec{a}\cdot\vec{d}\\\vec{c}\cdot\vec{b}&\vec{c}\cdot\vec{d}\end{vmatrix}=(\vec{a}\times\vec{c})\cdot(\vec{b}\times\vec{d})\\&=\begin{vmatrix}a_2&c_2\\a_3&c_3\end{vmatrix}\begin{vmatrix}b_2&d_2\\b_3&d_3\end{vmatrix}+\left(-\begin{vmatrix}a_1&c_1\\a_3&c_3\end{vmatrix}\right)\left(-\begin{vmatrix}b_1&d_1\\b_3&d_3\end{vmatrix}\right)+\begin{vmatrix}a_1&c_1\\a_2&c_2\end{vmatrix}\begin{vmatrix}b_1&d_1\\b_2&d_2\end{vmatrix}\\&=\begin{vmatrix}a_1&a_2\\c_1&c_2\end{vmatrix}\begin{vmatrix}b_1&d_1\\b_2&d_2\end{vmatrix}+\begin{vmatrix}a_1&a_3\\c_1&c_3\end{vmatrix}\begin{vmatrix}b_1&d_1\\b_3&d_3\end{vmatrix}+\begin{vmatrix}a_2&a_3\\c_2&c_3\end{vmatrix}\begin{vmatrix}b_2&d_2\\b_3&d_3\end{vmatrix}\\&=\boldsymbol{A}\begin{pmatrix}1,2\\1,2\end{pmatrix}\boldsymbol{B}\begin{pmatrix}1,2\\1,2\end{pmatrix}+\boldsymbol{A}\begin{pmatrix}1,2\\1,3\end{pmatrix}\boldsymbol{B}\begin{pmatrix}1,3\\1,2\end{pmatrix}+\boldsymbol{A}\begin{pmatrix}1,2\\2,3\end{pmatrix}\boldsymbol{B}\begin{pmatrix}2,3\\1,2\end{pmatrix}.\end{aligned}$$

又问:$|\boldsymbol{BA}|$ 等于多少?这里 $\boldsymbol{BA}$ 是三阶矩阵.由于

$$\operatorname{rank}(\boldsymbol{BA})\leqslant\operatorname{rank}(\boldsymbol{A})\leqslant 2<3,$$

因此 $\boldsymbol{BA}$ 不是满秩矩阵,从而 $|\boldsymbol{BA}|=0$.

从上述例子受到启发,我们猜测有下述结论,并且在§4.5 中证明这个猜测是真的.

定理 3[比内-柯西(Binet-Cauchy)公式] 设矩阵 $\boldsymbol{A}=(a_{ij})_{s\times n},\boldsymbol{B}=(b_{ij})_{n\times s}$.

(1) 如果 $s>n$,那么 $|\boldsymbol{AB}|=0$;

(2) 如果 $s\leqslant n$,那么 $|\boldsymbol{AB}|$ 等于 $\boldsymbol{A}$ 的所有 s 阶子式与 $\boldsymbol{B}$ 的相应 s 阶子式的乘积之和,即

$$|\boldsymbol{AB}|=\sum_{1\leqslant v_1<v_2<\cdots<v_s\leqslant n}\boldsymbol{A}\begin{pmatrix}1,2,\cdots,s\\v_1,v_2,\cdots,v_s\end{pmatrix}\boldsymbol{B}\begin{pmatrix}v_1,v_2,\cdots,v_s\\1,2,\cdots,s\end{pmatrix}.$$

比内-柯西公式有很多应用,用处之一是可以用来计算乘积矩阵的各阶子式.

命题 1 设矩阵 $\boldsymbol{A}=(a_{ij})_{s\times n},\boldsymbol{B}=(b_{ij})_{n\times s}$,正整数 $r\leqslant s$.

(1) 如果 $r>n$,那么 $\boldsymbol{AB}$ 的所有 r 阶子式都等于 0;

(2) 如果 $r\leqslant n$,那么 $\boldsymbol{AB}$ 的任一 r 阶子式为

$$\boldsymbol{AB}\begin{pmatrix} i_1,i_2,\cdots,i_r \\ j_1,j_2,\cdots,j_r \end{pmatrix} = \sum_{1\leqslant v_1<v_2<\cdots<v_r\leqslant n} \boldsymbol{A}\begin{pmatrix} i_1,i_2,\cdots,i_r \\ v_1,v_2,\cdots,v_r \end{pmatrix}\boldsymbol{B}\begin{pmatrix} v_1,v_2,\cdots,v_r \\ j_1,j_2,\cdots,j_r \end{pmatrix}.$$

证明 $\boldsymbol{AB}$ 的任一 r 阶子式为

$$\boldsymbol{AB}\begin{pmatrix} i_1,i_2,\cdots,i_r \\ j_1,j_2,\cdots,j_r \end{pmatrix} = \begin{vmatrix} \boldsymbol{AB}(i_1;j_1) & \boldsymbol{AB}(i_1;j_2) & \cdots & \boldsymbol{AB}(i_1;j_r) \\ \boldsymbol{AB}(i_2;j_1) & \boldsymbol{AB}(i_2;j_2) & \cdots & \boldsymbol{AB}(i_2;j_r) \\ \vdots & \vdots & & \vdots \\ \boldsymbol{AB}(i_r;j_1) & \boldsymbol{AB}(i_r;j_2) & \cdots & \boldsymbol{AB}(i_r;j_r) \end{vmatrix}$$

$$= \left| \begin{pmatrix} a_{i_1 1} & a_{i_1 2} & \cdots & a_{i_1 n} \\ a_{i_2 1} & a_{i_2 2} & \cdots & a_{i_2 n} \\ \vdots & \vdots & & \vdots \\ a_{i_r 1} & a_{i_r 2} & \cdots & a_{i_r n} \end{pmatrix} \begin{pmatrix} b_{1j_1} & b_{1j_2} & \cdots & b_{1j_r} \\ b_{2j_1} & b_{2j_2} & \cdots & b_{2j_r} \\ \vdots & \vdots & & \vdots \\ b_{nj_1} & b_{nj_2} & \cdots & b_{nj_r} \end{pmatrix} \right|.$$

(1) 如果 $r>n$,那么上式右端两个矩阵乘积的行列式等于 0,从而 $\boldsymbol{AB}$ 的 r 阶子式都等于 0.

(2) 如果 $r\leqslant n$,那么上式右端两个矩阵(分别记作 $\boldsymbol{A}_1,\boldsymbol{B}_1$)乘积的行列式为

$$|\boldsymbol{A}_1\boldsymbol{B}_1| = \sum_{1\leqslant v_1<v_2<\cdots<v_r\leqslant n} \boldsymbol{A}_1\begin{pmatrix} 1,2,\cdots,r \\ v_1,v_2,\cdots,v_r \end{pmatrix}\boldsymbol{B}_1\begin{pmatrix} v_1,v_2,\cdots,v_r \\ 1,2,\cdots,r \end{pmatrix}$$

$$= \sum_{1\leqslant v_1<v_2<\cdots<v_r\leqslant n} \boldsymbol{A}\begin{pmatrix} i_1,i_2,\cdots,i_r \\ v_1,v_2,\cdots,v_r \end{pmatrix}\boldsymbol{B}\begin{pmatrix} v_1,v_2,\cdots,v_r \\ j_1,j_2,\cdots,j_r \end{pmatrix}.$$

于是,命题 1 的第(2)部分得证. □

如果矩阵 $\boldsymbol{A}$ 的一个子式的行指标与列指标相同,那么称该子式为 $\boldsymbol{A}$ 的**主子式**. $\boldsymbol{A}$ 的一个 r 阶主子式形如

$$\boldsymbol{A}\begin{pmatrix} i_1,i_2,\cdots,i_r \\ i_1,i_2,\cdots,i_r \end{pmatrix}.$$

4.3.2 典型例题

例 1 证明: $\mathrm{rank}(\boldsymbol{A}+\boldsymbol{B})\leqslant\mathrm{rank}(\boldsymbol{A})+\mathrm{rank}(\boldsymbol{B})$.

证明 设 $\boldsymbol{A}$ 列向量组为 $\boldsymbol{\alpha}_1,\boldsymbol{\alpha}_2,\cdots,\boldsymbol{\alpha}_n$, $\boldsymbol{B}$ 的列向组为 $\boldsymbol{\beta}_1,\boldsymbol{\beta}_2,\cdots,\boldsymbol{\beta}_n$,则 $\boldsymbol{A}+\boldsymbol{B}$ 的列向量组为 $\boldsymbol{\alpha}_1+\boldsymbol{\beta}_1,\boldsymbol{\alpha}_2+\boldsymbol{\beta}_2,\cdots,\boldsymbol{\alpha}_n+\boldsymbol{\beta}_n$.

设 $\boldsymbol{\alpha}_{i_1},\boldsymbol{\alpha}_{i_2},\cdots,\boldsymbol{\alpha}_{i_r}$ 是向量组 $\boldsymbol{\alpha}_1,\boldsymbol{\alpha}_2,\cdots,\boldsymbol{\alpha}_n$ 的一个极大线性无关组, $\boldsymbol{\beta}_{j_1},\boldsymbol{\beta}_{j_2},\cdots,\boldsymbol{\beta}_{j_t}$ 是向量组 $\boldsymbol{\beta}_1,\boldsymbol{\beta}_2,\cdots,\boldsymbol{\beta}_n$ 的一个极大线性无关组,则 $\boldsymbol{\alpha}_1+\boldsymbol{\beta}_1,\boldsymbol{\alpha}_2+\boldsymbol{\beta}_2,\cdots,\boldsymbol{\alpha}_n+\boldsymbol{\beta}_n$ 可以由向量组 $\boldsymbol{\alpha}_{i_1},\boldsymbol{\alpha}_{i_2},\cdots,\boldsymbol{\alpha}_{i_r},\boldsymbol{\beta}_{j_1},\boldsymbol{\beta}_{j_2},\cdots,\boldsymbol{\beta}_{j_t}$ 线性表出. 因此

$$\operatorname{rank}\{\boldsymbol{\alpha}_1+\boldsymbol{\beta}_1,\boldsymbol{\alpha}_2+\boldsymbol{\beta}_2,\cdots,\boldsymbol{\alpha}_n+\boldsymbol{\beta}_n\}\leqslant\operatorname{rank}\{\boldsymbol{\alpha}_{i_1},\boldsymbol{\alpha}_{i_2},\cdots,\boldsymbol{\alpha}_{i_r},\boldsymbol{\beta}_{j_1},\boldsymbol{\beta}_{j_2},\cdots,\boldsymbol{\beta}_{j_t}\}\leqslant r+t.$$

于是

$$\operatorname{rank}(\boldsymbol{A}+\boldsymbol{B})\leqslant\operatorname{rank}(\boldsymbol{A})+\operatorname{rank}(\boldsymbol{B}).\qquad\square$$

例 2 证明：若 $k\neq0$,则 $\operatorname{rank}(k\boldsymbol{A})=\operatorname{rank}(\boldsymbol{A})$.

证明 $\operatorname{rank}(k\boldsymbol{A})=\operatorname{rank}((k\boldsymbol{I})\boldsymbol{A})\leqslant\operatorname{rank}(\boldsymbol{A})$. 由于 $k\neq0$,因此

$$\operatorname{rank}(\boldsymbol{A})=\operatorname{rank}((k^{-1}\boldsymbol{I})(k\boldsymbol{A}))\leqslant\operatorname{rank}(k\boldsymbol{A}).$$

于是

$$\operatorname{rank}(\boldsymbol{A})=\operatorname{rank}(k\boldsymbol{A}).\qquad\square$$

例 3 设 $\boldsymbol{A}$ 是实数域上的 $s\times n$ 矩阵,则

$$\operatorname{rank}(\boldsymbol{A}^{\mathrm{T}}\boldsymbol{A})=\operatorname{rank}(\boldsymbol{A}\boldsymbol{A}^{\mathrm{T}})=\operatorname{rank}(\boldsymbol{A}).$$

证法一 如果能够证明 n 元齐次线性方程组 $(\boldsymbol{A}^{\mathrm{T}}\boldsymbol{A})\boldsymbol{x}=\boldsymbol{0}$ 与 $\boldsymbol{A}\boldsymbol{x}=\boldsymbol{0}$ 同解,那么它们的解空间一致,从而由解空间的维数公式得

$$n-\operatorname{rank}(\boldsymbol{A}^{\mathrm{T}}\boldsymbol{A})=n-\operatorname{rank}(\boldsymbol{A}),$$

由此得出 $\operatorname{rank}(\boldsymbol{A}^{\mathrm{T}}\boldsymbol{A})=\operatorname{rank}(\boldsymbol{A})$.

现在来证明 $(\boldsymbol{A}^{\mathrm{T}}\boldsymbol{A})\boldsymbol{x}=\boldsymbol{0}$ 与 $\boldsymbol{A}\boldsymbol{x}=\boldsymbol{0}$ 同解. 设 $\boldsymbol{\eta}$ 是 $\boldsymbol{A}\boldsymbol{x}=\boldsymbol{0}$ 的任一解,则 $\boldsymbol{A}\boldsymbol{\eta}=\boldsymbol{0}$,从而 $(\boldsymbol{A}^{\mathrm{T}}\boldsymbol{A})\boldsymbol{\eta}=\boldsymbol{0}$. 因此,$\boldsymbol{\eta}$ 是 $(\boldsymbol{A}^{\mathrm{T}}\boldsymbol{A})\boldsymbol{x}=\boldsymbol{0}$ 的一个解. 反之,设 $\boldsymbol{\delta}$ 是 $(\boldsymbol{A}^{\mathrm{T}}\boldsymbol{A})\boldsymbol{x}=\boldsymbol{0}$ 的任一解,则 $(\boldsymbol{A}^{\mathrm{T}}\boldsymbol{A})\boldsymbol{\delta}=\boldsymbol{0}$. 上式两边左乘 $\boldsymbol{\delta}^{\mathrm{T}}$,得 $\boldsymbol{\delta}^{\mathrm{T}}\boldsymbol{A}^{\mathrm{T}}\boldsymbol{A}\boldsymbol{\delta}=0$,即

$$(\boldsymbol{A}\boldsymbol{\delta})^{\mathrm{T}}\boldsymbol{A}\boldsymbol{\delta}=0.\tag{1}$$

设 $(\boldsymbol{A}\boldsymbol{\delta})^{\mathrm{T}}=(c_1,c_2,\cdots,c_s)$,由于 $\boldsymbol{A}$ 是实数域上的矩阵,因此 $c_1,c_2,\cdots,c_s$ 都是实数. 由(1)式得

$$c_1^2+c_2^2+\cdots+c_s^2=0.$$

由此推出 $c_1=c_2=\cdots=c_s=0$,从而 $\boldsymbol{A}\boldsymbol{\delta}=\boldsymbol{0}$,即 $\boldsymbol{\delta}$ 是 $\boldsymbol{A}\boldsymbol{x}=\boldsymbol{0}$ 的一个解. 因此,$(\boldsymbol{A}^{\mathrm{T}}\boldsymbol{A})\boldsymbol{x}=\boldsymbol{0}$ 与 $\boldsymbol{A}\boldsymbol{x}=\boldsymbol{0}$ 同解. 于是

$$\operatorname{rank}(\boldsymbol{A}^{\mathrm{T}}\boldsymbol{A})=\operatorname{rank}(\boldsymbol{A}).$$

由这个结论立即得出

$$\operatorname{rank}(\boldsymbol{A}\boldsymbol{A}^{\mathrm{T}})=\operatorname{rank}((\boldsymbol{A}^{\mathrm{T}})^{\mathrm{T}}\boldsymbol{A}^{\mathrm{T}})=\operatorname{rank}(\boldsymbol{A}^{\mathrm{T}})=\operatorname{rank}(\boldsymbol{A}).\qquad\square$$

证法二 设 $\operatorname{rank}(\boldsymbol{A})=r$,则 $r\leqslant\min\{s,n\}$. 根据命题 1,$\boldsymbol{A}\boldsymbol{A}^{\mathrm{T}}$ 的任一 r 阶主子式为

$$\begin{aligned}\boldsymbol{A}\boldsymbol{A}^{\mathrm{T}}\begin{pmatrix}i_1,i_2,\cdots,i_r\\i_1,i_2,\cdots,i_r\end{pmatrix}&=\sum_{1\leqslant v_1<v_2<\cdots<v_r\leqslant n}\boldsymbol{A}\begin{pmatrix}i_1,i_2,\cdots,i_r\\v_1,v_2,\cdots,v_r\end{pmatrix}\boldsymbol{A}^{\mathrm{T}}\begin{pmatrix}v_1,v_2,\cdots,v_r\\i_1,i_2,\cdots,i_r\end{pmatrix}\\&=\sum_{1\leqslant v_1<v_2<\cdots<v_r\leqslant n}\left[\boldsymbol{A}\begin{pmatrix}i_1,i_2,\cdots,i_r\\v_1,v_2,\cdots,v_r\end{pmatrix}\right]^2.\end{aligned}$$

由于 $\boldsymbol{A}$ 有一个不为 0 的 r 阶子式,因此 $\boldsymbol{A}\boldsymbol{A}^{\mathrm{T}}$ 有一个不为 0 的 r 阶主子式,从而

$$\operatorname{rank}(\boldsymbol{A}\boldsymbol{A}^{\mathrm{T}})\geqslant r.$$

又由于

$$\operatorname{rank}(\boldsymbol{A}\boldsymbol{A}^{\mathrm{T}})\leqslant\operatorname{rank}(\boldsymbol{A})=r,$$

因此 $$\operatorname{rank}(\boldsymbol{A}\boldsymbol{A}^{\mathrm{T}})=r=\operatorname{rank}(\boldsymbol{A}).$$
于是 $$\operatorname{rank}(\boldsymbol{A}^{\mathrm{T}}\boldsymbol{A})=\operatorname{rank}(\boldsymbol{A}^{\mathrm{T}}(\boldsymbol{A}^{\mathrm{T}})^{\mathrm{T}})=\operatorname{rank}(\boldsymbol{A}^{\mathrm{T}})=\operatorname{rank}(\boldsymbol{A}).$$ □

例 4 一个矩阵称为**行(列)满秩矩阵**,如果它的行(列)向量组是线性无关的. 证明:如果 $s\times n$ 矩阵 $\boldsymbol{A}$ 的秩为 r,那么存在 $s\times r$ 列满秩矩阵 $\boldsymbol{B}$ 和 $r\times n$ 行满秩矩阵 $\boldsymbol{C}$,使得
$$\boldsymbol{A}=\boldsymbol{B}\boldsymbol{C}.$$

证明 设 $\boldsymbol{A}$ 的行向量组的一个极大线性无关组为 $\boldsymbol{\gamma}_{i_1},\boldsymbol{\gamma}_{i_2},\cdots,\boldsymbol{\gamma}_{i_r}$,则
$$\boldsymbol{A}=\begin{pmatrix} k_{11}\boldsymbol{\gamma}_{i_1}+k_{12}\boldsymbol{\gamma}_{i_2}+\cdots+k_{1r}\boldsymbol{\gamma}_{i_r} \\ k_{21}\boldsymbol{\gamma}_{i_1}+k_{22}\boldsymbol{\gamma}_{i_2}+\cdots+k_{2r}\boldsymbol{\gamma}_{i_r} \\ \vdots \\ k_{s1}\boldsymbol{\gamma}_{i_1}+k_{s2}\boldsymbol{\gamma}_{i_2}+\cdots+k_{sr}\boldsymbol{\gamma}_{i_r} \end{pmatrix}=\begin{pmatrix} k_{11} & k_{12} & \cdots & k_{1r} \\ k_{21} & k_{22} & \cdots & k_{2r} \\ \vdots & \vdots & & \vdots \\ k_{s1} & k_{s2} & \cdots & k_{sr} \end{pmatrix}\begin{pmatrix} \boldsymbol{\gamma}_{i_1} \\ \boldsymbol{\gamma}_{i_2} \\ \vdots \\ \boldsymbol{\gamma}_{i_r} \end{pmatrix}.$$
分别记上式第 2 个等号右端的两个矩阵为 $\boldsymbol{B},\boldsymbol{C}$,则 $\boldsymbol{A}=\boldsymbol{B}\boldsymbol{C}$. 显然,$\boldsymbol{C}$ 是 $r\times n$ 行满秩矩阵. 由于
$$\operatorname{rank}(\boldsymbol{A})=\operatorname{rank}(\boldsymbol{B}\boldsymbol{C})\leqslant\operatorname{rank}(\boldsymbol{B}),$$
因此 $\operatorname{rank}(\boldsymbol{B})\geqslant r$. 又由于 $\boldsymbol{B}$ 只有 r 列,因此 $\operatorname{rank}(\boldsymbol{B})=r$. 于是,$\boldsymbol{B}$ 为 $s\times r$ 列满秩矩阵. □

例 5 证明:如果数域 K 上的 n 阶矩阵 $\boldsymbol{A}$ 满足 $\boldsymbol{A}\boldsymbol{A}^{\mathrm{T}}=\boldsymbol{I}$, $|\boldsymbol{A}|=-1$,那么
$$|\boldsymbol{I}+\boldsymbol{A}|=0.$$

证明 由于
$$\begin{aligned}|\boldsymbol{I}+\boldsymbol{A}|&=|\boldsymbol{A}\boldsymbol{A}^{\mathrm{T}}+\boldsymbol{A}\boldsymbol{I}|=|\boldsymbol{A}(\boldsymbol{A}^{\mathrm{T}}+\boldsymbol{I})|=|\boldsymbol{A}|\,|\boldsymbol{A}^{\mathrm{T}}+\boldsymbol{I}|\\&=(-1)\,|(\boldsymbol{A}+\boldsymbol{I})^{\mathrm{T}}|=(-1)\,|\boldsymbol{A}+\boldsymbol{I}|,\end{aligned}$$
因此 $$|\boldsymbol{I}+\boldsymbol{A}|=0.$$ □

例 6 设
$$s_k=x_1^k+x_2^k+\cdots+x_n^k\quad(k=0,1,2,\cdots),$$
又设矩阵 $\boldsymbol{A}=(a_{ij})_{n\times n}$,其中
$$a_{ij}=s_{i+j-2}\quad(i,j=1,2,\cdots,n),$$
证明:
$$|\boldsymbol{A}|=\prod_{1\leqslant j<i\leqslant n}(x_i-x_j)^2.$$

分析 要证明的等式的右端使人联想起范德蒙德行列式,于是采用下述证法.

证明 $$|\boldsymbol{A}|=\begin{vmatrix} s_0 & s_1 & \cdots & s_{n-1} \\ s_1 & s_2 & \cdots & s_n \\ \vdots & \vdots & & \vdots \\ s_{n-1} & s_n & \cdots & s_{2n-2} \end{vmatrix}=\left|\begin{pmatrix} 1 & 1 & \cdots & 1 \\ x_1 & x_2 & \cdots & x_n \\ \vdots & \vdots & & \vdots \\ x_1^{n-1} & x_2^{n-1} & \cdots & x_n^{n-1} \end{pmatrix}\begin{pmatrix} 1 & x_1 & \cdots & x_1^{n-1} \\ 1 & x_2 & \cdots & x_2^{n-1} \\ \vdots & \vdots & & \vdots \\ 1 & x_n & \cdots & x_n^{n-1} \end{pmatrix}\right|$$

$$=\begin{vmatrix} 1 & 1 & \cdots & 1 \\ x_1 & x_2 & \cdots & x_n \\ \vdots & \vdots & & \vdots \\ x_1^{n-1} & x_2^{n-1} & \cdots & x_n^{n-1} \end{vmatrix}\begin{vmatrix} 1 & x_1 & \cdots & x_1^{n-1} \\ 1 & x_2 & \cdots & x_2^{n-1} \\ \vdots & \vdots & & \vdots \\ 1 & x_n & \cdots & x_n^{n-1} \end{vmatrix}$$

$$=\prod_{1\leqslant j<i\leqslant n}(x_i-x_j)\cdot\prod_{1\leqslant j<i\leqslant n}(x_i-x_j)=\prod_{1\leqslant j<i\leqslant n}(x_i-x_j)^2.$$ □

例 7 设 $\boldsymbol{A}$ 是复数域上的 n 阶循环矩阵,它的第 1 行为$(a_1,a_2,\cdots,a_n)$,求$|\boldsymbol{A}|$.

解法一 令 $w=\mathrm{e}^{\mathrm{i}\frac{2\pi}{n}}$. 设

$$f(x)=a_1+a_2x+a_3x^2+\cdots+a_nx^{n-1}.$$

任给 $i\in\{0,1,\cdots,n-1\}$,有

$$|\boldsymbol{A}|=\begin{vmatrix} a_1 & a_2 & a_3 & \cdots & a_n \\ a_n & a_1 & a_2 & \cdots & a_{n-1} \\ \vdots & \vdots & \vdots & & \vdots \\ a_2 & a_3 & a_4 & \cdots & a_1 \end{vmatrix}$$

$$\xlongequal[\substack{①+②\cdot w^i \\ ①+③\cdot (w^i)^2 \\ \cdots\cdots \\ ①+ⓝ\cdot (w^i)^{n-1}}]{}\begin{vmatrix} a_1+a_2w^i+a_3(w^i)^2+\cdots+a_n(w^i)^{n-1} & a_2 & \cdots & a_n \\ a_n+a_1w^i+a_2(w^i)^2+\cdots+a_{n-1}(w^i)^{n-1} & a_1 & \cdots & a_{n-1} \\ \vdots & \vdots & & \vdots \\ a_2+a_3w^i+a_4(w^i)^2+\cdots+a_1(w^i)^{n-1} & a_3 & \cdots & a_1 \end{vmatrix}$$

$$=\begin{vmatrix} f(w^i) & a_2 & \cdots & a_n \\ w^if(w^i) & a_1 & \cdots & a_{n-1} \\ \vdots & \vdots & & \vdots \\ w^{i(n-1)}f(w^i) & a_3 & \cdots & a_1 \end{vmatrix}=f(w^i)\begin{vmatrix} 1 & a_2 & \cdots & a_n \\ w^i & a_1 & \cdots & a_{n-1} \\ \vdots & \vdots & & \vdots \\ w^{i(n-1)} & a_3 & \cdots & a_1 \end{vmatrix},$$

因此$|\boldsymbol{A}|$有因子 $f(w^i)(i=0,1,\cdots,n-1)$. 由于$|\boldsymbol{A}|$中 a_1 的幂指数至多是 n,且 a_1^n 的系数为 1,因此

$$|\boldsymbol{A}|=\prod_{i=0}^{n-1}f(w^i).$$

解法二 设 $f(x)=a_1+a_2x+a_3x^2+\cdots+a_nx^{n-1}$. 令 $w=\mathrm{e}^{\mathrm{i}\frac{2\pi}{n}}$及

$$\boldsymbol{B}=\begin{pmatrix} 1 & 1 & 1 & \cdots & 1 \\ 1 & w & w^2 & \cdots & w^{n-1} \\ 1 & w^2 & w^4 & \cdots & w^{2(n-1)} \\ \vdots & \vdots & \vdots & & \vdots \\ 1 & w^{n-1} & w^{2(n-1)} & \cdots & w^{(n-1)(n-1)} \end{pmatrix},$$

则

$$|\boldsymbol{AB}| = \left|\begin{pmatrix} a_1 & a_2 & a_3 & \cdots & a_n \\ a_n & a_1 & a_2 & \cdots & a_{n-1} \\ \vdots & \vdots & \vdots & & \vdots \\ a_2 & a_3 & a_4 & \cdots & a_1 \end{pmatrix}\begin{pmatrix} 1 & 1 & 1 & \cdots & 1 \\ 1 & w & w^2 & \cdots & w^{n-1} \\ \vdots & \vdots & \vdots & & \vdots \\ 1 & w^{n-1} & w^{2(n-1)} & \cdots & w^{(n-1)(n-1)} \end{pmatrix}\right|$$

$$= \begin{vmatrix} f(1) & f(w) & f(w^2) & \cdots & f(w^{n-1}) \\ f(1) & wf(w) & w^2 f(w^2) & \cdots & w^{n-1} f(w^{n-1}) \\ \vdots & \vdots & \vdots & & \vdots \\ f(1) & w^{n-1} f(w) & w^{2(n-1)} f(w^2) & \cdots & w^{(n-1)(n-1)} f(w^{n-1}) \end{vmatrix}$$

$$= f(1)f(w)f(w^2)\cdots f(w^{n-1}) \begin{vmatrix} 1 & 1 & 1 & \cdots & 1 \\ 1 & w & w^2 & \cdots & w^{n-1} \\ \vdots & \vdots & \vdots & & \vdots \\ 1 & w^{n-1} & w^{2(n-1)} & \cdots & w^{(n-1)(n-1)} \end{vmatrix}$$

$$= \prod_{i=0}^{n-1} f(w^i)\,|\boldsymbol{B}|.$$

又由于$|\boldsymbol{AB}| = |\boldsymbol{A}|\,|\boldsymbol{B}|$，且$|\boldsymbol{B}| \neq 0$，因此

$$|\boldsymbol{A}| = \prod_{i=0}^{n-1} f(w^i).$$

例 8 证明柯西恒等式：当$n \geqslant 2$时，有

$$\left(\sum_{j=1}^{n} a_i c_i\right)\left(\sum_{i=1}^{n} b_i d_i\right) - \left(\sum_{i=1}^{n} a_i d_i\right)\left(\sum_{i=1}^{n} b_i c_i\right) = \sum_{1 \leqslant j < k \leqslant n} (a_j b_k - a_k b_j)(c_j d_k - c_k d_j).$$

证明

$$\text{左端} = \begin{vmatrix} \sum_{i=1}^{n} a_i c_i & \sum_{i=1}^{n} a_i d_i \\ \sum_{i=1}^{n} b_i c_i & \sum_{i=1}^{n} b_i d_i \end{vmatrix} = \left|\begin{pmatrix} a_1 & a_2 & \cdots & a_n \\ b_1 & b_2 & \cdots & b_n \end{pmatrix}\begin{pmatrix} c_1 & d_1 \\ c_2 & d_2 \\ \vdots & \vdots \\ c_n & d_n \end{pmatrix}\right|$$

$$= \sum_{1 \leqslant j < k \leqslant n} \begin{vmatrix} a_j & a_k \\ b_j & b_k \end{vmatrix}\begin{vmatrix} c_j & d_j \\ c_k & d_k \end{vmatrix} = \sum_{1 \leqslant j < k \leqslant n} (a_j b_k - a_k b_j)(c_j d_k - c_k d_j) = \text{右端}. \qquad \square$$

例 9 证明柯西-布尼亚科夫斯基(Cauchy-Bunyakovsky)不等式：对于任意实数a_1，$a_2, \cdots, a_n, b_1, b_2, \cdots, b_n$，有

$$(a_1^2 + a_2^2 + \cdots + a_n^2)(b_1^2 + b_2^2 + \cdots + b_n^2) \geqslant (a_1 b_1 + a_2 b_2 + \cdots + a_n b_n)^2,$$

等号成立当且仅当$(a_1, a_2, \cdots, a_n)$与$(b_1, b_2, \cdots, b_n)$线性相关.

证明 由例 8 的柯西恒等式得

$$\left(\sum_{i=1}^{n}a_i^2\right)\left(\sum_{i=1}^{n}b_i^2\right)-\left(\sum_{i=1}^{n}a_ib_i\right)^2=\sum_{1\leqslant j<k\leqslant n}(a_jb_k-a_kb_j)^2\geqslant 0,$$

等号成立当且仅当

$$a_jb_k-a_kb_j=0\quad(1\leqslant j<k\leqslant n),$$

即

$$\operatorname{rank}\left(\begin{pmatrix}a_1 & a_2 & \cdots & a_n\\ b_1 & b_2 & \cdots & b_n\end{pmatrix}\right)\leqslant 1,$$

也就是$(a_1,a_2,\cdots,a_n)$与$(b_1,b_2,\cdots,b_n)$线性相关. □

例 10 设 $\boldsymbol{A},\boldsymbol{B}$ 都是 n 阶矩阵,证明:$\boldsymbol{AB}$ 与 $\boldsymbol{BA}$ 的所有 r 阶主子式之和相等,其中 $1\leqslant r\leqslant n$.

证明 当 $1\leqslant r\leqslant n$ 时,有

$$\boldsymbol{AB}\begin{pmatrix}i_1,i_2,\cdots,i_r\\ i_1,i_2,\cdots,i_r\end{pmatrix}=\sum_{1\leqslant v_1<v_2<\cdots<v_r\leqslant n}\boldsymbol{A}\begin{pmatrix}i_1,i_2,\cdots,i_r\\ v_1,v_2,\cdots,v_r\end{pmatrix}\boldsymbol{B}\begin{pmatrix}v_1,v_2,\cdots,v_r\\ i_1,i_2,\cdots,i_r\end{pmatrix},$$

$$\boldsymbol{BA}\begin{pmatrix}v_1,v_2,\cdots,v_r\\ v_1,v_2,\cdots,v_r\end{pmatrix}=\sum_{1\leqslant i_1<i_2<\cdots<i_r\leqslant n}\boldsymbol{B}\begin{pmatrix}v_1,v_2,\cdots,v_r\\ i_1,i_2,\cdots,i_r\end{pmatrix}\boldsymbol{A}\begin{pmatrix}i_1,i_2,\cdots,i_r\\ v_1,v_2,\cdots,v_r\end{pmatrix},$$

于是

$$\begin{aligned}\sum_{1\leqslant i_1<i_2<\cdots<i_r\leqslant n}\boldsymbol{AB}\begin{pmatrix}i_1,i_2,\cdots,i_r\\ i_1,i_2,\cdots,i_r\end{pmatrix}&=\sum_{1\leqslant i_1<\cdots<i_r\leqslant n}\ \sum_{1\leqslant v_1<\cdots<v_r\leqslant n}\boldsymbol{A}\begin{pmatrix}i_1,i_2,\cdots,i_r\\ v_1,v_2,\cdots,v_r\end{pmatrix}\boldsymbol{B}\begin{pmatrix}v_1,v_2,\cdots,v_r\\ i_1,i_2,\cdots,i_r\end{pmatrix}\\&=\sum_{1\leqslant v_1<\cdots<v_r\leqslant n}\ \sum_{1\leqslant i_1<\cdots<i_r\leqslant n}\boldsymbol{B}\begin{pmatrix}v_1,v_2,\cdots,v_r\\ i_1,i_2,\cdots,i_r\end{pmatrix}\boldsymbol{A}\begin{pmatrix}i_1,i_2,\cdots,i_r\\ v_1,v_2,\cdots,v_r\end{pmatrix}\\&=\sum_{1\leqslant v_1<\cdots<v_r\leqslant n}\boldsymbol{BA}\begin{pmatrix}v_1,v_2,\cdots,v_r\\ v_1,v_2,\cdots,v_r\end{pmatrix}.\end{aligned}$$

□

点评 由例 10 看出,r 阶主子式之和是从 n 阶矩阵乘法的非交换性中提取的可交换的量.

例 11 用比内-柯西公式计算 n 阶行列式

$$\begin{vmatrix}a_1-b_1 & a_1-b_2 & \cdots & a_1-b_n\\ a_2-b_1 & a_2-b_2 & \cdots & a_2-b_n\\ \vdots & \vdots & & \vdots\\ a_n-b_1 & a_n-b_2 & \cdots & a_n-b_n\end{vmatrix}.$$

解 我们有

$$\text{原式}=\left|\begin{pmatrix}a_1 & -1\\ a_2 & -1\\ \vdots & \vdots\\ a_n & -1\end{pmatrix}\begin{pmatrix}1 & 1 & \cdots & 1\\ b_1 & b_2 & \cdots & b_n\end{pmatrix}\right|$$

当 $n>2$ 时,上式右端乘积矩阵的行列式的值等于 0;

当 $n=2$ 时,

$$\text{原式}=\left|\begin{pmatrix} a_1 & -1 \\ a_2 & -1 \end{pmatrix}\begin{pmatrix} 1 & 1 \\ b_1 & b_2 \end{pmatrix}\right| = \begin{vmatrix} a_1 & -1 \\ a_2 & -1 \end{vmatrix}\begin{vmatrix} 1 & 1 \\ b_1 & b_2 \end{vmatrix}$$

$$= (a_2-a_1)(b_2-b_1);$$

当 $n=1$ 时,原式 $=a_1-b_1$.

习 题 4.3

1. 证明:设 $\boldsymbol{A}$ 是 n 阶矩阵,则 $|\boldsymbol{A}\boldsymbol{A}^{\mathrm{T}}|=|\boldsymbol{A}|^2$.

2. 设 $\boldsymbol{A}$ 是 n 阶矩阵,证明:如果 $\boldsymbol{A}\boldsymbol{A}^{\mathrm{T}}=\boldsymbol{I}$,那么 $|\boldsymbol{A}|=1$ 或 $|\boldsymbol{A}|=-1$.

3. 设 $\boldsymbol{A}$ 是数域 K 上的 n 阶矩阵,证明:如果 n 是奇数,且 $\boldsymbol{A}$ 满足 $\boldsymbol{A}\boldsymbol{A}^{\mathrm{T}}=\boldsymbol{I}$, $|\boldsymbol{A}|=1$,那么 $|\boldsymbol{I}-\boldsymbol{A}|=0$.

4. 证明:对于实数域上的任一 $s\times n$ 矩阵 $\boldsymbol{A}$,都有 $\mathrm{rank}(\boldsymbol{A}\boldsymbol{A}^{\mathrm{T}}\boldsymbol{A})=\mathrm{rank}(\boldsymbol{A})$.

5. 举例说明:对于复矩阵 $\boldsymbol{A}$, $\mathrm{rank}(\boldsymbol{A}^{\mathrm{T}}\boldsymbol{A})\neq\mathrm{rank}(\boldsymbol{A})$.

6. 设 $\boldsymbol{A}$ 是实数域上的 $s\times n$ 矩阵,证明: $\boldsymbol{A}\boldsymbol{A}^{\mathrm{T}}$ 的所有主子式的值都是非负实数.

7. 证明拉格朗日恒等式:当 $n\geqslant 2$ 时,有

$$\left(\sum_{i=1}^{n}a_i^2\right)\left(\sum_{i=1}^{n}b_i^2\right)-\left(\sum_{i=1}^{n}a_ib_i\right)^2=\sum_{1\leqslant j<k\leqslant n}(a_jb_k-a_kb_j)^2.$$

8. 用比内-柯西公式计算 n 阶行列式

$$\begin{vmatrix} 1+x_1y_1 & 1+x_1y_2 & \cdots & 1+x_1y_n \\ 1+x_2y_1 & 1+x_2y_2 & \cdots & 1+x_2y_n \\ \vdots & \vdots & & \vdots \\ 1+x_ny_1 & 1+x_ny_2 & \cdots & 1+x_ny_n \end{vmatrix}.$$

9. 计算如下 $n+1$ 阶矩阵的行列式:

$$\boldsymbol{A}=\begin{pmatrix} (a_0+b_0)^n & (a_0+b_1)^n & \cdots & (a_0+b_n)^n \\ (a_1+b_0)^n & (a_1+b_1)^n & \cdots & (a_1+b_n)^n \\ \vdots & \vdots & & \vdots \\ (a_n+b_0)^n & (a_n+b_1)^n & \cdots & (a_n+b_n)^n \end{pmatrix}.$$

10. 设实数域上的 n 阶矩阵 $\boldsymbol{A}=(\boldsymbol{B},\boldsymbol{C})$,其中 $\boldsymbol{B}$ 是 $n\times m$ 矩阵,证明:

$$|\boldsymbol{A}|^2\leqslant|\boldsymbol{B}^{\mathrm{T}}\boldsymbol{B}|\,|\boldsymbol{C}^{\mathrm{T}}\boldsymbol{C}|.$$

11. 设 $\boldsymbol{A},\boldsymbol{B}$ 分别是数域 K 上的 $s\times n$, $n\times m$ 矩阵,证明: $\mathrm{rank}(\boldsymbol{A}\boldsymbol{B})=\mathrm{rank}(\boldsymbol{B})$ 当且仅当齐次线性方程组 $(\boldsymbol{A}\boldsymbol{B})\boldsymbol{x}=\boldsymbol{0}$ 的每个解都是 $\boldsymbol{B}\boldsymbol{x}=\boldsymbol{0}$ 的解.

12. 设$\boldsymbol{A},\boldsymbol{B}$分别是数域$K$上的$s\times n,n\times m$矩阵,证明:如果$\text{rank}(\boldsymbol{AB})=\text{rank}(\boldsymbol{B})$,那么对于数域$K$上任意$m\times r$矩阵$\boldsymbol{C}$,有

$$\text{rank}(\boldsymbol{ABC}) = \text{rank}(\boldsymbol{BC}).$$

13. 设$\boldsymbol{A}$是数域K上的n阶矩阵,证明:如果存在正整数m,使得$\text{rank}(\boldsymbol{A}^m)=\text{rank}(\boldsymbol{A}^{m+1})$,那么对于一切正整数$k$,有

$$\text{rank}(\boldsymbol{A}^m) = \text{rank}(\boldsymbol{A}^{m+k}),$$

14. 设$\boldsymbol{A}$是数域K上的$s\times n$矩阵,证明:$\text{rank}(\boldsymbol{A})=1$当且仅当$\boldsymbol{A}$能表示成一个$s$维非零列向量与一个$n$维非零行向量的乘积.

15. 求数域K上所有平方等于零矩阵的二阶矩阵.

16. 设$\boldsymbol{A}$是数域K上的n阶矩阵,证明:若$\text{rank}(\boldsymbol{A})=1$,则存在唯一的数$k\in K$,使得

$$\boldsymbol{A}^2=k\boldsymbol{A}.$$

§4.4 可逆矩阵

4.4.1 内容精华

矩阵的乘法运算是由旋转的乘法运算引出来的.类比可逆变换的概念,很自然地引出可逆矩阵的概念:

定义1 对于数域K上的矩阵$\boldsymbol{A}$,如果存在数域K上的矩阵$\boldsymbol{B}$,使得

$$\boldsymbol{AB} = \boldsymbol{BA} = \boldsymbol{I}, \tag{1}$$

那么称$\boldsymbol{A}$是**可逆矩阵**(或**非奇异矩阵**).

从(1)式看出,矩阵$\boldsymbol{A}$与$\boldsymbol{B}$可交换,因此可逆矩阵一定是方阵.适合(1)式的矩阵$\boldsymbol{B}$也是方阵.

如果$\boldsymbol{A}$是可逆矩阵,那么适合(1)式的矩阵$\boldsymbol{B}$是唯一的.理由如下:

设矩阵$\boldsymbol{B}_1$也适合(1)式,则

$$\boldsymbol{B}=\boldsymbol{BI}=\boldsymbol{BAB}_1=\boldsymbol{IB}_1=\boldsymbol{B}_1.$$

定义2 如果$\boldsymbol{A}$是可逆矩阵,那么适合(1)式的矩阵$\boldsymbol{B}$称为$\boldsymbol{A}$的**逆矩阵**,记作$\boldsymbol{A}^{-1}$.

如果$\boldsymbol{A}$是可逆矩阵,那么

$$\boldsymbol{AA}^{-1} = \boldsymbol{A}^{-1}\boldsymbol{A} = \boldsymbol{I}, \tag{2}$$

从而$\boldsymbol{A}^{-1}$也是可逆矩阵,并且

$$(\boldsymbol{A}^{-1})^{-1} = \boldsymbol{A}. \tag{3}$$

从(2)式看出,若n阶矩阵$\boldsymbol{A}$可逆,则$|\boldsymbol{AA}^{-1}|=|\boldsymbol{I}|$,从而

$$|\boldsymbol{A}|\neq 0.$$

这是否为 $\boldsymbol{A}$ 可逆的充分条件？回答是肯定的.为此,需要找一个矩阵 $\boldsymbol{B}$,满足(1)式.

设 $\boldsymbol{A}=(a_{ij})$,根据§2.4中的定理1和定理3,得

$$\begin{pmatrix} a_{11} & a_{12} & \cdots & a_{1n} \\ a_{21} & a_{22} & \cdots & a_{2n} \\ \vdots & \vdots & & \vdots \\ a_{n1} & a_{n2} & \cdots & a_{nn} \end{pmatrix}\begin{pmatrix} A_{11} & A_{21} & \cdots & A_{n1} \\ A_{12} & A_{22} & \cdots & A_{n2} \\ \vdots & \vdots & & \vdots \\ A_{1n} & A_{2n} & \cdots & A_{nn} \end{pmatrix}=\begin{pmatrix} |\boldsymbol{A}| & 0 & \cdots & 0 \\ 0 & |\boldsymbol{A}| & \cdots & 0 \\ \vdots & \vdots & & \vdots \\ 0 & 0 & \cdots & |\boldsymbol{A}| \end{pmatrix}=|\boldsymbol{A}|\boldsymbol{I}. \tag{4}$$

记

$$\boldsymbol{A}^* = \begin{pmatrix} A_{11} & A_{21} & \cdots & A_{n1} \\ A_{12} & A_{22} & \cdots & A_{n2} \\ \vdots & \vdots & & \vdots \\ A_{1n} & A_{2n} & \cdots & A_{nn} \end{pmatrix},$$

称之为 $\boldsymbol{A}$ 的**伴随矩阵**.这时(4)式可写成

$$\boldsymbol{A}\boldsymbol{A}^* = |\boldsymbol{A}|\boldsymbol{I}. \tag{5}$$

类似地,利用§2.4中的定理2和定理4,可得出

$$\boldsymbol{A}^*\boldsymbol{A}=\begin{pmatrix} A_{11} & A_{21} & \cdots & A_{n1} \\ A_{12} & A_{22} & \cdots & A_{n2} \\ \vdots & \vdots & & \vdots \\ A_{1n} & A_{2n} & \cdots & A_{nn} \end{pmatrix}\begin{pmatrix} a_{11} & a_{12} & \cdots & a_{1n} \\ a_{21} & a_{22} & \cdots & a_{2n} \\ \vdots & \vdots & & \vdots \\ a_{n1} & a_{n2} & \cdots & a_{nn} \end{pmatrix}=\begin{pmatrix} |\boldsymbol{A}| & 0 & \cdots & 0 \\ 0 & |\boldsymbol{A}| & \cdots & 0 \\ \vdots & \vdots & & \vdots \\ 0 & 0 & \cdots & |\boldsymbol{A}| \end{pmatrix}$$
$$= |\boldsymbol{A}|\boldsymbol{I}. \tag{6}$$

定理1 数域 K 上 n 阶矩阵 $\boldsymbol{A}$ 可逆的充要条件是 $|\boldsymbol{A}|\neq 0$.当 $\boldsymbol{A}$ 可逆时,有

$$\boldsymbol{A}^{-1} = \frac{1}{|\boldsymbol{A}|}\boldsymbol{A}^*. \tag{7}$$

证明 *必要性* 设 $\boldsymbol{A}$ 可逆,则 $\boldsymbol{A}\boldsymbol{A}^{-1}=\boldsymbol{I}$,从而 $|\boldsymbol{A}||\boldsymbol{A}^{-1}|=1$.由此得出 $|\boldsymbol{A}|\neq 0$.

充分性 设 $|\boldsymbol{A}|\neq 0$,则由(5)式和(6)式得

$$\left(\frac{1}{|\boldsymbol{A}|}\boldsymbol{A}^*\right)\boldsymbol{A} = \boldsymbol{A}\left(\frac{1}{|\boldsymbol{A}|}\boldsymbol{A}^*\right)= \boldsymbol{I}.$$

因此 $\boldsymbol{A}$ 可逆,并且

$$\boldsymbol{A}^{-1} = \frac{1}{|\boldsymbol{A}|}\boldsymbol{A}^*.$$ □

设矩阵

$$\boldsymbol{A} = \begin{pmatrix} a & b \\ c & d \end{pmatrix},$$

则 $\boldsymbol{A}$ 可逆当且仅当 $|\boldsymbol{A}|=ad-bc\neq 0$.当 $\boldsymbol{A}$ 可逆时,有

$$\boldsymbol{A}^{-1}=\frac{1}{ad-bc}\begin{pmatrix} d & -b \\ -c & a \end{pmatrix}=\begin{pmatrix} \dfrac{d}{ad-bc} & -\dfrac{b}{ad-bc} \\ -\dfrac{c}{ad-bc} & \dfrac{a}{ad-bc} \end{pmatrix}.$$

由定理 1 还可以推导出 n 阶矩阵 $\boldsymbol{A}$ 可逆的其他一些充要条件：

数域 K 上的 n 阶矩阵 $\boldsymbol{A}$ 可逆 $\Longleftrightarrow$ $\boldsymbol{A}$ 为满秩矩阵

$\Longleftrightarrow$ $\boldsymbol{A}$ 的行(列)向量组线性无关

$\Longleftrightarrow$ $\boldsymbol{A}$ 的行(列)向量组为 K^n 的一个基

$\Longleftrightarrow$ $\boldsymbol{A}$ 的行(列)空间等于 K^n.

命题 1 设 $\boldsymbol{A}$ 与 $\boldsymbol{B}$ 都是数域 K 上的 n 阶矩阵. 如果

$$\boldsymbol{AB}=\boldsymbol{I},$$

那么 $\boldsymbol{A}$ 与 $\boldsymbol{B}$ 都是可逆矩阵,并且 $\boldsymbol{A}^{-1}=\boldsymbol{B}, \boldsymbol{B}^{-1}=\boldsymbol{A}$.

证明 因为 $\boldsymbol{AB}=\boldsymbol{I}$,所以 $|\boldsymbol{AB}|=|\boldsymbol{I}|$,从而 $|\boldsymbol{A}||\boldsymbol{B}|=1$. 因此 $|\boldsymbol{A}|\neq 0, |\boldsymbol{B}|\neq 0$. 于是,$\boldsymbol{A},\boldsymbol{B}$ 都可逆.

在 $\boldsymbol{AB}=\boldsymbol{I}$ 的两边左乘 $\boldsymbol{A}^{-1}$,得

$$\boldsymbol{A}^{-1}\boldsymbol{AB}=\boldsymbol{A}^{-1}\boldsymbol{I}.$$

由此得出 $\boldsymbol{B}=\boldsymbol{A}^{-1}$,从而 $\boldsymbol{B}^{-1}=(\boldsymbol{A}^{-1})^{-1}=\boldsymbol{A}$. □

命题 1 既给出了判断一个矩阵是否可逆的一种方法,同时又可以立即写出可逆矩阵的逆矩阵. 例如,由于

$$\boldsymbol{I}\xrightarrow{ⓙ+ⓘ\cdot k}\boldsymbol{P}(j,i(k))\xrightarrow{ⓙ+ⓘ\cdot(-k)}\boldsymbol{I},$$

因此
$$\boldsymbol{P}(j,i(-k))\boldsymbol{P}(j,i(k))=\boldsymbol{I}.$$

类似地,有

$$\boldsymbol{P}(i,j)\boldsymbol{P}(i,j)=\boldsymbol{I},\quad \boldsymbol{P}\left(i\left(\frac{1}{c}\right)\right)\boldsymbol{P}(i(c))=\boldsymbol{I},\ c\neq 0.$$

因此,初等矩阵都可逆,并且

$$\boldsymbol{P}(j,i(k))^{-1}=\boldsymbol{P}(j,i(-k)),\quad \boldsymbol{P}(i,j)^{-1}=\boldsymbol{P}(i,j),$$
$$\boldsymbol{P}(i(c))^{-1}=\boldsymbol{P}\left(i\left(\frac{1}{c}\right)\right),\quad c\neq 0.$$

这些表明,初等矩阵的逆矩阵是与它同型的初等矩阵.

容易证明,可逆矩阵有如下一些性质：

性质 1 单位矩阵 $\boldsymbol{I}$ 可逆,且 $\boldsymbol{I}^{-1}=\boldsymbol{I}$.

性质 2 如果 $\boldsymbol{A}$ 可逆,那么 $\boldsymbol{A}^{-1}$ 也可逆,且 $(\boldsymbol{A}^{-1})^{-1}=\boldsymbol{A}$.

性质 3 如果 n 阶矩阵 $\boldsymbol{A},\boldsymbol{B}$ 都可逆,那么 $\boldsymbol{AB}$ 也可逆,并且 $(\boldsymbol{AB})^{-1}=\boldsymbol{B}^{-1}\boldsymbol{A}^{-1}$.

证明 因为 $\boldsymbol{A},\boldsymbol{B}$ 都可逆,所以有 $\boldsymbol{A}^{-1},\boldsymbol{B}^{-1}$. 由于

$$(\boldsymbol{AB})(\boldsymbol{B}^{-1}\boldsymbol{A}^{-1}) = \boldsymbol{A}(\boldsymbol{BB}^{-1})\boldsymbol{A}^{-1} = \boldsymbol{AIA}^{-1} = \boldsymbol{I},$$

因此 $\boldsymbol{AB}$ 可逆,并且$(\boldsymbol{AB})^{-1}=\boldsymbol{B}^{-1}\boldsymbol{A}^{-1}$. □

性质 3 可以推广为:如果 n 阶矩阵 $\boldsymbol{A}_1,\boldsymbol{A}_2,\cdots,\boldsymbol{A}_s$ 都可逆,那么 $\boldsymbol{A}_1\boldsymbol{A}_2\cdots\boldsymbol{A}_s$ 也可逆,并且

$$(\boldsymbol{A}_1\boldsymbol{A}_2\cdots\boldsymbol{A}_s)^{-1} = \boldsymbol{A}_s^{-1}\cdots\boldsymbol{A}_2^{-1}\boldsymbol{A}_1^{-1}.$$

性质 4 如果矩阵 $\boldsymbol{A}$ 可逆,那么 $\boldsymbol{A}^{\mathrm{T}}$ 也可逆,并且$(\boldsymbol{A}^{\mathrm{T}})^{-1}=(\boldsymbol{A}^{-1})^{\mathrm{T}}$.

证明 由于 $\boldsymbol{A}^{\mathrm{T}}(\boldsymbol{A}^{-1})^{\mathrm{T}}=(\boldsymbol{A}^{-1}\boldsymbol{A})^{\mathrm{T}}=\boldsymbol{I}^{\mathrm{T}}=\boldsymbol{I}$,因此 $\boldsymbol{A}^{\mathrm{T}}$ 可逆,并且$(\boldsymbol{A}^{\mathrm{T}})^{-1}=(\boldsymbol{A}^{-1})^{\mathrm{T}}$. □

性质 5 可逆矩阵经过初等行变换化成的简化行阶梯形矩阵一定是单位矩阵.

证明 设 n 阶可逆矩阵 $\boldsymbol{A}$ 经过初等行变换化成的简化行阶梯形矩阵是 $\boldsymbol{J}$,则 $\boldsymbol{J}$ 的非零行数等于 $\mathrm{rank}(\boldsymbol{A})=n$. 于是,$\boldsymbol{J}$ 有 n 个主元. 由于它们位于不同的列,因此它们分别位于第 $1,2,\cdots,n$ 列,即

$$\boldsymbol{J} = \begin{pmatrix} 1 & 0 & \cdots & 0 \\ 0 & 1 & \cdots & 0 \\ \vdots & \vdots & & \vdots \\ 0 & 0 & \cdots & 1 \end{pmatrix} = \boldsymbol{I}.$$ □

性质 6 矩阵 $\boldsymbol{A}$ 可逆的充要条件是它可以表示成一些初等矩阵的乘积.

证明 *必要性* 设 $\boldsymbol{A}$ 可逆,则由性质 5 知,存在初等矩阵 $\boldsymbol{P}_1,\boldsymbol{P}_2,\cdots,\boldsymbol{P}_t$,使得

$$\boldsymbol{P}_t\cdots\boldsymbol{P}_2\boldsymbol{P}_1\boldsymbol{A} = \boldsymbol{I}.$$

由命题 1 得

$$\boldsymbol{A} = (\boldsymbol{P}_t\cdots\boldsymbol{P}_2\boldsymbol{P}_1)^{-1} = \boldsymbol{P}_1^{-1}\boldsymbol{P}_2^{-1}\cdots\boldsymbol{P}_t^{-1}.$$

由于初等矩阵的逆矩阵仍是初等矩阵,因此必要性得证.

充分性 设 $\boldsymbol{A}$ 可以表示成一些初等矩阵的乘积. 由于初等矩阵都可逆,因此它们的乘积 $\boldsymbol{A}$ 也可逆. □

性质 7 用一个可逆矩阵左(右)乘矩阵 $\boldsymbol{A}$,不改变 $\boldsymbol{A}$ 的秩.

证明 设 $\boldsymbol{P}$ 为可逆矩阵. 根据性质 6,存在初等矩阵 $\boldsymbol{P}_1,\boldsymbol{P}_2,\cdots,\boldsymbol{P}_m$,使得 $\boldsymbol{P}=\boldsymbol{P}_1\boldsymbol{P}_2\cdots\boldsymbol{P}_m$,于是

$$\boldsymbol{PA} = \boldsymbol{P}_1\boldsymbol{P}_2\cdots\boldsymbol{P}_m\boldsymbol{A},$$

即 $\boldsymbol{PA}$ 相当于对 $\boldsymbol{A}$ 做一系列初等行变换. 由于初等行变换不改变矩阵的秩,因此

$$\mathrm{rank}(\boldsymbol{PA}) = \mathrm{rank}(\boldsymbol{A}).$$

设 $\boldsymbol{Q}$ 是可逆矩阵,则 $\boldsymbol{Q}^{\mathrm{T}}$ 也是可逆矩阵. 根据刚才所证明的结论,得

$$\mathrm{rank}(\boldsymbol{AQ}) = \mathrm{rank}((\boldsymbol{AQ})^{\mathrm{T}}) = \mathrm{rank}(\boldsymbol{Q}^{\mathrm{T}}\boldsymbol{A}^{\mathrm{T}}) = \mathrm{rank}(\boldsymbol{A}^{\mathrm{T}}) = \mathrm{rank}(\boldsymbol{A}).$$ □

设 $\boldsymbol{A}$ 是 n 阶可逆矩阵,则存在初等矩阵 $\boldsymbol{P}_1,\boldsymbol{P}_2,\cdots,\boldsymbol{P}_t$,使得

$$\boldsymbol{P}_t\cdots\boldsymbol{P}_2\boldsymbol{P}_1\boldsymbol{A} = \boldsymbol{I}. \tag{8}$$

根据命题 1,得

$$\boldsymbol{P}_t \cdots \boldsymbol{P}_2 \boldsymbol{P}_1 \boldsymbol{I} = \boldsymbol{A}^{-1}. \tag{9}$$

比较(8)式和(9)式,得出

$$\boldsymbol{A} \xrightarrow{\text{初等行变换}} \boldsymbol{I}, \quad \boldsymbol{I} \xrightarrow{\text{相同的初等行变换}} \boldsymbol{A}^{-1},$$

于是

$$(\boldsymbol{A},\boldsymbol{I}) \xrightarrow{\text{初等行变换}} (\boldsymbol{I},\boldsymbol{A}^{-1}). \tag{10}$$

这给出了求可逆矩阵 $\boldsymbol{A}$ 的逆矩阵的又一种方法,称它为**初等变换法**.

设矩阵 $\boldsymbol{A}$ 可逆. 解矩阵方程 $\boldsymbol{AX}=\boldsymbol{B}$ 时,可以在方程两边左乘 $\boldsymbol{A}^{-1}$,得 $\boldsymbol{A}^{-1}\boldsymbol{AX}=\boldsymbol{A}^{-1}\boldsymbol{B}$. 由此得出 $\boldsymbol{X}=\boldsymbol{A}^{-1}\boldsymbol{B}$. 在计算时,先求 $\boldsymbol{A}^{-1}$,然后用 $\boldsymbol{A}^{-1}$ 左乘 $\boldsymbol{B}$. 还可以如下做:由于在(9)式两边右乘 $\boldsymbol{B}$ 得

$$\boldsymbol{P}_t \cdots \boldsymbol{P}_2 \boldsymbol{P}_1 \boldsymbol{B} = \boldsymbol{A}^{-1}\boldsymbol{B},$$

与(8)式比较得

$$\boldsymbol{A} \xrightarrow{\text{初等行变换}} \boldsymbol{I}, \quad \boldsymbol{B} \xrightarrow{\text{相同的初等行变换}} \boldsymbol{A}^{-1}\boldsymbol{B},$$

因此

$$(\boldsymbol{A},\boldsymbol{B}) \xrightarrow{\text{初等行变换}} (\boldsymbol{I},\boldsymbol{A}^{-1}\boldsymbol{B}).$$

设矩阵 $\boldsymbol{A}$ 可逆. 解矩阵方程 $\boldsymbol{XA}=\boldsymbol{C}$ 时,可以在方程两边右乘 $\boldsymbol{A}^{-1}$,得 $\boldsymbol{XAA}^{-1}=\boldsymbol{CA}^{-1}$. 由此得出 $\boldsymbol{X}=\boldsymbol{CA}^{-1}$. 还可以在方程两边取转置,得 $\boldsymbol{A}^{\mathrm{T}}\boldsymbol{X}^{\mathrm{T}}=\boldsymbol{C}^{\mathrm{T}}$,再解这个方程,并将求得的解取转置即可.

在§4.5 中将给出求可逆矩阵的逆矩阵的其他方法,以及解矩阵方程的其他方法.

设 n 阶矩阵 $\boldsymbol{A}=(a_{ij})$. 当 $|\boldsymbol{A}|\neq 0$ 时,n 元线性方程组 $\boldsymbol{Ax}=\boldsymbol{\beta}$ 有唯一解. 这个唯一解是 $\boldsymbol{x}=\boldsymbol{A}^{-1}\boldsymbol{\beta}$,即

$$\boldsymbol{x} = \frac{1}{|\boldsymbol{A}|}\boldsymbol{A}^{*}\boldsymbol{\beta} = \frac{1}{|\boldsymbol{A}|}\begin{pmatrix} A_{11} & A_{21} & \cdots & A_{n1} \\ A_{12} & A_{22} & \cdots & A_{n2} \\ \vdots & \vdots & & \vdots \\ A_{1n} & A_{2n} & \cdots & A_{nn} \end{pmatrix}\begin{pmatrix} b_1 \\ b_2 \\ \vdots \\ b_n \end{pmatrix},$$

从而

$$x_j = \frac{1}{|\boldsymbol{A}|}(b_1A_{1j}+b_2A_{2j}+\cdots+b_nA_{nj}) = \frac{1}{|\boldsymbol{A}|}\begin{vmatrix} a_{11} & \cdots & b_1 & \cdots & a_{1n} \\ a_{21} & \cdots & b_2 & \cdots & a_{2n} \\ \vdots & & \vdots & & \vdots \\ a_{n1} & \cdots & b_n & \cdots & a_{nn} \end{vmatrix} = \frac{|\boldsymbol{B}_j|}{|\boldsymbol{A}|},$$

第 j 列

其中 $\boldsymbol{B}_j\,(j=1,2,\cdots,n)$ 是把 $\boldsymbol{A}$ 的第 j 列换成 $(b_1,b_2,\cdots,b_n)^{\mathrm{T}}$,其余列不动所得到的矩阵. 于是,我们证明了克拉默法则的第二部分:

定理 2 设 $\boldsymbol{A}$ 是数域 K 上的 n 阶矩阵，当 $|\boldsymbol{A}|\neq 0$ 时，n 元线性方程组 $\boldsymbol{A}\boldsymbol{x}=\boldsymbol{\beta}$（其中 $\boldsymbol{\beta}=(b_1,b_2,\cdots,b_n)^{\mathrm{T}}$）的唯一解是

$$\left(\frac{|\boldsymbol{B}_1|}{|\boldsymbol{A}|},\frac{|\boldsymbol{B}_2|}{|\boldsymbol{A}|},\cdots,\frac{|\boldsymbol{B}_n|}{|\boldsymbol{A}|}\right)^{\mathrm{T}}, \tag{11}$$

其中 $\boldsymbol{B}_j(j=1,2,\cdots,n)$ 是把 $\boldsymbol{A}$ 的第 j 列换成 $(b_1,b_2,\cdots,b_n)^{\mathrm{T}}$，其余列不动所得到的矩阵. □

4.4.2 典型例题

例 1 证明：数域 K 上可逆的上三角矩阵的逆矩阵仍是上三角矩阵.

证明 设 $\boldsymbol{A}=(a_{ij})$ 是数域 K 上 n 阶可逆的上三角矩阵，则

$$a_{ii}\neq 0 \quad (i=1,2,\cdots,n).$$

于是，通过第 i 行乘以 $a_{ii}^{-1}(i=1,2,\cdots,n)$，以及第 i 行的适当倍数分别加到第 $i-1,i-2,\cdots,1$ 行上 $(i=n,n-1,\cdots,2)$，可以把 $\boldsymbol{A}$ 化成单位矩阵 $\boldsymbol{I}$. 因此，存在相应的初等矩阵 $\boldsymbol{P}_1,\boldsymbol{P}_2,\cdots,\boldsymbol{P}_m$，使得

$$\boldsymbol{P}_m\cdots\boldsymbol{P}_2\boldsymbol{P}_1\boldsymbol{A}=\boldsymbol{I},$$

从而

$$\boldsymbol{A}^{-1}=\boldsymbol{P}_m\cdots\boldsymbol{P}_2\boldsymbol{P}_1.$$

由于 $\boldsymbol{P}_j$ 形如 $\boldsymbol{P}(i(a_{ii}^{-1}))$，$\boldsymbol{P}(l,i(k))$，$l<i$，因此 $\boldsymbol{P}_1,\boldsymbol{P}_2,\cdots,\boldsymbol{P}_m$ 都是上三角矩阵，从而它们的乘积 $\boldsymbol{A}^{-1}$ 也是上三角矩阵. □

例 2 求 $\boldsymbol{A}^{-1}$，其中

(1) $\boldsymbol{A}=\begin{pmatrix}2&1&-2\\1&2&2\\2&-2&1\end{pmatrix}$；　　(2) $\boldsymbol{A}=\begin{pmatrix}2&5&7\\5&-2&-3\\6&3&4\end{pmatrix}$.

解 (1) 由于

$$(\boldsymbol{A},\boldsymbol{I})=\begin{pmatrix}2&1&-2&1&0&0\\1&2&2&0&1&0\\2&-2&1&0&0&1\end{pmatrix}\longrightarrow\begin{pmatrix}1&2&2&0&1&0\\2&1&-2&1&0&0\\2&-2&1&0&0&1\end{pmatrix}$$

$$\longrightarrow\begin{pmatrix}1&2&2&0&1&0\\0&-3&-6&1&-2&0\\0&-6&-3&0&-2&1\end{pmatrix}\longrightarrow\begin{pmatrix}1&2&2&0&1&0\\0&1&2&-\frac{1}{3}&\frac{2}{3}&0\\0&0&9&-2&2&1\end{pmatrix}$$

$$\longrightarrow\begin{pmatrix}1&2&0&\frac{4}{9}&\frac{5}{9}&-\frac{2}{9}\\0&1&0&\frac{1}{9}&\frac{2}{9}&-\frac{2}{9}\\0&0&1&-\frac{2}{9}&\frac{2}{9}&\frac{1}{9}\end{pmatrix}\longrightarrow\begin{pmatrix}1&0&0&\frac{2}{9}&\frac{1}{9}&\frac{2}{9}\\0&1&0&\frac{1}{9}&\frac{2}{9}&-\frac{2}{9}\\0&0&1&-\frac{2}{9}&\frac{2}{9}&\frac{1}{9}\end{pmatrix}.$$

因此

$$A^{-1}=\begin{pmatrix} \frac{2}{9} & \frac{1}{9} & \frac{2}{9} \\ \frac{1}{9} & \frac{2}{9} & -\frac{2}{9} \\ -\frac{2}{9} & \frac{2}{9} & \frac{1}{9} \end{pmatrix}.$$

(2) 由于

$$(\boldsymbol{A},\boldsymbol{I})=\begin{pmatrix} 2 & 5 & 7 & 1 & 0 & 0 \\ 5 & -2 & -3 & 0 & 1 & 0 \\ 6 & 3 & 4 & 0 & 0 & 1 \end{pmatrix} \longrightarrow \begin{pmatrix} 2 & 5 & 7 & 1 & 0 & 0 \\ 1 & -12 & -17 & -2 & 1 & 0 \\ 0 & -12 & -17 & -3 & 0 & 1 \end{pmatrix}$$

$$\longrightarrow \begin{pmatrix} 0 & 29 & 41 & 5 & -2 & 0 \\ 1 & -12 & -17 & -2 & 1 & 0 \\ 0 & -12 & -17 & -3 & 0 & 1 \end{pmatrix} \longrightarrow \begin{pmatrix} 1 & -12 & -17 & -2 & 1 & 0 \\ 0 & -12 & -17 & -3 & 0 & 1 \\ 0 & 5 & 7 & -1 & -2 & 2 \end{pmatrix}$$

$$\longrightarrow \begin{pmatrix} 1 & -12 & -17 & -2 & 1 & 0 \\ 0 & -2 & -3 & -5 & -4 & 5 \\ 0 & 5 & 7 & -1 & -2 & 2 \end{pmatrix} \longrightarrow \begin{pmatrix} 1 & -12 & -17 & -2 & 1 & 0 \\ 0 & -2 & -3 & -5 & -4 & 5 \\ 0 & 1 & 1 & -11 & -10 & 12 \end{pmatrix}$$

$$\longrightarrow \begin{pmatrix} 1 & -12 & -17 & -2 & 1 & 0 \\ 0 & 1 & 1 & -11 & -10 & 12 \\ 0 & 0 & -1 & -27 & -24 & 29 \end{pmatrix} \longrightarrow \begin{pmatrix} 1 & -12 & 0 & 457 & 409 & -493 \\ 0 & 1 & 0 & -38 & -34 & 41 \\ 0 & 0 & 1 & 27 & 24 & -29 \end{pmatrix}$$

$$\longrightarrow \begin{pmatrix} 1 & 0 & 0 & 1 & 1 & -1 \\ 0 & 1 & 0 & -38 & -34 & 41 \\ 0 & 0 & 1 & 27 & 24 & -29 \end{pmatrix},$$

因此

$$A^{-1}=\begin{pmatrix} 1 & 1 & -1 \\ -38 & -34 & 41 \\ 27 & 24 & -29 \end{pmatrix}.$$

点评 在求逆矩阵的题目中,求出了 $\boldsymbol{A}^{-1}$ 后,应当把 $\boldsymbol{A}$ 与所求得的 $\boldsymbol{A}^{-1}$ 相乘,看看它们的乘积是否等于 $\boldsymbol{I}$. 这步验算工作可以避免计算错误.

例 3 求如下 $n(n\geqslant 2)$ 阶矩阵的逆矩阵:

$$\boldsymbol{A}=\begin{pmatrix} 0 & 1 & 1 & \cdots & 1 \\ 1 & 0 & 1 & \cdots & 1 \\ 1 & 1 & 0 & \cdots & 1 \\ \vdots & \vdots & \vdots & & \vdots \\ 1 & 1 & 1 & \cdots & 0 \end{pmatrix}.$$

解 用 $\boldsymbol{J}$ 表示元素全为 1 的 n 阶矩阵，则 $\boldsymbol{A}=\boldsymbol{J}-\boldsymbol{I}$.

为了求 $\boldsymbol{A}^{-1}$，需要找一个矩阵 $\boldsymbol{B}$，使得 $(\boldsymbol{J}-\boldsymbol{I})\boldsymbol{B}=\boldsymbol{I}$. 由于 $\boldsymbol{J}=\boldsymbol{1}_n\boldsymbol{1}_n^{\mathrm{T}}$，因此 $\boldsymbol{J}^2=n\boldsymbol{J}$. 于是，猜测 $\boldsymbol{B}$ 可能具有 $a\boldsymbol{I}+b\boldsymbol{J}$ 的形式.

$\boldsymbol{A}^{-1}=a\boldsymbol{I}+b\boldsymbol{J}$ 当且仅当下式成立：

$$\begin{aligned}\boldsymbol{I}&=(\boldsymbol{J}-\boldsymbol{I})(a\boldsymbol{I}+b\boldsymbol{J})=a\boldsymbol{J}+b\boldsymbol{J}\boldsymbol{J}-a\boldsymbol{I}-b\boldsymbol{J}\\&=(a-b)\boldsymbol{J}-a\boldsymbol{I}+bn\boldsymbol{J}=(a-b+bn)\boldsymbol{J}-a\boldsymbol{I}.\end{aligned}$$

由此解得 $a=-1,b=\dfrac{1}{n-1}$. 因此

$$\boldsymbol{A}^{-1}=\begin{pmatrix}\frac{2-n}{n-1}&\frac{1}{n-1}&\frac{1}{n-1}&\cdots&\frac{1}{n-1}\\\frac{1}{n-1}&\frac{2-n}{n-1}&\frac{1}{n-1}&\cdots&\frac{1}{n-1}\\\frac{1}{n-1}&\frac{1}{n-1}&\frac{2-n}{n-1}&\cdots&\frac{1}{n-1}\\\vdots&\vdots&\vdots&&\vdots\\\frac{1}{n-1}&\frac{1}{n-1}&\frac{1}{n-1}&\cdots&\frac{2-n}{n-1}\end{pmatrix}.$$

例 4 求如下 $n\ (n\geqslant 2)$ 阶矩阵的逆矩阵：

$$\boldsymbol{A}=\begin{pmatrix}1&b&b^2&\cdots&b^{n-1}\\0&1&b&\cdots&b^{n-2}\\\vdots&\vdots&\vdots&&\vdots\\0&0&0&\cdots&b\\0&0&0&\cdots&1\end{pmatrix}.$$

解 令矩阵

$$\boldsymbol{H}=\begin{pmatrix}0&1&0&\cdots&0\\0&0&1&\cdots&0\\\vdots&\vdots&\vdots&&\vdots\\0&0&0&\cdots&1\\0&0&0&\cdots&0\end{pmatrix}.$$

根据 4.1.2 小节中例 9 的结论，得

$$\boldsymbol{A}=\boldsymbol{I}+b\boldsymbol{H}+b^2\boldsymbol{H}^2+\cdots+b^{n-1}\boldsymbol{H}^{n-1},\quad \boldsymbol{H}^n=\boldsymbol{0},$$

于是

$$\boldsymbol{A}(\boldsymbol{I}-b\boldsymbol{H})=\boldsymbol{I}-b^n\boldsymbol{H}^n=\boldsymbol{I},$$

从而

$$\boldsymbol{A}^{-1}=\boldsymbol{I}-b\boldsymbol{H}=\begin{pmatrix}1 & -b & 0 & \cdots & 0 & 0\\0 & 1 & -b & \cdots & 0 & 0\\\vdots & \vdots & \vdots & & \vdots & \vdots\\0 & 0 & 0 & \cdots & 1 & -b\\0 & 0 & 0 & \cdots & 0 & 1\end{pmatrix}.$$

点评 在例 4 的解法中,由于搞清楚了矩阵 $\boldsymbol{A}$ 的结构,并且利用了 4.1.2 小节中例 9 的结论以及本节中的命题 1,使得求 $\boldsymbol{A}^{-1}$ 变得很容易. 这比采用初等变换法求 $\boldsymbol{A}^{-1}$ 简单.

***例 5** 设 $\boldsymbol{A},\boldsymbol{B}$ 分别是数域 K 上的 $n\times m, m\times n$ 矩阵,证明:如果 $\boldsymbol{I}_n-\boldsymbol{AB}$ 可逆,那么 $\boldsymbol{I}_m-\boldsymbol{BA}$ 也可逆;并且求$(\boldsymbol{I}_m-\boldsymbol{BA})^{-1}$.

解 根据命题 1,要设法找到一个 m 阶矩阵 $\boldsymbol{X}$,使得

$$(\boldsymbol{I}_m-\boldsymbol{BA})(\boldsymbol{I}_m+\boldsymbol{X})=\boldsymbol{I}_m.$$

由上式得

$$-\boldsymbol{BA}+\boldsymbol{X}-\boldsymbol{BAX}=\boldsymbol{0},\quad 即\quad \boldsymbol{X}-\boldsymbol{BAX}=\boldsymbol{BA}.$$

令 $\boldsymbol{X}=\boldsymbol{BYA}$,其中 $\boldsymbol{Y}$ 是待定的 n 阶矩阵. 代入上式,得

$$\boldsymbol{BYA}-\boldsymbol{BABYA}=\boldsymbol{BA},\quad 即\quad \boldsymbol{B}(\boldsymbol{Y}-\boldsymbol{ABY})\boldsymbol{A}=\boldsymbol{BA}.$$

如果能找到 $\boldsymbol{Y}$,使得 $\boldsymbol{Y}-\boldsymbol{ABY}=\boldsymbol{I}_n$,那么上式成立. 由于 $\boldsymbol{Y}-\boldsymbol{ABY}=\boldsymbol{I}_n$ 等价于$(\boldsymbol{I}_n-\boldsymbol{AB})\boldsymbol{Y}=\boldsymbol{I}_n$,而已知条件中 $\boldsymbol{I}_n-\boldsymbol{AB}$ 可逆,因此 $\boldsymbol{Y}=(\boldsymbol{I}_n-\boldsymbol{AB})^{-1}$. 由此受到启发,有

$$\begin{aligned}(\boldsymbol{I}_m-\boldsymbol{BA})[\boldsymbol{I}_m+\boldsymbol{B}(\boldsymbol{I}_n-\boldsymbol{AB})^{-1}\boldsymbol{A}]&=\boldsymbol{I}_m+\boldsymbol{B}(\boldsymbol{I}_n-\boldsymbol{AB})^{-1}\boldsymbol{A}-\boldsymbol{BA}-\boldsymbol{BAB}(\boldsymbol{I}_n-\boldsymbol{AB})^{-1}\boldsymbol{A}\\&=\boldsymbol{I}_m-\boldsymbol{BA}+\boldsymbol{B}[(\boldsymbol{I}_n-\boldsymbol{AB})^{-1}-\boldsymbol{AB}(\boldsymbol{I}_n-\boldsymbol{AB})^{-1}]\boldsymbol{A}\\&=\boldsymbol{I}_m-\boldsymbol{BA}+\boldsymbol{B}[(\boldsymbol{I}_n-\boldsymbol{AB})(\boldsymbol{I}_n-\boldsymbol{AB})^{-1}]\boldsymbol{A}\\&=\boldsymbol{I}_m-\boldsymbol{BA}+\boldsymbol{BI}_n\boldsymbol{A}\\&=\boldsymbol{I}_m,\end{aligned}$$

因此 $\boldsymbol{I}_m-\boldsymbol{BA}$ 可逆,并且

$$(\boldsymbol{I}_m-\boldsymbol{BA})^{-1}=\boldsymbol{I}_m+\boldsymbol{B}(\boldsymbol{I}_n-\boldsymbol{AB})^{-1}\boldsymbol{A}.$$

点评 利用命题 1 既可以证明一个矩阵可逆,又可以同时求出它的逆矩阵. 我们称这种求逆矩阵的方法为"凑矩阵"法. 在例 5 中,如何凑出$(\boldsymbol{I}_m-\boldsymbol{AB})$的逆矩阵,需要仔细观察. 我们详细写出了"凑矩阵"的过程,同学们可以从中受到启发:如何去发现未知的事物. 这是培养创新能力所需要的训练. 例 3 和例 4 也是用了"凑矩阵"法.

例 6 如果方阵 $\boldsymbol{A}$ 满足 $\boldsymbol{A}^2=\boldsymbol{I}$,那么称 $\boldsymbol{A}$ 是**对合矩阵**. 设 $\boldsymbol{A},\boldsymbol{B}$ 都是数域 K 上的 n 阶矩阵,证明:

(1) 如果 $\boldsymbol{A},\boldsymbol{B}$ 都是对合矩阵,且$|\boldsymbol{A}|+|\boldsymbol{B}|=0$,那么 $\boldsymbol{A}+\boldsymbol{B},\boldsymbol{I}+\boldsymbol{AB}$ 都不可逆;

(2) 如果 $\boldsymbol{B}$ 是对合矩阵,且$|\boldsymbol{B}|=-1$,那么 $\boldsymbol{I}+\boldsymbol{B}$ 不可逆.

证明 (1) 由于 $\boldsymbol{A}^2=\boldsymbol{I}$,因此$|\boldsymbol{A}^2|=|\boldsymbol{I}|$,从而$|\boldsymbol{A}|^2=1$. 由此得出$|\boldsymbol{A}|=\pm1$. 由已知条件,

不妨设$|\boldsymbol{A}|=1$, $|\boldsymbol{B}|=-1$. 由于

$$|\boldsymbol{A}|\,|\boldsymbol{A}+\boldsymbol{B}|=|\boldsymbol{A}(\boldsymbol{A}+\boldsymbol{B})|=|\boldsymbol{A}^2+\boldsymbol{AB}|=|\boldsymbol{I}+\boldsymbol{AB}|,$$

$$|\boldsymbol{A}+\boldsymbol{B}|\,|\boldsymbol{B}|=|(\boldsymbol{A}+\boldsymbol{B})\boldsymbol{B}|=|\boldsymbol{AB}+\boldsymbol{B}^2|=|\boldsymbol{AB}+\boldsymbol{I}|,$$

因此
$$|\boldsymbol{A}+\boldsymbol{B}|=|\boldsymbol{A}|\,|\boldsymbol{A}+\boldsymbol{B}|=|\boldsymbol{A}+\boldsymbol{B}|\,|\boldsymbol{B}|=-|\boldsymbol{A}+\boldsymbol{B}|,$$

从而$|\boldsymbol{A}+\boldsymbol{B}|=0$. 于是

$$|\boldsymbol{I}+\boldsymbol{AB}|=|\boldsymbol{A}+\boldsymbol{B}|=0.$$

所以, $\boldsymbol{A}+\boldsymbol{B}$, $\boldsymbol{I}+\boldsymbol{AB}$都不可逆.

(2) 取$\boldsymbol{A}=\boldsymbol{I}$, 则$|\boldsymbol{A}|+|\boldsymbol{B}|=0$. 由第(1)小题的结论立即得出$\boldsymbol{I}+\boldsymbol{B}$不可逆. □

点评 从例 6 看到, 虽然$\boldsymbol{A}$, $\boldsymbol{B}$都可逆, 但是$\boldsymbol{A}+\boldsymbol{B}$不可逆. 因此, n阶可逆矩阵组成的集合对于矩阵的加法不封闭.

例 7 设$\boldsymbol{A}$是数域K上的n阶矩阵, 证明: 对于任意正整数k, 有

$$\operatorname{rank}(\boldsymbol{A}^{n+k})=\operatorname{rank}(\boldsymbol{A}^n).$$

证明 如果$\boldsymbol{A}$可逆, 那么$\boldsymbol{A}^{n+k}$, $\boldsymbol{A}^n$都可逆, 从而$\operatorname{rank}(\boldsymbol{A}^{n+k})=n=\operatorname{rank}(\boldsymbol{A}^n)$.

下面设$\boldsymbol{A}$不可逆, 则$\operatorname{rank}(\boldsymbol{A})<n$. 由于

$$\operatorname{rank}(\boldsymbol{A})\geqslant\operatorname{rank}(\boldsymbol{A}^2)\geqslant\cdots\geqslant\operatorname{rank}(\boldsymbol{A}^n)\geqslant\operatorname{rank}(\boldsymbol{A}^{n+1}),$$

并且小于n的自然数只有n个, 因此上述n个"$\geqslant$"号中至少有一个取"$=$"号, 即存在正整数$m\leqslant n$, 使得

$$\operatorname{rank}(\boldsymbol{A}^m)=\operatorname{rank}(\boldsymbol{A}^{m+1}).$$

根据习题 4.3 中第 13 题的结论知, 对于一切正整数k, 有

$$\operatorname{rank}(\boldsymbol{A}^m)=\operatorname{rank}(\boldsymbol{A}^{m+k}).$$

由于$m\leqslant n$, 因此有

$$\operatorname{rank}(\boldsymbol{A}^n)=\operatorname{rank}(\boldsymbol{A}^{n+k}).$$ □

例 8 证明: 任一方阵都可以表示成一些下三角矩阵与上三角矩阵的乘积.

证明 任一方阵$\boldsymbol{A}$都可以经过一系列初等行变换化成阶梯形矩阵$\boldsymbol{G}$. 根据阶梯形矩阵的定义知道, $\boldsymbol{G}$是上三角矩阵. 根据 4.2.2 小节中例 7 的结论, 矩阵的 2°型初等行变换可以通过 1°型与 3°型初等行变换来实现. 因此

$$\boldsymbol{A}=\boldsymbol{P}_t\cdots\boldsymbol{P}_2\boldsymbol{P}_1\boldsymbol{G},$$

其中$\boldsymbol{P}_1$, $\boldsymbol{P}_2$, $\cdots$, $\boldsymbol{P}_t$是 1°型或 3°型初等矩阵, 它们都是上三角矩阵或下三角矩阵. □

例 9 解下列矩阵方程:

(1) $\begin{pmatrix}1&0&-1\\0&4&2\\1&-1&0\end{pmatrix}\boldsymbol{X}=\begin{pmatrix}2&-3&1\\1&1&0\\2&1&1\end{pmatrix}$; (2) $\boldsymbol{X}\begin{pmatrix}1&0&-1\\0&4&2\\1&-1&0\end{pmatrix}=\begin{pmatrix}2&-3&1\\1&1&0\\2&1&1\end{pmatrix}$.

解 (1) 由于

$$\begin{pmatrix}1&0&-1\\0&4&2\\1&-1&0\end{pmatrix}^{-1}=\frac{1}{6}\begin{pmatrix}2&1&4\\2&1&-2\\-4&1&4\end{pmatrix},$$

因此

$$\boldsymbol{X}=\frac{1}{6}\begin{pmatrix}2&1&4\\2&1&-2\\-4&1&4\end{pmatrix}\begin{pmatrix}2&-3&1\\1&1&0\\2&1&1\end{pmatrix}=\begin{pmatrix}\frac{13}{6}&-\frac{1}{6}&1\\\frac{1}{6}&-\frac{7}{6}&0\\\frac{1}{6}&\frac{17}{6}&0\end{pmatrix}.$$

(2) $$\boldsymbol{X}=\begin{pmatrix}2&-3&1\\1&1&0\\2&1&1\end{pmatrix}\begin{pmatrix}1&0&-1\\0&4&2\\1&-1&0\end{pmatrix}^{-1}$$

$$=\begin{pmatrix}2&-3&1\\1&1&0\\2&1&1\end{pmatrix}\cdot\frac{1}{6}\begin{pmatrix}2&1&4\\2&1&-2\\-4&1&4\end{pmatrix}=\begin{pmatrix}-1&0&3\\\frac{2}{3}&\frac{1}{3}&\frac{1}{3}\\\frac{1}{3}&\frac{2}{3}&\frac{5}{3}\end{pmatrix}.$$

例 10　解矩阵方程

$$\begin{pmatrix}1&1&1&\cdots&1\\0&1&1&\cdots&1\\\vdots&\vdots&\vdots&&\vdots\\0&0&0&\cdots&1\end{pmatrix}\boldsymbol{X}=\begin{pmatrix}1&2&3&\cdots&n\\0&1&2&\cdots&n-1\\\vdots&\vdots&\vdots&&\vdots\\0&0&0&\cdots&1\end{pmatrix}.$$

解　此矩阵方程可以写成

$$(\boldsymbol{I}+\boldsymbol{H}+\boldsymbol{H}^2+\cdots+\boldsymbol{H}^{n-1})\boldsymbol{X}=(\boldsymbol{I}+2\boldsymbol{H}+3\boldsymbol{H}^2+\cdots+n\boldsymbol{H}^{n-1}),\tag{12}$$

其中 $\boldsymbol{H}$ 与例 4 中的 $\boldsymbol{H}$ 相同. 由于

$$(\boldsymbol{I}-\boldsymbol{H})(\boldsymbol{I}+\boldsymbol{H}+\boldsymbol{H}^2+\cdots+\boldsymbol{H}^{n-1})=\boldsymbol{I}-\boldsymbol{H}^n=\boldsymbol{I},$$

因此在矩阵方程(12)两边左乘 $\boldsymbol{I}-\boldsymbol{H}$,得

$$\begin{aligned}\boldsymbol{X}&=(\boldsymbol{I}-\boldsymbol{H})(\boldsymbol{I}+2\boldsymbol{H}+3\boldsymbol{H}^2+\cdots+n\boldsymbol{H}^{n-1})\\&=\boldsymbol{I}+\boldsymbol{H}+\boldsymbol{H}^2+\cdots+\boldsymbol{H}^{n-1}\\&=\begin{pmatrix}1&1&1&\cdots&1\\0&1&1&\cdots&1\\\vdots&\vdots&\vdots&&\vdots\\0&0&0&\cdots&1\end{pmatrix}.\end{aligned}$$

习 题 4.4

1. n 阶数量矩阵 $k\boldsymbol{I}$ 何时可逆？当 $k\boldsymbol{I}$ 可逆时，求 $(k\boldsymbol{I})^{-1}$.

2. 判断下列矩阵是否可逆. 若可逆，求它们的逆矩阵.

(1) $\begin{pmatrix} 1 & 0 \\ 0 & 0 \end{pmatrix}$；　(2) $\begin{pmatrix} 1 & 1 \\ 1 & 1 \end{pmatrix}$；　(3) $\begin{pmatrix} 5 & 7 \\ 8 & 11 \end{pmatrix}$；　(4) $\begin{pmatrix} 0 & 1 \\ 1 & 0 \end{pmatrix}$.

3. 证明：如果 $\boldsymbol{A}^3=\boldsymbol{0}$，那么 $\boldsymbol{I}-\boldsymbol{A}$ 可逆；并且求 $(\boldsymbol{I}-\boldsymbol{A})^{-1}$.

4. 证明：如果数域 K 上的 n 阶矩阵 $\boldsymbol{A}$ 满足

$$\boldsymbol{A}^3-2\boldsymbol{A}^2+3\boldsymbol{A}-\boldsymbol{I}=\boldsymbol{0},$$

那么 $\boldsymbol{A}$ 可逆；并且求 $\boldsymbol{A}^{-1}$.

5. 证明：如果数域 K 上的 n 阶矩阵 $\boldsymbol{A}$ 满足

$$2\boldsymbol{A}^4-5\boldsymbol{A}^2+4\boldsymbol{A}+2\boldsymbol{I}=\boldsymbol{0},$$

那么 $\boldsymbol{A}$ 可逆；并且求 $\boldsymbol{A}^{-1}$.

6. 证明：若矩阵 $\boldsymbol{A}$ 可逆，则 $\boldsymbol{A}^*$ 也可逆；并且求 $(\boldsymbol{A}^*)^{-1}$.

7. 证明：若 $\boldsymbol{A}$ 是幂零指数为 l 的幂零矩阵，则 $\boldsymbol{I}-\boldsymbol{A}$ 可逆；并且求 $(\boldsymbol{I}-\boldsymbol{A})^{-1}$.

8. 证明：可逆的对称矩阵的逆矩阵仍是对称矩阵.

9. 证明：可逆的斜对称矩阵的逆矩阵仍是斜对称矩阵.

10. 求下列矩阵的逆矩阵：

(1) $\begin{pmatrix} 1 & 0 & -1 \\ -2 & 1 & 3 \\ 3 & -1 & 2 \end{pmatrix}$；　(2) $\begin{pmatrix} 1 & -3 & 2 \\ -3 & 0 & 1 \\ 1 & 1 & -1 \end{pmatrix}$；　(3) $\begin{pmatrix} 3 & -2 & -5 \\ 2 & -1 & -3 \\ -4 & 0 & 1 \end{pmatrix}$；

(4) $\begin{pmatrix} 1 & 1 & 1 & 1 \\ 1 & 1 & -1 & -1 \\ 1 & -1 & 1 & -1 \\ 1 & -1 & -1 & 1 \end{pmatrix}$；　(5) $\begin{pmatrix} 1 & 2 & 3 & 4 \\ 2 & 3 & 1 & 2 \\ 1 & 1 & 1 & -1 \\ 2 & 1 & -1 & -7 \end{pmatrix}$.

11. 解下列矩阵方程：

(1) $\begin{pmatrix} 1 & -2 & 0 \\ 4 & -2 & -1 \\ -3 & 1 & 2 \end{pmatrix}\boldsymbol{X}=\begin{pmatrix} -1 & 4 \\ 2 & 5 \\ 1 & -3 \end{pmatrix}$；　(2) $\boldsymbol{X}\begin{pmatrix} 3 & -1 & 2 \\ 1 & 0 & -1 \\ -2 & 1 & 4 \end{pmatrix}=\begin{pmatrix} 3 & 0 & -2 \\ -1 & 4 & 1 \end{pmatrix}$；

(3) $\begin{pmatrix} 1 & -2 & 0 \\ 4 & -2 & -1 \\ -3 & 1 & 2 \end{pmatrix}\boldsymbol{X}\begin{pmatrix} 3 & -1 & 2 \\ 1 & 0 & -1 \\ -2 & 1 & 4 \end{pmatrix}=\begin{pmatrix} 5 & 0 & -1 \\ 1 & -3 & 0 \\ -2 & 1 & 3 \end{pmatrix}$.

12. 证明：可逆的下三角矩阵的逆矩阵仍是下三角矩阵.

13. 求下列 $n(n\geqslant 2)$ 阶矩阵的逆矩阵:

(1) $\boldsymbol{A}=\begin{pmatrix}1&1&1&\cdots&1&1\\1&0&1&\cdots&1&1\\\vdots&\vdots&\vdots&&\vdots&\vdots\\1&1&1&\cdots&1&0\end{pmatrix}$; (2) $\boldsymbol{B}=\begin{pmatrix}1&1&1&\cdots&1&1\\0&1&1&\cdots&1&1\\\vdots&\vdots&\vdots&&\vdots&\vdots\\0&0&0&\cdots&0&1\end{pmatrix}$;

(3) $\boldsymbol{C}=\begin{pmatrix}1&2&3&\cdots&n\\0&1&2&\cdots&n-1\\\vdots&\vdots&\vdots&&\vdots\\0&0&0&\cdots&1\end{pmatrix}$;

(4) $\boldsymbol{D}=\begin{pmatrix}1+a&1&1&\cdots&1\\1&1+a&1&\cdots&1\\\vdots&\vdots&\vdots&&\vdots\\1&1&1&\cdots&1+a\end{pmatrix}$ $(a\neq 0,-n)$;

(5) $\boldsymbol{E}=\begin{pmatrix}1&a&a&\cdots&a\\a&1&a&\cdots&a\\\vdots&\vdots&\vdots&&\vdots\\a&a&a&\cdots&1\end{pmatrix}$ $\left(a\neq 1,\dfrac{1}{1-n}\right)$.

14. 设 $a\neq 0$,$\boldsymbol{H}$ 与 4.4.2 小节例 4 中的 $\boldsymbol{H}$ 相同,求 $(a\boldsymbol{I}+\boldsymbol{H})^{-1}$.

15. 证明:如果 n 阶可逆矩阵 $\boldsymbol{A}$ 每一列(行)元素的和都等于 b,那么 $b\neq 0$,且 $\boldsymbol{A}^{-1}$ 每一列(行)元素的和都等于 b^{-1}.

§4.5 矩阵的分块

4.5.1 内容精华

由矩阵 $\boldsymbol{A}$ 的若干行、若干列的交叉位置元素按原来次序组成的矩阵称为 $\boldsymbol{A}$ 的一个**子矩阵**.

把矩阵 $\boldsymbol{A}$ 的行分成若干组,列也分成若干组,从而 $\boldsymbol{A}$ 被分成若干个子矩阵. 把 $\boldsymbol{A}$ 看成由这些子矩阵组成的,这称为**矩阵的分块**. 这种由子矩阵组成的矩阵称为**分块矩阵**.

矩阵分块的好处是:使得矩阵的结构变得更明显、清楚,而且使得矩阵的运算可以通过它们的分块矩阵形式来进行,从而可以使有关矩阵的理论问题和实际问题变得较容易解决.

从矩阵的加法和数量乘法的定义立即看出,两个具有相同分法的 $s\times n$ 矩阵相加,只需把对应的子矩阵相加;数 k 乘以一个分块矩阵,即用 k 去乘每个子矩阵.

由于 $s\times n$ 矩阵 $\boldsymbol{A}$ 的转置 $\boldsymbol{A}^{\mathrm{T}}$ 是把 $\boldsymbol{A}$ 的第 $i(i=1,2,\cdots,s)$ 行写成第 i 列得到的矩阵,因此如果 $\boldsymbol{A}$ 写成分块矩阵形式:

$$\boldsymbol{A}=\begin{pmatrix}\boldsymbol{A}_1 & \boldsymbol{A}_2\\ \boldsymbol{A}_3 & \boldsymbol{A}_4\end{pmatrix},$$

那么

$$\boldsymbol{A}^{\mathrm{T}}=\begin{pmatrix}\boldsymbol{A}_1^{\mathrm{T}} & \boldsymbol{A}_3^{\mathrm{T}}\\ \boldsymbol{A}_2^{\mathrm{T}} & \boldsymbol{A}_4^{\mathrm{T}}\end{pmatrix}.$$

由矩阵乘法的定义容易想到分块矩阵相乘需满足下述两个条件:

(1) 左矩阵的列组数等于右矩阵的行组数;

(2) 左矩阵每个列组所含列数等于右矩阵相应的行组所含行数.

满足上述两个条件的分块矩阵相乘时按照矩阵乘法法则进行,即设矩阵

$$\boldsymbol{A}=(a_{ij})_{s\times n}=\begin{matrix} & n_1 & n_2 & \cdots & n_t\\ s_1 & \boldsymbol{A}_{11} & \boldsymbol{A}_{12} & \cdots & \boldsymbol{A}_{1t}\\ s_2 & \boldsymbol{A}_{21} & \boldsymbol{A}_{22} & \cdots & \boldsymbol{A}_{2t}\\ \vdots & \vdots & \vdots & & \vdots\\ s_u & \boldsymbol{A}_{u1} & \boldsymbol{A}_{u2} & \cdots & \boldsymbol{A}_{ut}\end{matrix},\quad \boldsymbol{B}=(b_{ij})_{n\times m}=\begin{matrix} m_1 & m_2 & \cdots & m_v & \\ \boldsymbol{B}_{11} & \boldsymbol{B}_{12} & \cdots & \boldsymbol{B}_{1v} & n_1\\ \boldsymbol{B}_{21} & \boldsymbol{B}_{22} & \cdots & \boldsymbol{B}_{2v} & n_2\\ \vdots & \vdots & & \vdots & \vdots\\ \boldsymbol{B}_{t1} & \boldsymbol{B}_{t2} & \cdots & \boldsymbol{B}_{tv} & n_t\end{matrix},$$

则

$$\boldsymbol{AB}=\begin{pmatrix}\boldsymbol{A}_{11}\boldsymbol{B}_{11}+\boldsymbol{A}_{12}\boldsymbol{B}_{21}+\cdots+\boldsymbol{A}_{1t}\boldsymbol{B}_{t1} & \cdots & \boldsymbol{A}_{11}\boldsymbol{B}_{1v}+\boldsymbol{A}_{12}\boldsymbol{B}_{2v}+\cdots+\boldsymbol{A}_{1t}\boldsymbol{B}_{tv}\\ \boldsymbol{A}_{21}\boldsymbol{B}_{11}+\boldsymbol{A}_{22}\boldsymbol{B}_{21}+\cdots+\boldsymbol{A}_{2t}\boldsymbol{B}_{t1} & \cdots & \boldsymbol{A}_{21}\boldsymbol{B}_{1v}+\boldsymbol{A}_{22}\boldsymbol{B}_{2v}+\cdots+\boldsymbol{A}_{2t}\boldsymbol{B}_{tv}\\ \vdots & & \vdots\\ \boldsymbol{A}_{u1}\boldsymbol{B}_{11}+\boldsymbol{A}_{u2}\boldsymbol{B}_{21}+\cdots+\boldsymbol{A}_{ut}\boldsymbol{B}_{t1} & \cdots & \boldsymbol{A}_{u1}\boldsymbol{B}_{1v}+\boldsymbol{A}_{u2}\boldsymbol{B}_{2v}+\cdots+\boldsymbol{A}_{ut}\boldsymbol{B}_{tv}\end{pmatrix}. \tag{1}$$

理由如下:

我们用 $\boldsymbol{C}$ 记(1)式右边的分块矩阵,用 $\boldsymbol{C}_{pq}$ 表示 $\boldsymbol{C}$ 的第 p 个行组与第 q 个列组交叉位置元素按原来次序组成的子矩阵.显然,$\boldsymbol{C}$ 的行数为

$$s_1+s_2+\cdots+s_u=s,$$

$\boldsymbol{C}$ 的列数为

$$m_1+m_2+\cdots+m_v=m,$$

因此 $\boldsymbol{C}$ 与 $\boldsymbol{AB}$ 都是 $s\times m$ 矩阵.

现来计算 $\boldsymbol{C}$ 的 (i,j) 元.设

$$i=s_1+s_2+\cdots+s_{p-1}+f,\quad 0<f\leqslant s_p,$$

$$j=m_1+m_2+\cdots+m_{q-1}+g,\quad 0<g\leqslant m_q.$$

这表明,$\boldsymbol{A}$ 的第 i 行属于 $\boldsymbol{A}$ 的第 p 个行组,$\boldsymbol{B}$ 的第 j 列属于 $\boldsymbol{B}$ 的第 q 个列组.于是

$$
\begin{aligned}
C(i;j) &= C_{pq}(f;g) = \left(\sum_{l=1}^{t} A_{pl}B_{lq}\right)(f;g) \\
&= \sum_{l=1}^{t}(A_{pl}B_{lq}(f;g)) = \sum_{l=1}^{t}\sum_{r=1}^{n_l} A_{pl}(f;r)B_{lq}(r;g) \\
&= \sum_{r=1}^{n_1} A_{p1}(f;r)B_{1q}(r;g) + \sum_{r=1}^{n_2} A_{p2}(f;r)B_{2q}(r;g) \\
&\quad + \cdots + \sum_{r=1}^{n_t} A_{pt}(f;r)B_{tq}(r;g) \\
&= \sum_{r=1}^{n_1} A(i;r)B(r;j) + \sum_{r=n_1+1}^{n_1+n_2} A(i;r)B(r;j) + \cdots + \sum_{r=n_1+\cdots+n_{t-1}+1}^{n_1+\cdots+n_t} A(i;r)B(r;j) \\
&= \sum_{r=1}^{n} A(i;r)B(r;j) = (AB)(i;j).
\end{aligned}
$$

因此 $AB=C$. 这证明了,当 A,B 写成分块矩阵形式相乘时,可按照公式(1)进行. 这与普通矩阵的乘法法则类似. 但是要注意:子矩阵之间的乘法应当是左矩阵的子矩阵在左边,右矩阵的子矩阵在右边,不能交换次序.

分块矩阵的乘法有许多应用,下面举一些例子.

命题 1 设 A 是 $s\times n$ 矩阵,B 是 $n\times m$ 矩阵,B 的列向量组为 $\beta_1,\beta_2,\cdots,\beta_m$,则

$$AB = A(\beta_1,\beta_2,\cdots,\beta_m) = (A\beta_1,A\beta_2,\cdots,A\beta_m).$$

证明 把 A 的所有行作为一组,所有列作为一组;把 B 的所有行作为一组,列分成 m 组,每组含一列. 于是

$$AB = A(\beta_1,\beta_2,\cdots,\beta_m) = (A\beta_1,A\beta_2,\cdots,A\beta_m).$$ □

推论 1 设矩阵 $A_{s\times n}\neq 0$,$B_{n\times m}$ 的列向量组是 $\beta_1,\beta_2,\cdots,\beta_m$,则

$AB=0 \Longleftrightarrow \beta_1,\beta_2,\cdots,\beta_m$ 都是齐次线性方程组 $Ax=0$ 的解.

证明 $AB=0 \Longleftrightarrow (A\beta_1,A\beta_2,\cdots,A\beta_m)=0$

$\Longleftrightarrow A\beta_1=0,A\beta_2=0,\cdots,A\beta_m=0$

$\Longleftrightarrow \beta_1,\beta_2,\cdots,\beta_m$ 都是齐次线性方程组 $Ax=0$ 的解. □

推论 2 设矩阵 $A_{s\times n}\neq 0$,$B_{n\times m}$ 的列向量组是 $\beta_1,\beta_2,\cdots,\beta_m$,$C_{s\times m}$ 的列向量组是 $\delta_1,\delta_2,\cdots,\delta_m$,则

$AB = C \Longleftrightarrow \beta_j\ (j = 1,2,\cdots,m)$ 是线性方程组 $Ax = \delta_j$ 的一个解.

证明 $AB=C \Longleftrightarrow (A\beta_1,A\beta_2,\cdots,A\beta_m)=(\delta_1,\delta_2,\cdots,\delta_m)$

$\Longleftrightarrow A\beta_j=\delta_j\ (j=1,2,\cdots,m)$

$\Longleftrightarrow \beta_j\ (j=1,2,\cdots,m)$ 是线性方程组 $Ax=\delta_j$ 的一个解. □

根据推论 2,可以利用线性方程组来求可逆矩阵的逆矩阵. 它的原理和方法如下:

设 n 阶矩阵 $\boldsymbol{A}$ 可逆，则 $\boldsymbol{A}\boldsymbol{A}^{-1}=\boldsymbol{I}$. 设 $\boldsymbol{A}^{-1}$ 的列向量组是 $\boldsymbol{X}_1,\boldsymbol{X}_2,\cdots,\boldsymbol{X}_n$. 由于 $\boldsymbol{I}$ 的列向量组是 $\boldsymbol{\varepsilon}_1,\boldsymbol{\varepsilon}_2,\cdots,\boldsymbol{\varepsilon}_n$，因此 $\boldsymbol{X}_j$ 是线性方程组 $\boldsymbol{A}\boldsymbol{x}=\boldsymbol{\varepsilon}_j$ 的一个解. 由于 $|\boldsymbol{A}|\neq 0$，因此 $\boldsymbol{A}\boldsymbol{x}=\boldsymbol{\varepsilon}_j$ 有唯一解. 由于对于 $j=1,2,\cdots,n$，线性方程组 $\boldsymbol{A}\boldsymbol{x}=\boldsymbol{\varepsilon}_j$ 的系数矩阵都是 $\boldsymbol{A}$，因此为了统一解 n 个线性方程组 $\boldsymbol{A}\boldsymbol{x}=\boldsymbol{\varepsilon}_j(j=1,2,\cdots,n)$，先解 $\boldsymbol{A}\boldsymbol{x}=\boldsymbol{\beta}$，其中 $\boldsymbol{\beta}=(b_1,b_2,\cdots,b_n)^{\mathrm{T}}$，然后把所得解的公式中的 $b_1,b_2,\cdots,b_n$ 分别用 $1,0,\cdots,0;0,1,0\cdots,0;\cdots;0,\cdots,0,1$ 代替，便可求得 $\boldsymbol{X}_1,\boldsymbol{X}_2,\cdots,\boldsymbol{X}_n$.

类似地，可以利用线性方程组来解矩阵方程

$$\boldsymbol{A}\boldsymbol{X}=\boldsymbol{B},$$

其中 $\boldsymbol{A}_{s\times n}\neq\boldsymbol{0}$，$\boldsymbol{B}_{s\times m}$ 的列向量组是 $\boldsymbol{\beta}_1,\boldsymbol{\beta}_2,\cdots,\boldsymbol{\beta}_m$. 解矩阵方程 $\boldsymbol{A}\boldsymbol{X}=\boldsymbol{B}$ 的原理和方法如下：

设 $\boldsymbol{X}$ 的列向量组是 $\boldsymbol{X}_1,\boldsymbol{X}_2,\cdots,\boldsymbol{X}_m$. 根据推论 2，$\boldsymbol{X}_j(j=1,2,\cdots,m)$ 是线性方程组 $\boldsymbol{A}\boldsymbol{y}=\boldsymbol{\beta}_j$ 的一个解. 由于这 m 个线性方程组的系数矩阵都是 $\boldsymbol{A}$，因此可以采用下述方法同时解这 m 个线性方程组：

$$(\boldsymbol{A},\boldsymbol{B})\xrightarrow{\text{初等行变换}}(\boldsymbol{G},\boldsymbol{D}),$$

其中 $\boldsymbol{G}$ 是 $\boldsymbol{A}$ 的简化行阶梯形矩阵. 从 $(\boldsymbol{G},\boldsymbol{D})$ 可以写出每个线性方程组 $\boldsymbol{A}\boldsymbol{y}=\boldsymbol{\beta}_j$ 的一般解公式，从而可以写出 $\boldsymbol{X}_j$，于是可以写出矩阵方程 $\boldsymbol{A}\boldsymbol{X}=\boldsymbol{B}$ 的解.

对于矩阵方程 $\boldsymbol{X}\boldsymbol{A}=\boldsymbol{B}$，两边取转置得 $\boldsymbol{A}^{\mathrm{T}}\boldsymbol{X}^{\mathrm{T}}=\boldsymbol{B}^{\mathrm{T}}$，从而可利用上述方法先求出矩阵方程 $\boldsymbol{A}^{\mathrm{T}}\boldsymbol{X}^{\mathrm{T}}=\boldsymbol{B}^{\mathrm{T}}$ 的解，然后把所求出的解 $\boldsymbol{X}^{\mathrm{T}}$ 取转置，即得原矩阵方程 $\boldsymbol{X}\boldsymbol{A}=\boldsymbol{B}$ 的解.

类似于矩阵的初等行变换，现在来介绍**分块矩阵的初等行变换**：

1° 把一个块行的左 $\boldsymbol{P}$ 倍(左乘 $\boldsymbol{P}$，$\boldsymbol{P}$ 是矩阵)加到另一个块行上，例如

$$\begin{pmatrix}\boldsymbol{A}_1 & \boldsymbol{A}_2\\ \boldsymbol{A}_3 & \boldsymbol{A}_4\end{pmatrix}\xrightarrow{②+\boldsymbol{P}\cdot①}\begin{pmatrix}\boldsymbol{A}_1 & \boldsymbol{A}_2\\ \boldsymbol{P}\boldsymbol{A}_1+\boldsymbol{A}_3 & \boldsymbol{P}\boldsymbol{A}_2+\boldsymbol{A}_4\end{pmatrix};$$

2° 互换两个块行的位置；

3° 用一个可逆矩阵左乘某一块行(为了可以把所得到的分块矩阵变回原来的分块矩阵).

类似地有**分块矩阵的初等列变换**：

1° 把一个块列的右 $\boldsymbol{P}$ 倍(右乘 $\boldsymbol{P}$，$\boldsymbol{P}$ 是矩阵)加到另一个块列上，例如

$$\begin{pmatrix}\boldsymbol{A}_1 & \boldsymbol{A}_2\\ \boldsymbol{A}_3 & \boldsymbol{A}_4\end{pmatrix}\xrightarrow[②+①\cdot\boldsymbol{P}]{}\begin{pmatrix}\boldsymbol{A}_1 & \boldsymbol{A}_1\boldsymbol{P}+\boldsymbol{A}_2\\ \boldsymbol{A}_3 & \boldsymbol{A}_3\boldsymbol{P}+\boldsymbol{A}_4\end{pmatrix};$$

2° 互换两个块列的位置；

3° 用一个可逆矩阵右乘某一块列.

为了使分块矩阵的初等行(列)变换能通过分块矩阵的乘法来实现，可引入分块初等矩阵的概念：

把单位矩阵分块得到的矩阵经过一次分块矩阵的初等行(列)变换得到的矩阵称为**分块初等矩阵**，例如

$$\begin{pmatrix} \boldsymbol{I} & \boldsymbol{0} \\ \boldsymbol{0} & \boldsymbol{I} \end{pmatrix} \xrightarrow{②+\boldsymbol{P}\cdot①} \begin{pmatrix} \boldsymbol{I} & \boldsymbol{0} \\ \boldsymbol{P} & \boldsymbol{I} \end{pmatrix}, \quad \begin{pmatrix} \boldsymbol{I} & \boldsymbol{0} \\ \boldsymbol{0} & \boldsymbol{I} \end{pmatrix} \xrightarrow[②+①\cdot\boldsymbol{P}]{} \begin{pmatrix} \boldsymbol{I} & \boldsymbol{P} \\ \boldsymbol{0} & \boldsymbol{I} \end{pmatrix}.$$

用分块初等矩阵左(右)乘一个分块矩阵,观察它与分块矩阵初等行(列)变换的关系:

$$\begin{pmatrix} \boldsymbol{I} & \boldsymbol{0} \\ \boldsymbol{P} & \boldsymbol{I} \end{pmatrix}\begin{pmatrix} \boldsymbol{A}_1 & \boldsymbol{A}_2 \\ \boldsymbol{A}_3 & \boldsymbol{A}_4 \end{pmatrix} = \begin{pmatrix} \boldsymbol{A}_1 & \boldsymbol{A}_2 \\ \boldsymbol{P}\boldsymbol{A}_1+\boldsymbol{A}_3 & \boldsymbol{P}\boldsymbol{A}_2+\boldsymbol{A}_4 \end{pmatrix}, \quad \begin{pmatrix} \boldsymbol{A}_1 & \boldsymbol{A}_2 \\ \boldsymbol{A}_3 & \boldsymbol{A}_4 \end{pmatrix}\begin{pmatrix} \boldsymbol{I} & \boldsymbol{P} \\ \boldsymbol{0} & \boldsymbol{I} \end{pmatrix} = \begin{pmatrix} \boldsymbol{A}_1 & \boldsymbol{A}_1\boldsymbol{P}+\boldsymbol{A}_2 \\ \boldsymbol{A}_3 & \boldsymbol{A}_3\boldsymbol{P}+\boldsymbol{A}_4 \end{pmatrix}.$$

由此看出,用分块初等矩阵左乘一个分块矩阵,相当于对这个分块矩阵做了一次相应的分块矩阵初等行变换;用分块初等矩阵右乘一个分块矩阵,相当于对它做了一次相应的分块矩阵初等列变换.从后者可看出,1°型分块矩阵的初等列变换需要用 $\boldsymbol{P}$ 右乘的原因.

分块矩阵的初等行(列)变换有直观的优点,用分块初等矩阵左(右)乘一个分块矩阵可以得到一个等式,把这两者结合起来可以发挥出很大的威力.

由于分块初等矩阵是可逆矩阵,因此根据可逆矩阵的性质和上面一段的结论知,分块矩阵的初等行(列)变换不改变矩阵的秩.这个结论在求矩阵的秩时很有用.

主对角线上的所有子矩阵都是方阵,其余子矩阵全是 $\boldsymbol{0}$ 的分块矩阵称为**分块对角矩阵**.主对角线上的子矩阵依次为 $\boldsymbol{A}_1,\boldsymbol{A}_2,\cdots,\boldsymbol{A}_s$ 的分块对角矩阵,可简记成

$$\operatorname{diag}\{\boldsymbol{A}_1,\boldsymbol{A}_2,\cdots,\boldsymbol{A}_s\},$$

其中 $\boldsymbol{A}_i(i=1,2,\cdots,s)$是方阵.

主对角线上的所有子矩阵都是方阵,而位于主对角线下(上)方的所有子矩阵都是 $\boldsymbol{0}$ 的分块矩阵称为**分块上(下)三角矩阵**.

在§2.6 中利用拉普拉斯定理证明了:若 $\boldsymbol{A},\boldsymbol{B}$ 是方阵,则

$$\begin{vmatrix} \boldsymbol{A} & \boldsymbol{0} \\ \boldsymbol{C} & \boldsymbol{B} \end{vmatrix} = |\boldsymbol{A}|\,|\boldsymbol{B}|, \quad \begin{vmatrix} \boldsymbol{A} & \boldsymbol{C} \\ \boldsymbol{0} & \boldsymbol{B} \end{vmatrix} = |\boldsymbol{A}|\,|\boldsymbol{B}|.$$

这个结论很容易推广成:若 $\boldsymbol{A}_{11},\boldsymbol{A}_{22},\cdots,\boldsymbol{A}_{ss}$ 都是方阵,则

$$\begin{vmatrix} \boldsymbol{A}_{11} & \boldsymbol{0} & \cdots & \boldsymbol{0} \\ \boldsymbol{A}_{21} & \boldsymbol{A}_{22} & \cdots & \boldsymbol{0} \\ \vdots & \vdots & & \vdots \\ \boldsymbol{A}_{s1} & \boldsymbol{A}_{s2} & \cdots & \boldsymbol{A}_{ss} \end{vmatrix} = |\boldsymbol{A}_{11}|\,|\boldsymbol{A}_{22}|\cdots|\boldsymbol{A}_{ss}|,$$

$$\begin{vmatrix} \boldsymbol{A}_{11} & \boldsymbol{A}_{12} & \cdots & \boldsymbol{A}_{1s} \\ \boldsymbol{0} & \boldsymbol{A}_{22} & \cdots & \boldsymbol{A}_{2s} \\ \vdots & \vdots & & \vdots \\ \boldsymbol{0} & \boldsymbol{0} & \cdots & \boldsymbol{A}_{ss} \end{vmatrix} = |\boldsymbol{A}_{11}|\,|\boldsymbol{A}_{22}|\cdots|\boldsymbol{A}_{ss}|.$$

命题 2　设 $\boldsymbol{A},\boldsymbol{B}$ 分别是 $s\times n,n\times s$ 矩阵,则

(1) $\begin{vmatrix} \boldsymbol{I}_n & \boldsymbol{B} \\ \boldsymbol{A} & \boldsymbol{I}_s \end{vmatrix} = |\boldsymbol{I}_s-\boldsymbol{A}\boldsymbol{B}|$;

(2) $\begin{vmatrix} \boldsymbol{I}_n & \boldsymbol{B} \\ \boldsymbol{A} & \boldsymbol{I}_s \end{vmatrix} = |\boldsymbol{I}_n - \boldsymbol{BA}|$;

(3) $|\boldsymbol{I}_s - \boldsymbol{AB}| = |\boldsymbol{I}_n - \boldsymbol{BA}|$.

证明 (1) 设法把左端变成分块上三角矩阵的行列式. 为此,做分块矩阵的初等行变换:

$$\begin{pmatrix} \boldsymbol{I}_n & \boldsymbol{B} \\ \boldsymbol{A} & \boldsymbol{I}_s \end{pmatrix} \xrightarrow{② + (-\boldsymbol{A}) \cdot ①} \begin{pmatrix} \boldsymbol{I}_n & \boldsymbol{B} \\ \boldsymbol{0} & \boldsymbol{I}_s - \boldsymbol{AB} \end{pmatrix}.$$

于是有

$$\begin{pmatrix} \boldsymbol{I}_n & \boldsymbol{0} \\ -\boldsymbol{A} & \boldsymbol{I}_s \end{pmatrix} \begin{pmatrix} \boldsymbol{I}_n & \boldsymbol{B} \\ \boldsymbol{A} & \boldsymbol{I}_s \end{pmatrix} = \begin{pmatrix} \boldsymbol{I}_n & \boldsymbol{B} \\ \boldsymbol{0} & \boldsymbol{I}_s - \boldsymbol{AB} \end{pmatrix}.$$

在上式两边取行列式,得

$$\begin{vmatrix} \boldsymbol{I}_n & \boldsymbol{0} \\ -\boldsymbol{A} & \boldsymbol{I}_s \end{vmatrix} \begin{vmatrix} \boldsymbol{I}_n & \boldsymbol{B} \\ \boldsymbol{A} & \boldsymbol{I}_s \end{vmatrix} = \begin{vmatrix} \boldsymbol{I}_n & \boldsymbol{B} \\ \boldsymbol{0} & \boldsymbol{I}_s - \boldsymbol{AB} \end{vmatrix}.$$

由此得出

$$|\boldsymbol{I}_n| \, |\boldsymbol{I}_s| \begin{vmatrix} \boldsymbol{I}_n & \boldsymbol{B} \\ \boldsymbol{A} & \boldsymbol{I}_s \end{vmatrix} = |\boldsymbol{I}_n| \, |\boldsymbol{I}_s - \boldsymbol{AB}|,$$

从而

$$\begin{vmatrix} \boldsymbol{I}_n & \boldsymbol{B} \\ \boldsymbol{A} & \boldsymbol{I}_s \end{vmatrix} = |\boldsymbol{I}_s - \boldsymbol{AB}|.$$

(2) 类似于第(1)小题的证法,请同学们自己写出.

(3) 由第(1),(2)小题即得

$$|\boldsymbol{I}_s - \boldsymbol{AB}| = |\boldsymbol{I}_n - \boldsymbol{BA}|. \qquad \square$$

命题 2 的结论是有用的.

我们利用矩阵的分块来证明 §4.3 中提到的比内-柯西公式:

定理 1(比内-柯西公式) 设 $\boldsymbol{A} = (a_{ij})$, $\boldsymbol{B} = (b_{ij})$ 分别是数域 K 上的 $s \times n$, $n \times s$ 矩阵.

(1) 若 $s > n$,则 $|\boldsymbol{AB}| = 0$;

(2) 若 $s \leqslant n$,则

$$|\boldsymbol{AB}| = \sum_{1 \leqslant \nu_1 < \cdots < \nu_s \leqslant n} \boldsymbol{A}\begin{pmatrix} 1, \cdots, s \\ \nu_1, \cdots, \nu_s \end{pmatrix} \boldsymbol{B}\begin{pmatrix} \nu_1, \cdots, \nu_s \\ 1, \cdots, s \end{pmatrix}.$$

证明 (1) 设 $s > n$,则 $\operatorname{rank}(\boldsymbol{AB}) \leqslant \operatorname{rank}(\boldsymbol{A}) \leqslant n < s$. 又由于 $\boldsymbol{AB}$ 是 s 阶矩阵,因此 $\boldsymbol{AB}$ 不是满秩矩阵,从而 $|\boldsymbol{AB}| = 0$.

(2) 设 $s \leqslant n$. 考虑 $s+n$ 阶分块矩阵:

$$\begin{pmatrix} \boldsymbol{I}_n & \boldsymbol{B} \\ \boldsymbol{0} & \boldsymbol{AB} \end{pmatrix}.$$

我们有

$$\begin{vmatrix} \boldsymbol{I}_n & \boldsymbol{B} \\ \boldsymbol{0} & \boldsymbol{AB} \end{vmatrix} = |\boldsymbol{I}_n|\,|\boldsymbol{AB}| = |\boldsymbol{AB}|, \tag{2}$$

$$\begin{pmatrix} \boldsymbol{I}_n & \boldsymbol{B} \\ \boldsymbol{0} & \boldsymbol{AB} \end{pmatrix} \xrightarrow{②+(-\boldsymbol{A})\cdot ①} \begin{pmatrix} \boldsymbol{I}_n & \boldsymbol{B} \\ -\boldsymbol{A} & \boldsymbol{0} \end{pmatrix},$$

于是

$$\begin{pmatrix} \boldsymbol{I}_n & \boldsymbol{0} \\ -\boldsymbol{A} & \boldsymbol{I}_s \end{pmatrix} \begin{pmatrix} \boldsymbol{I}_n & \boldsymbol{B} \\ \boldsymbol{0} & \boldsymbol{AB} \end{pmatrix} = \begin{pmatrix} \boldsymbol{I}_n & \boldsymbol{B} \\ -\boldsymbol{A} & \boldsymbol{0} \end{pmatrix}.$$

在上式两边取行列式,得

$$\begin{vmatrix} \boldsymbol{I}_n & \boldsymbol{0} \\ -\boldsymbol{A} & \boldsymbol{I}_s \end{vmatrix} \begin{vmatrix} \boldsymbol{I}_n & \boldsymbol{B} \\ \boldsymbol{0} & \boldsymbol{AB} \end{vmatrix} = \begin{vmatrix} \boldsymbol{I}_n & \boldsymbol{B} \\ -\boldsymbol{A} & \boldsymbol{0} \end{vmatrix},$$

从而

$$\begin{vmatrix} \boldsymbol{I}_n & \boldsymbol{B} \\ \boldsymbol{0} & \boldsymbol{AB} \end{vmatrix} = \begin{vmatrix} \boldsymbol{I}_n & \boldsymbol{B} \\ -\boldsymbol{A} & \boldsymbol{0} \end{vmatrix}. \tag{3}$$

把(3)式右端的行列式按后 s 行展开,得

$$\begin{vmatrix} \boldsymbol{I}_n & \boldsymbol{B} \\ -\boldsymbol{A} & \boldsymbol{0} \end{vmatrix} = \sum_{1\leqslant \nu_1 < \cdots < \nu_s \leqslant n} (-\boldsymbol{A})\begin{pmatrix} 1,\cdots,s \\ \nu_1,\cdots,\nu_s \end{pmatrix} (-1)^{(n+1+\cdots+n+s)+(\nu_1+\cdots+\nu_s)} \left|(\boldsymbol{\varepsilon}_{\mu_1},\cdots,\boldsymbol{\varepsilon}_{\mu_{n-s}},\boldsymbol{B})\right|,$$

其中 $\{\mu_1,\cdots,\mu_{n-s}\}=\{1,\cdots,n\}\setminus\{\nu_1,\cdots,\nu_s\}$,且 $\mu_1<\cdots<\mu_{n-s}$. 把 $|(\boldsymbol{\varepsilon}_{\mu_1},\cdots,\boldsymbol{\varepsilon}_{\mu_{n-s}},\boldsymbol{B})|$ 按前 $n-s$ 列展开,得

$$\begin{array}{r} \\ \\ \\ \text{第 } \mu_1 \text{ 行} \\ \\ \\ \\ \text{第 } \mu_{n-s} \text{ 行} \\ \\ \\ \\ \end{array} \begin{vmatrix} 0 & \cdots & 0 & b_{11} & \cdots & b_{1s} \\ \vdots & & \vdots & & & \\ 0 & \cdots & 0 & \vdots & & \vdots \\ 1 & \cdots & 0 & & & \\ 0 & \cdots & 0 & \vdots & & \vdots \\ \vdots & & \vdots & & & \\ 0 & \cdots & 0 & \vdots & & \vdots \\ 0 & \cdots & 1 & & & \\ 0 & \cdots & 0 & \vdots & & \vdots \\ \vdots & & \vdots & & & \\ 0 & \cdots & 0 & b_{n1} & \cdots & b_{ns} \end{vmatrix} = |\boldsymbol{I}_{n-s}|(-1)^{(\mu_1+\cdots+\mu_{n-s})+[1+\cdots+(n-s)]}\boldsymbol{B}\begin{pmatrix} \nu_1,\cdots,\nu_s \\ 1,\cdots,s \end{pmatrix}$$

$$= (-1)^{(\mu_1+\cdots+\mu_{n-s})}\cdot(-1)^{\frac{1}{2}(1+n-s)(n-s)}\boldsymbol{B}\begin{pmatrix} \nu_1,\cdots,\nu_s \\ 1,\cdots,s \end{pmatrix},$$

因此

$$\begin{vmatrix} I_n & B \\ -A & 0 \end{vmatrix} = \sum_{1\leqslant \nu_1 < \cdots < \nu_s \leqslant n} (-1)^s A\begin{pmatrix} 1,\cdots,s \\ \nu_1,\cdots,\nu_s \end{pmatrix} (-1)^{\frac{1}{2}(1+s)s+ns+(\nu_1+\cdots+\nu_s)} \cdot (-1)^{(\mu_1+\cdots+\mu_{n-s})}$$

$$\cdot (-1)^{\frac{1}{2}(1+n-s)(n-s)} B\begin{pmatrix} \nu_1,\cdots,\nu_s \\ 1,\cdots,s \end{pmatrix}.$$

由于

$$(-1)^{\frac{1}{2}(1+s)s+s+ns+(\nu_1+\cdots+\nu_s)} \cdot (-1)^{(\mu_1+\cdots+\mu_{n-s})} \cdot (-1)^{\frac{1}{2}(1+n-s)(n-s)}$$
$$= (-1)^{\frac{1}{2}(1+s)s+s+ns+\frac{1}{2}(1+n)n+\frac{1}{2}(1+n-s)(n-s)} = (-1)^{s^2+s+n^2+n} = 1,$$

因此

$$\begin{vmatrix} I_n & B \\ -A & 0 \end{vmatrix} = \sum_{1\leqslant \nu_1 < \cdots < \nu_s \leqslant n} A\begin{pmatrix} 1,\cdots,s \\ \nu_1,\cdots,\nu_s \end{pmatrix} B\begin{pmatrix} \nu_1,\cdots,\nu_s \\ 1,\cdots,s \end{pmatrix}. \tag{4}$$

从(2)式,(3)式和(4)式得

$$|AB| = \sum_{1\leqslant \nu_1 < \cdots < \nu_s \leqslant n} A\begin{pmatrix} 1,\cdots,s \\ \nu_1,\cdots,\nu_s \end{pmatrix} B\begin{pmatrix} \nu_1,\cdots,\nu_s \\ 1,\cdots,s \end{pmatrix}. \tag{5}$$

□

4.5.2 典型例题

例 1 设 A,B 分别是 $s\times n, n\times m$ 矩阵,证明:若 $AB=0$,则 $\mathrm{rank}(A)+\mathrm{rank}(B)\leqslant n$.

证明 若 $A=0$,则结论显然成立.下面设 $A\neq 0$.

设 B 的列向量组是 $\beta_1,\beta_2,\cdots,\beta_m$.由于 $AB=0$,因此 $\beta_j(j=1,2,\cdots,m)$ 属于 $Ax=0$ 的解空间 W,于是有

$$\mathrm{rank}(B) = \dim\langle \beta_1,\beta_2,\cdots,\beta_m\rangle \leqslant \dim W = n - \mathrm{rank}(A),$$

即

$$\mathrm{rank}(A)+\mathrm{rank}(B)\leqslant n.$$

□

例 2 **证明西尔维斯特(Sylvester)秩不等式**:设 A,B 分别是 $s\times n, n\times m$ 矩阵,则

$$\mathrm{rank}(AB) \geqslant \mathrm{rank}(A) + \mathrm{rank}(B) - n.$$

证明 只需证 $n+\mathrm{rank}(AB)\geqslant\mathrm{rank}(A)+\mathrm{rank}(B)$.

根据 3.5.2 小节中例 8 的结论,有

$$n + \mathrm{rank}(AB) = \mathrm{rank}\begin{pmatrix} I_n & 0 \\ 0 & AB \end{pmatrix}.$$

做分块矩阵初等行(列)变换:

$$\begin{pmatrix} I_n & 0 \\ 0 & AB \end{pmatrix} \xrightarrow{②+A\cdot①} \begin{pmatrix} I_n & 0 \\ A & AB \end{pmatrix} \xrightarrow[②+①\cdot(-B)]{} \begin{pmatrix} I_n & -B \\ A & 0 \end{pmatrix}$$

$$\xrightarrow{②\cdot(-\boldsymbol{I}_m)}\begin{pmatrix}\boldsymbol{I}_n & \boldsymbol{B}\\ \boldsymbol{A} & \boldsymbol{0}\end{pmatrix}\xrightarrow{(①,②)}\begin{pmatrix}\boldsymbol{B} & \boldsymbol{I}_n\\ \boldsymbol{0} & \boldsymbol{A}\end{pmatrix}.$$

根据分块矩阵初等行(列)变换不改变矩阵的秩以及 3.5.2 小节中的例 9,得

$$\operatorname{rank}\begin{pmatrix}\boldsymbol{I}_n & \boldsymbol{0}\\ \boldsymbol{0} & \boldsymbol{AB}\end{pmatrix}=\operatorname{rank}\begin{pmatrix}\boldsymbol{B} & \boldsymbol{I}_n\\ \boldsymbol{0} & \boldsymbol{A}\end{pmatrix}\geqslant \operatorname{rank}(\boldsymbol{B})+\operatorname{rank}(\boldsymbol{A}).$$

因此
$$n+\operatorname{rank}(\boldsymbol{AB})\geqslant\operatorname{rank}(\boldsymbol{A})+\operatorname{rank}(\boldsymbol{B}).$$ □

点评 西尔维斯特于 1884 年首先证明了例 2 中的不等式. 习题 7.4 中的第 8 题给出了西尔维斯特秩不等式的另一种证法,更加直观和简洁.

例 3 如果数域 K 上的 n 阶矩阵 $\boldsymbol{A}$ 满足 $\boldsymbol{A}^2=\boldsymbol{A}$,那么称 $\boldsymbol{A}$ 是**幂等矩阵**. 证明:数域 K 上的 n 阶矩阵 $\boldsymbol{A}$ 是幂等矩阵当且仅当

$$\operatorname{rank}(\boldsymbol{A})+\operatorname{rank}(\boldsymbol{I}-\boldsymbol{A})=n.$$

证明 n 阶矩阵 $\boldsymbol{A}$ 是幂等矩阵 $\Longleftrightarrow \boldsymbol{A}^2=\boldsymbol{A}\Longleftrightarrow \boldsymbol{A}-\boldsymbol{A}^2=\boldsymbol{0}\Longleftrightarrow \operatorname{rank}(\boldsymbol{A}-\boldsymbol{A}^2)=0$.

由于

$$\begin{pmatrix}\boldsymbol{A} & \boldsymbol{0}\\ \boldsymbol{0} & \boldsymbol{I}-\boldsymbol{A}\end{pmatrix}\xrightarrow{②+①}\begin{pmatrix}\boldsymbol{A} & \boldsymbol{0}\\ \boldsymbol{A} & \boldsymbol{I}-\boldsymbol{A}\end{pmatrix}\xrightarrow[②+①]{}\begin{pmatrix}\boldsymbol{A} & \boldsymbol{A}\\ \boldsymbol{A} & \boldsymbol{I}\end{pmatrix}$$

$$\xrightarrow{①+(-\boldsymbol{A})\cdot②}\begin{pmatrix}\boldsymbol{A}-\boldsymbol{A}^2 & \boldsymbol{0}\\ \boldsymbol{A} & \boldsymbol{I}\end{pmatrix}\xrightarrow[①+②\cdot(-\boldsymbol{A})]{}\begin{pmatrix}\boldsymbol{A}-\boldsymbol{A}^2 & \boldsymbol{0}\\ \boldsymbol{0} & \boldsymbol{I}\end{pmatrix},$$

因此

$$\operatorname{rank}\begin{pmatrix}\boldsymbol{A} & \boldsymbol{0}\\ \boldsymbol{0} & \boldsymbol{I}-\boldsymbol{A}\end{pmatrix}=\operatorname{rank}\begin{pmatrix}\boldsymbol{A}-\boldsymbol{A}^2 & \boldsymbol{0}\\ \boldsymbol{0} & \boldsymbol{I}\end{pmatrix},$$

从而
$$\operatorname{rank}(\boldsymbol{A})+\operatorname{rank}(\boldsymbol{I}-\boldsymbol{A})=\operatorname{rank}(\boldsymbol{A}-\boldsymbol{A}^2)+n.$$

由此得出

n 阶矩阵 $\boldsymbol{A}$ 是幂等矩阵 $\Longleftrightarrow \operatorname{rank}(\boldsymbol{A}-\boldsymbol{A}^2)=0\Longleftrightarrow \operatorname{rank}(\boldsymbol{A})+\operatorname{rank}(\boldsymbol{I}-\boldsymbol{A})=n$. □

点评 7.8.2 小节中的例 5 给出了上面例 3 的另一种证法,更加直观和简洁. 例 3 表明,仅利用秩这样的自然数就能刻画幂等矩阵. 由此可以体会到矩阵的秩的概念多么深刻!

例 4 设 $\boldsymbol{A}$ 是实数域上的 $s\times n$ 矩阵,证明:对于任意 $\boldsymbol{\beta}\in\mathbf{R}^s$,线性方程组 $\boldsymbol{A}^{\mathrm{T}}\boldsymbol{A}\boldsymbol{x}=\boldsymbol{A}^{\mathrm{T}}\boldsymbol{\beta}$ 一定有解.

证明 只需证增广矩阵 $(\boldsymbol{A}^{\mathrm{T}}\boldsymbol{A},\boldsymbol{A}^{\mathrm{T}}\boldsymbol{\beta})$ 与系数矩阵 $\boldsymbol{A}^{\mathrm{T}}\boldsymbol{A}$ 的秩相等. 由于 $\boldsymbol{A}$ 是实数域上的矩阵,因此 $\operatorname{rank}(\boldsymbol{A}^{\mathrm{T}}\boldsymbol{A})=\operatorname{rank}(\boldsymbol{A}^{\mathrm{T}})$,从而

$$\operatorname{rank}(\boldsymbol{A}^{\mathrm{T}}\boldsymbol{A},\boldsymbol{A}^{\mathrm{T}}\boldsymbol{\beta})=\operatorname{rank}(\boldsymbol{A}^{\mathrm{T}}(\boldsymbol{A},\boldsymbol{\beta}))\leqslant\operatorname{rank}(\boldsymbol{A}^{\mathrm{T}})=\operatorname{rank}(\boldsymbol{A}^{\mathrm{T}}\boldsymbol{A}).$$

又由于 $\operatorname{rank}(\boldsymbol{A}^{\mathrm{T}}\boldsymbol{A})\leqslant\operatorname{rank}(\boldsymbol{A}^{\mathrm{T}}\boldsymbol{A},\boldsymbol{A}^{\mathrm{T}}\boldsymbol{\beta})$,因此

$$\operatorname{rank}(\boldsymbol{A}^{\mathrm{T}}\boldsymbol{A},\boldsymbol{A}^{\mathrm{T}}\boldsymbol{\beta})=\operatorname{rank}(\boldsymbol{A}^{\mathrm{T}}\boldsymbol{A}),$$

从而线性方程组 $\boldsymbol{A}^{\mathrm{T}}\boldsymbol{A}\boldsymbol{x}=\boldsymbol{A}^{\mathrm{T}}\boldsymbol{\beta}$ 有解. □

点评 通过例 4 的证明可以再一次体会到“线性方程组有解的充要条件是它的增广矩阵与系数矩阵的秩相等”这一定理的深刻性;还可以体会到分块矩阵的乘法很有用,在例 4 的证明中用到

$$(\boldsymbol{A}^{\mathrm{T}}\boldsymbol{A},\boldsymbol{A}^{\mathrm{T}}\boldsymbol{\beta})=\boldsymbol{A}^{\mathrm{T}}(\boldsymbol{A},\boldsymbol{\beta}).$$

例 5 设 $\boldsymbol{A}$ 是 $n(n\geqslant 2)$ 阶矩阵,证明:

$$|\boldsymbol{A}^*|=|\boldsymbol{A}|^{n-1}.$$

证明 若 $\boldsymbol{A}=\boldsymbol{0}$,则结论显然成立. 下设 $\boldsymbol{A}\neq\boldsymbol{0}$. 我们知道 $\boldsymbol{A}\boldsymbol{A}^*=|\boldsymbol{A}|\boldsymbol{I}$.

若 $|\boldsymbol{A}|\neq 0$,则 $|\boldsymbol{A}||\boldsymbol{A}^*|=|\boldsymbol{A}|^n$,从而 $|\boldsymbol{A}^*|=|\boldsymbol{A}|^{n-1}$.

若 $|\boldsymbol{A}|=0$,则 $\boldsymbol{A}\boldsymbol{A}^*=\boldsymbol{0}$. 根据例 1,得

$$\operatorname{rank}(\boldsymbol{A})+\operatorname{rank}(\boldsymbol{A}^*)\leqslant n,$$

从而

$$\operatorname{rank}(\boldsymbol{A}^*)\leqslant n-\operatorname{rank}(\boldsymbol{A})<n,$$

因此 $|\boldsymbol{A}^*|=0$. 所以结论成立. □

例 6 设 $\boldsymbol{A}$ 是 $n(n\geqslant 2)$ 阶矩阵,证明:

$$\operatorname{rank}(\boldsymbol{A}^*)=\begin{cases}n, & \operatorname{rank}(\boldsymbol{A})=n,\\ 1, & \operatorname{rank}(\boldsymbol{A})=n-1,\\ 0, & \operatorname{rank}(\boldsymbol{A})<n-1.\end{cases}$$

证明 若 $\operatorname{rank}(\boldsymbol{A})=n$,则 $|\boldsymbol{A}|\neq 0$,从而 $|\boldsymbol{A}^*|\neq 0$. 于是

$$\operatorname{rank}(\boldsymbol{A}^*)=n.$$

若 $\operatorname{rank}(\boldsymbol{A})=n-1$,则 $\boldsymbol{A}$ 有一个不为 0 的 $n-1$ 阶子式,从而 $\boldsymbol{A}$ 有一个元素,其代数余子式不等于 0. 于是 $\boldsymbol{A}^*\neq\boldsymbol{0}$. 由于 $|\boldsymbol{A}|=0$,根据例 5 的证明,得

$$\operatorname{rank}(\boldsymbol{A}^*)\leqslant n-\operatorname{rank}(\boldsymbol{A})=n-(n-1)=1.$$

由于 $\boldsymbol{A}^*\neq\boldsymbol{0}$,因此

$$\operatorname{rank}(\boldsymbol{A}^*)=1.$$

若 $\operatorname{rank}(\boldsymbol{A})<n-1$,则 $\boldsymbol{A}$ 的所有 $n-1$ 阶子式都等于 0,从而 $\boldsymbol{A}^*=\boldsymbol{0}$. 于是

$$\operatorname{rank}(\boldsymbol{A}^*)=0.$$ □

例 7 设 $\boldsymbol{A}$ 是 $n(n\geqslant 2)$ 阶矩阵,证明:

(1) 当 $n\geqslant 3$ 时,$(\boldsymbol{A}^*)^*=|\boldsymbol{A}|^{n-2}\boldsymbol{A}$; (2) 当 $n=2$ 时,$(\boldsymbol{A}^*)^*=\boldsymbol{A}$.

证明 (1) 设 $n\geqslant 3$. 若 $|\boldsymbol{A}|\neq 0$,则 $|\boldsymbol{A}^*|=|\boldsymbol{A}|^{n-1}$. 由于 $\boldsymbol{A}^*(\boldsymbol{A}^*)^*=|\boldsymbol{A}^*|\boldsymbol{I}$,因此

$$(\boldsymbol{A}^*)^*=|\boldsymbol{A}^*|(\boldsymbol{A}^*)^{-1}=|\boldsymbol{A}|^{n-1}\frac{1}{|\boldsymbol{A}|}\boldsymbol{A}=|\boldsymbol{A}|^{n-2}\boldsymbol{A}.$$

若 $|\boldsymbol{A}|=0$,则根据例 6 的结果,得

$$\operatorname{rank}(\boldsymbol{A}^*)\leqslant 1<n-1.$$

因此 $(\boldsymbol{A}^*)^*=\boldsymbol{0}$. 于是结论也成立.

(2) 设 $n=2$,此时不妨设 $\boldsymbol{A}=\begin{pmatrix} a & b \\ c & d \end{pmatrix}$,则

$$\boldsymbol{A}^* = \begin{pmatrix} d & -b \\ -c & a \end{pmatrix}.$$

因此

$$(\boldsymbol{A}^*)^* = \begin{pmatrix} a & b \\ c & d \end{pmatrix} = \boldsymbol{A}.$$ □

例 8 设 $\boldsymbol{A}$ 是 n 阶可逆矩阵,证明:$(\boldsymbol{A}^{-1})^* = (\boldsymbol{A}^*)^{-1}$.

证明 由于 $\boldsymbol{A}^{-1}(\boldsymbol{A}^{-1})^* = |\boldsymbol{A}^{-1}|\boldsymbol{I}$,且 $\boldsymbol{A}^{-1} = \frac{1}{|\boldsymbol{A}|}\boldsymbol{A}^*$,因此

$$\frac{1}{|\boldsymbol{A}|}\boldsymbol{A}^*(\boldsymbol{A}^{-1})^* = \boldsymbol{A}^{-1}(\boldsymbol{A}^{-1})^* = |\boldsymbol{A}^{-1}|\boldsymbol{I} = \frac{1}{|\boldsymbol{A}|}\boldsymbol{I},$$

从而

$$(\boldsymbol{A}^*)^{-1} = (\boldsymbol{A}^{-1})^*.$$ □

例 9 设 $\boldsymbol{A},\boldsymbol{B}$ 都是 $n(n\geqslant 2)$ 阶矩阵,证明:

$$(\boldsymbol{AB})^* = \boldsymbol{B}^*\boldsymbol{A}^*.$$

证明 根据 §4.3 中的命题 1,得

$$\begin{aligned}
(\boldsymbol{AB})^*(i;j) &= (-1)^{i+j}\boldsymbol{AB}\begin{pmatrix} 1,\cdots,j-1,j+1,\cdots,n \\ 1,\cdots,i-1,i+1,\cdots,n \end{pmatrix} \\
&= (-1)^{i+j}\sum_{1\leqslant v_1<v_2<\cdots<v_{n-1}\leqslant n}\boldsymbol{A}\begin{pmatrix} 1,\cdots,j-1,j+1,\cdots,n \\ v_1,v_2,\cdots,v_{n-1} \end{pmatrix}\boldsymbol{B}\begin{pmatrix} v_1,v_2,\cdots,v_{n-1} \\ 1,\cdots,i-1,i+1,\cdots,n \end{pmatrix} \\
&= (-1)^{i+j}\sum_{k=1}^{n}\boldsymbol{A}\begin{pmatrix} 1,\cdots,j-1,j+1\cdots,n \\ 1,\cdots,k-1,k+1\cdots,n \end{pmatrix}\boldsymbol{B}\begin{pmatrix} 1,\cdots,k-1,k+1\cdots,n \\ 1,\cdots,i-1,i+1\cdots,n \end{pmatrix} \\
&= \sum_{k=1}^{n}(-1)^{j+k}\boldsymbol{A}\begin{pmatrix} 1,\cdots,j-1,j+1\cdots,n \\ 1,\cdots,k-1,k+1\cdots,n \end{pmatrix}(-1)^{k+i}\boldsymbol{B}\begin{pmatrix} 1,\cdots,k-1,k+1\cdots,n \\ 1,\cdots,i-1,i+1\cdots,n \end{pmatrix} \\
&= \sum_{k=1}^{n}A_{jk}B_{ki} = \sum_{k=1}^{n}\boldsymbol{A}^*(k;j)\boldsymbol{B}^*(i;k) = \boldsymbol{B}^*\boldsymbol{A}^*(i;j).
\end{aligned}$$

因此

$$(\boldsymbol{AB})^* = \boldsymbol{B}^*\boldsymbol{A}^*.$$ □

例 10 设 $\boldsymbol{A},\boldsymbol{B}$ 分别是数域 K 上的 $s\times n, s\times m$ 矩阵,证明:矩阵方程 $\boldsymbol{AX}=\boldsymbol{B}$ 有解的充要条件是

$$\operatorname{rank}(\boldsymbol{A}) = \operatorname{rank}(\boldsymbol{A},\boldsymbol{B}).$$

证明 设 $\boldsymbol{A}$ 的列向量组是 $\boldsymbol{\alpha}_1,\boldsymbol{\alpha}_2,\cdots,\boldsymbol{\alpha}_n$,$\boldsymbol{B}$ 的列向量组是 $\boldsymbol{\beta}_1,\boldsymbol{\beta}_2,\cdots,\boldsymbol{\beta}_m$,则根据推论 2,得

$\boldsymbol{AX}=\boldsymbol{B}$ 有解 $\Longleftrightarrow$ $\boldsymbol{Ay}=\boldsymbol{\beta}_j\,(j=1,2,\cdots,m)$ 有解

$\Longleftrightarrow$ $\boldsymbol{\beta}_j\,(j=1,2,\cdots,m)$ 可以由 $\boldsymbol{\alpha}_1,\boldsymbol{\alpha}_2,\cdots,\boldsymbol{\alpha}_n$ 线性表出

$$\Longleftrightarrow \{\boldsymbol{\alpha}_1,\cdots,\boldsymbol{\alpha}_n,\boldsymbol{\beta}_1,\cdots,\boldsymbol{\beta}_m\}\cong\{\boldsymbol{\alpha}_1,\boldsymbol{\alpha}_2,\cdots,\boldsymbol{\alpha}_n\}$$
$$\Longleftrightarrow \operatorname{rank}(\boldsymbol{A},\boldsymbol{B})=\operatorname{rank}(\boldsymbol{A}).$$ □

例 11 求如下 $n(n\geqslant 2)$阶矩阵的逆矩阵：

$$\boldsymbol{A}=\begin{pmatrix}1 & 2 & 3 & \cdots & n\\ n & 1 & 2 & \cdots & n-1\\ \vdots & \vdots & \vdots & & \vdots\\ 2 & 3 & 4 & \cdots & 1\end{pmatrix}.$$

解 先解线性方程组

$$\boldsymbol{Ax}=\boldsymbol{\beta},$$

其中 $\boldsymbol{\beta}=(b_1,b_2,\cdots,b_n)^{\mathrm{T}}$. 将这 n 个方程相加，得

$$\frac{1}{2}n(n+1)(x_1+x_2+\cdots+x_n)=\sum_{j=1}^{n}b_j.$$

令 $y=x_1+x_2+\cdots+x_n$，由上式得

$$y=\frac{2}{n(n+1)}\sum_{j=1}^{n}b_j.$$

第 1 个方程减去第 2 个方程，得

$$(1-n)x_1+x_2+x_3+\cdots+x_n=b_1-b_2.$$

由此得出

$$y-nx_1=b_1-b_2,$$

从而 $$x_1=\frac{1}{n}(y-b_1+b_2)=\frac{1}{n}\left[\frac{2}{n(n+1)}\sum_{j=1}^{n}b_j-b_1+b_2\right].$$

类似地，第 $i(i=2,\cdots,n-1)$个方程减去第 $i+1$ 个方程，可求出

$$x_i=\frac{1}{n}\left[\frac{2}{n(n+1)}\sum_{j=1}^{n}b_j-b_i+b_{i+1}\right],\quad i=2,\cdots,n-1.$$

第 n 个方程减去第 1 个方程，可求出

$$x_n=\frac{1}{n}\left[\frac{2}{n(n+1)}\sum_{j=1}^{n}b_j-b_n+b_1\right].$$

记 $s=\dfrac{2}{n(n+1)}$. 分别令 $\boldsymbol{\beta}$ 为 $\boldsymbol{\varepsilon}_1,\boldsymbol{\varepsilon}_2,\cdots,\boldsymbol{\varepsilon}_n$，得

$$\boldsymbol{A}^{-1}=\frac{1}{n}\begin{pmatrix}s-1 & s+1 & s & \cdots & s\\ s & s-1 & s+1 & \cdots & s\\ s & s & s-1 & \cdots & s\\ \vdots & \vdots & \vdots & & \vdots\\ s & s & s & \cdots & s+1\\ s+1 & s & s & \cdots & s-1\end{pmatrix}.$$

点评 例 11 利用线性方程组来求 $\boldsymbol{A}$ 的逆矩阵 $\boldsymbol{A}^{-1}$，这比用初等变换法求 $\boldsymbol{A}^{-1}$ 简单多了.

***例 12** 求如下 $n(n\geqslant 2)$ 阶矩阵的逆矩阵：

$$\boldsymbol{A}=\begin{pmatrix}1+a_1 & 1 & 1 & \cdots & 1\\ 1 & 1+a_2 & 1 & \cdots & 1\\ \vdots & \vdots & \vdots & & \vdots\\ 1 & 1 & 1 & \cdots & 1+a_n\end{pmatrix}\quad (a_1a_2\cdots a_n\neq 0).$$

解 先解线性方程组 $\boldsymbol{A}\boldsymbol{x}=\boldsymbol{\beta}$，其中 $\boldsymbol{\beta}=(b_1,b_2,\cdots,b_n)^{\mathrm{T}}$.

令 $y=x_1+x_2+\cdots+x_n$，则 $\boldsymbol{A}\boldsymbol{x}=\boldsymbol{\beta}$ 可写成

$$\begin{cases}y+a_1x_1=b_1,\\ y+a_2x_2=b_2,\\ \cdots\cdots\\ y+a_nx_n=b_n.\end{cases}$$

由此得出

$$x_i=\frac{b_i-y}{a_i}\quad (i=1,2,\cdots,n),$$

从而

$$y=\sum_{j=1}^{n}\frac{b_j}{a_j}-\left(\sum_{j=1}^{n}\frac{1}{a_j}\right)y.$$

记 $s=1+\sum\limits_{j=1}^{n}\dfrac{1}{a_j}$，从上述一次方程解得

$$y=\frac{1}{s}\sum_{j=1}^{n}\frac{b_j}{a_j},$$

于是

$$x_i=\frac{b_i}{a_i}-\frac{1}{a_is}\sum_{j=1}^{n}\frac{b_j}{a_j}\quad (i=1,2,\cdots,n).$$

分别令 $\boldsymbol{\beta}$ 为 $\boldsymbol{\varepsilon}_1,\boldsymbol{\varepsilon}_2,\cdots,\boldsymbol{\varepsilon}_n$，得

$$\boldsymbol{A}^{-1}=\frac{1}{s}\begin{pmatrix}\dfrac{a_1s-1}{a_1^2} & -\dfrac{1}{a_1a_2} & -\dfrac{1}{a_1a_3} & \cdots & -\dfrac{1}{a_1a_n}\\ -\dfrac{1}{a_1a_2} & \dfrac{a_2s-1}{a_2^2} & -\dfrac{1}{a_2a_3} & \cdots & -\dfrac{1}{a_2a_n}\\ -\dfrac{1}{a_1a_3} & -\dfrac{1}{a_2a_3} & \dfrac{a_3s-1}{a_3^2} & \cdots & -\dfrac{1}{a_3a_n}\\ \vdots & \vdots & \vdots & & \vdots\\ -\dfrac{1}{a_1a_n} & -\dfrac{1}{a_2a_n} & -\dfrac{1}{a_3a_n} & \cdots & \dfrac{a_ns-1}{a_n^2}\end{pmatrix}.$$

例 13 解如下数域 K 上的矩阵方程:

$$\begin{pmatrix} 3 & -1 & 2 \\ 4 & -3 & 3 \\ 1 & 3 & 0 \end{pmatrix} \boldsymbol{X} = \begin{pmatrix} 3 & 9 & 7 \\ 1 & 11 & 7 \\ 7 & 5 & 7 \end{pmatrix}.$$

解 记

$$\boldsymbol{A} = \begin{pmatrix} 3 & -1 & 2 \\ 4 & -3 & 3 \\ 1 & 3 & 0 \end{pmatrix}, \quad \boldsymbol{B} = \begin{pmatrix} 3 & 9 & 7 \\ 1 & 11 & 7 \\ 7 & 5 & 7 \end{pmatrix},$$

并设 $\boldsymbol{B}$ 的列向量组为 $\boldsymbol{\beta}_1, \boldsymbol{\beta}_2, \boldsymbol{\beta}_3$. 由于

$$(\boldsymbol{A}, \boldsymbol{B}) = \begin{pmatrix} 3 & -1 & 2 & 3 & 9 & 7 \\ 4 & -3 & 3 & 1 & 11 & 7 \\ 1 & 3 & 0 & 7 & 5 & 7 \end{pmatrix} \longrightarrow \begin{pmatrix} 1 & 3 & 0 & 7 & 5 & 7 \\ 4 & -3 & 3 & 1 & 11 & 7 \\ 3 & -1 & 2 & 3 & 9 & 7 \end{pmatrix}$$

$$\longrightarrow \begin{pmatrix} 1 & 3 & 0 & 7 & 5 & 7 \\ 0 & -15 & 3 & -27 & -9 & -21 \\ 0 & -10 & 2 & -18 & -6 & -14 \end{pmatrix} \longrightarrow \begin{pmatrix} 1 & 3 & 0 & 7 & 5 & 7 \\ 0 & 1 & -\frac{1}{5} & \frac{9}{5} & \frac{3}{5} & \frac{7}{5} \\ 0 & 1 & -\frac{1}{5} & \frac{9}{5} & \frac{3}{5} & \frac{7}{5} \end{pmatrix}$$

$$\longrightarrow \begin{pmatrix} 1 & 0 & \frac{3}{5} & \frac{8}{5} & \frac{16}{5} & \frac{14}{5} \\ 0 & 1 & -\frac{1}{5} & \frac{9}{5} & \frac{3}{5} & \frac{7}{5} \\ 0 & 0 & 0 & 0 & 0 & 0 \end{pmatrix},$$

因此 $\boldsymbol{A}\boldsymbol{y} = \boldsymbol{\beta}_1, \boldsymbol{A}\boldsymbol{y} = \boldsymbol{\beta}_2, \boldsymbol{A}\boldsymbol{y} = \boldsymbol{\beta}_3$ 的一般解分别为

$$\begin{cases} y_1 = -\frac{3}{5}y_3 + \frac{8}{5}, \\ y_2 = \frac{1}{5}y_3 + \frac{9}{5}, \end{cases} \quad \begin{cases} y_1 = -\frac{3}{5}y_3 + \frac{16}{5}, \\ y_2 = \frac{1}{5}y_3 + \frac{3}{5}, \end{cases} \quad \begin{cases} y_1 = -\frac{3}{5}y_3 + \frac{14}{5}, \\ y_2 = \frac{1}{5}y_3 + \frac{7}{5}, \end{cases}$$

其中 y_3 是自由未知量. 由此得出

$$\boldsymbol{X} = \begin{pmatrix} -3c_1 + \frac{8}{5} & -3c_2 + \frac{16}{5} & -3c_3 + \frac{14}{5} \\ c_1 + \frac{9}{5} & c_2 + \frac{3}{5} & c_3 + \frac{7}{5} \\ 5c_1 & 5c_2 & 5c_3 \end{pmatrix},$$

其中 c_1, c_2, c_3 是 K 中的任意数.

例 14 在 K^3 中取两个基:

$$\boldsymbol{\alpha}_1=\begin{pmatrix}1\\0\\0\end{pmatrix},\ \boldsymbol{\alpha}_2=\begin{pmatrix}1\\2\\0\end{pmatrix},\ \boldsymbol{\alpha}_3=\begin{pmatrix}1\\2\\3\end{pmatrix};\quad \boldsymbol{\beta}_1=\begin{pmatrix}2\\1\\-3\end{pmatrix},\ \boldsymbol{\beta}_2=\begin{pmatrix}1\\0\\4\end{pmatrix},\ \boldsymbol{\beta}_3=\begin{pmatrix}3\\2\\1\end{pmatrix}.$$

求矩阵 $\boldsymbol{A}$,使得 $\boldsymbol{A}\boldsymbol{\alpha}_i=\boldsymbol{\beta}_i(i=1,2,3)$.

解 由于

$$\begin{aligned}\boldsymbol{A}\boldsymbol{\alpha}_i=\boldsymbol{\beta}_i(i=1,2,3)&\Longleftrightarrow \boldsymbol{A}(\boldsymbol{\alpha}_1,\boldsymbol{\alpha}_2,\boldsymbol{\alpha}_3)=(\boldsymbol{\beta}_1,\boldsymbol{\beta}_2,\boldsymbol{\beta}_3)\\&\Longleftrightarrow(\boldsymbol{\alpha}_1,\boldsymbol{\alpha}_2,\boldsymbol{\alpha}_3)^{\mathrm{T}}\boldsymbol{A}^{\mathrm{T}}=(\boldsymbol{\beta}_1,\boldsymbol{\beta}_2,\boldsymbol{\beta}_3)^{\mathrm{T}},\end{aligned}$$

$$\begin{aligned}((\boldsymbol{\alpha}_1,\boldsymbol{\alpha}_2,\boldsymbol{\alpha}_3)^{\mathrm{T}},(\boldsymbol{\beta}_1,\boldsymbol{\beta}_2,\boldsymbol{\beta}_3)^{\mathrm{T}})&=\begin{pmatrix}1&0&0&2&1&-3\\1&2&0&1&0&4\\1&2&3&3&2&1\end{pmatrix}\longrightarrow\begin{pmatrix}1&0&0&2&1&-3\\0&2&0&-1&-1&7\\0&2&3&1&1&4\end{pmatrix}\\&\longrightarrow\begin{pmatrix}1&0&0&2&1&-3\\0&1&0&-\frac{1}{2}&-\frac{1}{2}&\frac{7}{2}\\0&0&3&2&2&-3\end{pmatrix}\\&\longrightarrow\begin{pmatrix}1&0&0&2&1&-3\\0&1&0&-\frac{1}{2}&-\frac{1}{2}&\frac{7}{2}\\0&0&1&\frac{2}{3}&\frac{2}{3}&-1\end{pmatrix},\end{aligned}$$

因此

$$\boldsymbol{A}^{\mathrm{T}}=\begin{pmatrix}2&1&-3\\-\frac{1}{2}&-\frac{1}{2}&\frac{7}{2}\\\frac{2}{3}&\frac{2}{3}&-1\end{pmatrix},\quad \boldsymbol{A}=\begin{pmatrix}2&-\frac{1}{2}&\frac{2}{3}\\1&-\frac{1}{2}&\frac{2}{3}\\-3&\frac{7}{2}&-1\end{pmatrix}.$$

例 15 设矩阵 $\boldsymbol{B}=\begin{pmatrix}\boldsymbol{0}&\boldsymbol{B}_1\\\boldsymbol{B}_2&\boldsymbol{0}\end{pmatrix}$,其中 $\boldsymbol{B}_1,\boldsymbol{B}_2$ 分别是 r 阶、s 阶矩阵,求 $\boldsymbol{B}$ 可逆的充要条件. 当 $\boldsymbol{B}$ 可逆时,求 $\boldsymbol{B}^{-1}$.

解 由于 $|\boldsymbol{B}|=(-1)^{rs}|\boldsymbol{B}_1||\boldsymbol{B}_2|$,因此

$$\boldsymbol{B}\text{ 可逆}\Longleftrightarrow|\boldsymbol{B}|\neq0\Longleftrightarrow|\boldsymbol{B}_1|\neq0,\text{且}|\boldsymbol{B}_2|\neq0\Longleftrightarrow\boldsymbol{B}_1,\boldsymbol{B}_2\text{ 都可逆}.$$

当 $\boldsymbol{B}$ 可逆时,由于

$$\begin{pmatrix}\boldsymbol{0}&\boldsymbol{B}_1\\\boldsymbol{B}_2&\boldsymbol{0}\end{pmatrix}\begin{pmatrix}\boldsymbol{0}&\boldsymbol{B}_2^{-1}\\\boldsymbol{B}_1^{-1}&\boldsymbol{0}\end{pmatrix}=\begin{pmatrix}\boldsymbol{I}_r&\boldsymbol{0}\\\boldsymbol{0}&\boldsymbol{I}_s\end{pmatrix},$$

因此

$$B^{-1}=\begin{pmatrix}0 & B_2^{-1}\\ B_1^{-1} & 0\end{pmatrix}.$$

例 16 设 A,B,C,D 都是数域 K 上的 n 阶矩阵，且 $AC=CA$，证明：

$$\begin{vmatrix}A & B\\ C & D\end{vmatrix}=|AD-CB|.$$

证明 当 $|A|\neq 0$ 时，可以做如下分块矩阵的初等行变换：

$$\begin{pmatrix}A & B\\ C & D\end{pmatrix}\xrightarrow{②+(-CA^{-1})\cdot①}\begin{pmatrix}A & B\\ 0 & D-CA^{-1}B\end{pmatrix}.$$

于是

$$\begin{pmatrix}I & 0\\ -CA^{-1} & I\end{pmatrix}\begin{pmatrix}A & B\\ C & D\end{pmatrix}=\begin{pmatrix}A & B\\ 0 & D-CA^{-1}B\end{pmatrix}.$$

上式两边取行列式，得

$$|I|\,|I|\begin{vmatrix}A & B\\ C & D\end{vmatrix}=|A|\,|D-CA^{-1}B|,$$

于是

$$\begin{vmatrix}A & B\\ C & D\end{vmatrix}=|A(D-CA^{-1}B)|=|AD-ACA^{-1}B|=|AD-CB|.$$

当 $|A|=0$ 时，令

$$A(t)=A-tI,$$

则 $|A(t)|=|A-tI|$ 是 t 的 n 次多项式，记作 $f(t)$. 显然有 $f(0)=|A|=0$. 因为 n 次多项式 $f(t)$ 在数域 K 中的根至多有 n 个，所以存在 $\delta>0$，使得对于任意 $t\in(0-\delta,0+\delta)$，且 $t\neq 0$，有 $f(t)\neq 0$，即 $|A(t)|\neq 0$. 由于 $AC=CA$，因此

$$A(t)C=(A-tI)C=AC-tC=CA-tC=C(A-tI)=CA(t).$$

由上一段刚证得的结果知，当 $t\in(0-\delta,0+\delta)$ 且 $t\neq 0$ 时，有

$$\begin{vmatrix}A(t) & B\\ C & D\end{vmatrix}=|A(t)D-CB|.$$

令 $t\to 0$，在上式两边取极限，得

$$\begin{vmatrix}A & B\\ C & D\end{vmatrix}=|AD-CB|.$$ □

例 17 设 A 为 n 阶可逆矩阵，$\alpha=(a_1,a_2,\cdots,a_n)^{\mathrm{T}}$，证明：

$$|A-\alpha\alpha^{\mathrm{T}}|=(1-\alpha^{\mathrm{T}}A^{-1}\alpha)|A|.$$

证明 利用命题 2 的结果，得

$$|A-\alpha\alpha^{\mathrm{T}}|=|A(I_n-A^{-1}\alpha\alpha^{\mathrm{T}})|=|A|\,|I_n-(A^{-1}\alpha)\alpha^{\mathrm{T}}|$$

$$= |\boldsymbol{A}|\,|\boldsymbol{I}_1-\boldsymbol{\alpha}^{\mathrm{T}}(\boldsymbol{A}^{-1}\boldsymbol{\alpha})| = (1-\boldsymbol{\alpha}^{\mathrm{T}}\boldsymbol{A}^{-1}\boldsymbol{\alpha})|\boldsymbol{A}|. \qquad \square$$

例 18 计算 $n(n\geqslant 2)$ 阶行列式

$$\begin{vmatrix} 0 & 2a_1 & 3a_1 & \cdots & na_1 \\ a_2 & a_2 & 3a_2 & \cdots & na_2 \\ \vdots & \vdots & \vdots & & \vdots \\ a_n & 2a_n & 3a_n & \cdots & (n-1)a_n \end{vmatrix} \quad (a_1a_2\cdots a_n \neq 0).$$

解 原式 $=\left|\begin{pmatrix} a_1 & 2a_1 & \cdots & na_1 \\ a_2 & 2a_2 & \cdots & na_2 \\ \vdots & \vdots & & \vdots \\ a_n & 2a_n & \cdots & na_n \end{pmatrix} - \begin{pmatrix} a_1 & 0 & \cdots & 0 \\ 0 & a_2 & \cdots & 0 \\ \vdots & \vdots & & \vdots \\ 0 & 0 & \cdots & a_n \end{pmatrix}\right|$

$$= \left|\begin{pmatrix} a_1 \\ a_2 \\ \vdots \\ a_n \end{pmatrix}(1,2,\cdots,n) - \operatorname{diag}\{a_1,a_2,\cdots,a_n\}\right|$$

$$= \left|-\operatorname{diag}\{a_1,a_2,\cdots,a_n\}\left[\boldsymbol{I}_n - (\operatorname{diag}\{a_1,a_2,\cdots,a_n\})^{-1}\begin{pmatrix} a_1 \\ a_2 \\ \vdots \\ a_n \end{pmatrix}(1,2,\cdots,n)\right]\right|$$

$$= (-1)^n a_1a_2\cdots a_n \left|\boldsymbol{I}_1 - (1,2,\cdots,n)\begin{pmatrix} 1 \\ 1 \\ \vdots \\ 1 \end{pmatrix}\right|$$

$$= (-1)^n a_1a_2\cdots a_n\left[1-\frac{n(n+1)}{2}\right].$$

***例 19** 设 $\boldsymbol{A}$ 是数域 K 上的二阶矩阵,证明:如果 $|\boldsymbol{A}|=1$,那么 $\boldsymbol{A}$ 可以表示成 1°型初等矩阵 $\boldsymbol{P}(i,j(k))$ 的乘积(即 $\boldsymbol{A}$ 可以表示成形如 $\boldsymbol{I}+k\boldsymbol{E}_{ij}$ 的矩阵的乘积,其中 $i\neq j$).

证明 先看一个特殊情形. 设

$$\boldsymbol{A} = \begin{pmatrix} a & 0 \\ 0 & a^{-1} \end{pmatrix}.$$

若 $a=1$,则 $\boldsymbol{A}=\boldsymbol{I}$,已符合要求. 下面设 $a\neq 1$. 由于

$$\boldsymbol{A} = \begin{pmatrix} a & 0 \\ 0 & a^{-1} \end{pmatrix} \xrightarrow{②+①\cdot a^{-1}} \begin{pmatrix} a & 0 \\ 1 & a^{-1} \end{pmatrix} \xrightarrow[②+①\cdot(1-a^{-1})]{} \begin{pmatrix} a & a-1 \\ 1 & 1 \end{pmatrix}$$

$$\xrightarrow{①+②\cdot(1-a)}\begin{pmatrix}1&0\\1&1\end{pmatrix}\xrightarrow{②+①\cdot(-1)}\begin{pmatrix}1&0\\0&1\end{pmatrix},$$

因此

$$\boldsymbol{P}(2,1(-1))\boldsymbol{P}(1,2(1-a))\boldsymbol{P}(2,1(a^{-1}))\begin{pmatrix}a&0\\0&a^{-1}\end{pmatrix}\boldsymbol{P}(1,2(1-a^{-1}))=\boldsymbol{I},$$

从而

$$\begin{aligned}\begin{pmatrix}a&0\\0&a^{-1}\end{pmatrix}&=\boldsymbol{P}(2,1(-a^{-1}))\boldsymbol{P}(1,2(a-1))\boldsymbol{P}(2,1(1))\boldsymbol{P}(1,2(a^{-1}-1))\\&=(\boldsymbol{I}-a^{-1}\boldsymbol{E}_{21})[\boldsymbol{I}+(a-1)\boldsymbol{E}_{12}](\boldsymbol{I}+\boldsymbol{E}_{21})[\boldsymbol{I}+(a^{-1}-1)\boldsymbol{E}_{12}].\end{aligned}$$

现在看一般情形. 设

$$\boldsymbol{A}=\begin{pmatrix}a&b\\c&d\end{pmatrix},$$

其中$|\boldsymbol{A}|=ad-bc=1$.

若$a\neq0$,则

$$\begin{pmatrix}a&b\\c&d\end{pmatrix}\xrightarrow{②+①\cdot(-ca^{-1})}\begin{pmatrix}a&b\\0&d-ca^{-1}b\end{pmatrix}\xrightarrow{①+②\cdot(-ba)}\begin{pmatrix}a&0\\0&a^{-1}\end{pmatrix}\quad(d=a^{-1}+bca^{-1}).$$

利用上面证得的结果,$\boldsymbol{A}$ 可以表示成 1°型初等矩阵的乘积.

若$a=0$,则$c\neq0$,从而

$$\begin{pmatrix}a&b\\c&d\end{pmatrix}\xrightarrow{①+②}\begin{pmatrix}c&b+d\\c&d\end{pmatrix}.$$

利用刚才证得的结果,$\boldsymbol{A}$ 可以表示成 1°型初等矩阵的乘积. □

*__例 20__ 设 $\boldsymbol{A}$ 是数域 K 上的 $n(n\geqslant2)$ 阶矩阵,证明: 如果$|\boldsymbol{A}|=1$,那么 $\boldsymbol{A}$ 可以表示成 1°型初等矩阵 $\boldsymbol{P}(i,j(k))$ 的乘积.

证明 对矩阵的阶数 n 用数学归纳法. 当 $n=2$ 时,例 19 已经证明该命题为真.

假设对于 $n-1$ 阶的矩阵,该命题为真. 下面看 n 阶矩阵 $\boldsymbol{A}=(a_{ij})$ 的情形.

若 $a_{11}\neq0$,则首先把 $\boldsymbol{A}$ 第 1 行的适当倍数分别加到第 $2,3,\cdots,n$ 行上,然后做 1°型初等行变换:

$$\boldsymbol{A}\longrightarrow\begin{pmatrix}a_{11}&a_{12}&\cdots&a_{1n}\\0&b_{22}&\cdots&b_{2n}\\0&b_{32}&\cdots&b_{3n}\\\vdots&\vdots&&\vdots\\0&b_{n2}&\cdots&b_{nn}\end{pmatrix}\xrightarrow{②+①}\begin{pmatrix}a_{11}&a_{12}&\cdots&a_{1n}\\a_{11}&a_{12}+b_{22}&\cdots&a_{1n}+b_{2n}\\0&b_{32}&\cdots&b_{3n}\\\vdots&\vdots&&\vdots\\0&b_{n2}&\cdots&b_{nn}\end{pmatrix}$$

$$\xrightarrow{①+②\cdot(a_{11}^{-1}-1)}\begin{pmatrix}1 & c_{12} & \cdots & c_{1n}\\ a_{11} & a_{12}+b_{22} & \cdots & a_{1n}+b_{2n}\\ 0 & b_{32} & \cdots & c_{3n}\\ \vdots & \vdots & & \vdots\\ 0 & b_{n2} & \cdots & b_{nn}\end{pmatrix}\xrightarrow{②+①\cdot(-a_{11})}\begin{pmatrix}1 & c_{12} & \cdots & c_{1n}\\ 0 & c'_{22} & \cdots & c'_{2n}\\ 0 & b_{32} & \cdots & b_{3n}\\ \vdots & \vdots & \cdots & \vdots\\ 0 & b_{n2} & \cdots & b_{nn}\end{pmatrix}$$

$$\xrightarrow[\substack{②+①\cdot(-c_{12})\\ \cdots\cdots\\ ⓝ+①\cdot(-c_{1n})}]{}\begin{pmatrix}1 & 0 & \cdots & 0\\ 0 & c'_{22} & \cdots & c'_{2n}\\ 0 & b_{32} & \cdots & b_{3n}\\ \vdots & \vdots & & \vdots\\ 0 & b_{n2} & \cdots & b_{nn}\end{pmatrix}$$

(这里为了简单明了,用符号 b_{ij},c_{ij},c'_{ij} 来表示变换后的元素). 把最后这个矩阵写成分块矩阵的形式:

$$\begin{pmatrix}1 & \mathbf{0}\\ \mathbf{0} & \boldsymbol{A}_1\end{pmatrix}.$$

由于 1°型初等行(列)变换不改变矩阵的行列式的值,因此

$$1=|\boldsymbol{A}|=\begin{vmatrix}1 & \mathbf{0}\\ \mathbf{0} & \boldsymbol{A}_1\end{vmatrix}=|\boldsymbol{A}_1|.$$

于是,对 $n-1$ 阶矩阵 $\boldsymbol{A}_1$,可以用归纳假设得出,$\boldsymbol{A}_1$ 可以表示成 1°型初等矩阵的乘积,从而 $\boldsymbol{A}$ 可以表示成 1°型初等矩阵的乘积.

若 $a_{11}=0$,由于 $|\boldsymbol{A}|\neq 0$,因此 $\boldsymbol{A}$ 的第 1 列中有某个元素 $a_{i1}\neq 0$. 于是

$$\boldsymbol{A}\xrightarrow{①+ⓘ}\begin{pmatrix}a_{i1} & a_{12}+a_{i2} & \cdots & a_{1n}+a_{in}\\ a_{21} & a_{22} & \cdots & a_{2n}\\ \vdots & \vdots & & \vdots\\ a_{n1} & a_{n2} & \cdots & a_{nn}\end{pmatrix}=:\boldsymbol{B}^{①}.$$

由于 $|\boldsymbol{B}|=|\boldsymbol{A}|=1$,因此根据刚才证得的结论,$\boldsymbol{B}$ 可以表示成 1°型初等矩阵的乘积,从而 $\boldsymbol{A}$ 也可这样表示.

根据数学归纳法原理,对于一切大于 1 的正整数 n,该命题为真. □

习 题 4.5

1. 设 n 阶矩阵 $\boldsymbol{A}\neq\mathbf{0}$,证明:存在一个 $n\times m$ 非零矩阵 $\boldsymbol{B}$,使得 $\boldsymbol{AB}=\mathbf{0}$ 的充要条件是 $|\boldsymbol{A}|=0$. 从而,数域 K 上任一 n 阶矩阵或者为可逆矩阵,或者为零因子.

① 符号"=:"表示用这个符号的左边来定义右边.

2. 设 $\boldsymbol{B}$ 是 n 阶矩阵，$\boldsymbol{C}$ 是 $n\times m$ 行满秩矩阵，证明：

(1) 如果 $\boldsymbol{BC}=\boldsymbol{0}$，那么 $\boldsymbol{B}=\boldsymbol{0}$；　　(2) 如果 $\boldsymbol{BC}=\boldsymbol{C}$，那么 $\boldsymbol{B}=\boldsymbol{I}$.

3. 设 $\boldsymbol{A},\boldsymbol{B},\boldsymbol{C}$ 分别是 $s\times n, n\times m, m\times t$ 矩阵，证明**弗罗贝尼乌斯(Frobenius)秩不等式**：

$$\operatorname{rank}(\boldsymbol{ABC})\geqslant\operatorname{rank}(\boldsymbol{AB})+\operatorname{rank}(\boldsymbol{BC})-\operatorname{rank}(\boldsymbol{B}).$$

4. 证明：数域 K 上的 n 阶矩阵 $\boldsymbol{A}$ 为对合矩阵的充要条件是

$$\operatorname{rank}(\boldsymbol{I}+\boldsymbol{A})+\operatorname{rank}(\boldsymbol{I}-\boldsymbol{A})=n.$$

5. 设 $\boldsymbol{A}$ 是数域 K 上的 $s\times n$ 行满秩矩阵，证明：对于 K 上的任意 $s\times m$ 矩阵 $\boldsymbol{B}$，矩阵方程 $\boldsymbol{AX}=\boldsymbol{B}$ 都有解.

6. 设 $\boldsymbol{B}$ 是数域 K 上的 $s\times r$ 列满秩矩阵，证明：矩阵方程 $\boldsymbol{BX}=\boldsymbol{0}_{s\times m}$ 只有零解.

7. 设 $\boldsymbol{A}$ 是数域 K 上的 n 阶矩阵，且 $\operatorname{rank}(\boldsymbol{A})=1$，试问：$\boldsymbol{I}+\boldsymbol{A}$ 是否可逆？当 $\boldsymbol{I}+\boldsymbol{A}$ 可逆时，求 $(\boldsymbol{I}+\boldsymbol{A})^{-1}$.

8. 求如下 $n(n\geqslant 2)$ 阶范德蒙德矩阵的逆矩阵：

$$\boldsymbol{A}=\begin{pmatrix}1 & 1 & 1 & \cdots & 1\\ 1 & \xi & \xi^2 & \cdots & \xi^{n-1}\\ 1 & \xi^2 & \xi^4 & \cdots & \xi^{2(n-1)}\\ \vdots & \vdots & \vdots & & \vdots\\ 1 & \xi^{n-1} & \xi^{2(n-1)} & \cdots & \xi^{(n-1)(n-1)}\end{pmatrix}\quad(\xi=\mathrm{e}^{\mathrm{i}\frac{2\pi}{n}}).$$

*9. 求如下 $n(n\geqslant 2)$ 阶矩阵的逆矩阵：

$$\boldsymbol{A}=\begin{pmatrix}a & a+1 & a+2 & \cdots & a+(n-1)\\ a+(n-1) & a & a+1 & \cdots & a+(n-2)\\ \vdots & \vdots & \vdots & & \vdots\\ a+1 & a+2 & a+3 & \cdots & a\end{pmatrix}\quad\left(a\neq\frac{1-n}{2}\right).$$

10. 解数域 K 上的矩阵方程

$$\boldsymbol{X}\begin{pmatrix}3 & 6\\ 4 & 8\end{pmatrix}=\begin{pmatrix}2 & 4\\ 9 & 18\end{pmatrix}.$$

11. 在 K^2 中取两个基：

$$\boldsymbol{\alpha}_1=\begin{pmatrix}1\\ 2\end{pmatrix},\ \boldsymbol{\alpha}_2=\begin{pmatrix}3\\ 4\end{pmatrix};\quad \boldsymbol{\beta}_1=\begin{pmatrix}-1\\ 3\end{pmatrix},\ \boldsymbol{\beta}_2=\begin{pmatrix}5\\ 7\end{pmatrix}.$$

求矩阵 $\boldsymbol{A}$，使得 $\boldsymbol{A\alpha}_i=\boldsymbol{\beta}_i\ (i=1,2)$.

12. 求如下 $n(n\geqslant 2)$ 阶矩阵的逆矩阵：

$$A=\begin{pmatrix}0&a_1&0&\cdots&0&0\\0&0&a_2&\cdots&0&0\\\vdots&\vdots&\vdots&&\vdots&\vdots\\0&0&0&\cdots&0&a_{n-1}\\a_n&0&0&\cdots&0&0\end{pmatrix}\quad(a_1a_2\cdots a_n\neq 0).$$

13. 证明：分块对角矩阵 $\boldsymbol{A}=\mathrm{diag}\{\boldsymbol{A}_1,\boldsymbol{A}_2,\cdots,\boldsymbol{A}_s\}$ 可逆的充要条件是它的主对角线上每个子矩阵 $\boldsymbol{A}_i$ 都可逆，并且当 $\boldsymbol{A}$ 可逆时，有 $\boldsymbol{A}^{-1}=\mathrm{diag}\{\boldsymbol{A}_1^{-1},\boldsymbol{A}_2^{-1},\cdots,\boldsymbol{A}_s^{-1}\}$.

14. 设 $\boldsymbol{A}=\mathrm{diag}\{a_1\boldsymbol{I}_{n_1},a_2\boldsymbol{I}_{n_2},\cdots,a_s\boldsymbol{I}_{n_s}\}$，其中 $a_1,a_2,\cdots,a_s$ 是两两不等的数，证明：与 $\boldsymbol{A}$ 可交换的矩阵一定是形如 $\mathrm{diag}\{\boldsymbol{B}_1,\boldsymbol{B}_2,\cdots,\boldsymbol{B}_s\}$ 的分块对角矩阵，其中 $\boldsymbol{B}_i(i=1,2,\cdots,s)$ 是 n_i 阶矩阵.

15. 设 $\boldsymbol{A},\boldsymbol{D}$ 分别是 r 阶、s 阶矩阵，且 $\boldsymbol{A}$ 可逆，证明：

$$\begin{vmatrix}\boldsymbol{A}&\boldsymbol{B}\\\boldsymbol{C}&\boldsymbol{D}\end{vmatrix}=|\boldsymbol{A}|\,|\boldsymbol{D}-\boldsymbol{C}\boldsymbol{A}^{-1}\boldsymbol{B}|.$$

16. 设 $\boldsymbol{A},\boldsymbol{D}$ 分别是 r 阶、s 阶矩阵，且 $\boldsymbol{D}$ 可逆，证明：

$$\begin{vmatrix}\boldsymbol{A}&\boldsymbol{B}\\\boldsymbol{C}&\boldsymbol{D}\end{vmatrix}=|\boldsymbol{D}|\,|\boldsymbol{A}-\boldsymbol{B}\boldsymbol{D}^{-1}\boldsymbol{C}|.$$

17. 计算 $n(n\geqslant 2)$ 阶行列式

$$\begin{vmatrix}0&2&3&\cdots&n\\1&0&3&\cdots&n\\\vdots&\vdots&\vdots&&\vdots\\1&2&3&\cdots&0\end{vmatrix}.$$

18. 设 $\boldsymbol{A},\boldsymbol{B}$ 都是 n 阶矩阵，且 $\boldsymbol{AB}=\boldsymbol{BA}$，证明：

$$\begin{vmatrix}\boldsymbol{A}&-\boldsymbol{B}\\\boldsymbol{B}&\boldsymbol{A}\end{vmatrix}=|\boldsymbol{A}^2+\boldsymbol{B}^2|.$$

19. 计算 n 阶行列式

$$\begin{vmatrix}1+a_1b_1&a_1b_2&\cdots&a_1b_n\\a_2b_1&1+a_2b_2&\cdots&a_2b_n\\\vdots&\vdots&&\vdots\\a_nb_1&a_nb_2&\cdots&1+a_nb_n\end{vmatrix}.$$

20. 设矩阵 $\boldsymbol{A}=\begin{pmatrix}\boldsymbol{A}_1&\boldsymbol{A}_3\\\boldsymbol{0}&\boldsymbol{A}_2\end{pmatrix}$，其中 $\boldsymbol{A}_1,\boldsymbol{A}_2$ 都是方阵，证明：$\boldsymbol{A}$ 可逆当且仅当 $\boldsymbol{A}_1,\boldsymbol{A}_2$ 都可逆，并且此时有

$$\boldsymbol{A}^{-1}=\begin{pmatrix}\boldsymbol{A}_1^{-1} & -\boldsymbol{A}_1^{-1}\boldsymbol{A}_3\boldsymbol{A}_2^{-1}\\ \boldsymbol{0} & \boldsymbol{A}_2^{-1}\end{pmatrix}.$$

21. 设矩阵

$$\boldsymbol{A}=\begin{pmatrix}
\overbrace{1\quad 0\quad \cdots\quad 0}^{n-1\text{ 列}} & \overbrace{a\quad b\quad 0\quad \cdots\quad 0\quad 0}^{n\text{ 列}}\\
0\quad 1\quad \cdots\quad 0 & 0\quad a\quad b\quad \cdots\quad 0\quad 0\\
\vdots\quad \vdots\quad \quad\ \ \vdots & \vdots\quad \vdots\quad \vdots\quad \quad\ \ \vdots\quad \vdots\\
0\quad 0\quad \cdots\quad 1 & 0\quad 0\quad 0\quad \cdots\quad a\quad b\\
n\quad 0\quad \cdots\quad 0 & a\quad 0\quad 0\quad \cdots\quad 0\quad 0\\
0\quad n\quad \cdots\quad 0 & 0\quad a\quad 0\quad \cdots\quad 0\quad 0\\
\vdots\quad \vdots\quad \quad\ \ \vdots & \vdots\quad \vdots\quad \vdots\quad \quad\ \ \vdots\quad \vdots\\
0\quad 0\quad \cdots\quad n & 0\quad 0\quad 0\quad \cdots\quad a\quad 0\\
0\quad 0\quad \cdots\quad 0 & n\quad 0\quad 0\quad \cdots\quad 0\quad a
\end{pmatrix}\begin{matrix}\left.\vphantom{\begin{matrix}1\\1\\1\\1\end{matrix}}\right\}n-1\text{ 行}\\ \left.\vphantom{\begin{matrix}1\\1\\1\\1\\1\end{matrix}}\right\}n\text{ 行}\end{matrix},$$

求 $|\boldsymbol{A}|$.

§4.6 集合的划分,等价关系

4.6.1 内容精华

我们先来观察生活中的一个例子.

2017 年 5 月份的月历如下:

星期日	一	二	三	四	五	六
	1	2	3	4	5	6
7	8	9	10	11	12	13
14	15	16	17	18	19	20
21	22	23	24	25	26	27
28	29	30	31			

星期日、星期一……星期六把时间长河中的所有日子进行了分类. 为了用数学工具描述这种分类,我们把时间长河中所有日子组成的集合与整数集 $\mathbf{Z}$ 建立一个对应法则: 2017 年 5 月 1 日对应到 1,5 月 2 日对应到 2,5 月 3 日对应到 3……2017 年 4 月 30 日对应到 0,4 月 29 日对应到 −1,4 月 28 日对应到 −2……这个对应法则是映射,并且是单射,也是满射,从而是双射,于是可以用整数集来描述时间长河中所有日子组成的集合. 观察 2017 年 5 月份的月历发现: 星期日、星期一……星期六分别是整数集的如下子集:

星期日：$H_0=\{7k \mid k\in \mathbf{Z}\}$，

星期一：$H_1=\{7k+1 \mid k\in \mathbf{Z}\}$，

……

星期六：$H_6=\{7k+6 \mid k\in \mathbf{Z}\}$.

任一整数 a 或者是 7 的整数倍，或者是 7 的整数倍加 1……或者是 7 的整数倍加 6，因此

$$\mathbf{Z}=H_0\cup H_1\cup H_2\cup H_3\cup H_4\cup H_5\cup H_6,$$

并且当 $i\neq j$ 时，$H_i\cap H_j=\varnothing$.

由关于星期的例子受到启发，我们引入下述概念：

定义 1 如果集合 S 是它的一些非空子集的并集，其中每两个不相等的子集的交为空集(称它们不相交)，那么这些子集组成的集合称为 S 的一个**划分**.

在关于星期的例子中，$\{H_0, H_1, H_2, H_3, H_4, H_5, H_6\}$ 是 $\mathbf{Z}$ 的一个划分.

我们来探索是否有给出任一集合 S 的划分的统一方法.

在关于星期的例子中，整数 a,b 属于同一个子集当且仅当 a 与 b 被 7 除后余数相同，此时称 a 与 b **模 7 同余**，记作

$$a\equiv b \pmod 7.$$

$\mathbf{Z}$ 中的一对整数 a,b 要么模 7 同余，要么模 7 不同余. 我们称模 7 同余是 $\mathbf{Z}$ 上的一个二元关系. 数学上，如何给非空集合 S 上的二元关系下定义呢？令 $S\times S=\{(a,b) \mid a,b\in S\}$，称 $S\times S$ 是 S 与 S 的**笛卡儿积**. 分析 $\mathbf{Z}$ 上的模 7 同余关系：

整数 a,b 模 7 同余当且仅当

$$(a,b)\in (H_0\times H_0)\cup (H_1\times H_1)\cup (H_2\times H_2)\cup\cdots\cup (H_6\times H_6). \tag{1}$$

(1)式中的集合是 $\mathbf{Z}\times\mathbf{Z}$ 的一个子集，记作 W. 于是

$$\text{整数 } a,b \text{ 模 7 同余} \Longleftrightarrow (a,b)\in W.$$

从而，我们干脆把 $\mathbf{Z}\times\mathbf{Z}$ 的这个子集 W 叫作 $\mathbf{Z}$ 上的模 7 同余关系. 由此受到启发，引入下述概念：

定义 2 设 S 是一个非空集合，$S\times S$ 的一个子集 W 称为 S 上的一个**二元关系**. 若 $(a,b)\in W$，则称 a 与 b **有 W 关系**，记作 $a\underset{W}{\sim}b$ 或 $a\sim b$；若 $(a,b)\notin W$，则称 a 与 b **没有 W 关系**. 通常也直接将 S 上的一个二元关系记作 $\sim$.

模 7 同余是 $\mathbf{Z}$ 上的一个二元关系，它具有下述性质：

(1) $a\equiv a \pmod 7$，$\forall a\in \mathbf{Z}$；

(2) 若 $a\equiv b \pmod 7$，则 $b\equiv a \pmod 7$；

(3) 若 $a\equiv b \pmod 7$ 且 $b\equiv c \pmod 7$，则 $a\equiv c \pmod 7$.

由此受到启发，引入下述概念：

定义 3 集合 S 上的一个二元关系 $\sim$，如果满足：

(1) $a\sim a, \forall a\in S$ (反身性);

(2) 若 $a\sim b$,则 $b\sim a$ (对称性);

(3) 若 $a\sim b$ 且 $b\sim c$,则 $a\sim c$ (传递性),

那么称~是 S 上的一个**等价关系**.

在关于星期的例子中,星期日是与 0 模 7 同余的所有整数组成的集合,记作 $\overline{0}$;星期一是与 1 模 7 同余的所有整数组成的集合,记作 $\overline{1}$……星期六是与 6 模 7 同余的所有整数组成的集合,记作 $\overline{6}$,即

$$\overline{0} := \{x\in \mathbf{Z} \mid x\equiv 0 \pmod 7\},$$
$$\overline{1} := \{x\in \mathbf{Z} \mid x\equiv 1 \pmod 7\},$$
$$\cdots\cdots$$
$$\overline{6} := \{x\in \mathbf{Z} \mid x\equiv 6 \pmod 7\}.$$

由此受到启发,引入下述概念:

定义 4 设~是集合 S 上的一个等价关系. 任给 $a\in S$,令

$$\bar{a} := \{x\in S \mid x\sim a\}, \tag{2}$$

则称 $\bar{a}$ 为 a 的**等价类**.

从定义 4 立即得到

$$x \in \bar{a} \Longleftrightarrow x \sim a. \tag{3}$$

从等价关系的反身性得 $a\in\bar{a}$. 我们把 a 称为 $\bar{a}$ 的一个**代表**.

在关于星期的例子中,$\overline{0},\overline{1},\overline{2},\overline{3},\overline{4},\overline{5},\overline{6}$ 都是 $\mathbf{Z}$ 在模 7 同余关系下的等价类,把它们称为**模 7 剩余类**. 所有模 7 剩余类组成的集合 $\{\overline{0},\overline{1},\overline{2},\overline{3},\overline{4},\overline{5},\overline{6}\}$ 是 $\mathbf{Z}$ 的一个划分. 由此受到启发,我们猜测有下述结论:

定理 1 如果~是集合 S 上的一个等价关系,那么所有等价类组成的集合是 S 的一个划分.

为了证明定理 1,需要证明两个不相等的等价类的交是空集. 为此,要给出两个等价类相等的判断准则. 首先探索两个等价类相等的必要条件,然后看这个必要条件是否为充分条件. 由此有下述命题:

命题 1 设~是集合 S 上的一个等价关系,则

$$\bar{a} = \bar{b} \Longleftrightarrow a \sim b.$$

证明 *必要性* 设 $\bar{a}=\bar{b}$. 由于 $a\in\bar{a}$,因此 $a\in\bar{b}$. 根据(3)式,得 $a\sim b$.

充分性 设 $a\sim b$. 任取 $c\in\bar{a}$,则 $c\sim a$. 又 $a\sim b$,因此根据传递性,得 $c\sim b$. 于是 $c\in\bar{b}$,从而 $\bar{a}\subseteq\bar{b}$. 又由对称性得 $b\sim a$,于是根据刚刚证得的结论,得 $\bar{b}\subseteq\bar{a}$. 因此 $\bar{a}=\bar{b}$. □

若 $x\in\bar{a}$,则 $x\sim a$. 根据命题 1,得 $\bar{x}=\bar{a}$,于是 x 也可以作为 $\bar{a}$ 的一个代表. 这表明,$\bar{a}$ 中任一元素都可以作为 $\bar{a}$ 的一个代表.

有了等价类相等的判断准则,就可以证明下述命题:

命题 2 设~是集合 S 上的一个等价关系.如果 $\bar{a}\neq\bar{b}$,那么 $\bar{a}\cap\bar{b}=\varnothing$.

证明 假如 $\bar{a}\cap\bar{b}\neq\varnothing$,则存在 $c\in\bar{a}\cap\bar{b}$.于是 $c\in\bar{a}$,且 $c\in\bar{b}$,从而 $c\sim a$,且 $c\sim b$.由对称性和传递性得 $a\sim b$,于是根据命题 1,得 $\bar{a}=\bar{b}$,矛盾.因此,若 $\bar{a}\neq\bar{b}$,则 $\bar{a}\cap\bar{b}=\varnothing$. □

现在我们来证明定理 1.

定理 1 的证明 考虑集合

$$\bigcup_{a\in S}\bar{a}:=\{x\in S\mid \text{存在 } a\in S,\text{使得 } x\in\bar{a}\}.$$

由此集合的定义立即得出 $\bigcup_{a\in S}\bar{a}\subseteq S$.反之,任给 $b\in S$,由于 $b\in\bar{b}$,因此 $b\in\bigcup_{a\in S}\bar{a}$,从而 $S\subseteq\bigcup_{a\in S}\bar{a}$.于是

$$S=\bigcup_{a\in S}\bar{a}.$$

若 $\bar{a}\neq\bar{b}$,则根据命题 2,得 $\bar{a}\cap\bar{b}=\varnothing$.

综上所述,所有等价类组成的集合是 S 的一个划分. □

定理 1 给出了把任一集合 S 划分的方法:在 S 上建立一个二元关系~,且使得~是一个等价关系,则所有等价类组成的集合就是 S 的一个划分.

反之,若集合 S 有一个划分:$\{S_i\mid i\in I\}$,其中 I 是指标集,则我们可以定义 S 上的一个二元关系~如下:

$$a\sim b\Longleftrightarrow(a,b)\in\bigcup_{i\in I}S_i\times S_i.\tag{4}$$

由(4)式立即得到:对于任意 $a\in S$,有 $a\sim a$,即~满足反身性;若 $a\sim b$,则 $b\sim a$,即~满足对称性;若 $a\sim b$,且 $b\sim c$,则 $a\sim c$,即~满足传递性.因此,~是一个等价关系.任给 $a\in S$.设 $a\in S_j$,对于某个 $j\in I$,则

$$x\in\bar{a}\Longleftrightarrow x\sim a\Longleftrightarrow(x,a)\in S_j\times S_j\Longleftrightarrow x\in S_j.$$

因此 $\bar{a}=S_j$.于是,由所有等价类组成的集合与 $\{S_i\mid i\in I\}$ 相等.这表明,集合 S 的任一划分都可以看成是由 S 上某个等价关系下的所有等价类组成的.

综上所述,在集合 S 上建立一个二元关系~,使得~是等价关系,则所有等价类组成的集合是 S 的一个划分.这是数学上把任一集合划分的普遍适用的统一方法.

从关于星期的例子看到,{星期日,星期一……星期六},即 $\{\bar{0},\bar{1},\bar{2},\bar{3},\bar{4},\bar{5},\bar{6}\}$ 是 $\mathbf{Z}$ 的一个划分.$\mathbf{Z}$ 有无穷多个元素,而 $\mathbf{Z}$ 的这个划分只有 7 个元素.$\mathbf{Z}$ 的这个划分是通过建立模 7 同余关系,由所有等价类(即模 7 剩余类)组成的集合.我们把这个集合称为 $\mathbf{Z}$ 对于模 7 同余关系的商集,记作 $\mathbf{Z}/(7)$ 或 $\mathbf{Z}_7$,即

$$\mathbf{Z}_7=\{\bar{0},\bar{1},\bar{2},\bar{3},\bar{4},\bar{5},\bar{6}\}.$$

由此受到启发,引入下述概念:

定义 5 若$\sim$是集合 S 上的一个等价关系，则所有等价类组成的集合称为 S 对于$\sim$的**商集**，记作 $S/\sim$.

从定义 5 和定理 1 看到，S 对于等价关系$\sim$的商集 $S/\sim$ 也就是 S 在等价关系$\sim$下的一个划分.

4.6.2 典型例题

例 1 在实数集 $\mathbf{R}$ 上定义一个二元关系：

$$a \sim b \Longleftrightarrow a-b \in \mathbf{Z}.$$

证明：

(1) $\sim$是 $\mathbf{R}$ 上的一个等价关系；

*(2) 对于任一等价类 $\bar{a}$，可以找到唯一的一个代表，它属于$[0,1)$，从而 $\mathbf{R}$ 对于这个关系的商集(记作 $\mathbf{R}/\mathbf{Z}$)与区间$[0,1)$之间有一个一一对应.

证明 (1) 任取 $a,b,c\in\mathbf{R}$. 由于 $a-a=0\in\mathbf{Z}$，因此 $a\sim a$. 若 $a\sim b$，则存在某个 $m\in\mathbf{Z}$，使得 $a-b=m$. 于是 $b-a=-m\in\mathbf{Z}$，从而 $b\sim a$. 若 $a\sim b$，且 $b\sim c$，则存在 $m,n\in\mathbf{Z}$，使得 $a-b=m,b-a=n$，从而 $a-c=(a-b)+(b-c)=m+n\in\mathbf{Z}$. 因此 $a\sim c$. 这证明了$\sim$是 $\mathbf{R}$ 上的一个等价关系.

(2) 对于任一等价类 $\bar{a}$，设 $a\in[m,m+1)$，$m\in\mathbf{Z}$，即 $m\leqslant a<m+1$，则 $0\leqslant a-m<1$，即 $a-m\in[0,1)$. 由于 $a-(a-m)=m\in\mathbf{Z}$，因此 $a\sim a-m$，从而 $a-m\in\bar{a}$. 于是，$a-m$ 可以作为 $\bar{a}$ 的一个代表. 易证这样的代表是唯一的.

我们约定 $\bar{a}$ 的一个代表为 $a\in[0,1)$. 令

$$\sigma\colon \mathbf{R}/\mathbf{Z}\to[0,1),$$

$$\bar{a}\mapsto a,$$

则 σ 是商集 $\mathbf{R}/\mathbf{Z}$ 到区间$[0,1)$的一个映射. 显然 σ 是满射，且 σ 是单射，因此 σ 是双射. □

例 2 在平面 π(点集)上定义一个二元关系：

$$P_1(x_1,y_1)^{\mathrm{T}}\sim P_2(x_2,y_2)^{\mathrm{T}} \Longleftrightarrow x_1-x_2\in\mathbf{Z}, \text{且 } y_1-y_2\in\mathbf{Z},$$

(1) 说明$\sim$是平面 π 上的一个等价关系.

(2) 点 $P\left(\dfrac{1}{2},\dfrac{3}{4}\right)^{\mathrm{T}}$ 的等价类 $\overline{P}$ 是平面 π 的什么样子的子集？

*(3) 平面 π 对于这个关系的商集 $\pi/\sim$ 与平面 π 的哪个子集有一个一一对应？

解 (1) 任取 $P_i(x_i,y_i)^{\mathrm{T}}\in\pi(i=1,2,3)$. 由于 $x_i-x_i=0\in\mathbf{Z}$，且 $y_i-y_i=0\in\mathbf{Z}$，因此 $P_i\sim P_i$. 若 $P_1\sim P_2$，则 $x_1-x_2\in\mathbf{Z}$，且 $y_1-y_2\in\mathbf{Z}$，从而 $x_2-x_1\in\mathbf{Z}$，且 $y_2-y_1\in\mathbf{Z}$. 因此 $P_2\sim P_1$. 若 $P_1\sim P_2$，且 $P_2\sim P_3$，则 $x_1-x_2,y_1-y_2,x_2-x_3,y_2-y_3\in\mathbf{Z}$，从而 $x_1-x_3=(x_1-x_2)+(x_2-x_3)\in\mathbf{Z}$，且 $y_1-y_3=(y_1-y_2)+(y_2-y_3)\in\mathbf{Z}$. 因此 $P_1\sim P_3$.

(2) 点 $P\left(\frac{1}{2},\frac{3}{4}\right)^{\mathrm{T}}$ 的等价类为 $\overline{P}=\left\{\left(\frac{1}{2}+m,\frac{3}{4}+n\right)^{\mathrm{T}}\middle| m,n\in\mathbf{Z}\right\}$. 如图 4.2 所示,$\overline{P}$ 是由小正方形的顶点组成的.

(3) 用 D 表示图 4.2 中正方形 $OABC$ 内部的所有点和边 OA,OC 上的点组成的集合. 由于任一等价类 $\overline{M}$ 可以找到唯一的一个代表,它属于 D(类似于例 1 第(2)小题的证法),因此把等价类 $\overline{M}$ 对应到它的这个代表的法则 σ 是 $\pi/\sim$ 到 D 的一个双射.

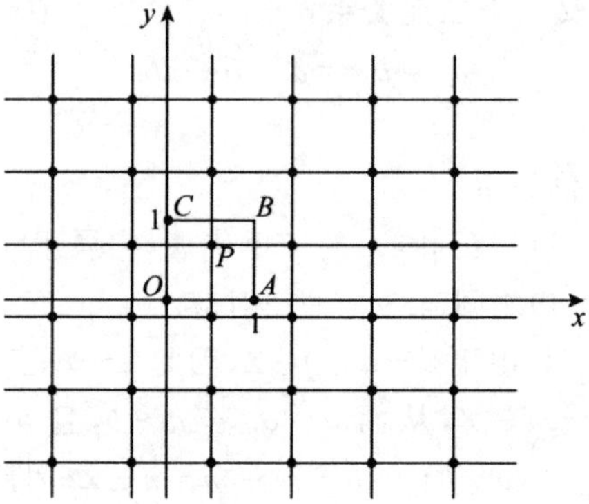

图 4.2

习 题 4.6

1. 在平面 π(点集)上定义一个二元关系:

$P\sim Q\Longleftrightarrow$点 P 与 Q 位于同一条水平线(与 x 轴平行或重合的直线)上.

(1) 说明$\sim$是 π 上的一个等价关系; (2) 商集 $\pi/\sim$是由哪些图形组成的集合?

2. 设 V 是几何空间(由以原点 O 为起点的所有向量组成),l_0 是过原点 O 的一条直线. 在 V 上定义一个二元关系:

$$\vec{a}\sim\vec{b}\Longleftrightarrow\vec{a}-\vec{b}\in l_0.$$

(1) 说明$\sim$是 V 上的一个等价关系; (2) $\vec{b}$ 的等价类 $\overline{\vec{b}}$ 是什么样子的图形?

*(3) 商集 $V/\sim$(也记作 V/l_0)与 V 的哪个图形之间有一个一一对应?

3. 设集合 $S=\{a,b,c\}$,问:S 有多少种划分?S 有多少个不同的商集?

§4.7 矩阵的相抵

4.7.1 内容精华

将数域 K 上所有 $s\times n$ 矩阵组成的集合记作 $M_{s\times n}(K)$. 当 $s=n$ 时,$M_{n\times n}(K)$简记作

$M_n(K)$，即 $M_n(K)$ 表示数域 K 上所有 n 阶矩阵组成的集合.

定义 1 对于数域 K 上的 $s\times n$ 矩阵 $\boldsymbol{A}$ 和 $\boldsymbol{B}$，如果从 $\boldsymbol{A}$ 经过一系列初等行变换和初等列变换能变成矩阵 $\boldsymbol{B}$，那么称 $\boldsymbol{A}$ 与 $\boldsymbol{B}$ 是**相抵**的，记作 $\boldsymbol{A}\overset{\text{相抵}}{\sim}\boldsymbol{B}$.

相抵是集合 $M_{s\times n}(K)$ 上的一个二元关系. 容易验证相抵是 $M_{s\times n}(K)$ 上的一个等价关系. 在相抵关系下，矩阵 $\boldsymbol{A}$ 的等价类称为 $\boldsymbol{A}$ 的**相抵类**.

事实 1 数域 K 上的 $s\times n$ 矩阵 $\boldsymbol{A}$ 与 $\boldsymbol{B}$ 相抵

$\Longleftrightarrow$ $\boldsymbol{A}$ 经过初等行变换和初等列变换变成 $\boldsymbol{B}$

$\Longleftrightarrow$ 存在 K 上的 s 阶初等矩阵 $\boldsymbol{P}_1,\boldsymbol{P}_2,\cdots,\boldsymbol{P}_t$ 与 n 阶初等矩阵 $\boldsymbol{Q}_1,\boldsymbol{Q}_2,\cdots,\boldsymbol{Q}_m$，使得

$$\boldsymbol{P}_t\cdots\boldsymbol{P}_2\boldsymbol{P}_1\boldsymbol{A}\boldsymbol{Q}_1\boldsymbol{Q}_2\cdots\boldsymbol{Q}_m=\boldsymbol{B}$$

$\Longleftrightarrow$ 存在 K 上的 s 阶可逆矩阵 $\boldsymbol{P}$ 与 n 阶可逆矩阵 $\boldsymbol{Q}$，使得

$$\boldsymbol{PAQ}=\boldsymbol{B}. \tag{1}$$

定理 1 设数域 K 上 $s\times n$ 矩阵 $\boldsymbol{A}$ 的秩为 r. 如果 $r>0$，那么 $\boldsymbol{A}$ 相抵于如下形式的矩阵：

$$\begin{pmatrix}\boldsymbol{I}_r & \boldsymbol{0}\\ \boldsymbol{0} & \boldsymbol{0}\end{pmatrix}. \tag{2}$$

称矩阵(2)为 $\boldsymbol{A}$ 的**相抵标准形**；如果 $r=0$，那么 $\boldsymbol{A}$ 相抵于零矩阵，此时称 $\boldsymbol{A}$ 的相抵标准形是零矩阵.

证明 设 $r>0$. 通过初等行变换把 $\boldsymbol{A}$ 化成简化行阶梯形矩阵，再通过一些适当的两列互换，可以将其化成如下矩阵：

$$\boldsymbol{G}=\begin{pmatrix}1 & 0 & \cdots & 0 & c_{1,r+1} & \cdots & c_{1n}\\ 0 & 1 & \cdots & 0 & c_{2,r+1} & \cdots & c_{2n}\\ \vdots & \vdots & & \vdots & \vdots & & \vdots\\ 0 & 0 & \cdots & 1 & c_{r,r+1} & \cdots & c_{rn}\\ \vdots & \vdots & & \vdots & \vdots & & \vdots\\ 0 & 0 & \cdots & 0 & 0 & \cdots & 0\end{pmatrix}.$$

把 $\boldsymbol{G}$ 第 1 列的 $-c_{1,r+1},\cdots,-c_{1n}$ 倍分别加到第 $r+1,\cdots,n$ 列上；接着把所得矩阵第 2 列的 $-c_{2,r+1},\cdots,-c_{2n}$ 倍分别加到第 $r+1,\cdots,n$ 列上……最后把所得矩阵第 r 列的 $-c_{r,r+1},\cdots,-c_{rn}$ 倍分别加到第 $r+1,\cdots,n$ 列上，便得到矩阵 $\begin{pmatrix}\boldsymbol{I}_r & \boldsymbol{0}\\ \boldsymbol{0} & \boldsymbol{0}\end{pmatrix}$. 因此，$\boldsymbol{A}$ 相抵于这个矩阵.

如果 $r=0$，显然 $\boldsymbol{A}$ 相抵于零矩阵. □

定理 2 数域 K 上的 $s\times n$ 矩阵 $\boldsymbol{A}$ 与 $\boldsymbol{B}$ 相抵当且仅当它们的秩相等.

证明 *必要性* 根据初等行(列)变换不改变矩阵的秩立即得到.

充分性 由于 $\boldsymbol{A}$ 与 $\boldsymbol{B}$ 的秩相等，因此它们的相抵标准形相等. 由相抵的对称性和传递性立即得到 $\boldsymbol{A}$ 与 $\boldsymbol{B}$ 相抵. □

从定理 2 看出，在集合 $M_{s\times n}(K)$ 中，对于 $0\leqslant r\leqslant \min\{s,n\}$，秩为 r 的所有矩阵恰好组成一个相抵类. 因此，$M_{s\times n}(K)$ 一共有 $1+\min\{s,n\}$ 个相抵类.

由于在同一个相抵类中的矩阵，它们的秩相等，因此称矩阵的秩是相抵关系下的不变量，简称相抵不变量. 又由于秩相等的矩阵在同一个相抵类里，因此矩阵的秩完全决定了相抵类，从而称矩阵的秩是相抵关系下的完全不变量.

一般地，对于集合 S 上的一个等价关系 $\sim$，如果一种量或表达式对于同一个等价类中的元素是相等的，那么称这种量或表达式是一个**不变量**；恰好能完全决定等价类的一组不变量称为**完全不变量**.

从事实 1 和定理 1 立即得到下面的推论：

推论 1 设数域 K 上 $s\times n$ 矩阵 $\boldsymbol{A}$ 的秩为 $r(r>0)$，则存在 K 上的 s 阶、n 阶可逆矩阵 $\boldsymbol{P}$，$\boldsymbol{Q}$，使得

$$\boldsymbol{A}=\boldsymbol{P}\begin{pmatrix}\boldsymbol{I}_r & \boldsymbol{0}\\ \boldsymbol{0} & \boldsymbol{0}\end{pmatrix}\boldsymbol{Q}. \tag{3}$$

□

把矩阵 $\boldsymbol{A}$ 表示成(3)式，突显了 $\boldsymbol{A}$ 的秩为 r，因此在有关矩阵的秩的问题中，(3)式是很有用的.

4.7.2 典型例题

例 1 求如下矩阵 $\boldsymbol{A}$ 的相抵标准形：

$$\boldsymbol{A}=\begin{pmatrix}1 & -3 & 5 & 2\\ -2 & 4 & 1 & -7\\ 3 & -8 & 10 & 6\end{pmatrix}.$$

解法一 由于

$$\boldsymbol{A}\longrightarrow\begin{pmatrix}1 & -3 & 5 & 2\\ 0 & -2 & 11 & -3\\ 0 & 1 & -5 & 0\end{pmatrix}\longrightarrow\begin{pmatrix}1 & -3 & 5 & 2\\ 0 & 1 & -5 & 0\\ 0 & 0 & 1 & -3\end{pmatrix}\longrightarrow\begin{pmatrix}1 & -3 & 0 & 17\\ 0 & 1 & 0 & -15\\ 0 & 0 & 1 & -3\end{pmatrix}$$

$$\longrightarrow\begin{pmatrix}1 & 0 & 0 & -28\\ 0 & 1 & 0 & -15\\ 0 & 0 & 1 & -3\end{pmatrix}\longrightarrow\begin{pmatrix}1 & 0 & 0 & 0\\ 0 & 1 & 0 & 0\\ 0 & 0 & 1 & 0\end{pmatrix},$$

因此 $\boldsymbol{A}$ 的相抵标准形是 $(\boldsymbol{I}_3,\boldsymbol{0})$.

解法二 只要求出 $\boldsymbol{A}$ 的秩，就可以写出 $\boldsymbol{A}$ 的相抵标准形. 显然，$\boldsymbol{A}$ 左上角的二阶子式不为 0. 再看 $\boldsymbol{A}$ 的三阶子式：

$$\begin{vmatrix} 1 & -3 & 5 \\ -2 & 4 & 1 \\ 3 & -8 & 10 \end{vmatrix} = \begin{vmatrix} 1 & -3 & 5 \\ 0 & -2 & 11 \\ 0 & 1 & -5 \end{vmatrix} = \begin{vmatrix} -2 & 11 \\ 1 & -5 \end{vmatrix} \neq 0.$$

又 $\boldsymbol{A}$ 只有 3 行，因此 $\mathrm{rank}(\boldsymbol{A})=3$，从而 $\boldsymbol{A}$ 的相抵标准形为 $(\boldsymbol{I}_3,\boldsymbol{0})$.

点评 显然，例 1 的解法二比解法一简便得多，原因在于运用了定理 1. 这说明了掌握理论的重要性. 此外，在求矩阵 $\boldsymbol{A}$ 的秩时，利用 $\boldsymbol{A}$ 的秩等于它的不为 0 的子式的最高阶数比利用初等行变换化成阶梯形矩阵的计算量小些. 这体现了矩阵的秩的概念的深刻性.

例 2 证明：任一秩为 $r(r>0)$ 的矩阵都可以表示成 r 个秩为 1 的矩阵之和.

证明 设 $s\times n$ 矩阵 $\boldsymbol{A}$ 的秩为 $r(r>0)$，则存在 s 阶、n 阶可逆矩阵 $\boldsymbol{P},\boldsymbol{Q}$，使得

$$\begin{aligned}\boldsymbol{A} &= \boldsymbol{P}\begin{pmatrix} \boldsymbol{I}_r & \boldsymbol{0} \\ \boldsymbol{0} & \boldsymbol{0} \end{pmatrix}\boldsymbol{Q} = \boldsymbol{P}(\boldsymbol{E}_{11}+\boldsymbol{E}_{22}+\cdots+\boldsymbol{E}_{rr})\boldsymbol{Q} \\ &= \boldsymbol{P}\boldsymbol{E}_{11}\boldsymbol{Q}+\boldsymbol{P}\boldsymbol{E}_{22}\boldsymbol{Q}+\cdots+\boldsymbol{P}\boldsymbol{E}_{rr}\boldsymbol{Q}.\end{aligned}$$

由于 $\boldsymbol{E}_{ii}(i=1,2,\cdots,r)$ 的秩为 1，因此 $\boldsymbol{P}\boldsymbol{E}_{ii}\boldsymbol{Q}$ 的秩也为 1. □

例 3 设 $\boldsymbol{A}$ 是数域 K 上的 $s\times n$ 矩阵，证明：$\boldsymbol{A}$ 的秩为 $r(r>0)$ 当且仅当存在数域 K 上的 $s\times r$ 列满秩矩阵 $\boldsymbol{B}$ 与 $r\times n$ 行满秩矩阵 $\boldsymbol{C}$，使得 $\boldsymbol{A}=\boldsymbol{B}\boldsymbol{C}$.

证明 *必要性* 设 $\boldsymbol{A}$ 的秩为 r，则存在数域 K 上的 s 阶、n 阶可逆矩阵 $\boldsymbol{P}=(\boldsymbol{P}_1,\boldsymbol{P}_2)$，$\boldsymbol{Q}=\begin{pmatrix} \boldsymbol{Q}_1 \\ \boldsymbol{Q}_2 \end{pmatrix}$，使得

$$\boldsymbol{A} = \boldsymbol{P}\begin{pmatrix} \boldsymbol{I}_r & \boldsymbol{0} \\ \boldsymbol{0} & \boldsymbol{0} \end{pmatrix}\boldsymbol{Q} = (\boldsymbol{P}_1,\boldsymbol{P}_2)\begin{pmatrix} \boldsymbol{I}_r & \boldsymbol{0} \\ \boldsymbol{0} & \boldsymbol{0} \end{pmatrix}\begin{pmatrix} \boldsymbol{Q}_1 \\ \boldsymbol{Q}_2 \end{pmatrix} = (\boldsymbol{P}_1,\boldsymbol{0})\begin{pmatrix} \boldsymbol{Q}_1 \\ \boldsymbol{Q}_2 \end{pmatrix} = \boldsymbol{P}_1\boldsymbol{Q}_1.$$

由于 $\boldsymbol{P}$ 是可逆矩阵，因此 $\boldsymbol{P}$ 的列向量组线性无关，从而 $\boldsymbol{P}_1$ 的列向量组线性无关. 于是 $\mathrm{rank}(\boldsymbol{P}_1)=r$，即 $\boldsymbol{P}_1$ 是 $s\times r$ 列满秩矩阵. 类似地，可证 $\mathrm{rank}(\boldsymbol{Q}_1)=r$，因此 $\boldsymbol{Q}_1$ 是 $r\times n$ 行满秩矩阵. 令 $\boldsymbol{B}=\boldsymbol{P}_1,\boldsymbol{C}=\boldsymbol{Q}_1$，即得 $\boldsymbol{A}=\boldsymbol{B}\boldsymbol{C}$.

充分性 设 $\boldsymbol{A}=\boldsymbol{B}\boldsymbol{C}$，其中 $\boldsymbol{B}$ 是 $s\times r$ 列满秩矩阵，$\boldsymbol{C}$ 是 $r\times n$ 行满秩矩阵. 由于

$$\mathrm{rank}(\boldsymbol{B}\boldsymbol{C}) \leqslant \mathrm{rank}(\boldsymbol{B}) = r, \quad \mathrm{rank}(\boldsymbol{B}\boldsymbol{C}) \geqslant \mathrm{rank}(\boldsymbol{B})+\mathrm{rank}(\boldsymbol{C})-r = r,$$

因此

$$\mathrm{rank}(\boldsymbol{B}\boldsymbol{C}) = r, \quad 即 \quad \mathrm{rank}(\boldsymbol{A}) = r.$$ □

点评 例 3 的必要性在 4.3.2 小节中的例 4 已证过. 现在用推论 1 和矩阵的分块给出了另一证法.

例 4 设 $\boldsymbol{B}_1,\boldsymbol{B}_2$ 都是数域 K 上的 $s\times r$ 列满秩矩阵，证明：存在数域 K 上的 s 阶可逆矩阵 $\boldsymbol{P}$，使得

$$\boldsymbol{B}_1 = \boldsymbol{P}\boldsymbol{B}_2.$$

证明 由于 $\boldsymbol{B}_1$ 是 $s\times r$ 列满秩矩阵,因此

$$\boldsymbol{B}_1 \xrightarrow{\text{初等行变换}} \begin{pmatrix} \boldsymbol{I}_r \\ \boldsymbol{0} \end{pmatrix},$$

从而存在 s 阶可逆矩阵 $\boldsymbol{P}_1$,使得

$$\boldsymbol{P}_1\boldsymbol{B}_1 = \begin{pmatrix} \boldsymbol{I}_r \\ \boldsymbol{0} \end{pmatrix}.$$

同理,存在 s 阶可逆矩阵 $\boldsymbol{P}_2$,使得

$$\boldsymbol{P}_2\boldsymbol{B}_2 = \begin{pmatrix} \boldsymbol{I}_r \\ \boldsymbol{0} \end{pmatrix}.$$

于是 $\boldsymbol{P}_1\boldsymbol{B}_1=\boldsymbol{P}_2\boldsymbol{B}_2$,从而

$$\boldsymbol{B}_1=(\boldsymbol{P}_1^{-1}\boldsymbol{P}_2)\boldsymbol{B}_2.$$

令 $\boldsymbol{P}=\boldsymbol{P}_1^{-1}\boldsymbol{P}_2$,则 $\boldsymbol{P}$ 是 s 阶可逆矩阵,使得 $\boldsymbol{B}_1=\boldsymbol{P}\boldsymbol{B}_2$. □

例 5 证明:任一 n 阶非零矩阵都可以表示成形如 $\boldsymbol{I}+a_{ij}\boldsymbol{E}_{ij}$ 的矩阵的乘积.

证明 设 n 阶矩阵 $\boldsymbol{A}$ 的秩为 $r(r>0)$,则存在 n 阶可逆矩阵 $\boldsymbol{P},\boldsymbol{Q}$,使得

$$\boldsymbol{A} = \boldsymbol{P}\begin{pmatrix} \boldsymbol{I}_r & \boldsymbol{0} \\ \boldsymbol{0} & \boldsymbol{0} \end{pmatrix}\boldsymbol{Q}.$$

可逆矩阵 $\boldsymbol{P},\boldsymbol{Q}$ 都可以分别表示成一些初等矩阵的乘积. 根据习题 4.2 中的第 10,11 题,初等矩阵和对角矩阵 $\boldsymbol{D}=\mathrm{diag}\{1,\cdots,1,0,\cdots,0\}$ 都可以表示成形如 $\boldsymbol{I}+a_{ij}\boldsymbol{E}_{ij}$ 的矩阵的乘积,因此矩阵 $\boldsymbol{A}$ 可以表示成这样的矩阵的乘积. □

习 题 4.7

1. 求下列矩阵的相抵标准形:

(1) $\begin{pmatrix} 1 & -1 & 3 \\ -2 & 3 & -11 \\ 4 & 5 & 17 \end{pmatrix}$; (2) $\begin{pmatrix} 1 & -1 & 3 & 2 \\ -2 & 3 & -11 & 5 \\ 4 & -5 & 17 & 3 \end{pmatrix}$; (3) $\begin{pmatrix} 1 & -2 \\ -3 & -6 \\ 2 & -4 \end{pmatrix}$.

2. 判别下列两个矩阵是否相抵:

$$\begin{pmatrix} 1 & -1 & -3 & 1 \\ 1 & -1 & 2 & -1 \\ 4 & -4 & 3 & -2 \end{pmatrix}, \quad \begin{pmatrix} 1 & 3 & -2 & 0 \\ 3 & -2 & 0 & 1 \\ 4 & 1 & -2 & 1 \end{pmatrix}.$$

3. 设 $\boldsymbol{C}_1,\boldsymbol{C}_2$ 都是数域 K 上的 $r\times n$ 行满秩矩阵,证明:存在数域 K 上的 n 阶可逆矩阵 $\boldsymbol{Q}$,使得 $\boldsymbol{C}_2=\boldsymbol{C}_1\boldsymbol{Q}$.

补充题四

1. 证明：如果 $\boldsymbol{A}$ 是幂等矩阵，那么 $2\boldsymbol{A}-\boldsymbol{I}$ 是对合矩阵；反之，如果 $\boldsymbol{B}$ 是对合矩阵，那么 $\frac{1}{2}(\boldsymbol{B}+\boldsymbol{I})$ 是幂等矩阵.

2. 证明：数域 K 上与所有行列式为 1 的 n 阶矩阵可交换的矩阵一定是 n 阶数量矩阵.

3. 证明：数域 K 上与所有 n 阶可逆矩阵可交换的矩阵一定是 n 阶数量矩阵.

第五章 多项式

同学们在初中学习了解一元一次方程和一元二次方程.如何解一元高次方程呢?我们先看一个例子.

例 1 解方程 $x^4+1=0$.

解 由于

$$\begin{aligned}x^4+1&=x^4+2x^2+1-2x^2\\&=(x^2+1)^2-(\sqrt{2}x)^2\\&=(x^2+\sqrt{2}x+1)(x^2-\sqrt{2}x+1)\\&=\left(x-\frac{-\sqrt{2}+\sqrt{2}\mathrm{i}}{2}\right)\left(x-\frac{-\sqrt{2}-\sqrt{2}\mathrm{i}}{2}\right)\\&\quad\cdot\left(x-\frac{\sqrt{2}+\sqrt{2}\mathrm{i}}{2}\right)\left(x-\frac{\sqrt{2}-\sqrt{2}\mathrm{i}}{2}\right),\end{aligned}$$

因此 $x^4+1=0$ 的根为

$$\frac{-\sqrt{2}\pm\sqrt{2}\mathrm{i}}{2},\quad \frac{\sqrt{2}\pm\sqrt{2}\mathrm{i}}{2}.$$

从例 1 看到,解一元高次方程 $f(x)=0$ 的基本思路是把方程左端的一元多项式 $f(x)$ 因式分解,而这与所给的数域有关.x^4+1 在实数域上能分解成两个判别式小于 0 的二次因式的乘积,在复数域上能分解成四个一次因式的乘积.

从解一元高次方程提出了需要研究给定数域 K 上的一元多项式能分解成什么样子的因式的乘积,这种分解方式是否唯一.这就是本章要研究的中心问题.

一元多项式的理论在第七章研究线性变换的最简单形式的矩阵表示中起着重要作用.

本章还要讲述 n 元多项式.

§5.1 一元多项式的概念及其运算

5.1.1 内容精华

一、数域 K 上的一元多项式的概念

定义 1 设 K 是一个数域,x 是一个符号(它不属于 K). 如下形式的表达式:

$$a_nx^n + a_{n-1}x^{n-1} + \cdots + a_1x + a_0, \tag{1}$$

其中 $n\in \mathbf{N}, a_i\in K(i=0,1,\cdots,n)$称为**系数**,如果满足"两个这种形式的表达式相等当且仅当它们含有完全相同的项(除去系数为 0 的项外,系数为 0 的项允许任意删去和添加)",那么称这种表达式为**数域 K 上的一元多项式**,其中 x 称为**不定元**.

我们常常用 $f(x), g(x), \cdots$ 表示一元多项式. 系数全为 0 的多项式称为**零多项式**,记作 0.

设 $f(x)=a_nx^n+a_{n-1}x^{n-1}+\cdots+a_1x+a_0$,其中 $a_ix^i(i=1,2,\cdots,n)$称为 i **次项**,a_0 称为**常数项或零次项**(规定 $x^0=1$). 如果 $a_n\neq 0$,那么称 a_nx^n 是 $f(x)$的**首项**,称 n 是 $f(x)$的**次数**,记作 $\deg f(x)$.

零多项式的次数定义为$-\infty$,并且规定

$$(-\infty)+(-\infty):=-\infty,\quad (-\infty)+n=n+(-\infty):=-\infty,\quad -\infty<n, \forall\, n\in \mathbf{N}.$$

从一元多项式的定义立即得出,数域 K 上两个一元多项式相等当且仅当它们的同次项的系数对应相等,即一元多项式的表示方式是唯一的.

零次多项式形如 a,其中 a 是 K 中的非零数. 今后我们把 K 中所有非零数组成的集合记作 K^*.

二、一元多项式的运算

将数域 K 上所有一元多项式组成的集合记作 $K[x]$. 在 $K[x]$中可以定义加法和乘法运算. 设

$$f(x)=\sum_{i=0}^{n}a_ix^i,\quad g(x)=\sum_{i=0}^{m}b_ix^i,$$

不妨设 $n\geqslant m$. 定义

$$f(x)+g(x):=\sum_{i=0}^{n}(a_i+b_i)x^i, \tag{2}$$

$$f(x)g(x):=\sum_{s=0}^{n+m}\left(\sum_{i+j=s}a_ib_j\right)x^s, \tag{3}$$

称 $f(x)+g(x)$ 是 $f(x)$ 与 $g(x)$ 的**和**，称 $f(x)g(x)$ 是 $f(x)$ 与 $g(x)$ 的**积**，

从一元多项式乘法的定义得出

$$x^i x^j = x^{i+j}. \tag{4}$$

容易验证，一元多项式的加法满足交换律和结合律，并且

$$f(x)+0=0+f(x)=f(x), \quad \forall f(x)\in K[x],$$
$$f(x)+(-f(x))=(-f(x))+f(x)=0, \quad \forall f(x)\in K[x],$$

其中 $-f(x)=\sum_{i=0}^{n}(-a_i)x^i$.

容易验证，一元多项式的乘法满足结合律和交换律，以及对于加法的分配律，并且有

$$1\cdot f(x)=f(x)\cdot 1=f(x), \quad \forall f(x)\in K[x].$$

$K[x]$ 中可以定义减法：

$$f(x)-g(x)=f(x)+(-g(x)).$$

命题 1 在 $K[x]$ 中，有

$$\deg(f(x)\pm g(x))\leqslant \max\{\deg f(x),\deg g(x)\}, \tag{5}$$
$$\deg(f(x)g(x))=\deg f(x)+\deg g(x). \tag{6}$$

证明 不妨设 $\deg f(x)\geqslant \deg g(x)$.

情形 1 若 $g(x)\neq 0$，则 $f(x)\neq 0$.

设 $f(x),g(x)$ 的首项分别为 a_nx^n, b_mx^m，则 $f(x),g(x)$ 的次数分别为 n,m.

当 $n>m$ 时，$f(x)\pm g(x)$ 的首项为 a_nx^n，从而

$$\deg(f(x)\pm g(x))=n=\max\{\deg f(x),\deg g(x)\};$$

当 $n=m$ 时，$f(x)\pm g(x)$ 的首项为 $(a_n\pm b_n)x^n$，从而

$$\deg(f(x)\pm g(x))\leqslant n=\max\{\deg f(x),\deg g(x)\}.$$

由于 $f(x)g(x)$ 的首项为 $a_nb_mx^{n+m}$，因此

$$\deg(f(x)g(x))=n+m=\deg f(x)+\deg g(x).$$

情形 2 若 $g(x)=0$，则 $\deg g(x)=-\infty$，从而

$$\deg(f(x)\pm g(x))=\deg f(x)=\max\{\deg f(x),\deg g(x)\};$$
$$\deg(f(x)g(x))=\deg 0=-\infty=-\infty+\deg f(x)=\deg g(x)+\deg f(x).$$ □

从命题 1 的证明过程立即得出下述推论 1：

推论 1 (1) 在 $K[x]$ 中，有

$$f(x)\neq 0,且\ g(x)\neq 0 \Longrightarrow f(x)g(x)\neq 0, \tag{7}$$
$$f(x)g(x)=0 \Longrightarrow f(x)=0\ 或\ g(x)=0. \tag{8}$$

(2) $K[x]$ 中两个非零多项式的乘积的首项等于它们的首项的乘积. □

推论 2 $K[x]$ 中的乘法满足**消去律**，即

$$f(x)g(x) = f(x)h(x), 且 f(x) \neq 0 \Longrightarrow g(x) = h(x). \tag{9}$$

证明 由已知条件得 $0=f(x)g(x)-f(x)h(x)=f(x)(g(x)-h(x))$. 由于 $f(x)\neq 0$，因此根据推论 1，得 $g(x)-h(x)=0$，从而 $g(x)=h(x)$. □

推论 3 在 $K[x]$中，若 $f(x)=h(x)g(x)$，且 $f(x)\neq 0$，则

$$\deg g(x) \leqslant \deg f(x).$$

证明 由已知条件得 $h(x)\neq 0, g(x)\neq 0$，并且

$$\deg f(x) = \deg h(x) + \deg g(x) \geqslant \deg g(x).$$ □

设 $f(x)\in K[x], m\in \mathbf{N}^*$，规定

$$[f(x)]^m = \underbrace{f(x)f(x)\cdots f(x)}_{m\text{个}}, \quad [f(x)]^0 = 1. \tag{10}$$

容易证明，对于任意自然数 k,m，有

$$\begin{aligned}(f(x))^k(f(x))^m &= (f(x))^{k+m},\\ [(f(x))^k]^m &= (f(x))^{km},\\ (f(x)g(x))^m &= (f(x))^m(g(x))^m.\end{aligned} \tag{11}$$

在 $K[x]$中，有加法和乘法运算，并且加法满足交换律和结合律；有零多项式；对于每个多项式 $f(x)$，有 $-f(x)$；乘法满足结合律和分配律. 我们称 $K[x]$是**数域 K 上的一元多项式环**. $K[x]$中的乘法还满足交换律，并且有单位元 1（它具有性质：$1\cdot f(x)=f(x)\cdot 1=f(x)$，$\forall f(x)\in K[x]$）.

三、数域 K 上的一元多项式环 $K[x]$ 的通用性质

$K[x]$中有完全平方公式

$$(x+3)^2 = x^2+6x+9. \tag{12}$$

设 $\mathbf{A}$ 是数域 K 上的一个 n 阶矩阵，计算得

$$\begin{aligned}(\mathbf{A}+3\mathbf{I})^2 &= (\mathbf{A}+3\mathbf{I})(\mathbf{A}+3\mathbf{I})\\ &= \mathbf{A}^2+\mathbf{A}(3\mathbf{I})+(3\mathbf{I})\mathbf{A}+(3\mathbf{I})(3\mathbf{I})\\ &= \mathbf{A}^2+6\mathbf{A}+9\mathbf{I}.\end{aligned} \tag{13}$$

从计算出来的(13)式我们看到，把 $K[x]$中(12)式的 x 用矩阵 $\mathbf{A}$ 代入，常数项 3,9 分别换成数量矩阵 $3\mathbf{I}, 9\mathbf{I}$，便立即得到(13)式. 由此受到启发，我们猜测并且来证明下述重要结论：

定理 1 任给 $f(x)=\sum_{i=0}^{n}a_ix^i\in K[x]$ 以及数域 K 上的一个 n 阶矩阵 $\mathbf{A}$. 令 $f(\mathbf{A})=\sum_{i=0}^{n}a_i\mathbf{A}^i$. 把 $f(x)$ 对应到 $f(\mathbf{A})$ 称为 **x 用 $\mathbf{A}$ 代入**. 如果 $K[x]$ 中有等式

$$f(x)+g(x)=h(x), \quad f(x)g(x)=p(x), \tag{14}$$

那么有关于矩阵 $\mathbf{A}$ 的等式

$$f(\mathbf{A})+g(\mathbf{A})=h(\mathbf{A}),\quad f(\mathbf{A})g(\mathbf{A})=p(\mathbf{A}).\tag{15}$$

证明 设 $f(x)=\sum_{i=0}^{n}a_ix^i$, $g(x)=\sum_{i=0}^{m}b_ix^i$,不妨设 $n\geqslant m$,则

$$h(x)=\sum_{i=0}^{n}(a_i+b_i)x^i,\quad p(x)=\sum_{s=0}^{n+m}\left(\sum_{i+j=s}a_ib_j\right)x^s,$$

其中 $b_j=0(j=m+1,\cdots,n)$,从而有

$$h(\mathbf{A})=\sum_{i=0}^{n}(a_i+b_i)\mathbf{A}^i,\quad p(\mathbf{A})=\sum_{s=0}^{n+m}\left(\sum_{i+j=s}a_ib_j\right)\mathbf{A}^s.\tag{16}$$

根据矩阵的加法、数量乘法和乘法的运算法则,得

$$f(\mathbf{A})+g(\mathbf{A})=\sum_{i=0}^{n}a_i\mathbf{A}^i+\sum_{i=0}^{m}b_i\mathbf{A}^i=\sum_{i=0}^{n}(a_i\mathbf{A}^i+b_i\mathbf{A}^i)=\sum_{i=0}^{n}(a_i+b_i)\mathbf{A}^i,\tag{17}$$

$$\begin{aligned}f(\mathbf{A})g(\mathbf{A})&=\left(\sum_{i=0}^{n}a_i\mathbf{A}^i\right)\left(\sum_{j=0}^{m}b_j\mathbf{A}^j\right)=\sum_{i=0}^{n}\sum_{j=0}^{m}(a_i\mathbf{A}^i)(b_j\mathbf{A}^j)\\&=\sum_{i=0}^{n}\sum_{j=0}^{m}a_ib_j\mathbf{A}^{i+j}=\sum_{s=0}^{n+m}\left(\sum_{i+j=s}a_ib_j\right)\mathbf{A}^s.\end{aligned}\tag{18}$$

从(16)式、(17)式和(18)式得

$$f(\mathbf{A})+g(\mathbf{A})=h(\mathbf{A}),\quad f(\mathbf{A})g(\mathbf{A})=p(\mathbf{A}).$$ □

定理1表明,x 用 n 阶矩阵 $\mathbf{A}$ 代入,从 $K[x]$中有关加法和乘法的等式可以立即得到关于矩阵 $\mathbf{A}$ 的相应等式.

类似地,可以证明,当 x 用 $K[x]$中任一多项式 $r(x)$代入,即把 $f(x)=\sum_{i=0}^{n}a_ix^i$ 对应到 $f(r(x))=\sum_{i=0}^{n}a_i(r(x))^i$ 时,如果 $K[x]$中有关于加法和乘法的等式(14),那么 $K[x]$中有如下新等式:

$$f(r(x))+g(r(x))=h(r(x)),\quad f(r(x))g(r(x))=p(r(x)).\tag{19}$$

x 用任一 n 阶矩阵 $\mathbf{A}$ 代入(或者 x 用 $K[x]$中任一多项式 $r(x)$代入),从 $K[x]$中有关加法和乘法的等式可以得到关于矩阵 $\mathbf{A}$ 的相应等式(或者 $K[x]$中的新等式),这是数域 K 上一元多项式环 $K[x]$的非常重要的性质,称它为 **$K[x]$的通用性质**.

$K[x]$的通用性质在第七章研究线性变换的最简单形式的矩阵表示中起着重要作用.

5.1.2 典型例题

例1 证明:在 $K[x]$中,如果 $f(x)=cg(x)$, $c\in K^*$,那么

$$\deg f(x)=\deg g(x).$$

证明 若 $g(x)\neq 0$，由于 $f(x)=cg(x)$，$c\neq 0$，因此 $f(x)\neq 0$，且

$$\deg f(x)=\deg c+\deg g(x)=0+\deg g(x)=\deg g(x).$$

若 $g(x)=0$，则 $f(x)=0$，从而 $\deg f(x)=\deg g(x)$. □

例 2 设数域 K 上的 n 阶矩阵

$$\boldsymbol{A}=\begin{pmatrix} k & c & 0 & 0 & \cdots & 0 & 0 \\ 0 & k & c & 0 & \cdots & 0 & 0 \\ \vdots & \vdots & \vdots & \vdots & & \vdots & \vdots \\ 0 & 0 & 0 & 0 & \cdots & k & c \\ 0 & 0 & 0 & 0 & \cdots & 0 & k \end{pmatrix},$$

其中 $k,c\in K^*$，求 $\boldsymbol{A}^{-1}$.

解 令

$$\boldsymbol{H}=\begin{pmatrix} 0 & 1 & 0 & \cdots & 0 & 0 & 0 \\ 0 & 0 & 1 & \cdots & 0 & 0 & 0 \\ \vdots & \vdots & \vdots & & \vdots & \vdots & \vdots \\ 0 & 0 & 0 & \cdots & 0 & 1 & 0 \\ 0 & 0 & 0 & \cdots & 0 & 0 & 1 \\ 0 & 0 & 0 & \cdots & 0 & 0 & 0 \end{pmatrix},$$

则 $\boldsymbol{A}=k\boldsymbol{I}+c\boldsymbol{H}$. 根据 4.1.2 小节中的例 9，有 $\boldsymbol{H}^n=\boldsymbol{0}$.

在 $K[x]$中直接计算得

$$(1-x)(1+x+x^2+\cdots+x^{n-1})=1-x^n. \tag{20}$$

x 用矩阵$-\frac{c}{k}\boldsymbol{H}$ 代入，从(20)式得

$$\left[\boldsymbol{I}-\left(-\frac{c}{k}\boldsymbol{H}\right)\right]\left[\boldsymbol{I}+\left(-\frac{c}{k}\boldsymbol{H}\right)+\left(-\frac{c}{k}\boldsymbol{H}\right)^2+\cdots+\left(-\frac{c}{k}\boldsymbol{H}\right)^{n-1}\right]=\boldsymbol{I}-\left(-\frac{c}{k}\boldsymbol{H}\right)^n. \tag{21}$$

(21)式左端第一个因式乘以 k，第二个因式乘以 $\frac{1}{k}$，得

$$(k\boldsymbol{I}+c\boldsymbol{H})\left[\frac{1}{k}\boldsymbol{I}-\frac{c}{k^2}\boldsymbol{H}+\frac{c^2}{k^3}\boldsymbol{H}^2+\cdots+(-1)^{n-1}\frac{c^{n-1}}{k^n}\boldsymbol{H}^{n-1}\right]=\boldsymbol{I}. \tag{22}$$

从(22)式得

$$\boldsymbol{A}^{-1}=\frac{1}{k}\boldsymbol{I}-\frac{c}{k^2}\boldsymbol{H}+\frac{c^2}{k^3}\boldsymbol{H}^2+\cdots+(-1)^{n-1}\frac{c^{n-1}}{k^n}\boldsymbol{H}^{n-1}.$$

点评 在例 2 中，利用 $K[x]$的通用性质求出了 $\boldsymbol{A}^{-1}$. 这比初等变换法求 $\boldsymbol{A}^{-1}$ 简便.

习 题 5.1

1. 证明：在 $K[x]$中，如果 $f(x)g(x)=c,c\in K^*$，那么

$$\deg f(x)=\deg g(x)=0.$$

2. 证明：在 $K[x]$中，如果 $f(x)g(x)=1$，那么 $f(x)$是 K 中的非零数.

3. 设数域 K 上的 n 阶矩阵

$$\boldsymbol{A}=\begin{pmatrix} 1 & b & b^2 & \cdots & b^{n-2} & b^{n-1} \\ 0 & 1 & b & \cdots & b^{n-3} & b^{n-2} \\ \vdots & \vdots & \vdots & & \vdots & \vdots \\ 0 & 0 & 0 & \cdots & 1 & b \\ 0 & 0 & 0 & \cdots & 0 & 1 \end{pmatrix},$$

求 $\boldsymbol{A}^{-1}$.

4. 设 $\boldsymbol{B}$ 是数域 K 上的 n 阶幂零矩阵，其幂零指数为 l. 令 $\boldsymbol{A}=a\boldsymbol{I}+k\boldsymbol{B}$，$a,k\in K^*$，说明 $\boldsymbol{A}$ 可逆，并且求 $\boldsymbol{A}^{-1}$.

5. 设 $\boldsymbol{A}$ 是数域 K 上的 n 阶矩阵，证明：对于 $m\in\mathbf{N}^*$，有

$$(\boldsymbol{I}+\boldsymbol{A})^m=\boldsymbol{I}+\mathrm{C}_m^1\boldsymbol{A}+\mathrm{C}_m^2\boldsymbol{A}^2+\cdots+\mathrm{C}_m^m\boldsymbol{A}^m.$$

§5.2 带余除法，整除关系

5.2.1 内容精华

一、带余除法

观察 x^2+2 与 $x-1$ 的关系：

$$x^2+2=x^2-1+3=(x+1)(x-1)+3.$$

由此受到启发，我们猜测并且证明下述结论：

定理 1(带余除法) 设 $f(x),g(x)\in K[x]$，且 $g(x)\neq 0$，则在 $K[x]$中存在唯一的一对多项式 $h(x),r(x)$，使得

$$f(x)=h(x)g(x)+r(x),\quad \deg r(x)<\deg g(x). \tag{1}$$

证明 *存在性* 由于 $g(x)\neq 0$，因此 $\deg g(x)$等于某个 $m\in\mathbf{N}$.

情形 1 $m=0$. 此时 $g(x)=b\in K^*$，于是

$$f(x)=(b^{-1}f(x))b+0,\quad \deg 0<\deg b.$$

情形 2 $m>0$，且 $\deg f(x)<m$. 这时有

$$f(x)=0\cdot g(x)+f(x),\quad \deg f(x)<\deg g(x).$$

情形 3 $m>0$,且 $\deg f(x)\geqslant m$. 下面对被除式 $f(x)$ 的次数 n 做数学归纳法.

假设对于次数小于 n 的被除式 $f(x)$,定理的存在性部分成立. 现在来看 n 次多项式 $f(x)$,其中 $n\geqslant m$. 设 $f(x),g(x)$ 的首项分别是 a_nx^n,b_mx^m,则 $a_nb_m^{-1}x^{n-m}g(x)$ 的首项是 a_nx^n. 令

$$f_1(x)=f(x)-a_nb_m^{-1}x^{n-m}g(x), \tag{2}$$

则 $\deg f_1(x)<n$. 对 $f_1(x)$ 用归纳假设知,存在 $h_1(x),r_1(x)\in K[x]$,使得

$$f_1(x)=h_1(x)g(x)+r_1(x),\quad \deg r_1(x)<\deg g(x). \tag{3}$$

把(3)式代入(2)式,得

$$f(x)=f_1(x)+a_nb_m^{-1}x^{n-m}g(x)=(h_1(x)+a_nb_m^{-1}x^{n-m})g(x)+r_1(x). \tag{4}$$

令 $h(x)=h_1(x)+a_nb_m^{-1}x^{n-m}$,则

$$f(x)=h(x)g(x)+r_1(x),\quad \deg r_1(x)<\deg g(x). \tag{5}$$

根据数学归纳法原理,定理 1 的存在性部分得证.

唯一性 设 $h(x),r(x),h_0(x),r_0(x)\in K[x]$,使得

$$f(x)=h(x)g(x)+r(x),\qquad \deg r(x)<\deg g(x), \tag{6}$$

$$f(x)=h_0(x)g(x)+r_0(x),\quad \deg r_0(x)<\deg g(x), \tag{7}$$

则从(6)式和(7)式得

$$(h(x)-h_0(x))g(x)=r_0(x)-r(x). \tag{8}$$

假如 $r_0(x)-r(x)\neq 0$,则根据 §5.1 中的推论 3 和命题 1,得

$$\deg g(x)\leqslant \deg(r_0(x)-r(x))\leqslant \max\{\deg r_0(x),\deg r(x)\}<\deg g(x),$$

矛盾. 因此 $r_0(x)=r(x)$. 从(8)式和 §5.1 中的推论 1 得 $h(x)=h_0(x)$. 唯一性得证. □

定理 1 中的(1)式称为**除法算式**,其中 $h(x)$ 和 $r(x)$ 分别叫作**商式**和**余式**. 除法算式是 $K[x]$ 中有关加法和乘法的第一个重要等式,它是研究 $K[x]$ 的结构的突破口.

二、整除关系

在除法算式(1)中,若余式 $r(x)=0$,则 $f(x)=h(x)g(x)$. 由此引出下述概念:

定义 1 设 $f(x),g(x)\in K[x]$. 如果存在 $h(x)\in K[x]$,使得

$$f(x)=h(x)g(x), \tag{9}$$

那么称 $g(x)$ **整除** $f(x)$,记作 $g(x)\mid f(x)$;否则,称 $g(x)$ 不能整除 $f(x)$,记作 $g(x)\nmid f(x)$.

当 $g(x)\mid f(x)$ 时,称 $g(x)$ 是 $f(x)$ 的一个**因式**,称 $f(x)$ 是 $g(x)$ 的一个**倍式**.

命题 1 (1) 对于任意 $b\in K^*,f(x)\in K[x]$,有 $b\mid f(x)$.

(2) 对于任意 $f(x)\in K[x]$,有 $f(x)\mid 0$. 特别地,$0\mid 0$.

(3) 在 $K[x]$ 中,若 $0\mid f(x)$,则 $f(x)=0$.

证明 (1) 由于 $f(x)=(b^{-1}f(x))b$,因此 $b\mid f(x)$.

(2) 由于 $0=0\cdot f(x)$,因此 $f(x)\mid 0$.

(3) 若 $0\mid f(x)$,则存在 $h(x)\in K[x]$,使得 $f(x)=h(x)\cdot 0=0$. □

整除是集合 $K[x]$上的一个二元关系.

对于任意 $f(x)\in K[x]$,有 $f(x)=1\cdot f(x)$,因此 $f(x)\mid f(x)$,即整除关系具有反身性.

若 $g(x)\mid f(x)$,$p(x)\mid g(x)$,则存在 $h_1(x),h_2(x)\in K[x]$,使得

$$f(x)=h_1(x)g(x)=h_1(x)h_2(x)p(x),$$

从而 $p(x)\mid f(x)$. 因此,整除关系具有传递性.

整除关系不具有对称性,例如 $x-1\mid x^2-1$,而 $x^2-1\nmid x-1$.

定义 2 在 $K[x]$中,如果 $g(x)\mid f(x)$,且 $f(x)\mid g(x)$,那么称 $f(x)$与 $g(x)$**相伴**,记作

$$f(x)\sim g(x).$$

命题 2 在 $K[x]$中,$f(x)$与 $g(x)$相伴的充要条件是,存在 $c\in K^*$,使得

$$f(x)=cg(x).$$

证明 必要性 设 $f(x)$与 $g(x)$相伴,则 $g(x)\mid f(x)$,且 $f(x)\mid g(x)$. 于是,存在 $h_1(x)$, $h_2(x)\in K[x]$,使得

$$f(x)=h_1(x)g(x),\quad g(x)=h_2(x)f(x),\tag{10}$$

从而

$$f(x)=h_1(x)h_2(x)f(x).\tag{11}$$

若 $f(x)\neq 0$,则从(11)式得 $1=h_1(x)h_2(x)$. 根据习题 5.1 中的第 2 题,得 $h_1(x)=c\in K^*$,因此 $f(x)=cg(x)$.

若 $f(x)=0$,则 $g(x)=0$,从而 $f(x)=1\cdot g(x)$.

充分性 设 $f(x)=cg(x)$,$c\in K^*$,则 $g(x)\mid f(x)$. 由于 $c\neq 0$,因此 $g(x)=c^{-1}f(x)$. 于是 $f(x)\mid g(x)$. 所以,$f(x)$与 $g(x)$相伴. □

命题 3 在 $K[x]$中,若 $g(x)\mid f_i(x)(i=1,2,\cdots,s)$,则对于任意 $u_1(x),u_2(x),\cdots,u_s(x)\in K[x]$,有

$$g(x)\mid u_1(x)f_1(x)+u_2(x)f_2(x)+\cdots+u_s(x)f_s(x).\tag{12}$$

证明 由于 $g(x)\mid f_i(x)$,因此存在 $h_i(x)\in K[x]$,使得

$$f_i(x)=h_i(x)g(x)\quad (i=1,2,\cdots,s),$$

从而

$$\begin{aligned}&u_1(x)f_1(x)+u_2(x)f_2(x)+\cdots+u_s(x)f_s(x)\\&=(u_1(x)h_1(x)+u_2(x)h_2(x)+\cdots+u_s(x)h_s(x))g(x).\end{aligned}$$

所以

$$g(x)\mid u_1(x)f_1(x)+u_2(x)f_2(x)+\cdots+u_s(x)f_s(x).$$ □

命题 4 设 $f(x),g(x)\in K[x]$,且 $g(x)\neq 0$,则 $g(x)\mid f(x)$的充要条件是,用 $g(x)$去除 $f(x)$所得的余式为 0.

证明 充分性 设用 $g(x)$去除 $f(x)$所得的余式为 0,则存在 $h(x)\in K[x]$,使得

$$f(x) = h(x)g(x) + 0 = h(x)g(x),$$

从而 $g(x) \mid f(x)$.

必要性 设 $g(x) \mid f(x)$，则存在 $h(x) \in K[x]$，使得

$$f(x) = h(x)g(x) = h(x)g(x) + 0.$$

因此，用 $g(x)$ 去除 $f(x)$ 所得的余式为 0. □

命题 5 设 $f(x), g(x) \in K[x]$，且 $g(x) \neq 0$，数域 $E \supseteq K$，则

$$\text{在 } K[x] \text{ 中}, g(x) \mid f(x) \Longleftrightarrow \text{在 } E[x] \text{ 中}, g(x) \mid f(x).$$

证明 *必要性* 设在 $K[x]$ 中 $g(x) \mid f(x)$，则存在 $h(x) \in K[x]$，使得

$$f(x) = h(x)g(x).$$

由于 $E \supseteq K$，因此在 $E[x]$ 中 $g(x) \mid f(x)$.

充分性 设在 $E[x]$ 中 $g(x) \mid f(x)$. 在 $K[x]$ 中做带余除法，存在 $h(x), r(x) \in K[x]$，使得

$$f(x) = h(x)g(x) + r(x), \quad \deg r(x) < \deg g(x). \tag{13}$$

由于 $E \supseteq K$，因此 $h(x), r(x) \in E[x]$，从而(13)式可以看成在 $E[x]$ 中的带余除法. 由于在 $E[x]$ 中，$g(x) \mid f(x)$，因此根据命题 4，得 $r(x) = 0$. 于是，从(13)式知，在 $K[x]$ 中，

$$g(x) \mid f(x).$$ □

若 $g(x) = 0$，则从 $g(x) \mid f(x)$ 得 $f(x) = 0$. 因此，命题 5 仍然成立.

命题 5 表明，整除性不随数域的扩大而改变.

三、整数环 Z 中的带余除法和整除关系

在整数集 $\mathbf{Z}$ 中，有加法和乘法运算，加法满足交换律和结合律；整数 0 具有性质：$0 + n = n + 0 = n, \forall n \in \mathbf{Z}$；整数 n 有负整数 $-n$；乘法满足结合律和分配律. 我们称 $\mathbf{Z}$ 是**整数环**. $\mathbf{Z}$ 的乘法还满足交换律，并且有单位元 1.

定理 2 任给 $a, b \in \mathbf{Z}$，且 $b \neq 0$，则存在唯一的一对整数 q, r，使得

$$a = qb + r, \quad 0 \leqslant r < |b|. \tag{14}$$

证明可以参看文献[2] §7.2 中的定理 2.

定义 3 设 $a, b \in \mathbf{Z}$. 如果存在 $k \in \mathbf{Z}$，使得 $a = kb$，那么称 b **整除** a，记作 $b \mid a$；否则，称 b 不能整除 a，记作 $b \nmid a$. 当 $b \mid a$ 时，称 b 是 a 的一个**因数**，称 a 是 b 的一个**倍数**.

对于任意 $a \in \mathbf{Z}$，由于 $0 = 0 \cdot a$，因此 $a \mid 0$. 特别地，$0 \mid 0$.

在 $\mathbf{Z}$ 中，若 $0 \mid a$，则存在 $h \in \mathbf{Z}$，使得 $a = h0 = 0$.

整除是 $\mathbf{Z}$ 上的一个二元关系，它具有反身性、传递性，但不具有对称性.

在 $\mathbf{Z}$ 中，若 $b \mid a$，且 $a \mid b$，则称 a 与 b **相伴**，记作 $a \sim b$.

在 $\mathbf{Z}$ 中，a 与 b 相伴的充要条件是 $a = \pm b$.

在 $\mathbf{Z}$ 中，若 $b \mid a_i (i = 1, 2, \cdots, s)$，则对于任意 $u_1, u_2, \cdots, u_s \in \mathbf{Z}$，有

$$b \mid u_1a_1 + u_2a_2 + \cdots + u_sa_s.$$

四、综合除法

在 $K[x]$ 中,用一次多项式 $x-c$ 去除 $f(x) = \sum_{i=0}^{n} a_ix^i$ $(a_n \neq 0, n \geqslant 1)$ 有简便的算法. 根据带余除法,有

$$f(x) = h(x)(x-c) + r, \quad r \in K. \tag{15}$$

由于 $n \geqslant 1$,因此 $\deg f(x) = \deg h(x) + \deg(x-c)$,从而

$$\deg h(x) = n-1.$$

设 $h(x) = \sum_{i=0}^{n-1} b_ix^i$. 比较(15)式两端首项的系数,得 $a_n = b_{n-1}$;比较 $s(s=1,\cdots,n-1)$ 次项的系数,得

$$a_s = -b_sc + b_{s-1} \quad (s = 1,\cdots,n-1), \tag{16}$$

从而得

$$b_{s-1} = a_s + b_sc \quad (s = n-1,\cdots,1); \tag{17}$$

比较常数项,得 $a_0 = -b_0c + r$,从而得 $r = a_0 + b_0c$. 因此有

$$\begin{array}{ccccc|c}
a_n & a_{n-1} & \cdots & a_1 & a_0 & c \\
 & b_{n-1}c & \cdots & b_1c & b_0c & \\
\hline
a_n & a_{n-1}+b_{n-1}c & \cdots & a_1+b_1c & a_0+b_0c & \\
\| & \| & & \| & \| & \\
b_{n-1} & b_{n-2} & & b_0 & r &
\end{array}$$

于是,求出了商式 $h(x) = b_{n-1}x^{n-1} + b_{n-2}x^{n-2} + \cdots + b_0$,余式 r.

这种用一次多项式 $x-c$ 去除 $f(x)$ 的算法称为**综合除法**.

5.2.2 典型例题

例 1 在 $K[x]$ 中,设 $f(x) = x^4 + 2x^3 - 5x + 7$, $g(x) = x^2 - 3x + 1$,求用 $g(x)$ 去除 $f(x)$ 所得的商式和余式.

解 由于

$$\begin{array}{r|rrrrr|l}
x^2-3x+1 & x^4 & +2x^3 & & -5x & +7 & x^2+5x+14 \\
 & x^4 & -3x^3 & +x^2 & & & \\
\cline{2-6}
 & & 5x^3 & -x^2 & -5x & +7 & \\
 & & 5x^3 & -15x^2 & +5x & & \\
\cline{2-6}
 & & & 14x^2 & -10x & +7 & \\
 & & & 14x^2 & -42x & +14 & \\
\cline{2-6}
 & & & & 32x & -7 &
\end{array}$$

因此商式为 $x^2+5x+14$,余式为 $32x-7$,从而

$$f(x)=(x^2+5x+14)g(x)+(32x-7).$$

例 2 在 $K[x]$中,设 $f(x)=2x^4-6x^3+3x^2-2x+5$,求用 $x-2$ 去除 $f(x)$所得的商式和余式.

解 由于

$$\begin{array}{rrrrr|r} 2 & -6 & 3 & -2 & 5 & 2 \\ & 4 & -4 & -2 & -8 & \\ \hline 2 & -2 & -1 & -4 & -3 & \end{array}$$

因此商式为 $2x^3-2x^2-x-4$,余式为 -3,从而

$$f(x)=(2x^3-2x^2-x-4)(x-2)-3.$$

例 3 将例 2 中的 $f(x)$表示成 $x-2$ 的幂和.

解 例 2 中已求出 $f(x)=(2x^3-2x^2-x-4)(x-2)-3$. 由于

$$\begin{array}{rrrr|r} 2 & -2 & -1 & -4 & 2 \\ & 4 & 4 & 6 & \\ \hline 2 & 2 & 3 & 2 & \end{array}$$

因此

$$\begin{aligned} f(x)&=[(2x^2+2x+3)(x-2)+2](x-2)-3 \\ &=(2x^2+2x+3)(x-2)^2+2(x-2)-3. \end{aligned}$$

又由于

$$\begin{array}{rrr|r} 2 & 2 & 3 & 2 \\ & 4 & 12 & \\ \hline 2 & 6 & 15 & \end{array}$$

因此

$$\begin{aligned} f(x)&=[(2x+6)(x-2)+15](x-2)^2+2(x-2)-3 \\ &=(2x+6)(x-2)^3+15(x-2)^2+2(x-2)-3 \\ &=[2(x-2)+10](x-2)^3+15(x-2)^2+2(x-2)-3 \\ &=2(x-2)^4+10(x-2)^3+15(x-2)^2+2(x-2)-3. \end{aligned}$$

例 4 设 $m\in\mathbf{N}^*, a\in K^*$,证明:在 $K[x]$中,$x-a\mid x^m-a^m$;并且求商式.

解 在 $K[x]$中直接计算,得

$$x^m-1=(x-1)(x^{m-1}+x^{m-2}+\cdots+x+1).$$

x 用 $\dfrac{x}{a}$ 代入,从上式得

$$\left(\frac{x}{a}\right)^m-1=\left(\frac{x}{a}-1\right)\left[\left(\frac{x}{a}\right)^{m-1}+\left(\frac{x}{a}\right)^{m-2}+\cdots+\frac{x}{a}+1\right].$$

上式两端乘以 a^m,得

$$x^m - a^m = (x-a)(x^{m-1} + ax^{m-2} + \cdots + a^{m-2}x + a^{m-1}),$$

因此 $x-a \mid x^m - a^m$,且商式为 $x^{m-1}+ax^{m-2}+\cdots+a^{m-2}x+a^{m-1}$.

习 题 5.2

1. 用 $g(x)$ 去除 $f(x)$,求所得的商式和余式:

(1) $f(x)=x^4-3x^2-2x-1, g(x)=x^2-2x+5$;

(2) $f(x)=x^4+x^3-2x+3, g(x)=3x^2-x+2$.

2. 求 $g(x)$ 整除 $f(x)$ 的充要条件:

(1) $f(x)=x^4-x^3+4x^2+a_1x+a_0, g(x)=x^2+2x-3$;

(2) $f(x)=x^4-3x^3+a_1x+a_0, g(x)=x^2-3x+1$.

3. 利用综合除法求用一次多项式 $g(x)$ 去除 $f(x)$ 所得的商式与余式:

(1) $f(x)=2x^4-x^3+5x-3, g(x)=x+3$;

(2) $f(x)=3x^4-5x^2+2x-1, g(x)=x-4$;

(3) $f(x)=5x^3-3x+4, g(x)=x+2$.

4. 把第 3 题第(1)小题中的 $f(x)$ 表示成 $x+3$ 的幂和.

5. 把第 3 题第(3)小题中的 $f(x)$ 表示成 $x+2$ 的幂和.

6. 设 $d, n \in \mathbf{N}^*$,证明: 在 $K[x]$ 中,$x^d-1 \mid x^n-1 \Longleftrightarrow d \mid n$.

7. 设 $m \in \mathbf{N}^*, a \in K^*$,证明: 在 $K[x]$ 中,$x+a \mid x^{2m+1}+a^{2m+1}$;并且求商式.

§5.3 最大公因式,互素的多项式

5.3.1 内容精华

一、最大公因式

在 $K[x]$ 中,若 $c(x) \mid f(x)$,且 $c(x) \mid g(x)$,则称 $c(x)$ 是 $f(x)$ 与 $g(x)$ 的一个**公因式**.

定义 1 设 $f(x), g(x) \in K[x]$. 如果存在 $d(x) \in K[x]$,满足:

(1) $d(x)$ 是 $f(x)$ 与 $g(x)$ 的一个公因式;

(2) 对于 $f(x)$ 与 $g(x)$ 的任一公因式 $c(x)$,有 $c(x) \mid d(x)$,

那么称 $d(x)$ 是 $f(x)$ 与 $g(x)$ 的一个**最大公因式**.

任给 $f(x) \in K[x]$. 由于 $f(x) \mid f(x)$,且 $f(x) \mid 0$,因此 $f(x)$ 是 $f(x)$ 与 0 的一个公因式. 又由于 $f(x)$ 与 0 的任一公因式 $c(x)$ 满足 $c(x) \mid f(x)$,因此 $f(x)$ 是 $f(x)$ 与 0 的一个最大公因式. 特别地,0 是 0 与 0 的最大公因式.

命题 1 在 $K[x]$中,如果 $f(x)$与 $g(x)$的最大公因式存在,那么 $f(x)$与 $g(x)$的任意两个最大公因式 $d_1(x)$与 $d_2(x)$一定相伴.

证明 由于 $d_1(x)$是 $f(x)$与 $g(x)$的一个最大公因式,$d_2(x)$是 $f(x)$与 $g(x)$的一个公因式,因此 $d_2(x)\mid d_1(x)$. 同理,$d_1(x)\mid d_2(x)$. 于是,$d_1(x)$与 $d_2(x)$相伴. □

我们来探索 $K[x]$中任意两个多项式 $f(x)$与 $g(x)$的最大公因式是否存在,如果存在,如何求出.

引理 1 设 $f(x),g(x)\in K[x]$. 如果在 $K[x]$中有如下等式成立:

$$f(x)=h(x)g(x)+r(x),\tag{1}$$

那么 $c(x)$是 $f(x)$与 $g(x)$的一个公因式当且仅当 $c(x)$是 $g(x)$与 $r(x)$的一个公因式,从而 $d(x)$是 $f(x)$与 $g(x)$的一个最大公因式当且仅当 $d(x)$是 $g(x)$与 $r(x)$的一个最大公因式.

证明 由(1)式得 $r(x)=f(x)-h(x)g(x)$. 于是,若 $c(x)\mid f(x)$,且 $c(x)\mid g(x)$,则有 $c(x)\mid r(x)$. 反之,若 $c(x)\mid g(x)$,且 $c(x)\mid r(x)$,则从(1)式得 $c(x)\mid f(x)$.

设 $d(x)$是 $f(x)$与 $g(x)$的一个最大公因式,则由上面证得的结论知,$d(x)$是 $g(x)$与 $r(x)$的一个公因式. 任取 $g(x)$与 $r(x)$的一个公因式 $c(x)$,则 $c(x)$是 $f(x)$与 $g(x)$的一个公因式. 由于 $d(x)$是 $f(x)$与 $g(x)$的一个最大公因式,因此 $c(x)\mid d(x)$,从而 $d(x)$是 $g(x)$与 $r(x)$的一个最大公因式.

同理,若 $d(x)$是 $g(x)$与 $r(x)$的一个最大公因式,则 $d(x)$是 $f(x)$与 $g(x)$的一个最大公因式. □

引理 1 的重要性在于: 它与带余除法结合起来,把求被除式和除式的最大公因式转化为求除式和余式的最大公因式,从而指出了探索 $f(x)$与 $g(x)$的最大公因式的存在性和求法的途径.

定理 1 $K[x]$中任意两个多项式 $f(x)$与 $g(x)$都有最大公因式,并且对于 $f(x)$与 $g(x)$的任一最大公因式 $d(x)$,存在 $u(x),v(x)\in K[x]$,使得

$$u(x)f(x)+v(x)g(x)=d(x).\tag{2}$$

证明 **情形 1** $g(x)=0$. 已证 $f(x)$是 $f(x)$与 0 的一个最大公因式,又有

$$1\cdot f(x)+1\cdot 0=f(x).$$

情形 2 $g(x)\neq 0$. 在 $K[x]$中做带余除法:

$$f(x)=h_1(x)g(x)+r_1(x),\quad \deg r_1(x)<\deg g(x);$$

若 $r_1(x)\neq 0$,则

$$g(x)=h_2(x)r_1(x)+r_2(x),\quad \deg r_2(x)<\deg r_1(x);$$

若 $r_2(x)\neq 0$,则

$$r_1(x)=h_3(x)r_2(x)+r_3(x),\quad \deg r_3(x)<\deg r_2(x).$$

只要余式不为 0,就用余式去除除式,这样辗转相除下去,所得余式的次数不断降低. 由于非

零多项式的次数是自然数,因此经过有限次辗转相除后,必然出现余式为 0,即

$$r_{s-3}(x)=h_{s-1}(x)r_{s-2}(x)+r_{s-1}(x),\quad 0\leqslant \deg r_{s-1}(x)<\deg r_{s-2}(x);$$
$$r_{s-2}(x)=h_{s}(x)r_{s-1}(x)+r_{s}(x),\quad 0\leqslant \deg r_{s}(x)<\deg r_{s-1}(x);$$
$$r_{s-1}(x)=h_{s+1}(x)r_{s}(x)+0.$$

由于 $r_s(x)$ 是 $r_s(x)$ 与 0 的最大公因式,因此根据引理 1,从上述最后一个等式得,$r_s(x)$ 是 $r_{s-1}(x)$ 与 $r_s(x)$ 的最大公因式;从倒数第二个等式得,$r_s(x)$ 是 $r_{s-2}(x)$ 与 $r_{s-1}(x)$ 的最大公因式;从倒数第三个等式得,$r_s(x)$ 是 $r_{s-3}(x)$ 与 $r_{s-2}(x)$ 的最大公因式. 依次往上推,最后得出 $r_s(x)$ 是 $f(x)$ 与 $g(x)$ 的最大公因式. 这样我们证明了 $f(x)$ 与 $g(x)$ 的最大公因式一定存在,并且给出了求 $f(x)$ 与 $g(x)$ 的最大公因式的上述方法(称为**辗转相除法**),其中余式为 0 时的除式 $r_s(x)$ 就是 $f(x)$ 与 $g(x)$ 的一个最大公因式.

从上述等式中倒数第二个等式往上推,得

$$\begin{aligned} r_s(x)&=r_{s-2}(x)-h_s(x)r_{s-1}(x)\\ &=r_{s-2}(x)-h_s(x)(r_{s-3}(x)-h_{s-1}(x)r_{s-2}(x))\\ &=-h_s(x)r_{s-3}(x)+(1+h_s(x)h_{s-1}(x))r_{s-2}(x)\\ &=\cdots\\ &=u_1(x)f(x)+v_1(x)g(x), \end{aligned}$$

其中 $u_1(x),v_1(x)\in K[x]$.

任给 $f(x)$ 与 $g(x)$ 的一个最大公因式 $d(x)$,则 $d(x)$ 与 $r_s(x)$ 相伴,从而存在 $c\in K^*$,使得 $d(x)=cr_s(x)$. 因此

$$d(x)=cu_1(x)f(x)+cv_1(x)g(x)=u(x)f(x)+v(x)g(x),$$

其中 $u(x)=cu_1(x),v(x)=cv_1(x)$. □

辗转相除法是求任意两个不为 0 的多项式的最大公因式的统一、机械的方法,非常有用.

命题 2 在 $K[x]$ 中,设 $d(x)$ 是 $f(x)$ 与 $g(x)$ 的一个最大公因式,则对于任意 $a\in K^*$,$ad(x)$ 是 $f(x)$ 与 $g(x)$ 的一个最大公因式.

证明 由于 $d(x)\mid f(x)$,因此存在 $h(x)\in K[x]$,使得 $f(x)=h(x)d(x)$,从而 $f(x)=(a^{-1}h(x))(ad(x))$. 于是 $ad(x)\mid f(x)$. 同理,$ad(x)\mid g(x)$. 任取 $f(x)$ 与 $g(x)$ 的一个公因式 $c(x)$,则 $c(x)\mid d(x)$,从而 $c(x)\mid ad(x)$. 因此,$ad(x)$ 是 $f(x)$ 与 $g(x)$ 的一个最大公因式. □

设 $f(x),g(x)\in K[x]$,且 $f(x)$ 与 $g(x)$ 不全为 0,则它们的最大公因式不是 0. 设 $d(x)$ 是 $f(x)$ 与 $g(x)$ 的一个最大公因式,且 $d(x)$ 的首项系数为 b,则根据命题 2,$b^{-1}d(x)$ 也是 $f(x)$ 与 $g(x)$ 的一个最大公因式,且 $b^{-1}d(x)$ 的首项系数为 1. 我们用 $(f(x),g(x))$ 或者 g. c. d$(f(x),g(x))$ 表示 $f(x)$ 与 $g(x)$ 的首项系数为 1 的最大公因式,简称为 $f(x)$ 与 $g(x)$ 的**首 1 最大公因式**.

命题 3 设 $f(x),g(x)\in K[x]$,且 $g(x)\neq 0$,数域 $E\supseteq K$,则 $f(x)$ 与 $g(x)$ 在 $K[x]$ 中的首 1 最大公因式等于 $f(x)$ 与 $g(x)$ 在 $E[x]$ 中的首 1 最大公因式.

证明 在 $K[x]$ 中,对 $f(x)$ 与 $g(x)$ 做辗转相除,设余式为 0 时的除式为 $r_s(x)$,其首项的系数为 c,则 $(f(x),g(x))=c^{-1}r_s(x)$. 由于 $E\supseteq K$,因此上述辗转相除过程可以看成是在 $E[x]$ 中进行的,从而在 $E[x]$ 中 $(f(x),g(x))=c^{-1}r_s(x)$. □

命题 3 表明,首 1 最大公因式不随数域的扩大而改变.

最大公因式的概念可以推广到 $s(s>2)$ 个多项式的情形.

定义 2 设 $f_1(x),f_2(x),\cdots,f_s(x)\in K[x]$. 如果存在 $d(x)\in K[x]$ 满足:

(1) $d(x)\mid f_i(x),i=1,2,\cdots,s$(此时称 $d(x)$ 是 $f_1(x),f_2(x),\cdots,f_s(x)$ 的一个**公因式**);

(2) 对于 $f_1(x),f_2(x),\cdots,f_s(x)$ 的任一公因式 $c(x)$,有 $c(x)\mid d(x)$,

那么称 $d(x)$ 是 $f_1(x),f_2(x),\cdots,f_s(x)$ 的一个**最大公因式**.

命题 4 在 $K[x]$ 中,设 $d_1(x)$ 是 $f_1(x),f_2(x),\cdots,f_s(x)$ 的一个最大公因式,则 $d_2(x)$ 是 $f_1(x),f_2(x),\cdots,f_s(x)$ 的一个最大公因式当且仅当 $d_1(x)$ 与 $d_2(x)$ 相伴.

证明 *必要性* 由于 $d_1(x)$ 是 $f_1(x),f_2(x),\cdots,f_s(x)$ 的一个最大公因式,$d_2(x)$ 是一个公因式,因此 $d_2(x)\mid d_1(x)$. 又由于 $d_2(x)$ 是 $f_1(x),f_2(x),\cdots,f_s(x)$ 的一个最大公因式,$d_1(x)$ 是一个公因式,因此 $d_1(x)\mid d_2(x)$. 所以,$d_1(x)$ 与 $d_2(x)$ 相伴.

充分性 设 $d_2(x)$ 与 $d_1(x)$ 相伴,则 $d_2(x)=ad_1(x),a\in K^*$. 由于 $d_1(x)\mid f_i(x)(i=1,2,\cdots,s)$,因此存在 $h_i(x)\in K[x]$,使得 $f_i(x)=h_i(x)d_1(x)$,从而 $f_i(x)=(a^{-1}h_i(x))\cdot(ad_1(x))$. 于是 $ad_1(x)\mid f_i(x)(i=1,2,\cdots,s)$. 任取 $f_1(x),f_2(x),\cdots,f_s(x)$ 的一个公因式 $c(x)$,则 $c(x)\mid d_1(x)$,从而 $c(x)\mid ad_1(x)$. 因此,$ad_1(x)$ 是 $f_1(x),f_2(x),\cdots,f_s(x)$ 的一个最大公因式,即 $d_2(x)$ 是 $f_1(x),f_2(x),\cdots,f_s(x)$ 的一个最大公因式. □

设 $f_1(x),f_2(x),\cdots,f_s(x)$ 是 $K[x]$ 中不全为 0 的多项式,则 0 不是 $f_1(x),f_2(x),\cdots,f_s(x)$ 的最大公因式. 于是,如果 $f_1(x),f_2(x),\cdots,f_s(x)$ 的最大公因式存在,那么根据命题 4,$f_1(x),f_2(x),\cdots,f_s(x)$ 有首项系数为 1 的最大公因式,把它记作

$$(f_1(x),f_2(x),\cdots,f_s(x)) \quad 或 \quad \mathrm{g.c.d}(f_1(x),f_2(x),\cdots,f_s(x)),$$

简称为 $f_1(x),f_2(x),\cdots,f_s(x)$ 的**首 1 最大公因式**.

命题 5 $K[x]$ 中任意 $s(s\geqslant 2)$ 个多项式的最大公因式存在.

证明 对多项式的个数 s 做数学归纳法.

当 $s=2$ 时,已证两个多项式的最大公因式存在.

假设 $s-1$ 个多项式的最大公因式存在,来看 s 个多项式 $f_1(x),f_2(x),\cdots,f_s(x)$ 的情形. 根据归纳假设,可以设 $d_1(x)$ 是 $f_1(x),\cdots,f_{s-1}(x)$ 的一个最大公因式. 设 $d(x)$ 是 $d_1(x)$ 与 $f_s(x)$ 的一个最大公因式,则从 $d(x)\mid d_1(x),d_1(x)\mid f_i(x)(i=1,\cdots,s-1)$ 可得 $d(x)\mid f_i(x)(i=1,\cdots,s-1)$. 任取 $f_1(x),\cdots,f_{s-1}(x),f_s(x)$ 的一个公因式 $c(x)$,则 $c(x)\mid d_1(x)$,

$c(x)\mid f_s(x)$,从而 $c(x)\mid d(x)$. 因此,$d(x)$是 $f_1(x),\cdots,f_{s-1}(x),f_s(x)$的一个最大公因式.

根据数学归纳法原理,任意 $s(s\geqslant 2)$个多项式的最大公因式存在. □

从命题 5 立即得出,对于 $K[x]$中不全为 0 的多项式 $f_1(x),\cdots,f_{s-1}(x),f_s(x)$,有

$$(f_1(x),\cdots,f_{s-1}(x),f_s(x)) = ((f_1(x),\cdots,f_{s-1}(x)),f_s(x)). \tag{3}$$

二、互素的多项式

在自然现象中,临界点起着重要作用. 同样,在数学中要抓住临界点. 于是,引入下述重要概念:

定义 3 设 $f(x),g(x)\in K[x]$. 如果$(f(x),g(x))=1$,那么称 $f(x)$与 $g(x)$**互素**.

命题 6 在 $K[x]$中,$f(x)$与 $g(x)$互素当且仅当它们的公因式都是零次多项式.

证明 对于 $f(x)$与 $g(x)$的任一公因式 $c(x)$,有

$f(x)$与 $g(x)$互素 $\Longleftrightarrow (f(x),g(x))=1 \Longleftrightarrow c(x)\mid 1 \Longleftrightarrow \deg c(x)=0$. □

定理 2 $K[x]$中两个多项式 $f(x)$与 $g(x)$互素的充要条件是,存在 $u(x),v(x)\in K[x]$,使得

$$u(x)f(x)+v(x)g(x) = 1. \tag{4}$$

证明 *必要性* 设 $f(x)$与 $g(x)$互素,则$(f(x),g(x))=1$. 根据定理 1,存在 $u(x)$,$v(x)\in K[x]$,使得 $u(x)f(x)+v(x)g(x)=1$.

充分性 设(4)式成立. 任取 $f(x)$与 $g(x)$的一个公因式 $c(x)$,从(4)式得 $c(x)\mid 1$. 根据命题 6,$f(x)$与 $g(x)$互素. □

定理 2 起着非常重要的作用.

命题 7 设 $f(x),g(x)\in K[x]$,数域 $E\supseteq K$,则 $f(x)$与 $g(x)$在 $K[x]$中互素当且仅当 $f(x)$与 $g(x)$在 $E[x]$中互素.

证明 利用命题 3,得

$f(x)$与 $g(x)$在 $K[x]$中互素 $\Longleftrightarrow$ 在 $K[x]$中,$(f(x),g(x))=1$

$\Longleftrightarrow$ 在 $E[x]$中,$(f(x),g(x))=1$

$\Longleftrightarrow f(x)$与 $g(x)$在 $E[x]$中互素. □

命题 7 表明,互素性不随数域的扩大而改变.

$K[x]$中两个多项式互素当且仅当它们的公因式都是零次多项式(即 K 中的非零数),由此可以直观地猜测并且证明有关互素的多项式的一些性质.

性质 1 在 $K[x]$中,如果 $f(x)\mid g(x)h(x)$,且$(f(x),g(x))=1$,那么 $f(x)\mid h(x)$.

证明 由于$(f(x),g(x))=1$,因此存在 $u(x),v(x)\in K[x]$,使得

$$u(x)f(x)+v(x)g(x) = 1.$$

若 $h(x)\neq 0$,则从上式得 $u(x)f(x)h(x)+v(x)g(x)h(x)=h(x)$. 又由于 $f(x)\mid f(x)$,

$f(x)\mid g(x)h(x)$,因此 $f(x)\mid h(x)$.

若 $h(x)=0$,则 $f(x)\mid h(x)$. □

性质 2 在 $K[x]$中,如果 $f(x)\mid h(x)$,$g(x)\mid h(x)$,且$(f(x),g(x))=1$,那么

$$f(x)g(x)\mid h(x).$$

证明 由于 $f(x)\mid h(x)$,因此存在 $p(x)\in K[x]$,使得 $h(x)=p(x)f(x)$. 又由于 $g(x)\mid h(x)$,因此 $g(x)\mid p(x)f(x)$. 因为$(g(x),f(x))=1$,所以根据性质 1,得 $g(x)\mid p(x)$,从而存在 $q(x)\in K[x]$,使得 $p(x)=q(x)g(x)$. 于是 $h(x)=q(x)g(x)f(x)$,所以

$$f(x)g(x)\mid h(x).$$ □

性质 3 在 $K[x]$中,如果$(f(x),h(x))=1$,$(g(x),h(x))=1$,那么

$$(f(x)g(x),h(x))=1.$$

证明 由已知条件且根据定理 2,存在 $u_1(x),v_1(x),u_2(x),v_2(x)\in K[x]$,使得

$$u_1(x)f(x)+v_1(x)h(x)=1,\quad u_2(x)g(x)+v_2(x)h(x)=1.$$

把这两个式子相乘,得

$$u_1(x)u_2(x)f(x)g(x)+(u_1(x)v_2(x)f(x)+v_1(x)u_2(x)g(x)+v_1(x)v_2(x)h(x))h(x)=1.$$

根据定理 2,得$(f(x)g(x),h(x))=1$. □

利用数学归纳法,性质 3 可以推广为: 在 $K[x]$中,若

$$(f_i(x),h(x))=1\quad(i=1,2,\cdots,s),$$

则

$$(f_1(x)f_2(x)\cdots f_s(x),h(x))=1.$$

三、最小公倍式

定义 4 设 $f(x),g(x)\in K[x]$. 如果存在 $m(x)\in K[x]$,满足:

(1) $f(x)\mid m(x)$,且 $g(x)\mid m(x)$(此时称 $m(x)$是 $f(x)$与 $g(x)$的一个**公倍式**);

(2) 对于 $f(x)$与 $g(x)$的任一公倍式 $u(x)$,有 $m(x)\mid u(x)$,

那么称 $m(x)$是 $f(x)$与 $g(x)$的一个**最小公倍式**.

由于 0 的倍式只有 0,因此任一多项式 $f(x)$与 0 的最小公倍式是 0.

定理 3 $K[x]$中任意两个多项式 $f(x)$与 $g(x)$都有最小公倍式,并且其任意两个最小公倍式是相伴的. 如果 $f(x)$与 $g(x)$的首项系数都是 1,那么 $f(x)$与 $g(x)$的首项系数为 1 的最小公倍式等于$\dfrac{f(x)g(x)}{(f(x),g(x))}$. 通常把 $f(x)$与 $g(x)$的首项系数为 1 的最小公倍式记作$[f(x),g(x)]$或者 $\mathrm{l.c.m}(f(x),g(x))$.

证明 任一多项式 $f(x)$与 0 的最小公倍式是 0.

设 $f(x),g(x)$是 $K[x]$中的非零多项式,则存在 $f_1(x),g_1(x)\in K[x]$,使得

$$f(x)=f_1(x)(f(x),g(x)),\quad g(x)=g_1(x)(f(x),g(x)).\tag{5}$$

于是，$f_1(x)g_1(x)(f(x),g(x))$是$f(x)$与$g(x)$的一个公倍式，把它记作$m(x)$. 任取$f(x)$与$g(x)$的一个公倍式$u(x)$，则存在$p(x),q(x)\in K[x]$，使得$u(x)=p(x)f(x)$，$u(x)=q(x)g(x)$. 结合(5)式，得

$$p(x)f_1(x)(f(x),g(x)) = q(x)g_1(x)(f(x),g(x)), \tag{6}$$

于是$p(x)f_1(x)=q(x)g_1(x)$. 根据 5.3.2 小节中的例 3，得$(f_1(x),g_1(x))=1$，因此$f_1(x)\mid q(x)$，从而存在$h(x)\in K[x]$，使得$q(x)=h(x)f_1(x)$. 于是

$$u(x) = h(x)f_1(x)g(x) = h(x)f_1(x)g_1(x)(f(x),g(x)) = h(x)m(x).$$

因此$m(x)\mid u(x)$，从而$m(x)$是$f(x)$与$g(x)$的一个最小公倍式.

设$m_1(x)$，$m_2(x)$都是$f(x)$与$g(x)$的最小公倍式，则

$$m_1(x)\mid m_2(x), \quad m_2(x)\mid m_1(x),$$

从而$m_1(x)$与$m_2(x)$相伴.

如果$f(x)$，$g(x)$的首项系数都为 1，那么

$$[f(x),g(x)] = f_1(x)g_1(x)(f(x),g(x)) = \frac{f(x)g(x)}{(f(x),g(x))}. \qquad \square$$

最小公倍式的概念可以推广到$s(s>2)$个多项式的情形.

定义 5 设$f_1(x),f_2(x),\cdots,f_s(x)\in K[x]$. 如果存在$m(x)\in K[x]$，满足：

(1) $f_i(x)\mid m(x)$，$i=1,2,\cdots,s$(此时称$m(x)$是$f_1(x),f_2(x),\cdots,f_s(x)$的一个**公倍式**)；

(2) 对于$f_1(x),f_2(x),\cdots,f_s(x)$的任一公倍式$u(x)$都有$m(x)\mid u(x)$，

那么称$m(x)$是$f_1(x),f_2(x),\cdots,f_s(x)$的一个**最小公倍式**.

类似于命题 5 的证法，可以证明：$K[x]$中任意$s(s\geqslant 2)$个多项式的最小公倍式存在.

四、整数环 Z 中的最大公因数，互素的整数，最小公倍数

定义 6 设$a,b\in \mathbf{Z}$. 如果存在$d\in \mathbf{Z}$，满足下述条件：

(1) $d\mid a$，且$d\mid b$(此时称d是a与b的一个**公因数**)；

(2) 对于a与b的任一公因数c，有$c\mid d$，

那么称d是a与b的一个**最大公因数**.

任给$a\in \mathbf{Z}$. 由于$a\mid a$，且$a\mid 0$，因此a是a与 0 的一个公因数. 又由于a与 0 的任一公因数c满足$c\mid a$，因此a是a与 0 的一个最大公因数. 特别地，0 是 0 与 0 的最大公因数.

定理 4 任意两个整数a与b都有最大公因数，并且对于a与b的一个最大公因数d，存在$u,v\in \mathbf{Z}$，使得

$$ua + vb = d. \tag{7}$$

证明 若$b=0$，则a是a与 0 的一个最大公因数，且$1\cdot a+1\cdot 0=a$. 若$b\neq 0$，则用辗转

相除法,余数为 0 时的除数 r_s 就是 a 与 b 的一个最大公因数,并且存在 $u_1,v_1\in\mathbf{Z}$,使得 $u_1a+v_1b=r_s$. 任给 a 与 b 的一个最大公因数 d,则 $r_s\mid d$,且 $d\mid r_s$,从而 $d=\pm r_s$. 因此,存在 $u,v\in\mathbf{Z}$,使得

$$ua+vb=d. \qquad \square$$

设 a,b 不全为 0,则 a 与 b 的最大公因数不为 0,从而 a 与 b 的最大公因数恰有两个,它们互为相反数. a 与 b 的正的最大公因数记作 (a,b) 或 g. c. d(a,b).

定义 7 设 $a,b\in\mathbf{Z}$. 如果 $(a,b)=1$,那么称 a 与 b **互素**.

从定义 7 立即得到,a 与 b 互素当且仅当它们的公因数只有 ± 1. 于是,结合定理 4 立即得到下述定理:

定理 5 两个整数 a 与 b 互素的充要条件是,存在 $u,v\in\mathbf{Z}$,使得 $ua+vb=1$. $\square$

关于互素的整数有如下重要性质:

性质 4 在 $\mathbf{Z}$ 中,若 $a\mid bc$,且 $(a,b)=1$,则 $a\mid c$. $\square$

性质 5 在 $\mathbf{Z}$ 中,若 $a\mid c,b\mid c$,且 $(a,b)=1$,则 $ab\mid c$. $\square$

性质 6 在 $\mathbf{Z}$ 中,若 $(a,c)=1$,且 $(b,c)=1$,则 $(ab,c)=1$. $\square$

性质 6 可以推广为:在 $\mathbf{Z}$ 中,若 $(a_i,c)=1(i=1,2,\cdots,s)$,则 $(a_1a_2\cdots a_s,c)=1$.

利用性质 6 及其推广,可以把性质 5 推广为:在 $\mathbf{Z}$ 中,若 $a_i\mid c(i=1,2,\cdots,s)$,且 $a_1,a_2,\cdots,a_s$ 两两互素,则 $a_1a_2\cdots a_s\mid c$.

定义 8 设 $a_1,a_2,\cdots,a_s\in\mathbf{Z}$. 如果存在 $d\in\mathbf{Z}$,满足:

(1) $d\mid a_i,i=1,2,\cdots,s$(此时称 d 是 $a_1,a_2,\cdots,a_s$ 的一个**公因数**);

(2) 对于 $a_1,a_2,\cdots,a_s$ 的任一公因数 c,有 $c\mid d$,

那么称 d 是 $a_1,a_2,\cdots,a_s$ 的一个**最大公因数**.

从定义 8 立即得到,若 d_1,d_2 都是 $a_1,a_2,\cdots,a_s$ 的最大公因数,则 $d_1\mid d_2$,且 $d_2\mid d_1$,从而 $d_2=\pm d_1$. 于是,不全为 0 的整数 $a_1,a_2,\cdots,a_s$ 的最大公因数恰有两个,它们互为相反数,其中正的最大公因数记作 $(a_1,a_2,\cdots,a_s)$ 或 g. c. d$(a_1,a_2,\cdots,a_s)$.

与命题 5 的证法类似,可证得下述命题:

命题 8 任意 $s(s\geqslant 2)$ 个整数都有最大公因数,从而对于不全为 0 的整数 $a_1,\cdots,a_{s-1},a_s$,有

$$(a_1,\cdots,a_{s-1},a_s)=((a_1,\cdots,a_{s-1}),a_s). \tag{8}$$

$\square$

定义 9 设 $a,b\in\mathbf{Z}$. 如果存在 $m\in\mathbf{Z}$,满足:

(1) $a\mid m$,且 $b\mid m$(此时称 m 是 a 与 b 的一个**公倍数**);

(2) 对于 a 与 b 的任一公倍数 l,有 $m\mid l$,

那么称 m 是 a 与 b 的一个**最小公倍数**.

由于 0 的倍数只有 0,因此任一整数 a 与 0 的最小公倍数是 0.

设 m_1,m_2 都是 a 与 b 的最小公倍数,则 $m_1\mid m_2$,且 $m_2\mid m_1$,于是 $m_2=\pm m_1$.

命题 9 任意两个整数都有最小公倍数.非零整数 a 与 b 的最小公倍数恰有两个,它们互为相反数.a 与 b 的正的最小公倍数记作$[a,b]$或 l. c. m(a,b).若 $ab>0$,则

$$[a,b]=\frac{ab}{(a,b)}.$$

证明 类似于定理 3 的证法. □

对于 $s(s\geqslant 2)$个整数 $a_1,a_2,\cdots,a_s$,也有最小公倍数的概念,其定义类似于定义 9.

5.3.2 典型例题

例 1 设 $f(x),g(x)\in K[x]$,$a,b\in K^*$,则 $d(x)$是 $f(x)$与 $g(x)$的一个最大公因式当且仅当 $d(x)$是 $af(x)$与 $bg(x)$的一个最大公因式.

证明 必要性 设 $d(x)$是 $f(x)$与 $g(x)$的一个最大公因式,则 $d(x)\mid f(x)$,且 $d(x)\mid g(x)$,从而 $d(x)\mid af(x)$,且 $d(x)\mid bg(x)$.任取 $af(x)$与 $bg(x)$的一个公因式 $c(x)$,则 $c(x)\mid af(x)$,从而存在 $h(x)\in K[x]$,使得 $af(x)=h(x)c(x)$.于是 $f(x)=(a^{-1}h(x))c(x)$.因此 $c(x)\mid f(x)$.同理,$c(x)\mid g(x)$.所以 $c(x)\mid d(x)$.因此,$d(x)$是 $af(x)$与 $bg(x)$的一个最大公因式.

充分性 设 $d(x)$是 $af(x)$与 $bg(x)$的一个最大公因式,则根据已证明的必要性,$d(x)$是 $a^{-1}(af(x))$与 $b^{-1}(bg(x))$的一个最大公因式,即 $d(x)$是 $f(x)$与 $g(x)$的一个最大公因式. □

点评 设 $f(x),g(x)$是 $K[x]$中不全为 0 的多项式,则由例 1 立即得到:对于 $a,b\in K^*$,有

$$(f(x),g(x))=(af(x),bg(x)).\tag{9}$$

例 2 求$(f(x),g(x))$,并且把$(f(x),g(x))$表示成 $f(x)$与 $g(x)$的倍式和:

$$f(x)=x^3+x^2-7x+2,\quad g(x)=3x^2-5x-2.$$

解 根据(9)式,在做辗转相除法时,可以用适当的非零数去乘被除式或者除式,以便使计算量小一些:

	$g(x)$	$3f(x)$	
$h_2(x)=3x+1$	$3x^2-5x-2$ $3x^2-6x$	$3x^3+3x^2-21x+6$ $3x^3-5x^2-\ 2x$	$x+\frac{8}{3}=h_1(x)$
	$x-2$ $x-2$	$8x^2-19x+6$ $8x^2-\frac{40}{3}x-\frac{16}{3}$	
	0	$r_1(x)=-\frac{17}{3}x+\frac{34}{3}$ $-\frac{3}{17}r_1(x)=\quad x-2$	

因为余式为0时的除式是 $x-2$,所以

$$(f(x),g(x)) = x-2.$$

把上述辗转相除过程写出来就是

$$3f(x) = \left(x+\frac{8}{3}\right)g(x) + r_1(x),$$

$$g(x) = (3x+1)\left(-\frac{3}{17}r_1(x)\right) + 0.$$

于是

$$(f(x),g(x)) = -\frac{3}{17}r_1(x) = -\frac{3}{17}\left[3f(x)-\left(x+\frac{8}{3}\right)g(x)\right]$$

$$= -\frac{9}{17}f(x)+\frac{1}{17}(3x+8)g(x).$$

例 3 设 $f(x),g(x)\in K[x]$,且 $f(x)$ 与 $g(x)$ 不全为0,又设

$$f(x) = f_1(x)(f(x),g(x)), \quad g(x) = g_1(x)(f(x),g(x)),$$

证明:$(f_1(x),g_1(x))=1$.

证明 根据定理1,存在 $u(x),v(x)\in K[x]$,使得

$$u(x)f(x)+v(x)g(x) = (f(x),g(x)),$$

即 $$u(x)f_1(x)(f(x),g(x))+v(x)g_1(x)(f(x),g(x))=(f(x),g(x)),$$

从而 $$u(x)f_1(x)+v(x)g_1(x)=1.$$

根据定理2,得

$$(f_1(x),g_1(x)) = 1.$$ □

例 4 设 $f(x),g(x)\in K[x]$,$a,b,c,d\in K$,且 $ad-bc\neq 0$,证明:

$$(af(x)+bg(x),cf(x)+dg(x)) = (f(x),g(x)). \tag{10}$$

证明 根据§5.2中的命题3,得

$$(f(x),g(x)) \mid af(x)+bg(x), \quad (f(x),g(x)) \mid cf(x)+dg(x).$$

设 $p(x)=af(x)+bg(x)$,$q(x)=cf(x)+dg(x)$. 由于 $ad-bc\neq 0$,因此

$$f(x) = \frac{d}{ad-bc}p(x)-\frac{b}{ad-bc}q(x),$$

$$g(x) = \frac{-c}{ad-bc}p(x)+\frac{a}{ad-bc}q(x),$$

从而 $p(x)$ 与 $q(x)$ 的任一公因式 $c(x)$ 是 $f(x)$ 与 $g(x)$ 的一个公因式. 于是 $c(x)\mid(f(x),g(x))$. 因此,$(f(x),g(x))$ 是 $af(x)+bg(x)$ 与 $cf(x)+dg(x)$ 的一个最大公因式. □

例 5 证明:在 $K[x]$ 中,若 $(f(x),g(x))=1$,则对于任意正整数 m,有

$$(f(x^m),g(x^m)) = 1.$$

证明 由于$(f(x),g(x))=1$,因此存在$u(x),v(x)\in K[x]$,使得

$$u(x)f(x)+v(x)g(x) = 1. \tag{11}$$

x用x^m代入,从(11)式得

$$u(x^m)f(x^m)+v(x^m)g(x^m) = 1. \tag{12}$$

由于$u(x^m),v(x^m)\in K[x]$,因此根据定理2,从(12)式得

$$(f(x^m),g(x^m)) = 1. \qquad \square$$

点评 例5中运用一元多项式环$K[x]$的通用性质,既简洁地证明了$(f(x^m),g(x^m))=1$,又把道理讲清楚了.

例6 证明:在$K[x]$中,如果$(f(x),g(x))=1$,且$\deg g(x)>0$,那么存在唯一的一对多项式$u(x),v(x)$,使得

$$u(x)f(x)+v(x)g(x) = 1,\quad \deg u(x) < \deg g(x),\ \deg v(x) < \deg f(x).$$

证明 *存在性* 由于$(f(x),g(x))=1$,因此存在$p(x),q(x)\in K[x]$,使得

$$p(x)f(x)+q(x)g(x) = 1. \tag{13}$$

由于$g(x)\neq 0$,因此用$g(x)$去除$p(x)$,有$h(x),r(x)\in K[x]$,使得

$$p(x) = h(x)g(x)+r(x),\quad \deg r(x) < \deg g(x). \tag{14}$$

把(14)式代入(13)式,得

$$r(x)f(x)+(h(x)f(x)+q(x))g(x) = 1. \tag{15}$$

令$u(x)=r(x),v(x)=h(x)f(x)+q(x)$,则(15)式成为

$$u(x)f(x)+v(x)g(x) = 1, \tag{16}$$

其中$\deg u(x)=\deg r(x)<\deg g(x)$.由于$\deg g(x)>0$,因此从(16)式看出$u(x)\neq 0$.

假如$\deg v(x)\geqslant \deg f(x)$,则

$$\begin{aligned}\deg(v(x)g(x)) &= \deg v(x)+\deg g(x) \geqslant \deg f(x)+\deg g(x)\\ &> \deg f(x)+\deg u(x) = \deg(u(x)f(x)),\end{aligned}$$

从而$\deg(u(x)f(x)+v(x)g(x))=\deg(v(x)g(x))\geqslant \deg f(x)+\deg g(x)\geqslant \deg g(x)>0$.这与(16)式矛盾.因此$\deg v(x)<\deg f(x)$.

唯一性 假设在$K[x]$中还有一对多项式$u_1(x),v_1(x)$,使得

$$u_1(x)f(x)+v_1(x)g(x)=1,\quad \deg u_1(x)<\deg g(x),\ \deg v_1(x)<\deg f(x),$$

则

$$(u_1(x)-u(x))f(x) = (v(x)-v_1(x))g(x). \tag{17}$$

由于$(f(x),g(x))=1$,因此从(17)式得$g(x)\mid u_1(x)-u(x)$.假设$u_1(x)-u(x)\neq 0$,则$\deg g(x)\leqslant \deg(u_1(x)-u(x))<\deg g(x)$,矛盾.因此$u_1(x)-u(x)=0$.于是,从(17)式得

$v(x)-v_1(x)=0$. 所以

$$u_1(x)=u(x),\quad v_1(x)=v(x).\qquad\square$$

习 题 5.3

1. 求$(f(x),g(x))$,并且把$(f(x),g(x))$表示成 $f(x)$与 $g(x)$的倍式和:

(1) $f(x)=x^4+3x-2, g(x)=3x^3-x^2-7x+4$;

(2) $f(x)=x^4+3x^3-x^2-4x-3, g(x)=3x^3+10x^2+2x-3$;

(3) $f(x)=x^4+6x^3-6x^2+6x-7, g(x)=x^3+x^2-7x+5$.

2. 证明:在 $K[x]$中,如果 $d(x)=u(x)f(x)+v(x)g(x)$,并且 $d(x)$是 $f(x)$与 $g(x)$的一个公因式,那么 $d(x)$是 $f(x)$与 $g(x)$的一个最大公因式.

3. 证明:在 $K[x]$中,$(f(x),g(x))h(x)$是 $f(x)h(x)$与 $g(x)h(x)$的一个最大公因式;特别地,若 $h(x)$的首项系数为 1,则

$$(f(x)h(x),g(x)h(x))=(f(x),g(x))h(x).$$

4. 证明:在 $K[x]$中,如果$(f(x),g(x))=1$,那么

(1) $(f(x),f(x)+g(x))=1, (g(x),f(x)+g(x))=1$;

(2) $(f(x)g(x),f(x)+g(x))=1$.

5. 证明:在 $K[x]$中,如果 $f(x)$与 $g(x)$不全为 0,并且

$$u(x)f(x)+v(x)g(x)=(f(x),g(x)),$$

那么
$$(u(x),v(x))=1.$$

6. 证明:在 $K[x]$中,如果$(f_i(x),g_j(x))=1(i=1,2,\cdots,s;j=1,2,\cdots,m)$,那么

$$(f_1(x)f_2(x)\cdots f_s(x),g_1(x)g_2(x)\cdots g_m(x))=1.$$

7. 设 $f(x),g(x)\in K[x]$,且 $f(x)$与 $g(x)$全不为 0,证明:在 $K[x]$中,如果 $f(x)\mid h(x)$,$g(x)\mid h(x)$,那么 $f(x)g(x)\mid h(x)(f(x),g(x))$.

8. 证明:在 $K[x]$中,两个非零多项式 $f(x)$与 $g(x)$不互素的充要条件是,存在两个非零多项式 $u(x),v(x)\in K[x]$,使得

$$u(x)f(x)=v(x)g(x),\quad \deg u(x)<\deg g(x),\ \deg v(x)<\deg f(x).$$

9. 设 $f(x),g(x)\in K[x]$,且 $\deg g(x)>\deg d(x)$,其中 $d(x)$是 $f(x)$与 $g(x)$的一个最大公因式,证明:在 $K[x]$中存在唯一的一对多项式 $u(x),v(x)$,使得

$$u(x)f(x)+v(x)g(x)=d(x),$$
$$\deg u(x)<\deg g(x)-\deg d(x),$$
$$\deg v(x)<\deg f(x)-\deg d(x).$$

§5.4 不可约多项式,唯一因式分解定理

5.4.1 内容精华

一、不可约多项式

这一节我们来揭示数域 K 上一元多项式环 $K[x]$的结构.

一座房子的基本建筑块是砖或者预制板.在 $K[x]$中起着基本建筑块作用的是什么样子的多项式呢?凭直觉,应当是含因式最少的多项式.由于 $K[x]$中零次多项式是任一多项式 $f(x)$的因式,又 $f(x)$的相伴元(即与 $f(x)$相伴的多项式)是 $f(x)$的因式,因此含因式最少的多项式应当是下述定义1中指出的不可约多项式.

定义1 设 $f(x)$是 $K[x]$中一个次数大于0的多项式.如果 $f(x)$在 $K[x]$中的因式只有零次多项式和 $f(x)$的相伴元,那么称 $f(x)$是数域 K 上的一个**不可约多项式**,或者称 $f(x)$在 K 上**不可约**;否则,称 $f(x)$在 K 上**可约**.

例如,实数域 $\mathbf{R}$ 上的多项式 x^2+1 在 $\mathbf{R}[x]$中的因式只有零次多项式和 x^2+1 的相伴元,因此 x^2+1 在实数域 $\mathbf{R}$ 上不可约.把 x^2+1 看成复数域 $\mathbf{C}$ 上的多项式,由于 $x^2+1=(x+\mathrm{i})(x-\mathrm{i})$,因此 $x+\mathrm{i},x-\mathrm{i}$ 都是 x^2+1 在 $\mathbf{C}[x]$中的因式,从而 x^2+1 在复数域 $\mathbf{C}$ 上可约.

从定义1立即得到,若 $K[x]$中的多项式 $f(x)$在 K 上不可约,则对于任意 $c\in K^*$,$cf(x)$在 K 上不可约.

不可约多项式可以从以下几个角度来刻画:

定理1 设 $p(x)$是 $K[x]$中一个次数大于0的多项式,则下列命题等价:

(1) $p(x)$是 K 上的不可约多项式;

(2) 对于任意 $f(x)\in K[x]$,有$(p(x),f(x))=1$ 或 $p(x)\mid f(x)$;

(3) 在 $K[x]$中,从 $p(x)\mid f(x)g(x)$可推出 $p(x)\mid f(x)$或 $p(x)\mid g(x)$;

(4) 在 $K[x]$中,$p(x)$不能分解成两个次数较低的多项式的乘积.

证明 (1)$\Longrightarrow$(2):设 $p(x)$在 K 上不可约,任取 $f(x)\in K[x]$.由于$(p(x),f(x))$是 $p(x)$的因式,因此从不可约多项式的定义得

$$(p(x),f(x))=1 \quad 或 \quad (p(x),f(x))\sim p(x).$$

从后者得 $p(x)\mid(p(x),f(x))$.又有$(p(x),f(x))\mid f(x)$,因此由整除关系的传递性得

$$p(x)\mid f(x).$$

(2)$\Longrightarrow$(3):设在 $K[x]$中 $p(x)\mid f(x)g(x)$.若 $p(x)\nmid f(x)$,则根据命题(2),得$(p(x),f(x))=1$,从而由§5.3中互素多项式的性质1得 $p(x)\mid g(x)$.

(3)⟹(4)：假设在 $K[x]$中有

$$p(x) = p_1(x)p_2(x), \quad \deg p_i(x) < \deg p(x), \quad i = 1,2.$$

由于 $p(x)\mid p(x)$,因此 $p(x)\mid p_1(x)p_2(x)$. 根据命题(3),得 $p(x)\mid p_1(x)$或 $p(x)\mid p_2(x)$. 由于 $p(x)\neq 0$,因此 $p_i(x)\neq 0(i=1,2)$. 于是,根据§5.1中的推论3,得

$$\deg p(x) \leqslant \deg p_1(x) \quad 或 \quad \deg p(x) \leqslant \deg p_2(x),$$

矛盾. 因此,在 $K[x]$中,$p(x)$不能分解成两个次数较低的多项式的乘积.

(4)⟹(1)：任取 $p(x)$在 $K[x]$中的一个因式 $g(x)$,则存在 $h(x)\in K[x]$,使得

$$p(x) = h(x)g(x).$$

于是

$$\deg p(x) = \deg h(x) + \deg g(x).$$

根据命题(4),得

$$\deg h(x) = \deg p(x) \quad 或 \quad \deg g(x) = \deg p(x),$$

从而

$$\deg g(x) = 0 \quad 或 \quad \deg h(x) = 0.$$

从后者推出,存在某个 $c\in K^*$,使得 $h(x)=c$,于是 $p(x)=cg(x)$,从而 $p(x)\sim g(x)$. 因此,$p(x)$在 K 上不可约. □

从定理1中的命题(1)与命题(3)等价,运用数学归纳法可证得下述推论1：

推论1 在 $K[x]$中,如果 $p(x)$不可约,且 $p(x)\mid f_1(x)f_2(x)\cdots f_s(x)$,那么存在某个 $j\in\{1,2,\cdots,s\}$,使得 $p(x)\mid f_j(x)$. □

从定理1中的命题(1)与命题(4)等价,立即得出下述推论2和推论3：

推论2 $K[x]$中的每个一次多项式都不可约. □

推论3 在 $K[x]$中,次数大于0的多项式 $f(x)$可约当且仅当 $f(x)$可以分解成两个次数较低的多项式的乘积. □

二、唯一因式分解定理

设 $f(x)$是 $K[x]$中次数大于0的多项式. 若 $f(x)$可约,则根据推论3,得

$$f(x) = f_1(x)f_2(x), \quad \deg f_i(x) < \deg f(x), \ i = 1,2;$$

若 $f_i(x)$可约,则

$$f_i(x) = f_{i1}(x)f_{i2}(x), \quad \deg f_{ij}(x) < \deg f_i(x), \ j = 1,2.$$

这样下去,因式的次数不断降低,因此在有限步后必终止,此时 $f(x)$的分解式中每个因式都是不可约的. 由此得到下述定理2中的可分解性.

定理2(唯一因式分解定理) $K[x]$中任一次数大于0的多项式 $f(x)$能够唯一地分解成 K 上有限多个不可约多项式的乘积. 所谓唯一性,是指如果 $f(x)$有两个这样的分解式：

$$f(x)=p_1(x)p_2(x)\cdots p_s(x)=q_1(x)q_2(x)\cdots q_t(x), \tag{1}$$

那么 $s=t$,并且适当排列因式的次序后,有

$$p_i(x)\sim q_i(x) \quad (i=1,2,\cdots,s).$$

证明 可分解性在上面一段已证.

唯一性 假设 $f(x)$有两个这样的分解式,见(1)式,其中 $p_1(x),p_2(x),\cdots,p_s(x)$, $q_1(x),q_2(x),\cdots,q_t(x)$都是 K 上的不可约多项式.我们对第一个分解式中不可约多项式的个数 s 做数学归纳法.

当 $s=1$ 时,$f(x)=p_1(x)$,于是 $p_1(x)=q_1(x)q_2(x)\cdots q_t(x)$,从而 $q_1(x)\mid p_1(x)$.由于 $p_1(x)$不可约,因此 $p_1(x)\sim q_1(x)$,从而存在 $c\in K^*$,使得 $p_1(x)=cq_1(x)$.于是 $f(x)=cq_1(x)$.因此 $t=1$,且 $p_1(x)\sim q_1(x)$.

假设第一个分解式中不可约因式的个数为 $s-1$ 时唯一性成立.现在来看不可约因式的个数为 s 的情形.由(1)式得 $p_1(x)\mid q_1(x)q_2(x)\cdots q_t(x)$.由于 $p_1(x)$不可约,因此根据推论1,$p_1(x)$整除某个 $q_j(x)$,不妨设 $p_1(x)\mid q_1(x)$.由于 $q_1(x)$不可约,因此 $q_1(x)\sim p_1(x)$,从而存在某个 $b\in K^*$,使得 $q_1(x)=bp_1(x)$.于是,从(1)式运用消去律得

$$p_2(x)\cdots p_s(x)=bq_2(x)\cdots q_t(x).$$

根据归纳假设,得 $s-1=t-1$,即 $s=t$,且适当排列因式的次序后,有 $p_2(x)\sim bq_2(x),\cdots$, $p_s(x)\sim q_s(x)$.又有 $p_1(x)\sim q_1(x)$,因此

$$p_i(x)\sim q_i(x) \quad (i=1,2,\cdots,s).$$

根据数学归纳法原理,唯一性成立. □

从唯一性的证明中看出,$f(x)$的任一不可约因式一定与 $f(x)$的不可约多项式分解式中某个不可约因式相伴,因此 $f(x)$的不可约多项式分解式给出了 $f(x)$的全部不可约因式(在相伴的意义下).

唯一因式分解定理揭示了数域 K 上一元多项式环 $K[x]$的结构.只要确定了数域 K 上的所有不可约多项式,那么对 $K[x]$中所有次数大于 0 的多项式就了如指掌了.

在 $K[x]$中,次数大于 0 的多项式 $f(x)$的不可约多项式分解式可以写成如下形式:

$$f(x)=ap_1^{r_1}(x)p_2^{r_2}(x)\cdots p_m^{r_m}(x), \tag{2}$$

其中 a 是 $f(x)$的首项系数,$p_1(x),p_2(x),\cdots,p_m(x)$是 K 上两两不等的首 1 不可约多项式,$r_i>0$,$p_i^{r_i}(x)=(p_i(x))^{r_i}$,$i=1,2,\cdots,m$.(2)式称为 $f(x)$的**标准分解式**.

如果知道了 $K[x]$中两个次数大于 0 的多项式 $f(x),g(x)$的标准分解式:

$$f(x)=ap_1^{r_1}(x)\cdots p_t^{r_t}(x)p_{t+1}^{r_{t+1}}(x)\cdots p_m^{r_m}(x), \tag{3}$$

$$g(x)=bp_1^{l_1}(x)\cdots p_t^{l_t}(x)q_{t+1}^{l_{t+1}}(x)\cdots q_s^{l_s}(x), \tag{4}$$

那么

$$(f(x),g(x))=p_1^{\min\{r_1,l_1\}}(x)\cdots p_t^{\min\{r_t,l_t\}}(x), \tag{5}$$

$$[f(x),g(x)]=p_1^{\max\{r_1,l_1\}}(x)\cdots p_t^{\max\{r_t,l_t\}}(x)p_{t+1}^{r_{t+1}}(x)\cdots p_m^{r_m}(x)q_{t+1}^{l_{t+1}}(x)\cdots q_s^{l_s}(x). \tag{6}$$

(5)式成立的理由：记(5)式右端多项式的乘积为 $d(x)$，它是 $f(x)$ 与 $g(x)$ 的一个公因式. 任取 $f(x)$ 与 $g(x)$ 的一个次数大于 0 的公因式 $c(x)$，在 $c(x)$ 的标准分解式中任取一个不可约因式 $u(x)$. 由于 $u(x)\mid f(x)$，$u(x)\mid g(x)$，因此 $u(x)$ 等于某个 $p_j(x)$，其中 $1\leqslant j\leqslant t$；并且 $u(x)$ 在 $c(x)$ 的标准分解式中的幂指数不超过 $\min\{r_j,l_j\}$. 于是 $c(x)\mid d(x)$. 因此，$d(x)$ 是 $f(x)$ 与 $g(x)$ 的一个最大公因式.

利用§5.3中的定理3和(5)式可以得到(6)式.

由于把一个多项式因式分解是比较困难的，因此求 $f(x)$ 与 $g(x)$ 的最大公因式的最常用的方法是辗转相除法.

三、整数环 Z 中的素数，算术基本定理

在整数环 **Z** 中起着基本建筑块作用的是素数.

定义 2 设 m 是大于 1 的整数. 如果 m 的正因数只有 1 和 m 自身，那么称 m 是**素数**(或**质数**)；否则，称 m 是**合数**.

素数可以从以下几个不同的角度来刻画：

定理 3 设 p 是大于 1 的整数，则下列命题等价：

(1) p 是素数；

(2) 对于任意整数 a，有 $(p,a)=1$ 或 $p\mid a$；

(3) 在 **Z** 中，从 $p\mid ab$ 可以推出 $p\mid a$ 或 $p\mid b$；

(4) p 不能分解成两个较小的正整数的乘积.

证明 类似于定理 1 的证法. □

从素数的等价命题(3)，运用数学归纳法可证得：若素数 $p\mid a_1a_2\cdots a_s$，则存在某个 $j\in\{1,2,\cdots,s\}$，使得 $p\mid a_j$.

从素数的等价命题(4)得，大于 1 的整数 a 是合数当且仅当 a 能分解成两个较小的正整数的乘积.

设 a 是大于 1 的整数. 若 a 是合数，则 $a=a_1a_2(0<a_i<a,i=1,2)$. 若 a_i 是合数，则 $a_i=a_{i1}a_{i2}(0<a_{ij}<a_i,j=1,2)$. 如此下去，由于正因数不断减小，因此在有限步后必终止，此时 a 的分解式中都是素数. 于是有下述定理 4 的可分解性.

定理 4(算术基本定理) 任一大于 1 的整数 a 能够唯一地分解成有限多个素数的乘积. 所谓唯一性，是指如果 a 有两个这样的分解式：

$$a=p_1p_2\cdots p_s=q_1q_2\cdots q_t, \tag{7}$$

那么 $s=t$，并且适当排列因数的次序后，有

$$p_i=q_i\quad(i=1,2,\cdots,s).$$

证明 可分解性在上面一段已证.

唯一性类似于定理 2 中唯一性的证法. □

算术基本定理揭示了整数环 **Z** 的结构：任一大于 1 的整数 a 能唯一地(除了因数的排列次序外)写成

$$a = p_1^{r_1} p_2^{r_2} \cdots p_m^{r_m}, \tag{8}$$

其中 $p_1, p_2, \cdots, p_m$ 是两两不等的素数, $r_1, r_2, \cdots, r_m$ 是正整数. (8)式称为 a 的**标准分解式**.

如果知道了两个大于 1 的整数 a, b 的标准分解式：

$$a = p_1^{r_1} \cdots p_t^{r_t} p_{t+1}^{r_{t+1}} \cdots p_m^{r_m}, \tag{9}$$

$$b = p_1^{l_1} \cdots p_t^{l_t} q_{t+1}^{l_{t+1}} \cdots q_s^{l_s}, \tag{10}$$

那么

$$(a,b) = p_1^{\min\{r_1, l_1\}} p_2^{\min\{r_2, l_2\}} \cdots p_t^{\min\{r_t, l_t\}}, \tag{11}$$

$$[a,b] = p_1^{\max\{r_1, l_1\}} p_2^{\max\{r_2, l_2\}} \cdots p_t^{\max\{r_t, l_t\}} p_{t+1}^{r_{t+1}} \cdots p_m^{r_m} q_{t+1}^{l_{t+1}} \cdots q_s^{l_s}. \tag{12}$$

5.4.2 典型例题

例 1 证明：x^2+x+1 在实数域 **R** 上和有理数域 **Q** 上都不可约.

证明 假如 x^2+x+1 在实数域 **R** 上可约, 则根据推论 3, 得 $x^2+x+1=(x+a)(x+b)$, 其中 $a, b \in \mathbf{R}$. 于是, x^2+x+1 有两个实根 $-a, -b$. 由于 x^2+x+1 的判别式为 $\Delta=1^2-4\cdot 1\cdot 1<0$, 因此它没有实根. 这个矛盾表明, x^2+x+1 在实数域 **R** 上不可约.

假如 x^2+x+1 在有理数域 **Q** 上可约, 则 $x^2+x+1=(x+a)(x+b)$, 其中 $a, b \in \mathbf{Q}$, 从而 $a, b \in \mathbf{R}$. 由此推出 x^2+x+1 在实数域上 **R** 可约, 矛盾. 因此, x^2+x+1 在有理数域 **Q** 上不可约. □

例 2 分别在有理数域 **Q**、实数域 **R** 和复数域 **C** 上把下列多项式分解成不可约多项式的乘积：

(1) x^4-3x^2+1； (2) x^6+1.

解 (1)
$$\begin{aligned} x^4-3x^2+1 &= x^4-2x^2+1-x^2=(x^2-1)^2-x^2 \\ &=(x^2+x-1)(x^2-x-1) \qquad (\text{在 } \mathbf{Q} \text{ 上}) \\ &=\left(x-\frac{-1+\sqrt{5}}{2}\right)\left(x-\frac{-1-\sqrt{5}}{2}\right)\left(x-\frac{1+\sqrt{5}}{2}\right)\left(x-\frac{1-\sqrt{5}}{2}\right). \\ & \qquad (\text{在 } \mathbf{R}, \mathbf{C} \text{ 上}) \end{aligned}$$

(2)
$$\begin{aligned} x^6+1 &= (x^2)^3+1=(x^2+1)(x^4-x^2+1) \qquad (\text{在 } \mathbf{Q} \text{ 上}) \\ &=(x^2+1)(x^4+2x^2+1-3x^2)=(x^2+1)[(x^2+1)^2-(\sqrt{3}x)^2] \\ &=(x^2+1)(x^2+\sqrt{3}x+1)(x^2-\sqrt{3}x+1) \qquad (\text{在 } \mathbf{R} \text{ 上}) \end{aligned}$$

$$=(x+\mathrm{i})(x-\mathrm{i})\left(x-\frac{-\sqrt{3}+\mathrm{i}}{2}\right)\left(x-\frac{-\sqrt{3}-\mathrm{i}}{2}\right)\left(x-\frac{\sqrt{3}+\mathrm{i}}{2}\right)\left(x-\frac{\sqrt{3}-\mathrm{i}}{2}\right).$$

(在 **C** 上)

例 3 设 $f(x)\in K[x]$,且 $\deg f(x)>0$,证明下列命题等价:

(1) $f(x)$与 $K[x]$中某个不可约多项式的正整数次幂相伴;

(2) 对于任意 $g(x)\in K[x]$,有$(f(x),g(x))=1$ 或 $f(x)\mid g^m(x)$(m 为某个正整数);

(3) 在 $K[x]$中,从 $f(x)\mid g(x)h(x)$可以推出 $f(x)\mid g(x)$或 $f(x)\mid h^m(x)$(m 为某个正整数).

证明 (1)$\Longrightarrow$(2):设 $f(x)\sim p^l(x)$,其中 $p(x)$在 K 上不可约,$l\in\mathbf{N}^*$,则存在某个 $a\in K^*$,使得 $f(x)=ap^l(x)$. 任取 $g(x)\in K[x]$,根据定理 1,得$(p(x),g(x))=1$ 或 $p(x)\mid g(x)$,于是$(p^l(x),g(x))=1$ 或 $p^l(x)\mid g^l(x)$,从而$(f(x),g(x))=1$ 或 $f(x)\mid g^l(x)$.

(2)$\Longrightarrow$(3):设在 $K[x]$中 $f(x)\mid g(x)h(x)$. 如果对于任意 $m\in\mathbf{N}^*$,有 $f(x)\nmid h^m(x)$,那么根据命题(2),得$(f(x),h(x))=1$,从而 $f(x)\mid g(x)$.

(3)$\Longrightarrow$(1):假如 $f(x)$不与 $K[x]$中某个不可约多项式的正整数次幂相伴,则 $f(x)$在 $K[x]$中的标准分解式具有如下形式:

$$f(x)=ap_1^{l_1}(x)p_2^{l_2}(x)\cdots p_s^{l_s}(x),$$

其中 $s\geqslant 2$. 取 $g(x)=ap_1^{l_1}(x)$,$h(x)=p_2^{l_2}(x)\cdots p_s^{l_s}(x)$,则 $f(x)=g(x)h(x)$,从而 $f(x)\mid g(x)h(x)$. 根据命题(3),得 $f(x)\mid g(x)$或 $f(x)\mid h^m(x)$(m 为某个正整数),从而 $\deg f(x)\leqslant\deg g(x)$或 $p_1(x)\mid p_2^{l_2m}(x)\cdots p_s^{l_sm}(x)$. 前者是不可能的. 由后者推出 $p_1(x)$与某个 $p_j(x)$相伴,其中 $j\in\{2,\cdots,s\}$. 由此推出 $p_1(x)=p_j(x)$,矛盾. 因此,$f(x)$与 $K[x]$中某个不可约多项式的正整数次幂相伴. □

习 题 5.4

1. 证明:x^2+2x+3 在实数域 **R** 上和有理数域 **Q** 上都不可约.

2. 分别在有理数域 **Q**、实数域 **R** 和复数域 **C** 上把下列多项式分解成不可约多项式的乘积:

(1) x^4+4; (2) x^4+x^2+1; (3) x^6-1.

3. 设 $f(x)$,$g(x)$是 $K[x]$中次数大于 0 的多项式,证明:在 $K[x]$中,$g^2(x)\mid f^2(x)$当且仅当 $g(x)\mid f(x)$.

4. 设 $f(x)$,$g(x)$是 $K(x)$中次数大于 0 的多项式,证明:对于任意正整数 m,有

$$(f^m(x),g^m(x))=(f(x),g(x))^m.$$

5. 证明:在 $K[x]$中,如果$(f(x),g_2(x))=1$,那么对于任意 $g_1(x)\in K[x]$,有

$$(f(x)g_1(x),g_2(x))=(g_1(x),g_2(x)).$$

§5.5 重 因 式

5.5.1 内容精华

对于$K[x]$中次数大于0的多项式$f(x)$,如果其标准分解式中的一个不可约因式$p_j(x)$的幂指数为l_j,那么自然可以把$p_j(x)$叫作$f(x)$的l_j重因式.它的特征是$p_j^{l_j}(x)\mid f(x)$,且$p_j^{l_j+1}\nmid f(x)$.由此抽象出重因式的概念.

定义1 设$f(x)$是$K[x]$中次数大于0的多项式.如果K上的不可约多项式$p(x)$满足

$$p^k(x)\mid f(x),\quad p^{k+1}(x)\nmid f(x),$$

那么称$p(x)$是$f(x)$的一个k**重因式**,其中$k\in\mathbf{N}$.

在定义1中,若$k=0$,则$p(x)$不是$f(x)$的因式;若$k=1$,则称$p(x)$是$f(x)$的一个**单因式**;若$k\geqslant 2$,则称$p(x)$是$f(x)$的一个**重因式**.

如何判断一个次数大于0的多项式$f(x)$有没有重因式呢?让我们先解剖一个"麻雀".设$f(x)=(x+1)^3\in\mathbf{R}[x]$,则$x+1$是$f(x)$的一个重因式.把$f(x)=(x+1)^3$看成多项式函数的解析式,则$f'(x)=3(x+1)^2$.于是$(f(x),f'(x))=(x+1)^2$.这表明$f(x)$与$f'(x)$不互素.由此受到启发,我们对数域$K$上任意一元多项式给出导数的概念.

定义2 设$f(x)=a_nx^n+a_{n-1}x^{n-1}+\cdots+a_1x+a_0\in K[x]$,称多项式

$$na_nx^{n-1}+(n-1)a_{n-1}x^{n-2}+\cdots+a_1$$

为$f(x)$的**导数**,记作$f'(x)$.

$f'(x)$的导数叫作$f(x)$的二阶导数,记作$f''(x)$或$f^{(2)}(x)$……$f^{(k-1)}(x)$的导数叫作$f(x)$的k阶导数,记作$f^{(k)}(x)$.从定义2立即得出,一个n次多项式的导数是$n-1$次多项式,它的n阶导数是零次多项式,它的$n+1$阶导数是零多项式,零多项式的导数是零多项式.

根据定义2,通过计算得

$(f(x)+g(x))'=f'(x)+g'(x),\quad (cf(x))'=cf'(x),\ c\in K,$

$(f(x)g(x))'=f'(x)g(x)+f(x)g'(x),\quad (f^m(x))'=mf^{m-1}(x)f'(x),\ m\in\mathbf{N}^*.$

定理1 设$f(x)$是数域K上一个次数大于0的多项式.如果K上的不可约多项式$p(x)$是$f(x)$的一个$k(k\geqslant 1)$重因式,那么$p(x)$是$f'(x)$的一个$k-1$重因式.特别地,$f(x)$的单因式不是$f'(x)$的因式.

证明 由于$p(x)$是$f(x)$的一个k重因式,因此存在$g(x)\in K[x]$,使得

$$f(x)=g(x)p^k(x),\quad p(x)\nmid g(x),$$

于是

$$f'(x)=g'(x)p^k(x)+g(x)kp^{k-1}(x)p'(x)=p^{k-1}(x)(g'(x)p(x)+kg(x)p'(x)).$$

由于 $k\neq 0$，$p(x)\nmid p'(x)$，$p(x)\nmid g(x)$，且 $p(x)$ 不可约，因此 $p(x)\nmid kg(x)p'(x)$，从而

$$p(x)\nmid g'(x)p(x)+kg(x)p'(x).$$

于是，$p(x)$ 是 $f'(x)$ 的一个 $k-1$ 重因式. □

推论 1 设 $f(x)$ 是数域 K 上一个次数大于 0 的多项式，则数域 K 上的不可约多项式 $p(x)$ 是 $f(x)$ 的一个重因式当且仅当 $p(x)$ 是 $f(x)$ 与 $f'(x)$ 的一个公因式.

证明 *必要性* 设不可约多项式 $p(x)$ 是 $f(x)$ 的一个 $k(k\geqslant 2)$ 重因式，则 $p(x)$ 是 $f'(x)$ 的一个 $k-1$ 重因式. 因此，$p(x)$ 是 $f(x)$ 与 $f'(x)$ 的一个公因式.

充分性 设不可约多项式 $p(x)$ 是 $f(x)$ 与 $f'(x)$ 的一个公因式，则 $p(x)$ 不是 $f(x)$ 的单因式，从而 $p(x)$ 是 $f(x)$ 的一个重因式. □

从推论 1 立即得到下述推论 2：

推论 2 数域 K 上次数大于 0 的多项式 $f(x)$ 有重因式当且仅当 $f(x)$ 与 $f'(x)$ 有次数大于 0 的公因式. □

从推论 2 立即得到下述推论 3：

推论 3 数域 K 上次数大于 0 的多项式 $f(x)$ 没有重因式当且仅当 $f(x)$ 与 $f'(x)$ 互素. □

推论 3 表明，判断数域 K 上次数大于 0 的多项式 $f(x)$ 是否有重因式，只需计算 $(f(x),f'(x))$，而求最大公因式可用辗转相除法.

命题 1 设 $f(x)$ 是数域 K 上一个次数大于 0 的多项式，数域 $E\supseteq K$，则 $f(x)$ 在 $K[x]$ 中没有重因式当且仅当 $f(x)$ 在 $E[x]$ 中没有重因式.

证明 $f(x)$ 在 $K[x]$ 中没有重因式 $\Longleftrightarrow$ $f(x)$ 与 $f'(x)$ 在 $K[x]$ 中互素

$\Longleftrightarrow$ $f(x)$ 与 $f'(x)$ 在 $E[x]$ 中互素

$\Longleftrightarrow$ $f(x)$ 在 $E[x]$ 中没有重因式. □

命题 1 表明，数域 K 上次数大于 0 的多项式有没有重因式不随数域 K 的扩大而改变.

在许多有关多项式的问题中，如果多项式没有重因式，那么研究起来就比较方便. 对于数域 K 上次数大于 0 的多项式 $f(x)$，如果 $f(x)$ 有重因式，我们来探索如何求出一个多项式 $g(x)$，使得它与 $f(x)$ 含有完全相同的不可约因式(不计重数)，但是 $g(x)$ 没有重因式. 设 $f(x)$ 在 $K[x]$ 中的标准分解式为

$$f(x)=ap_1^{l_1}(x)p_2^{l_2}(x)\cdots p_s^{l_s}(x),$$

则

$$f'(x)=p_1^{l_1-1}(x)p_2^{l_2-1}(x)\cdots p_s^{l_s-1}(x)h(x),$$

其中 $p_i(x)\nmid h(x)(i=1,2,\cdots,s)$，$h(x)\in K[x]$. 于是

$$(f(x),f'(x))=p_1^{l_1-1}(x)p_2^{l_2-1}(x)\cdots p_s^{l_s-1}(x).$$

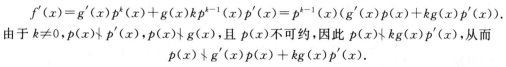

因此,用$(f(x),f'(x))$去除 $f(x)$所得的商式是

$$ap_1(x)p_2(x)\cdots p_s(x).$$

这就是我们要求的 $g(x)$.

5.5.2 典型例题

例 1 判断如下有理数域 **Q** 上的多项式有无重因式:

$$f(x)=x^3+x^2-16x+20.$$

如果有重因式,求出一个多项式,使它与 $f(x)$有完全相同的不可约因式(不计重数),且这个多项式没有重因式.

解 $f'(x)=3x^2+2x-16$.

用辗转相除法求出$(f(x),f'(x))=x-2$,因此 $f(x)$有重因式.

用$(f(x),f'(x))$去除 $f(x)$,所得商式为 $x^2+3x-10$,它没有重因式,且与 $f(x)$有完全相同的不可约因式(不计重数).

例 2 求例 1 中的多项式 $f(x)$在 $\mathbf{Q}[x]$中的标准分解式.

解 例 1 中已求出用 $x-2$ 去除 $f(x)$所得商式为 $x^2+3x-10$,余式为 0,因此

$$f(x)=(x^2+3x-10)(x-2)=(x+5)(x-2)^2.$$

例 3 设 K 是数域,在 $K[x]$中,$f(x)=x^3+ax+b$,求 $f(x)$有重因式的充要条件.

解 $f'(x)=3x^2+a$.

设 $a\neq 0$,用辗转相除法求 $f(x)$与 $f'(x)$的最大公因式:

$h_2(x)=3x-\dfrac{9b}{2a}$	$f'(x)$ $3x^2\qquad +a$ $3x^2+\dfrac{9b}{2a}x$	$3f(x)$ $3x^3\qquad +3ax+3b$ $3x^3\qquad +ax$	$h_1(x)=x$
	$-\dfrac{9b}{2a}x+a$ $-\dfrac{9b}{2a}x-\dfrac{27b^2}{4a^2}$	$r_1(x)=2ax+3b$ $\dfrac{1}{2a}r_1(x)=\quad x+\dfrac{3b}{2a}$	
	$r_2(x)=\dfrac{4a^3+27b^2}{4a^2}$		

于是

$$f(x)\ \text{有重因式}\Longleftrightarrow (f(x),f'(x))\neq 1\Longleftrightarrow 4a^3+27b^2=0.$$

当 $a=0$ 时,上述结论仍然成立.

点评 研究数域 K 上的三次多项式没有重因式的充要条件是有实际应用的.例如,在密码学中,可以利用平面上的曲线

$$y^2 = x^3 + ax + b \quad (4a^3 + 27b^2 \neq 0)$$

来建立公钥密码体系.根据例 3 的结论知道,这里关于 a,b 的条件正是三次多项式 $f(x)=x^3+ax+b$ 没有重因式的充要条件.

例 4 证明:$\mathbf{Q}[x]$中的多项式

$$f(x) = 1 + x + \frac{x^2}{2!} + \cdots + \frac{x^n}{n!}$$

没有重因式.

证明 $f'(x)=1+x+\cdots+\frac{x^{n-1}}{(n-1)!}$,于是 $f(x)=f'(x)+\frac{x^n}{n!}$.根据 5.3.2 小节中例 4 的结论,得

$$(f(x),f'(x)) = \left(f'(x) + \frac{1}{n!}x^n, f'(x)\right) = \left(\frac{x^n}{n!}, f'(x)\right).$$

由于 $\frac{x^n}{n!}$ 的不可约因式只有 x(不计重数),而 $x \nmid f'(x)$,所以

$$\left(\frac{x^n}{n!}, f'(x)\right) = 1, \quad 从而 \quad (f(x), f'(x)) = 1.$$

因此,$f(x)$没有重因式. □

例 5 证明:$K[x]$中的一个 $n(n\geqslant 1)$次多项式 $f(x)$能被它的导数整除的充要条件是它与一个一次因式的 n 次幂相伴.

证明 *充分性* 设 $f(x)=a(cx+b)^n$,则

$$f'(x) = na(cx+b)^{n-1}c,$$

从而

$$f'(x) \mid f(x).$$

必要性 设 $f'(x)\mid f(x)$,则$(f(x),f'(x))=cf'(x)$,其中 $c\in K^*$,c^{-1}是 $f'(x)$的首项系数.由于用$(f(x),f'(x))$去除 $f(x)$所得的商式 $g(x)$与 $f(x)$有完全相同的不可约因式(不计重数),且 $g(x)$没有重因式,因此

$$f(x) = cg(x)f'(x).$$

由于 $\deg f(x)=n$,$\deg f'(x)=n-1$,因此 $g(x)$具有如下形式:$g(x)=a(x+b)$,从而

$$f(x) = a(x+b)^n.$$

□

习 题 5.5

1. 判别下列有理系数多项式有无重因式.如果有重因式,试求出一个多项式,使它与所给的多项式有完全相同的不可约因式(不计重数),且这个多项式没有重因式.

(1) $f(x)=x^3-3x^2+4$;　　(2) $f(x)=x^3+2x^2-11x-12$.

2. 对于第 1 题中有重因式的多项式 $f(x)$，求出它在 $\mathbf{Q}[x]$中的标准分解式.

3. 设在 $\mathbf{Q}[x]$中 $f(x)=x^5-3x^4+2x^3+2x^2-3x+1$.

(1) 求出一个没有重因式的多项式 $g(x)$，使它与 $f(x)$含有完全相同的不可约因式(不计重数)；

(2) 求 $f(x)$的标准分解式.

4. 举例说明 $K[x]$中一个不可约多项式 $p(x)$是 $f(x)$的导数 $f'(x)$的 $k-1(k\geqslant 2)$重因式，但是 $p(x)$不是 $f(x)$的 k 重因式.

5. 设 K 是数域，证明：在 $K[x]$中，若不可约多项式 $p(x)$是 $f(x)$的导数 $f'(x)$的 $k-1$ $(k\geqslant 1)$重因式，并且 $p(x)$是 $f(x)$的因式，则 $p(x)$是 $f(x)$的 k 重因式.

6. 证明：在 $K[x]$中，不可约多项式 $p(x)$是 $f(x)$的 $k(k\geqslant 1)$重因式的充要条件为，$p(x)$是 $f(x),f'(x),\cdots,f^{(k-1)}(x)$的因式，但不是 $f^{(k)}(x)$的因式.

§5.6 一元多项式的根，复数域上的不可约多项式

5.6.1 内容精华

唯一因式分解定理揭示了数域 K 上一元多项式环 $K[x]$的结构：每个次数大于 0 的多项式都可以唯一地分解成有限多个不可约多项式的乘积. 下一步的任务就是要确定 $K[x]$中的所有不可约多项式. 由于一次多项式都是不可约的，因此我们要进一步在次数大于 1 的多项式中寻找不可约多项式. 次数大于 1 的多项式，如果有一次因式，那么它是可约的；如果没有一次因式，那么它可能是不可约的，也可能是可约的. 于是，次数大于 1 的多项式不可约的必要条件是它没有一次因式，但这不是充分条件. 为此，要研究 $K[x]$中的多项式 $f(x)$有一次因式的充要条件. 首先研究用一次多项式 $x-a$ 去除 $f(x)$得到的余式是什么样子的.

定理 1(余数定理) 在 $K[x]$中，用 $x-a$ 去除 $f(x)$所得的余式是 $f(a)$.

证明 做带余除法，得

$$f(x)=h(x)(x-a)+r(x),\quad \deg r(x)<\deg(x-a)=1.$$

若 $r(x)\neq 0$，则 $\deg r(x)=0$. 这时记 $r(x)=r$，其中 $r\in K^*$. 若 $r(x)=0$，则可以把 $r(x)$与 K 中的数 0 等同. 总而言之，有

$$f(x)=h(x)(x-a)+r,\quad r\in K. \tag{1}$$

x 用 a 代入，从(1)式得 $f(a)=r$. 因此，用 $x-a$ 去除 $f(x)$所得的余式是 $f(a)$. □

由定理 1 立即得到下述推论 1：

推论 1 在 $K[x]$中，$x-a\mid f(x)\Longleftrightarrow f(a)=0$. □

从推论 1 看出，需要引入多项式的根的概念.

定义 1 对于 $f(x)\in K[x]$,如果存在 $c\in K$,使得 $f(c)=0$,那么称 c 是 $f(x)$ 在 K 中的一个**根**. 设数域 $E\supseteq K$. 若存在 $\alpha\in E$,使得 $f(\alpha)=0$,则称 α 是 $f(x)$ 在 E 中的一个**根**.

若 $f(x)\in\mathbf{Q}[x]$,则 $f(x)$ 在 $\mathbf{Q}$ 中的根(如果有的话)称为**有理根**. $f(x)$ 在复数域 $\mathbf{C}$ 和实数域 $\mathbf{R}$ 中的根分别称为**复根**和**实根**.

从定义 1 和推论 1 立即得出下述定理:

定理 2[毕卓(Bezout)定理] 在 $K[x]$中,$x-a$ 是 $f(x)$ 的一次因式当且仅当 a 是 $f(x)$ 在 K 中的一个根. □

于是,$K[x]$中的多项式 $f(x)$ 有一次因式的充要条件是它在 K 中有根. 如果 $x-a$ 是 $f(x)$ 的 $k(k\geqslant 0)$ 重因式,那么称 a 是 $f(x)$ 的 k **重根**. 当 $k\geqslant 2$ 时,a 称为**重根**;当 $k=1$ 时,a 称为**单根**;当 $k=0$ 时,a 不是根.

对于 $K[x]$中的 $n(n>0)$ 次多项式 $f(x)$,设

$$f(x)=a(x-c_1)^{r_1}(x-c_2)^{r_2}\cdots(x-c_m)^{r_m}p_{m+1}^{r_{m+1}}(x)\cdots p_s^{r_s}(x),$$

其中 $c_1,c_2,\cdots,c_m$ 是 K 中两两不等的数;$p_{m+1}(x),\cdots,p_s(x)$ 是次数大于 1 的首 1 不可约多项式,它们两两不相等;$r_i\geqslant 0,i=1,2,\cdots s$. 根据毕卓定理,$c_i(i=1,2,\cdots,m)$ 是 $f(x)$ 在 K 中的 r_i 重根. 由于 $r_1+r_2+\cdots+r_m\leqslant n$,因此有下述定理:

定理 3 $K[x]$中的 $n(n>0)$ 次多项式 $f(x)$ 在 K 中至多有 n 个根(重根按重数计算). □

显然,当 $n=0$ 时,定理 3 也成立.

从定理 3 得出,如果一个次数不超过 n 的多项式在 K 中有 $n+1$ 个根,那么它必为零多项式. 由此立即得出下述定理:

定理 4 在 $K[x]$中,设 $f(x)$ 与 $g(x)$ 的次数都不超过 n. 如果 K 中有 $n+1$ 个不同的数 $c_1,c_2,\cdots,c_{n+1}$,使得

$$f(c_i)=g(c_i)\quad(i=1,2,\cdots,n+1),$$

那么

$$f(x)=g(x).$$

证明 设 $h(x)=f(x)-g(x)$,则 $\deg h(x)\leqslant\max\{\deg f(x),\deg g(x)\}\leqslant n$. 由于

$$h(c_i)=f(c_i)-g(c_i)=0\quad(i=1,2,\cdots,n+1),$$

因此 $h(x)$ 在 K 中至少有 $n+1$ 个不同的根. 而 $\deg h(x)\leqslant n$,于是 $h(x)=0$,从而

$$f(x)=g(x).$$ □

任给 $f(x)\in K[x]$,可以得到 K 到自身的一个映射 $f: a\mapsto f(a),\forall a\in K$. 这个映射 f 称为由多项式 $f(x)$ 诱导的**多项式函数**,也称为 K **上的一元多项式函数**.

把数域 K 上的所有一元多项式函数组成的集合记作 K_{pol},在此集合中规定:

$$(f+g)(a):=f(a)+g(a),\quad\forall a\in K,\tag{2}$$

$$(fg)(a):=f(a)g(a),\quad\forall a\in K.\tag{3}$$

从(2)式和(3)式可以看出，$f+g$，fg 分别是由多项式

$$h(x)=f(x)+g(x),\quad p(x)=f(x)g(x)$$

诱导的多项式函数，因此(2)式和(3)式分别定义了集合 K_{pol} 上的加法和乘法运算.

定理 5 如果数域 K 上的两个多项式 $f(x)$ 与 $g(x)$ 不相等，那么它们诱导的多项式函数 f 与 g 也不相等.

证明 设 $f(x)\neq g(x)$. 假如 $f=g$，则对于任意 $a\in K$，有 $f(a)=g(a)$. 由于 K 是数域，它有无穷多个元素，于是根据定理 4，得 $f(x)=g(x)$，矛盾. 因此 $f\neq g$. □

注意 定理 5 的证明的关键是 K 中有无穷多个元素.

设 K 是数域，把多项式 $f(x)$ 对应到它诱导的多项式函数 f，这是 $K[x]$ 到 K_{pol} 的一个映射. 从多项式函数的定义知，它是满射；从定理 5 得出，它是单射. 所以，这个映射是双射. 由于多项式 $f(x)+g(x)$ 对应的多项式函数是 $f+g$，多项式 $f(x)g(x)$ 对应的多项式函数是 fg，因此这个映射保持加法和乘法运算.

根据上述议论，可以把数域 K 上的一元多项式 $f(x)$(它是一个表达式)与由它诱导的一元多项式函数 f(它是一个映射)等同看待. 于是有下述结论：

推论 2 设多项式 $f(x)\in K[x]$，则 c 是 $f(x)$ 在 K 中的根当且仅当 f 在 c 处的函数值

$$f(c)=0.$$ □

利用推论 2，我们可以运用复变函数(即自变量取复数值，函数值也为复数的函数)的理论来研究复数域上的不可约多项式有哪些.

读者在"数学分析"(或"高等数学")课程中学习的函数是实变函数(即自变量取实数值，函数值也为实数的函数). 类似于实变函数的极限、连续、导数等概念，复变函数也有极限、连续、导数等概念；并且复变函数的导数与四则运算的关系，以及复合函数的求导法则，都与实变函数一样. 如果复变函数 $g(z)$ 在复平面 $\mathbf{C}$ 上某个点存在导数，那么称 $g(z)$ **在这一点解析**；如果 $g(z)$ 在复平面 $\mathbf{C}$ 上每个点都存在导数，那么称 $g(z)$ **在复平面 C 上解析**.

现在来探索复数域 $\mathbf{C}$ 上的不可约多项式有哪些. 设

$$f(x)=a_nx^n+a_{n-1}x^{n-1}+\cdots+a_1x+a_0\in\mathbf{C}[x],$$

且 $\deg f(x)=n>0$. 假如 $f(x)$ 没有复根，则 $\mathbf{C}$ 上的一元多项式函数 f 在复平面 $\mathbf{C}$ 上的每个点 z 处的函数值 $f(z)\neq 0$，从而函数

$$\varphi(z):=\frac{1}{f(z)}$$

的定义域为 $\mathbf{C}$. 根据复变函数的求导法则，得

$$\varphi'(z)=-\frac{f'(z)}{(f(z))^2}.$$

由于对于任意 $z\in\mathbf{C}$，有 $f(z)\neq 0$，因此 $\varphi(z)$ 在复平面 $\mathbf{C}$ 上解析.

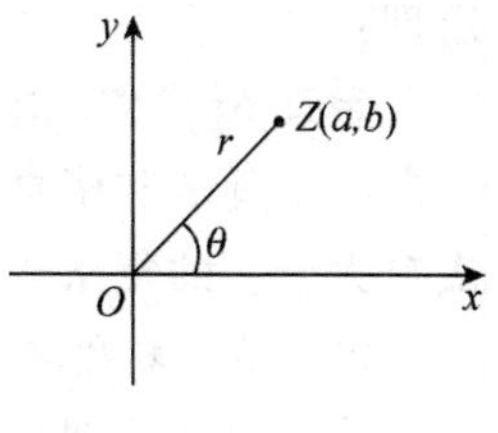

图 5.1

设 $z=a+b\mathrm{i}$. 在复平面 $\mathbf{C}$ 上,点 $Z(a,b)$ 表示复数 $z=a+b\mathrm{i}$,如图 5.1 所示. 设点 Z 到原点 O 的距离为 r,从 x 轴的正半轴到射线 OZ 的转角为 θ,则根据三角函数的定义,得 $a=r\cos\theta, b=r\sin\theta$. 于是,复数 $z=a+b\mathrm{i}$ 又可以表示成 $z=r(\cos\theta+\mathrm{i}\sin\theta)$,其中 r 称为 z 的**模**,记作 $|z|$;θ 称为 z 的一个**辐角**. 容易计算出 $|z|=\sqrt{a^2+b^2}$. 利用两角和的正弦公式和余弦公式,运用数学归纳法可证得

$$z^n=[r(\cos\theta+\mathrm{i}\sin\theta)]^n=r^n(\cos n\theta+\mathrm{i}\sin n\theta), \quad n\in\mathbf{N}^*.$$

于是 $|z^n|=r^n=|z|^n$,从而对于任给的正整数 n,有

$$\lim_{|z|\to+\infty}\left|\frac{1}{z^n}\right|=\lim_{|z|\to+\infty}\frac{1}{|z^n|}=\lim_{|z|\to+\infty}\frac{1}{|z|^n}=0.$$

因此,对于任给的正整数 n,有 $\lim\limits_{|z|\to+\infty}\frac{1}{z^n}=0$. 于是

$$\lim_{|z|\to+\infty}\varphi(z)=\lim_{|z|\to+\infty}\frac{1}{f(z)}=\lim_{|z|\to+\infty}\frac{1}{a_nz^n+a_{n-1}z^{n-1}+\cdots+a_1z+a_0}$$

$$=\lim_{|z|\to+\infty}\frac{\frac{1}{z^n}}{a_n+a_{n-1}\frac{1}{z}+\cdots+a_1\frac{1}{z^{n-1}}+a_0\frac{1}{z^n}}=\frac{0}{a_n}=0,$$

从而对于 $\varepsilon=1$,存在 $r>0$,使得对于满足 $|z|>r$ 的一切 z,有

$$|\varphi(z)|<1.$$

显然,$\varphi(z)$ 在圆盘 $|z|\leqslant r$ 上连续,圆盘 $|z|\leqslant r$ 是有界闭集. 根据"有界闭集上的连续函数必有界(指它的模有界)",$\varphi(z)$ 在 $|z|\leqslant r$ 上有界,即存在 $M_1>0$,使得对于满足 $|z|\leqslant r$ 的一切 z,有

$$|\varphi(z)|\leqslant M_1.$$

取 $M=\max\{1,M_1\}$,则对于任意 $z\in\mathbf{C}$,有

$$|\varphi(z)|\leqslant M.$$

于是,$\varphi(z)$ 在复平面 $\mathbf{C}$ 上有界.

根据复变函数论的刘维尔(Liouville)定理(即在复平面 $\mathbf{C}$ 上解析且有界的函数必为常值函数),得

$$\varphi(z)=c, \quad \forall z\in\mathbf{C},$$

其中 c 是某个非零复数,从而

$$f(z)=\frac{1}{c}, \quad \forall z\in\mathbf{C}.$$

由此得出 $f(x)=\frac{1}{c}$. 这与 $\deg f(x)=n>0$ 矛盾,因此 $f(x)$ 必有复根. 于是,我们证明了下述

定理:

定理 6(代数基本定理) 每个次数大于 0 的复系数多项式都有复根. □

由定理 6 和毕卓定理立即得到,每个次数大于 0 的复系数多项式都有一次因式. 所以,次数大于 1 的复系数多项式都是可约的. 于是,我们得到下述结论:

推论 3 复数域上的不可约多项式只有一次多项式. □

从推论 3 立即得到下述结论:

推论 4(复系数多项式唯一因式分解定理) 在 $\mathbf{C}[x]$中,每个次数大于 0 的多项式 $f(x)$ 都可以唯一地分解成有限多个一次多项式式的乘积,从而 $f(x)$的标准分解式具有如下形式:

$$f(x) = a(x-c_1)^{l_1}(x-c_2)^{l_2}\cdots(x-c_s)^{l_s}. \tag{4}$$

□

从推论 4 立即得到下述结论:

推论 5 每个 $n(n>0)$次复系数多项式恰有 n 个复根(重根按重数计算). □

显然,当 $n=0$ 时,推论 5 也成立.

至此,我们完全确定了复数域上的不可约多项式(见推论 3),从而细化了复系数多项式的唯一因式分解定理(见推论 4),进而精确地揭示了 $n(n>0)$次复系数多项式恰有 n 个复根(重根按重数计算).

利用复系数多项式唯一因式分解定理,可以得出任一数域 K 上的 $n(n>0)$ 次多项式 $f(x)$的复根与它的系数之间的关系:

设 $f(x)=x^n+a_{n-1}x^{n-1}+\cdots+a_1x+a_0\in K[x]$, $n>0$. 把 $f(x)$看成复系数多项式,设它的 n 个复根为 $c_1,c_2,\cdots,c_n$(它们可能有相同的),则 $f(x)$在复数域 $\mathbf{C}$ 上有如下因式分解:

$$f(x) = (x-c_1)(x-c_2)\cdots(x-c_n). \tag{5}$$

把(5)式的右端展开,并且比较(5)式左、右两端多项式的各项系数,得

$$\begin{aligned}
a_{n-1} &= -(c_1+c_2+\cdots+c_n),\\
a_{n-2} &= \sum_{1\leqslant i<j\leqslant n} c_i c_j,\\
&\cdots\cdots\\
a_{n-k} &= (-1)^k \sum_{1\leqslant i_1<i_2<\cdots<i_k\leqslant n} c_{i_1}c_{i_2}\cdots c_{i_k},\\
&\cdots\cdots\\
a_0 &= (-1)^n c_1 c_2\cdots c_n.
\end{aligned} \tag{6}$$

公式(6)称为**韦达公式**.

5.6.2 典型例题

例 1 设在 $\mathbf{Q}[x]$中 $f(x)=x^3-3x^2+ax+4$,求 a 的值,使 $f(x)$在 $\mathbf{Q}$ 中有重根,并且求

出相应的重根及其重数.

解 $c\in\mathbf{Q}$ 是 $f(x)$ 的重根 $\Longleftrightarrow x-c$ 是 $f(x)$ 的重因式

$\Longleftrightarrow x-c$ 是 $(f(x),f'(x))$ 的因式.

用辗转相除法求 $(f(x),f'(x))$,当 $a\neq 3$ 时,有

$c\in\mathbf{Q}$ 是 $f(x)$ 的重根 $\Longleftrightarrow 4a^3-9a^2+216a=0(a\in\mathbf{Q})$,且 $x-c$ 是 $x+\dfrac{12+a}{2a-6}$ 的因式

$\Longleftrightarrow a=0$,且 $c=2$.

当 $a=3$ 时,$(f(x),f'(x))=1$,从而 $f(x)$ 没有重因式,因此 $f(x)$ 在 $\mathbf{Q}$ 中没有重根.

综上所述,$f(x)$ 在 $\mathbf{Q}$ 中有重根当且仅当 $a=0$,此时 2 是 $f(x)$ 的 2 重根.

例 2 证明:$K[x]$ 中两个次数大于 0 的多项式没有公共复根的充要条件是它们互素.

证明 设 $f(x),g(x)\in K[x]$,则

$f(x)$ 与 $g(x)$ 有公共复根 $\Longleftrightarrow f(x)$ 与 $g(x)$ 在 $\mathbf{C}[x]$ 中有公共的一次因式

$\Longleftrightarrow f(x)$ 与 $g(x)$ 在 $\mathbf{C}[x]$ 中不互素

$\Longleftrightarrow f(x)$ 与 $g(x)$ 在 $K[x]$ 中不互素,

从而 $f(x)$ 与 $g(x)$ 没有公共复根当且仅当 $f(x)$ 与 $g(x)$ 在 $K[x]$ 中互素. □

点评 在例 2 的证明过程中,第二步的充分性利用了复数域 $\mathbf{C}$ 上每个次数大于 0 的多项式都可以分解成一次多项式的乘积. 例 2 的结论使我们可以利用辗转相除法判断 $K[x]$ 中两个多项式是否有公共复根,并且如果有的话,可以把公共复根求出来:c 是 $f(x)$ 与 $g(x)$ 的公共复根当且仅当 $x-c$ 是 $(f(x),g(x))$ 的因式.

例 3 设在 $\mathbf{Q}[x]$ 中 $f(x)=x^3-3x^2+x-3$,$g(x)=x^4-x^3+2x^2-x+1$. $f(x)$ 与 $g(x)$ 有无公共复根? 如果有,试把它求出来.

解 用辗转相除法求出

$$(f(x),g(x))=x^2+1=(x-\mathrm{i})(x+\mathrm{i}),$$

因此 i 和 $-$i 是 $f(x)$ 与 $g(x)$ 的公共复根.

例 4 证明:在 $K[x]$ 中,如果 $x-a\mid f(x^m)$,其中 m 是任一正整数,那么

$$x^m-a^m\mid f(x^m).$$

证明 令 $g(x)=f(x^m)$,由于 $x-a\mid f(x^m)$,即 $x-a\mid g(x)$,因此 a 是 $g(x)$ 在 K 中的根,从而 $g(a)=0$. 于是

$$f(a^m)=g(a)=0.$$

这表明,a^m 是 $f(x)$ 在 K 中的根. 因此 $x-a^m\mid f(x)$,从而有 $h(x)\in K[x]$,使得

$$f(x)=h(x)(x-a^m).$$

x 用 x^m 代入,从上式得

$$f(x^m)=h(x^m)(x^m-a^m),$$

于是
$$x^m-a^m \mid f(x^m).$$ □

点评　例 4 的证明主要是利用了根与一次因式的关系，以及一元多项式环的通用性质. 如果不用一元多项式环的通用性质，就很难把道理讲清楚.

例 5　证明：在 $\mathbf{Q}[x]$ 中，有
$$x^2+x+1 \mid x^{3m}+x^{3n+1}+x^{3l+2},\quad m,n,l\in\mathbf{N}^*.$$

证明　把上述多项式看成复数域 $\mathbf{C}$ 上的多项式，记 $w=\frac{-1+\sqrt{3}\mathrm{i}}{2}$. 由于 $w^3=1$，因此有
$$1+w+w^2=0,\quad w^{3m}+w^{3n+1}+w^{3l+2}=1+w+w^2=0,$$
从而 w 是 x^2+x+1 与 $x^{3m}+x^{3n+1}+x^{3l+2}$ 的公共复根. 根据毕卓定理，$x-w$ 是它们的公因式，从而它们不互素. 由于互素性不随数域的扩大而改变，因此 x^2+x+1 与 $x^{3m}+x^{3n+1}+x^{3l+2}$ 在 $\mathbf{Q}[x]$ 中也不互素. 又由于二次多项式 x^2+x+1 在 $\mathbf{Q}[x]$ 中没有一次因式，因此它在 $\mathbf{Q}$ 上不可约. 于是，在 $\mathbf{Q}[x]$ 中，有
$$x^2+x+1 \mid x^{3m}+x^{3n+1}+x^{3l+2}.$$ □

点评　例 5 的证明充分显示了掌握理论的重要性. 利用根与一次因式的关系，互素性不随数域的扩大而改变，$\mathbf{Q}[x]$ 中不可约多项式与任一多项式的关系要么互素，要么能整除它，就证明了结论，几乎不用什么计算，也不需要什么特殊技巧.

例 6　证明：在 $\mathbf{Q}[x]$ 中，如果
$$x^2+x+1 \mid f_1(x^3)+xf_2(x^3),$$
那么 1 是 $f_i(x)(i=1,2)$ 的根.

证明　由已知条件，存在 $h(x)\in\mathbf{Q}[x]$，使得
$$f_1(x^3)+xf_2(x^3)=h(x)(x^2+x+1). \tag{7}$$
记 $w=\frac{-1+\sqrt{3}\mathrm{i}}{2}$，则
$$w^2+w+1=0,\quad (w^2)^2+w^2+1=w+w^2+1=0.$$

x 分别用 w,w^2 代入，从(7)式得
$$f_1(1)+wf_2(1)=0,\quad f_1(1)+w^2f_2(1)=0.$$
联立解得 $f_1(1)=0$，$f_2(1)=0$. 因此，1 是 $f_i(x)(i=1,2)$ 的根. □

点评　例 6 的证题思路是：为了求 $f_1(1)$，$f_2(1)$，需要列出两个方程. 利用已知的整除关系写出关于整除的等式(7). 从(7)式的具体情形可以看出，应当把 x 分别用 w,w^2 代入，才能得到关于 $f_1(1)$，$f_2(1)$的两个方程.

例 7　设 $f(x)\in K[x]$，且 $f(x)$的次数 n 大于 0，证明：如果在 $K[x]$中 $f(x)\mid f(x^m)$，m 是一个大于 1 的整数，那么 $f(x)$的复根只能是 0 或单位根.（注：x^n-1 的每个复根都称为 $\mathbf{C}$ 中的 n **次单位根**.）

证明 任取 $f(x)$的一个复根 c,则 $f(c)=0$.

由于在 $K[x]$中 $f(x)\mid f(x^m)$,因此存在 $h(x)\in K[x]$,使得

$$f(x^m)=h(x)f(x). \tag{8}$$

x 用 c 代入,从(8)式得 $f(c^m)=h(c)f(c)=0$,于是 c^m 是 $f(x)$的一个复根. x 用 c^m 代入,从(8)式得 $f(c^{m^2})=h(c^m)f(c^m)=0$. 于是,$c^{m^2}$ 也是 $f(x)$的一个复根. 依次下去可得,$c,c^m,c^{m^2},c^{m^3},\cdots$都是 $f(x)$的复根. 把 $f(x)$看成 $\mathbf{C}[x]$中的多项式,由于 $\deg f(x)=n$,因此 $f(x)$恰有 n 个复根(重根按重数计算). 于是,必存在正整数 $i,j\ (i<j)$,使得 $c^{m^i}=c^{m^j}$. 由此得出 $c^{m^i}(c^{m^j-m^i}-1)=0$,因此 $c^{m^i}=0$ 或 $c^{m^j-m^i}=1$,从而 $c=0$ 或 c 是单位根. □

点评 从例 7 的证明过程可以看出,运用一元多项式环的通用性质才能把从 c 是 $f(x)$的复根推导出 $c^m,c^{m^2},c^{m^3},\cdots$都是 $f(x)$的复根的道理讲清楚. 否则,不仅道理说不清楚,而且很容易出现差错.

例 8 设 $f(x)\in K[x]$,且 $\deg f(x)=n>0$,证明:c 是 $f(x)$的 $k(k\geqslant 1)$重复根的充要条件是

$$f(c)=f'(c)=\cdots=f^{(k-1)}(c)=0,\quad f^{(k)}(c)\neq 0. \tag{9}$$

证明 *必要性* 设 c 是 $f(x)$的 $k(k\geqslant 1)$重复根,则在 $\mathbf{C}[x]$中 $x-c$ 是 $f(x)$的 k 重因式. 于是,$x-c$ 是 $f'(x)$的 $k-1$ 重因式,从而 $x-c$ 是 $f''(x)$的$(k-1)-1=k-2$ 重因式. 依次下去可得,$x-c$ 是 $f'''(x)$的 $k-3$ 重因式……$x-c$ 是 $f^{(k-1)}(x)$的 1 重因式,$x-c$ 不是$f^{(k)}(x)$的因式. 因此

$$f(c)=f'(c)=\cdots=f^{(k-1)}(c)=0,\quad f^{(k)}(c)\neq 0.$$

充分性 设复数 c 使得(9)式成立,则 c 是 $f(x),f'(x),\cdots,f^{(k-1)}(x)$的复根,$c$ 不是 $f^{(k)}(x)$的复根. 于是,在 $\mathbf{C}[x]$中,$x-c$ 是 $f^{(k-1)}(x)$的单因式,从而 $x-c$ 是 $f^{(k-2)}(x)$的 2 重因式. 依次下去可得,$x-c$ 分别是 $f^{(k-3)}(x),\cdots,f'(x),f(x)$的 $3,\cdots,k-1,k$ 重因式. 因此,c 是 $f(x)$的 k 重复根. □

例 9 证明:数域 K 上任一不可约多项式在复数域 $\mathbf{C}$ 内没有重根.

证明 设 $p(x)$是 $K[x]$中的不可约多项式,它在 $K[x]$中的标准分解式为

$$p(x)=a\cdot\frac{1}{a}p(x),$$

其中 a 是 $p(x)$的首项系数. 由此看出,$p(x)$在 $K[x]$中没有重因式,从而 $p(x)$在 $\mathbf{C}[x]$中没有重因式,于是 $p(x)$在复数域 $\mathbf{C}$ 内没有重根. □

点评 例 9 的证明的关键是利用了"是否有重因式不随数域的扩大而改变"这个结论.

例 10 证明:在 $K[x]$中,如果 $f(x)$与不可约多项式 $p(x)$有公共复根,那么 $p(x)\mid f(x)$.

证明 由已知条件得,$f(x)$与 $p(x)$在 $\mathbf{C}[x]$中有公共的一次因式. 因此,在 $\mathbf{C}[x]$中,$(f(x),p(x))\neq 1$. 于是,在 $K[x]$中,$(f(x),p(x))\neq 1$. 由于 $p(x)$是 K 上的不可约多项式,

因此

$$p(x)\mid f(x).$$ □

点评 例 10 的证明的关键有两点：第一，互素性不随数域的扩大而改变；第二，在$K[x]$中，不可约多项式 $p(x)$与任一多项式 $f(x)$的关系或者互素，或者 $p(x)\mid f(x)$.

从例 5、例 6、例 7、例 9 和例 10 可以看出，掌握一元多项式环的通用性质，整除关系、首 1 最大公因式、互素性、是否有重因式都不随数域的扩大而改变，以及 $K[x]$中不可约多项式与任一多项式的关系等理论，可以比较容易找到解题思路，而且能把解题过程写得清楚、明白，不至于含糊不清.

例 11 在 $\mathbf{C}[x]$中，求 x^n-1 的标准分解式.

解 $c=r(\cos\theta+\mathrm{i}\sin\theta)$是 x^n-1 的复根 $\Longleftrightarrow c^n-1=0$

$$\begin{aligned}&\Longleftrightarrow r^n(\cos n\theta+\mathrm{i}\sin n\theta)=\cos 0+\mathrm{i}\sin 0\\&\Longleftrightarrow r^n=1,\text{且 } n\theta=0+2k\pi,k\in\mathbf{Z}\\&\Longleftrightarrow r^n=1,\text{且 } \theta=\frac{2k\pi}{n},k\in\mathbf{Z}\\&\Longleftrightarrow c=\cos\frac{2k\pi}{n}+\mathrm{i}\sin\frac{2k\pi}{n}=\mathrm{e}^{\mathrm{i}\frac{2k\pi}{n}},k\in\mathbf{Z}.\end{aligned}$$

记 $\xi=\mathrm{e}^{\mathrm{i}\frac{2\pi}{n}}$，则 $1,\xi,\xi^2,\cdots,\xi^{n-1}$都是 x^n-1 的复根，且两两不相等. 因此，x^n-1 在 $\mathbf{C}[x]$中的标准分解式为

$$x^n-1=(x-1)(x-\xi)(x-\xi^2)\cdots(x-\xi^{n-1}).\tag{10}$$

例 12 设 $x^n-a^n(a\neq0)$是数域 K 上的多项式，求 x^n-a^n 在 $\mathbf{C}[x]$中的标准分解式.

解 我们有

$$x^n-a^n=a^n\left[\left(\frac{x}{a}\right)^n-1\right].$$

x 用 $\frac{x}{a}$ 代入，从例 11 中 x^n-1 的标准分解式(10)得

$$\left(\frac{x}{a}\right)^n-1=\left(\frac{x}{a}-1\right)\left(\frac{x}{a}-\xi\right)\left(\frac{x}{a}-\xi^2\right)\cdots\left(\frac{x}{a}-\xi^{n-1}\right),$$

从而

$$x^n-a^n=(x-a)(x-a\xi)(x-a\xi^2)\cdots(x-a\xi^{n-1}).\tag{11}$$

***例 13** 设 $f(x),g(x)\in\mathbf{C}[x]$，且 $f(x)$与 $g(x)$的次数都大于 0，证明：如果 $f^{-1}(0)=g^{-1}(0)$，且 $f^{-1}(1)=g^{-1}(1)$，那么 $f(x)=g(x)$.

证明 设 $\max\{\deg f(x),\deg g(x)\}=n$，不妨设 $f(x)$的次数为 n. 显然 $f^{-1}(0)\cap f^{-1}(1)=\varnothing$. 如果能证明

$$|f^{-1}(0)\cup f^{-1}(1)|\geqslant n+1,$$

那么由于 $f^{-1}(0)=g^{-1}(0)$，且 $f^{-1}(1)=g^{-1}(1)$，因此 $f(x)-g(x)$至少有 $n+1$ 个根，从而

$$f(x)=g(x).$$

设 $f(x)$,$f(x)-1$ 的标准分解式分别为

$$f(x)=a\prod_{i=1}^{m}(x-c_i)^{r_i},\quad f(x)-1=a\prod_{j=1}^{s}(x-d_j)^{t_j},$$

其中 $\sum_{i=1}^{m}r_i=n=\sum_{j=1}^{s}t_j$. 显然

$$f^{-1}(0)=\{c_1,c_2,\cdots,c_m\},\quad f^{-1}(1)=\{d_1,d_2,\cdots,d_s\},$$

因此

$$|f^{-1}(0)\cup f^{-1}(1)|=m+s.$$

根据§5.5中的定理1,有

$$f'(x)=(f(x)-1)'=\prod_{i=1}^{m}(x-c_i)^{r_i-1}\cdot\prod_{j=1}^{s}(x-d_j)^{t_j-1}\cdot h(x),$$

其中 $h(x)$ 不能被 $x-c_i(i=1,2,\cdots,m)$ 整除,也不能被 $x-d_j(j=1,2,\cdots,s)$ 整除. 于是

$$\sum_{i=1}^{m}(r_i-1)+\sum_{j=1}^{s}(t_j-1)\leqslant \deg f'(x)=n-1.$$

另外,我们有

$$\sum_{i=1}^{m}(r_i-1)+\sum_{j=1}^{s}(t_j-1)=\sum_{i=1}^{m}r_i-m+\sum_{j=1}^{s}t_j-s=2n-(m+s).$$

因此 $2n-(m+s)\leqslant n-1$. 由此得出 $m+s\geqslant n+1$,即

$$|f^{-1}(0)\cup f^{-1}(1)|\geqslant n+1,$$

从而

$$f(x)=g(x).$$ □

习 题 5.6

1. 设 $f(x)=x^5+7x^4+19x^3+26x^2+20x+8\in\mathbf{Q}[x]$,判断 -2 是否为 $f(x)$ 的根;如果是的话,它是几重根?

2. 设在 $\mathbf{Q}[x]$ 中 $f(x)=2x^3-7x^2+4x+a$,求 a 的值,使 $f(x)$ 在 $\mathbf{Q}$ 中有重根,并且求出相应的重根及其重数.

3. 设在 $\mathbf{Q}[x]$ 中 $f(x)=x^3-x^2-x-2$,$g(x)=x^4-2x^3+2x^2-3x-2$,问:$f(x)$ 与 $g(x)$ 是否有公共复根?如果有,试把它求出来.

4. 设 $f(x)=x^4-5x^3+ax^2+bx+9\in\mathbf{Q}[x]$. 如果 3 是 $f(x)$ 的 2 重根,求 a,b.

5. 设 $f(x)=x^4+5x^3+ax^2+bx+c\in\mathbf{Q}[x]$. 如果 -2 是 $f(x)$ 的 3 重根,求 a,b,c.

6. 证明:在 $K[x]$ 中,如果 $x+1\mid f(x^{2k+1})$,那么 $x^{2k+1}+1\mid f(x^{2k+1})$,其中 k 是任意自然数.

7. 证明:在 $\mathbf{Q}[x]$ 中,如果 $x^2+1\mid f_1(x^4)+xf_2(x^4)$,那么 1 是 $f_i(x)(i=1,2)$ 的根.

8. 证明:如果数域 K 上两个首 1 不可约多项式 $f(x)$ 与 $g(x)$ 有一个公共复根,那么

$$f(x)=g(x).$$

9. 设 $K[x]$ 中 n 次多项式 $f(x)=a_nx^n+a_{n-1}x^{n-1}+\cdots+a_1x+a_0$ 的 n 个复根是 c_1，$c_2,\cdots,c_n$，对于 $b\in K$，求数域 K 上以 $bc_1,bc_2,\cdots,bc_n$ 为复根的多项式.

阅读材料

拉格朗日插值公式

在实际问题中，我们常常遇到要研究两个变量 y 与 x 之间依赖关系的问题. 通过实验或观测可得到：当 x 取 $n+1$ 个不同的值 $c_0,c_1,\cdots,c_n$ 时，y 的对应值为 $d_0,d_1,\cdots,d_n$. 我们希望找一个函数 $y=f(x)$，使得 $f(c_i)=d_i(i=0,1,\cdots,n)$，并且它能尽量准确地反映 y 与 x 之间的依赖关系，而计算又比较简单. 我们知道，多项式函数是比较简单的函数，而且它具有许多好的性质，例如容易求导数，容易积分，只在有限多个点上的函数值为 0，等等. 因此，我们选择多项式函数 f，要求 f 在 c_i 处的函数值为 $d_i(i=0,1,\cdots,n)$. 为了确定起见，我们要求满足"f 在 c_i 处的函数值为 $d_i(i=0,1,\cdots,n)$"的多项式函数 f 是唯一的. 根据 §5.6 中的定理 4，对于两个次数不超过 n 的多项式 $f(x)$ 与 $g(x)$，如果存在 $n+1$ 个不同的数 $c_0,c_1,\cdots,c_n$，使得 $f(c_i)=g(c_i)(i=0,1,\cdots,n)$，那么 $f(x)=g(x)$，从而 $f=g$. 因此，如果我们选择的多项式函数 f 是由次数不超过 n 的多项式 $f(x)$ 诱导的，那么满足"f 在 c_i 处的函数值为 $d_i(i=0,1,\cdots,n)$"的多项式函数 f 就是唯一的. 剩下的问题是：满足 $f(c_i)=d_i(i=0,1,\cdots,n)$ 的次数不超过 n 的多项式 $f(x)$ 存在吗？能不能构造出来呢？

先看一个特殊情形：任取 $i\in\{0,1,\cdots,n\}$，设

$$d_0=d_1=\cdots=d_{i-1}=d_{i+1}=\cdots=d_n=0.$$

我们要构造一个次数不超过 n 的多项式 $f_i(x)$，使得

$$f_i(c_i)=d_i\quad f_i(c_j)=d_j=0\ (j\neq i).\tag{1}$$

(1)式表明，$f_i(x)$ 有 n 个不同的根 $c_0,\cdots,c_{i-1},c_{i+1},\cdots,c_n$. 于是

$$f_i(x)=a_i(x-c_0)\cdots(x-c_{i-1})(x-c_{i+1})\cdots(x-c_n).\tag{2}$$

又由于 $f_i(c_i)=d_i$，因此 x 用 c_i 代入，从(2)式得

$$a_i=\frac{d_i}{(c_i-c_0)\cdots(c_i-c_{i-1})(c_i-c_{i+1})\cdots(c_i-c_n)}.\tag{3}$$

于是

$$f_i(x)=d_i\frac{(x-c_0)\cdots(x-c_{i-1})(x-c_{i+1})\cdots(x-c_n)}{(c_i-c_0)\cdots(c_i-c_{i-1})(c_i-c_{i+1})\cdots(c_i-c_n)}\tag{4}$$

就是一个次数不超过 n 的多项式，且满足(1)式.

现在来看一般情形. 上面已经对每个 $i\in\{0,1,\cdots,n\}$，构造了一个次数不超过 n 的多项

式 $f_i(x)$,且满足(1)式. 显然,$\sum_{i=0}^{n} f_i(x)$ 仍是一个次数不超过 n 的多项式,且由(1)式得

$$\sum_{i=0}^{n} f_i(c_j) = f_j(c_j) = d_j \quad (j = 0,1,\cdots,n), \tag{5}$$

因此 $\sum_{i=0}^{n} f_i(x)$ 就是我们要构造的多项式,即令

$$f(x) = \sum_{i=0}^{n} d_i \frac{(x-c_0)\cdots(x-c_{i-1})(x-c_{i+1})\cdots(x-c_n)}{(c_i-c_0)\cdots(c_i-c_{i-1})(c_i-c_{i+1})\cdots(c_i-c_n)}, \tag{6}$$

则 $f(x)$就是一个次数不超过 n 的多项式,且满足 $f(c_j)=d_j(j=0,1,\cdots,n)$. (6)式称为**拉格朗日插值公式**,由(6)式给出的多项式 $f(x)$称为**拉格朗日插值多项式**.

我们也可以用待定系数法求一个次数不超过 n 的多项式

$$f(x) = a_0 + a_1 x + \cdots + a_{n-1}x^{n-1} + a_n x^n,$$

使得 $f(c_i)=d_i(i=0,1,\cdots,n)$:

$$\begin{cases} a_0 + a_1 c_0 + \cdots + a_{n-1}c_0^{n-1} + a_n c_0^n = d_0, \\ a_0 + a_1 c_1 + \cdots + a_{n-1}c_1^{n-1} + a_n c_1^n = d_1, \\ \cdots\cdots \\ a_0 + a_1 c_n + \cdots + a_{n-1}c_n^{n-1} + a_n c_n^n = d_n. \end{cases} \tag{7}$$

这是一个关于未知量 $a_0,a_1,\cdots,a_{n-1},a_n$ 的 $n+1$ 元线性方程组,它的系数行列式是由 $n+1$ 个不同的数 $c_0,c_1,\cdots,c_n$ 形成的范德蒙德行列式,从而不等于0,因此该线性方程组有唯一解. 用这个方法求插值多项式 $f(x)$,计算量较大.

例1 设变量 y 与变量 x 有确定的依赖关系,观测得 x 与 y 的一些值如下:

x	-2	-1	0	1
y	13	9	5	7

求一个次数不超过3的多项式 $f(x)$,使得

$$f(-2) = 13, \quad f(-1) = 9, \quad f(0) = 5, \quad f(1) = 7.$$

解 利用拉格朗日插值公式,得

$$\begin{aligned} f(x) &= 13\frac{(x+1)(x-0)(x-1)}{(-2+1)(-2-0)(-2-1)} + 9\frac{(x+2)(x-0)(x-1)}{(-1+2)(-1-0)(-1-1)} \\ &\quad + 5\frac{(x+2)(x+1)(x-1)}{(0+2)(0+1)(0-1)} + 7\frac{(x+2)(x+1)(x-0)}{(1+2)(1+1)(1-0)} \\ &= x^3 + 3x^2 - 2x + 5. \end{aligned}$$

§5.7 实数域上的不可约多项式

5.7.1 内容精华

本节来确定实数域 **R** 上的所有不可约多项式.

实数与复数有密切联系,因此有可能利用复数域 **C** 上的多项式都有复根的结论来找出实数域 **R** 上的所有不可约多项式.

设复数 $z=a+bi$,z 的共轭复数定义为 $\bar{z}:=a-bi$. 容易计算得 $z+\bar{z}=2a$,$z\bar{z}=a^2+b^2=|z|^2$. 设 $z_1,z_2\in\mathbf{C}$,容易证明:$\overline{z_1+z_2}=\bar{z}_1+\bar{z}_2$,$\overline{z_1z_2}=\bar{z}_1\bar{z}_2$. 由共轭复数的定义立即得到,$a\in\mathbf{R}$当且仅当 $\bar{a}=a$.

命题 1 设 $f(x)=\sum\limits_{i=0}^{n}a_ix^i\in\mathbf{R}[x]$. 若 c 是 $f(x)$的一个复根,则 $\bar{c}$ 也是 $f(x)$的一个复根.

证明 由于 c 是 $f(x)$的一个复根,因此

$$0=f(c)=\sum_{i=0}^{n}a_ic^i.$$

上式两端取共轭复数,得

$$0=\sum_{i=0}^{n}a_i\bar{c}^i=f(\bar{c}),$$

因此 $\bar{c}$ 也是 $f(x)$的一个复根. □

利用命题 1,我们可以探索出并且证明下述定理:

定理 1 实数域 **R** 上的不可约多项式有且只有一次多项式和判别式小于 0 的二次多项式.

证明 设 $p(x)$是实数域 **R** 上的不可约多项式. 把 $p(x)$看成复系数多项式,根据代数基本定理,$p(x)$有一个复根 c.

情形 1 c 是实数,则在 $\mathbf{R}[x]$中 $x-c\mid p(x)$. 由于 $p(x)$在 **R** 上不可约,因此 $x-c\sim p(x)$,从而存在 $a\in\mathbf{R}^*$,使得

$$p(x)=a(x-c).$$

情形 2 c 是虚数,则 $\bar{c}\neq c$,且 $\bar{c}$ 也是 $p(x)$的一个复根. 于是,在 $\mathbf{C}[x]$中,$x-c\mid p(x)$,$x-\bar{c}\mid p(x)$. 由于 $x-c$ 与 $x-\bar{c}$ 互素,因此$(x-c)(x-\bar{c})\mid p(x)$,即在 $\mathbf{C}[x]$中有

$$x^2-(c+\bar{c})x+c\bar{c}\mid p(x).$$

$x^2-(c+\bar{c})x+c\bar{c}$ 是实系数多项式,而整除性不随数域的扩大而改变,因此在 $\mathbf{R}[x]$中有

$$x^2-(c+\bar{c})x+c\bar{c}\mid p(x).$$

由于 $p(x)$在 $\mathbf{R}$ 上不可约,因此 $x^2-(c+\bar{c})x+c\bar{c}\sim p(x)$,从而存在 $a\in\mathbf{R}^*$,使得

$$p(x)=a[x^2-(c+\bar{c})x+c\bar{c}].$$

由于 $p(x)$有虚根,因此 $p(x)$的判别式小于 0.

反之,$\mathbf{R}[x]$中的一次多项式都是不可约的;判别式小于 0 的二次多项式由于没有实根,因此没有一次因式,从而也是不可约的. □

推论 1 每个次数大于 0 的实系数多项式 $f(x)$在实数域 $\mathbf{R}$ 上都可以唯一地分解成如下形式:

$$f(x)=a(x-c_1)^{r_1}\cdots(x-c_s)^{r_s}(x^2+p_1x+q_1)^{k_1}\cdots(x^2+p_tx+q_t)^{k_t},\tag{1}$$

其中 a 是 $f(x)$的首项系数;$c_1,\cdots,c_s$ 是两两不相等的实数;$(p_1,q_1),\cdots,(p_t,q_t)$是不同的实数对,且满足 $p_i^2-4q_i<0(i=1,2,\cdots,t)$;$r_1,\cdots,r_s,k_1,\cdots,k_t$ 都是非负整数. □

从实系数多项式 $f(x)$的因式分解式(1)式可以看出,如果虚数 z 是 $f(x)$的一个复根,那么 $\bar{z}$ 也是 $f(x)$的一个复根,并且它们的重数相同. 因此,我们可以说,实系数多项式的虚根(如果有的话)共轭成对出现. 由此立即得到一个推论:

推论 2 实系数的奇次多项式至少有一个实根. □

实系数多项式 $f(x)$是否有实根? 如果有实根,它有多少个不同的实根? 如何把实根分离开(即对每个实根,找一个区间包含这个根而不包含其他根)? 对这些问题的第一个令人满意的回答是法国数学家斯图姆(Sturm)在 1829 年给出的. 有兴趣的读者可以参看文献[2]的第 62~65 页和第 68~70 页.

5.7.2 典型例题

例 1 求多项式 x^n-1 在实数域 $\mathbf{R}$ 上的标准分解式.

解 记 $\xi=\mathrm{e}^{\mathrm{i}\frac{2\pi}{n}}$. 根据 5.6.2 小节中的例 11,在 $\mathbf{C}[x]$中有

$$x^n-1=(x-1)(x-\xi)\cdots(x-\xi^{n-1}).\tag{2}$$

当 $0<k<n$ 时,有 $\xi^k\xi^{n-k}=1$. 由于 $\xi^k\overline{\xi^k}=|\xi^k|^2=1$,因此 $\overline{\xi^k}=\xi^{n-k}$,从而 $\xi^k+\xi^{n-k}=2\cos\frac{2k\pi}{n}$.

情形 1 $n=2m+1$. 此时有

$$\begin{aligned}x^{2m+1}-1&=(x-1)(x-\xi)(x-\xi^{2m})\cdots(x-\xi^m)(x-\xi^{m+1})\\&=(x-1)\left(x^2-2x\cos\frac{2\pi}{2m+1}+1\right)\cdots\left(x^2-2x\cos\frac{2m\pi}{2m+1}+1\right)\\&=(x-1)\prod_{k=1}^{m}\left(x^2-2x\cos\frac{2k\pi}{2m+1}+1\right).\end{aligned}\tag{3}$$

情形 2 $n=2m$. 此时有 $\xi^m=\mathrm{e}^{\mathrm{i}\frac{2m\pi}{2m}}=\mathrm{e}^{\mathrm{i}\pi}=-1$,从而

$$x^{2m}-1=(x-1)(x-\xi)(x-\xi^{2m-1})\cdots(x-\xi^{m-1})(x-\xi^{m+1})(x-\xi^m)$$

$$= (x-1)\left(x^2-2x\cos\frac{2\pi}{2m}+1\right)\cdots\left(x^2-2x\cos\frac{2(m-1)\pi}{2m}+1\right)(x+1)$$

$$= (x-1)(x+1)\prod_{k=1}^{m-1}\left(x^2-2x\cos\frac{k\pi}{m}+1\right). \tag{4}$$

例 2 求多项式 x^n+1 分别在复数域 $\mathbf{C}$ 和实数域 $\mathbf{R}$ 上的标准分解式.

解 先求 x^n+1 的全部复根. 我们有

$$\begin{aligned} z=r(\cos\theta+\mathrm{i}\sin\theta)\text{是 } x^n+1 \text{ 的复根} &\Longleftrightarrow r^n(\cos n\theta+\mathrm{i}\sin n\theta)=\cos\pi+\mathrm{i}\sin\pi \\ &\Longleftrightarrow r^n=1,\text{且 } n\theta=\pi+2k\pi, k\in\mathbf{Z} \\ &\Longleftrightarrow r=1,\text{且 } \theta=\frac{(2k+1)\pi}{n}, k\in\mathbf{Z} \\ &\Longleftrightarrow z=\cos\frac{(2k+1)\pi}{n}+\mathrm{i}\sin\frac{(2k+1)\pi}{n}, k\in\mathbf{Z}. \end{aligned}$$

令
$$w_k=\mathrm{e}^{\mathrm{i}\frac{(2k+1)\pi}{n}}\quad(k=0,1,\cdots,n-1),$$
则易证 $w_0,w_1,\cdots,w_{n-1}$ 两两不相等,从而它们是 x^n+1 的全部复根. 因此,x^n+1 在 $\mathbf{C}[x]$ 中的标准分解式为

$$x^n+1=(x-w_0)(x-w_1)\cdots(x-w_{n-1}). \tag{5}$$

当 $0\leqslant k<n$ 时,有

$$w_k w_{n-k-1}=\mathrm{e}^{\mathrm{i}\frac{(2k+1)\pi+[2(n-k-1)+1]\pi}{n}}=1.$$

从而 $\overline{w}_k=w_{n-k-1}$,于是

$$w_k+w_{n-k-1}=2\cos\frac{(2k+1)\pi}{n}.$$

情形 1 $n=2m+1$. 此时有

$$w_m=\mathrm{e}^{\mathrm{i}\frac{(2m+1)\pi}{2m+1}}=-1,$$

于是在 $\mathbf{R}[x]$ 中 $x^{2m+1}+1$ 的标准分解式为

$$\begin{aligned} x^{2m+1}+1 &= (x-w_0)(x-w_{2m})\cdots(x-w_{m-1})(x-w_{m+1})(x-w_m) \\ &= \left(x^2-2x\cos\frac{\pi}{2m+1}+1\right)\cdots\left(x^2-2x\cos\frac{(2m-1)\pi}{2m+1}+1\right)(x+1) \\ &= (x+1)\prod_{k=1}^{m}\left(x^2-2x\cos\frac{(2k-1)\pi}{2m+1}+1\right). \end{aligned} \tag{6}$$

情形 2 $n=2m$. 此时,在 $\mathbf{R}[x]$ 中 $x^{2m}+1$ 的标准分解式为

$$\begin{aligned} x^{2m}+1 &= (x-w_0)(x-w_{2m-1})\cdots(x-w_{m-2})(x-w_{m+1})(x-w_{m-1})(x-w_m) \\ &= \left(x^2-2x\cos\frac{\pi}{2m}+1\right)\cdots\left(x^2-2x\cos\frac{(2m-3)\pi}{2m}+1\right) \\ &\quad\cdot\left(x^2-2x\cos\frac{(2m-1)\pi}{2m}+1\right) \end{aligned}$$

$$= \prod_{k=1}^{m}\left(x^2 - 2x\cos\frac{(2k-1)\pi}{2m} + 1\right). \tag{7}$$

例 3 证明：

$$\cos\frac{\pi}{2m+1}\cos\frac{2\pi}{2m+1}\cdots\cos\frac{m\pi}{2m+1} = \frac{1}{2^m}. \tag{8}$$

证明 在例 1 的公式(3)中，x 用 -1 代入，得

$$-2 = -2\prod_{k=1}^{m}\left(2 + 2\cos\frac{2k\pi}{2m+1}\right),$$

从而
$$\frac{1}{2^m} = \prod_{k=1}^{m}\left(1 + \cos\frac{2k\pi}{2m+1}\right) = \prod_{k=1}^{m} 2\cos^2\frac{k\pi}{2m+1}.$$

由此得出
$$\frac{1}{2^m} = \prod_{k=1}^{m}\cos\frac{k\pi}{2m+1}.$$
□

***例 4** 证明：

$$\sin\frac{\pi}{2m}\sin\frac{2\pi}{2m}\cdots\sin\frac{(m-1)\pi}{2m} = \frac{\sqrt{m}}{2^{m-1}}. \tag{9}$$

证明 从例 1 中的公式(4)以及

$$x^{2m} - 1 = (x^2 - 1)[x^{2(m-1)} + x^{2(m-2)} + \cdots + x^4 + x^2 + 1]$$

得
$$x^{2(m-1)} + x^{2(m-2)} + \cdots + x^4 + x^2 + 1 = \prod_{k=1}^{m-1}\left(x^2 - 2x\cos\frac{k\pi}{m} + 1\right).$$

x 用 1 代入，从上式得

$$m = \prod_{k=1}^{m-1}\left(2 - 2\cos\frac{k\pi}{m}\right),$$

于是
$$\frac{m}{2^{m-1}} = \prod_{k=1}^{m-1}\left(1 - \cos\frac{k\pi}{m}\right) = \prod_{k=1}^{m-1} 2\sin^2\frac{k\pi}{2m}.$$

由此得出
$$\frac{\sqrt{m}}{2^{m-1}} = \prod_{k=1}^{m-1}\sin\frac{k\pi}{2m}.$$
□

例 5 设实系数多项式 $f(x)=x^3+a_2x^2+a_1x+a_0$ 的 3 个复根都是实数，证明：$a_2^2 \geqslant 3a_1$.

证明 设 $f(x)$ 的 3 个复根为实数 c_1, c_2, c_3，则

$$\begin{aligned}
0 &\leqslant (c_1 - c_2)^2 + (c_2 - c_3)^2 + (c_3 - c_1)^2 \\
&= 2(c_1^2 + c_2^2 + c_3^2) - 2(c_1c_2 + c_2c_3 + c_3c_1) \\
&= 2[(c_1 + c_2 + c_3)^2 - 2c_1c_2 - 2c_1c_3 - 2c_2c_3] - 2(c_1c_2 + c_2c_3 + c_3c_1) \\
&= 2(c_1 + c_2 + c_3)^2 - 6(c_1c_2 + c_1c_3 + c_2c_3) \\
&= 2(-a_2)^2 - 6a_1,
\end{aligned}$$

从而 $a_2^2 \geqslant 3a_1$. □

习 题 5.7

1. 设 $a\in\mathbf{R}^{*}$,求多项式 x^n-a^n 在实数域 $\mathbf{R}$ 上的标准分解式.

2. 设 $a\in\mathbf{R}^{*}$,求多项式 x^n+a^n 在实数域 $\mathbf{R}$ 上的标准分解式.

*3. 证明:$\prod\limits_{k=1}^{m-1}\cos\dfrac{k\pi}{2m}=\dfrac{\sqrt{m}}{2^{m-1}}$.

4. 证明:$\prod\limits_{k=1}^{m}\sin\dfrac{(2k-1)\pi}{2(2m+1)}=\dfrac{1}{2^m}$.

*5. 证明:$\prod\limits_{k=1}^{m}\sin\dfrac{k\pi}{2m+1}=\dfrac{\sqrt{2m+1}}{2^m}$.

*6. 证明:$\prod\limits_{k=1}^{m}\cos\dfrac{(2k-1)\pi}{2(2m+1)}=\dfrac{\sqrt{2m+1}}{2^m}$.

*7. 证明:$\prod\limits_{k=1}^{m}\sin\dfrac{(2k-1)\pi}{4m}=\dfrac{\sqrt{2}}{2^m}$.

*8. 证明:$\prod\limits_{k=1}^{m}\cos\dfrac{(2k-1)\pi}{4m}=\dfrac{\sqrt{2}}{2^m}$.

§5.8 有理数域上的不可约多项式

5.8.1 内容精华

有理数域 $\mathbf{Q}$ 上的不可约多项式有哪些?如何判别一个有理系数多项式是否不可约?本节就来讨论这些问题.

设 $f(x)\in\mathbf{Q}[x]$. 由于 $f(x)$ 与它的相伴元只相差一个非零有理数因子,因此 $f(x)$ 与它的相伴元在有理数域 $\mathbf{Q}$ 上有相同的因式,从而 $f(x)$ 在 $\mathbf{Q}$ 上不可约当且仅当它的相伴元在 $\mathbf{Q}$ 上不可约. 这样,我们就可以从 $f(x)$ 的相伴元中选择一个最简单的多项式作为代表,研究它的不可约性. 这个代表自然地可以如下选取:设

$$f(x)=\frac{1}{2}x^3+\frac{1}{3}x^2-2x+1=\frac{1}{6}(3x^3+2x^2-12x+6),$$

显然 $3x^3+2x^2-12x+6$ 就是与 $f(x)$ 相伴的最简单的多项式. 一般地,设 $f(x)$ 各项系数分母的最小公倍数为 m,则 $f(x)=\dfrac{1}{m}mf(x)$,其中 $mf(x)$ 的各项系数都为整数. 设 $mf(x)$ 各项系数的最大公因数为 d,则 $mf(x)=d\,\dfrac{m}{d}f(x)$,其中 $\dfrac{m}{d}f(x)$ 各项系数的最大公因数为 ±1.

于是，$\frac{m}{d}f(x)$就是与 $f(x)$相伴的最简单的多项式. 由此抽象出本原多项式的概念.

一、本原多项式

定义 1 一个非零的整系数多项式 $g(x)$，如果它各项系数的最大公因数只有±1，那么称 $g(x)$是一个**本原多项式**.

从前面一段话知道，任何一个非零的有理系数多项式 $f(x)$都与一个本原多项式相伴$\left(\frac{m}{d}f(x)\text{就是一个本原多项式}\right)$. 进一步可以证明：与 $f(x)$相伴的本原多项式在相差一个正负号下是唯一的. 证明如下：

设 $f(x)=rg(x)=sh(x)$，其中 $g(x),h(x)$都是本原多项式，$r,s\in\mathbf{Q}^*$，则 $g(x)=\frac{s}{r}h(x)$. 设 $\frac{s}{r}=\frac{q}{p}$，其中 $p,q\in\mathbf{Z}$，且$(p,q)=1$，则

$$pg(x)=qh(x).$$

设
$$g(x)=\sum_{i=0}^{n}b_ix^i,\quad h(x)=\sum_{i=0}^{n}c_ix^i,$$

则
$$p\sum_{i=0}^{n}b_ix^i=q\sum_{i=0}^{n}c_ix^i,$$

从而
$$pb_i=qc_i\quad(i=0,1,\cdots,n),$$

于是
$$q\mid pb_i\quad(i=0,1,\cdots,n).$$

由于$(q,p)=1$，因此

$$q\mid b_i\quad(i=0,1,\cdots,n).$$

由于 $g(x)$是本原多项式，因此 $q=\pm1$. 同理可证 $p=\pm1$. 于是 $g(x)=\pm h(x)$.

从上述结论立即得到本原多项式的第一条性质：

性质 1 两个本原多项式 $g(x)$与 $h(x)$在 $\mathbf{Q}[x]$中相伴当且仅当 $g(x)=\pm h(x)$. □

由于任何一个次数大于 0 的有理系数多项式都与一个本原多项式相伴，因此我们只需研究本原多项式是否不可约. 由于因式分解涉及乘法，因此自然要问：两个本原多项式的乘积是否还是本原多项式? 下面的性质 2 回答了这个问题.

性质 2[高斯(Gauss)引理] 两个本原多项式的乘积还是本原多项式.

证明 设

$$f(x)=a_nx^n+\cdots+a_1x+a_0,\quad g(x)=b_mx^m+\cdots+b_1x+b_0$$

是两个本原多项式，又设

$$h(x)=f(x)g(x)=c_{n+m}x^{n+m}+\cdots+c_1x+c_0,$$

其中 $c_s=\sum\limits_{i+j=s}a_ib_j(s=0,1,\cdots,n+m)$.

假如 $h(x)$ 不是本原多项式，则存在一个素数 p，使得

$$p|c_s\quad(s=0,1,2,\cdots,n+m).$$

由于 $f(x)$ 是本原多项式，因此 p 不能同时整除 $f(x)$ 的每一项系数. 于是，存在 $k(0\leqslant k\leqslant n)$，满足

$$p|a_0,\quad p|a_1,\quad \cdots,\quad p|a_{k-1},\quad p\nmid a_k. \tag{1}$$

由于 $g(x)$ 是本原多项式，因此存在 $l(0\leqslant l\leqslant m)$，满足

$$p|b_0,\quad p|b_1,\quad \cdots,\quad p|b_{l-1},\quad p\nmid b_l. \tag{2}$$

考虑 $h(x)$ 的 $k+l$ 次项的系数

$$c_{k+l}=a_{k+l}b_0+\cdots+a_{k+1}b_{l-1}+a_kb_l+a_{k-1}b_{l+1}+\cdots+a_0b_{k+l}.$$

由(1)式和(2)式以及 $p|c_{k+l}$ 得 $p|a_kb_l$. 由于 p 是素数，因此 $p|a_k$ 或 $p|b_l$，矛盾. 于是，$h(x)$ 是本原多项式. □

要寻找本原多项式不可约的充分条件，不太容易直接找出. 我们可以反过来思考：从一个本原多项式可约能推出什么样子的结论？从不可约多项式的等价条件得出，如果一个次数大于 0 的本原多项式可约，那么它可以分解成两个次数较低的有理系数多项式的乘积. 从高斯引理可以进一步凭直觉判断它可以分解成两个次数较低的本原多项式的乘积. 于是，我们猜测有下述性质：

性质 3 一个次数大于 0 的本原多项式 $g(x)$ 在 $\mathbf{Q}$ 上可约当且仅当 $g(x)$ 能分解成两个次数较低的本原多项式的乘积.

证明 充分性是显然的.

必要性 设本原多项式 $g(x)$ 在 $\mathbf{Q}$ 上可约，则存在 $g_i(x)\in\mathbf{Q}[x](i=1,2)$，使得

$$g(x)=g_1(x)g_2(x),\quad \deg g_i(x)<\deg g(x),\ i=1,2.$$

设 $g_i(x)=r_ih_i(x)(i=1,2)$，其中 $r_i\in\mathbf{Q}^*$，$h_i(x)$ 是本原多项式，则

$$g(x)=r_1r_2h_1(x)h_2(x).$$

由于 $h_1(x)h_2(x)$ 也是本原多项式，因此 $r_1r_2=\pm1$，从而 $g(x)=\pm h_1(x)h_2(x)$. 显然，有 $\deg h_i(x)=\deg g_i(x)<\deg g(x)(i=1,2)$. 必要性得证. □

下述性质给出了本原多项式组成的集合的结构.

性质 4 每个次数大于 0 的本原多项式 $g(x)$ 可以唯一地分解成 $\mathbf{Q}$ 上不可约的本原多项式的乘积. 所谓唯一性，是指假如 $g(x)$ 有两个这样的分解式：

$$g(x)=p_1(x)p_2(x)\cdots p_s(x)=q_1(x)q_2(x)\cdots q_t(x),$$

则 $s=t$，并且适当排列因式的次序后有

$$p_i(x)=\pm q_i(x)\quad(i=1,2,\cdots,s).$$

证明 可分解性由性质 3 得到. 唯一性由 $\mathbf{Q}[x]$中唯一因式分解定理的唯一性以及性质 1 立即得到. □

利用性质 3 可以得到整系数多项式在 $\mathbf{Q}$ 上可约的充要条件:

推论 1 一个次数大于 0 的整系数多项式 $f(x)$在 $\mathbf{Q}$ 上可约当且仅当 $f(x)$能分解成两个次数较低的整系数多项式的乘积.

证明 充分性是显然的.

必要性 设 $f(x)=rg(x)$,其中 $g(x)$是本原多项式,$r\in\mathbf{Z}$. 由于 $f(x)$在 $\mathbf{Q}$ 上可约,因此 $g(x)$在 $\mathbf{Q}$ 上可约. 根据性质 3,得 $g(x)=h_1(x)h_2(x)$,其中 $h_i(x)$是本原多项式,且 $\deg h_i(x)<\deg g(x)(i=1,2)$,从而

$$f(x)=(rh_1(x))h_2(x).$$

这表明,$f(x)$可分解成两个次数较低的整系数多项式的乘积. □

二、整系数多项式的有理根

如果次数大于 1 的整系数多项式 $f(x)$有一次因式,那么 $f(x)$可约. 因此,次数大于 1 的整系数多项式 $f(x)$在 $\mathbf{Q}[x]$上不可约的必要条件是 $f(x)$没有一次因式. 而 $f(x)$有一次因式当且仅当 $f(x)$在 $\mathbf{Q}$ 中有根. 下面先来研究一下整系数多项式在 $\mathbf{Q}$ 中有根的必要条件.

定理 1 设 $f(x)=a_nx^n+a_{n-1}x^{n-1}+\cdots+a_1x+a_0$ 是一个次数 n 大于 0 的整系数多项式. 如果 $\frac{q}{p}$ 是 $f(x)$的一个有理根,其中 p,q 是互素的整数,那么 $p|a_n,q|a_0$.

证明 设 $f(x)=rf_1(x)$,其中 $r\in\mathbf{Z}^*$,$f_1(x)$是本原多项式. 设 $\frac{q}{p}$ 是 $f(x)$的一个根,则 $0=f\left(\frac{q}{p}\right)=rf_1\left(\frac{q}{p}\right)$,从而 $\frac{q}{p}$ 也是 $f_1(x)$的一个根. 于是,在 $\mathbf{Q}[x]$中 $\left(x-\frac{q}{p}\right)|f_1(x)$,因此 $(px-q)|f_1(x)$. 由于$(p,q)=1$,因此 $px-q$ 是本原多项式. 根据性质 4 和高斯引理,得

$$f_1(x)=(px-q)g(x),$$

其中 $g(x)=b_{n-1}x^{n-1}+\cdots+b_1x+b_0$ 是本原多项式,于是

$$f(x)=r(px-q)g(x). \tag{3}$$

分别比较(3)式两端多项式的首项系数与常数项,得

$$a_n=rpb_{n-1},\quad a_0=-rqb_0,$$

因此

$$p|a_n,\quad q|a_0.$$ □

从定理 1 的证明过程看到,如果 $\frac{q}{p}$ 是 $f(x)$的一个有理根,且$(p,q)=1$,那么存在一个整系数多项式 $g(x)$,使得 $f(x)=(px-q)g(x)$. 当±1 不是 $f(x)$的根时,可推出

$$\frac{f(1)}{p-q}\in\mathbf{Z},\quad \frac{f(-1)}{p+q}\in\mathbf{Z}.$$

因此，如果计算出 $\frac{f(1)}{p-q}\notin\mathbf{Z}$ 或 $\frac{f(-1)}{p+q}\notin\mathbf{Z}$，那么 $\frac{q}{p}$ 便不是 $f(x)$ 的根. 这种判断方法在求整系数多项式的有理根时很有用.

三、整系数多项式在 Q 上不可约的判别方法

利用定理 1 可以判断一个二次或三次整系数多项式是否在 **Q** 上不可约：二次或三次整系数多项式在 **Q** 上不可约当且仅当它没有有理根.

注意 对于四次或四次以上的整系数多项式 $f(x)$，如果它没有有理根，那么只能说明 $f(x)$ 没有一次因式，并不能说明 $f(x)$ 在 **Q** 上不可约，因为 $f(x)$ 可能有二次或二次以上的因式. 这表明，对于四次或四次以上的整系数多项式 $f(x)$，没有有理根只是 $f(x)$ 在 **Q** 上不可约的必要条件，但不是充分条件.

下面来探索本原多项式 $f(x)$ 在 **Q** 上不可约的充分条件.

设 $f(x)=a_nx^n+a_{n-1}x^{n-1}+\cdots+a_1x+a_0$ 是一个次数 n 大于 0 的本原多项式. 为了探索 $f(x)$ 在 **Q** 上不可约的充分条件，我们来分析如果 $f(x)$ 可约，那么能推导出什么结论. 由于本原多项式各项系数的最大公因数只有 ±1，因此任何一个素数都不能整除它的各项系数. 我们考虑这样一类本原多项式：存在一个素数 p，能整除首项系数以外的一切系数，但是 p 不能整除首项系数，即 $p|a_i(i=0,1,\cdots,n-1)$，而 $p\nmid a_n$. 假如 $f(x)$ 在 **Q** 上可约，根据性质 3，得

$$f(x)=(b_mx^m+\cdots+b_1x+b_0)(c_lx^l+\cdots+c_1x+c_0),\tag{4}$$

其中 $b_i(i=0,1,\cdots,m)$，$c_j(j=0,1,\cdots,l)$ 都是整数，且 $b_m\neq0$，$c_l\neq0$，$m<n$，$l<n$，$m+l=n$. 由 (4) 式得

$$a_n=b_mc_l,\quad a_0=b_0c_0.$$

已知 $p|a_0$，因此 $p|b_0$ 或 $p|c_0$. 不妨设 $p|b_0$. 又已知 $p\nmid a_n$，因此 $p\nmid b_m$，且 $p\nmid c_l$. 于是，存在 $k(0<k\leqslant m)$，使得

$$p|b_0,\quad p|b_1,\quad \cdots,\quad p|b_{k-1},\quad p\nmid b_k.$$

由于 $a_k=b_0c_k+b_1c_{k-1}+\cdots+b_{k-1}c_1+b_kc_0$，且 $p|a_k$，因此 $p|b_kc_0$. 由于 $p\nmid b_k$，因此 $p|c_0$. 又由于 $p|b_0$，从而 $p^2|a_0$. 于是，只要 $p^2\nmid a_0$，那么 $f(x)$ 在 **Q** 上不可约. 这样，我们探索出了 $f(x)$ 在 **Q** 上不可约的充分条件，这就是著名的艾森斯坦(Eisenstein)判别法.

定理 2(艾森斯坦判别法) 设 $f(x)=a_nx^n+a_{n-1}x^{n-1}+\cdots+a_1x+a_0$ 是一个次数 n 大于 0 的本原多项式. 如果存在一个素数 p，使得

(1) $p|a_i$，$i=0,1,\cdots,n-1$；

(2) $p\nmid a_n$；

(3) $p^2\nmid a_0$，

那么 $f(x)$ 在 **Q** 上不可约. □

注意 定理2中的$f(x)$是一个次数大于0的整系数多项式时,利用推论1,从$f(x)$可约得出(4)式,因此在定理2中把"$f(x)$是本原多项式"换成"$f(x)$是整系数多项式"仍然成立.

利用定理2可以证明下述结论:

推论2 在$\mathbf{Q}[x]$中存在任意次数的不可约多项式.

证明 任取正整数n,设$f(x)=x^n+3$.素数3符合定理2的所有条件,因此$f(x)$在$\mathbf{Q}$上不可约. □

有时直接用艾森斯坦判别法无法判断$f(x)$在$\mathbf{Q}$上是否不可约,这时可尝试选择一个有理数b(通常取$b=1$或-1),如果用艾森斯坦判别法能判断$g(x)=f(x+b)$在$\mathbf{Q}$上不可约,那么$f(x)$在$\mathbf{Q}$上不可约.理由如下:假如$f(x)$在$\mathbf{Q}$上可约,则在$\mathbf{Q}[x]$中有

$$f(x)=f_1(x)f_2(x),\quad \deg f_i(x)<\deg f(x),\ i=1,2.$$

x用$x+b$代入,从上式得$f(x+b)=f_1(x+b)f_2(x+b)$.令$g_i(x)=f_i(x+b)(i=1,2)$,则

$$g(x)=g_1(x)g_2(x),\quad \deg g_i(x)=\deg f_i(x)<\deg f(x)=\deg g(x),\ i=1,2.$$

这与$g(x)$在$\mathbf{Q}$上不可约矛盾.因此,$f(x)$在$\mathbf{Q}$上不可约.

5.8.2 典型例题

例1 求$f(x)=3x^4+8x^3+6x^2+3x-2$的全部有理根.

解 $a_4=3$的因子只有$\pm1,\pm3$,$a_0=-2$的因子只有$\pm1,\pm2$,于是$f(x)$的有理根只可能是$\pm1,\pm2,\pm\frac{1}{3},\pm\frac{2}{3}$.

因为$f(1)=18\neq0$,$f(-1)=-4\neq0$,所以±1不是$f(x)$的根.

考虑2.因为

$$\frac{f(-1)}{p+q}=\frac{-4}{1+2}=-\frac{4}{3}\notin\mathbf{Z},$$

所以2不是$f(x)$的根.

考虑-2.因为

$$\frac{f(1)}{p-q}=\frac{18}{3}=6,\quad \frac{f(-1)}{p+q}=\frac{-4}{-1}=4,$$

所以需要进一步用综合除法来判断-2是不是$f(x)$的根:

$$\begin{array}{rrrrr|r}
3 & 8 & 6 & 3 & -2 & -2 \\
 & -6 & -4 & -4 & 2 & \\ \hline
3 & 2 & 2 & -1 & 0 & \\
 & -6 & 8 & -20 & & \\ \hline
3 & -4 & 10 & -21 & &
\end{array}$$

这表明-2是$f(x)$的单根.于是

$$f(x)=(x+2)(3x^3+2x^2+2x-1).$$

考虑$\frac{1}{3}$.因为

$$\frac{f(1)}{p-q}=\frac{18}{3-1}=9,\quad \frac{f(-1)}{p+q}=\frac{-4}{3+1}=-1,$$

所以需要做综合除法.用$x-\frac{1}{3}$去除$3x^3+2x^2+2x-1$,可得出$\frac{1}{3}$是$f(x)$的单根,并且得出

$$f(x)=(x+2)\left(x-\frac{1}{3}\right)(3x^2+3x+3).$$

显然,x^2+x+1没有有理根(因为±1都不是它的根),因此$f(x)$的全部有理根是-2和$\frac{1}{3}$,它们都是单根.

例 2 判断$f(x)=x^3+2x^2-x+1$在$\mathbf{Q}$上是否不可约.

解 $f(x)$的有理根只可能是±1.由于

$$f(1)=1+2-1+1=3\neq0,\quad f(-1)=-1+2+1+1=3\neq0,$$

因此$f(x)$没有有理根.又由于$\deg f(x)=3$,因此$f(x)$在$\mathbf{Q}$上不可约.

例 3 判断$f(x)=4x^5-27x^4+12x^3-15x+21$在$\mathbf{Q}$上是否不可约.

解 素数3能整除首项系数以外的一切系数,但不能整除首项系数4,且$3^2\nmid 21$,因此$f(x)$在$\mathbf{Q}$上不可约.

例 4 判断$f(x)=x^4+2x-1$在$\mathbf{Q}$上是否不可约.

解 x用$x+1$代入,得

$$\begin{aligned}g(x):=f(x+1)&=(x+1)^4+2(x+1)-1\\&=x^4+4x^3+6x^2+4x+1+2x+2-1\\&=x^4+4x^3+6x^2+6x+2.\end{aligned}$$

素数2能整除$g(x)$的首项系数以外的一切系数,但不能整除首项系数1,且$2^2\nmid 2$,因此$g(x)$在$\mathbf{Q}$上不可约,从而$f(x)$在$\mathbf{Q}$上不可约.

例 5 设p是一个素数,多项式

$$f_p(x)=x^{p-1}+x^{p-2}+\cdots+x+1$$

称为p阶**分圆多项式**.证明:$f_p(x)$在$\mathbf{Q}$上不可约.

证明 我们有

$$(x-1)f_p(x)=x^p-1.$$

x用$x+1$代入,从上式得

$$xf_p(x+1)=(x+1)^p-1$$

$$= x^p + px^{p-1} + \cdots + C_p^k x^{p-k} + \cdots + px.$$

于是 $$g(x) := f_p(x+1) = x^{p-1} + px^{p-2} + \cdots + C_p^k x^{p-k-1} + \cdots + p.$$

我们知道

$$C_p^k = \frac{p(p-1)\cdots(p-k+1)}{k!}, \quad 1 \leqslant k < p.$$

由于$(p,k!)=1$,因此 $k! \mid (p-1)\cdots(p-k+1)$,从而 $p \mid C_p^k (1 \leqslant k < p)$. 又 $p \nmid 1$, $p^2 \nmid p$,因此 $g(x)$在 $\mathbf{Q}$ 上不可约,从而 $f_p(x)$在 $\mathbf{Q}$ 上不可约. □

例 6 判断 $f(x)=x^4+3x+1$ 在 $\mathbf{Q}$ 上是否不可约.

解 $f(x)$的有理根只可能是± 1,由于 $f(1)=5 \neq 0$, $f(-1)=1-3+1 \neq 0$,因此 $f(x)$没有有理根,从而 $f(x)$没有一次因式. 假如 $f(x)$在 $\mathbf{Q}$ 上可约,则

$$f(x) = (a_2x^2 + a_1x + a_0)(b_2x^2 + b_1x + b_0), \tag{5}$$

其中 $a_i (i=0,1,2)$, $b_j (j=0,1,2)$都是整数. 比较(5)式的首项系数,得 $a_2b_2=1$,于是 a_2 与 b_2 同为 1,或同为-1. 不妨设 $a_2=b_2=1$. 比较(5)式的其他系数,得

$$\begin{cases} a_1 + b_1 = 0, \\ a_0 + a_1b_1 + b_0 = 0, \\ a_0b_1 + a_1b_0 = 3, \\ a_0b_0 = 1. \end{cases}$$

由第 1 式得 $b_1=-a_1$. 代入第 3 式,得 $a_1(b_0-a_0)=3$. 由第 4 式知,a_0 与 b_0 同为 1,或同为-1,从而 $b_0-a_0=0$. 这与 $a_1(b_0-a_0)=3$ 矛盾. 因此,$f(x)$在 $\mathbf{Q}$ 上不可约.

例 7 证明:如果 $p_1, p_2, \cdots, p_t (t \geqslant 1)$是两两不相等的素数,那么对于任意大于 1 的整数 n, $\sqrt[n]{p_1p_2\cdots p_t}$ 是无理数.

证明 由于$(\sqrt[n]{p_1p_2\cdots p_t})^n = p_1p_2\cdots p_t$,因此 $\sqrt[n]{p_1p_2\cdots p_t}$ 是多项式 $x^n - p_1p_2\cdots p_t$ 的一个实根. 假如 $\sqrt[n]{p_1p_2\cdots p_t}$ 是有理数,那么 $x^n - p_1p_2\cdots p_t$ 在 $\mathbf{Q}[x]$中有一次因式. 由于 $n>1$,因此 $x^n - p_1p_2\cdots p_t$ 在 $\mathbf{Q}$ 上可约. 又由于素数 p_1 能整除 $x^n - p_1p_2\cdots p_t$ 的首项系数以外的所有系数,但是 p_1 不能整除首项系数 1,且 $p_1^2 \nmid p_1p_2\cdots p_t$,因此 $x^n - p_1p_2\cdots p_t$ 在 $\mathbf{Q}$ 上不可约,矛盾. 所以,$\sqrt[n]{p_1p_2\cdots p_t}$ 是无理数. □

例 8 设 m,n 都是正整数,且 $m<n$,证明:如果 $f(x)$是 $\mathbf{Q}$ 上的 m 次多项式,那么对于任意素数 p, $\sqrt[n]{p}$ 都不是 $f(x)$的实根.

证明 假如$\sqrt[n]{p}$ 是 $f(x)$的实根,则 $f(x)$作为实数域上的多项式有一次因式 $x-\sqrt[n]{p}$. 由于$(\sqrt[n]{p})^n=p$,因此$\sqrt[n]{p}$ 是多项式 $g(x)=x^n-p$ 的一个实根,从而 $g(x)$作为实数域 $\mathbf{R}$ 上的多项式有一次因式 $x-\sqrt[n]{p}$. 于是,在 $\mathbf{R}[x]$中 $f(x)$与 $g(x)$不互素. 由于互素性不随数域的扩大而改变,因此在 $\mathbf{Q}[x]$中 $f(x)$与 $g(x)$也不互素. 又由于素数 p 能整除 $g(x)$的首项系数以外

的一切系数，但不能整除首项系数 1，且 $p^2 \nmid p$，因此 $g(x)$ 在 $\mathbf{Q}$ 上不可约. 于是，$g(x)$ 能整除 $f(x)$. 由此得出 $n \leqslant m$. 这与 $m < n$ 矛盾. 因此，$\sqrt[n]{p}$ 不是 $f(x)$ 的实根. □

点评 在例 8 的证明中，关键是要考虑多项式 $g(x)$，以及利用互素性不随数域的扩大而改变，利用关于 $\mathbf{Q}[x]$ 中不可约多项式与任一多项式的关系的结论. 由此可以体会到掌握理论的重要性，要善于运用理论去解决问题.

例 9 设 $f(x)=a_nx^n+\cdots+a_1x+a_0$ 是一个次数大于 0 的整系数多项式，证明：如果 $a_n+a_{n-1}+\cdots+a_1+a_0$ 是奇数，那么 1 和 -1 都不是 $f(x)$ 的根.

证明 由于 $f(1)=a_n+a_{n-1}+\cdots+a_1+a_0$ 是奇数，因此 1 不是 $f(x)$ 的根. 设 $f(x)=mg(x)$，其中 $g(x)$ 是本原多项式，$m\in\mathbf{Z}^*$. 假如 -1 是 $f(x)$ 的根，则 $0=f(-1)=mg(-1)$，从而 $g(-1)=0$. 于是，$g(x)$ 有一次因式 $x+1$. 根据性质 4，存在整系数多项式 $h(x)$，使得 $g(x)=(x+1)h(x)$，于是有

$$f(x)=m(x+1)h(x).$$

x 用 1 代入，从上式得 $f(1)=2mh(1)$. 这与 $f(1)$ 是奇数矛盾. 因此，-1 不是 $f(x)$ 的根. □

点评 例 9 的证明由于运用了性质 4，因此不需要什么计算就证明了 -1 不是 $f(x)$ 的根. 也可以采用下述方法证明这一结论：假如 -1 是 $f(x)$ 的根，则

$$0=f(-1)=a_n(-1)^n+a_{n-1}(-1)^{n-1}+\cdots+a_1(-1)+a_0.$$

当 n 是奇数时，从上式得

$$a_n+a_{n-2}+\cdots+a_1=a_{n-1}+a_{n-3}+\cdots+a_2+a_0,$$

于是
$$a_n+a_{n-1}+\cdots+a_1+a_0=2(a_n+a_{n-1}+\cdots+a_1).$$

这与已知条件矛盾. 当 n 是偶数时，类似的计算可得出与已知条件矛盾. 因此，-1 不是 $f(x)$ 的根.

例 10 设 $f(x)$ 是一个次数大于 0 的首一整系数多项式，证明：如果 $f(0)$ 与 $f(1)$ 都是奇数，那么 $f(x)$ 没有有理根.

证明 假如 $f(x)$ 有一个有理根 b，由于 $f(x)$ 的首项系数为 1，因此 b 必为整数. 于是，$x-b$ 是本原多项式，且 $x-b$ 是 $f(x)$ 的一个因式. 又由于 $f(x)$ 也是本原多项式，因此根据性质 4，存在整系数多项式 $h(x)$，使得

$$f(x)=(x-b)h(x).$$

x 分别用 0 和 1 代入，从上式得

$$f(0)=(-b)h(0),\quad f(1)=(1-b)h(1).$$

由于 $-b$ 和 $-b+1$ 必有一个是偶数，因此 $f(0)$ 和 $f(1)$ 必有一个是偶数. 这与已知条件矛盾. 所以，$f(x)$ 没有有理根. □

例 11 设 $f(x)=(x-a_1)(x-a_2)\cdots(x-a_n)-1$，其中 $a_1,a_2,\cdots,a_n$ 是两两不相等的整

数，证明：$f(x)$在 $\mathbf{Q}$ 上不可约.

证明 假如 $f(x)$在 $\mathbf{Q}$ 上可约，则

$$f(x) = g_1(x)g_2(x), \quad \deg g_i(x) < n, \ g_i(x) \in \mathbf{Z}[x], \ i = 1,2.$$

x 用 a_j 代入，从上式得

$$-1 = f(a_j) = g_1(a_j)g_2(a_j) \quad (j = 1,2,\cdots,n),$$

从而 $g_1(a_j)$与 $g_2(a_j)$一个为 1，另一个为 -1. 于是 $g_1(a_j)+g_2(a_j)=0(j=1,2,\cdots,n)$. 这表明，多项式 $g_1(x)+g_2(x)$有 n 个不同的根 $a_1,a_2,\cdots,a_n$. 但是 $g_1(x)+g_2(x)$的次数小于 n，因此 $g_1(x)+g_2(x)=0$，从而 $f(x)=-g_1^2(x)$. $f(x)$的首项系数为 1，这与 $-g_1^2(x)$的首项系数为负数矛盾. 因此，$f(x)$在 $\mathbf{Q}$ 上不可约. □

例 12 设 $f(x)=(x-a_1)(x-a_2)\cdots(x-a_n)+1$，其中 $a_1,a_2,\cdots,a_n$ 是两两不相等的整数.

(1) 证明：当 n 是奇数时，$f(x)$在 $\mathbf{Q}$ 上不可约；

(2) 证明：当 n 是偶数，且 $n\geqslant 6$ 时，$f(x)$在 $\mathbf{Q}$ 上不可约；

(3) 当 $n=2$ 或 4 时，$f(x)$在 $\mathbf{Q}$ 上是否不可约？

解 (1) 假如 $f(x)$在 $\mathbf{Q}$ 上可约，则

$$f(x) = g_1(x)g_2(x), \quad \deg g_i(x) < n, \ g_i(x) \in \mathbf{Z}[x], \ i = 1,2.$$

x 用 a_j 代入，从上式得

$$1 = f(a_j) = g_1(a_j)g_2(a_j) \quad (j = 1,2,\cdots,n),$$

于是 $g_1(a_j)$与 $g_2(a_j)$同为 1，或同为 -1，从而

$$g_1(a_j) - g_2(a_j) = 0 \quad (j = 1,2,\cdots,n).$$

这表明，多项式 $g_1(x)-g_2(x)$有 n 个不同的根 $a_1,a_2,\cdots,a_n$. 但是 $g_1(x)-g_2(x)$的次数小于 n，因此 $g_1(x)-g_2(x)=0$. 于是 $f(x)=g_1^2(x)$，从而 $\deg f(x)=2\deg g_1(x)$. 这与已知 n 是奇数矛盾. 因此，$f(x)$在 $\mathbf{Q}$ 上不可约. □

(2) 假如 $f(x)$在 $\mathbf{Q}$ 上可约，由第(1)小题的证明得 $f(x)=g_1^2(x)$，从而对于一切$t\in\mathbf{R}$，有 $f(t)=g_1^2(t)\geqslant 0$. 不妨设

$$a_1 < a_2 < \cdots < a_n.$$

x 用 $a_1+\dfrac{1}{2}$ 代入，由 $f(x)$的表达式得

$$\begin{aligned} f\left(a_1+\frac{1}{2}\right) &= \frac{1}{2}\left(a_1+\frac{1}{2}-a_2\right)\cdots\left(a_1+\frac{1}{2}-a_n\right)+1 \\ &= (-1)^{n-1}\frac{1}{2}\left(a_2-a_1-\frac{1}{2}\right)\cdots\left(a_n-a_1-\frac{1}{2}\right)+1. \end{aligned}$$

由于

$$a_2-a_1-\frac{1}{2}\geqslant 1-\frac{1}{2}=\frac{1}{2},$$

$$\cdots\cdots$$

$$a_j-a_1-\frac{1}{2}\geqslant (j-1)-\frac{1}{2}=\frac{2j-3}{2},$$

$$\cdots\cdots$$

$$a_n-a_1-\frac{1}{2}\geqslant (n-1)-\frac{1}{2}=\frac{2n-3}{2},$$

且 $n\geqslant 6$,因此

$$\begin{aligned}\frac{1}{2}\left(a_2-a_1-\frac{1}{2}\right)\cdots\left(a_n-a_1-\frac{1}{2}\right)&\geqslant\frac{1}{2}\cdot\frac{1}{2}\cdot\frac{3}{2}\cdot\frac{5}{2}\cdot\frac{7}{2}\cdot\frac{9}{2}\cdot\cdots\cdot\frac{2n-3}{2}\\&\geqslant\frac{1}{2}\cdot\frac{1}{2}\cdot\frac{3}{2}\cdot\frac{5}{2}\cdot\frac{7}{2}\cdot\frac{9}{2}\\&=\frac{15\times 63}{64}>1.\end{aligned}$$

由于 n 是偶数,因此

$$f\left(a_1+\frac{1}{2}\right)=-\frac{1}{2}\left(a_2-a_1-\frac{1}{2}\right)\cdots\left(a_n-a_1-\frac{1}{2}\right)+1<-1+1=0,$$

矛盾. 因此,当 n 为偶数,且 $n\geqslant 6$ 时,$f(x)$在 $\mathbf{Q}$ 上不可约. □

(3) 当 $n=2$ 或 4 时,$f(x)$可能在 $\mathbf{Q}$ 上可约,例如

$f(x)=(x-1)(x+1)+1=x^2$,

$f(x)=x(x-1)(x+1)(x+2)+1=x^4+2x^3-x^2-2x+1=(x^2+x-1)^2$.

例 13 设 $f(x)=(x-a_1)^2(x-a_2)^2\cdots(x-a_n)^2+1$,其中 $a_1,a_2,\cdots,a_n$ 是两两不相等的整数,证明:$f(x)$在 $\mathbf{Q}$ 上不可约.

证明 假如 $f(x)$在 $\mathbf{Q}$ 上可约,则

$$f(x)=g_1(x)g_2(x),\quad \deg g_i(x)<2n,\ g_i(x)\in\mathbf{Z}[x],\ i=1,2.$$

x 用 a_j 代入,从上式得

$$1=f(a_j)=g_1(a_j)g_2(a_j)\quad (j=1,2,\cdots,n),$$

于是 $g_1(a_j)$与 $g_2(a_j)$同为 1,或同为-1.

由于 $f(x)$没有实根,因此 $g_1(x)$和 $g_2(x)$都没有实根,从而 $g_i(a_1),g_i(a_2),\cdots,g_i(a_n)$ $(i=1,2)$同号. 不妨设 $g_i(a_1)=g_i(a_2)=\cdots=g_i(a_n)=1(i=1,2)$.

情形 1 $g_1(x)$与 $g_2(x)$中之一的次数小于 n. 不妨设 $\deg g_1(x)<n$. 由于 $g_1(a_j)-1=0$

$(j=1,2,\cdots,n)$,因此多项式 $g_1(x)-1$ 有 n 个不同的根. 于是 $g_1(x)-1=0$,从而 $f(x)=g_2(x)$. 这与 $\deg g_2(x)<2n$ 矛盾.

情形 2 $g_1(x)$与 $g_2(x)$的次数都等于 n. 由于 $a_1,a_2,\cdots,a_n$ 都是 $g_i(x)-1(i=1,2)$的根,且 $g_i(x)-1$ 的首项系数为 1,因此

$$g_i(x)-1=(x-a_1)(x-a_2)\cdots(x-a_n)\quad (i=1,2).$$

从而

$$\begin{aligned}f(x)&=[(x-a_1)(x-a_2)\cdots(x-a_n)+1]^2\\&=(x-a_1)^2(x-a_2)^2\cdots(x-a_n)^2+1+2(x-a_1)(x-a_2)\cdots(x-a_n).\end{aligned}$$

由此推出 $2(x-a_1)(x-a_2)\cdots(x-a_n)=0$,矛盾.

由于 $\deg g_1(x)+\deg g_2(x)=\deg f(x)=2n$,因此只有上述两种可能的情形. 所以,$f(x)$在 $\mathbf{Q}$ 上不可约. □

习 题 5.8

1. 求下列多项式的全部有理根:

(1) $2x^3+x^2-3x+1$; (2) $2x^4-x^3-19x^2+9x+9$.

2. 判断下列整系数多项式在有理数域 $\mathbf{Q}$ 上是否不可约:

(1) $x^4-6x^3+2x^2+10$; (2) x^3-5x^2+4x+3;

(3) x^3+x^2-3x+2; (4) $2x^3-x^2+x+1$;

(5) $7x^5+18x^4+6x-6$; (6) x^4-2x^3+2x-3;

(7) x^5+5x^3+1; (8) x^p+px^2+1,p 为奇素数;

(9) x^p+px^r+1,p 为奇素数,$0\leqslant r\leqslant p$; (10) x^4-5x+1.

3. 设 $n>1$,证明: n 个两两不相等的素数的几何平均数一定是无理数.

4. 设 m,n 都是正整数,且 $m<n$,又设 $p_1,p_2,\cdots,p_t$ 是两两不相等的素数,$t\geqslant 1$,证明: 如果$f(x)$是 $\mathbf{Q}$ 上的 m 次多项式,那么 $\sqrt[n]{p_1p_2\cdots p_t}$ 不是 $f(x)$的实根.

5. 设 $f(x)=x^3+ax^2+bx+c$ 是整系数多项式,证明: 如果$(a+b)c$ 是奇数,那么 $f(x)$在有理数域 $\mathbf{Q}$ 上不可约.

6. 设 $f(x)=a_nx^n+\cdots+a_1x+a_0$ 是一个次数为 n 的整系数多项式,证明: 如果 a_0,$a_n+\cdots+a_1+a_0$,$(-1)^na_n+\cdots-a_1+a_0$ 都不能被 3 整除,那么 $f(x)$没有整数根.

7. 在 $\mathbf{Q}[x]$中把 $g(x)=x^8+x^7+x^6+x^5+x^4+x^3+x^2+x+1$ 因式分解.

8. 设 n 是大于 1 的整数,$g(x)=\sum\limits_{i=0}^{n-1}x^i$,证明: 若 n 不是素数,则 $g(x)$ 在 $\mathbf{Q}$ 上可约.

§5.9 n 元多项式的概念及其运算

5.9.1 内容精华

一、n 元多项式的概念

平面上以原点 O 为圆心,半径为 r 的圆的方程为

$$x^2+y^2-r^2=0. \tag{1}$$

(1)式左端是 x,y 的二次多项式.

空间中以原点 O 为球心,半径为 r 的球面的方程为

$$x^2+y^2+z^2-r^2=0. \tag{2}$$

(2)式左端是 x,y,z 的二次多项式.

上述例子以及其他例子表明,需要抽象出多元多项式的概念.

定义 1 设 K 是一个数域,用不属于 K 的 n 个符号 $x_1,x_2,\cdots,x_n$ 作表达式

$$\sum_{i_1,i_2,\cdots,i_n} a_{i_1i_2\cdots i_n}x_1^{i_1}x_2^{i_2}\cdots x_n^{i_n}, \tag{3}$$

其中 $a_{i_1i_2\cdots i_n}\in K$,$i_1,i_2,\cdots,i_n$ 是非负整数.(3)式中的每一项称为一个**单项式**,$a_{i_1i_2\cdots i_n}$ 称为**系数**.如果只有有限多个单项式的系数不为 0,并且两个这种形式的表达式相等当且仅当它们除去系数为 0 的单项式外含有完全相同的单项式,那么称表达式(3)是**数域 K 上的 n 元多项式**,把符号 $x_1,x_2,\cdots,x_n$ 称为 n **个无关不定元**.

常用 $f(x_1,x_2,\cdots,x_n)$,$g(x_1,x_2,\cdots,x_n)$,$\cdots$表示 n 元多项式.关于 n 元多项式的定义应当把握两点:n 元多项式是具有形式(3)的表达式;两个 n 元多项式相等当且仅当它们含有完全相同的单项式(除去系数为 0 的单项式外).第二点使得 n 元多项式成为最基本的概念.

在数域 K 上的 n 元多项式中,如果两个单项式的 $x_j(j=1,2,\cdots,n)$的幂指数都对应相等,那么这两个单项式称为**同类项**.在 n 元多项式中,我们把同类项合并成一项,从而各单项式都是不同类的.

如果数域 K 上一个 n 元多项式的所有系数全为 0,那么称它为**零多项式**,记为 0.

n 元多项式的重要特点之一是它有次数的概念.对于单项式,把它的各不定元的幂指数之和称为这个单项式的**次数**.对于 n 元多项式 $f(x_1,x_2,\cdots,x_n)$,把它的系数不为 0 的单项式的次数的最大值称为这个 n 元多项式的**次数**,记作 $\deg f$.零多项式的次数规定为$-\infty$.

一个 n 元多项式 $f(x_1,x_2,\cdots,x_n)$,设它的次数为 m,可能有几个单项式的次数都为 m,因此无法利用单项式的次数来给单项式排序.从字典的排序方法受到启发,把每个单项式的各不定元的幂指数写成一个 n 元有序非负整数组,对 n 元有序非负整数组规定一个先后

顺序：

$$(i_1,i_2,\cdots,i_n)\text{先于}(j_1,j_2,\cdots,j_n)\text{当且仅当} i_1=j_1,\cdots,i_{s-1}=j_{s-1},i_s>j_s,$$

记作

$$(i_1,i_2,\cdots,i_n)>(j_1,j_2,\cdots,j_n).$$

显然，n 元有序非负整数组的先于关系具有传递性，于是利用这个先于关系就可以给一个 n 元多项式的各单项式的排序：单项式 $a_{i_1i_2\cdots i_n}x_1^{i_1}x_2^{i_2}\cdots x_n^{i_n}$ 排在单项式 $b_{j_1j_2\cdots j_n}x_1^{j_1}x_2^{j_2}\cdots x_n^{j_n}$ 的前面当且仅当$(i_1,i_2,\cdots,i_n)>(j_1,j_2,\cdots,j_n)$. 这种排序方法称为**字典排列法**. 按字典排列法写出来的第一个系数不为 0 的单项式称为 n 元多项式的**首项**. 要注意，首项不一定具有最大的次数.

二、n 元多项式的运算

数域 K 上所有 n 元多项式组成的集合记作 $K[x_1,x_2,\cdots,x_n]$. 在这个集合中，规定**加法**为

$$\sum_{i_1,i_2,\cdots,i_n}a_{i_1i_2\cdots i_n}x_1^{i_1}x_2^{i_2}\cdots x_n^{i_n}+\sum_{i_1,i_2,\cdots,i_n}b_{i_1i_2\cdots i_n}x_1^{i_1}x_2^{i_2}\cdots x_n^{i_n}:=\sum_{i_1,i_2,\cdots,i_n}(a_{i_1i_2\cdots i_n}+b_{i_1i_2\cdots i_n})x_1^{i_1}x_2^{i_2}\cdots x_n^{i_n}. \tag{4}$$

规定**乘法**为

$$\sum_{i_1,i_2,\cdots,i_n}a_{i_1i_2\cdots i_n}x_1^{i_1}x_2^{i_2}\cdots x_n^{i_n}\cdot\sum_{j_1,j_2,\cdots,j_n}b_{j_1j_2\cdots j_n}x_1^{j_1}x_2^{j_2}\cdots x_n^{j_n}:=\sum_{s_1,s_2,\cdots,s_n}c_{s_1s_2\cdots s_n}x_1^{s_1}x_2^{s_2}\cdots x_n^{s_n}, \tag{5}$$

其中

$$c_{s_1s_2\cdots s_n}=\sum_{i_1+j_1=s_1}\sum_{i_2+j_2=s_2}\cdots\sum_{i_n+j_n=s_n}a_{i_1i_2\cdots i_n}b_{j_1j_2\cdots j_n}.$$

容易验证，在 $K[x_1,x_2,\cdots,x_n]$中加法满足交换律、结合律；零多项式是零元；每个多项式 $f(x_1,x_2,\cdots,x_n)$有负元$-f(x_1,x_2,\cdots,x_n)$；乘法满足结合律和分配律. 称 $K[x_1,x_2,\cdots,x_n]$ 为**数域 K 上的 n 元多项式环**. $K[x_1,x_2,\cdots,x_n]$中的乘法还满足交换律，并且有单位元 1.

规定 $f(x_1,x_2,\cdots,x_n)-g(x_1,x_2,\cdots,x_n):=f(x_1,x_2,\cdots,x_n)+(-g(x_1,x_2,\cdots,x_n))$.

n 元多项式的运算与次数有什么关系？显然，对于 $f,g\in K[x_1,x_2,\cdots,x_n]$，有

$$\deg(f+g)\leqslant\max\{\deg f,\deg g\}, \tag{6}$$

这里为了简单明了，将 n 元多项式 $f(x_1,x_2,\cdots,x_n)$和 $g(x_1,x_2,\cdots,x_n)$分别简记为 f 和 g，以下在有需要且不引起混淆时也会采用此记法. 乘法运算与次数的关系是什么呢？在数域 K 上的一元多项式环 $K[x]$中，有 $\deg(f(x)g(x))=\deg f(x)+\deg g(x)$. 证明此等式成立的关键是先证明 $f(x)g(x)$的首项等于 $f(x)$的首项与 $g(x)$的首项的乘积. 由此受到启发，在 $K[x_1,x_2,\cdots,x_n]$中，先证明下述结论：

定理 1 在 $K[x_1,x_2,\cdots,x_n]$中，两个非零多项式 f,g 的乘积 fg 的首项等于它们的首项的乘积，从而 fg 仍是非零多项式.

证明 由于首项是用字典排列法确定的，因此设 f 的首项为 $ax_1^{p_1}x_2^{p_2}\cdots x_n^{p_n}(a\neq0)$，$g$ 的

首项为 $bx_1^{q_1}x_2^{q_2}\cdots x_n^{q_n}$ $(b\neq 0)$，去证 $abx_1^{p_1+q_1}x_2^{p_2+q_2}\cdots x_n^{p_n+q_n}$ 是 fg 的首项. 为此，只要证明 $(p_1+q_1,p_2+q_2,\cdots,p_n+q_n)$先于 fg 中其他单项式的有序幂指数组即可. fg 中其他单项式的有序幂指数组只有三种可能情形：

$(p_1+j_1,p_2+j_2,\cdots,p_n+j_n)$，$(i_1+q_1,i_2+q_2,\cdots,i_n+q_n)$，$(i_1+j_1,i_2+j_2,\cdots,i_n+j_n)$，

其中$(p_1,p_2,\cdots,p_n)>(i_1,i_2,\cdots,i_n)$，$(q_1,q_2,\cdots,q_n)>(j_1,j_2,\cdots,j_n)$. 显然有

$$(p_1+q_1,p_2+q_2,\cdots,p_n+q_n)>(p_1+j_1,p_2+j_2,\cdots,p_n+j_n),$$
$$(p_1+q_1,p_2+q_2,\cdots,p_n+q_n)>(i_1+q_1,i_2+q_2,\cdots,i_n+q_n),$$
$$(i_1+q_1,i_2+q_2,\cdots,i_n+q_n)>(i_1+j_1,i_2+j_2,\cdots,i_n+j_n).$$

由传递性得

$$(p_1+q_1,p_2+q_2,\cdots,p_n+q_n)>(i_1+j_1,i_2+j_2,\cdots,i_n+j_n).$$

因此，$abx_1^{p_1+q_1}\cdots x_n^{p_n+q_n}$ 是 fg 的首项. □

其次，我们要引入齐次多项式的概念：

定义 2 数域 K 上的 n 元多项式 $g(x_1,x_2,\cdots,x_n)$称为 m **次齐次多项式**，如果它的每个系数不为 0 的单项式都是 m 次的.

由定义 2 得，零多项式可以看成任意次数的齐次多项式.

显然，$K[x_1,x_2,\cdots,x_n]$中两个齐次多项式的乘积仍是齐次多项式，它的次数等于这两个多项式的次数的和.

对于任一 n 元多项式 $f(x_1,x_2,\cdots,x_n)$，如果把次数相同的单项式写在一起，那么它可以唯一地表示成

$$f(x_1,x_2,\cdots,x_n)=\sum_{i=0}^{m}f_i(x_1,x_2,\cdots,x_n). \tag{7}$$

其中 $m=\deg f(x_1,x_2,\cdots,x_n)$；$f_i(x_1,x_2,\cdots,x_n)$ $(i=1,2,\cdots,m)$是 i 次齐次多项式，称它为 $f(x_1,x_2,\cdots,x_n)$的 i **次齐次成分**.

利用(7)式可以证明下述结论：

定理 2 在 $K[x_1,x_2,\cdots,x_n]$中，有

$$\deg fg=\deg f+\deg g. \tag{8}$$

证明 若 f,g 中有一个是零多项式，则(8)式成立. 现在设 $f\neq 0,g\neq 0,\deg f=m$，$\deg g=s$，则

$$f=f_0+f_1+\cdots+f_m,\quad g=g_0+g_1+\cdots+g_s.$$

于是

$$fg=f_0g_0+\cdots+f_0g_s+\cdots+f_mg_0+\cdots+f_mg_s. \tag{9}$$

其中 f_ig_j $(i=0,1,\cdots,m;j=0,1,\cdots,s)$是 fg 的 $i+j$ 次齐次成分. 因为 $f_m\neq 0,g_s\neq 0$，所以 $f_mg_s\neq 0$. 于是，f_mg_s 是 $m+s$ 次齐次多项式，从而 $\deg fg=m+s=\deg f+\deg g$. □

n 元多项式之所以成为最基本的概念，是因为 n 元多项式环 $K[x_1,x_2,\cdots,x_n]$ 具有通用性质. 例如，$x_1,x_2,\cdots,x_n$ 可以用 $K[x_1,x_2,\cdots,x_n]$ 中任意 n 个元素代入，且这种代入是保持加法与乘法运算的.

三、n 元多项式函数

设 $f(x_1,x_2,\cdots,x_n)\in K[x_1,x_2,\cdots,x_n]$. 对于数域 K 中任意 n 个元素 $c_1,c_2,\cdots,c_n$，将不定元 $x_1,x_2,\cdots,x_n$ 分别用 $c_1,c_2,\cdots,c_n$ 代入，得到 $f(c_1,c_2,\cdots,c_n)\in K$，于是 n 元多项式 $f(x_1,x_2,\cdots,x_n)$ 诱导了集合 K^n 到 K 的一个映射：

$$f:\ K^n\to K,$$
$$(c_1,c_2,\cdots,c_n)\mapsto f(c_1,c_2,\cdots,c_n). \tag{10}$$

把这个映射 f 称为数域 K 上的一个 n **元多项式函数**.

显然，零多项式诱导的函数是零函数. 自然要问：非零多项式诱导的函数是否一定不是零函数？回答是肯定的.

定理 3 设 $h(x_1,x_2,\cdots,x_n)$ 是数域 K 上的 n 元非零多项式，则它诱导的 n 元多项式函数 h 不是零函数.

证明 对不定元的个数 n 做数学归纳法.

当 $n=1$ 时，已证数域 K 上一元非零多项式诱导的函数不是零函数.

假设命题对于 $K[x_1,x_2,\cdots,x_{n-1}]$ 中的 $n-1$ 元非零多项式成立. 现在来看 $K[x_1,x_2,\cdots,x_n]$ 中的 n 元非零多项式 $h(x_1,x_2,\cdots,x_n)$. 为了利用归纳假设，关键的想法是把 $h(x_1,x_2,\cdots,x_n)$ 写成

$$\begin{aligned}h(x_1,x_2,\cdots,x_n)=&\,u_0(x_1,x_2,\cdots,x_{n-1})+u_1(x_1,x_2,\cdots,x_{n-1})x_n+\cdots\\&+u_s(x_1,x_2,\cdots,x_{n-1})x_n^s,\end{aligned} \tag{11}$$

其中 $u_i(x_1,x_2,\cdots,x_{n-1})\in K[x_1,x_2,\cdots,x_{n-1}]\,(i=0,1,\cdots,s)$，且 $u_s(x_1,x_2,\cdots,x_{n-1})\neq 0$. 根据归纳假设，$u_s(x_1,x_2,\cdots,x_{n-1})$ 诱导的函数 u_s 不是零函数，因此存在 $c_1,c_2,\cdots,c_{n-1}\in K$，使得 $u_s(c_1,c_2,\cdots,c_{n-1})\neq 0$. 不定元 $x_1,x_2,\cdots,x_{n-1},x_n$ 分别用 $c_1,c_2,\cdots,c_{n-1},x_n$ 代入，由(11)式得

$$\begin{aligned}h(c_1,c_2,\cdots,c_{n-1},x_n)=&\,u_0(c_1,c_2,\cdots,c_{n-1})+u_1(c_1,c_2,\cdots,c_{n-1})x_n+\cdots\\&+u_s(c_1,c_2,\cdots,c_{n-1})x_n^s,\end{aligned} \tag{12}$$

则(12)式表示的多项式 $h(c_1,c_2,\cdots,c_{n-1},x_n)$ 是一元非零多项式，因此它诱导的函数不是零函数，从而存在 $c_n\in K$，使得

$$h(c_1,c_2,\cdots,c_{n-1},c_n)\neq 0.$$

于是，n 元非零多项式 $h(x_1,x_2,\cdots,x_n)$ 诱导的函数 h 不是零函数.

根据数学归纳法原理，定理成立. □

利用定理 3 立即得到下述定理：

定理 4 在 $K[x_1,x_2,\cdots,x_n]$中，两个 n 元多项式 $f(x_1,x_2,\cdots,x_n)$与$g(x_1,x_2,\cdots,x_n)$相等，当且仅当它们诱导的多项式函数 f 与 g 相等.

证明 必要性由 n 元多项式函数的定义立即得到.

充分性 假如 $f(x_1,x_2,\cdots,x_n)\neq g(x_1,x_2,\cdots,x_n)$，则

$$f(x_1,x_2,\cdots,x_n)-g(x_1,x_2,\cdots,x_n)\neq 0.$$

由 n 元多项式函数的定义知，$f(x_1,x_2,\cdots,x_n)-g(x_1,x_2,\cdots,x_n)$诱导的多项式函数是 $f-g$. 根据定理 3，得 $f-g\neq 0$，从而$f\neq g$. 这与已知条件 $f=g$ 矛盾，因此充分性成立. □

设 $f(x_1,x_2,\cdots,x_n)\in K[x_1,x_2,\cdots,x_n]$. 如果存在$(c_1,c_2,\cdots,c_n)\in K^n$，使得

$$f(c_1,c_2,\cdots,c_n)=0,$$

那么称$(c_1,c_2,\cdots,c_n)$是 n 元多项式 $f(x_1,x_2,\cdots,x_n)$的一个**零点**. 当 K 取实数域时，若 $n=2$，则二元多项式 $f(x,y)$的零点组成的集合就是平面上的一条**代数曲线**，也就是方程 $f(x,y)=0$ 表示的曲线；若 $n=3$，则三元多项式 $f(x,y,z)$的零点组成的集合就是空间中的一个**代数曲面**，也就是方程 $f(x,y,z)=0$ 表示的曲面. 一般地，数域 K 上的一组 n 元多项式，它们的公共零点组成的集合称为**代数簇**. 研究代数簇是代数几何的一项基本内容.

5.9.2 典型例题

例 1 将下列三元多项式按字典排列法排列各单项式的顺序：

(1) $f(x_1,x_2,x_3)=4x_1x_2^5x_3^2+5x_1^2x_2x_3-x_1^3x_3^4+x_1^3x_2+x_1x_2^4$；

(2) $g(x_1,x_2,x_3)=x_1^2x_2^3+x_2^2x_3^3+x_1^3x_3^2+x_1^4+x_1^2x_2^4+x_3^4$.

解 (1) $f(x_1,x_2,x_3)=x_1^3x_2-x_1^3x_3^4+5x_1^2x_2x_3+4x_1x_2^5x_3^2+x_1x_2^4$；

(2) $g(x_1,x_2,x_3)=x_1^4+x_1^3x_3^2+x_1^2x_2^4+x_1^2x_2^3+x_2^2x_3^3+x_3^4$.

例 2 把如下三元齐次多项式分解成两个三元齐次多项式的乘积：

$$\begin{aligned}f(x_1,x_2,x_3)=&\ x_1^3+3x_1^2x_2+4x_1^2x_3+3x_1x_2^2+6x_1x_2x_3+4x_1x_3^2\\&+2x_2^3+5x_2^2x_3+5x_2x_3^2+3x_3^3.\end{aligned}$$

解 $f(x_1,x_2,x_3)$是三次齐次多项式，把它分解成两个齐次多项式的乘积，必然一个是一次齐次多项式，另一个是二次齐次多项式，于是可设

$f(x_1,x_2,x_3)=(x_1+ax_2+bx_3)(x_1^2+cx_2^2+dx_3^2+ex_1x_2+ux_1x_3+vx_2x_3)$. 比较系数，得

$$\begin{aligned}&3=e+a, && 4=u+b, && 3=c+ae,\\&6=v+au+be, && 4=d+bu, && 2=ac,\\&5=av+bc, && 5=ad+bv, && 3=bd.\end{aligned}$$

取 $c=1$，则 $a=2$；取 $d=1$，则 $b=3$. 于是

$$e=1,\quad u=1,\quad v=1.$$

因此

$$f(x_1,x_2,x_3)=(x_1+2x_2+3x_3)(x_1^2+x_2^2+x_3^2+x_1x_2+x_1x_3+x_2x_3).$$

例3 设$f(x_1,x_2,\cdots,x_n)$是数域K上的一个齐次多项式,证明:若在$K[x_1,x_2,\cdots,x_n]$中有

$$f(x_1,x_2,\cdots,x_n)=g(x_1,x_2,\cdots,x_n)h(x_1,x_2,\cdots,x_n),$$

则$g(x_1,x_2,\cdots,x_n)$和$h(x_1,x_2,\cdots,x_n)$都是齐次多项式.

证明 假如g与h不全是齐次多项式,不妨设g不是齐次多项式,于是有$g=g_l+g_{l+1}+\cdots+g_r$,其中$g_i(i=l,l+1,\cdots,r)$是g的i次齐次成分,且$g_l\neq 0,g_r\neq 0,r>l$.设$h=h_t+h_{t+1}+\cdots+h_s$,其中$h_j(j=t,t+1,\cdots,s)$是h的j次齐次成分,且$h_t\neq 0,h_s\neq 0$(可能$s=t$,此时h是t次齐次多项式).由已知条件得

$$f=gh=\sum_{i=l}^{r}g_i\cdot\sum_{j=t}^{s}h_j=\sum_{i=l}^{r}\sum_{j=t}^{s}g_ih_j,$$

其中$g_lh_t\neq 0,g_rh_s\neq 0$.由于$g_lh_t$是$gh$的次数最低的齐次成分,因此$g_lh_t$不会与其他$g_ih_j$相消.又由于$g_rh_s$是$gh$的次数最高的齐次成分,因此$g_rh_s$也不会与其他$g_ih_j$相消.由于$l<r,t\leqslant s$,因此$l+t<r+s$.于是,$gh$至少有两个非零的齐次成分.这与$f$是齐次多项式矛盾.所以,$g$与$h$都是齐次多项式. □

点评 例3表明,在$K[x_1,x_2,\cdots,x_n]$中,如果一个齐次多项式能分解成两个多项式的乘积,那么这两个多项式也都是齐次多项式.

例4 证明:在$K[x_1,x_2,\cdots,x_n]$中,非零多项式$f(x_1,x_2,\cdots,x_n)$为m次齐次多项式的充要条件是,对于一切$t\in K$,有

$$f(tx_1,tx_2,\cdots,tx_n)=t^mf(x_1,x_2,\cdots,x_n).\tag{13}$$

证明 必要性 设$f(x_1,x_2,\cdots,x_n)$是m次齐次多项式,即

$$f(x_1,x_2,\cdots,x_n)=\sum_{i_1,i_2,\cdots,i_n}a_{i_1i_2\cdots i_n}x_1^{i_1}x_2^{i_2}\cdots x_n^{i_n},$$

其中$i_1+i_2+\cdots+i_n=m$.任取$t\in K$,将不定元$x_1,x_2,\cdots,x_n$分别用$tx_1,tx_2,\cdots,tx_n$代入,从上式得

$$f(tx_1,tx_2,\cdots,tx_n)=\sum_{i_1,i_2,\cdots,i_n}a_{i_1i_2\cdots i_n}(tx_1)^{i_1}(tx_2)^{i_2}\cdots(tx_n)^{i_n}=t^mf(x_1,x_2,\cdots,x_n).$$

充分性 设对于一切$t\in K$,有(13)式成立.将$f(x_1,\cdots,x_n)$写成

$$f(x_1,\cdots,x_n)=f_0(x_1,\cdots,x_n)+f_1(x_1,\cdots,x_n)+\cdots+f_s(x_1,\cdots,x_n),\tag{14}$$

其中$f_i(x_1,\cdots,x_n)(i=0,1,\cdots,s)$是$f(x_1,\cdots,x_n)$的$i$次齐次成分.任取$t\in K$,$x_1,\cdots,x_n$用$tx_1,\cdots,tx_n$代入,从上式得

$$f(tx_1,\cdots,tx_n)=f_0(tx_1,\cdots,tx_n)+f_1(tx_1,\cdots,tx_n)+\cdots+f_s(tx_1,\cdots,tx_n).$$

根据已证的必要性以及充分性的假设,得

$$t^mf(x_1,\cdots,x_n)=f_0(x_1,\cdots,x_n)+tf_1(x_1,\cdots,x_n)+\cdots+t^sf_s(x_1,\cdots,x_n).\tag{15}$$

将(14)式代入(15)式的左端，并且根据两个 n 元多项式相等的定义，得

$$t^m f_i(x_1,\cdots,x_n) = t^i f_i(x_1,\cdots,x_n) \quad (i=0,1,\cdots,s). \tag{16}$$

任取 $i\in\{0,1,\cdots,s\}$，且 $i\neq m$，如果 $f_i\neq 0$，那么从(16)式两边消去 f_i 得 $t^m=t^i$，$\forall t\in K$. 由于 K 是数域，因此有 $x^m=x^i$. 这与 $i\neq m$ 矛盾. 因此 $f_i=0(i\neq m)$，从而 $f=f_m$. 于是，f 是 m 次齐次多项式. □

点评 例 4 给出了数域 K 上 m 次齐次多项式(或 m 次齐次多项式函数)的一个刻画，它很有用.

例 5 设 $f(x,y,z)$，$g(x,y,z)$ 都是实数域 $\mathbf{R}$ 上的三元多项式，且 $g(x,y,z)$ 不是零多项式，证明：如果 $g(x,y,z)$ 的任一非零点都是 $f(x,y,z)$ 的零点，那么 $f(x,y,z)$ 是零多项式.

证法一 对于 $g(x,y,z)$ 的任一非零点 (b_1,b_2,b_3)，有

$$fg(b_1,b_2,b_3) = f(b_1,b_2,b_3)g(b_1,b_2,b_3) = 0;$$

对于 $g(x,y,z)$ 的任一零点 (c_1,c_2,c_3)，有

$$fg(c_1,c_2,c_3) = f(c_1,c_2,c_3)g(c_1,c_2,c_3) = 0.$$

因此，对于一切 $(a_1,a_2,a_3)\in\mathbf{R}^3$，有

$$fg(a_1,a_2,a_3) = 0.$$

于是，fg 是零函数，从而 $f(x,y,z)g(x,y,z)$ 是零多项式. 由于 $g(x,y,z)$ 不是零多项式，因此 $f(x,y,z)$ 是零多项式. □

证法二 假如 $f(x,y,z)$ 不是零多项式，又由已知条件 $g(x,y,z)$ 不是零多项式，于是 $f(x,y,z)g(x,y,z)$ 不是零多项式，从而 fg 不是零函数. 因此，存在 $(c_1,c_2,c_3)\in\mathbf{R}^3$，使得 $fg(c_1,c_2,c_3)\neq 0$，即 $f(c_1,c_2,c_3)g(c_1,c_2,c_3)\neq 0$. 由此得出 $f(c_1,c_2,c_3)\neq 0$，且 $g(c_1,c_2,c_3)\neq 0$. 这与已知条件矛盾. 故 $f(x,y,z)$ 是零多项式. □

习 题 5.9

1. 将下列四元多项式按字典排列法排列各单项式的顺序：

(1) $f(x_1,x_2,x_3,x_4)=x_3^4x_4-x_1^3x_2+5x_2x_3x_4+2x_2^4x_3x_4$；

(2) $f(x_1,x_2,x_3,x_4)=x_1^3+x_3^2+3x_1x_2^2x_4-5x_1^2x_3x_4^2-2x_2^3x_3$.

2. 把三元齐次多项式 $f(x_1,x_2,x_3)=x_1^3+x_2^3+x_3^3-3x_1x_2x_3$ 写成两个三元齐次多项式的乘积.

3. 设 $f(x_1,x_2,\cdots,x_n)$，$g(x_1,x_2,\cdots,x_n)\in K[x_1,x_2,\cdots,x_n]$，且 $g(x_1,x_2,\cdots,x_n)\neq 0$，证明：如果对于使得 $g(c_1,c_2,\cdots,c_n)\neq 0$ 的任一组元素 $c_1,c_2,\cdots,c_n\in K$，都有 $f(c_1,c_2,\cdots,c_n)=0$，那么

$$f(x_1,x_2,\cdots,x_n)=0.$$

§5.10 n 元对称多项式

5.10.1 内容精华

观察如下三元多项式 $f(x_1,x_2,x_3)$ 有什么特点：

$$f(x_1,x_2,x_3)=x_1^3+x_2^3+x_3^3+x_1^2x_2+x_1^2x_3+x_2^2x_3+x_1x_2^2+x_1x_3^2+x_2x_3^2.$$

不定元 x_1,x_2,x_3 的下标分别是 1,2,3. 对于自然数 1,2,3 的任何一个三元排列，如 231，把不定元 x_1,x_2,x_3 分别用 x_2,x_3,x_1 代入，则上式成为

$$f(x_2,x_3,x_1)=x_2^3+x_3^3+x_1^3+x_2^2x_3+x_2^2x_1+x_3^2x_1+x_2x_3^2+x_2x_1^2+x_3x_1^2.$$

发现 $f(x_2,x_3,x_1)$ 的表达式与 $f(x_1,x_2,x_3)$ 的表达式相等，因此

$$f(x_2,x_3,x_1)=f(x_1,x_2,x_3).$$

对于自然数 1,2,3 的其他 5 个三元排列，也有类似的结论. 因此，在直观上可以这么说，在三元多项式 $f(x_1,x_2,x_3)$ 中，不定元 x_1,x_2,x_3 的地位是对称的. 于是，我们把 $f(x_1,x_2,x_3)$ 称为对称多项式.

一、n 元对称多项式的定义和例子

定义 1 设 $f(x_1,x_2,\cdots,x_n)\in K[x_1,x_2,\cdots,x_n]$. 如果对于任一 n 元排列 $j_1j_2\cdots j_n$，有

$$f(x_{j_1},x_{j_2},\cdots,x_{j_n})=f(x_1,x_2,\cdots,x_n),$$

那么称 $f(x_1,x_2,\cdots,x_n)$ 是数域 K 上的一个 n **元对称多项式**.

从定义 1 得出，如果 n 元对称多项式 $f(x_1,x_2,\cdots,x_n)$ 含有一项 $ax_1^{i_1}x_2^{i_2}\cdots x_n^{i_n}$，那么它也含有项 $ax_{j_1}^{i_1}x_{j_2}^{i_2}\cdots x_{j_n}^{i_n}$，其中 $j_1j_1\cdots j_n$ 是任一 n 元排列.

注意 相等的项只写一次.

例如，若三元对称多项式 $f(x_1,x_2,x_3)$ 含有一项 $x_1^2x_2$，即 $x_1^2x_2x_3^0$，则它也会有如下 5 项：

$$x_1^2x_3x_2^0,\quad x_2^2x_1x_3^0,\quad x_2^2x_3x_1^0,\quad x_3^2x_1x_2^0,\quad x_3^2x_2x_1^0.$$

也就是说，会有如下 5 项：

$$x_1^2x_3,\quad x_1x_2^2,\quad x_2^2x_3,\quad x_1x_3^2,\quad x_2x_3^2.$$

从定义 1 还得出，零多项式和零次多项式都是对称多项式.

如果一个 n 元对称多项式含有一项 x_1，那么它必含有项 $x_2,x_3,\cdots,x_n$. 因此，$x_1+x_2+\cdots+x_n$ 是一个 n 元对称多项式，把它用 $\sigma_1(x_1,x_2,\cdots,x_n)$ 表示，即

$$\sigma_1(x_1,x_2,\cdots,x_n)=x_1+x_2+\cdots+x_n.$$

如果一个 n 元对称多项式含有一项 x_1x_2，那么它必含有项 x_ix_j，其中 $1\leqslant i<j\leqslant n$. 因此，如下多项式是一个 n 元对称多项式：

$$\sigma_2(x_1,x_2,\cdots,x_n)=x_1x_2+x_1x_3+\cdots+x_1x_n+x_2x_3+\cdots+x_2x_n+\cdots+x_{n-1}x_n$$
$$=\sum_{1\leqslant i<j\leqslant n}x_ix_j.$$

同理,对于任给的 $k\in\{2,\cdots,n-1\}$,如下多项式是一个 n 元对称多项式:

$$\sigma_k(x_1,x_2,\cdots,x_n)=\sum_{1\leqslant j_1<j_2<\cdots<j_k\leqslant n}x_{j_1}x_{j_2}\cdots x_{j_k}.$$

显然,如下多项式也是一个 n 元对称多项式:

$$\sigma_n(x_1,x_2,\cdots,x_n)=x_1x_2\cdots x_n.$$

上述 n 个 n 元对称多项式 $\sigma_i(x_1,x_2,\cdots,x_n)(i=1,2,\cdots,n)$,统称为 **$n$ 元初等对称多项式**.

二、数域 K 上 n 元对称多项式组成的集合的结构

数域 K 上所有 n 元对称多项式组成的集合 W 的结构如何?

设 $f(x_1,x_2,\cdots,x_n),g(x_1,x_2,\cdots,x_n)\in W$. 如果

$$f(x_1,x_2,\cdots,x_n)+g(x_1,x_2,\cdots,x_n)=h(x_1,x_2,\cdots,x_n),$$
$$f(x_1,x_2,\cdots,x_n)g(x_1,x_2,\cdots,x_n)=p(x_1,x_2,\cdots,x_n),$$

那么对于任一 n 元排列 $j_1j_2\cdots j_n$,将不定元 $x_1,x_2,\cdots,x_n$ 分别用 $x_{j_1},x_{j_2},\cdots,x_{j_n}$ 代入,从上两式得

$$f(x_{j_1},x_{j_2},\cdots,x_{j_n})+g(x_{j_1},x_{j_2},\cdots,x_{j_n})=h(x_{j_1},x_{j_2},\cdots,x_{j_n}),$$
$$f(x_{j_1},x_{j_2},\cdots,x_{j_n})g(x_{j_1},x_{j_2},\cdots,x_{j_n})=p(x_{j_1},x_{j_2},\cdots,x_{j_n}).$$

由于 $f(x_1,x_2,\cdots,x_n),g(x_1,x_2,\cdots,x_n)$ 都是对称多项式,因此

$$f(x_{j_1},x_{j_2},\cdots,x_{j_n})=f(x_1,x_2,\cdots,x_n),\quad g(x_{j_1},x_{j_2},\cdots,x_{j_n})=g(x_1,x_2,\cdots,x_n).$$

由此推出

$$\begin{aligned}h(x_1,x_2,\cdots,x_n)&=f(x_1,x_2,\cdots,x_n)+g(x_1,x_2,\cdots,x_n)\\&=f(x_{j_1},x_{j_2},\cdots,x_{j_n})+g(x_{j_1},x_{j_2},\cdots,x_{j_n})\\&=h(x_{j_1},x_{j_2},\cdots,x_{j_n}),\end{aligned}$$

因此 $h(x_1,x_2,\cdots,x_n)\in W$. 同理 $p(x_1,x_2,\cdots,x_n)\in W$. 这表明 W 对加法和乘法封闭. 又由于 $-g(x_{j_1},x_{j_2},\cdots,x_{j_n})=-g(x_1,x_2,\cdots,x_n)$,因此 W 对减法也封闭. 于是,我们立即得到下述命题:

命题 1 设 $f_1,f_2,\cdots,f_m\in W$,则对于 $K[x_1,x_2,\cdots,x_n]$ 中任一多项式 $g(x_1,x_2,\cdots,x_n)=\sum_{i_1,i_2,\cdots,i_n}b_{i_1i_2\cdots i_n}x_1^{i_1}x_2^{i_2}\cdots x_n^{i_n}$,有

$$g(f_1,f_2,\cdots,f_n)=\sum_{i_1,i_2,\cdots,i_n}b_{i_1i_2\cdots i_n}f_1^{i_1}f_2^{i_2}\cdots f_n^{i_n}\in W.$$ □

特别地,有

$$g(\sigma_1,\sigma_2,\cdots,\sigma_n)\in W,$$

即初等对称多项式 $\sigma_1,\sigma_2,\cdots,\sigma_n$ 的多项式仍是对称多项式.反之,数域 K 上任一 n 元对称多项式是否都可表示成初等对称多项式 $\sigma_1,\sigma_2,\cdots,\sigma_n$ 的多项式?回答是肯定的,即我们有下述重要定理:

定理 1(对称多项式基本定理) 对于数域 K 上的任一 n 元对称多项式 $f(x_1,x_2,\cdots,x_n)$,存在数域 K 上唯一的一个 n 元多项式 $g(\sigma_1,\sigma_2,\cdots,\sigma_n)$,使得

$$f(x_1,x_2,\cdots,x_n)=g(\sigma_1,\sigma_2,\cdots,\sigma_n).$$

证明 *存在性* 因为 n 元多项式按字典排列法排出各单项式的次序,所以我们从 $f(x_1,x_2,\cdots,x_n)$ 的首项开始将其转换成 $\sigma_1,\sigma_2,\cdots,\sigma_n$ 的多项式.设 $f(x_1,x_2,\cdots,x_n)$ 的首项是 $ax_1^{l_1}x_2^{l_2}\cdots x_n^{l_n}$.由于 $f(x_1,x_2,\cdots,x_n)$ 是对称多项式,因此对任于一 n 元排列 $j_1j_2\cdots j_n$,$f(x_1,x_2,\cdots,x_n)$ 还含有项 $ax_{j_1}^{l_1}x_{j_2}^{l_2}\cdots x_{j_n}^{l_n}$,从而首项的有序幂指数组 $(l_1,l_2,\cdots,l_n)$ 必定满足

$$l_1\geqslant l_2\geqslant\cdots\geqslant l_n.$$

理由如下:假如 $l_i<l_{i+1}$,由于 $ax_1^{l_1}\cdots x_{i+1}^{l_i}x_i^{l_{i+1}}\cdots x_n^{l_n}$ 也是 $f(x_1,x_2,\cdots,x_n)$ 的一项,而此项的有序幂指数组 $(l_1,\cdots,l_{i-1},l_{i+1},l_i,\cdots,l_n)$ 先于首项的有序幂指数组 $(l_1,\cdots,l_{i-1},l_i,l_{i+1},\cdots,l_n)$,因此矛盾,从而 $l_1\geqslant l_2\geqslant\cdots\geqslant l_n$.为了把 $f(x_1,x_2,\cdots,x_n)$ 的首项转换成 $\sigma_1,\sigma_2,\cdots,\sigma_n$ 的多项式,就需要从 $\sigma_1,\sigma_2,\cdots,\sigma_n$ 构造出 $ax_1^{l_1}x_2^{l_2}\cdots x_n^{l_n}$.由于 σ_1 的首项是 x_1,σ_2 的首项是 x_1x_2……σ_{n-1} 的首项是 $x_1x_2\cdots x_{n-1}$,σ_n 的首项是 $x_1x_2\cdots x_n$,因此应当构造如下一个 n 元多项式:

$$\Phi_1(x_1,x_2,\cdots,x_n)=a\sigma_1^{l_1-l_2}\sigma_2^{l_2-l_3}\sigma_3^{l_3-l_4}\cdots\sigma_{n-1}^{l_{n-1}-l_n}\sigma_n^{l_n}.$$

容易看出,$\Phi_1(x_1,x_2,\cdots,x_n)$ 的首项是 $ax_1^{l_1}x_2^{l_2}\cdots x_n^{l_n}$.根据命题 1,$\Phi_1(x_1,x_2,\cdots,x_n)$ 仍是 n 元对称多项式.令

$$f_1(x_1,x_2,\cdots,x_n)=f(x_1,x_2,\cdots,x_n)-\Phi_1(x_1,x_2,\cdots,x_n),$$

则 f_1 的首项"小于"f 的首项(即 f 首项的有序幂指数组先于 f_1 首项的有序幂指数组),且 f_1 仍为 n 元对称多项式.对 f_1 重复上述做法,一直这样做下去,由于首项的有序幂指数组是有序非负整数组,因此必在有限步后终止,即

$$f_2=f_1-\Phi_2,\quad \cdots,\quad f_{s-1}=f_{s-2}-\Phi_{s-1},\quad f_s=f_{s-1}-\Phi_s=0,$$

从而得到

$$f=f_1+\Phi_1=(f_2+\Phi_2)+\Phi_1=\cdots=\Phi_s+\cdots+\Phi_2+\Phi_1.$$

设 $\Phi_i(x_1,x_2,\cdots,x_n)=a_i\sigma_1^{t_{i1}}\sigma_2^{t_{i2}}\cdots\sigma_n^{t_{in}}$,则

$$f(x_1,x_2,\cdots,x_n)=\sum_{i=1}^{s}a_i\sigma_1^{t_{i1}}\sigma_2^{t_{i2}}\cdots\sigma_n^{t_{in}}.$$

令
$$g(x_1,x_2,\cdots,x_n)=\sum_{i=1}^{s}a_ix_1^{t_{i1}}x_2^{t_{i2}}\cdots x_n^{t_{in}},$$

则
$$g(\sigma_1,\sigma_2,\cdots,\sigma_n)=f(x_1,x_2,\cdots,x_n).$$

唯一性 如果 K 上有两个不同的 n 元多项式 $g_1(x_1,x_2,\cdots,x_n)$,$g_2(x_1,x_2,\cdots,x_n)$,

使得

$$f(x_1,x_2,\cdots,x_n)=g_1(\sigma_1,\sigma_2,\cdots,\sigma_n),\quad f(x_1,x_2,\cdots,x_n)=g_2(\sigma_1,\sigma_2,\cdots,\sigma_n),$$

那么

$$g_1(\sigma_1,\sigma_2,\cdots,\sigma_n)-g_2(\sigma_1,\sigma_2,\cdots,\sigma_n)=0.$$

令

$$g(x_1,x_2,\cdots,x_n)=g_1(x_1,x_2,\cdots,x_n)-g_2(x_1,x_2,\cdots,x_n),$$

则

$$g(\sigma_1,\sigma_2,\cdots,\sigma_n)=g_1(\sigma_1,\sigma_2,\cdots,\sigma_n)-g_2(\sigma_1,\sigma_2,\cdots,\sigma_n)=0. \tag{1}$$

从假设得 $g(x_1,x_2,\cdots,x_n)\neq 0$. 于是,根据 §5.9 中的定理 3,存在 $b_1,b_2,\cdots,b_n\in K$,使得 $g(b_1,b_2,\cdots,b_n)\neq 0$. 令

$$\Phi(x)=x^n-b_1x^{n-1}+\cdots+(-1)^kb_kx^{n-k}+\cdots+(-1)^nb_n.$$

设 $\Phi(x)$的 n 个复根是 $c_1,c_2,\cdots,c_n$,则从韦达公式得

$$b_1=\sigma_1(c_1,c_2,\cdots,c_n),\quad \cdots,\quad b_k=\sigma_k(c_1,c_2,\cdots,c_n),\quad \cdots,\quad b_n=\sigma_n(c_1,c_2,\cdots,c_n).$$

$x_1,x_2,\cdots,x_n$ 分别用 $c_1,c_2,\cdots,c_n$ 代入,从(1)式得

$$g(\sigma_1(c_1,c_2,\cdots,c_n),\sigma_2(c_1,c_2,\cdots,c_n),\cdots,\sigma_n(c_1,c_2,\cdots,c_n))=0,$$

即 $g(b_1,b_2,\cdots,b_n)=0$,矛盾. 唯一性得证. □

三、数域 K 上一元多项式的判别式

对称多项式基本定理的一个重要应用是: 研究数域 K 上的一元多项式在复数域 **C** 中有无重根.

设数域 K 上首项系数为 1 的一元多项式

$$f(x)=x^n+a_{n-1}x^{n-1}+\cdots+a_1x+a_0$$

在复数域 **C** 中的 n 个根为 $c_1,c_2,\cdots,c_n$,则

$$f(x)\text{ 在复数域 }\mathbf{C}\text{ 中有重根}\Longleftrightarrow \prod_{1\leqslant j<i\leqslant n}(c_i-c_j)^2=0.$$

根据韦达公式,有

$$-a_{n-1}=c_1+c_2+\cdots+c_n=\sigma_1(c_1,c_2,\cdots,c_n),\quad \cdots,$$

$$(-1)^ka_{n-k}=\sum_{1\leqslant j_1<\cdots<j_k\leqslant n}c_{j_1}c_{j_2}\cdots c_{j_k}=\sigma_k(c_1,c_2,\cdots,c_n),\quad \cdots,$$

$$(-1)^na_0=c_1c_2\cdots c_n=\sigma_n(c_1,c_2,\cdots,c_n).$$

考虑 K 上的 n 元多项式

$$D(x_1,x_2,\cdots,x_n):=\prod_{1\leqslant j<i\leqslant n}(x_i-x_j)^2.$$

显然它是对称多项式,于是存在唯一的 n 元多项式 $g(x_1,x_2,\cdots,x_n)$,使得

$$D(x_1,x_2,\cdots,x_n)=g(\sigma_1,\sigma_2,\cdots,\sigma_n).$$

$x_1,x_2,\cdots,x_n$ 分别用 $c_1,c_2,\cdots,c_n$ 代入,由上式得

$$D(c_1,c_2,\cdots,c_n)=g(\sigma_1(c_1,c_2,\cdots,c_n),\sigma_2(c_1,c_2,\cdots,c_n),\cdots,\sigma_n(c_1,c_2,\cdots,c_n)),$$

于是
$$\prod_{1\leqslant i<j\leqslant n}(c_i-c_j)^2=g(-a_{n-1},a_{n-2},\cdots,(-1)^n a_0).$$

这样我们证明了下述命题：

命题 2 数域 K 上首项系数为 1 的一元多项式

$$f(x)=x^n+a_{n-1}x^{n-1}+\cdots+a_1x+a_0$$

在复数域 $\mathbf{C}$ 中有重根的充要条件为

$$g(-a_{n-1},a_{n-2},\cdots,(-1)^n a_0)=0. \qquad \square$$

我们把 $f(x)$的系数 $a_{n-1},a_{n-2},\cdots,a_0$ 的多项式 $g(-a_{n-1},a_{n-2},\cdots,(-1)^n a_0)$称为 $f(x)$ 的**判别式**,记作 $D(f)$. 利用它可以判断 $f(x)$在复数域 $\mathbf{C}$ 中是否有重根：

$$f(x)\text{ 有重根}\Longleftrightarrow D(f)=0.$$

如何求出 $f(x)$的判别式 $D(f)$呢？我们有

$$D(f)=g(-a_{n-1},a_{n-2},\cdots,(-1)^n a_0)=\prod_{1\leqslant j<i\leqslant n}(c_i-c_j)^2$$

$$=\begin{vmatrix}1&1&\cdots&1\\c_1&c_2&\cdots&c_n\\c_1^2&c_2^2&\cdots&c_n^2\\\vdots&\vdots&&\vdots\\c_1^{n-1}&c_2^{n-1}&\cdots&c_n^{n-1}\end{vmatrix}\begin{vmatrix}1&c_1&c_1^2&\cdots&c_1^{n-1}\\1&c_2&c_2^2&\cdots&c_2^{n-1}\\\vdots&\vdots&\vdots&&\vdots\\1&c_n&c_n^2&\cdots&c_n^{n-1}\end{vmatrix}$$

$$=\begin{vmatrix}n&\sum_{i=1}^n c_i&\cdots&\sum_{i=1}^n c_i^{n-1}\\\sum_{i=1}^n c_i&\sum_{i=1}^n c_i^2&\cdots&\sum_{i=1}^n c_i^n\\\vdots&\vdots&&\vdots\\\sum_{i=1}^n c_i^{n-1}&\sum_{i=1}^n c_i^n&\cdots&\sum_{i=1}^n c_i^{2n-2}\end{vmatrix}, \qquad (2)$$

于是考虑下列 n 元对称多项式：

$$s_k(x_1,x_2,\cdots,x_n)=\sum_{i=1}^n x_i^k\quad(k=0,1,2,\cdots). \qquad (3)$$

称它们为**幂和**.

根据对称多项式基本定理,s_k 能表示成 $\sigma_1,\sigma_2,\cdots,\sigma_n$ 的多项式,从而将 $x_1,x_2,\cdots,x_n$ 分别用 $c_1,c_2,\cdots,c_n$ 代入,可以把(2)式右端行列式中出现的

$$\sum_{i=1}^n c_i^k=s_k(c_1,c_2,\cdots,c_n)$$

用 $\sigma_1(c_1,c_2,\cdots,c_n),\cdots,\sigma_n(c_1,c_2,\cdots,c_n)$表示出来,也就是可以通过 $f(x)$的系数 $a_{n-1},\cdots,a_1$,a_0 计算出来,从而可以求出判别式 $D(f)$.

下述牛顿(Newton)公式解决了把幂和 s_k 表示成$\sigma_1,\sigma_2,\cdots,\sigma_n$ 的多项式的问题:

牛顿公式 在 $K[x_1,x_2,\cdots,x_n]$中,当 $1\leqslant k\leqslant n$ 时,有

$$s_k-\sigma_1 s_{k-1}+\sigma_2 s_{k-2}+\cdots+(-1)^{k-1}\sigma_{k-1}s_1+(-1)^k k\sigma_k=0;\tag{4}$$

当 $k>n$ 时,有

$$s_k-\sigma_1 s_{k-1}+\sigma_2 s_{k-2}+\cdots+(-1)^{n-1}\sigma_{n-1}s_{k-n+1}+(-1)^n\sigma_n s_{k-n}=0.\tag{5}$$

证明 参看文献[2]§7.10 中牛顿公式的证明.

注意 在上述讨论中,$f(x)$的首项系数为 1.如果 $f(x)$的首项系数为 a_n,那么可以先对 $a_n^{-1}f(x)$运用上述方法求出它的判别式 $D(a_n^{-1}f)$,然后规定 $f(x)$的判别式为

$$D(f):=a_n^{2n-2}D(a_n^{-1}f).$$

5.10.2 典型例题

例 1 写出如下三元对称多项式的首项和首项的有序幂指数组,并求它的次数,它是否为齐次多项式?

$$f(x_1,x_2,x_3)=(x_1^2-x_2x_3)(x_2^2-x_3x_1)(x_3^2-x_1x_2).$$

解 由于多项式的乘积的首项等于它们的首项的乘积,因此 $f(x_1,x_2,x_3)$的首项等于于 $x_1^2(-x_3x_1)(-x_1x_2)=x_1^4x_2x_3$,从而首项的有序幂指数组为(4,1,1).

$f(x_1,x_2,x_3)$是六次齐次多项式.

例 2 在 $K[x_1,x_2,x_3]$中,用初等对称多项式表示对称多项式

$$f(x_1,x_2,x_3)=x_1^2x_2^2+x_1^2x_3^2+x_2^2x_3^2.$$

解法一 $f(x_1,x_2,x_3)$的首项为 $x_1^2x_2^2$,首项的有序幂指数组为(2,2,0).构造对称多项式如下:

$$\Phi_1(x_1,x_2,x_3)=\sigma_1^{2-2}\sigma_2^{2-0}\sigma_3^0=\sigma_2^2=(x_1x_2+x_1x_3+x_2x_3)^2.$$

令

$$\begin{aligned}f_1&=f-\Phi_1=(x_1^2x_2^2+x_1^2x_3^2+x_2^2x_3^2)-(x_1x_2+x_1x_3+x_2x_3)^2\\&=-2(x_1^2x_2x_3+x_1x_2^2x_3+x_1x_2x_3^2)=-2x_1x_2x_3(x_1+x_2+x_3)=-2\sigma_3\sigma_1,\end{aligned}$$

因此

$$f=\Phi_1+f_1=\sigma_2^2-2\sigma_1\sigma_3.$$

解法二 $f(x_1,x_2,x_3)$是四次齐次对称多项式,其首项为 $x_1^2x_2^2$,首项的有序幂指数组为(2,2,0).构造的 $\Phi_1(x_1,x_2,x_3)$与 $f(x_1,x_2,x_3)$有相同的首项,因此 $\Phi_1(x_1,x_2,x_3)$也是四次多项式.由于 $\Phi_1(x_1,x_2,x_3)=\sigma_1^{2-2}\sigma_0^{2-0}\sigma_3^0=\sigma_2^2$,因此 $\Phi_1(x_1,x_2,x_3)$也是齐次对称多项式,从而 $f_1=f-\Phi_1$ 也是四次齐次对称多项式.同理,$f_2,\cdots,f_s(s\geqslant 2)$都是四次齐次对称多项式.于

是，如果 $f_i(i=1,2,\cdots,s)$ 不是零多项式，那么其首项有序幂指数组 (p_1,p_2,p_3) 应当满足 $p_1+p_2+p_3=4$. 又由于 f 首项的有序幂指数组先于 $f_i(i=1,2,\cdots,s)$ 首项的有序幂指数组，因此 $2\geqslant p_1\geqslant p_2\geqslant p_3$. 满足这些条件的有序非负整数组只有 $(2,2,0),(2,1,1)$，于是 f_1 的首项为 $ax_1^2x_2x_3$，f_2 为零多项式，从而 $\Phi_2(x_1,x_2,x_3)=a\sigma_1^{2-1}\sigma_2^{1-1}\sigma_3^1=a\sigma_1\sigma_3$. 因此

$$f(x_1,x_2,x_3)=\Phi_2+\Phi_1=a\sigma_1\sigma_3+\sigma_2^2.$$

为了确定 a 的值，x_1,x_2,x_3 分别用 1,1,1 代入，由上式得

$$3=a\cdot 3\cdot 1+3^2.$$

解得 $a=-2$，因此 $f(x_1,x_2,x_3)=-2\sigma_1\sigma_3+\sigma_2^2$.

例 3 在 $K[x_1,x_2,\cdots,x_n]$ 中，用初等对称多项式表示对称多项式

$$f(x_1,x_2,\cdots,x_n)=\sum x_1^2x_2^2,$$

这里 $\sum x_1^2x_2^2$ 表示含有项 $x_1^2x_2^2$ 的项数最少的对称多项式.

解 多项式 $f(x_1,x_2,\cdots,x_n)$ 的首项为 $x_1^2x_2^2$，首项的有序幂指数组为 $(2,2,0,\cdots,0)$. $f(x_1,x_2,\cdots,x_n)$ 是四次齐次对称多项式，$f_i(i=1,2,\cdots,s)$ 也是四次齐次对称多项式，它们的首项有序幂指数组 $(p_1,p_2,\cdots,p_n)$ 应当满足

$$p_1+p_2+\cdots+p_n=4,\quad 2\geqslant p_1\geqslant p_2\geqslant\cdots\geqslant p_n.$$

满足这两个条件的 n 元有序非负整数组 $(p_1,p_2,\cdots,p_n)$ 只可能是

$$(2,2,0,\cdots,0),\quad (2,1,1,0,\cdots,0),\quad (1,1,1,1,0,\cdots,0),$$

它们分别是 f,f_1,f_2 的首项有序幂指数组，于是 $f_3=0$，且

$$\Phi_1(x_1,x_2,\cdots,x_n)=\sigma_1^{2-2}\sigma_2^{2-0}\sigma_3^{0-0}\cdots\sigma_n^0=\sigma_2^2,$$
$$\Phi_2(x_1,x_2,\cdots,x_n)=a\sigma_1^{2-1}\sigma_2^{1-1}\sigma_3^{1-0}\sigma_4^{0-0}\cdots\sigma_n^0=a\sigma_1\sigma_3,$$
$$\Phi_3(x_1,x_2,\cdots,x_n)=b\sigma_1^{1-1}\sigma_2^{1-1}\sigma_3^{1-1}\sigma_4^{1-0}\sigma_5^{0-0}\cdots\sigma_n^0=b\sigma_4.$$

所以

$$f(x_1,x_2,\cdots,x_n)=\Phi_3+\Phi_2+\Phi_1=b\sigma_4+a\sigma_1\sigma_3+\sigma_2^2.$$

为了确定 a,b 的值，$x_1,x_2,\cdots,x_n$ 分别用 $1,1,1,0,\cdots,0$，以及 $1,1,1,1,0,\cdots,0$ 代入，得

$$\begin{cases}3=a\cdot 3\cdot 1+3^2,\\ 6=b\cdot 1+a\cdot 4\cdot 4+6^2.\end{cases}$$

解得 $a=-2,b=2$，因此

$$f(x_1,x_2,\cdots,x_n)=-2\sigma_1\sigma_3+\sigma_2^2+2\sigma_4.$$

例 4 在 $K[x_1,x_2,x_3]$ 中，用初等对称多项式表示对称多项式

$$f(x_1,x_2,x_3)=(2x_1x_2+x_3^2)(2x_2x_3+x_1^2)(2x_3x_1+x_2^2).$$

解 $f(x_1,x_2,x_3)$ 的首项是 $2x_1x_2\cdot x_1^2\cdot 2x_3x_1=4x_1^4x_2x_3$，首项的有序幂指数组为 $(4,1,1)$. $f(x_1,x_2,x_3)$ 是六次齐次对称多项式. 满足

$$p_1+p_2+p_3=6,\quad 4\geqslant p_1\geqslant p_2\geqslant p_3$$

的有序非负整数组(p_1,p_2,p_3)只可能是

$$(4,2,0),\quad (4,1,1),\quad (3,3,0),\quad (3,2,1),\quad (2,2,2).$$

除第一个外,后面四个分别是 f,f_1,f_2,f_3 的首项有序幂指数组,于是 $f_4=0$,且

$$\Phi_1 = 4\sigma_1^{4-1}\sigma_2^{1-1}\sigma_3^1 = 4\sigma_1^3\sigma_3,\qquad \Phi_2 = a\sigma_1^{3-3}\sigma_2^{3-0}\sigma_3^0 = a\sigma_2^3,$$

$$\Phi_3 = b\sigma_1^{3-2}\sigma_2^{2-1}\sigma_3^1 = b\sigma_1\sigma_2\sigma_3,\quad \Phi_4 = c\sigma_1^{2-2}\sigma_2^{2-2}\sigma_3^2 = c\sigma_3^2.$$

因此 $$f(x_1,x_2,x_3)=\Phi_4+\Phi_3+\Phi_2+\Phi_1=c\sigma_3^2+b\sigma_1\sigma_2\sigma_3+a\sigma_2^3+4\sigma_1^3\sigma_3.$$

为了确定 a,b,c 的值,x_1,x_2,x_3 分别用 $1,1,0;1,1,1;1,1,-1$ 代入,得

$$\begin{cases}2\cdot 1\cdot 1 = a\cdot 1^3,\\ (2+1)(2+1)(2+1) = c+b\cdot 3\cdot 3\cdot 1+a\cdot 3^3+4\cdot 3^3\cdot 1,\\ (2+1)(-2+1)(-2+1) = c+b\cdot 1\cdot(-1)\cdot(-1)+a\cdot(-1)^3+4\cdot 1^3\cdot(-1).\end{cases}$$

解得 $a=2,b=-18,c=27$,因此

$$f(x_1,x_2,x_3) = 4\sigma_1^3\sigma_3 - 18\sigma_1\sigma_2\sigma_3 + 2\sigma_2^3 + 27\sigma_3^2.$$

***例 5** 设 $1\leqslant k\leqslant n$,把幂和 $s_k(x_1,x_2,\cdots,x_n)$用初等对称多项式 $\sigma_1(x_1,x_2,\cdots,x_n)$, $\sigma_2(x_1,x_2\cdots,x_n),\cdots,\sigma_k(x_1,x_2,\cdots,x_n)$表示.

解 根据牛顿公式,当 $1\leqslant k\leqslant n$ 时,有

$$s_k-\sigma_1 s_{k-1}+\sigma_2 s_{k-2}+\cdots+(-1)^{k-1}\sigma_{k-1}s_1+(-1)^k k\sigma_k = 0,$$

从而

$$s_1 = \sigma_1,$$

$$s_2 = \sigma_1 s_1 - 2\sigma_2 = \sigma_1^2 - 2\sigma_2 = \begin{vmatrix}\sigma_1 & 1\\ 2\sigma_2 & \sigma_1\end{vmatrix},$$

$$s_3 = \sigma_1 s_2 - \sigma_2 s_1 + 3\sigma_3 = \begin{vmatrix}\sigma_1 & 1 & 0\\ 2\sigma_2 & \sigma_1 & 1\\ 3\sigma_3 & \sigma_2 & \sigma_1\end{vmatrix}.$$

由此受到启发,猜想

$$s_k = \begin{vmatrix}\sigma_1 & 1 & 0 & 0 & 0 & 0 & \cdots & 0 & 0\\ 2\sigma_2 & \sigma_1 & 1 & 0 & 0 & 0 & \cdots & 0 & 0\\ 3\sigma_3 & \sigma_2 & \sigma_1 & 1 & 0 & 0 & \cdots & 0 & 0\\ 4\sigma_4 & \sigma_3 & \sigma_2 & \sigma_1 & 1 & 0 & \cdots & 0 & 0\\ \vdots & \vdots & \vdots & \vdots & \vdots & \vdots & & \vdots & \vdots\\ (k-1)\sigma_{k-1} & \sigma_{k-2} & \sigma_{k-3} & \sigma_{k-4} & \sigma_{k-5} & \sigma_{k-6} & \cdots & \sigma_1 & 1\\ k\sigma_k & \sigma_{k-1} & \sigma_{k-2} & \sigma_{k-3} & \sigma_{k-4} & \sigma_{k-5} & \cdots & \sigma_2 & \sigma_1\end{vmatrix}. \tag{6}$$

我们用第二数学归纳法证明上述猜想.

当 $k=1$ 时,$|\sigma_1|=\sigma_1=s_1$,因此猜想为真.

假设当小于 $k(1<k\leqslant n)$时猜想为真,现在来看 k 的情形.对于(6)式右端的 k 阶行列式,

按第 k 行展开,得

$$(-1)^{k+1}k\sigma_k+(-1)^{k+2}\sigma_{k-1}\sigma_1+(-1)^{k+3}\sigma_{k-2}\begin{vmatrix}\sigma_1 & 1 & 0 & 0 & \cdots & 0 & 0\\ 2\sigma_2 & \sigma_1 & 0 & 0 & \cdots & 0 & 0\\ 3\sigma_3 & \sigma_2 & 1 & 0 & \cdots & 0 & 0\\ \vdots & \vdots & \vdots & \vdots & & \vdots & \vdots\\ (k-1)\sigma_{k-1} & \sigma_{k-2} & \sigma_{k-4} & \sigma_{k-5} & \cdots & \sigma_1 & 1\end{vmatrix}$$

$$+\cdots+(-1)^{k+(k-1)}\sigma_2 s_{k-2}+(-1)^{k+k}\sigma_1 s_{k-1}$$

$$=(-1)^{k+1}k\sigma_k+(-1)^{k}\sigma_{k-1}s_1+(-1)^{k-1}\sigma_{k-2}s_2+\cdots+(-1)\sigma_2 s_{k-2}+\sigma_1 s_{k-1}=s_k.$$

由第二数学归纳法原理,当 $1\leqslant k\leqslant n$ 时,(6)式成立.

***例 6** 设 $1\leqslant k\leqslant n$,把初等对称多项式 $\sigma_k(x_1,x_2,\cdots,x_n)$ 用幂和 $s_1(x_1,x_2,\cdots,x_n)$, $s_2(x_1,x_2,\cdots,x_n),\cdots,s_k(x_1,x_2,\cdots,x_n)$表示.

解 根据牛顿公式,当 $1\leqslant k\leqslant n$ 时,可得

$$\sigma_1=s_1,$$

$$\sigma_2=\frac{1}{2}(\sigma_1 s_1-s_2)=\frac{1}{2}(s_1^2-s_2)=\frac{1}{2}\begin{vmatrix}s_1 & 1\\ s_2 & s_1\end{vmatrix},$$

$$\sigma_3=\frac{1}{3}(s_3-\sigma_1 s_2+\sigma_2 s_1)=\frac{1}{3}\left(s_3-s_1 s_2+s_1\cdot\frac{1}{2}\begin{vmatrix}s_1 & 1\\ s_2 & s_1\end{vmatrix}\right)=\frac{1}{6}\begin{vmatrix}s_1 & 1 & 0\\ s_2 & s_1 & 2\\ s_3 & s_2 & s_1\end{vmatrix}.$$

由此受到启发,猜想

$$\sigma_k=\frac{1}{k!}\begin{vmatrix}s_1 & 1 & 0 & 0 & \cdots & 0 & 0\\ s_2 & s_1 & 2 & 0 & \cdots & 0 & 0\\ s_3 & s_2 & s_1 & 3 & \cdots & 0 & 0\\ \vdots & \vdots & \vdots & \vdots & & \vdots & \vdots\\ s_{k-1} & s_{k-2} & s_{k-3} & s_{k-4} & \cdots & s_1 & k-1\\ s_k & s_{k-1} & s_{k-2} & s_{k-3} & \cdots & s_2 & s_1\end{vmatrix}. \tag{7}$$

我们用第二数学归纳法证明这个猜想.

当 $k=1$ 时,$|s_1|=s_1=\sigma_1$,猜想为真.

假设当小于 $k(1<k\leqslant n)$时猜想为真,现在来看 k 的情形. 把(7)式右端的行列式按最后一行展开,得

$$(-1)^{k+1}s_k(k-1)!+(-1)^{k+2}s_{k-1}\begin{vmatrix}s_1 & 0 & 0 & \cdots & 0 & 0\\ s_2 & 2 & 0 & \cdots & 0 & 0\\ s_3 & s_1 & 3 & \cdots & 0 & 0\\ \vdots & \vdots & \vdots & & \vdots & \vdots\\ s_{k-1} & s_{k-3} & s_{k-4} & \cdots & s_1 & k-1\end{vmatrix}$$

$$+(-1)^{k+3}s_{k-2}\begin{vmatrix} s_1 & 1 & 0 & \cdots & 0 & 0 \\ s_2 & s_1 & 0 & \cdots & 0 & 0 \\ s_3 & s_2 & 3 & \cdots & 0 & 0 \\ \vdots & \vdots & \vdots & & \vdots & \vdots \\ s_{k-1} & s_{k-2} & s_{k-4} & \cdots & s_1 & k-1 \end{vmatrix}+\cdots$$

$$+(-1)^{k+(k-1)}s_2(k-1)(k-2)!\sigma_{k-2}+(-1)^{k+k}s_1(k-1)!\sigma_{k-1}$$

$$=(-1)^{k+1}(k-1)!s_k+(-1)^k s_{k-1}(k-1)!s_1+(-1)^{k-1}s_{k-2}(k-1)!\sigma_2+\cdots$$

$$+(-1)(k-1)!s_2\sigma_{k-2}+(k-1)!s_1\sigma_{k-1}$$

$$=\frac{k!}{k}[(-1)^{k+1}s_k+(-1)^k s_{k-1}\sigma_1+(-1)^{k-1}s_{k-2}\sigma_2+\cdots+(-1)s_2\sigma_{k-2}+s_1\sigma_{k-1}]$$

$$=k!\sigma_k.$$

根据第二数学归纳法原理,当 $1\leqslant k\leqslant n$ 时,(7)式成立.

点评 例 5 和例 6 分别是把幂和 $s_k(1\leqslant k\leqslant n)$ 用初等对称多项式 $\sigma_1,\sigma_2,\cdots,\sigma_k$ 表示,以及把初等对称多项式 $\sigma_k(1\leqslant k\leqslant n)$ 用幂和 $s_1,s_2,\cdots,s_k$ 表示. 所得到公式(6)和(7)都很有用,公式(6)可以用来求一元 n 次多项式的判别式,公式(7)在例 10 中有用.

例 5 和例 6 的解法体现了数学的思维方式,从观察 $k=1,2,3$ 的情形,猜想对一般的 k 有什么结论,然后给予证明. 如果在题目中就把公式(6)和(7)写出来,也就不知道这两个公式是怎么想出来的. 学习数学和搞数学科研一样,关键是想法(idea).

例 7 求数域 K 上不完全三次方程 $x^3+a_1x+a_0=0$ 的判别式.

解 记 $f(x)=x^3+a_1x+a_0$. 三次方程 $x^3+a_1x+a_0$ 的判别式也就是 $f(x)$ 的判别式 $D(f)$. 记 $f(x)$ 的 3 个复根为 c_1,c_2,c_3,则

$$D(f)=\begin{vmatrix} 3 & s_1(c_1,c_2,c_3) & s_2(c_1,c_2,c_3) \\ s_1(c_1,c_2,c_3) & s_2(c_1,c_2,c_3) & s_3(c_1,c_2,c_3) \\ s_2(c_1,c_2,c_3) & s_3(c_1,c_2,c_3) & s_4(c_1,c_2,c_3) \end{vmatrix}.$$

根据韦达公式,得

$$\sigma_1(c_1,c_2,c_3)=0,\quad \sigma_2(c_1,c_2,c_3)=a_1,\quad \sigma_3(c_1,c_2,c_3)=-a_0;$$

根据(6)式,得

$$s_1(c_1,c_2,c_3)=0,\quad s_2(c_1,c_2,c_3)=-2a_1,\quad s_3(c_1,c_2,c_3)=-3a_0;$$

根据牛顿公式(5),得

$$s_4(c_1,c_2,c_3)=-a_1(-2a_1)=2a_1^2.$$

因此

$$D(f)=\begin{vmatrix} 3 & 0 & -2a_1 \\ 0 & -2a_1 & -3a_0 \\ -2a_1 & -3a_0 & 2a_1^2 \end{vmatrix}=-4a_1^3-27a_0^2. \tag{8}$$

例 8 设 $f(x)$是实系数三次多项式，讨论 $D(f)=0, D(f)>0, D(f)<0$ 时，$f(x)$的根的情况.

解 当 $D(f)=0$ 时，$f(x)$有重根；当 $D(f)>0$ 或 $D(f)<0$ 时，$f(x)$没有重根. 由于 $\deg f(x)=3$，因此 $f(x)$至少有 1 个实根 c_1. 设 $f(x)$的另 2 个复根为 c_2, c_3.

当 $D(f)=0$ 时，由于 $f(x)$有重根，因此 $c_1=c_2$（或 c_3），或 $c_2=c_3$. 若 $c_1=c_2$（或 c_3），则 $f(x)$有 2 个实根. 由于实系数多项式的虚根共轭成对出现，因此 c_3（或 c_2）也必为实根，从而 $f(x)$有 3 个实根. 若 $c_2=c_3$，同理 c_2 与 c_3 都是实根，从而 $f(x)$有 3 个实根. 总之，当 $D(f)=0$ 时，$f(x)$有重根，且 3 个复根都是实数.

当 $D(f)>0$ 或 $D(f)<0$ 时，$f(x)$有 3 个不同的复根 c_1, c_2, c_3，其中 c_1 是实根. 由于

$$D(f)=(c_1-c_2)^2(c_1-c_3)^2(c_2-c_3)^2,$$

因此当 c_2, c_3 都是实数时，有 $D(f)>0$；当 c_2, c_3 是 1 对共轭虚数时，设 $c_2=a+b\mathrm{i}, c_3=a-b\mathrm{i}$，则

$$\begin{aligned} D(f) &= [c_1^2-c_1(c_3+c_2)+c_2c_3]^2(2b\mathrm{i})^2=(c_1^2-c_1 2a+a^2+b^2)^2(-4b^2) \\ &= -4[(c_1-a)^2+b^2]^2b^2<0. \end{aligned}$$

因此，当 $D(f)>0$ 时，$f(x)$有 3 个互不相同的实根；当 $D(f)<0$ 时，$f(x)$有 1 个实根和 1 对共轭虚根.

点评 例 8 表明，实系数三次多项式 $f(x)$，当判别式 $D(f)\geqslant 0$ 时，$f(x)$有 3 个实根（重根按重数计算），其中当 $D(f)=0$ 时有重根，当 $D(f)>0$ 时没有重根；当判别式 $D(f)<0$ 时，$f(x)$恰有 1 个实根和 1 对共轭虚根. 这与实系数二次多项式的根与判别式的关系类似.

***例 9** 求数域 K 上 n 次多项式 $f(x)=x^n+a$ 的判别式.

解 设 $f(x)$的 n 个复根为 $c_1, c_2, \cdots, c_n$. 由韦达公式得

$$\sigma_1(c_1,c_2,\cdots,c_n)=\sigma_2(c_1,c_2,\cdots,c_n)=\cdots=\sigma_{n-1}(c_1,c_2,\cdots,c_n)=0,$$

$$\sigma_n(c_1,c_2,\cdots,c_n)=(-1)^n a.$$

当 $1\leqslant k<n$ 时，根据例 5 中的公式(6)，$x_1, x_2, \cdots, x_n$ 分别用 $c_1, c_2, \cdots, c_n$ 代入，得

$$s_k(c_1,c_2,\cdots,c_n)=\begin{vmatrix} 0 & 1 & 0 & 0 & 0 & \cdots & 0 \\ 0 & 0 & 1 & 0 & 0 & \cdots & 0 \\ 0 & 0 & 0 & 1 & 0 & \cdots & 0 \\ \vdots & \vdots & \vdots & \vdots & \vdots & & \vdots \\ 0 & 0 & 0 & 0 & 0 & \cdots & 0 \end{vmatrix}=0;$$

当 $k=n$ 时，有

$$s_k(c_1,c_2,\cdots,c_n)=s_n(c_1,c_2,\cdots,c_n)=\begin{vmatrix} 0 & 1 & 0 & \cdots & 0 & 0 \\ 0 & 0 & 1 & \cdots & 0 & 0 \\ \vdots & \vdots & \vdots & & \vdots & \vdots \\ 0 & 0 & 0 & \cdots & 0 & 1 \\ n(-1)^n a & 0 & 0 & \cdots & 0 & 0 \end{vmatrix}$$

$$= (-1)^{n+1} \cdot (-1)^n na = -na;$$

当 $n<k<2n$ 时,根据牛顿公式,$x_1,x_2,\cdots,x_n$ 分别用 $c_1,c_2,\cdots,c_n$ 代入,得

$$s_k(c_1,c_2,\cdots,c_n) = 0.$$

于是

$$D(f)=\begin{vmatrix} n & 0 & 0 & \cdots & 0 & 0 \\ 0 & 0 & 0 & \cdots & 0 & -na \\ 0 & 0 & 0 & \cdots & -na & 0 \\ \vdots & \vdots & \vdots & & \vdots & \vdots \\ 0 & -na & 0 & \cdots & 0 & 0 \end{vmatrix}$$

$$= (-1)^{\tau(1n(n-1)\cdots 2)} n(-na)^{n-1}$$

$$= (-1)^{\frac{n(n-1)}{2}} n^n a^{n-1}.$$

***例 10** 求数域 K 上的 n 次多项式 $f(x)=x^n+a_{n-1}x^{n-1}+\cdots+a_0$,使它的 n 个复根的 k 次幂的和等于 0,其中 $1\leqslant k<n$.

解 设多项式 $f(x)$ 的 n 个复根为 $c_1,c_2,\cdots,c_n$,则由已知条件得

$$s_1(c_1,c_2,\cdots,c_n) = s_2(c_1,c_2,\cdots,c_n) = \cdots = s_{n-1}(c_1,c_2,\cdots,c_n) = 0.$$

为了求多项式 $f(x)$ 的各项系数的值,先求 $\sigma_1(c_1,c_2,\cdots,c_n),\cdots,\sigma_{n-1}(c_1,c_2,\cdots,c_n)$, $\sigma_n(c_1,c_2,\cdots,c_n)$. 利用例 6 中的公式(7),$x_1,x_2,\cdots,x_n$ 分别用 $c_1,c_2,\cdots,c_n$ 代入,当 $1\leqslant k\leqslant n-1$ 时,有

$$\sigma_k(c_1,c_2,\cdots,c_n) = \frac{1}{k!}\begin{vmatrix} 0 & 1 & 0 & 0 & \cdots & 0 \\ 0 & 0 & 2 & 0 & \cdots & 0 \\ 0 & 0 & 0 & 3 & \cdots & 0 \\ \vdots & \vdots & \vdots & \vdots & & \vdots \\ 0 & 0 & 0 & 0 & \cdots & 0 \end{vmatrix} = 0,$$

而

$$\sigma_n(c_1,c_2,\cdots,c_n) = \frac{1}{n!}\begin{vmatrix} 0 & 1 & 0 & 0 & \cdots & 0 & 0 \\ 0 & 0 & 2 & 0 & \cdots & 0 & 0 \\ \vdots & \vdots & \vdots & \vdots & & \vdots & \vdots \\ 0 & 0 & 0 & 0 & \cdots & 0 & n-1 \\ b & 0 & 0 & 0 & \cdots & 0 & 0 \end{vmatrix} = (-1)^{n+1}\frac{b}{n}.$$

其中 $b=s_n(c_1,c_2,\cdots,c_n)$. 根据韦达公式,得

$$a_{n-1} = a_{n-2} = \cdots = a_1 = 0,\quad a_0 = (-1)^n \cdot (-1)^{n+1}\frac{b}{n} = -\frac{b}{n},$$

因此所求的多项式为

$$f(x)=x^n-\frac{b}{n}.$$

点评 从例 9 的解题过程和例 10 的结论可以看出,数域 K 上首项系数为 1 的 n 次多项式 $f(x)$,它的 n 个复根的 $k(1\leqslant k<n)$ 次幂的和都等于 0 当且仅当 $f(x)=x^n-\frac{b}{n}$,其中 b 是 $f(x)$ 的 n 个复根的 n 次幂的和.

习 题 5.10

1. 设 $f(x_1,x_2,x_3)$ 是数域 K 上的一个三元多项式:

$$f(x_1,x_2,x_3)=x_1^3x_2^2+x_1^3x_3^2+x_1^2x_2^3+x_1^2x_3^3+x_2^3x_3^2+x_2^2x_3^3.$$

证明:$f(x_1,x_2,x_3)$ 是对称多项式.

2. 在 $K[x_1,x_2,x_3]$ 中,写出含有项 $x_1^3x_2$ 的项数最少的那个对称多项式.

3. 在 $K[x_1,x_2,x_3]$ 中,用初等对称多项式表示下列对称多项式:

(1) $x_1^3x_2+x_1^3x_3+x_1x_2^3+x_1x_3^3+x_2^3x_3+x_2x_3^3$;　　(2) $x_1^4+x_2^4+x_3^4$;

(3) $(x_1x_2+x_3^2)(x_2x_3+x_1^2)(x_3x_1+x_2^2)$.

4. 在 $K[x_1,x_2,\cdots,x_n](n\geqslant 3)$ 中,用初等对称多项式表示下列对称多项式:

(1) $\sum x_1^3$;　　(2) $\sum x_1^2x_2^2x_3$.

5. 在 $K[x_1,x_2,x_3]$ 中,用初等对称多项式表示对称多项式

$$f(x_1,x_2,x_3)=(2x_1-x_2-x_3)(2x_2-x_3-x_1)(2x_3-x_1-x_2).$$

6. 证明:数域 K 上三次方程 $x^3+a_2x^2+a_1x+a_0=0$ 的 3 个复根成等差数列的充要条件为

$$2a_2^3-9a_1a_2+27a_0=0.$$

7. 证明:数域 K 上三次方程 $x^3+a_2x^2+a_1x+a_0=0$ 的 3 个复根成等比数列的充要条件为

$$a_2^3a_0-a_1^3=0.$$

8. 设 c_1,c_2,c_3 是 $x^3+a_2x^2+a_1x+a_0$ 的 3 个复根,计算

$$(c_1^2+c_1c_2+c_2^2)(c_2^2+c_2c_3+c_3^2)(c_3^2+c_3c_1+c_1^2).$$

9. 在 $K[x_1,x_2,x_3]$ 中,把幂和 s_2,s_3,s_4 表示成初等对称多项式 $\sigma_1,\sigma_2,\sigma_3$ 的多项式.

10. 求数域 K 上完全三次多项式 $f(x)=x^3+a_2x^2+a_1x+a_0$ 的判别式.

11. 求数域 K 上四次多项式 $f(x)=x^4+a_1x+a_0$ 的判别式.

*12. 设 $f(x)$ 是实系数 n 次多项式,其中 $n\geqslant 4$,证明:如果 $D(f)>0$,那么 $f(x)$ 无重根,且有偶数对虚根;如果 $D(f)<0$,那么 $f(x)$ 无重根,且有奇数对虚根.

*13. 求数域 K 上的 n 次多项式 $f(x)=x^n+a_{n-1}x^{n-1}+\cdots+a_0$,使它的 n 个复根的 k 次幂的和等于 0,其中 $2\leqslant k\leqslant n$.

14. 设 $f(x)$ 是数域 K 上首项系数为 1 的 n 次多项式，$a\in K$，$g(x)=(x-a)f(x)$，证明：

$$D(g)=D(f)(f(a))^2.$$

§5.11 结 式

5.11.1 内容精华

§5.10 中讨论的求数域 K 上一元 n 次多项式 $f(x)$ 的判别式 $D(f)$，首先要求 $f(x)$ 的 n 个复根 $c_1,c_2,\cdots,c_n$ 的 k 次幂的和 $s_k(c_1,c_2,\cdots,c_n)$，其中 $1\leqslant k\leqslant 2n-2$，然后计算由这些幂和排成的 n 阶行列式. 当 n 较大时，计算量较大. 有没有其他方法求 $D(f)$ 呢？其实，引进一元多项式 $f(x)$ 的判别式 $D(f)$ 这个概念是为了判断 $f(x)$ 在复数域中有没有重根. 我们知道，$f(x)$ 在复数域中有重根当且仅当 $f(x)$ 在 $\mathbf{C}[x]$ 中有重因式. 由于 $f(x)$ 有无重因式不随数域的扩大而改变，因此 $f(x)$ 在 $\mathbf{C}[x]$ 中有重因式当且仅当 $f(x)$ 在 $K[x]$ 中有重因式，而 $f(x)$ 在 $K[x]$ 中有重因式当且仅当 $f(x)$ 与 $f'(x)$ 不互素. 于是，$f(x)$ 在复数域 $\mathbf{C}$ 中有重根当且仅当 $f(x)$ 与 $f'(x)$ 不互素. 把判别 $f(x)$ 在复数域 $\mathbf{C}$ 中有没有重根的这两种方法结合起来就会得出，$D(f)=0$ 当且仅当 $f(x)$ 与 $f'(x)$ 不互素，而 $f(x)$ 与 $f'(x)$ 不互素当且仅当 $f(x)$ 与 $f'(x)$ 在复数域 $\mathbf{C}$ 中有公共根. 由此受到启发，如果我们能研究出 $K[x]$ 中两个多项式 $f(x)$ 与 $g(x)$ 在复数域 $\mathbf{C}$ 是否有公共根的新判别方法，那么就能得到求 $f(x)$ 的判别式 $D(f)$ 的又一种方法，而且还可以用来求两个二元多项式的公共零点，进一步可以用来求 n 个 n 元多项式的公共零点，达到一箭三雕的效果.

设

$$f(x)=a_0x^n+a_1x^{n-1}+\cdots+a_n,\quad g(x)=b_0x^m+b_1x^{m-1}+\cdots+b_m$$

是 $K[x]$ 中的两个非零多项式，其中 $n>0,m>0$，并且允许 $a_0=0$ 或 $b_0=0$（包括 $a_0=b_0=0$）.

首先，我们来求 $f(x)$ 与 $g(x)$ 有公共复根（即 $f(x)$ 与 $g(x)$ 不互素）的必要条件. 设 $f(x)$ 与 $g(x)$ 有次数大于 0 的公因式 $d(x)$，则存在 $f_1(x),g_1(x)\in K[x]$，使得

$$f(x)=f_1(x)d(x),\quad g(x)=g_1(x)d(x).\tag{1}$$

由于 $\deg d(x)>0$，因此

$$\deg f_1(x)<\deg f(x)\leqslant n,\quad \deg g_1(x)<\deg g(x)\leqslant m.$$

从(1)式得

$$g_1(x)f(x)=f_1(x)g(x).\tag{2}$$

设

$$f_1(x)=u_0x^{n-1}+u_1x^{n-2}+\cdots+u_{n-1},\tag{3}$$

$$g_1(x) = v_0 x^{m-1} + v_1 x^{m-2} + \cdots + v_{m-1}. \tag{4}$$

比较(2)式两边多项式各次项的系数,得

$$\begin{cases} a_0 v_0 = b_0 u_0, \\ a_1 v_0 + a_0 v_1 = b_1 u_0 + b_0 u_1, \\ \cdots\cdots \\ a_n v_{m-2} + a_{n-1} v_{m-1} = b_m u_{n-2} + b_{m-1} u_{n-1} \\ a_n v_{m-1} = b_m u_{n-1}. \end{cases} \tag{5}$$

由于 $f(x) \neq 0, g(x) \neq 0$,因此 $f_1(x) \neq 0, g_1(x) \neq 0$,从而

$$(u_0, u_1, \cdots, u_{n-1}) \neq \mathbf{0}, \quad (v_0, v_1, \cdots, v_{m-1}) \neq \mathbf{0}.$$

于是(5)式表明,相应的 $m+n$ 元齐次线性方程组有非零解

$$(v_0, v_1, \cdots, v_{m-1}, -u_0, -u_1, \cdots, -u_{n-1})^{\mathrm{T}}. \tag{6}$$

因此,它的系数矩阵 $\boldsymbol{A}$ 的行列式等于 0,从而 $|\boldsymbol{A}^{\mathrm{T}}| = 0$,即

$$\begin{array}{r} m\,\text{行}\left\{\begin{array}{l} \\ \\ \\ \\ \end{array}\right. \\ n\,\text{行}\left\{\begin{array}{l} \\ \\ \\ \\ \end{array}\right. \end{array} \begin{vmatrix} a_0 & a_1 & \cdots & \cdots & \cdots & \cdots & \cdots & a_n & & & & \\ & a_0 & a_1 & \cdots & \cdots & \cdots & \cdots & \cdots & a_n & & & \\ & & \cdots & \cdots & \cdots & \cdots & \cdots & \cdots & & & & \\ & & & & a_0 & a_1 & \cdots & \cdots & \cdots & \cdots & \cdots & a_n \\ b_0 & b_1 & \cdots & \cdots & \cdots & b_m & & & & & & \\ & b_0 & b_1 & \cdots & \cdots & \cdots & b_m & & & & & \\ & & \cdots & \cdots & \cdots & \cdots & \cdots & \cdots & \cdots & & & \\ & & & & & & b_0 & b_1 & \cdots & \cdots & \cdots & b_m \end{vmatrix} = 0. \tag{7}$$

由此受到启发,引进下述概念:

定义 1 设

$$f(x) = a_0 x^n + a_1 x^{n-1} + \cdots + a_n, \quad g(x) = b_0 x^m + b_1 x^{m-1} + \cdots + b_m$$

是数域 K 上的两个多项式,其中 $n>0, m>0$,则称(7)式左端的行列式为 $f(x)$ 与 $g(x)$ 的**结式**,记作 $\mathrm{Res}(f,g)$.

上面的讨论表明,$K[x]$中两个非零多项式 $f(x)$ 与 $g(x)$ 有公共复根的必要条件是它们的结式 $\mathrm{Res}(f,g)=0$. 现在来看这是否为充分条件.

设 $\mathrm{Res}(f,g)=0$,则上述与(5)式相应的齐次线性方程组有非零解(6),从而(5)式成立. 令 $f_1(x), g_1(x)$ 分别如(3)式和(4)式,则(2)式成立,并且有 $\deg f_1 < n, \deg g_1 < m$. 现在我们增加一个条件:$a_0$ 与 b_0 不全为 0. 不妨设 $a_0 \neq 0$,则 $\deg f = n$. 从(2)式得 $f(x) \mid f_1(x) g(x)$. 假如 $(f(x), g(x)) = 1$,则 $f(x) \mid f_1(x)$,从而 $\deg f \leqslant \deg f_1 < n$,矛盾. 因此,$f(x)$ 与 $g(x)$ 不互素,从而 $f(x)$ 与 $g(x)$ 有公共复根.

综合上述讨论,我们可以得到下面的结论:

定理 1 设

$$f(x)=a_0x^n+a_1x^{n-1}+\cdots+a_n,\quad g(x)=b_0x^m+b_1x^{m-1}+\cdots+b_m$$

是 $K[x]$ 中的两个多项式，其中 $n>0$，且 $m>0$，则 $f(x)$ 与 $g(x)$ 的结式 $\operatorname{Res}(f,g)=0$ 的充要条件是 $a_0=b_0=0$ 或 $f(x)$ 与 $g(x)$ 有公共复根.

证明 如果 $f(x)$ 与 $g(x)$ 都是零多项式，那么命题显然成立.

如果 $f(x)$ 与 $g(x)$ 有且只有一个是零多项式，不妨设 $g(x)=0$，$f(x)\neq 0$，那么 $\operatorname{Res}(f,g)=0$. 若 $a_0\neq 0$，则 $f(x)$ 的次数 $n>0$. 此时 $f(x)$ 的 n 个复根都是 $f(x)$ 与 $g(x)$ 的公共复根.

如果 $f(x)$ 与 $g(x)$ 都是非零多项式，设 $\operatorname{Res}(f,g)=0$，若 a_0 与 b_0 不全为 0，那么上面已证 $f(x)$ 与 $g(x)$ 有公共复根，因此必要性得证. 充分性有一半已证(即从 $f(x)$ 与 $g(x)$ 有公共复根已经推导出 $\operatorname{Res}(f,g)=0$)，现在证另一半：若 $a_0=b_0=0$，则 $\operatorname{Res}(f,g)$ 的第 1 列全为 0，从而 $\operatorname{Res}(f,g)=0$. □

定理 1 的第一个用处是：给出了判别数域 K 上两个非零多项式是否有公共复根的新方法，即 n 次多项式 $f(x)$ 与 m 次多项式 $g(x)$ 有公共复根当且仅当 $\operatorname{Res}(f,g)=0$.

定理 1 的第二个用处是：可以用来求数域 K 上两个二元多项式在 $\mathbf{C}^2$ 中的公共零点. 设 $f(x,y),g(x,y)\in K[x,y]$，把它们都按 x 的降幂排列写出：

$$f(x,y)=a_0(y)x^n+a_1(y)x^{n-1}+\cdots+a_n(y),\tag{8}$$

$$g(x,y)=b_0(y)x^m+b_1(y)x^{m-1}+\cdots+b_m(y),\tag{9}$$

其中 $a_i(y),b_j(y)(i=0,1,\cdots,n;j=0,1,\cdots,m)$ 都是 y 的多项式，且 $a_0(y)$ 与 $b_0(y)$ 不全为 0. 如果 (x_0,y_0) 是 $f(x,y)$ 与 $g(x,y)$ 在 $\mathbf{C}^2$ 中的一个公共零点，那么 $f(x_0,y_0)=0$，$g(x_0,y_0)=0$，从而 x_0 是 x 的复系数多项式 $f(x,y_0)$ 与 $g(x,y_0)$ 的一个公共根. 根据定理 1，$f(x,y_0)$ 与 $g(x,y_0)$ 的结式 $\operatorname{Res}(f(x,y_0),g(x,y_0))=0$. 由此受到启发，我们考虑下述 $m+n$ 阶行列式，并且把它记作 $R_x(f,g)$，即

$$R_x(f,g)=\left|\begin{array}{ccccccccccc}
a_0(y) & a_1(y) & \cdots & \cdots & \cdots & \cdots & \cdots & \cdots & a_n(y) & & \\
 & a_0(y) & a_1(y) & \cdots & \cdots & \cdots & \cdots & \cdots & \cdots & a_n(y) & \\
 & & \cdots & \cdots & \cdots & \cdots & \cdots & \cdots & \cdots & \cdots & \\
 & & & & a_0(y) & a_1(y) & \cdots & \cdots & \cdots & \cdots & a_n(y) \\
b_0(y) & b_1(y) & \cdots & \cdots & \cdots & b_m(y) & & & & & \\
 & b_0(y) & b_1(y) & \cdots & \cdots & \cdots & b_m(y) & & & & \\
 & & \cdots & \cdots & \cdots & \cdots & \cdots & \cdots & \cdots & \cdots & \\
 & & & & & & & b_0(y) & b_1(y) & \cdots & b_m(y)
\end{array}\right|
\begin{array}{l}
\left.\vphantom{\begin{array}{c}1\\1\\1\\1\end{array}}\right\}m\text{ 行}\\
\left.\vphantom{\begin{array}{c}1\\1\\1\\1\end{array}}\right\}n\text{ 行}
\end{array}.\tag{10}$$

$R_x(f,g)$是关于 y 的一个多项式,不定元 y 用 y_0 代入,$R_x(f,g)$的像就是

$$\operatorname{Res}(f(x,y_0),g(x,y_0)).$$

因此,如果(x_0,y_0)是 $f(x,y)$与 $g(x,y)$在 $\mathbf{C}^2$ 中的一个公共零点,那么 y_0 就是多项式 $R_x(f,g)$ 的一个复根,而 x_0 是 $f(x,y_0)$与 $g(x,y_0)$的一个公共复根. 反之,如果 y_0 是多项式 $R_x(f,g)$ 的一个复根,那么

$$\operatorname{Res}(f(x,y_0),g(x,y_0))=0.$$

根据定理 1,$f(x,y_0)$与 $g(x,y_0)$有公共复根. 任取 $f(x,y_0)$与 $g(x,y_0)$的一个公共复根 x_0,都有(x_0,y_0)是 $f(x,y)$与 $g(x,y)$在 $\mathbf{C}^2$ 中的公共零点.

上述讨论给出了求数域 K 上两个二元多项式 $f(x,y)$与 $g(x,y)$在 $\mathbf{C}^2$ 中的公共零点的方法:

第一步,计算 $R_x(f,g)$;

第二步,求 $R_x(f,g)$的所有复根;

第三步,对于 $R_x(f,g)$的每个复根 y_0,求 $f(x,y_0)$与 $g(x,y_0)$的所有公共复根;

第四步,写出 $f(x,y)$与 $g(x,y)$在 $\mathbf{C}^2$ 中的所有公共零点.

由于 x 与 y 的地位是对称的,因此也可以类似地定义 $R_y(f,g)$,先求 $R_y(f,g)$的所有复根,然后对于 $R_y(f,g)$的每个复根 x_0,求 $f(x_0,y)$与 $g(x_0,y)$的所有公共复根,最后就可以写出 $f(x,y)$与 $g(x,y)$在 $\mathbf{C}^2$ 中的所有公共零点.

上述方法也适用于解二元高次方程组

$$\begin{cases} f(x,y)=0, \\ g(x,y)=0. \end{cases} \tag{11}$$

解方程组(11)就是求 $f(x,y)$与 $g(x,y)$的公共零点.

进一步,可以用类似于上述的方法求 n 个 n 元多项式在 $\mathbf{C}^n$ 中的所有公共零点.

定理 1 的第三个用处是:可以通过计算 $f(x)$与 $f'(x)$的结式 $\operatorname{Res}(f,f')$来求 $f(x)$的判别式 $D(f)$. 这个想法是自然的,因为 $\operatorname{Res}(f,f')=0$ 当且仅当 $f(x)$与 $f'(x)$有公共复根,而 $f(x)$与 $f'(x)$有公共复根当且仅当 $D(f)=0$. 由此看出 $\operatorname{Res}(f,f')$与 $D(f)$必然有联系. 为了找出它们之间的内在联系,我们注意到 $D(f)$是用 $f(x)$的 n 个复根的表达式来定义的,从而探索的思路是去寻找 $\operatorname{Res}(f,f')$与 $f(x)$的复根之间的关系. 一般地,就是要去寻找 $\operatorname{Res}(f,g)$与 $f(x)$的复根(或 $g(x)$的复根)之间的关系.

定理 2 设 $f(x),g(x)$如定义 1 中所设,且 $a_0\neq0,b_0\neq0$,又设 $f(x)$的 n 个复根为 $c_1,c_2,\cdots,c_n$,$g(x)$的 m 个复根为 $d_1,d_2,\cdots,d_m$,则

$$\operatorname{Res}(f,g)=a_0^m\prod_{i=1}^{n}g(c_i) \tag{12}$$

$$=(-1)^{mn}b_0^n\prod_{j=1}^{m}f(d_j). \tag{13}$$

定理 2 的证明可参看文献[2]§7.11 中定理 2 的证明.

定理 2 给出了求 Res(f,g)的又一种方法：如果 $f(x)$的复根容易求出，那么用公式(12)可以很快地求出 Res(f,g)；如果 $g(x)$的复根容易求出，那么用公式(13)可以很快地求出 Res(f,g).

根据定理 2，可以利用 $f(x)$与 $f'(x)$的结式 Res(f,f')来求 $f(x)$的判别式 $D(f)$. $f(x)$的首项系数为 a_0，我们规定 $f(x)$的判别式 $D(f)$为

$$D(f) := a_0^{2n-2}\prod_{1\leqslant j<i\leqslant n}(c_i-c_j)^2=\Big[a_0^{n-1}\prod_{1\leqslant j<i\leqslant n}(c_i-c_j)\Big]^2, \tag{14}$$

其中 $c_1,c_2,\cdots,c_n$ 是 $f(x)$的 n 个复根. 由于

$$f(x)=a_0(x-c_1)(x-c_2)\cdots(x-c_n),$$

因此

$$f'(x)=a_0\sum_{j=1}^{n}(x-c_1)\cdots(x-c_{j-1})(x-c_{j+1})\cdots(x-c_n),$$

从而

$$\begin{aligned}f'(c_i)&=a_0(c_i-c_1)\cdots(c_i-c_{i-1})(c_i-c_{i+1})\cdots(c_i-c_n)\\&=a_0\prod_{j\neq i}(c_i-c_j).\end{aligned} \tag{15}$$

于是

$$\begin{aligned}\mathrm{Res}(f,f')&=a_0^{n-1}\prod_{i=1}^{n}f'(c_i)=a_0^{n-1}\prod_{i=1}^{n}\Big[a_0\prod_{j\neq i}(c_i-c_j)\Big]\\&=a_0^{2n-1}\prod_{i=1}^{n}\prod_{j\neq i}(c_i-c_j).\end{aligned} \tag{16}$$

由于

$$\begin{aligned}\prod_{i=1}^{n}\prod_{j\neq i}(c_i-c_j)&=(c_1-c_2)(c_1-c_3)\cdots(c_1-c_n)\\&\quad\cdot(c_2-c_1)(c_2-c_3)\cdots(c_2-c_n)\\&\quad\cdot(c_3-c_1)(c_3-c_2)\cdots(c_3-c_n)\\&\quad\cdot\cdots\cdot(c_n-c_1)(c_n-c_2)\cdots(c_n-c_{n-1})\\&=(-1)^{\frac{n(n-1)}{2}}(c_2-c_1)^2(c_3-c_1)^2\cdots(c_n-c_1)^2\\&\quad\cdot(c_3-c_2)^2(c_4-c_2)^2\cdots(c_n-c_2)^2\\&\quad\cdot\cdots\cdot(c_n-c_{n-1})^2,\end{aligned}$$

因此

$$\mathrm{Res}(f,f')=a_0^{2n-1}(-1)^{\frac{n(n-1)}{2}}\prod_{1\leqslant j<i\leqslant n}(c_i-c_j)^2=a_0(-1)^{\frac{n(n-1)}{2}}D(f). \tag{17}$$

于是，我们证明了下述结论：

定理 3 设 $f(x)$是数域 K 上的 n 次多项式,首项系数为 a_0,则

$$D(f)=(-1)^{\frac{n(n-1)}{2}}a_0^{-1}\mathrm{Res}(f,f'). \tag{18}$$

□

利用定理 3,通过求 $\mathrm{Res}(f,f')$来求 $D(f)$,比§5.10 所讲的方法简便一些.

如果 $f(x)$的首项系数为 1,那么 $D(f)$与 $\mathrm{Res}(f,f')$或者相等,或者相差一个负号(即它们互为相反数).

定理 1 的第四个用处是:化曲线的参数方程为直角坐标方程,详见 5.11.2 小节中的例 8.

5.11.2 典型例题

例 1 设 $f(x)=x^3-x+2$,$g(x)=x^4+x-1$,判断 $f(x)$与 $g(x)$有没有公共复根.

解 由于

$$\mathrm{Res}(f,g)=\begin{vmatrix}1&0&-1&2&0&0&0\\0&1&0&-1&2&0&0\\0&0&1&0&-1&2&0\\0&0&0&1&0&-1&2\\1&0&0&1&-1&0&0\\0&1&0&0&1&-1&0\\0&0&1&0&0&1&-1\end{vmatrix}=11,$$

因此 $f(x)$与 $g(x)$没有公共复根.

例 2 解方程组

$$\begin{cases}x^2-7xy+4y^2+6y-4=0,\\x^2-14xy+9y^2-2x+14y-8=0.\end{cases} \tag{19}$$

解 把方程组(19)中两式左端的两个多项式 $f(x,y)$,$g(x,y)$分别按 x 的降幂排列写出:

$$f(x,y)=x^2-7xy+(4y^2+6y-4), \tag{20}$$

$$g(x,y)=x^2-(14y+2)x+(9y^2+14y-8). \tag{21}$$

由于

$$\begin{aligned}R_x(f,g)&=\begin{vmatrix}1&-7y&4y^2+6y-4&0\\0&1&-7y&4y^2+6y-4\\1&-14y-2&9y^2+14y-8&0\\0&1&-14y-2&9y^2+14y-8\end{vmatrix}\\&=(5y^2+8y-4)^2-(7y+2)(7y^3+6y^2-12y+8)\\&=-24y(y-1)(y-2)(y+2),\end{aligned} \tag{22}$$

因此 $R_x(f,g)$ 的 4 个根是 0,1,2,−2. 把方程组(19)中的 y 分别用 0,1,2,−2 代入,解得 $x=-2,1,2,0$.

因此,方程组(19)的全部解是:(−2,0),(1,1),(2,2),(0,−2).

例 3 求数域 K 上 n 次多项式 $f(x)=x^n+a_1x+a_0$ 的判别式.

解 $f'(x)=nx^{n-1}+a_1$,

$$\operatorname{Res}(f,f')=\begin{vmatrix} 1 & 0 & 0 & \cdots & 0 & a_1 & a_0 & 0 & 0 & \cdots & 0 & 0 & 0 \\ 0 & 1 & 0 & \cdots & 0 & 0 & a_1 & a_0 & 0 & \cdots & 0 & 0 & 0 \\ \vdots & \vdots & \vdots & & \vdots & \vdots & \vdots & \vdots & \vdots & & \vdots & \vdots & \vdots \\ 0 & 0 & 0 & \cdots & 1 & 0 & 0 & 0 & 0 & \cdots & 0 & a_1 & a_0 \\ n & 0 & 0 & \cdots & 0 & a_1 & 0 & 0 & 0 & \cdots & 0 & 0 & 0 \\ 0 & n & 0 & \cdots & 0 & 0 & a_1 & 0 & 0 & \cdots & 0 & 0 & 0 \\ \vdots & \vdots & \vdots & & \vdots & \vdots & \vdots & \vdots & \vdots & & \vdots & \vdots & \vdots \\ 0 & 0 & 0 & \cdots & 0 & n & 0 & 0 & 0 & \cdots & 0 & 0 & a_1 \end{vmatrix}.$$

对上式右端的行列式,每一次都把第 1 行的 $-n$ 倍加到第 n 行上,接着按第 1 列展开,这样做 $n-1$ 次,便得到如下 n 阶行列式:

$$\begin{vmatrix} (1-n)a_1 & -na_0 & 0 & 0 & \cdots & 0 & 0 \\ 0 & (1-n)a_1 & -na_0 & 0 & \cdots & 0 & 0 \\ 0 & 0 & (1-n)a_1 & -na_0 & \cdots & 0 & 0 \\ \vdots & \vdots & \vdots & \vdots & & \vdots & \vdots \\ 0 & 0 & 0 & 0 & \cdots & (1-n)a_1 & -na_0 \\ n & 0 & 0 & 0 & \cdots & 0 & a_1 \end{vmatrix}$$

$$=n(-1)^{n+1}(-na_0)^{n-1}+a_1(-1)^{n+n}[(1-n)a_1]^{n-1}$$

$$=n^na_0^{n-1}+(-1)^{n-1}(n-1)^{n-1}a_1^n.$$

于是

$$D(f)=(-1)^{\frac{n(n-1)}{2}}[n^na_0^{n-1}+(-1)^{n-1}(n-1)^{n-1}a_1^n]. \tag{23}$$

点评 例 3 是先计算 $\operatorname{Res}(f,f')$,然后求 $D(f)$,这比起 §5.10 中所讲的求 $D(f)$ 的方法简便得多. 例 3 所求得的关于 $D(f)$ 的公式(23)对一切 $n\geqslant 2$ 都成立,例如:

n	$f(x)$	$D(f)$
2	$x^2+a_1x+a_0$	$a_1^2-4a_0$
3	$x^3+a_1x+a_0$	$-4a_1^3-27a_0^2$
4	$x^4+a_1x+a_0$	$-27a_1^4+256a_0^3$
5	$x^5+a_1x+a_0$	$256a_1^5+3125a_0^4$

例 4 设 $f(x)=x^{n-1}+x^{n-2}+\cdots+x+1$，求 $D(f)$.

解 令

$$g(x)=(x-1)f(x)=x^n-1.$$

根据 5.10.2 小节中例 9 的结论，得

$$D(g)=(-1)^{\frac{n(n-1)}{2}}n^n(-1)^{n-1}=(-1)^{\frac{(n-2)(n-1)}{2}}n^n.$$

根据习题 5.10 中第 14 题的结论，得

$$D(g)=D(f)f(1)^2=n^2D(f),$$

因此

$$D(f)=(-1)^{\frac{(n-2)(n-1)}{2}}n^{n-2}. \tag{24}$$

***例 5** 设 $f(x)=a_0x^n+a_1x^{n-1}+\cdots+a_n$，$g(x)=b_0x^m+b_1x^{m-1}+\cdots+b_m$，其中 $a_0\neq 0$，$b_0\neq 0$，又设 $f(x)$ 的 n 个复根为 $c_1,c_2,\cdots,c_n$，$g(x)$ 的 m 个复根为 $d_1,d_2,\cdots,d_m$，证明：

$$\mathrm{Res}(f,g)=a_0^mb_0^n\prod_{i=1}^{n}\prod_{j=1}^{m}(c_i-d_j). \tag{25}$$

证明 由于 $g(c_i)=b_0(c_i-d_1)(c_i-d_2)\cdots(c_i-d_m)=b_0\prod_{j=1}^{m}(c_i-d_j)$，因此

$$\mathrm{Res}(f,g)=a_0^m\prod_{i=1}^{n}\left[b_0\prod_{j=1}^{m}(c_i-d_j)\right]=a_0^mb_0^n\prod_{i=1}^{n}\prod_{j=1}^{m}(c_i-d_j).$$ □

***例 6** 设 $f(x)$ 和 $g(x)$ 分别是数域 K 上的 n 次、m 次多项式，且 $n>1$，$m>1$，证明：

$$D(fg)=D(f)D(g)(\mathrm{Res}(f,g))^2. \tag{26}$$

证明 设 $f(x)$，$g(x)$ 的首项系数分别是 a_0，b_0，$f(x)$ 的 n 个复根为 $c_1,c_2,\cdots,c_n$，$g(x)$ 的 m 个复根为 $d_1,d_2,\cdots,d_m$，则

$$f(x)=a_0(x-c_1)(x-c_2)\cdots(x-c_n),\quad g(x)=b_0(x-d_1)(x-d_2)\cdots(x-d_m),$$

从而

$$f(x)g(x)=a_0b_0(x-c_1)(x-c_2)\cdots(x-c_n)(x-d_1)\cdots(x-d_m).$$

于是

$$\begin{aligned}D(fg)&=(a_0b_0)^{2(n+m)-2}\prod_{1\leqslant j<i\leqslant n}(c_i-c_j)^2\cdot\prod_{1\leqslant k<l\leqslant m}(d_l-d_k)^2\cdot\prod_{i=1}^{n}\prod_{j=1}^{m}(d_j-c_i)^2\\&=D(f)D(g)(\mathrm{Res}(f,g))^2.\end{aligned}$$ □

***例 7** 设 $f(x),g_1(x),g_2(x)\in K[x]$，证明：

$$\mathrm{Res}(f,g_1g_2)=\mathrm{Res}(f,g_1)\mathrm{Res}(f,g_2).$$

证明 设 $f(x)$ 的次数为 n，首项系数为 a_0，n 个复根为 $c_1,c_2,\cdots,c_n$，$g_1(x)$，$g_2(x)$ 的次数分别为 m_1,m_2，则

$$\mathrm{Res}(f,g_1g_2)=a_0^{m_1+m_2}\prod_{i=1}^{n}g_1g_2(c_i)=\left(a_0^{m_1}\prod_{i=1}^{n}g_1(c_i)\right)\left(a_0^{m_2}\prod_{i=1}^{n}g_2(c_i)\right)$$

$$= \text{Res}(f,g_1)\text{Res}(f,g_2).$$ □

例 8 求如下曲线 S 的直角坐标方程：

$$S: x=\frac{-t^2+2t}{t^2+1},\ y=\frac{2t^2+2t}{t^2+1}.$$

解 在所给曲线 S 上任取一点 $P(x,y)^{\mathrm{T}}$，则存在 $t_0\in\mathbf{R}$，使得

$$x=\frac{-t_0^2+2t_0}{t_0^2+1},\quad y=\frac{2t_0^2+2t_0}{t_0^2+1},$$

即

$$(t_0^2+1)x+t_0^2-2t_0=0,\quad (t_0^2+1)y-2t_0^2-2t_0=0.$$

令

$$f(t)=(t^2+1)x+t^2-2t,\quad g(t)=(t^2+1)y-2t^2-2t,$$

则 $f(t)$ 与 $g(t)$ 有公共根 t_0，从而 $\text{Res}(f,g)=0$.

反之，考虑坐标适合方程 $\text{Res}(f,g)=0$ 的点 $Q(x,y)^{\mathrm{T}}$. 因为 $\text{Res}(f,g)=0$，所以 $x+1=0=y-2$，或者 $f(t)$ 与 $g(t)$ 不互素. 对于前一情形，直接验证可知点 $Q_0(-1,2)^{\mathrm{T}}$ 不是曲线 S 上的点. 对于后一情形，由于 $f(t)$ 与 $g(t)$ 的次数至多为 2，且它们不相伴，因此 $f(t)$ 与 $g(t)$ 有公共的一次因式，从而 $f(t)$ 与 $g(t)$ 有公共的实根 t_1. 于是，t_1 对应的点 $Q_1(x_1,y_1)^{\mathrm{T}}$ 在曲线 S 上.

综上所述，$\text{Res}(f,g)=0$（排除点 $Q_0(-1,2)^{\mathrm{T}}$）就是所求的直角坐标方程. 计算 $\text{Res}(f,g)$：由于

$$f(t)=(x+1)t^2-2t+x,\quad g(t)=(y-2)t^2-2t+y,$$

因此

$$\text{Res}(f,g)=\begin{vmatrix} x+1 & -2 & x & 0 \\ 0 & x+1 & -2 & x \\ y-2 & -2 & y & 0 \\ 0 & y-2 & -2 & y \end{vmatrix}=8x^2-4xy+5y^2+12x-12y.$$

于是，曲线 S 的直角坐标方程为

$$8x^2-4xy+5y^2+12x-12y=0,\quad (x,y)\neq(-1,2).$$

点评 例 8 表明，结式可以用于解析几何中化平面曲线的参数方程为直角坐标方程. 这是定理 1 的第四个用处.

习 题 5.11

1. 判断 $f(x)=2x^3+3x^2-8x+3$ 与 $g(x)=4x^2+7x-15$ 是否有公共复根.

2. 解下列方程组：

(1) $\begin{cases} 2x^2-xy+y^2-2x+y-4=0, \\ 5x^2-6xy+5y^2-6x+10y-11=0; \end{cases}$　　(2) $\begin{cases} x^2+y^2+4x+2=0, \\ x^2+4xy-y^2+4x+8y=0. \end{cases}$

3. 求下列多项式 $f(x)$ 与 $g(x)$ 的结式：

(1) $f(x)=x^4+x^3+x^2+1, g(x)=x^6+x^5+x^4+x^3+x^2+x+1$；

(2) $f(x)=x^n+2x+1, g(x)=x^2-x-6$；

(3) $f(x)=x^n+2, g(x)=(x-1)^n$；

(4) $f(x)=x^4+x^3+x^2+x+1, g(x)=x^6+x^5+x^4+x^3+x^2+x+1$.

4. 设 $f(x), x-a\in K[x]$，且 $\deg f(x)=n$，求 $\mathrm{Res}(f, x-a)$.

5. 讨论数域 K 上的多项式 $f(x)=x^2+1$ 与 $g(x)=x^{2m}+1$ 是否互素.

6. 求下列曲线的直角坐标方程：

(1) $x=t^2-t, y=2t^2+t-2$；　　(2) $x=\dfrac{2t+1}{t^2+1}, y=\dfrac{t^2+2t-1}{t^2+1}$.

补充题五

1. 若复数 ξ 满足 $\xi^n=1$，而当 $1\leqslant l<n$ 时，$\xi^l\neq 1$，则称 ξ 是复数域 $\mathbf{C}$ 中的**本原 n 次单位根**. 设 ξ 是一个本原 n 次单位根，m, k 都是正整数，证明：

(1) $\xi^m=1 \Longleftrightarrow n\,|\,m$；

(2) ξ^k 是一个本原 $\dfrac{n}{(n,k)}$ 次单位根；

(3) ξ^k 是一个本原 n 次单位根 $\Longleftrightarrow (n,k)=1$.

2. 设 n 是一个正整数，$\eta_1, \eta_2, \cdots, \eta_r$ 是复数域 $\mathbf{C}$ 中全部两两不相等的本原 n 次单位根，令

$$f_n(x)=(x-\eta_1)(x-\eta_2)\cdots(x-\eta_r),$$

则称 $f_n(x)$ 是 **n 阶分圆多项式**.

(1) 写出 1 阶、2 阶、3 阶、4 阶分圆多项式；

(2) 设 p 是素数，写出 p 阶分圆多项式；

(3) 证明：$f_n(x)$ 的次数为 $\varphi(n)$，其中 $\varphi(n)$ 是**欧拉函数**，它是集合 $\{1,2,\cdots,n\}$ 中与 n 互素的整数的个数；

(4) 证明：$f_n(x)$ 是首 1 整系数多项式.

注意　还可以证明 $f_n(x)$ 在有理数域 $\mathbf{Q}$ 上不可约，参看文献[2]§7.12 中例 13 的第(4)小题.

参 考 文 献

[1] 丘维声.高等代数：上册(M).北京：清华大学出版社,2010.

[2] 丘维声.高等代数：下册(M).北京：清华大学出版社,2010.

[3] 丘维声.高等代数(M).北京：科学出版社,2013.

[4] 丘维声.高等代数学习指导书：上册(M).2 版.北京：清华大学出版社,2017.

[5] 丘维声.高等代数学习指导书：下册(M).2 版.北京：清华大学出版社,2016.

[6] 丘维声.解析几何(M).3 版.北京：北京大学出版社,2015.